"十二五"普通高等教育本科国家级规划教材

耐火材料学

（第 2 版）

李 楠 顾华志 赵惠忠 编著

本书数字资源

北 京

冶 金 工 业 出 版 社

2022

内 容 提 要

本书包含两部分内容。第一部分主要阐述耐火材料的理论知识,包括耐火材料的组成、制备过程、结构与性质及测试方法等基础知识和使用过程中的物理与化学变化;第二部分按不同耐火材料的种类,介绍了不同品种耐火材料的组成、结构、性质与生产工艺。

本书可供具备材料科学与相关工程学基础或物理学与化学基础知识的科技人员阅读,也可供大学本科生、硕士与博士研究生学习耐火材料用,还可供从事耐火材料研究开发、生产制备与使用的科技人员参考。

图书在版编目(CIP)数据

耐火材料学 / 李楠,顾华志,赵惠忠编著 . —2 版 . —北京:冶金工业出版社,2022.2 (2022.8 重印)

"十二五"普通高等教育本科国家级规划教材

ISBN 978-7-5024-9046-1

Ⅰ. ①耐… Ⅱ. ①李… ②顾… ③赵… Ⅲ. ①耐火材料—高等学校—教材 Ⅳ. ①TQ175

中国版本图书馆 CIP 数据核字(2022)第 019180 号

耐火材料学 (第2版)

出版发行	冶金工业出版社	电 话	(010)64027926
地 址	北京市东城区嵩祝院北巷 39 号	邮 编	100009
网 址	www.mip1953.com	电子信箱	service@ mip1953.com

责任编辑 于昕蕾 美术编辑 彭子赫 版式设计 郑小利
责任校对 王永欣 责任印制 禹 蕊
三河市双峰印刷装订有限公司印刷
2010 年 7 月第 1 版,2022 年 2 月第 2 版,2022 年 8 月第 2 次印刷
787mm×1092mm 1/16;34.25 印张;831 千字;533 页
定价 65.00 元

投稿电话 (010)64027932 投稿信箱 tougao@cnmip.com.cn
营销中心电话 (010)64044283
冶金工业出版社天猫旗舰店 yjgycbs.tmall.com
(本书如有印装质量问题,本社营销中心负责退换)

第 2 版前言

本书是在"十二五"普通高等教育本科国家级规划教材《耐火材料学》的基础上，进行内容更新修订的。

近年来，随着我国冶金、建材、化工、航空航天等高温工业及高温领域的不断发展，耐火材料技术不断更新与进步。同时随着国家对高温工业节能减排要求越来越严，涌现了一批长寿、节能、环保和功能型耐火材料生产制备、性能检测等方面的新技术、新标准、新方法。因此，本书在修订时，对各章节内容进行了除旧布新，力求能反映近几年来耐火材料新产品和新技术的总体发展趋势与研究成果，同时按照高等学校教材编写的要求，增加了各章的学习要点和思考题，以便读者有重点地学习和复习思考。

本书共分 12 章，主要涉及耐火材料化学矿物组成与工艺制备、产品性能等之间的关系。内容包括耐火材料的定义及对耐火材料的要求、耐火材料分类、耐火材料的显微结构与性质、耐火材料生产过程基础、硅石耐火材料、Al_2O_3-SiO_2 系耐火材料、碱性耐火材料、氧化物-碳复合耐火材料、不定形耐火材料、特种耐火材料、隔热耐火材料、熔铸耐火材料、用后耐火材料和固废资源化利用。

本书可供无机非金属材料工程专业（耐火材料方向）本科生作为必修教材，也可供材料科学与工程、冶金工业等方向跨专业硕士和博士研究生作为专业辅修教材，同时也可供从事耐火材料研究开发和生产的工程技术人员参考。

本书由魏耀武教授负责修订第 1、2 和 8 章，赵惠忠教授负责修订第 3、7 章，付绿平副教授负责修订第 4、5 章，顾华志教授负责修订第 6 章，朱天彬副教授负责修订第 9 章，鄢文教授负责修订第 10~12 章，全书由赵惠忠教授负责统稿。

本书内容涉及面广，编著者才疏学浅，疏漏谬误之处在所难免，敬请使用本书的专家、读者批评指正。

编著者

2021 年 10 月

第 1 版前言

无论在传统工业，如冶金与建材工业中，还是在现代技术，如航空与航天技术中，许多过程都是在高温下进行的。只要有高温就离不开耐火材料。耐火材料是制造炉衬与高温下使用的器、部件不可或缺的基础材料。随着低碳经济时代的来临，作为炉衬的耐火材料对于工业炉的节能减排起着非常重要的作用。长期以来，耐火材料的研发者、生产者以及使用者是以延长耐火材料的使用寿命、降低消耗作为追求目标。随着人类社会的发展与技术进步，对耐火材料的要求越来越高，耐火材料的功能也在不断扩展。近年来，由于对高品质钢等材料的需求增加，耐火材料对钢等金属的污染及净化作用受到重视。现在，随着人们对气候变化的重视，耐火材料工业的节能减排，特别是它对工业炉节能减排的贡献可能成为耐火材料研发者、生产者与使用者下一个关注的重点。

耐火材料属于陶瓷材料范畴，它是在高温下使用的结构陶瓷材料。人类使用陶瓷材料已有数千年历史，但陶瓷学的形成与发展却只有数十年时间。从 20 世纪 40 年代以来，一些化学与物理学的方法与原理被用来研究陶瓷的制作与性能，在此基础上逐渐形成了以研究陶瓷材料组成、结构与性质以及它们之间关系为主要内容的陶瓷材料学。耐火材料虽属于广义的陶瓷材料，但也具有不同于一般陶瓷材料的特性。首先，耐火材料的显微结构不像陶瓷那样均匀，它是多组成、多粒径的非均质结构；其次，耐火材料是在高温下使用的，在高温下发生一系列的物理与化学过程导致耐火材料的损毁，这些过程又与冶金过程等许多耐火材料用户的生产过程密切相关。在耐火材料的发展过程中逐渐形成了以物理学、化学与材料学为基础的，与冶金学、陶瓷材料学等密切相关的耐火材料学。耐火材料学主要研究内容包括三部分：耐火材料制备过程中的物理、化学以及工程学问题；耐火材料的组成、结构与性质以及它们之间的关系；耐火材料使用过程中的物理与化学过程以及其损毁机理。

本书主要包括两部分内容：一部分阐述有关耐火材料的通用知识，包括耐火材料的性质、显微结构、制造过程的工程学基础以及使用过程中的物理与化学变化；另一部分按类别介绍不同品种耐火材料的组成、性质、结构与生产工艺。本书的目的是让那些具备材料科学与有关工程学基础或者物理学与化学基础知识的科技人员通过阅读本书学到有关耐火材料的基础知识，本书也可以供本科学生、硕士与博士学位研究生学习耐火材料用，还可以供从事耐火材料研发、生产与使用的科技人员参考。本书作为本科生教材使用时，由于内容偏多，可以选择性讲授有关内容，留下部分内容供有兴趣的学生自学；第 3 章可以作为下厂实习时的辅助教材，不必在课堂上讲授。

本书在撰写过程中得到武汉科技大学同仁的大力帮助，他们为有关章节提供了初稿或资料。他们是顾华志教授（第 4、5、6 章）、赵惠忠教授（第 7、9 章）、张美杰副教授（第 3 章的第 4、5 节）、王周福教授（第 10 章的第 1 节）、祝洪喜教授（第 8 章的第 4 节）。本研究团队中的韩兵强教授、魏耀武教授、鄢文博士、柯昌明教授、李友胜教授等为本书的撰写提供许多帮助与有价值的资料。本书撰写完成是大家努力的结果。对所有做过贡献的老师、同学表示衷心的感谢。

耐火材料学是一门涉及多个领域知识的学科。由于我们的学识有限，敬请各位读者对书中的不足之处不吝指正。

李 楠

2010 年 3 月

目　　录

1 绪 论

本章要点

(1) 熟悉耐火材料的定义和分类方法；

(2) 理解耐火材料性能和服役要求之间的对应关系。

1.1 耐火材料的定义及对耐火材料的要求

1.1.1 耐火材料的定义

关于耐火材料的定义，各国不尽相同。按国际标准，耐火材料定义为：化学与物理性质允许其在高温环境下使用的非金属材料与产品（并不排除含有一定比例的金属）。美国标准将耐火材料定义为：根据其化学和物理性质可以用来制作暴露于温度高于 1000 ℉ (538℃) 环境中的结构与器件的非金属材料。日本标准将耐火材料规定为：能在 1500℃ 以上温度下使用的定形耐火材料以及最高使用温度为 800℃ 以上的不定形耐火材料、耐火泥浆与耐火隔热砖。中国标准沿用 ISO 标准，规定耐火材料是指物理与化学性质适宜于在高温下使用的非金属材料，但不排除某些产品可含有一定量的金属材料。

从上面 3 个国家对耐火材料的定义可以看出，各国对耐火材料的内涵和外延叙述不尽相同。有些规定了使用温度，有些则没有。而且各自规定的使用温度相差甚远，但它们也有共同点，那就是耐火材料必须能承受温度对它的损害。因此，耐火材料是根据其使用环境最基本的要求来定义的。但是，随着科学技术的进步，对现代耐火材料的要求已远远超出基本要求的范围。因此，为了真正懂得什么是耐火材料，有必要了解对耐火材料的要求。

1.1.2 对耐火材料的要求

耐火材料的使用环境是相当复杂的，不同的使用环境对其提出了不同的要求。本小节综合分析使用环境对耐火材料的一般要求。通常对于每一个特定的使用要求，都有相应使用性能的耐火材料与之对应，这将在以后的各章节中详细讨论。

(1) 抵抗温度的损害。在使用过程中耐火材料不会因材料的熔化、软化而导致窑炉结构或耐火材料部件的破坏。与之相对应的性能包括耐火度、荷重软化温度、抗高温下的蠕变性与高温强度等。

(2) 抵抗温度急变。在间歇式工业窑炉中，炉衬或耐火材料部件要反复经历升温与降温过程。即使在连续运行、温度稳定的窑炉中，耐火材料内部冷热二面之间也会存在较大的温度差，这两种情况都将会在材料中造成较大的应力。应力的大小与材料的导热系数、热膨胀系数、弹性模量、强度等诸多性质有关。与此有关的耐火材料使用性能称为抗热震性。

（3）抵抗环境介质的侵蚀。耐火材料在使用过程中，不可避免地要与相关介质接触，如冶金熔渣、熔融金属、熔融玻璃、水泥熟料、熔融煤渣以及腐蚀性气体等。高温下，耐火材料与这些介质接触时会被腐蚀。另外，这些介质也会沿耐火材料的气孔、裂纹渗入耐火材料内部，引起材料组成与结构的破坏。影响耐火材料抗侵蚀性的因素包括耐火材料的组成和结构，与之相对应的使用性能为抗渣性。

（4）不污染承载产品。耐火材料常作为在高温下承载某些熔融或烧结产品的容器、工业炉衬或在高温下使用的陶瓷承载体的制作材料，如钢铁工业中的钢包与中间包、玻璃池窑的内衬材料、烧制陶瓷和电子材料的棚板、烧结锂离子正极材料的匣钵等。耐火材料如易与钢水、玻璃熔液、锂离子正极材料反应，就会污染钢水、玻璃及锂离子正极材料。

近年来，由于纯净化冶炼技术的迅速发展，耐火材料对金属熔体的污染受到了重视，研究耐火材料对金属熔体的污染及可能的净化作用是一个重要的研究方向。

（5）不污染环境。耐火材料在生产与使用过程中，不能对人类生存环境产生危害，不能产生对大气、水源和人体健康有害的物质，尽量有利于材料的循环再生利用。近年来人们对镁铬质耐火材料替代产品开发研究就是一个很好的例子。镁铬耐火材料是一种广泛使用的优质耐火材料，但由于六价铬对人体的危害，特别是对水源的污染，镁铬耐火材料已被列入淘汰的品种之一。新的替代产品正在积极开发中。在讨论耐火材料生产对环境影响的时候还必须提到能源的消耗以及 CO_2 对气候的影响。大量使用不烧或不定形耐火材料，利用在使用条件下的高温来完成其必要的物理化学过程，达到使用要求的性能，即所谓的"自适应"，对降低耐火材料生产能耗有重要意义。目前，虽然不定形耐火材料及不烧耐火制品在耐火材料中所占的份额不小，但对耐火材料自适应过程应用的理论研究仍较薄弱。另外，耐火材料是在高温窑炉上使用的，耐火材料对工业炉的节能减排应发挥一定的作用。具有高绝热性能的保温耐火材料、可以直接用于热面或可以直接与熔体接触的保温耐火材料，对于各种窑炉及高温容器的节能降耗具有重要意义。

在讨论了耐火材料的定义与要求之后，也许我们对耐火材料有了一个比较全面而确切的了解。耐火材料是一种能在高温下使用的材料。除了耐高温外，还希望它对熔体等各种介质有较强的抗侵蚀能力、有较好的耐温度急变的能力。同时，应对它服务的产品及环境无污染或少污染。事实上，能满足上述所有的要求是困难的，实际生产使用过程中可根据具体使用条件，选择满足主要使用性能要求的耐火材料就可以了。

1.2　耐火材料分类

耐火材料的分类方法很多，按不同的标准，存在不同的划分方式。了解耐火材料的分类方法对认识耐火材料有一定的指导意义，本小节中将讨论主要的分类方法。

1.2.1　按化学性质分类

按化学性质，耐火材料可分为酸性耐火材料、碱性耐火材料与中性耐火材料。

（1）酸性耐火材料：通常指以二氧化硅为主要成分的耐火材料。在高温下易与碱性耐火材料、碱性渣、高铝耐火材料或含碱化合物起化学反应。

（2）碱性耐火材料：在高温下易与酸性耐火材料、酸性渣、酸性熔剂或氧化铝反应的耐火材料。这类耐火材料通常以氧化镁、氧化钙或两者共同作为其主要成分。

（3）中性耐火材料：在高温下不与酸性耐火材料、碱性耐火材料、酸性或碱性渣或熔剂发生明显化学反应的耐火材料，如刚玉及碳化硅制品等。应该注意的是：不发生明显的化学反应，并不等于完全不发生反应，在一定的条件下，反应还是可以进行的。

1.2.2 按耐火材料供货形态来分类

按交货形态，耐火材料可分为定形制品与不定形制品。

（1）定形制品：具有固定形状的耐火砖与保温砖。定形制品分为致密定形制品与保温定形制品两类。前者为真气孔率小于45%的制品，后者为真气孔率大于45%的制品。按形状的复杂程度，致密定形耐火制品又可分为标形砖与异形砖等；前者指形状比较简单的耐火制品，如直形砖（砖形为平行六面体）与楔形砖等；后者则是指形状较为复杂的耐火制品。我国现有标准中没有对异形砖的复杂程度做出具体规定。

（2）不定形耐火材料：由骨料、细粉和结合剂及添加物组成的混合料，以交货状态直接使用，或加入一种或多种不影响其耐火度的合适的液体后使用。在某些不定形耐火材料中还可以加入少量金属、有机或无机纤维材料。不定形耐火材料的品种很多，主要有浇注料、可塑料、捣打料、干式料、喷射料、接缝料、压入料、涂料、炮泥、泥浆等。具体内容将在第8章中进行讨论。

应该说明的是，所谓定形与不定形耐火材料的划分也是相对的。由不定形耐火材料浇注或模塑成一定形状并经预处理而得到的预制块是以定形制品的形式供货的，但是它的整个生产工艺与不定形耐火材料相同。因此，也可将它归入不定形耐火材料中。

1.2.3 按结合形式分类

按耐火材料中各组分（颗粒、细粉）之间的结合形式，耐火材料可分为陶瓷结合、化学结合、水化结合、有机结合与树脂结合等多种形式。

（1）陶瓷结合：在一定温度下，由于烧结或液相形成而产生的结合。这类结合存在于烧成制品中，烧成砖大多属于陶瓷结合耐火材料。

需要指出的是，在陶瓷结合耐火材料中还应提到所谓直接结合耐火材料。在我国及ISO标准中没有直接结合耐火材料的定义。但在美国标准 ASTM 及日本标准 JIS 中仍有规定。前者定义直接结合砖为颗粒主要通过固相扩散机理联结的烧成耐火材料（ASTM C71）。JIS 标准则定义直接结合耐火材料为具有高耐火颗粒直接结合结构的耐火材料（JIS R2001）。直接结合一词最早出现在镁铬耐火材料中，指高纯度的镁铬砖中的方镁石、尖晶石之间是直接联结的，不存在中间相。但随着近代显微镜技术及材料科学的发展，发现颗粒之间并非真正的直接结合，结合部位常存在杂质集中或晶格畸变的区域。但直接结合这一名词还经常出现在耐火材料中，主要是碱性耐火材料文献中。

（2）化学结合：在室温或更高的温度下通过化学反应（不是水化反应）产生硬化形成的结合，包括无机或无机-有机复合结合。这种结合常见于各种不烧制品中。

（3）水化结合：在常温下，通过某种细粉与水发生化学反应产生凝固和硬化而形成的结合。这种结合常见于浇注料中，如水泥结合浇注料。

（4）有机结合：在室温或稍高温度下靠有机物或无机物产生硬化而形成的结合。这种结合常见于不烧制品中。

（5）树脂结合：含有树脂的耐火材料在较低的温度下加热，由于树脂固化、炭化而产生的结合。主要存在于含碳耐火材料中。

（6）沥青/焦油结合：压制的不烧耐火材料中由沥青/焦油产生的结合。

上述各种分类也不是绝对的。事实上，在水化结合、有机结合、树脂结合与沥青/焦油结合等几种形式中，在结合形成过程中都在一定程度上发生了某种化学反应。树脂结合与沥青/焦油结合也可以并入有机结合中。上述分类方法只是根据各种常用结合剂人为划分罢了。

在耐火材料中各种结合方式可单独存在，也可以同时存在。通常人们把以某种结合方式为主的耐火材料称为某某结合耐火材料。

1.2.4 按烧成与否分类

按耐火材料经过高温烧成与否可将耐火材料分为烧成耐火材料与不烧耐火材料。

（1）烧成耐火材料：经过高温烧成的耐火材料。烧成耐火材料的相组成与结构相对较稳定，使用过程中的体积变化较小。

（2）不烧耐火材料：没有经过高温烧成的耐火材料。多数化学结合、树脂结合与沥青/焦油结合的耐火材料以及以水化结合为主的不定形耐火材料均属于不烧耐火材料。不烧耐火材料利用在使用过程中的高温进行烧结，完成必要的物理化学过程，在使用中自动适应使用条件的要求。不烧耐火材料节约了能源，减少了对环境的污染，是一种应该大力发展的耐火材料。对在使用条件下耐火材料内部及它与介质之间的反应、不同使用条件下的自适应能力都应进行仔细的研究。

1.2.5 按化学成分分类

按化学成分分类是耐火材料最常见的分类方式。本书后面各章节中就是按这种分类方式来讨论的。

（1）硅石耐火材料：以二氧化硅为主要成分的耐火材料，通常二氧化硅的含量不小于93%。

（2）铝硅酸盐耐火材料：常简称为铝硅系耐火材料，是指以氧化铝与二氧化硅为主要成分的耐火材料。按氧化铝含量的不同可分为黏土质耐火材料（氧化铝含量大于或等于30%，小于45%）、高铝质耐火材料（氧化铝含量大于45%）等。此外，在常用的叫法中人们还常根据铝硅系耐火材料的相组成来分类，例如，刚玉-莫来石制品、莫来石制品、硅线石制品、莫来石-石英制品等。

（3）镁质耐火材料：氧化镁含量大于80%的耐火材料。

（4）镁尖晶石质耐火材料：主要是由镁砂和氧化镁含量大于等于20%的尖晶石组成的耐火材料。

（5）镁铬质耐火材料：由镁砂和铬铁矿制成的且以镁砂为主要组分的耐火材料。

（6）镁白云石质耐火材料：由镁砂与白云石熟料制成的且以镁砂为主要组分的耐火材料。

（7）白云石耐火材料：以白云石熟料为主要原料的耐火材料。

（8）碳复合耐火材料：也称为含碳耐火材料，是由氧化物、非氧化物及石墨等碳素材料构成的复合材料。如氧化物为氧化镁的镁碳耐火材料，氧化物为氧化铝的铝碳耐火材料以及由氧化铝、碳化硅与石墨构成的铝-碳化硅-碳耐火材料。

1.2.6　按生产方式分类

与传统的定形制品生产方式以及不定形耐火材料生产方式不同，熔铸耐火材料完全按另一种方式生产。所谓熔铸耐火材料是先将耐火材料配料熔融后，再铸入模型中让其凝固而得到的耐火材料。在熔铸后常伴随着长时间退火以消除应力，防止开裂。这一工艺常用于玻璃池窑大块耐火材料的制造。它不同于用熔融耐火原料为颗粒制得的耐火材料，后者常称为熔融再结合耐火材料。

从上面的讨论中可以看出，耐火材料的分类方法很多，没有完全统一的规范。通常是按其化学或相组成、制造方式或供货方式等根据实际情况来决定它归入哪一类中。同一个耐火材料可以按不同的归类方式归入不同类别。如高铝质浇注料，它可以归入铝硅系耐火材料中，也可以归入不定形耐火材料中。此外，各类型的耐火材料又可细分为不同的种类，如浇注料又可按水泥含量的差别细分为普通浇注料、低水泥浇注料、超低水泥浇注料与无水泥浇注料等。详细的分类方式在以后的章节中还会继续讨论。

思 考 题

1-1　耐火材料的定义是什么？

1-2　通常对耐火材料的要求有哪些？

1-3　陶瓷结合和直接结合的概念是什么？它们有什么区别？

1-4　耐火材料的分类方法有哪些？

2 耐火材料的显微结构与性质

本章要点

（1）熟知涉及耐火材料组成、结构与性质的基本概念、定义和意义；

（2）了解耐火材料的性能与组成和结构之间的关系；

（3）理解耐火材料性能评价指标的概念和意义；

（4）掌握耐火材料性能的检测方法。

研究材料的结构与性质及其用途的关系，对于材料学科来讲有着重要的意义，其研究成果对于新材料的开发并服务于人类生活和社会进步起着十分重要的作用。对耐火材料而言，一方面它的使用条件复杂，对它的要求也较高。另一方面与金属材料、高分子材料、玻璃及其他陶瓷材料相比较，它的显微结构要复杂得多，它是一个多相非均质结构。因此给研究工作带来许多困难，使得耐火材料显微结构与性质之间不容易建立起明确的定量关系。近年来，由于材料科学以及显微结构研究方法与设备的进步，对耐火材料显微结构以及它与性质的关系有了更多的了解。

材料的性质是由其使用要求提出的，性质是由材料的组成与结构所决定的，而材料的组成与结构是由原料与制造工艺所决定的。耐火材料的制造工艺与工程将在专门的章节中讨论。本章将结合耐火材料的使用条件、损毁机理来讨论耐火材料的显微结构、性质以及它们之间的关系。

耐火材料的性质包括物理性质、使用性能与工作性能等。物理性质是指材料本身固有的特性，包括导热系数、热膨胀性、热容量等热学性质，常温与高温下的耐压强度、抗折强度、弹性模量等力学性质以及真密度、体积密度、显气孔率、闭气孔率与总气孔率等表示材料致密程度的性质等。

耐火材料的使用性能多指在使用条件下抵抗损毁能力的性能，包括抗渣性、抗热震性、耐火度、荷重软化温度、抗高温蠕变性、重烧线变化等。耐火材料的使用性能对其使用寿命有很大影响。除了耐火度外，它们取决于材料的物质组成与显微结构，而耐火度主要与其化学成分有关。

耐火材料的工作性能主要指的是其在制造与施工过程中表现出来的性质，如在压制过程中泥料的可压缩性，浇注料在施工过程中的流动性等。它们不像使用性能那样受到显微结构的影响，而是反过来对耐火材料的显微结构产生影响。因此，在本章只讨论耐火材料的物理性质与使用性能，工作性能在其他的章节中进行讨论。

2.1 耐火材料的显微结构

2.1.1 显微结构定义

关于显微结构，有不同的定义。简而言之，显微结构是指在显微镜下所能观察到的结构。由于电子显微镜的出现及其分辨率越来越高，在显微镜下能观察到的东西越来越多，也越来越小。高分辨率的透射电镜已经可观察到晶体结构。因此，仅根据显微镜能分辨的尺度来定义显微结构与微观结构的区别是不够的。但是有一点应该是明确的，即显微结构不涉及晶体结构与分子结构。高振昕等人将显微结构定义为："在光学与电子显微镜下分辨出的试样中所含有相的种类及各相的数量、形状、大小、分布取向和它们相互之间的关系，称为显微结构"。此定义中包括了显微结构应研究的内容，让人们对显微结构有了较明确的了解。

2.1.2 耐火材料的显微结构

上面这些定义与规定的研究内容尚不足以全面描述耐火材料的显微结构。除了熔铸制品以外，耐火材料的显微结构可以用图2-1来描述。

可以将耐火材料的显微结构粗略地划分为两大部分：颗粒与基质。颗粒有时也称为"骨料"，如图2-1中1所示。通常在定形制品中被称为"颗粒"，而在不定形耐火材料中被称为"骨料"。它们在耐火材料制造过程中以颗粒的形状加入。通过烧结、水化结合或者其他结合形式与基质相结合存在于耐火材料中。耐火材料中的颗粒有不同的尺寸，颗粒大小及其分布对于耐火材料的体积密度、气孔率以及其他性能有较大影响。耐火材料显微结构中

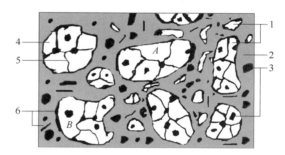

图2-1 耐火材料的显微结构
1—颗粒（骨料）；2—基质；3—气孔；
4—晶粒；5—晶界；6—裂纹

的颗粒尺寸与分布是由生产耐火材料的配料中的颗粒粒度组成来决定的。有关内容后续章节中将讨论。应该指出，文献中"颗粒"与"晶粒"常被混用，其实两者有较大区别，"颗粒"通常是多晶体，其中含有晶界；"晶粒"应为一个单晶体，不应含有晶界。一个颗粒可以由一个或多个晶粒构成。"颗粒"的英文单词常用aggregate或filler（填料），而"晶粒"常用grain，但在一些英文文献中两者也常被混用。

基质，有时也称为结合相，是存在于颗粒之间的各物相之总称。如图2-1中2所示。基质通常是由配料中加入的各种细粉、结合剂与添加剂通过烧成或其他处理后所形成的。

在耐火材料中，颗粒与基质的结构与性质常存在一定的差别。颗粒通常是原料经过高温煅烧后破碎得到的。因而具有较高的密度与强度，只有在使用轻质骨料时其强度才较低。基质是由原料细粉、结合剂与添加剂经烧成及其他处理而形成的。细粉的组成、结合剂的种类及烧成与处理制度对基质结构有较大影响。通常，基质结构的致密程度、强度以

及抵抗熔融体的侵蚀能力都较颗粒的差。因而，基质常是最易被介质侵蚀的部位。当耐火材料受力破坏时，也常常是基质先被破坏，即所谓"沿晶（颗粒）断裂"，即裂纹沿颗粒边缘扩展。只有当基质的强度足够大时，裂纹才能穿过颗粒扩展，发生所谓"穿晶（颗粒）断裂"。

无论是颗粒还是基质，它们都是由许多结构单元所构成的。为了较全面地了解耐火材料的显微结构。需要对构成耐火材料显微结构的基本单元及其有关的性质进行详细的讨论。一般认为多晶陶瓷的显微结构包括如下几个主要方面：

（1）晶粒的尺寸、形状与尺寸分布；

（2）气孔的尺寸、形状与尺寸分布；

（3）相分布；

（4）上述各组成单元的织构。

耐火材料显微结构与多晶陶瓷基本相似，但比陶瓷复杂。最大的区别是在耐火材料中存在不同尺寸的大颗粒。而在陶瓷材料中，虽然也含有不同物相，但无大颗粒，显微结构比较均匀。耐火材料显微结构的组成单元包括气孔、颗粒、晶粒、晶界与相界、物相组成、晶粒取向等，下面分类进行讨论。

2.1.2.1 气孔与裂纹

除了熔铸制品外，耐火材料通常不是完全致密的。除了高致密及轻质制品外，致密程度一般在75%~85%之间。这一点也是耐火材料显微结构不同于其他工程陶瓷的地方之一。这是因为耐火材料在高温下使用，使用环境的温度常有较大变化。有一定的气孔存在，有利于提高其抗热震能力。

耐火材料中的气孔可以存在于颗粒中，也可以存在于基质中，见图2-1中3。耐火材料的气孔分为开口气孔与闭口气孔，简称开气孔与闭气孔。开气孔是指与材料外界连通的气孔，即当把材料浸入液体中，能被浸渍液体充满的气孔，开口气孔也被称为显气孔。闭气孔是指不与外界相通，被材料本身完全封闭的气孔，即当材料被浸入液体中不能被浸渍液体填充的气孔。

描述耐火材料显微结构中气孔的相关参数有显气孔率、闭气孔率、真（总）气孔率。它们分别表示材料中显气孔、闭气孔与总气孔体积与材料的总体积之比。这些参数将在耐火材料性质的有关章节中讨论。

表征气孔性质的参数有孔径及其分布、气孔的形状等。气孔尺寸分布可以用连续型分布函数（累积分布曲线）或常态分布曲线来描述，累积分布曲线如图2-2所示。图中纵坐标为气孔孔径的累积百分数，横坐标为气孔直径。由累积分布曲线可以确定小于任何一个孔径的气孔所占的百分数。如由图2-2可知，所有的气孔的孔径都小于70μm；90%的气孔孔径小于32μm，通常这一孔径表示为$d_{90} = 32\mu m$。

在统计学中，把分布函数$y = f(x)$中

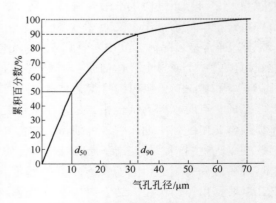

图2-2 孔径的累积分布曲线

y 值居于中间位置的 x 值定义为中位数，它是表征频率分布的一个重要参数。在图 2-2 中，当累积百分数等于 50% 时的气孔孔径是气孔分布的中位数，称为中位径，用 d_{50} 来表示，它是气孔与颗粒分布中最常见的参数。在图 2-2 中 $d_{50} = 10\mu m$。表示气孔尺寸分布的常态分布曲线如图 2-3 所示。图 2-3 为同一个轻质耐火材料样品经不同温度烧成后分别用显微镜照片手工测量（图 2-3a）与压汞仪测得（图 2-3b）的结果。

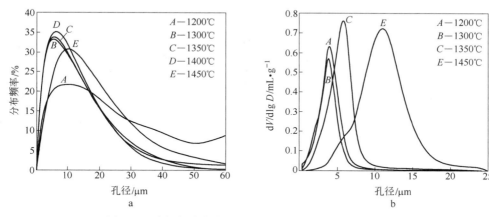

图 2-3　孔径的常态分布曲线（显微镜法与压汞仪法）

a—由显微镜照片手工法测定；b—压汞仪测定

图中横坐标为气孔孔径，纵坐标分别为分布频率或代表某一孔径气孔所占的容积份额的参数 $\mathrm{d}V/\mathrm{dlg}D$（pore volume）。由此图可以获得的有关气孔孔径分布的信息包括以下几方面：

（1）出现频率最高气孔孔径 D_{m}。即这一孔径的气孔在显微结构中的数量最多。在统计学中这一数值称为众数，故这一孔径可称众数孔径或最大频率孔径。

（2）根据孔径的常态分布图可以看出气孔孔径分布的状态。如果此图越窄、越尖锐，气孔孔径的分布范围越小。气孔大小集中在一个较小的范围内，气孔尺寸大小均匀。反之，如果孔径常态分布图越宽，表示气孔孔径分布范围越宽，气孔尺寸在较大的范围内波动。

对比图 2-3a 与图 2-3b 可见，尽管是同一种材料，测得的气孔孔径常态分布曲线的宽窄并不相同，这是由测定方法的原理不同而造成的。

耐火材料的气孔孔径分布可以是单峰分布的，也可能是双峰甚至是多峰分布的，不过多峰分布的情形较少。气孔孔径分布的状况与所用的原料、配料以及生产工艺有很大关系。由于骨料中气孔孔径的分布与基质中的不同，所以，当颗粒中含有较多气孔时，常得到双峰孔径分布曲线。

除了从孔径分布曲线得到 d_{50} 及最大频率孔径来表示气孔大小外，最常见的另一个表征气孔大小的参数为其平均孔径，计算公式如下：

$$d_{\mathrm{a}} = \frac{x_1 + x_2 + x_3 + \cdots + x_n}{n} \tag{2-1}$$

式中　　　　　　d_{a}——平均孔径；

x_1，x_2，x_3，$\cdots$，x_n——测得的第一个孔到第 n 个孔的孔径；

     n——孔的测定数目。

除了气孔大小及其分布外，气孔在耐火材料显微结构中的分布状态也很重要，它对耐火材料的性能产生很大的影响。而气孔孔径在陶瓷材料显微结构中的分布，可划为四种形式，如图2-4所示。

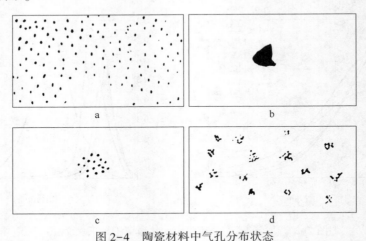

图2-4　陶瓷材料中气孔分布状态
a—均匀分布的细孔；b—大孔；c—气孔簇；d—花样分布气孔簇

这几种分布方式中，图2-4a分布是一种均匀的分布，这种分布对陶瓷材料的力学、热学及其他一些性质是有利的。因为耐火材料是由骨料与基质构成的，骨料与基质中的气孔率常常是不同的。骨料本身又可分为多孔与致密的。因此，耐火材料的显微结构很难得到均匀分布的气孔结构。但是，在耐火材料的基质中，如工艺合理仍可得到均匀分布的细气孔的结构。因此，耐火材料中气孔的存在形式可能是图2-4a与d相结合的形式。

在现有的气孔率、气孔尺寸的测定方法中，存在于材料中的裂纹也被包括在气孔中。裂纹的存在对于材料的强度、抗热震性有很大的影响。

图2-5中为莫来石-碳化硅复合材料的显微结构。图中存在两类不同的裂纹，一类是在颗粒与基质之间，沿颗粒边界形成的裂纹。这种裂纹产生的原因有两种可能：一种是在烧结过程中，由于基质烧结收缩脱离颗粒而形成裂纹；另一种是在冷却过程中，基质与颗粒收缩使两者分离。此外，在基质中也存在较多的细小裂纹。它们的形成可能是由于基质中不同物相组成或不同粒度的区域之间烧结收缩或冷却过程中的收缩不同而产生的。图2-5示出的是一个裂纹多的耐火材

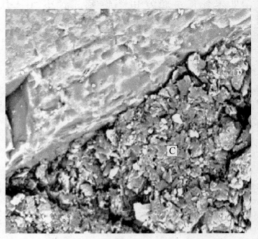

图2-5　耐火材料中的裂纹

料。实际耐火材料中的裂纹数量、长度根据生产情况不同而不同。常用的表达耐火材料显微结构中裂纹的参数包括裂纹的数量、裂纹密度、裂纹长度与宽度等。

2.1.2.2 颗粒、晶粒与母盐假象

在 2.1.2 节开头提到，颗粒与晶粒是两个不同的概念。一个颗粒中常包括多个晶粒。与气孔类似，晶粒在颗粒中也是分布不均匀的。它们常常聚集在一起形成某种晶粒簇。这种晶粒簇常保持其分解前母盐的外形，称为母盐"假象"。"假象"实际上是由母盐分解而得到的一个微晶的团聚体，它保留了原母体颗粒的外形。图 2-6 中为一个由三水铝石分解而得到氧化铝"假象"的电镜照片。由图中可以看出：分解后的三水铝石颗粒仍保留了三水铝石颗粒原来的外形。在

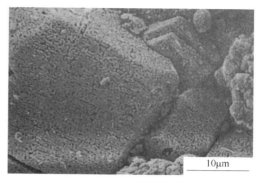

图 2-6 保留有三水铝石外形的氧化铝微晶图像

这种结构中存在两类气孔与颗粒。一类是在"假象"内的晶粒与气孔。在图 2-6 中为包含在"假象"内的氧化铝晶粒与它们之间的气孔。在一些文献中将它们称为"一级颗粒"与"一级气孔"。另一类是保留了三水铝石颗粒外形的"假象"以及它们之间的气孔，分别称为"二级颗粒"与"二级气孔"。母盐"假象"的这种结构特点将随颗粒带入耐火材料的显微结构中去，造成耐火材料结构的不均匀。例如，前面所提到的图 2-4a 与 d 相结合的复合气孔分布状况。

耐火材料中颗粒与晶粒的尺寸对其性能有较大影响。颗粒与晶粒尺寸的表示方法与气孔尺寸表示方法相同，用各种不同分布形式与表示颗粒尺寸的参数 d_{50}、d_a 等来表征它们的大小。

耐火材料显微结构中颗粒的形状也对材料性质有影响。在一般情况下，耐火材料的制作过程与烧结都不会对颗粒外形产生很大的破坏与改变，所以耐火材料的颗粒常保持它们原来的形状。耐火材料颗粒的形状与破碎方式以及其构成晶粒的形状有一定关系。例如，由于莫来石晶体呈长柱形，当采用对辊破碎机破碎莫来石熟料时，颗粒易呈柱状或长片状，当采用立式冲击破碎机时，则可得到较多的粒状颗粒。

耐火材料显微结构中的颗粒形状常可分为如下几种形状：

（1）片状颗粒。人们常用颗粒的最长与最短尺寸之比来描述片状颗粒的形状，此比值称为形貌比。

（2）柱状颗粒。

（3）粒状颗粒。这是较常见的形状。

颗粒的形状会对耐火材料的成型性能及性质产生很大的影响。例如，粒状颗粒的流动性较好，高形貌比的颗粒常有利于提高材料的韧性等。

材料显微结构的信息通常是从二维图像上采集到的。利用二维图像上采到的数据可以简便地用式 2-2 来描述颗粒的形状。

$$F = \frac{4\pi S}{L^2} \tag{2-2}$$

式中 F——形状因子；
　　　　S——颗粒的横截面积；
　　　　L——颗粒的周长。

当 $F=1$ 时，颗粒的二维图形为圆，当 $F=0$ 时，颗粒的图形为直线。实际颗粒的形状因子介于这两者之间。

在谈到颗粒形状时，必须提到颗粒在显微结构中的排列取向。对于形貌比大的颗粒，如应用于碳复合耐火材料的鳞片状石墨以及柱状或片状的颗粒，在压制或振动成型过程中容易沿垂直于加压方向或振幅方向取向。也就是说其长度方向垂直于加压方向或振动方向。这种特别的取向结构造成材料的各向异性。垂直于取向方向与平行于取向方向的强度、导热系数以及抗渣渗透能力都会存在一定程度的差异。

2.1.2.3 相组成与分布

耐火材料的相组成也是很复杂的。它包括了晶相、玻璃相（液相）与气相。气相即包括在耐火材料结构中的气孔与裂纹，这在前面已经讨论过。在本小节中只讨论晶相与玻璃相。

由于成分为多组分，在大多数耐火材料中都有玻璃相存在。在高温下这部分玻璃相将转变为液相。其多少取决于耐火材料的组成与烧成温度。在无机材料物理化学或材料学的相关课程中已学过，可用相关相图得到可能生成液相的温度与液相量。液相的组成与性质、液相与晶相之间的关系及其分布状况对于材料的常温与高温性能有很大影响。

根据液相对晶相润湿状况、液相量的多少以及加热与冷却条件，玻璃相在显微结构中的分布状态可分为三种情形，如图 2-7 所示。当生成的液相量很大，它对晶相的润湿性很好的情况下，冷却后玻璃会形成一连续的网络结构，如图 2-7a 所示。当液相量较少，而且液相对晶相的润湿性较差的情况下，液相不能形成连续网络结构，玻璃相仅存在于三晶粒连接的边界中，如图 2-7b 所示。如果在冷却过程中，特别是在很慢速的冷却过程中，液相可能结晶或与晶相反应形成另一晶相，则获得如图 2-7c 的结果，材料中已不存在玻璃相。但是，在大多数情况下，当耐火材料在高温下使用时，它们又会转化为液相。

　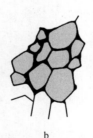　

　　　　a　　　　　　　　　　b　　　　　　　　　　c

图 2-7　玻璃相在显微结构中的分布

液相的存在会对耐火材料高温性能，如高温强度、荷重软化温度及抗高温蠕变性能产生很大影响。通常，由于液相的存在，高温强度与荷重软化温度都会下降。除了液相的性质外，液相在显微结构中的分布状态对上述性能有很大影响。图 2-7b 所示的状态是最有利的。也就是说，如果耐火材料中液相是孤立分布状态存在，它对耐火材料的性质，特别是高温性质的影响要小得多。在无机材料物理化学等课程中已经知道液相对晶相的润湿性取决于它们的界面张力与表面张力，是决定液相在显微结构中分布的重要因素之一。除了界面张力以外，液相的黏度也会对耐火材料的高温性能产生较大影响。通常，液相的黏度越大，耐火材料的荷重软化温度与抗蠕变性越高。而液相的表面张力与黏度取决于温度与其组成。由于耐火材料中液相的组成和结构与玻璃及冶金渣相似，因而有关玻璃及冶金渣的黏度等性质的计算公式与理论可以有选择性地利用来计算耐火材料中的黏度与表面张力。有关方法在许多文献中可以找到。

晶相是耐火材料中最重要的构成部分，它对于其性质有决定性的影响。通常以一个或两个晶相为主。含量最多的称为主晶相，第二多的称为次晶相。除此以外，还可能存在其他一些含量较少的晶相。这些晶相的组成，它们在耐火材料中的赋存状态、分布以及它们之间的关系是决定耐火材料性质的重要因素。

2.1.2.4 晶界与相界

材料中的相界通常是指两相之间的界面，例如，气相与固相之间的界面、固相与液相之间的界面以及两个不同固相之间的界面等。有些书中也将由不同固相结合成一个整体之间的界面称为"内界面"。正如我们前面所提到的那样，耐火材料的显微结构非常复杂。它包括有不同的晶相、玻璃相（它在高温下转变为液相）、气相。因此，耐火材料显微结构中，各种不同的界面均可能存在，对耐火材料性质的影响也很复杂。高温下耐火材料中固-液界面的性质、界面能对液相与固相之间的润湿状况有很大影响。这一点已在上述有关玻璃相在耐火材料中分布状况时讨论过了。在耐火材料中还有另一种更重要的界面，这就是颗粒与基质之间的界面，这种界面在别的材料中很少有。由于耐火材料的基质本身就是一个包括不同晶相、玻璃相（液相）及气相的复合体，颗粒也常常包括有一种以上晶相。因此，很难将这一界面划入上述分类方法中的哪一类中。实际上，它可能是由多种界面构成的复杂界面。

前面已经提到耐火材料的颗粒中包括多个晶粒，如图2-1所示。因此，在颗粒中存在晶界。同样，在基质中，虽然颗粒很小，但一个颗粒中仍可能包含几个单晶，仍有晶界存在。由于晶界是固相扩散的快速通道，晶界的组成、性质、数量及分布对材料的性质及烧结都有较大影响。通常，晶粒越小晶界数目越多。在高级镁质材料如 MgO-C 砖的生产中，有时要求 MgO 的晶粒尺寸较大，目的在于减少晶界数目。

在晶界中，离子（或原子）或多或少地偏离了平衡位置，存在某种结构畸变。所以相对晶体内部而言，晶界存在较高的能量。高出的这部分能量称为晶界能。在这种情况下，溶质离子（或原子）处于晶界内的能量比处于晶体内的能量要低，于是溶质离子（原子）就会自发地向晶界迁移，使整个体系的能量下降。这种晶界处溶质离子（原子）浓度偏离平均浓度的现象称为晶界偏析。由于晶界偏析，耐火材料中的杂质及添加剂离子会向晶界或相界集中，从而影响到耐火材料的性质。因而，控制晶界的组成以获得满意的性质是耐火材料设计中的一个重要内容。

按组成与结构的不同，耐火材料中的晶界可分为如下几种类型：

（1）高温相晶界。存在于晶界中的物相为高熔化温度的物相。例如，在高纯镁砂的制造中要求控制 CaO/SiO_2 物质的量比大于 2，就是希望在晶界中生成 $2CaO \cdot SiO_2$ 高温相。

（2）玻璃相晶界。由于耐火材料中的杂质大量集中在晶界中，高温下形成液相。冷却后变成玻璃相，得到玻璃相晶界。耐火材料在高温下使用时，玻璃相又转化为液相。由于这种界面液相是快速扩散区，同时也是吸收杂质及添加剂元素的地方。因此，也是最易与渣反应及最易受渣侵蚀的地方，同时它还是熔渣向砖内渗透的通道。通常认为它们对延长耐火材料的寿命是不利的。但是，它也可能产生某些正面作用，例如，它有利于添加剂元素的均匀分布，促进烧结及晶粒长大等。当它与渣反应时，还可能引起渣性的改变，例如提高渣的度，从而可能提高材料的抗渣侵蚀与渗透的能力。此外，当玻璃相软化后，它能起到消散残余应力的作用。但是，通常情况下高玻璃相含量会导致常温强度及韧性下降。

（3）晶状晶界。这种晶界，仅仅是因为两个晶粒的晶格取向不同引起晶格畸变而形成的晶界，晶界的成分与晶粒没有或极少有差别。这种晶界在耐火材料中很少，它可能存在于某些纯度极高的材料中，如重结晶碳化硅材料中。

上述各种晶界类型同样也适用于相界，不同晶相之间的界面实际上是两种不同成分晶粒之间的界面。

2.1.3 显微结构的控制与检测

2.1.3.1 影响耐火材料显微结构的因素

材料的性质是由其组成与结构决定的，组成与结构是由工艺决定的。当组成确定后，材料的性质主要受其显微结构控制。所谓材料设计就是根据所需要的性质，设计材料的组成及显微结构。材料的组成在配料中已大致确定，而制备工艺对材料的显微结构（包括材料的相组成及分布）产生决定性的影响。影响耐火材料显微结构的因素很多，主要包括下列几个方面：

（1）配料组成。它包括两个方面：一个是化学与相的配料组成，它规定耐火材料应具有的化学成分与相组成。它对于耐火材料的相组成，晶界组成与结构有决定性的影响。另一个是颗粒组成，它规定配料中的颗粒尺寸及分布，对于耐火材料显微结构中的颗粒大小及分布以及气孔的数量与分布有很大影响。

（2）混合与成型。混合过程影响配料的均匀程度，成型过程会影响生坯的密度与物料颗粒之间的接触，从而影响后续烧结过程。它们对显微结构，特别是气孔形状与分布、相分布等产生影响。

（3）烧成。原料的烧结与制品的烧成对耐火材料显微结构产生巨大的影响。有关烧结过程中发生的物理化学反应在专门书中讲述，这里不可能详细说明。它对于晶粒的形状、尺寸分布、气孔率、气孔的尺寸与分布、玻璃相组成与分布、晶界数量及组成等所有显微结构组分都有很大影响。

理论上讲，了解了影响显微结构的因素及过程后，就可以通过调整与控制这些影响因素，控制制备过程以获得理想的显微结构。但是，由于过程的复杂及影响因素很多，材料显微结构的设计与控制尚很困难。耐火材料本身的组成与显微结构较其他材料复杂。而且，在高温使用过程中其显微结构在不断发生变化，使得对耐火材料显微结构的控制更加困难。但是，在了解了影响显微结构的因素后，通过控制与调整这些因素，仍可能对耐火材料的显微结构的形成产生相当程度的影响。探索耐火材料组成、结构与性质的关系永远是耐火材料科技工作者的重要任务。

2.1.3.2 显微结构的研究方法

显微结构的研究方法很多，涉及的面很宽。任何一个单一的研究方法都可能成为一个单独的学科。我们不可能对它们进行详细的研究与阐述。对于材料科学工作者而言，了解这些方法的应用范围，知道应用哪些方法可以准确获得我们所需要的信息，测得表征显微结构的有关参数是重要的。

显微结构的主要研究方法如图 2-8 所示。由图可以看出，显微结构的研究方法由两部分组成，一部分是可以直接从显微结构图像中获取信息的方法。其中包括光学显微镜、扫描电子显微镜与透射电子显微镜等。通过显微镜图像可获得颗粒尺寸与分布、气孔尺寸与分布、相组成及其分布、晶界、相界等有关信息。利用这些组分灰度上的差异，通过自动图像分析仪可以自动获得有关数据，也可以用手工方法获得这些信息。此外，利用附属于扫描或透射电子显微镜上的能量色散谱仪（简称能谱仪，EDS）或电子探针 X 射线显微分析仪（简称电子探针，EPMA）可以确定显微结构中微域成分以及它们沿一条直线的分布或在某个面上的分布。

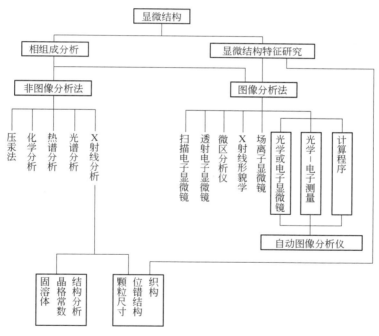

图 2-8 显微结构分析的研究方法

除了直接从显微图像上获取信息以外，还存在一些非图像分析方法，如图 2-8 左边部分所示。在这些方法中最常用的是 X 射线分析，它可以用来定性与定量地确定材料的相组成，测定晶粒尺寸与晶格常数并进行结构分析。光谱与化学分析常用来确定化学成分。热谱分析更多地用于反应过程的研究，它对于显微结构的形成过程有意义。压汞仪可以测得材料中气孔分布等有关数据。除图中所列的以外，还可以利用红外光谱、X 射线光电子能谱等技术研究材料的化学键及表面结构。显微结构的研究方法很多，技术与分析都在不断进步中。材料工作者应不断关注新的方法及设备的出现。

2.2　耐火材料的物理性质

耐火材料的物理性质包括表征它致密程度的性质、热学性质及力学性质等。

2.2.1　耐火材料的密度、气孔率与透气性

2.2.1.1　体积密度、真密度、显气孔率、真气孔率、闭气孔率与吸水率

（1）体积密度：带有气孔的干燥材料的质量与其总体积之比值。总体积为材料中固体物质、开口气孔及闭口气孔的体积总和。

（2）真密度：带有气孔的干燥材料的质量与其真体积之比值。真体积为不包括气孔的干燥材料的真实体积。

（3）显气孔率：带有气孔的材料中所有开口气孔体积与其总体积之比。

（4）闭口气孔率：带有气孔的材料中所有闭口气孔体积与其总体积之比。

（5）真气孔率：显气孔率与闭气孔率之总和，它等于材料中所有气孔的体积与其总体积之比，也称总气孔率。

（6）吸水率：带有气孔的材料中所有开口气孔所吸的水的质量与其干燥材料质量之比。吸水率与开口气孔率的大小有密切关系。我国及其他一些国家的标准中已不使用吸水率，但一些资料中，特别是经煅烧过的原料中仍常见。

常用的体积密度的测定方法有两种，其不同之处在于如何测得试样的体积。一种是测定试样的三维尺寸，计算出它的体积 V，然后直接除以其干燥质量 m_1，即可得到体积密度。

$$\rho_b = \frac{m_1}{V} \tag{2-3}$$

这种方法常用于测定轻质保温耐火材料的体积密度，也有称为假比重、容重的。

另一种测定耐火材料体积的方法是阿基米德法，即用排水法来测定试样的体积，是目前各国标准中规定的方法。为了准确测得试样的体积，测定方法可以分为两类：一种是真空法，即将试样放在密闭容器中抽真空达到一定的真空度以后再注入水或其他液体，来浸泡试样。另一种是将试样放入沸水中浸泡。将质量为 m_1 的试样放入液体中浸泡，浸泡完成后，试样在液体中称取其悬浮在液体中的质量 m_2。然后将试样从浸液中取出，用饱和了浸液的毛巾小心地擦出多余的液滴（不能吸出试样气孔中的液体）。在空气中测得饱和试样的质量 m_3。用测得的 m_1、m_2 及 m_3 即可计算出耐火材料体积密度 ρ_b、显气孔率 π_a 与吸水率 ω_a。

$$\rho_b = \frac{m_1}{m_3 - m_2} \times \rho_{ing} \tag{2-4}$$

$$\pi_a = \frac{m_3 - m_1}{m_3 - m_2} \times 100\% \tag{2-5}$$

$$\omega_a = \frac{m_3 - m_1}{m_1} \times 100\% \tag{2-6}$$

式中　ρ_{ing}——浸泡液体密度，液体可以是水、油等任何液体，对于易水化或者在水中易散开的坯体等试样不宜用水。

耐火材料的真密度是将耐火材料磨成细粉，尽可能消除气孔，然后用比重瓶法测定。这里不详细讨论。具体测定方法在有关标准中可以找到，测得材料真密度后，即可计算得到耐火材料的真气孔率 π_t 与闭气孔率 π_f。

$$\pi_t = \frac{\rho_t - \rho_b}{\rho_t} \times 100\% \qquad (2-7)$$

$$\pi_f = \pi_t - \pi_a \qquad (2-8)$$

应该指出，上面介绍了有关耐火材料体积密度与气孔率等有关概念及测定方法的原理。具体测定时，请根据各国不同的标准按步骤进行。

由于耐火材料通常是一个多组分的复杂体系，当组成变动时，它的真密度就会发生变化。因此，仅用体积密度不能准确地反映出材料的致密程度。需要引入一个相对密度的概念。相对密度为其体积密度与其理论密度之比。理论密度可以通过理论计算而得到，也可以用真密度来代替。在理论密度或真密度数据不足时，气孔率是一个更准确反映材料致密程度的参数。

2.2.1.2 耐火材料的透气性

耐火材料的透气性是指在它两边存在压差的条件下，气体通过的能力。

测定耐火材料透气性的方法是将一个圆形试样的侧面密封，在试样的两端造成一定的压力差，用在规定时间内，透过试样的气体的量来表示耐火材料的透气度。由哈根-伯肃叶定律，可求出通过耐火材料试样流量与压差及气体黏度的关系，如式 2-9 所示：

$$\frac{V}{t} = \mu \times \frac{1}{\eta} \times \frac{A}{h} \times (p_1 + p_2) \frac{p_1 + p_2}{2p} \qquad (2-9)$$

式中　V——通过试样的气体体积，m^3；

$\quad$ t——V 体积的气体通过试样的时间，s；

$\quad$ μ——试样的透气度，m^2；

$\quad$ η——试验温度下气体的动力度，$Pa \cdot s$；

$\quad$ A——试样的横截面积，m^2；

$\quad$ h——试样的高度，m；

$\quad$ p_1——气体进入试样端的绝对压力，Pa；

$\quad$ p_2——气体逸出试样端的绝对压力，Pa；

$\quad$ p——气体的绝对压力，Pa。它是测定气体体积时的压力。因此，在正压下试验时 $p = p_1$，在负压下试验时 $p = p_2$。

由式 2-9 可得到耐火材料的透气性 μ：

$$\mu = \frac{V}{t} \times \eta \times \frac{h}{A} \times \frac{1}{p_1 - p_2} \times \frac{2p}{p_1 + p_2} \qquad (2-10)$$

在实际测定中，可用由式 2-10 转换而得的式 2-11。

$$\mu = 2.16 \times 10^{-6} \times \eta \times \frac{h}{d^2} \times \frac{q_v}{\Delta p} \times \frac{2p_1}{p_1 + p_2} \qquad (2-11)$$

式中　μ——耐火材料的透气度，m^2；

$\quad$ η——试验温度下通过试样气体的动力黏度，$Pa \cdot s$，在测定标准中常附有空气与氮气的动力黏度值；

$\quad$ h——试样高度，mm；

d——试样直径，mm；

q_v——通过试样的气体流量，cm^3/min；

Δp——试样两端的气体压差（$p_1 - p_2$），mmH_2O（$1mmH_2O = 9.80665Pa$）；

p_1——气体进入试样端的绝对压力（$p_2 + \Delta p$），mmH_2O；

p_2——气体逸出试样端的绝对压力，它等于当时的大气压，mmH_2O。

当试样两端的压差小（例如，$\Delta p < 100mmH_2O$）时，$\dfrac{2p_1}{p_1 + p_2}$接近于1。因而常可以忽略不计。

由式 2-11 可以看出，耐火材料的透气性主要取决于它的开口气孔率。开口气孔率越大，q_v越大。

2.2.2　耐火材料的力学性质

耐火材料的力学性质主要包括它的弹性模量、泊松比、耐压强度与抗折强度、断裂韧性等。它不仅表示耐火材料抵抗外力作用而不被破坏的能力，还对其抗热震性有较大影响。

2.2.2.1　耐火材料弹性模量与泊松比

众所周知，弹性模量（也称杨氏模量）E 是材料在应力作用下发生弹性变形时的应力 σ 与应变 ε 之比，计算公式如下：

$$E = \frac{\sigma}{\varepsilon} \tag{2-12}$$

在材料的拉伸过程中，材料纵向要伸长，横向则要收缩。泊松比（Poisson Ratio）μ 定义为在拉伸试验中，材料横向单位面积的减少与纵向单位长度的增加之比值。它等于横向应变 ε_A 与纵向应变 ε_L 之比。

$$\mu = \frac{-\Delta A}{A_0} \bigg/ \frac{\Delta L}{L_0} = \frac{-\varepsilon_A}{\varepsilon_L} \tag{2-13}$$

式中，A_0 与 L_0 分别为拉伸前试样的横截面积与长度；ΔA 与 ΔL 分别为横截面积与长度的减小值与增大值。μ 值常取绝对值。大多数无机材料的泊松比在 0.2~0.25 之间，小于一般的金属材料（0.29~0.33）。

弹性模量是原子间结合强度的重要标志之一。共价键与离子键材料中原子间结合力强，它们的弹性模量就大；分子键材料中原子间的结合力弱，它们的弹性模量就小。原子间的距离也影响弹性模量，压应力下原子间的距离变小，E 值增加；在张应力下原子间的距离变大，E 值下降。由于陶瓷与耐火材料这类脆性材料受较小的张应力就会断裂，原子距离不可能增加很多，E 值也不会有很大的变化。随温度的升高，原子间的距离变大，E 值下降。

对于两相材料，不容易精确计算其弹性模量，但可以用简化模型计算出可能的最大弹性模量值（上限弹性模量）与可能的最小值（下限弹性模量）。它们的简化式分别为式 2-14 及式 2-15。

上限弹性模量：

$$E_H = E_1 V_1 + E_2 V_2 \tag{2-14}$$

下限弹性模量：

$$E_L = \frac{V_1}{E_1} + \frac{V_2}{E_2} \tag{2-15}$$

式中 V_1，V_2——分别为第一相与第二相的体积分数（$V_1 + V_2 = 1$）；

E_1，E_2——分别为两相的弹性模量。两相材料的实际弹性模量介于两者之间。

陶瓷材料中的气孔也可认为是第二相，但气孔的弹性模量为零。不能用式 2-14 与式 2-15 计算。对于气孔率对材料模量的影响，常用式 2-16 表示：

$$E = E_0 e^{-BP}$$ （2-16）

式中　E，E_0——分别为气孔率为 P 以及气孔率为零的材料的弹性模量；

　　　　B——与泊松比及气孔形状与分布有关的常数。

对于连续基体内的封闭气孔，可以用经验式 2-17 来计算多孔材料的弹性模量：

$$E = E_0(1 - 1.9P + 0.9P^2)$$ （2-17）

式中　E，E_0——分别为气孔率为 P 及气孔率为零的材料的弹性模量。

式 2-17 可适用于气孔率不高于 50% 的材料，但它只适应于封闭式气孔，当气孔为连续相时，气孔的影响比按式 2-17 计算的要大。大多数烧结陶瓷材料气孔率在 2%~7%，可使它们的弹性模量小于完全致密材料 4%~13%。值得指出的是，上面提到的气孔率与弹性模量的关系，仅是一些简化了的基本关系。有关气孔率与弹性模量的研究工作不少，有不同的关系式，与材料的显微结构、裂纹的多少及形态有很大关系。Pabst 等人对表达多孔陶瓷弹性模量与气孔率的关系的理论进行了一个对比分析研究，感兴趣者可以参考。

表 2-1 中列出了常见陶瓷材料的弹性模量，同时也列出了主要金属材料的弹性模量以进行对比。由表 2-1 可见，一般陶瓷材料的弹性模量比金属材料的大。由于试样显微结构及测定方法的差别，不同文献提供的同一种材料的弹性模量常有一定差别。

表 2-1　材料的弹性模量（室温）

材　料	E/GPa	材　料	E/GPa
氧化铝晶体	380	石英玻璃	72
氧化铝（致密、单相）	402	熔融氧化硅	69
烧结氧化铝（气孔率 5%）	366	致密 SiC（气孔率 5%）	470
氧化铝瓷（95% Al_2O_3）	300	碳化硅（致密、单相）	480
氧化铝瓷（90%~95% Al_2O_3）	366	烧结 TiC（气孔率 5%）	310
氧化镁	210	热压 BN（气孔率 5%）	83
氧化镁（致密、单相）	316	热压 B_4C（气孔率 5%）	290
莫来石（致密、单相）	230	氮化硅（致密、单相）	320
莫来石瓷	69	烧结 $MoSi_2$（气孔率 5%）	407
镁铝尖晶石	240	石墨（气孔率 20%）	9
烧结镁铝尖晶石（气孔率 5%）	238	滑石瓷	69
氧化锆	190	镁质耐火材料	170
烧结稳定氧化锆（气孔率 5%）	150	碳素钢	200~220
部分稳定氧化锆	207	铜	100~120
石英玻璃	73	铝	60~75

由上面的讨论可以看出，陶瓷材料的弹性模量受到其组成、气孔率等因素的影响。由

于耐火材料的组成与显微结构比一般工业陶瓷的还要复杂得多。因此，耐火材料的弹性模量与结构及组成的关系更加复杂。大部分耐火材料为复相或多相材料，即使仅就耐火材料基质而言，也是一个含气孔与裂纹的多相体系。因此，它的弹性模量与显微结构及组成的关系依然相当复杂。不同的试样及不同的试验条件，常得出不同的结果，但有一些基本规律是可以借鉴用来分析材料的使用性质与损坏原因的。

耐火材料组成对其弹性模量有很大的影响，有人曾研究 $MgO-MgAl_2O_4$ 复合材料的组成，晶粒大小与弹性模量的关系。为了消除气孔的影响，他们将 MgO 含量（质量分数）大于98%的镁砂粉与尖晶石粉（Al_2O_3 66.3%，MgO 31.6%，总杂质 2.1%）在1720℃热压制得相对密度达约99%的试块。分别用荷载-挠度法、声发射法、变应测定法与雷利波法测得不同尖晶石含量与两种不同尖晶石尺寸大小的 $MgO-MgAl_2O_4$ 材料的弹性模量，所得结果如图 2-9 所示。

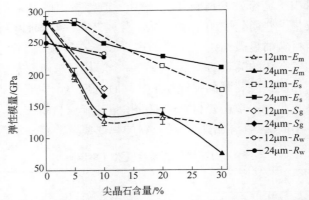

图 2-9　MgO 与 $MgO-MgAl_2O_4$ 复合材料中尖晶石含量及尺寸大小与弹性模量的关系

E_m—机械法测得的弹性模量；E_s—声发射法测得的弹性模量；S_g—应变法测得的弹性模量；

R_w—雷利波测得的弹性模量；24μm 与 12μm—两种尖晶石的晶粒尺寸

由图 2-9 可见，尖晶石粒度对 $MgO-MgAl_2O_4$ 材料的弹性模量的影响不大。随尖晶石含量的提高，材料的弹性模量下降。测定方法对测得的弹性模量的测定值有较大影响。采用机械法测得的弹性模量值，小于用声发射法测得的值；而用雷利波法测得的值，接近于声发射法测得的值；用应变法测得的值更接近于机械法测得的结果。通过对试样热震前后测定结果的对比及其与抗热震性的关系，作者认为用声发射法测得的弹性模量不能很好地反映试样中微裂纹的影响，因此，他建议在这类材料的抗热震性研究中，应用机械法测量弹性模量比较好。

耐火材料的热处理过程对它的弹性模量也会有很大影响，特别是对不烧制品更是如此。Nonnet 等人利用超声法，研究了两种水泥结合 Al_2O_3 浇注料的弹性模量随温度变化的规律。$C_{12.5}$ 浇注料的组成（质量分数）为：水泥 12.5%，板状刚玉 50%，活性氧化铝 37.5%，加减水剂等外加剂。另一个浇注料 $C_{12.5}Si$ 的主要成分与 $C_{12.5}$ 相同，只是外加了1%的氧化硅微粉。试样经养护后测定其弹性模量与温度的关系如图 2-10 所示。

由图 2-10 可见，它们的弹性模量随温度产生较大的变化。在 300℃ 以下时，随温度的升高，弹性模量随温度下降，在 400~1000℃ 的范围内，弹性模量变化很小，温度高于

1000℃后，弹性模量又随温度的升高而增加，冷却过程中随温度的下降，弹性模量增大，且仅1%氧化硅微粉的加入对弹性模量的变化产生很大的影响。出现这种现象的原因是因为在加热与冷却过程中，由于水泥水化物的脱水，试样在实验过程中发生的物理化学变化以及烧结等因素导致材料的物相组成与显微结构的变化而引起的。而SiO_2微粉的加入对物相形成及结构的变化产生较大影响，Tessiev-Doyen等人研究过Al_2O_3-石墨以及Al_2O_3-玻璃材料在高温下的弹性模量。图2-11中给出Al_2O_3的体积分数为62%的Al_2O_3-C砖的弹性模量与温度的关系，同样可见在加热-冷却过程中材料弹性模量的变化。并且当材料冷却到它开始加热的温度时，它的弹性模量也不等于它原来的弹性模量。这是在加热与冷却过程由于结合剂的去除、体积膨胀等一系列的物理与化学过程造成其组成与显微结构的改变，一些改变是不可逆的，它不可能再回到原来的状态。

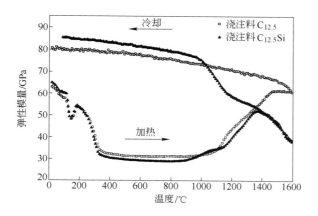

图2-10　氧化铝浇注料的随意性模量与温度的关系
（升温与冷却速度3℃/min）

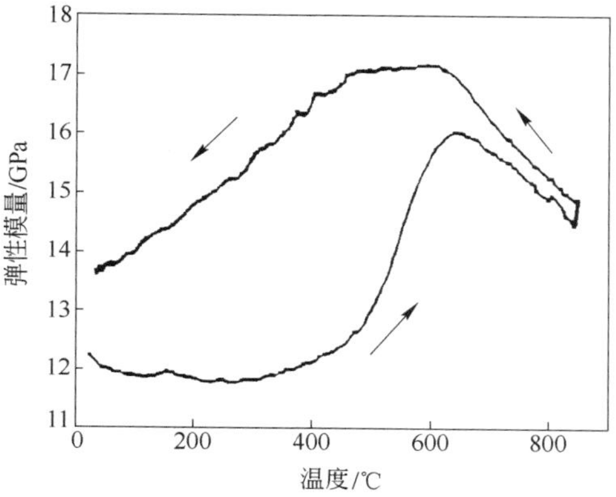

图2-11　加热与冷却过程中，Al_2O_3-C
耐火材料的弹性模量与温度的关系
（温度变化速度为5℃/min）

耐火材料热处理的速率大小同样会对其弹性模量产生影响，Aksel曾研究莫来石对刚玉-莫来石耐火材料性能的影响，试样的化学成分及物理性质如表2-2所示。试样以1600℃烧成。图2-12给出了经不同温度冷水淬冷试验后的弹性模量与温差的关系。由图可以看出随淬冷温差的增加，弹性模量下降，这可能与产生的较多裂纹有关。

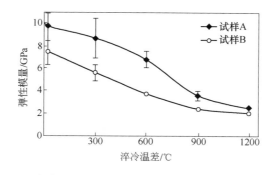

图2-12　淬冷温差对刚玉-莫来石耐火材料弹性模量的影响

表 2-2　刚玉-莫来石试样的成分与性质

试样	Al$_2$O$_3$含量（质量分数）/%	SiO$_2$含量（质量分数）/%	体积密度/g·cm^{-3}	显气孔率/%
A	91.4	8.6	2.7	23
B	86.1	13.9	2.6	25

由此可以看出，耐火材料的弹性模量不仅与其组成、显微结构特别是气孔率与裂纹有关以外，还与热处理过程等因素有关。然而，耐火材料是在高温下使用的，而且可能不断经历升温—冷却过程。在此过程中耐火材料的显微结构在不断地发生变化，其弹性模量也在不断地变化。在实际使用条件下，耐火材料所具有的性质与产品原来的性质有较大差别，这样就使我们对耐火材料损坏机制的判断，对耐火材料品质的要求以及组成与结构的设计变得更加复杂，这是我们耐火材料工作者要有清醒认识和努力去解决的问题。

2.2.2.2　耐火材料的强度与断裂韧性

耐火材料的强度包括耐压强度与抗折强度。材料的断裂韧性是根据断裂力学原理推断出来表征材料破坏特性的一个临界值。

A　耐火材料的强度

耐火材料的强度，包括耐压强度与抗折强度。耐火材料的耐压强度，是单位面积上所能承受而不破坏的极限载荷。耐火材料耐压强度的测定可以在常温下进行，也可以在高温下进行。前者称为常温耐压强度，后者称为高温耐压强度。

耐火材料耐压强度的测定方法是在机械或液压试验机上，以规定的加压速率对圆形或方形试样加荷，直到试样破碎。根据所记录的最大载荷和试样受载荷的面积，用式 2-18 计算试样的耐压强度：

$$S = \frac{P}{(A_1 + A_2)/2} \tag{2-18}$$

式中　S——试样的耐压强度；

　　　P——试样破碎时的最大载荷，N；

A_1，A_2——分别为试样上下受压面的面积，mm^2。

载荷的加荷速度、试样尺寸的平行度以及在耐火材料制品上取样的方向都会对试验精度产生影响。通常规定试验加载方向应与制品成型加压方向一致。在试验中，常在试样上下两个受压面上，各加一厚约 2mm 的草纸板。在我国标准及国际标准中都规定有无衬垫仲裁试验方法。这些方法中对试样表面光洁度以及平行度都有更高的要求。

由于试样的品种对强度的测定有一定的影响，对于不同的耐火材料品种，如致密定形耐火材料、轻质保温耐火材料、浇注料等的耐压强度的测定方法在各国的标准中常有不同的规定细则。实际检测过程中可按标准进行。

耐火材料的抗折强度是指将规定尺寸的长方体试样，在三点弯曲装置上能够承受的最大应力。实验可以在常温下进行，也可以在高温下进行。前者称为常温抗折强度，后者称为高温抗折强度。抗折强度的测定方法如图 2-13 所示。将长方形耐火材料试样，放在两个支撑刀口上，在加荷刀口上按一定的加荷速度，加荷直至试样断裂为止。根据试样品种及强度值的不同，加载速度也不同。通常致密高强度制品的加载速度较大而轻质低强度制品的加载速度较小。根据记录下的最大压力及试样的尺寸，按式 2-19 计算试样的抗折强度。

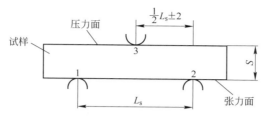

图 2-13　耐火材料抗折试验示意图
1，2—支撑刀口；3—加荷刀口

$$R_{e} = \frac{3}{2} \times \frac{F_{max}L_{s}}{bh^{2}} \tag{2-19}$$

式中　R_{e}——抗折强度，MPa；
　　　F_{max}——对试样施加的最大压力，N；
　　　L_{s}——两支撑口之间的距离，mm；
　　　b——试样的宽度，mm；
　　　h——试样的高度，mm。

若将上述装置及试样放入高温炉的恒温区中，按一定的升温速度升温到试验温度后进行测定，则可以得到高温抗折强度。

和耐压强度一样，不同的耐火材料品种的测定方法与程序有一定的差别，测定的标准方法也不完全相同，可以从相关的标准中找到，按规定的标准方法进行测定。

B　耐火材料的断裂韧性

材料的破坏需要克服原子间的作用力。根据原子间作用力计算出的强度称为理论结合强度。材料的理论强度的近似表达式为式 2-20。由该式可知材料的理论强度 σ_{th} 只与材料的弹性模量 E、表面能 γ 及晶格常数 a 有关。

$$\sigma_{th} = \sqrt{\frac{E\gamma}{a}} \tag{2-20}$$

理论强度只适合理想的完整晶体，材料的实际强度常远小于它的理论强度。为此，Griffith 提出在实际材料中总是存在许多细小裂纹或缺陷。在外力作用下，这些裂纹或缺陷附近产生应力集中现象。当应力达到某一临界值时，裂纹开始扩展而导致断裂。由此可知，$\sigma_{A} = 2\sigma\sqrt{\dfrac{C}{R}}$ 断裂并不是两部分晶体被拉成两半而是裂纹扩展的结果。从能量的观点看，只要物体内储存的弹性应变能的降低大于由于开裂形成两个新表面所需的表面能，裂纹就会扩展，否则裂纹就不会扩展。

Griffith 根据弹性理论求得裂纹端部的应力 σ_{A} 可用式 2-21 所示：

$$\sigma_{A} = 2\sigma\sqrt{\frac{C}{R}} \tag{2-21}$$

式中　σ——外加应力；

C——裂纹长度的一半；

R——裂纹尖端的曲率半径。

Irwin 根据弹性力学的应用场理论得出裂纹端头的应力为 σ_A 为：

$$\sigma_A = \frac{K_1}{\sqrt{2\pi\gamma}} \qquad (2-22)$$

式中　γ——表面能；

K_1——应力场强度因子，它与外加应力 σ、裂纹长度 C、裂纹类型及受力状态等因素有关。

将式 2-21 代入式 2-22 得到：

$$K_1 = \sqrt{2\pi\gamma}\,\sigma_A = \frac{2\sqrt{2\pi\lambda}}{R}\sigma\sqrt{C} = y\sigma\sqrt{C} \qquad (2-23)$$

式中　y——形状因子，它与裂纹类型及形状有关。

每一种材料存在一个表征材料特性的常数 K_{IC}，称为平面应变断裂韧性，简称断裂韧性。只有当

$$K_1 = y\sigma\sqrt{C} \leqslant K_{IC} \qquad (2-24)$$

时，材料才不会发生低应力下的脆性断裂。K_{IC} 除了反映材料本身性质外，还反映了材料裂纹的长度与类型。

陶瓷材料断裂韧性的测定方法很多，常见的如单边切口梁法、山形刀口法及压痕法等。耐火材料质量检验中不常测定它的断裂韧性。目前国内外的标准中都没有规定测定耐火材料断裂韧性的方法。研究工作中需要测定耐火断裂韧性时，可参考陶瓷材料的相关方法。

C　影响耐火材料强度与韧性的因素

在陶瓷与耐火材料中常存在大量的气孔，气孔率对陶瓷材料强度的影响可以用式 2-25 来表示：

$$\sigma_f = \sigma_0 e^{-nP} \qquad (2-25)$$

式中　σ_f——材料的断裂强度；

σ_0——气孔率 P 等于零时的强度；

n——常数，一般在 4~7 之间。

由式 2-25 可见，随气孔率的提高，材料的强度下降。除了气孔率外，气孔的形状及分布状态也会对材料的强度有影响。实际上气孔的影响包括正反两方面：一方面气孔可以成为裂纹源，特别是对于附着于晶界上的气孔很容易成为开裂的源头；另一方面气孔也可能起到阻止裂纹扩展的作用，当裂纹扩展遇到气孔时则可能停止扩展。

除了气孔率外，材料中的晶粒尺寸对材料的强度也有很大的影响。材料强度 σ_f 与其晶粒尺寸之间的关系如式 2-26 所示：

$$\sigma_f = \sigma_0 + \frac{K_1}{\sqrt{d}} \qquad (2-26)$$

式中　d——晶粒尺寸；

σ_0，K_1——与材料有关的常数。

有资料中将材料的气孔率与晶粒尺寸对强度的影响联合起来考虑得到式 2-27：

$$\sigma_{\mathrm{f}} = \left(\sigma_0 + \frac{K_1}{\sqrt{d}} \right) \mathrm{e}^{-nP} \qquad (2-27)$$

由式 2-27 可以看出，材料的气孔率越低，晶粒尺寸越小，材料的强度越大。因此，低气孔率、小晶粒是获得高强度陶瓷材料的关键。

由于耐火材料和陶瓷材料在显微结构上的差别，使耐火材料断裂行为与力学性质与显微结构的关系变得更为复杂。首先，耐火材料中有大颗粒存在，如果把基质看成均匀的陶瓷材料，那么耐火材料的显微结构就相当于在陶瓷中加入了同相或异相的大颗粒，在颗粒与基质之间形成一个界面。在耐火材料的烧成与使用过程中由于两者的性质不同，容易在这个界面上产生裂纹，从而对耐火材料的力学性质产生与气孔相同的影响。即使在此界面上不存在裂纹，当裂纹扩散到界面时，如果颗粒与基质之间的结合较弱，裂纹就会沿界面扩展。如果裂纹沿此界面不断扩展直至断裂，这种断裂称为沿晶（颗粒）断裂。反之，颗粒与基质之间的结合强度很高，裂纹扩展就可能被大颗粒阻止，这时，如果颗粒强度不大，裂纹可能穿过大颗粒继续扩展直至断裂，这种断裂称为穿晶（颗粒）断裂。

其次，由于近代耐火材料技术的进步与节能的需要，大量使用不烧砖与不定形耐火材料，这类耐火材料在使用前处于远离热力学平衡的不稳定状态。在高温下使用时，产生一系列的物理与化学变化，导致组成与显微结构的变化，以及裂纹的产生与消除。此外，由于液相生成等原因使耐火材料产生塑性，这些因素的共同影响，使得对耐火材料力学性质的研究变得极为复杂。

第三个与工业陶瓷不同的地方是耐火材料的组成通常要复杂得多。耐火材料的颗粒与基质常由多组分构成，由于各组分性质的差异，在生产与使用过程中会产生裂纹，从而改变其力学性质。

因上述各方面的原因，使得对耐火材料物理性质的研究变得十分复杂。常常得到一些不同的甚至相反的结果。Aksel 等人研究了经 1720℃ 热压致密 MgO-尖晶石复合材料中尖晶石的含量与粒度对其常温强度 σ、弹性模量 E 以及断裂韧性的影响，得到结果如表 2-3 所示。

表 2-3 MgO-尖晶石复合材料的力学性质

力学性能	22μm A 尖晶石含量（质量分数）/%					24μm B 尖晶石含量（质量分数）/%				
	0	5	10	20	30	0	5	10	20	30
σ/MPa	233 ±7	158 ±10	110 ±14	65 ±8	61 ±4	233 ±7	91 ±14	48 ±17	50 ±10	70 ±23
E/GPa	268 ±42	215 ±42	152 ±38	111 ±20	80 ±5	268 ±30	200 ±11	136 ±18	136 ±18	76 ±4
K_{IC}/MPa·m$^{1/2}$	2.2 ±0.2	1.6 ±1.0	1.0 ±0.1	0.8 ±0.1	0.8 ±0.1	2.2 ±0.2	1.3 ±0.1	0.7 ±0.1	0.8 ±0.1	1.0 ±0.1

A 尖晶石的化学成分（质量分数）为 Al_2O_3 66.3%，MgO 33.3%；B 尖晶石为 Al_2O_3 66.3%，MgO 31.3%。由表 2-3 可以看出，加入尖晶石后形成的 MgO-尖晶石复合材料的强度、弹性模量与断裂韧性都比纯 MgO 制品低。由此可见，含尖晶石的方镁石-尖晶石耐火材料的抗热震性高于方镁石质耐火材料并非由于前者的断裂韧性高于后者。此外，随尖晶石含量从 5% 提高到 10%（B 尖晶石）与 20%（A 尖晶石），材料的强度、弹性模量与

断裂韧性都下降。产生这种现象的原因与两种尖晶石的粒度不同、加入量、线膨胀系数不同所引起的显微结构变化，特别是裂纹的数量及长度的变化有关。Ghosh 等人研究了尖晶石含量对 MgO-尖晶石耐火材料性质的影响。他们用高纯镁砂与化学计量尖晶石（MgO 27.61%，Al_2O_3 71.42%）为原料，在 1650℃ 下烧成制得 MgO-尖晶石复合耐火材料制品，研究尖晶石含量（0 ~ 30%）对制品常温及高温强度的影响。图 2-14 示出经 0 ~ 5 次（1100℃ ~ 空冷）热震试验后试样的强度与尖晶石含量的关系。由图可以看出随着尖晶石含量的增加，试样的强度略有下降。经热震后，尖晶石含量为 10% ~ 20% 的试样的强度最大。图 2-15 给出了此 MgO-尖晶石复合耐火材料在不同温度下的高温强度与尖晶石含量的关系。可见随温度的提高材料的高温强度下降。同时，在尖晶石含量为 10% ~ 20% 的试样的高温强度最大。产生这种现象的原因是方镁石与尖晶石线膨胀系数的不匹配在尖晶石颗粒的周围产生微裂纹，以及环绕尖晶石颗粒周围的环向张应力强化了此复合材料。但是，过多微裂纹的存在会促进低应力水平上裂纹的扩散与生长，从而导致强度下降。

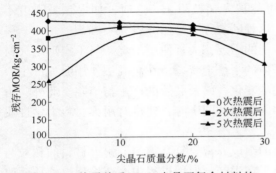

图 2-14   热震前后 MgO-尖晶石复合材料的
强度与尖晶石含量的关系

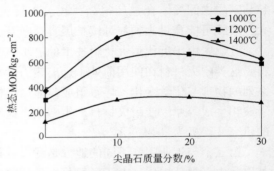

图 2-15   MgO-尖晶石复合耐火材料高温强度
与尖晶石含量的关系

上面的两个例子告诉我们，由于耐火材料组成与显微结构很复杂，即使进行相同类型的研究，结果也常不完全一样。这是因为工艺与原料特性的少量变化都会引起耐火材料的显微结构的变化，特别是对材料力学性质极敏感的裂纹的多少、长度以及形态的变化。因此，进行耐火材料研究与生产时，工艺条件的控制十分重要。

2.2.2.3   耐火材料的硬度与耐磨性

A   硬度

硬度是指材料抵御硬且尖锐的物体所施加的压力而产生永久压痕的能力。材料的硬度是材料重要的力学性能之一。它是衡量耐火材料耐磨性及抗气流与粉尘冲刷的一个重要指标。一般情况下，材料的硬度越高，其耐磨性及抗冲刷能力会越强。

衡量与测定材料的硬度可以用刻划、压力或研磨等方法。刻划是指用手指、刀或者标准矿物在一种材料上划痕，观察刻痕的状况，判断其硬度。压入是指采用小球、小尖锥或者小圆柱在材料上施以集中的压力，观察压痕的状况，判断硬度。研磨是指通过材料的摩擦损耗来判断其硬度。材料硬度常用莫氏硬度（HM）、布氏硬度（HB）与维氏硬度（HV）三种来表征。莫氏硬度是由德国矿物学家莫斯提出的，用来表示材料的相对硬度，以天然金刚石的硬度为标准，定为 10 级，其他材料的硬度在 1 ~ 10 级之间，依次递减，如碳化硼的硬度为 9.3，刚玉的硬度为 9 等。布氏硬度是用一定的载荷把大小一定（直径一般为 10mm）的淬硬钢球压入材料表面，保持一段时间后去载，以负荷与压痕面积之比值（单位面积上承受的压力）表示材料的硬度，即布氏硬度。维氏硬度是以 120kg 以内的载荷施加于一个顶角为 136°的金刚石方形锥压入器上，压入材料表面获得压痕凹坑，载荷与压入凹坑表面积之比即为维氏硬度。测定各硬度都有严格的规定与仪器，例如显微维氏硬度计等，测定时应按标准进行。

材料的硬度取决于其晶体结构、化学结合强度、材料的密度以及处理工艺等许多因素。耐火材料是一个多相体，它由骨料及基质构成，常含有不同的物相。因此，用显微硬度计测得的硬度并不能代表耐火的硬度。尽管硬度测试简单而又容易，且是一种非破坏性测试，但实际上，测定耐火材料硬度的意义并不大。耐火材料的耐磨性可能更有实际意义。

B　耐磨性

材料的耐磨性又称耐磨耗性，是指材料抵抗磨损的能力，用磨耗量或耐磨指数表示。就耐火材料而言，最常见的是煅烧的物料或含固体粒子的气流对材料的磨损。前者如水泥回转窑、高炉上部内衬等；后者如欧冶炉内衬、流化床锅炉内壁等。

我国规定耐火材料耐磨性的测定采用美国标准方法（ASTM）。其测试方法是：将规定形状与尺寸的试样垂直面对喷砂管，用压缩空气将磨损介质通过喷砂管吹到试样上，测得磨损前后质量的变化，并按式 2-28 计算耐火材料的磨损量：

$$A = \frac{M_1 - M_2}{B} = \frac{M}{B} \qquad (2-28)$$

式中　A——耐火材料的磨损量，cm^3；

　　　M_1——检验以前的试样质量，g；

　　　M_2——检验以后的试样质量，g；

　　　B——试样的体积密度，g/cm^3；

　　　M——试样的损失质量，g。

影响耐火材料耐磨性的因素很多，主要包括有下列几个方面：

（1）硬度。通常认为硬度是衡量材料耐磨性的重要指标。材料越硬其耐磨性越好，但在冲击磨损很大的情况下，硬度影响并不一定非常大。前面提到耐火材料为非均质体，各部分的硬度不同。对于包含有刚玉、碳化硅等高硬度材料的耐火材料，如果结合强度足够，当其中硬度小的易磨损材料被磨损后，这些高硬度的材料仍能抵抗磨损。

（2）强度。耐火材料的使用过程中会碰到大量的冲击磨损，因此，高强度的耐火材料的抗磨损能力强。

（3）体积密度。体积密度大，显气孔率低的耐火材料抗磨损能力高。

（4）温度。温度对材料的硬度，晶体结构的转变、互溶性及反应性等有影响，因而间接影响耐火材料的耐磨性。通常，随温度的升高，硬度下降，互溶性及反应性提高，材料的耐磨性下降。耐火材料在高温使用条件下的耐磨性是很重要的。可将试样放入炉子中按常温测定办法测定耐火材料在高温下的耐磨性。

（5）气氛。与温度的影响相似，气氛影响材料之间的互溶性与反应性，从而影响其耐磨性。

（6）塑性和韧性。塑性和韧性高，说明材料可吸收的能量大，裂纹不易形成和扩展，抗反复变形能力大，不易形成疲劳剥落，因而耐磨性好。

（7）表面粗糙度。在接触应力一定的条件下，表面粗糙度值越小，抗磨损能力越高。

严格地讲，耐火材料的耐磨性不属于物理性质，而应归入使用性能中，但它与硬度有密切关系，因而并入这一节中讨论。

2.2.2.4　耐火材料的高温抗扭强度

高温扭转强度是耐火材料的高温力学性能之一，指材料在高温下抵抗剪切应力的能力。《耐火材料术语》（GB/T 18930—2020）这样定义：高温下，按规定加荷速率给耐火材料试样施加扭矩，发生破坏时所能承受的极限剪切应力。高温抗扭强度主要取决于耐火材料性质及结构特征。窑炉的耐火砖在加热或冷却时，承受着复杂的剪切应力，因而耐火砖的高温扭转强度是判别其质量的一项重要指标。

将耐火材料制品制备成尺寸成（40±0.5）mm×（40±0.5）mm×230mm 试样，并充分干燥后，测量其长度方向中间部位截面的尺寸，测量值应精确至 0.1mm。再将试样安装在试验机的两夹具中，试样伸入夹具的长度应不小于 30mm，调整夹具和试样，确保试样与夹具的同轴性，安放加热装置，使加热均温区位于试样长度的中间部位。以规定的升温速度升温至试验温度（硅质材料以 3~5℃/min 升温至 850℃，然后快速升温至试验温度；其他材料以 5~10℃/min 升温速率升至试验温度）并保温一定时间（试验温度在 1000℃ 以下保温 30min；1000℃ 以上，保温 5min），开启扭转试验机并以（0.15±0.015）MPa/s 的速率均匀地施加扭矩，直至试样断裂，记录最大扭矩和扭转角度，按式 2-29 计算试样的高温抗扭强度：

$$\tau = \frac{M}{0.208a^3} \tag{2-29}$$

式中　τ——高温抗扭强度，MPa；

　　　M——发生断裂时作用在试样上的扭矩，N·mm；

　　　a——试样加热段部截面边长的平均值，mm；

　0.208——一个与试样形状（正方形截面）有关的形状因子参数。

2.2.3　耐火材料的热学性质

耐火材料的热学性质包括热容、导热系数与热膨胀系数等。

2.2.3.1　耐火材料的热容

热容是指物体温度升高 1K 所需要的能量，单位为 J/K。物体的质量不同，它的热容也不同。单位质量物质的热容称为质量热容，单位为 J/（kg·K）。1mol 物质温度每升高 1K 所吸收的热量，称为摩尔热容，单位为 J/（mol·K）。热容越大，耐火材料的蓄热量越大，在选择蓄热室用耐火材料时，热容是一个需要考虑的指标。在获得相同热量的情况下，热容大的耐火材料的温升低于热容量小的耐火材料的温升，因而有利于抗热震性的提高。

化合物热容 C_c 可以按式 2-30 由构成此化合物各元素的原子热容得到：

$$C_c = \sum n_i C_i \tag{2-30}$$

式中　n_i——化合物中元素 i 的原子数；

　　　C_i——化合物中元素 i 的摩尔热容。

这一公式用于计算大多数氧化物与硅酸盐化合物在温度高于 573K 时的热容有较好的结果。

同样，多相复合材料的热容 C_m 可用式 2-31 来计算。

$$C_m = \sum g_i C_i \tag{2-31}$$

式中　g_i——材料中第 i 种组成的质量分数；

　　　C_i——材料中第 i 种组成的比热容。

耐火材料是在高温下使用的，在高温下各种材料的热容相差不大。根据德拜（Debye）热容理论，当温度高于德拜温度 θ_D 时，所有材料的摩尔热容趋于一个常数 25J/（mol·K）。图 2-16 给出几种陶瓷材料的摩尔容量与温度的关系。这些陶瓷材料的德拜温度 θ_D 为其熔点的 0.2～0.5 倍。对于大多数氧化物与碳化物而言，它们的热容随温度升高而增大。温度达到 273℃ 左右时，摩尔热容不再随温度升高而增大，稳定在 25J/（mol·K）左右。

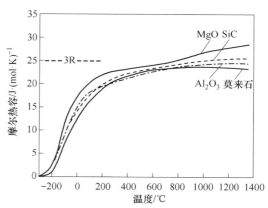

图 2-16　某些陶瓷的摩尔热容与温度的关系

除非温度很低，许多物质的摩尔定压热容 C_p 都可以用式 2-32 表示：

$$C_p = a + bT + cT^{-2} + \cdots \tag{2-32}$$

表 2-4 中列出常见耐火材料原料的 a、b、c 的数值及其使用范围。利用表中数据时，注意单位换算。C_p 的单位为 J/（mol·K）。

表 2-4　耐火原材料的热容-温度关系方程式系数

名称	a	$b \times 10^3$	$c \times 10^{-5}$	温度范围/K
刚玉（α-Al_2O_3）	27.43	3.06	-8.47	298～1800
莫来石（$3Al_2O_3 \cdot 2SiO_2$）	87.55	14.96	-26.68	298～1100
α-石英	11.20	8.20	-2.70	298～848
β-石英	14.41	1.94	—	298～2000
石英玻璃	13.38	3.68	-3.45	298～2000
氧化镁	10.18	1.74	-1.48	298～2100
氧化铬	28.53	2.20	-3.74	298～1800
金红石（TiO_2）	17.97	0.28	-4.35	298～1800
碳化硅	8.93	3.09	-3.07	298～1700
碳化钛	11.83	0.80	-3.58	298～1800
碳化硼	22.99	5.40	-10.92	298～1373

2.2.3.2 耐火材料的导热系数

导热系数（又称热导率）是指单位时间内在单位温度梯度下，沿热流方向通过材料单位面积的热量，其单位为 W/(m·K)。耐火材料的导热系数是反映其热传导能力的重要参数，是在高温热工设备设计中不可缺少的重要数据，也是选用耐火材料很重要的一个考虑因素。

设热量沿 x 轴方向传递，在 t 时间内通过垂直 x 轴的截面积 S 上的热量 Q 与温度梯度 $\dfrac{dT}{dx}$、面积 S 和时间 t 成正比，计算公式如下：

$$Q = -\lambda \frac{dT}{dx} St \tag{2-33}$$

式中　λ——导热系数。

传热的方式有传导、对流与辐射。前两者为声子热导，后者为光子热导。由于耐火材料是一个复杂的多相体系，通常包括固相与气相，而固相中又可能包括一个或多个晶相及玻璃相。因此，所有的传热机制都可能在耐火材料中发生。耐火材料的导热系数是构成耐火材料固相材料的导热系数与通过气孔的对流、辐射与传导等导热系数的函数。因此耐火材料的导热系数实际上是一种综合导热性能的表现，也称之为平均导热系数。

A　通过耐火材料固相的传热及其影响因素

在固体中热量是通过晶格中质点的热振动由高温区向低温区传输的，即通过晶格振动的格波来传输的。格波可分为声频支和光频支两类，将声频支格波看成一种弹性波，类似于在固体中传播的声波。因此，把声波的量子称为声子，固体中的导热称为声子导热。固体的导热系数 λ_S 可表示为式 2-34：

$$\lambda_S = \frac{1}{3} C \bar{v} l \tag{2-34}$$

式中　C——声子的体积热容；

　　　$\bar{v}$——声子的平均速度；

　　　l——声子的平均自由程。

声子的速度仅与晶体的密度及弹性力学性质有关，与频率无关。而热容 C 和自由程 l 都与声子振动频率 γ 有关。因此，固体的导热系数可用式 2-35 来表示。

$$\lambda_S = \frac{1}{3} \int v C(\gamma) l(\gamma) d\gamma \tag{2-35}$$

由式 2-34 和式 2-35 可以看出，固体材料的导热系数与声子的平均速度及其自由程密切相关，所有影响它们的因素都会对材料的导热系数产生影响。

首先，材料的化学组成对其导热系数有一定影响。晶格上的质点大小与性质不同，它们的晶格振动状态也不同。因此，传导热量的能力也不同。通常，质点的相对原子质量越小、密度越小，杨氏模量越大，构成的材料的导热系数越大。例如由轻元素铍构成的碳化铍与氧化铍在碳化物与氧化物系列中导热系数最大，随着阳离子元素相对原子质量的增大，相应的碳化物与氧化物的导热系数下降。

晶体结构对于材料的导热系数也有较大影响。由于传热（声子传导）是通过晶格的振动来进行的，晶格振动是非谐性的，晶格结构越复杂，晶格振动的非谐性程度越大，格波受到的散射程度越大，声子的平均自由程越小，根据式 2-34 与式 2-35，材料导热系数越低。通常，复合氧化物的晶体结构比单一氧化物的晶体结构要复杂，因此，前者的导热系数比后者的小，例如，镁铝尖晶石的导热系数要比 Al_2O_3 与 MgO 的导热系数低，莫来石的导热系数要比 Al_2O_3 与石英的导热系数低。由于莫来石的晶体结构比尖晶石更复杂，前者的导热系数比后者的要低。晶体中存在任何形式的缺陷与杂质都会导致声子的散射，降低其平均自由程，使导热系数减小。同样，因固溶体的形成，会导致晶体结构的变化，使声子的散射程度增大，它的平均自由程下降，材料的导热系数减小。而且，如果取代型固溶体中的取代元素的质量与基质元素相差越大，对其导热系数的影响也越大。

此外，材料的显微结构对其导热系数也有较大影响。显微结构包括晶粒的大小与取向，相组成与气孔数量及大小等。对耐火材料而言，气孔的影响十分重要，特别是对于保温耐火材料，气孔的存在是材料绝热的基础，将在第 10 章中进行专门的讨论。这里只讨论晶粒尺寸及相组成的影响。

由于晶界结构的不规性，晶界中结晶缺陷和杂质多，声子更容易受到散射使它的自由程减小，所以多晶体的导热系数比单晶体的小。而且，一般情况下，晶粒越小，晶界越多，对导热系数的影响就越大。

非等轴晶系晶体的导热系数是各向异性的。如石英、石墨等在其线膨胀系数小的方向的导热系数大。当它们在耐火材料中按一定方向取向排列时，将对耐火材料的导热系数产生影响，从而导致耐火材料导热系数的各向异性。

在耐火材料中，常存在一定量的玻璃相，玻璃属于近程有序而远程无序的结构，可以将玻璃相看成直径为几个晶格间距的极细晶粒组成的"晶体"，也就可以用声子传导机制来说明玻璃体的传热机制。声子的平均自由程随温度的升高而减小，它从低温下的晶粒尺寸大小变到高温下几个晶格距离的大小。因此对于晶粒极小的玻璃来说，它的声子平均自由程在不同的温度下基本上是常数，其值近似等于几个晶格间距。由于晶体与玻璃体结构上的变化，使得它们的导热系数与温度的关系有所差别，如图 2-17 所示。由图 2-17 可以看出，在不同温度下，非晶体的导热系数都比晶体小。但是在高温下两者比较接近。两者之间最大的差别是在晶体的导热系数-温度的曲线上存在一个最大值 m，而在玻璃体的曲线中则没有。

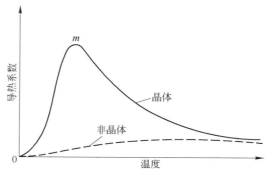

图 2-17 晶体与非晶体的导热系数与温度的关系

还应说明的一点是，由于玻璃体的近程有序结构，不同组成的玻璃的声子平均自由程都被限制在几个晶格间距的大小。因此，玻璃组成对它们的导热系数影响较小，组成不同的玻璃，其导热系数差别比较小。

在耐火材料中常常是晶相与玻璃相共存的。一般情况下晶体与玻璃体共存材料的导热系数值介于晶体与玻璃之间，它们的导热系数-温度曲线也介于两者之间。根据玻璃相含量的不同有如下三种情况：

（1）当材料中的玻璃相比晶相少时，在较高温度下，导热系数将随温度升高而稍有下降。在高温下，导热系数基本上不随温度变化。

（2）当材料中所含的玻璃相含量比晶相多时，它的导热系数将随温度升高而增大。

（3）当材料中所含的晶相为某一合适比例时，它的导热系数可以在一个相当大的温度范围内基本保持不变。

需要指出的是，耐火材料使用的温度很高，在高温下玻璃相会转变为液相。此时，它对耐火材料导热系数的影响会发生变化。

除了玻璃相以外，在耐火材料中还存在多个晶相。这种材料的最常见的显微结构是其中一个相分散在另外一个连续相中，复合材料的导热系数可按式 2-36 计算：

$$\lambda = \lambda_c \frac{1 + 2V_d\left(1 - \frac{\lambda_c}{\lambda_d}\right)\Big/\left(\frac{2\lambda_c}{\lambda_d} + 1\right)}{1 - V_d\left(1 - \frac{\lambda_c}{\lambda_d}\right)\Big/\left(\frac{2\lambda_c}{\lambda_d} + 1\right)} \tag{2-36}$$

式中　λ_c，λ_d——分别为连续相与分散相的导热系数；

　　　　V_d——分散相的体积分数。

式 2-36 同样适合一个晶相分散在一个玻璃相中的情况。

通常，人们认为复合材料中的导热系数更接近连续相的导热系数，而且由于相界面对声子的散射作用，复合材料的导热系数常比单相低。但是，在低导热系数的材料中加入高导热系数材料时，复合材料的导热系数将提高。即使是加入的材料不能构成连续相，情况也是如此。大部分耐火材料都是复相材料，它们的组成对耐火材料的导热系数会产生很大影响。表 2-5 中示出一些耐火氧化物及其不同温度下的导热系数。

表 2-5　无机材料的导热系数　　　　　　　　　　[W/(m·K)]

材料	温度/℃			
	25	100	500	1000
MgO	40	35	16	7
刚玉	38	35	11	7
莫来石	—	1.8	2	7
立方 ZrO_2	1.8	1.8	2	7
稳定 ZrO_2	1.7~2.0	1.7~2.0	1.7~2.0	1.7~2.2
硅酸盐玻璃	1.6	1.7	2.1	9.0
SiC	110	90	65	45

Barea 等曾研究过 Al_2O_3-片状 SiC 复合材料的导热系数。为了减小气孔的影响，他们在 1500℃ 条件下热压制得相对密度不小于 99% 的试样，测得其导热系数与温度、SiC 体积分数的关系如图 2-18 所示。

由图 2-18 可见，随温度的升高，复合材料的导热系数下降。随着 SiC 体积分数的提高，复合材料的导热系数上升。SiC 体积分数的最高含量为 30%，它不可能在材料中形成连续相。但它对提高复合材料的导热系数有较大贡献。可以看出，加入少量的 SiC 即可提高材料的导热系数。图中还给出了含 SiC 体积分数 30% 的试样在垂直与平行压制两方向上的导热系数。由图还可以看出，垂直压制方向（平行片状 SiC 的长度方向）的导热系数大于平行压制方向（垂直片状 SiC 的长度方向）的导热系数，可见，片状颗粒在显微结构中的取向对导热系数有较大影响。

B　耐火材料的气孔对其导热系数的影响

在耐火材料中存在一定数量的气孔，特别是在耐火绝热材料中存在大量的各种大小及形状的气孔。气孔对耐火材料的导热系数有很大的影响。在前一部分中我们已了解了在固相材料中的传热，即只考虑通过固相的热传导，不考虑对流与辐射。在有大量气孔存在的情况下，通过气孔的对流与辐射是不可忽略的。耐火材料的有效导热系数 λ_e 是固

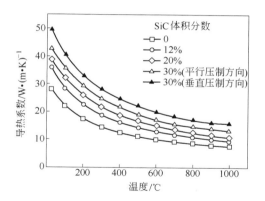

图 2-18　Al_2O_3-片状 SiC 复合材料的导热系数与温度及 SiC 体积分数的关系

相导热系数，气相导热系数以及对流与辐射导热系数的函数如式 2-37 所示：

$$\lambda_e = f(\lambda_{ss}, \lambda_{rp}, \lambda_{gp}, \lambda_{cp}) \tag{2-37}$$

式中　λ_{ss}——固相的导热系数，热载体为声子由式 2-32 给出；

λ_{rp}——辐射传热系数，热载体为光子；

λ_{gp}，λ_{cp}——分别为气相热传导系数与对流传热系数，热载体为分子。

它们分别用式 2-38、式 2-39 与式 2-40 表示：

$$\lambda_{rp} = 4G\varepsilon\sigma\,\overline{d_p}\,T^3 \tag{2-38}$$

$$\lambda_{gp} = \lambda_g \frac{d_p}{l_g + \overline{d_p}} \tag{2-39}$$

$$\lambda_{cp} = f(\overline{d_p}\,PrGrT) \tag{2-40}$$

式中　G——气孔几何因子；

ε——发射率；

σ——斯蒂芬-玻耳兹曼常数；

T——气孔温度；

$\overline{d_p}$——气孔平均尺寸；

λ_g——自由气体导热系数；

l_g——自由气体分子平均自由程；

Gr，Pr——分别为气孔中气体的葛拉晓夫数与普朗特数。

在以上这些参数中，σ、λ_g、l_g 均为常数，Pr 与 Gr 变化范围很小，也可以看成是常数。因此，气孔对耐火材料导热系数的影响因素为气孔率、气孔尺寸、形状、开闭状况以及存在于气孔中的气体等。

a　气孔率的影响

气孔率高，增加了气-固相界面，增大了固相导热的声子散射，降低耐火材料的导热系数。气孔率对多孔材料导热系数影响的研究不少，一般都要考虑气孔大小、形貌、分布以及辐射等的影响，特别在高温下，辐射的影响不可忽视。

表达多孔材料气孔率与其导热系数间关系的经验式不少，常用的有式 2-41 与式 2-42，后者更常用。

$$\lambda_e = \frac{\lambda_s(1-P)}{1+0.5P}$$ （2-41）

$$\lambda_e = \lambda_s(1-\beta P)$$ （2-42）

式中 λ_e——多孔材料的导热系数；

λ_s——致密材料的导热系数；

P——气孔率；

β——与材料组成显微结构与气孔形貌及分布有关的系数。

例如对于 UO_2，$1<\beta<4$；对于 Al_2O_3，$\beta = 1.93221\sim2.10470$；对于铝酸钙水泥（水泥用量15%）结合的矾土浇注料（显气孔率17%~36%），$\beta = 1.727465\sim1.923026$。

应该指出的是，这些计算公式并不很精确，它们受到材料的结构、组成、温度及气孔内气体种类的影响，应用它们来进行具体计算时应注意条件的限制。

b　气孔尺寸及分布的影响

从式2-38与式2-39中可以看出，随着气孔直径 d_p 的减少，气孔中气体的热传导系数及辐射传热系数减小。另外，随气孔孔径的减小，气体分子的运动范围也减小，运动速度减小，因此对流传热系数也会减少。

B. Nai-Ali 等人曾利用激光技术研究了含有纳米尺寸气孔与晶粒的多孔氧化锆陶瓷在室温下的导热系数。计算得到含空气的气孔的导热系数 λ_{air} 与气孔孔径的关系，如图2-19所示。由图可见，当孔径小于 $10\mu m$ 以后，随气孔孔径的减小，导热系数迅速下降。当孔径小于10nm后，导热系数非常小。此图给我们的启示是：制备含纳米尺度气孔的材料，也许可以得到极好的保温性能。他们的研究

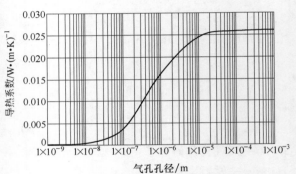

图2-19　含空气气孔的导热系数与气孔孔径的关系

还表明，气孔孔径呈单峰分布比呈双峰分布的导热系数小。

c　气孔形状对多孔材料导热系数的影响

气孔的形状（即式2-38中的几何因子）对材料的导热系数也有较大影响。对流传热小，因此含闭气孔多的材料比含开气孔多的导热系数小。同时，当热流平行等于柱形气孔的轴向时，导热系数会增大，若将其变为球形气孔，材料的导热系数将大大减小。

粉末与纤维材料的导热系数要比烧结材料的小得多。这是因为在这些材料中气相为连续相，材料的导热系数在很大程度上受气孔传热的影响，特别是在垂直纤维长度方向，纤维材料的导热系数更小。

d　温度、气体压力与种类对耐火材料导热系数的影响

耐火材料是在高温下使用的，同时由于真空冶炼以及吹气工艺在冶金中的大量应用，耐火材料气孔中的气体种类与压力可能因此而发生变化。而这些变化将会对耐火材料的导热系数产生一定的影响。了解这些因素对耐火材料导热系数的影响，对耐火材料研究、使用与生产都有意义。

温度对耐火材料导热系数的影响非常复杂，相同的耐火材料常常得到不同的结果。这是因为耐火材料的导热系数除与其组成有关外，还与其显微结构、气体种类与压力相关。图 2-20 为两种组成与性质相似的镁铬砖（牌号为 RadexBC 及 MCVP）的导热系数与温度的关系。由图可见，当 Ar 压力为 10^5Pa 时，镁铬耐火材料的导热系数随温度的提高而下降；当 Ar 气压力为 $8×10^2$Pa 时，导热系数随温度的变化不大；而当 Ar 气压力为 10^2Pa 时，导热系数随温度的升高而提高。

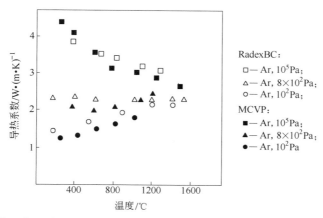

图 2-20　不同 Ar 气压力下两种组成与性质相似的镁铬耐火材料的导热系数与温度的关系

图 2-21 为 Al_2O_3-SiO_2 系耐火材料的导热系数与温度的关系。由图可见，当气体为氢气时，材料的导热系数高于为空气时的导热系数。温度与导热系数的关系也因气体压力及材料组成与显微结构的区别而有很大的不同。

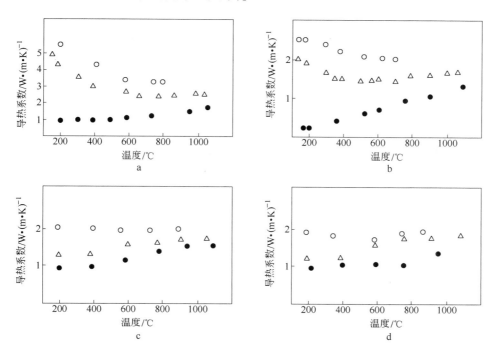

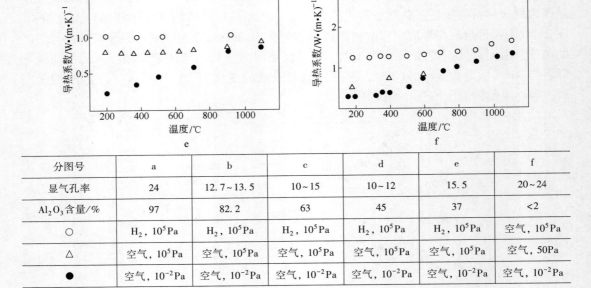

分图号	a	b	c	d	e	f
显气孔率	24	12.7~13.5	10~15	10~12	15.5	20~24
Al_2O_3含量/%	97	82.2	63	45	37	<2
○	H_2, 10^5Pa	H_2, 10^5Pa	H_2, 10^5Pa	H_2, 10^5Pa	H_2, 10^5Pa	空气, 10^5Pa
△	空气, 10^5Pa	空气, 10^5Pa	空气, 10^5Pa	空气, 10^5Pa	空气, 10^5Pa	空气, 50Pa
●	空气, $10^{-2}Pa$	空气, $10^{-2}Pa$	空气, $10^{-2}Pa$	空气, $10^{-2}Pa$	空气, $10^{-2}Pa$	空气, $10^{-2}Pa$

图 2-21　含有不同气体的 Al_2O_3-SiO_2 系耐火材料的导热系数与温度的关系

此外，气孔率的大小也对导热系数与温度及压力的关系有较大影响。研究表明，高气孔率的绝热耐火材料的导热系数-温度关系与导热系数-压力的关系与低气孔率的致密耐火材料不同。在低压（$p<100Pa$）与低温（$t<500℃$）下，压力对其导热系数的影响较弱，而在高温（$t>1200℃$）下，压力对高气孔率材料导热系数的影响要比低气孔率的材料大。

从上面的叙述中可以看出：耐火材料的导热系数与其组成、结构及工作条件等有密切关系。且大多数耐火材料处于热力学非平衡态，它们在使用过程中组成与结构都要发生变化，从而影响到它们的热物理性质。这对于不定形耐火材料等不烧制品尤其突出，这是耐火材料研究工作者遇到的一个难题。

C　耐火材料导热系数的测定方法

耐火材料导热系数的测定方法与其他材料的导热系数测定方法原理相同。常用的方法有平板导热法、热线法及激光法。下面介绍这些测定方法的原理与适用范围，具体测定方法须按有关标准进行。

a　水流量平板法

根据傅里叶一维平板稳定导热过程的基本原理，测定稳态时单位时一维温度场中热流纵向通过试样热面流至冷面后被流经中心量热器的水流吸收的热量。该热量同试样的导热系数，冷、热面温差，中心量热器吸热面面积成正比，同试样的厚度成反比，则导热系数为：

$$\lambda = Q\delta / (A\Delta T) \tag{2-43}$$

式中　λ——导热系数，W/(m·K)；

Q——单位时间内水流吸收的热量，W；

δ——试样厚度，m；

A——试样面积，m^2；

ΔT——冷、热面温差，K。

水流吸收的热量与水的比热、水的质量、水温升高成正比，计算公式如下：

$$Q = cw\Delta T \tag{2-44}$$

式中 c——水的比热容，$J/(g \cdot K)$；

w——水流量，g/s；

ΔT——水温升高，K。

水流量平板法测定试样的导热系数，试样尺寸为（160~180）mm×（10~25）mm，对于定形隔热制品来说，需要整块切割或切割拼凑成圆柱形试样；对于不定形耐火材料，需要利用模具进行前期的试样制备。

水流量平板法的适用范围为热面温度在 200~1300℃，导热系数在 0.03~2.00 W/(m·K)之间的耐火材料。部分耐火材料导热系数检验结果范围见表 2-6，可以看出，水流量平板法适合于轻质隔热耐火材料导热系数的测量，如轻质黏土砖、轻质高铝砖、轻质硅砖、莫来石系轻质砖、硅藻土砖、轻质浇注料及其他轻质材料等。

表 2-6 部分耐火材料导热系数检测结果范围

材质	平均温度①/℃	导热系数/W·(m·K)$^{-1}$	体积密度/g·cm^{-3}
轻质黏土砖	350	0.221~0.442	0.75~1.20
轻质高铝砖	350	0.291~0.582	0.4~1.35
轻质硅砖	350	0.35~0.42	0.9~1.1
莫来石系轻质砖	350	0.20~0.33	0.5~0.9
硅藻土砖	350	0.143~0.163	0.5~0.65
轻质漂珠浇注料	350	0.30~0.40	0.9~1.0

①平均温度为 $(t_1+t_2)/2$。

水流量平板法的检验标准为《耐火材料导热系数试验方法（水流量平板法）》（YB/T 4130—2005），测试设备简图如图 2-22 所示。

b 热线法

热线法是测定材料导热系数的一种非稳态方法，即在不稳定传热过程中测定材料的导热系数，热线法又分为十字热线法与平行热线法。

十字热线法测导热系数的原理：试样（一般为标砖尺寸）在炉内加热至规定温度并在此温度下，用沿试样长度方向埋设在试样中的线状电导体（热线）进行局部加热，热线载有已知恒定功率的电流，即时间和试样长度方向上功率不变。从热线的功率和接通电流加热后已知两个时间间隔的温度可以计算导热系数，此温升与时间的函数就是被测试试样的导热系数。十字热线法适合于测量温度不大于1250℃、导热系数小于1.55W/(m·K)、热扩散率不大于$10^{-6}m^2/s$的耐火材料。十字热线法的原理图如图 2-23 所示，导热系数按式 2-45 或式 2-46 计算：

$$\lambda = \frac{I^2 R}{4\pi} \times \frac{\ln(t_2/t_1)}{\Delta\theta_2 - \Delta\theta_1} \qquad (2\text{-}45)$$

或

$$\lambda = \frac{VI}{4\pi} \times \frac{\ln(t_2/t_1)}{\Delta\theta_2 - \Delta\theta_1} \qquad (2\text{-}46)$$

式中　　λ——导热系数，$W/(m \cdot K)$；

　　　　I——电流，A；

　　　　V——热线单位长度上的电压降，V/m；

　　　　R——热线在试验温度时单位长度的电阻，Ω/m；

　　t_1，t_2——接通回路后的测量时间，min；

$\Delta\theta_1$，$\Delta\theta_2$——接通热线回路后在 t_1、t_2 时间测量时热线的温升，K。

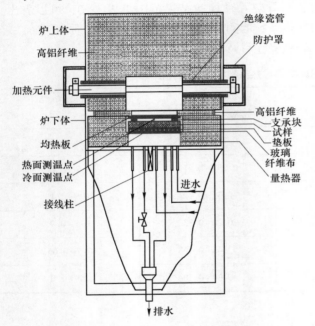

图 2-22　平板导热仪结构示意图

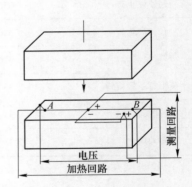

图 2-23　十字热线法测导热系数的原理图

　　相对于水流量平板法，十字热线法温度测量范围能够覆盖到 200℃ 以下至室温，温度测量范围得到了扩展，但对检测用试样的要求，尤其对需要样品制备的不定形耐火材料，其前期工作尤为复杂。

　　平行热线法测导热系数的原理是：测量距埋设在两个试块（标砖尺寸）间热线源规定距离和规定位置上温升的一种动态测量法。试样组件在炉内加热至规定温度并在此温度下保温，再用沿试样长度方向埋设在试样中的线状电导体（热线）进行局部加热，热线载有已知恒定功率的电流，即在时间和试样长度方向上的功率不变。热电偶安放在离热线规定的位置，且平行于热线。从接通加热电流的瞬间开始，热电偶便开始测量温升随时间的变化，此温升与时间的函数就是被测试样的导热系数。其测量电路示意图见图 2-24，用式 2-47 计算导热系数：

$$\lambda = \frac{VI}{4\pi l} \times \frac{-E_t\left(\dfrac{-r^2}{4\alpha t}\right)}{\Delta\theta(t)} \qquad (2-47)$$

式中　λ——导热系数，W/(m·K)；

　　　I——电流，A；

　　　V——电压，V；

　　　l——热线 P、Q 间的长度，m；

　　　α——热扩散系数，m^2/s；

　　　r——热线与测量热电偶的间距，m；

$\Delta\theta(t)$——在 t 时间测量热电偶和示差热电偶间的温差，K。

平行热线法适用于测量温度不大于 1250℃、导热系数小于 25W/(m·K) 的耐火材料。其导热系数的测量范围较大，能用于绝大多数轻质隔热和致密耐火制品导热系数的测量。但无论是十字热线法还是平行热线法，其采用热线进行测试时，因含碳耐火材料的导电性及含碳耐火材料在加热过程中容易氧化，都对测试结果有极其严重的影响，故热线法不能用于含碳耐火材料导热系数的测量。

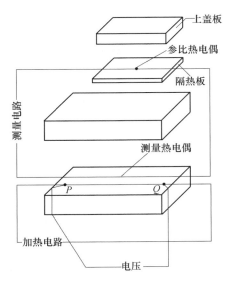

图 2-24　平行热线法测导热系数的原理图

c　激光法

激光法测定导热系数的示意图如图 2-25 所示。试样为一已知厚度的圆形薄片。在试样的前面上施加激光脉冲能量。用记录仪测得试样背面的温升，已知材料的热扩散系数、比热容及体积密度，可按式 2-48 求出材料的导热系数。

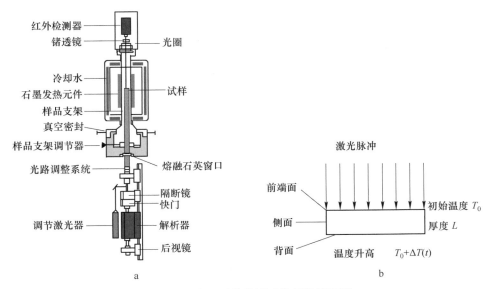

图 2-25　激光导热仪测试装置及原理图

a—激光导热仪；b—激光法原理

$$\lambda = \alpha c_p \rho \tag{2-48}$$

式中　λ——导热系数，$W/(m \cdot K)$；

　　　α——热扩散系数，m^2/s；

　　　c_p——比热容，$J/(kg \cdot K)$；

　　　ρ——体积密度，kg/m^3。

激光法的适用范围为测量温度在 75~2800K，热扩散系数在 10^{-7}~10^{-3} m^2/s 时的均匀各向同性固体材料导热系数的测定，如高炉炭砖、石墨砖、半石墨砖、微孔炭砖、超微孔炭砖、铝碳砖、碳化硅砖、铝碳化硅砖、氮化硅结合碳化硅砖、塑性复合刚玉砖等。

2.2.3.3　耐火材料的热膨胀系数

耐火材料的线膨胀系数是指其平均线膨胀系数，即从室温升至试验温度，温度每升高 1℃试样长度的相对变化率。将试样从室温升至试验温度，其长度的变化率即为线膨胀率。常用的线膨胀率测定方法有顶杆法与望远镜法。顶杆法是将试样置于炉中的恒温段，通过一个已知其膨胀率的顶杆与外界相连，测得试样与顶杆长度随温度的变化，即可按式 2-49 计算出试样的线膨胀率 ρ：

$$\rho = \frac{(L_t - L_0) + A_{K(t)}}{L_0} \times 100\% \tag{2-49}$$

式中　L_t，L_0——分别为试样在温度 t 与室温时的长度；

　　　$A_{K(t)}$——仪器校正值，包括顶杆的膨胀在内。

望远镜法是将试样放在开有两对测试孔的炉内的恒温区，利用在炉外的望远镜与千分表测定试样长度随温度的变化。按式 2-50 计算其线膨胀率：

$$\rho = \frac{L_t - L_0}{L_0} \times 100\% \tag{2-50}$$

根据相应的方法测得的热膨胀率可按式 2-51 计算试样的线膨胀系数 α：

$$\alpha = \frac{\rho}{t_1 - t_2} \tag{2-51}$$

耐火材料的线膨胀系数对它们的使用有很重要的意义。首先，工业炉砌筑过程中膨胀缝的预留与大小就是根据耐火材料的线膨胀系数来决定的。另外，耐火材料抗热震性与它的线膨胀系数密切相关。线膨胀系数大的耐火材料，其抗热震性一般较差。

上述的 α 为线膨胀系数，同样，耐火材料的体积也随温度升高而增大，关系式如下：

$$V_t = V_0(1 + \alpha_V \Delta t) \tag{2-52}$$

式中　V_t，V_0——分别为物体在温度 t 与室温下的体积；

　　　α_V——体膨胀系数，材料的体膨胀系数近似地等于其线膨胀系数的 3 倍。

固体材料的热膨胀本质上归结为晶体结构中质点间平均距离随温度的升高而增大。因此，晶体材料的热膨胀与其晶体结构有密切关系。但是耐火材料不是一个单晶体，它是由不同颗粒尺寸组成的晶相（多晶体）、玻璃相（液相）以及气相构成的复杂的复合材料。因此，影响耐火材料热膨胀性的因素要比一般固相材料复杂得多。

首先，耐火材料是一类多种晶体材料，如铝硅系耐火材料中的刚玉、莫来石与石英，镁铝质耐火材料中的方镁石与尖晶石等。不同耐火材料中各晶相的含量不同，它们的取向不同对耐火材料的热膨胀性产生较大的影响。表 2-7 中给出一些常见晶体的线膨胀系数。

表 2-7 几种无机材料的线膨胀系数

材料	线膨胀系数		平均线膨胀系数
	垂直 C 轴	平行 C 轴	
刚玉	8.3×10^{-6}	9.0×10^{-6}	8.8×10^{-6}
MgO	—	—	13.5×10^{-6}
莫来石	4.5×10^{-6}	5.7×10^{-6}	5.3×10^{-6}
石英	14×10^{-6}	9×10^{-6}	—
石墨	1×10^{-6}	27×10^{-6}	—
Al_2TiO_5	-2.6×10^{-6}	11.5×10^{-6}	—
SiC	—	—	4.7×10^{-6}
ZrO_2	—	—	10×10^{-6}
B_4C	—	—	4.5×10^{-6}
T_1C	—	—	7.4×10^{-6}
石英玻璃	—	—	0.5×10^{-6}

其次，耐火材料常含有一定的玻璃相，玻璃相的组成对其热膨胀性有很大影响。因此，存在于耐火材料中玻璃相的组成及其含量对耐火材料的热膨胀性也有影响。此外，由于玻璃相在高温下转变为液相，液相烧结产生收缩，对热膨胀结果有较大影响。

第三，在耐火材料中，常含有一定数量的气孔，由于气体的体积模数非常小，所以，气孔对一般陶瓷材料线膨胀系数的影响很小。但在气孔率很高、气孔取向性很高的情况下，它的影响不可忽视。固相颗粒产生的热膨胀可以填入气孔中，而对整体膨胀无贡献。特别是在颗粒周边存在裂纹的情况下更是如此，膨胀起到弥合裂纹的作用。只有当温度较高时，这些裂纹已完全弥合，耐火材料才会随着温度升高而产生正常膨胀，即所谓耐火材料热膨胀的滞后效应。

大多数耐火材料为复相材料，复相耐火材料的线膨胀系数可以由相组成与各相线膨胀系数通过式 2-53 计算得到：

$$\alpha = \frac{\sum \alpha_i K_i w_i / \rho_i}{3 \sum K_i w_i / \rho_i} \tag{2-53}$$

式中 α——复相材料的线膨胀系数；

α_i——i 组分的线膨胀系数；

w_i——i 组分的质量分数；

ρ_i——i 组分的密度；

K_i——i 组分的体积模量或压缩模数，K 与材料的弹性模量 E 及泊松比 μ 有关，计算公式如下：

$$K = \frac{E}{3(1 - 2\mu)} \tag{2-54}$$

由式 2-53 与式 2-54 可以看出，复合材料的线膨胀系数与各组分的线膨胀系数、它们的相对含量、性质有关。所含组分的线膨胀系数越小，复合材料的导热系数越小。

需要指出的是在耐火材料生产过程中，尤其是不烧耐火材料的使用过程中，常存在一些化学反应或相变过程，如：Al_2O_3 与 SiO_2 反应生成莫来石，MgO 与 Al_2O_3 生成尖晶石，红柱石、硅线石与蓝晶石转化为莫来石、石英的相转变，这些转变过程常伴随着一定的线变化。这些线变化与热膨胀有本质的差别，后者是因为温度升高而产生的膨胀，是可逆的，随温度的降低，又会收缩，可以用膨胀率来计算材料的线膨胀系数。前者是因为新物质或者新相的生成引起的尺寸变化，它通常是不可逆的（少数相变除外）。不可用它来计算材料的线膨胀系数。为了区别，本书中将材料因温度升高而产生的线膨胀率称为热膨胀率，其他原因产生的尺寸变化率称为线变化率。

2.3　耐火材料的使用性质

耐火材料的使用性质是表征其在使用时的特性，并直接与其使用寿命相关的性质。包括耐火度、荷重软化温度、高温蠕变性、高温体积稳定性、抗热震性以及抗渣性等。由于热震及化学侵蚀是耐火材料损坏的两大重要原因，不同耐火材料都会涉及抗热震性与抗渣性，因此本书中相应的章节都会进行讨论，本节只介绍前面四个性质。

2.3.1　耐火度

耐火材料是在高温下使用的，其承受高温的能力格外重要。但耐火材料是一个多组分的复合材料，其没有固定的熔点。因而需要一个特定的指标来衡量耐火材料抵御高温的能力，即耐火度。由于耐火度是一个使用性质，所以在一些标准中强调使用条件。如 ISO 标准中规定耐火度是指：在使用环境与条件下，耐火且抵抗高温的能力。ASTM 标准中将耐火度定义为：在使用环境与条件下，耐火材料在高温下保持其物理与化学本性的能力。我国标准中定义耐火度为：耐火材料在无荷重条件下抵抗高温而不熔化的特性。

因为耐火材料没有固定的熔点，它在升温过程中不断生成液相而软化，所以规定一个特殊的方法来测定耐火材料的耐火度。

将研磨到一定细度（小于 $180\mu m$）的耐火材料或原料制成如图 2-26 所示的三角锥试样，将待测试锥与几个已知耐火度的标准试锥同时放在一个圆盘形或者长方形锥台上。将锥台放入炉子中，按规定的升温速度升温，并旋转锥台。观察试锥及标准锥的弯倒情况，确定试锥的耐火度，有关要求请参考《标准测温锥》（GB/T 13794—2017）和《耐火材料　耐火度试验方法》（GB/T 7322—2017）中规定。

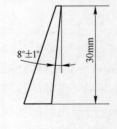

决定耐火材料耐火度的主要因素是其化学-矿物组成和它的分布情况。构成耐火材料的主要成分都是高熔点的物质，如 MgO 熔点为 2800℃，Al_2O_3 熔点约为 2015℃，莫来石熔点为 1800℃ 等。但在耐火材料中常含有一些杂质，如 K_2O、Na_2O 和氧化铁，在 Al_2O_3-SiO_2 系耐火材料中的

图 2-26　测定耐火度用的试锥

MgO、CaO 以及在 MgO-CaO 系耐火材料中的 Al_2O_3 与 SiO_2 等。它们在高温下与主成分相互作用，产生液相而使耐火材料的耐火度下降。液相量及液相的黏度影响耐火材料的耐火度，液相量越大，黏度越小，耐火度越低。试锥弯倒时液相的黏度与其组成及结构也有关，这与玻璃及炉渣相同，可以参考玻璃工艺学及冶金学有关资料。通常，液相中 SiO_2 含量越高，黏度越大。

耐火度的测定条件与测定方法对测得的结果有影响，包括如下几个方面：

（1）试样颗粒大小。试样的颗粒越小，高温下不同组分之间的反应越容易。在同一条件下产生的液相量越多，测得的耐火度越低。因此，在试样研磨过程中要经常分析试样的粒度以避免小于 $180\mu m$ 的细粉中过细的颗粒太多。

（2）升温速度。升温速度越慢，达到同一温度产生的液相量越多。所以一般情况下慢升温测得的耐火度要比快升温测得的低。但在过慢的升温过程中也有可能产生从熔体中析晶的现象。随晶体的析出，提高了液相的黏度，从而提高耐火材料的耐火度。

（3）炉内气氛。当耐火材料试样中有变价氧化物存在时，气氛会引起变价而改变液相生成温度与液相量，如氧化铁在还原气氛下会变成低熔点的氧化亚铁，降低耐火度。因此，我国标准规定耐火度测定时炉内气氛为氧化气氛。

（4）试锥的形状与安置。试锥形状与安置方式如不严格按标准进行，就可能影响测定结果。

2.3.2 荷重软化温度与高温蠕变

耐火材料在使用过程中常常受到载荷与高温的同时作用，因此，需要反映在有负荷的条件下，耐火材料抵抗高温能力的指标，荷重软化温度与高温蠕变就是反映此能力的性质。它们虽然是两个性质，从两个不同的侧面反映耐火材料在荷重条件下抵抗高温的能力，但影响它们的因素，甚至测试试样的尺寸都相同，因此把它们放在一起讨论。

2.3.2.1 耐火材料的荷重软化温度

荷重软化温度是耐火材料在规定的升温条件下，受恒定荷载产生规定变形时的温度。荷重软化点的测定方法包括有示差-升温法与非示差-升温法两种。前者已定为国家标准，后者作为行业标准仍在使用。两者在试验设备与方法以及试样尺寸与形状上有一些差别，但原理是相同的。把试样放在一立式试验炉中，加上一定的负荷，通常对于致密定形耐火材料为 0.2MPa，致密不定形耐火材料为 0.1MPa，隔热定形与不定形耐火材料为 0.05MPa。试样在炉内按规定的速度升温，记录下试样变形与温度的关系，得到图 2-27 所示的曲线，随着温度的升高，试样开始膨胀。当温度达到某一温度时，由于试样软化而开始收缩。试样到达最大膨胀值，即图2-27中曲线的最高值记为 t_0，表示试样开始收缩时的温度，然后根据不同的变形量得到不同的温度。下降变形量达到试样尺寸的 $x\%$ 时的温度定义为 t_x。在示差-升温法中通常记录 $t_{0.5}$、t_1、t_2 与 t_5，相应的变形量分别为 0.5%、1%、2% 与 5%，而非示差-升温法中常

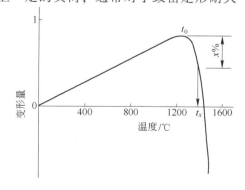

图 2-27　荷重软化温度测定的变形与温度关系曲线

记录 t_0 与 $t_{0.6}$。有些试样在试验过程中破裂或溃裂，应记录此破裂温度 t_b 作为测定结果。

2.3.2.2   耐火材料的高温蠕变（压蠕变）

耐火材料在一定的压力下随时间的变化而产生的等温变形称为耐火材料的高温蠕变或压蠕变。压蠕变与荷重软化温度测定的方法不同。压蠕变是在恒定温度下测定规定时间内的变形，后者是随温度的升高测定达到规定变形的温度，前者更能反映在长时间作用下耐火材料抵抗负荷与高温同时作用的能力。压蠕变的测定设备及试样基本上与测定荷重软化点的示差–升温法相同。将试样放在炉子中按规定值施加载荷，按规定的升温制度，升温至要求测定蠕变的温度，按要求确定保温时间。一般保温时间为 25h、50h 与 100h。连续记录温度及试样高度随时间的变化，按式 2–55 计算蠕变率，并用表列出自保温开始后每隔 5h 的蠕变率。

$$P = \frac{L_n - L_0}{L_i} \tag{2-55}$$

式中 P——蠕变率；

L_i——原始试样的高度；

L_0——恒温开始时的试样高度；

L_n——试样恒温 n 小时的高度。

2.3.2.3   影响耐火材料蠕变与荷重软化温度的因素

与耐火度相同，耐火材料的化学矿物组成对蠕变与荷重软化温度有很大影响。不同的是显微结构对耐火度的影响甚微，而对于蠕变与荷重软化温度有很大影响。除此以外，测定过程与测定条件对测定结果也会有一定影响。下面讨论影响耐火材料蠕变与荷重软化温度的因素。

A   化学矿物组成

首先，耐火材料的荷重软化温度及蠕变率与其主晶相的成分和晶体结构有关。晶体结构越完整，晶格中质点之间的作用力越大，抗蠕变能力越强，荷重软化温度也越高。但就耐火材料而言，它们大多为复相材料，液相生成及显微结构的影响更大。

化学矿物组成对耐火材料的软化温度、高温下液相生成量及液相的性质有很大的影响。组成中含有的低熔相越多，则耐火材料的荷重软化温度越低，蠕变量越大。液相的生成温度与生成量可以通过相图分析来进行判断。此外，液相的性质、它的黏度与表面张力对耐火材料的荷重软化温度与蠕变也有较大的影响，提高液相的黏度有利于提高耐火材料的抗蠕变能力与荷重软化温度。液相的表面张力影响液相对耐火材料的润湿性，从而影响它在耐火材料中的分布，也会对上述两性质产生一定的影响。

如果在耐火材料的组分中含有在高温下发生反应或相变产生膨胀的物质，则可以通过膨胀抵抗压力产生的压缩来提高耐火材料的荷重软化温度与抗蠕变性。例如，有人在 Al_2O_3-SiO_2 系耐火材料中添加红柱石、硅线石与蓝晶石，通过它们在莫来石化过程中产生的膨胀来提高耐火材料的抗蠕变性与荷重软化温度。这种方式可以显著提高测定的指标，但对于耐火材料的长期使用效果有人持怀疑态度，有待进一步探讨。

B   耐火材料显微结构的影响

蠕变与荷重软化温度都属于结构敏感性能。影响它们的显微结构参数包括气孔、晶粒尺寸与晶界以及液相数量与分布等。

气孔对蠕变及荷重软化温度的影响是显而易见的。一方面由于气孔的存在减少了承受压力的有效截面积，使单位面积上的压力增大；另一方面气孔可以容纳压力与高温所造成的材料形变，减小了形变阻力。显然在相同气孔容积的条件下，气孔孔径不同，承受固体的面积也不同，因而会影响耐火材料的蠕变与荷重软化温度。

通常，晶粒越小，蠕变率越大，荷重软化温度越低。因为晶粒越小，晶界数目越多，晶界扩散与晶界移动对耐火材料在高温与压力作用下的形变有较大的贡献，从而影响耐火材料的蠕变率与荷重软化温度。

由于非晶体结构的不规则及在高温下产生流动性，玻璃相的抗蠕变性比晶体差。在高温下玻璃相一旦变为液相，由于它的流动性，它对于耐火材料的抗蠕变性会产生不利的影响，降低荷重软化温度。除了前面提到的黏度外，液相在耐火材料中的分布对其蠕变率及荷重软化温度有很大影响。如2.1节中所述，如果液相对耐火材料晶相的润湿性良好，液相在耐火材料中形成网状的均匀分布，则耐火材料的抗蠕变性及荷重软化温度下降。反之，若液相对耐火材料的晶相润湿性差，液相在耐火材料的显微结构中呈孤岛状分布，它对耐火材料的抗蠕变性及荷重软化温度影响很小。在这种情况下，此两性质主要取决于耐火材料晶相的组成与结构。耐火材料中液相的表面张力及它对耐火材料主晶相的润湿性取决于液相与主晶相的组成。例如，在氧化镁中加入氧化铬制成镁铬砖可以降低液相对固相的润湿性，提高其抗蠕变性与荷重软化温度；加氧化铁则有相反的效果。

C 测定条件的影响

在测定过程中试样的尺寸准确性、上下两表面的平行度、表面的粗糙度等都影响测定结果。升温速度也会对测定结果产生影响。与耐火度的测定相同，在升温速度较快的情况下测得的荷重软化温度较高，蠕变率较小。因此，在实际测定过程中一定要严格按标准规定进行以得到精确的结果。

2.3.3 耐火材料的高温体积稳定性

耐火材料是长期在高温下使用的材料，而其本身处于热力学非平衡状态，所以在使用过程中会有一些物理与化学反应发生。这些反应带来一定的体积变化，这种变化可能危害炉窑的稳定性与寿命。如果在使用过程产生较大的收缩则可能使炉衬解体。相反，如果产生较大的膨胀则可能在炉衬中造成较大的应力而导致炉衬耐火材料破坏。因此需要一个评价在使用过程中因物理化学变化导致耐火材料体积变化的性能指标。由于直接在高温下测定体积变化需要特殊的设备，同时还要排除热膨胀的影响，所以常用耐火材料再次经高温处理后试样体积或尺寸变化来表征耐火材料在使用温度下可发生的变形大小，即重烧线变化。耐火材料在使用温度下的重烧线变化不应很大，应有允许的范围内。

重烧线变化是指试样在加热到一定温度保温一段时间后，冷却到室温后所产生的残存膨胀或收缩，可以用式2-56来表示：

$$L_C = \frac{L_t - L_0}{L_0} \times 100\% \qquad (2-56)$$

式中　L_C——重烧线变化率；

　　　L_t——加热到温度 t 保温后冷却到室温的试样的长度；

　　　L_0——加热前试样的长度。

除重烧线变化率外还可以用重烧体积变化率来表示耐火材料的体积稳定性：

$$V_C = \frac{V_t - V_0}{V_0} \times 100\% \qquad (2-57)$$

式中　V_C——重烧体积变化率；

　　V_t，V_0——分别为烧后与烧前的体积。

对于形状复杂的试样，不能准确测定其尺寸。可以用测定体积密度相同的浸渍称量法测得其煅烧前后的体积，按式 2-57 得到其重烧体积变化率，然后按式 2-58 计算得到重烧线变化率：

$$L_C = \frac{V_C}{3} \times 100\% \qquad (2-58)$$

耐火材料的重烧线变化反映耐火材料偏离热力学平衡状态的程度。因此，耐火材料的化学矿物组成与显微结构是影响重烧线变化的重要因素。在重烧过程中可能产生化学反应与相变，可能导致体积膨胀与收缩。当反应产物的密度小于反应物的密度时，发生膨胀，如红柱石、硅线石与蓝晶石的莫来石化，氧化镁与三氧化二铝反应生成尖晶石等。如果反应产物的密度大于反应物的就会产生收缩。

烧结是重烧过程中发生的一个重要物化过程，它是导致重烧线收缩的重要原因。耐火材料中气孔率、液相量、液相组成与晶粒大小都会对烧结产生很大的影响。液相量越多，晶粒尺寸越小，气孔率越大，烧结越容易进行，产生的重烧收缩也越大。

耐火材料制造工艺参数对其重烧线变化率有一定影响。如提高制品的烧成温度与延长保温时间，可以缩短耐火材料与其热力学平衡态的距离，可以降低重烧线变化率。

2.4　耐火材料的热震损毁与抗热震性

耐火材料作为炉衬及在高温下使用的元器件的制作材料，除了要承受高温作用外，还要抵抗温度的急变对它的破坏。温度变化给予耐火材料的作用称为热冲击或热震。耐火材料抵抗温度急剧变化而不损坏的能力称为耐火材料的抗热震性或者热震稳定性，简称为热稳定性。热震损坏是耐火材料两大损毁原因之一。因此，耐火材料的抗热震性是其重要性质。

2.4.1　耐火材料的热应力及热应力损伤

陶瓷与耐火材料中热应力主要来自两方面。一方面，由于耐火材料在加热与冷却过程中自耐火材料的表面至内部存在温度梯度，该温度梯度在材料内产生的应力如图 2-28 所示。在冷却过程中，材料表面的温度低，它要收缩，而材料内部的温度高要阻碍表面收缩，结果材料表面承受张应力而材料内部要承受压应力。在材料升温过程中则恰好相反，材料表面的温度高于其内部温度，则在材料表面承受压应力而内部承受张应力。另一种应力则来源于耐火材料组成与显微结构不均匀性。由于材料中各相的线膨胀系数不同，各相膨胀或收缩相互牵制而产生的应力。这种应力不仅仅是来源存在于材料中的温度梯度，即使是材料中各部分的温度是相同的，由于各相线膨胀系数的差异也会在材料中产生应力。

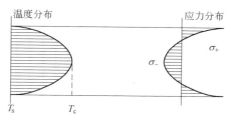

图 2-28   冷却过程中耐火材料中的温度分布与应力分布

耐火材料因热应力损坏有三种情况。一种是由于温度急变产生的热应力大于其强度而一次性破坏；另一种是在反复加热冷却的情况下，热应力使材料内的裂纹不断扩展最终导致破坏；第三种是即使在没有温度变化的情况下，耐火炉衬内部可能存在温度梯度，在高温与温度梯度的长期作用下，裂纹扩展同样可导致耐火材料破坏。

2.4.2   耐火材料抗热震性的测定方法

如何准确表征与评定耐火材料抗热震性是一个重要但是困难的问题。虽然已进行了不少的工作，但至今尚未有一个公认的好方法。由于抗热震性是耐火材料一个重要性质，所以在科研与产品质量的检测上，人们常采用不同的方法测定耐火材料的抗热震性。在所有的测定方法中包括如表 2-8 所示的三个方面的主要内容。首先，要创造一个热震的环境，使耐火材料试样承受温度急变，如快速冷却与加热。在实际工作中最常见的方法是将耐火材料试样反复经历加热—冷却循环。将试样在一定的温度下保温后，放入冷水中或其他冷介质中，或吹风的空气中急冷，反复数次后观察试样的损坏情况。对于不易水化的耐火材料，如铝硅系耐火材料可在水中冷却，而镁质耐火材料等易水化材料则在空气中或其他非水液体材料中冷却。近年来，也有用在熔钢中加热的方法，即将耐火材料反复插入熔钢中进行加热—冷却过程。反复加热的次数可根据耐火材料抗热震性好坏而定，抗热震性好的材料，冷—热循环的次数要多一些。

表 2-8   耐火材料抗热震性测定方法

热震条件	检测方法	抗热震性评定依据
（1）加热或冷却； （2）加热—冷却循环	（1）裂纹检测； （2）称重； （3）抗折强度测试； （4）弹性模量测试； （5）声发射技术	（1）目测裂纹状况； （2）质量损失率； （3）抗折强度保持率； （4）弹性模量保持率； （5）热震过程中声发射特征

耐火材料抗热震性评价方法包括观察试验后试样上裂纹的状况或破坏的面积、试验前后质量损失率、抗折强度或弹性模量的保持率或损失率等，也可以测定热震过程中声发射特征的变化来表征试样的抗热震性的好坏。具体试验方法主要包括如下几种：

（1）加热—冷却法。将一定尺寸的试样直接放入已经达到规定温度的炉内保温达到规定的时间后，迅速从炉中取出在水等介质中或空气中淬冷。重复上述过程至达到规定的热震循环次数后，观察试样的损坏情况，或者测定热震前后抗折强度的保持率来判断材料抗热震性的好坏。强度保持率计算公式如下：

$$强度保持率 = \frac{热震后强度}{热震前强度}$$ （2-59）

强度保持率高的材料的抗热震性好。此法简单易行，准确性较好，因而在科研工作中常用。其缺点是试样在炉子中整体加热，与耐火材料作为炉衬的实际使用情况相差较大。也有用耐压强度保持率来表征其抗热震性好坏的，但不如抗折强度好。

（2）镶板法。镶板法是将耐火材料试样砌在炉壁或炉门上，让它在一面受热的情况下进行加热—冷却循环。我国现行标准中就是将耐火材料试样砌筑在试验炉炉门上，炉门关上后，试样的一端在炉内加热，达到规定的时间后，翻转炉门，将热的耐火材料端插入冷水中冷却。反复数次后，用受热端面积的破损率来衡量耐火材料的抗热震性。实际测定过程中需按有关标准中规定的程序进行测定。

（3）长条法。将长条形试样放在支架上。在试样的加热面下有煤气烧嘴与吹风嘴。先用煤气加热试样到规定的时间后，再用吹风设备吹风冷却一段时间。按规定反复若干次后，测定试样热震前后抗折强度或弹性模量的保持率以衡量其抗热震性的好坏。与一般加热—冷却法相比较，两者都是采用长条形试样，所不同的是在长条法中是单面加热的，在加热与冷却过程中试样中存在一定的温度梯度。

（4）镶板-声发射（AE）法。这是一个将镶板法与声发射法结合起来的方法，结构示意图如图 2-29 所示。

在镶板法的耐火材料冷面装上一个 AE 探头，探测在加热或冷却过程中耐火材料中裂纹生成与扩展过程中的声发射信息。图 2-30 中示出三种烧成镁白云砖与镁碳砖的镶板-AE 法测定结果。AE 的累计数越大，表示裂纹扩展得越多。由图可见三种白云石砖的抗热震性是 C>B>A，但都比镁碳砖差。此法的优点是：比较接近耐火材料作为炉衬时的实际情况，灵敏度较高，易记录。但是，环境噪声的干扰会影响测定结果。这一方法并不常用，但对了解声发射法在耐火材料抗热震性测定中的作用还是有意义的。

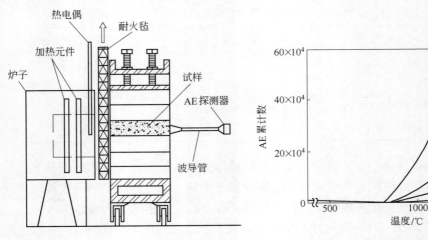

图 2-29 镶板-AE 法示意图   图 2-30 烧成镁白云砖与 MgO-C 砖镶板-AE 法测定的结果

2.4.3　抗热震性的评价参数

材料抗热震性的评价参数较多，在材料物理或材料性质等专著与教材中有详细讨论，这里仅做简单的综合。常用表征材料抗热震性的参数有如下几个：

第一抗热应力断裂因子。它是产生的热应力达到材料的断裂强度 σ_f，使材料开始破坏的最大温差 ΔT_{max}。其计算公式如下：

$$R = \Delta T_{max} = \frac{\sigma_f(1-\mu)}{\alpha E} \tag{2-60}$$

式中　μ——泊松比；

　　　α——线膨胀系数；

　　　E——弹性模量。

此式根据平面薄板材料推导而成。对于其他形状的耐火制品，还应增加一个形状因子 S，则有：

$$R = \Delta T_{max} = S\frac{\sigma_f(1-\mu)}{\alpha E} \tag{2-61}$$

在第一抗热应力断裂因子中没有考虑到导热系数的影响。实际上由于散热等因素的作用，会对热应力的产生与缓解产生影响。引入导热系数 λ 的抗热应力断裂因子称为第二断裂因子 R'。其计算公式如下：

$$R' = \lambda \times \frac{\sigma_f(1-\mu)}{\alpha E} = \lambda R \tag{2-62}$$

在第一、二抗热应力断裂因子中没有考虑材料的热容量的影响，在获得相同热量的条件下，热容量大的材料产生的温升较小。引入了质量 ρ 与比热容 c_p 的抗热应力断裂因子称为第三断裂因子 R''。其计算公式如下：

$$R'' = \frac{\lambda}{\rho c_p} \times \frac{\sigma_f(1-\mu)}{\alpha E} = \frac{\lambda}{\rho c_p}R = \alpha R \tag{2-63}$$

式中，$\alpha = \dfrac{\lambda}{\rho c_p}$ 称为热扩散率，它表示在温度变化时温度趋于均匀的能力。

以上三个因子是从热弹性力学出发，以强度-应力为判断标准。认为材料中的热应力达到其抗张强度极限后，材料就会开裂，导致材料破坏。根据这一原理所导出的结果适用于玻璃、陶瓷等结构与组成相对均匀的材料。对于耐火材料，由于它们是多组分的多相材料，并且含有一定数量的气孔与裂纹，在这种情况下，上述各因子并不能完全反映它们抗热震性的大小。例如，随气孔率的下降，耐火材料的强度 σ_f 与导热系数 λ 都提高，按式 2-62 与式 2-63，R' 与 R'' 增大，它们的抗热震性提高，但实际情况并非如此。含有一定数量气孔的耐火材料的抗热震性是最好的。这是因为热冲击产生的裂纹在瞬时扩展过程中可能被气孔所阻止而不致引起材料的完全断裂。复相材料的相界、晶界都可能起同样的作用。因此，仅从热弹性力学的观点出发不能很好地说明耐火材料的抗热震性，应从断裂力学的观点来解释。

按断裂力学的观点，材料的破坏是由于裂纹的产生（包括原来存在于材料内的裂纹）与扩展。如果在热冲击下，裂纹不产生或者即使产生了也能将其抑制在一个小范围内而不扩展，则可使材料不致断裂。裂纹的产生、扩展的程度与材料的弹性应变能与裂纹扩展的断裂表面能有关。当材料中可能存积的弹性应变能较小或断裂表面能较大时，裂纹不易扩展，材料的抗热震性就好。即材料的抗热应力损伤性正比于断裂表面能，反比于弹性应变能的释放率。由此可得到表征材料抗热震性的第四抗热应力破坏因子 R''' 及第五抗热应力破坏因子 R''''。其计算公式分别如下：

$$R''' = \frac{E}{\sigma_f^2(1 - \mu)} \tag{2-64}$$

$$R'''' = \frac{2VE}{\sigma_f^2(1 - \mu)} \tag{2-65}$$

式中　V——断裂表面能，J/m^2。

R''' 只考虑材料的弹性应变能，它实际上是弹性应变能释放率的倒数，用来比较具有相同断裂表面能的材料。R'''' 则同时考虑了材料的弹性应变能和断裂表面能，主要用来比较具有不同表面能的材料。R''' 与 R'''' 越大，材料的抗热震性越好。

2.4.4　影响耐火材料抗热震性的因素

影响耐火材料抗热震性的因素主要包括两大方面：一方面是影响热应力及裂纹产生的因素；另一方面是阻止裂纹扩展抵抗热震断裂的因素。主要包括如下几个方面。

2.4.4.1　材料的物理性质对抗热震性的影响

材料的热学性质，如线膨胀系数、导热系数、热容量等对耐火材料的抗热震性有很大影响。由式 2-54~式 2-57 可知，材料的线膨胀系数与其抗热应力断裂因子成反比。这是因为，热膨胀系数越大，由于温度梯度所造成的热应力也越大，越容易产生裂纹。材料的比热容和密度与 R'' 成反比，这是因为在获得相同热量的情况下，比热容和密度大的耐火材料的温度升高较少，在材料中造成的温差较小，产生的热应力也较小。材料的导热系数与其抗热应力断裂因子成正比。这是因为随着材料导热系数的增大，材料中的传热速度增大，在材料中产生的温度梯度下降，热应力减小，抗热应力断裂因子增大。

材料的力学性质对不同的抗热应力损伤因子的影响是相反的。从式 2-60~式 2-63 可见，材料的强度 σ_f 与 R、R' 与 R'' 成正比，而材料的弹性模量与它们成反比。但根据式 2-64 和式 2-65 则刚好相反，σ_f 与 R''' 和 R'''' 成反比，而 E 与 R''' 和 R'''' 成正比。产生这种现象的原因主要是两者的判据不同。R、R' 与 R'' 是在热弹性力学的基础上建立起的判断因子，把材料看成一个均匀的整体。因而材料的强度越高，抵抗热应力的能力就越大。这是从通过避免裂纹产生来防止材料的热应力破坏，比较符合致密型材料。相反，R''' 和 R'''' 是基于断裂力学建立起来的判断因子，认为材料因热应力的破坏是由于裂纹的扩展，阻止裂纹扩展就可以避免材料的热应力破坏。它比较适合含有较多气孔的疏松材料，这就是说，降低裂纹扩展的要求与避免裂纹产生的要求刚好相反。因此，正确选用判断因子对分析与提高耐火材料的抗热震性是重要的。对于致密的耐火材料，如熔铸耐火材料，用 R' 和 R'' 可能较为适合，而对于多孔轻质耐火材料用 R''' 和 R'''' 可能更合适一些。

2.4.4.2　耐火材料的组成与显微结构对抗热震性的影响

首先，材料的组成与显微结构对前面讨论的热物理性质就有很大的影响，从而影响抗热震性。除了这些间接影响外，显微结构中的晶界、相界、气孔与裂纹也会对裂纹的扩展产生影响。它们一方面可以成为裂纹产生与扩展的裂纹源，另一方面可以阻止裂纹的瞬时扩展，防止材料的完全断裂。

气孔与裂纹除了可以起到防止裂纹的瞬时扩展的作用外，它们还可以在一定程度上起到吸收热膨胀的作用从而减小材料内部的应力。

显微结构中的微裂纹可以起到中止裂纹扩展的作用。因此，适量的、均匀分布的微裂纹可以提高耐火材料的抗热震性。耐火材料是多相体系，可以通过调节线膨胀系数不同的各组分的含量及粒径来控制微裂纹的多少、长度及联结状况，从而影响耐火材料的抗热震性。

有研究工作者以高纯尖晶石（MR66，Alcoa，UK）与轻烧氧化镁粉为原料在1700℃与20MPa的压力下热压制得高密度的方镁石-尖晶石试样进行抗热震性研究。尖晶石粉的中位径分别为3μm、11μm和22μm。尖晶石的体积分数在5%～30%。测得不同尖晶石含量及粒度的试样在硅油中淬冷后的强度和强度保持率与加热温度的关系，分别如图2-31及图2-32所示。由图可见，MgO与MgO-尖晶石复合材料的强度-淬冷温度的关系是不相同的。对于纯MgO试样，当淬冷温度低于临界淬冷温度（625℃）时，它的淬冷后的强度及残存强度不随淬冷温度的升高而变化。但当温度高于临界温度时，两强度值在很小的温度区间内迅速下降，然后再基本上维持不变。而对于MgO-尖晶石复合材料，可分为两类，以加入20%与30%中位径为22μm尖晶石的试样为一类。它们淬冷后的强度及强度保持率基本上不随淬冷温度的升高而下降，它们的抗热震性较好。以加入20%的22μm尖晶石的试样最好。而以加入10%的中位径为22μm尖晶石以及20%中位径为11μm的尖晶石的试样为另一类，它们的淬冷后强度及强度保持率随淬冷温度的升高而下降。这是因为高纯度的热压氧化镁试样为高致密试样，在低于临界淬冷温度时，不能生成大尺寸裂纹。在高于临界温度时，有大量的晶界裂纹产生，从而导致强度的下降。而对于MgO-尖晶石复合材料，由于MgO与尖晶石线膨胀系数的差异，在显微结构中，在方镁石与尖晶石的颗粒周围存在一些"预生成裂纹"。它们可以抑制在热震过程中产生的应变能的聚集，从而提高材料的抗热震性。

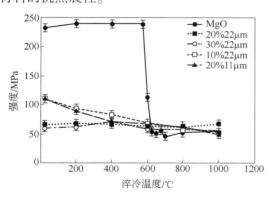

图2-31　淬冷温度对强度的影响

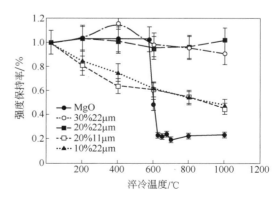

图2-32　淬冷温度对强度保持率的影响

图2-33～图2-35给出不同颗粒大小的尖晶石加入量对材料抗热损伤参数 R、R''' 及 R'''' 的影响。由图可见，用 R 值并不能很好地反映试样的抗热震性的好坏，而用 R''' 与 R'''' 则能较准确地反映试样的抗热震性的好坏。

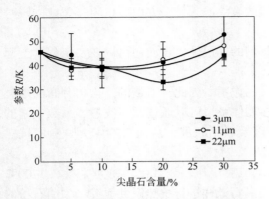

图 2-33   计算得到的 R 参数值与纯 MgO 及
MgO–尖晶石材料中尖晶石含量的关系

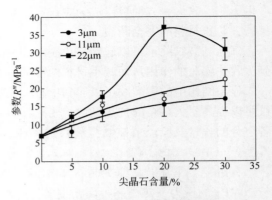

图 2-34   计算得到的 R''' 参数值与纯 MgO 及
MgO–尖晶石材料中尖晶石含量的关系

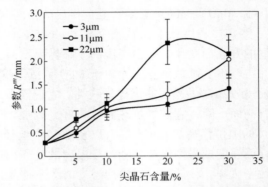

图 2-35   计算得到的 R'''' 参数值与纯 MgO 及 MgO–尖晶石材料中尖晶石含量的关系

从上面的讨论中可以知道,耐火材料中任何组分或粒度以及生产工艺的变化都有可能在耐火材料中生成裂纹。裂纹的数量、分布与长度将对其抗热震性产生影响。由于不同组分材料、粒度及结合相不同,这一问题须就事论事,根据每个耐火材料品种的具体情况来讨论。

2.4.4.3 耐火材料制品外形的影响

由于在耐火材料中的温度分布是受其外形与尺寸影响的。因此,在加热或冷却过程中在耐火材料中产生的热应力也受耐火制品外形与尺寸的影响。一个比较典型的例子是 Ryoichi 等人用有限元分析计算得到两种不同形状滑板,在推力与温度同时作用下的应力分布如图 2-36 所示。在传统滑板(图 2-36a),工作区承受较大的张应力,而在改进型滑板(图 2-36b)中工作区承受张应力的区域与大小都下降,大部区域承受压应力。他们用应变仪测得三种不同形状滑板在推力作用下,在室温下的应变值如图 2-37 所示。实测结果与应力计算结果相符。

由于耐火材料等陶瓷材料承受压应力的能力比张应力大得多,采用改进型滑板后大大减少了工作区裂纹形成的机会,从而使滑板的寿命有较大程度的提高。

近年来,由于有限元技术及计算机技术的发展,有限元方法被广泛用来计算各种耐火材料炉衬与部件中的温度分布与应力分布。大量的文献资料可以在有关的期刊、文集中找

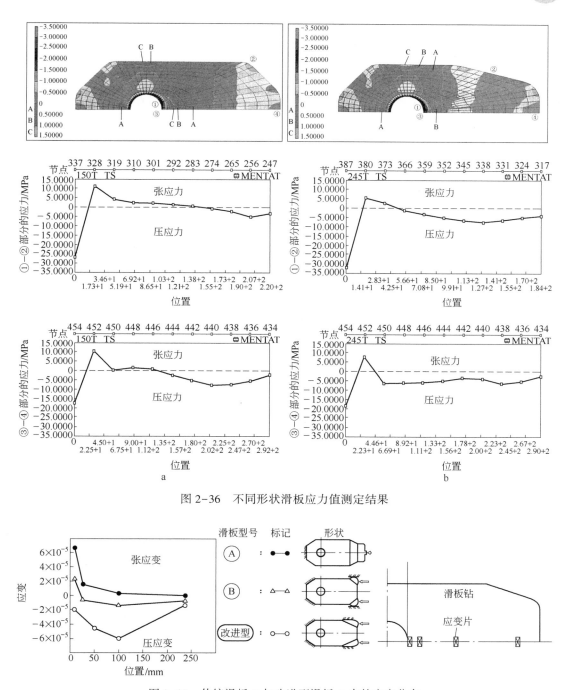

图 2-36 不同形状滑板应力值测定结果

图 2-37 传统滑板 B 与改进型滑板 A 中的应变分布

到。但是，所有这些计算仍然假定耐火材料是一个均质体。这种假设显然与耐火材料实际状况不符。因此，所得结果可能与实际情况有较大差距，仅具有方向性参考价值。实际上，由于耐火材料各组分之间的性质的差异，在耐火材料显微结构中产生的局部应力及裂纹对耐火材料抗热震性更有意义。近年来，微观力学在耐火材料抗热震性及组分性质与宏观性质之间的关系的研究取得一些有意义的结果，对于人们更进一步了解显微结构与性质的关系有较大意义。

从上面的讨论中可以看出，影响耐火材料抗热震性的因素是复杂的、多层次的。其各成分的晶体与玻璃体结构影响其热容量、导热系数与线膨胀系数；其显微结构影响裂纹的形成与扩展；其外形影响其温度分布与应力分布。因此，从耐火材料的微观结构到宏观形状与尺寸都对其抗热震性产生影响。因此，耐火材料的抗热震性是影响因素最多也是最复杂的性质。

2.5 渣对耐火材料的侵蚀与耐火材料的抗渣性

耐火材料在使用过程中最常接触到的是各种冶金熔渣、熔融玻璃等。渣蚀损毁是耐火材料破坏的两大主要原因之一。它对耐火材料的使用寿命有很大影响。本节首先讨论渣对耐火材料的侵蚀机理，然后讨论耐火材料的抗渣性与其影响因素以及抗渣性的测定方法等。

2.5.1 渣对耐火材料的侵蚀过程

渣对耐火材料的侵蚀应分两个层面来描述。首先将耐火材料当成一个整体来讨论。渣与耐火材料的关系如图 2-38 所示。

渣蚀实验后耐火材料试样也可以按此图来划分各层，从热层到冷面。图中，第一层为原渣层，也有的称为外渣层，这一层中渣与耐火材料并未发生任何反应，渣维持原来的组成与性质。第二层称为变渣层，也可称为内渣层，在此层中存在一些被熔蚀脱落下来的耐火材料的颗粒。由于耐火材料组分溶入渣中，渣的成分与性质已发生变化。这些

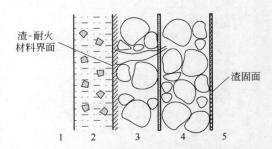

图 2-38 渣对耐火材料的蚀损机理示意图
1—原渣层；2—变渣层；3—蚀损层；
4—渗透层；5—未变层

变化可能有利于渣对耐火材料的侵蚀，也可能抑制渣对耐火材料的侵蚀。第三层为蚀损层，在这一层中，耐火材料的基质已被大量蚀损掉，耐火材料的显微结构已被严重破坏，但大量的粗颗粒仍未落入渣中，因而可基本保留原有的形状与尺寸。第四层为渗透层，它是渣沿耐火材料中的气孔，裂纹，晶界等向耐火材料中渗透而形成的。由于从热面向耐火材料内部延伸存在一温度梯度。当渣渗透到温度低于其凝固温度时，渣凝固并停止向耐火材料内部渗透。因此，渗透层与原砖层之间的界面称为渣固面。渗透层中耐火材料的基本结构未受到严重破坏，但由于渣的侵入其化学与矿物组成以及其致密程度发生了变化，因此也称为变质层。由于变质层的性质，如线膨胀系数等与未变层的不同，在耐火材料的使用过程中，由于温度的变化在变质层与未变层之间产生裂纹，并不断扩展而产生剥落，掉入渣中，称之为"结构剥落"。它与渣对耐火材料的化学熔损是耐火材料被渣损坏的两大机理。第五层为未变层，这一层中的耐火材料未与渣接触，保持了它原来的结构与组成。

上述各层是为了研究渣对耐火材料的侵蚀而人为划分的。实际上各层之间的界线并不

明显，有时很难划分清楚。各层的厚度也因渣与耐火材料的组成与性质以及砖内温度梯度的差别而不同，实际工作中可根据情况划分。

2.5.2 高温下耐火材料向渣中的溶解

高温下耐火材料向渣中的溶解是其蚀损的重要原因之一。因为在此溶解过程中包括渣与耐火材料界面的化学反应，因此，也常称为化学侵蚀。

2.5.2.1 耐火材料向渣中的溶解过程

如图 2-39 所示，耐火材料向渣中的溶解包括两个过程：（1）在耐火材料与渣的界面上的化学反应（溶解）；（2）反应产物向渣中的扩散。这两个过程中最慢的那个为整个溶解过程的控制过程。它的快慢对整个侵蚀速度产生决定性的影响。

在化学反应速度（溶解速度）比扩散速度慢得多的情况下，边界层溶质（溶解的耐火材料组分）的浓度等于渣中溶质的浓度 C_0。此时，侵蚀过程的速度 J 等于最大化学反应速度，即：

图 2-39 耐火材料向渣中的溶解

$$J = (J_化)_{max} = kC_0^n \qquad (2-66)$$

式中 k——化学反应速度数；

n——反应级数。

相反，当扩散速度比化学反应速度慢得多时，侵蚀过程受扩散步骤所控制。这种情况下溶质就会在边界层积累起来而增浓，最后达到饱和浓度。此时，溶解过程的总速度将等于最大可能的扩散速度，即：

$$J = (J_扩)_{max} = \beta(C_s - C_0) \qquad (2-67)$$

式中 β——溶质的传质系数；

C_s——边界层溶质的饱和浓度；

C_0——溶质在渣中的浓度。

β 是与溶质的扩散系数 D 成比例的。因此，式 2-67 可以用 Nernest 方程式来表示：

$$J = \frac{D}{\delta}(C_s - C_0) \qquad (2-68)$$

式中 δ——Nernest 扩散层厚度。

Nernest 方程式是一个广泛使用的经验式，许多实验证明它是正确的，但它不能满足很多实际情况的需要。例如，它认定扩散层中的液体是不动的，只进行分子扩散，其浓度分布是线性的。这些都与实际情况不符。利用 Nernest 方程也不能从理论上计算出溶解速度 J。

在实际实验与生产中，由于液体常常是运动的。例如，在侵蚀过程中，渣常处在外力作用下而不断运动的状态中。渣的运动状态对耐火材料的溶解有很大影响。实际生产过程中渣的运动状况是很复杂的，很难在实验室中完全模拟与进行理论分析。Levich 研究了一个在液体中旋转的圆盘所产生的液体运动状况下（图 2-40）以及从圆盘单面溶解的条件下，溶解总速度的公式为：

$$J = D\left(\frac{\mathrm{d}C}{\mathrm{d}y}\right)_{y=0} = 0.62D^{\frac{2}{3}}\nu^{-\frac{1}{6}}\omega^{\frac{1}{2}}(C_s - C_0) \qquad (2\text{-}69)$$

式中　J——溶解速度；

　　　y——离圆盘的距离；

　　　D——扩散系数；

　　　ν——动力度，$\nu = \eta/\rho$，η 与 ρ 分别为液体的黏度与密度；

　　　ω——圆盘运动的角速度；

　　　C_s——边界区溶质的饱和浓度；

　　　C_0——液相本体中溶质的浓度。

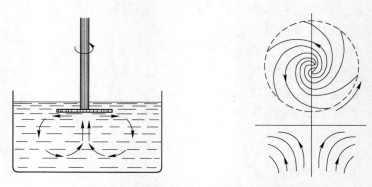

图 2-40　旋转圆盘附近液体流动状态示意图

此外，Levich 还提出了将一块平板垂直插入液体中，在自然对流条件下的溶解速度的计算公式：

$$J = 0.5D\left(\frac{g\Delta\rho}{D\eta}\right)^{\frac{1}{4}}x^{-\frac{1}{4}}(C_s - C_0) \qquad (2\text{-}70)$$

式中　J——溶解速度；

　　　D——扩散系数；

　　　g——重力加速度；

　　　$\Delta\rho$——饱和溶液与溶液本体密度差；

　　　η——黏度；

　　　x——离平板前缘的距离；

　　　C_s——耐火材料组分在渣中的饱和浓度；

　　　C_0——耐火材料组分在渣中的浓度。

上述计算公式是在某种特定条件下推算出来的，与实际生产情况相差较大，但仍可以用它来分析讨论影响耐火材料向渣中溶解速度的因素。

2.5.2.2　影响耐火材料向渣中溶解速度的因素

影响耐火材料向渣中溶解速度的因素较多，它包括渣与耐火材料本身的组成与性质以及环境因素，如温度等。下面分别讨论。

A　熔渣的化学成分与性质

溶渣的化学成分对耐火材料的侵蚀作用有决定性的影响。渣的酸碱性必须与耐火材料相匹配。从耐火材料分类中知道耐火材料分为酸性耐火材料与碱性耐火材料。同样冶金渣也可分为酸性渣与碱性渣。渣的酸碱性是以它的碱度来划分的。渣的碱度的表示方法有多种，通常是用渣中碱性氧化物含量与酸性氧化物含量之比来表示。最常见的方法是用渣中 CaO 含量与 SiO_2 含量之比，即：

$$碱度\ B = \frac{w(\mathrm{CaO})}{w(\mathrm{SiO_2})} \tag{2-71}$$

碱度高的渣为碱性渣，碱度小的渣为酸性渣。酸性渣中常含有较多的酸性氧化物，如 SiO_2、B_2O_3、P_2O_5、V_2O_5 及氟化物等。它较容易溶损碱性耐火材料，相反它对酸性耐火材料的溶损较弱。因此，碱性耐火材料抗碱性渣的侵蚀较强而酸性耐火材料抗酸性渣侵蚀的能力较强。

B 渣中某耐火组分的饱和浓度与实际浓度之差

从式 2-69 与式 2-70 中可以看出，渣中某耐火组分的饱和浓度 C_s 与实际浓度 C_0 之差与侵蚀速度成正比。C_s 越大，C_0 越小，耐火材料在渣中的溶解速度越快。相反，如果渣中某耐火材料组分达到饱和。$(C_s - C_0) = 0$，理论上讲，耐火材料将停止溶解，渣对耐火材料不起侵蚀作用。

陈肇友讨论了 $80\%\mathrm{MgO}$ 与 $20\%\mathrm{CaO}$ 的镁钙耐火材料在组成为（$42\%\mathrm{SiO_2} + 42\%\mathrm{CaO} + 16\%\mathrm{MgO}$）渣中的溶解度，得到结论：$\mathrm{MgO}$、$\mathrm{Cr_2O_3}$、$\mathrm{Al_2O_3}$、$\mathrm{MgO \cdot Cr_2O_3}$ 与 $\mathrm{MgO \cdot Al_2O_3}$ 在 $\mathrm{CaO\text{-}SiO_2}$ 渣中的溶解度如图 2-41 所示。连接渣的组成点 S 与耐火组成点 M8 得到的直线 SM8 与 MgO 的饱和线的交点即为 MgO-CaO 耐火材料与熔渣边界处的饱和浓度，即 MgO 23%、CaO 42%、SiO_2 35%。此时，MgO 的 $C_s - C_0 = 23\% - 16\% = 7\%$，CaO 的 $C_s - C_0 = 0$。说明在这种情况下，MgO 可溶入渣中，而 CaO 不会溶解。

张少伟利用松井久仁雄等人进行的电熔镁砂与烧结镁砂在 $\mathrm{CaO\text{-}Fe_2O_3\text{-}SiO_2}$ 系渣中溶解的实验数据与 Smith 等人得到的 MgO 在该渣中的饱和溶解度，讨论了 $C_s - C_0$ 对 MgO 在该渣中溶解速度的影响。图 2-42 中示出了 $\mathrm{CaO\text{-}MgO\text{-}Fe_2O_3\text{-}SiO_2}$ 系在 $1600\,℃$ 下的相图以及 MgO 的等饱和浓度线。由此图中可以得到不同渣组成中 MgO 的饱和浓度。

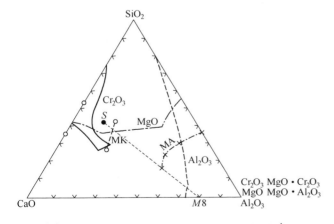

图 2-41 MgO、$\mathrm{Cr_2O_3}$、$\mathrm{Al_2O_3}$、$\mathrm{MgO \cdot Cr_2C_3}$ 与 $\mathrm{MgO \cdot Al_2O_3}$ 在 $\mathrm{CaO\text{-}SiO_2}$ 渣中的溶解度（$1700\,℃$）

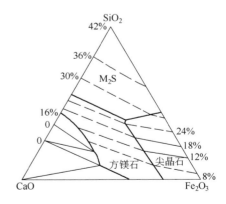

图 2-42 $1600\,℃$ 下 $\mathrm{CaO\text{-}MgO\text{-}Fe_2O_3\text{-}SiO_2}$ 相图及 MgO 在液相中的饱和浓度

表 2-9 中给出了松井久仁雄等人进行实验的渣的化学成分。表中还列出从图 2-42 中所得到的 MgO 的饱和溶解度。由表中可知对于 A-15、B-10 及 C-10 三种渣，C_s-C_0 为负值，氧化镁在这些渣中不溶解。烧结与电熔氧化镁试样在 A-0、A-5 及 A-10 三种渣中侵蚀试验后质量损失（溶蚀量）率与浸泡时间的关系如图 2-43 所示。对比图 2-43 与表 2-8 中可知，随着 C_s-C_0 的减少，在同一侵蚀时间下的质量损失量（溶损量）减少。

表 2-9　渣的化学成分与 MgO 的饱和溶解度 C_s　　　　　　（%）

化学成分	渣					
	A-0	A-5	A-10	A-15	B-10	C-10
CaO	43.0	40.1	39.2	36.9	43.4	47.4
SiO₂	21.5	19.3	20.8	19.9	15.2	11.7
Fe₂O₃	35.0	32.7	32.0	29.9	30.5	31.3
MgO	0	4.8	8.3	12.4	8.8	8.8
C_s	约9.0	约8.5	约100	约10.0	<8.0	<8.0
C_s-C_0	约9.0	约3.6	约1.7	负	负	负

C　渣的黏度

从式 2-69 与式 2-70 中可以看出，随熔渣黏度的提高，耐火材料向渣中的溶解速度下降。熔渣黏度的测定有很多方法。大多精确度不高且费时费力。在冶金原理或无机材料物理化学等书中专门讨论影响冶金渣等硅酸盐熔体黏度的因素，这里仅做一简单的回顾与补充。首先，渣的化学成分是影响黏度的最主要因素。通常渣中 SiO₂ 含量越高渣的黏度就越大。这是因为

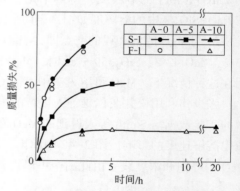

图 2-43　电熔（F-1）与烧结（S-1）氧化镁
在不同渣中侵蚀时间与质量损失的关系
（A-0、A-5 与 A-10 渣的成分列于表 2-9 中）

渣中 —Si—O—Si— 链的长度，即硅氧四面体的连接程度对渣的黏度有决定性的影响。渣中 O/Si 比越高，硅氧四面体的连接程度就越小，

渣的黏度越低。凡是能破坏 —Si—O—Si— 链的阳离子都会降低渣的黏度。如碱金属氧化物，它们的阳离子电荷少，离子半径大，与 O^{2-} 的结合力小，可以提供更多的 O^{2-} 来减少硅氧阴离子力的结合程度，降低了渣的黏度。此外，阳离子在渣中的配位状态对黏度也有较大影响。例如 Al_2O_3 在熔体中可以四配位 $(AlO_4)^{5-}$ 也可以为六配位 $(AlO_6)^{9-}$，通常是六配位。但是，当有较多碱金属与碱土金属离子存在时，它就可能成为四配位。四配位 $(AlO_4)^{5-}$ 可以与 $(SiO_4)^{4-}$ 成铝硅氧四面体团而使黏度迅速增大。由此可见，渣的组成对黏度的影响是很复杂的。由于渣的黏度对冶金过程有重要意义，因此，对于不同渣系黏度的

研究做了大量的实验研究与理论分析工作。文献资料很多，需要时可查阅借鉴。

应该指出的是除了渣的成分对其黏度产生很大影响外，如果渣中存在某种固体颗粒，这时渣就成为一个悬浮液，从而改变渣的许多工作性质。例如，$CaO-MgO-Al_2O_3-SiO_2$ 系渣中存在 $MgAl_2O_4$ 尖晶石颗粒以及在 $CaO-FeO_x$ 渣中存在 Fe_3O_4 颗粒都会使渣的黏度大大提高。而且，随着固体颗粒体积分数的增大而提高。在实际侵蚀过程中，由于渣与耐火材料的反应或者随渣渗入耐火材料内部使渣的温度下降，都可能出现渣中某种物质饱和而使其结晶出来，使液相渣变为悬浮体，从而改变渣的性质。由于悬浮体的黏度比熔体大得多，常称之为表观黏度。

除了组成以外，反应温度对渣的黏度也有很大影响。温度与黏度的关系式为：

$$\eta = \eta_0 \exp \frac{\Delta E}{kT} \tag{2-72}$$

式中　η_0——与熔体组成有关的常数；

　　　ΔE——质点移动的活化能；

　　　k——玻耳兹曼常数；

　　　T——绝对温度。

当活化能为常数时，有：

$$\lg\eta = A + \frac{B}{T} \tag{2-73}$$

式中，A 与 B 为常数。

还有一点应该指出，随着渣与耐火材料反应的进行，渣的成分也在不断地变化。因此，变渣层中及渗入耐火材料中的渣的成分与性质常常与原来渣的成分与性质有差别，对耐火材料的溶解与渗透产生较大影响。

D　反应产物的特性——直接溶解与间接溶解

耐火材料与渣反应所得到的反应产物对耐火材料抗渣侵蚀也会产生较大影响。根据产物熔化温度的高低及其稳定性，这种影响可分为两类：如果反应产物的熔化温度低，它在反应温度下以液相存在，它就会不断向渣中扩散，维持图 2-39 所示的溶解-扩散模型让耐火材料不断溶入渣中，这种情况称为直接溶解。相反，如果渣与耐火材料反应产物的熔化温度高，在使用温度下不熔化，那么它就会在耐火材料颗粒与渣之间形成一层固相隔离层，如图 2-44 所示。在这种情况下，一旦完整的反应物层形成，渣的组分必须扩散通过此反应物层才能与包裹在其中的耐火材料未变层反应。耐火材料的组分也必须扩散通过这一反应产物层才能溶解入渣中，这种情况称之为间接溶解。此时，耐火材料的溶解为通过产物层的扩散所控制。

反应产物层的形成与渣及耐火材料的成分有密切关系。Sandhage 发现当 Al_2O_3 在 $CaO-MgO-Al_2O_3-SiO_2$ 渣中溶解时，若渣中的 MgO 含量高，则可以在 Al_2O_3 表面形成完整的 $MgAl_2O_4$ 尖晶石层，Al_2O_3 的溶解变为间接溶解。相反，若渣中的 MgO 含量较低，则只能形成不连续的尖晶石层。Al_2O_3

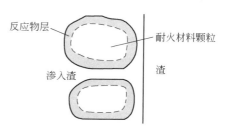

图 2-44　渣与耐火材料之间
高熔化温度反应层结构示意图

的溶解仍为直接溶解。Zhang 等人在研究电熔白刚玉与板状刚玉在 1450℃和 1600℃的温度下，在 $CaO-Al_2O_3-FeO_x-SiO_2$ 系渣中的溶解时发现，在氧化铝与渣的界面都有 $CaO \cdot 6Al_2O_3$（CA_6）与 $FeO \cdot Al_2O_3$ 铁铝尖晶石生成。但只有在 1600℃下在渣中浸泡 1h 的电熔白刚玉的表面形成完整、连续的 CA_6 层，使 Al_2O_3 的溶解由直接溶解变为间接溶解。而在其他情况下形成的 CA_6 层和铁铝尖晶石（$FeO \cdot Al_2O_3$）层都是不连续的，Al_2O_3 的溶解仍为直接溶解。Nightingale 等人在研究 $CaO-SiO_2-MgO-FeO_x$ 渣和 $CaO-SiO_2-Al_2O_3-MgO-FeO_x$ 渣对 MgO 的侵蚀时发现，后者由于有 Al_2O_3 存在可以在 MgO 与渣的界面上形成尖晶石层，使 MgO 的溶解变为间接溶解。而前者由于不含 Al_2O_3，不能形成尖晶石，MgO 在前者中的溶解仍为直接溶解。Cho 等人研究了 $CaO-Al_2O_3-SiO_2$ 系渣对 Al_2O_3 含量分别为 47%（富镁），69%（化学计量）与 94%（富铝）的尖晶石的侵蚀。发现由于 MgO 与尖晶石吸收渣中的氧化铁，在渣与尖晶石的界面上形成 $MgO \cdot (Al, Fe)_2O_3$ 复合尖晶石层，它阻碍了渣对尖晶石的侵蚀。而且，随尖晶石中 MgO 含量的增加，此层的厚度增大。而对富铝尖晶石，Al_2O_3 可以与渣中的 CaO 生成 CA_6 等 $CaO-Al_2O_3$ 系化合物阻碍渣的渗透。

由上面的例子中可以看到，渣与耐火材料反应产物的性质对耐火材料的抗侵蚀能力有很大影响。如果生成物为高温相，则会在耐火材料与渣的界面处形成一隔离层，使耐火材料的溶解变为间接溶解。耐火材料与渣的反应只能通过这一隔离层的扩散来进行，从而减少了渣对耐火材料的侵蚀。这一层的形成与厚度与渣和耐火材料的成分有关。因此，通过调整耐火材料与渣的成分，创造该层的形成条件将有利于减少渣对耐火材料的侵蚀。此外，即使不能在高温下形成固相反应层，一个高黏度的液相反应产物层也可能取得相似的效果。

E　温度

温度对耐火材料向渣中的溶解有很大的影响。在前面所提到各影响因素中，温度都会发生重大作用。如前面已提到的温度对黏度及化学反应速度的影响。除此以外，温度还会对耐火材料在渣中的溶解度、饱和度以及能否形成高温固相隔离层都有影响。它是考虑耐火材料组分向渣中溶解时应注意的重要因素。有人认为，当温度在产生液相的温度 20℃以下时，不会产生显著的侵蚀。而当温度达到液相生成温度 20℃以上时，渣对耐火材料的侵蚀会快速进行。

在实际使用过程中，耐火材料工作面（热面）与其靠金属炉壳的冷面之间存在温度差，从热面到冷面存在一温度梯度。因此，温度梯度斜率的大小主要取决于炉壁的厚度与温差。在薄炉壁的情况下，壁内温度下降较快，侵蚀，特别是渗透被抑制，蚀损层与渗透层的厚度也减小。厚炉壁的情况则刚好相反，由于温度梯度小，渗透层的厚度较大。在一个炉段中炉衬受侵蚀由厚变薄，因而渗透层与蚀损层的厚度也是由厚变薄。

F　耐火材料的组成与杂质

耐火材料组成对其抗渣性的影响除了前面提到的酸碱性以外，还存在其他一些影响。例如，由于富铝尖晶石的八面体中存在大量的阳离子空位，容易吸收渣中的铁与锰的阳离子形成复杂的尖晶体，如 $(Mg, Mn, Fe)O$、$(Fe, Al)_2O_3$ 等。可将耐火材料的溶解由直接溶解变为间接溶解。同时，由于渣中铁、锰氧化物的降低，氧化硅等含量增大，从而提高渣的黏度，降低了它的侵蚀与渗透能力。

耐火材料中的杂质或添加剂对耐火材料的抗侵蚀性有较大影响。例如 B_2O_3 是海水镁砂中最常见的杂质。MgO-B$_2$O$_3$系的液相出现温度为1358℃，很少量的B$_2$O$_3$的存在即可使液相出现的温度从它的熔点（约2800℃）下降到1358℃，从而使其抗侵蚀能力大幅度下降。金属铝作为MgO-C砖的抗氧化添加剂被广泛使用，研究表明它对MgO-C砖抗渣侵蚀的影响与渣的碱度有关，添加铝后有利于提高MgO-C砖抗碱性渣的侵蚀能力，但其抗酸性渣的侵蚀能力反而因铝的添加而下降。

G　气氛

众所周知，碳复合耐火材料的损毁首先是其中碳被氧化，因而保持还原气氛对于防止碳氧化是非常重要的。有关碳复合耐火材料抗氧化性的问题在后面有关碳复合耐火材料章节中要详细讨论。但是即使是不含碳的耐火材料，使用条件下的气氛对于耐火材料的抗侵蚀能力也有影响。特别是当耐火材料及渣中含有变价氧化物时。例如铁的氧化物，它在氧化气氛下以高价铁氧化物Fe$_2$O$_3$形式存在，还原气氛下以FeO形式存在，从而对耐火材料的性质产生影响。图2-45为CaO-MgO-FeO与CaO-MgO-Fe$_2$O$_3$三元相图1500℃的等温截面。

对比两图可以看出，组成为A的CaO-MgO混合物可以包容22%的FeO在1500℃下不产生液相。但对于CaO-MgO-Fe$_2$O$_3$系而言，Fe$_2$O$_3$含量超过3%后，在1500℃下即会有液相出现，耐火材料的抗侵蚀能力等性能就会下降。因此，对于含氧化铁较高的CaO-MgO系耐火材料，保持强还原气氛是有利的。还应该指出的是，由于Fe$_2$O$_3$与FeO的真密度不同，当气氛变化引起氧化铁变价时也可能因体积变化而导致耐火材料破坏。因此对于一些长期在CO气氛下使用的耐火材料，如高炉、热风炉用耐火材料有时还需要检验其抗CO侵蚀的能力。

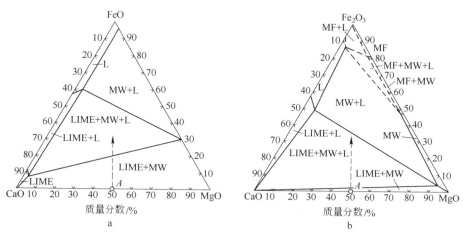

图2-45　CaO-MgO氧化铁系1500℃等温截面
a—还原气氛下；b—氧化气氛下

H　耐火材料的局部蚀损

在实际生产中，工业炉及工业设备中不同部位耐火材料的侵蚀速度是不同的。例如，在盛钢桶渣线部位，在渣钢界面上的侵蚀是较严重的。为了提高钢包的寿命，盛钢桶渣线部分普遍采用抗侵蚀性较好的MgO-C砖。但MgO-C砖的存在会产生所谓的马恩果尼效应，促进 MgO-C 耐火材料的侵蚀，其作用如图2-46所示。在其作用下渣与钢水交替与耐火材料接触，促进其蚀损。在使用的初期，渣浮在钢水的表面，钢水与 MgO-C 耐火材料接触。由于碳容易溶解到钢水中，MgO-C 砖中的碳不断溶解到钢水中或被氧化，如图2-46b 所示。随碳的损失，耐火材料表面上的氧化镁等氧化物含量增加，对氧化物有很好润湿性的渣就会渗入耐火材料与钢水之间，形成渣膜如图 2-46a 所示。接着，MgO 等耐火材料氧化物又不断溶解到渣膜中去，使耐火表面上的石墨增多，很难被石墨润湿的渣膜被排斥而上浮。MgO-C 耐火材料又和钢水接触，如此反复使 MgO-C 耐火材料的侵蚀加剧，形成严重的局部损坏。

　　除了所谓马恩果尼效应以外，由于温度的差异也会引发局部的对流而促进耐火材料的侵蚀，如图 2-47 所示。在渣-耐火材料-金属交界处，由于渣、耐火材料导热系数不同，使在金属熔体及渣中形成局部温度差，从而导致在小范围内的对流，促进了它们对耐火材料的侵蚀。

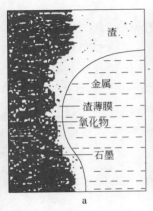 

图 2-46　钢包渣线镁碳砖侵蚀的马恩果尼效应
a—耐火材料与渣接触；b—耐火材料与熔钢接触

图 2-47　钢包渣线镁碳砖侵蚀的
马恩果尼效应

　　上面的讨论可以看出，在耐火材料的实际使用过程中，在其附近的熔渣与熔融金属的成分与温度可能发生一定的变化，从而产生某些局部的损坏机制，对耐火材料的侵蚀产生一定的影响。

　　从上面的讨论中可以看出耐火材料的侵蚀过程是很复杂的，影响因素也很多。除了上面提到的这些因素以外，还有其他一些因素也是重要的。例如，耐火材料中氧化物的颗粒尺寸大小及形状，颗粒越小，棱角越多，则其表面积大，易溶解到渣中去。此外在实际生产与试验过程中还可能有其他一些因素影响耐火材料的侵蚀，这些需要试验与生产人员根据实际情况判断。

2.5.3　渣向耐火材料中的渗透

　　除了耐火材料向渣中的溶解以外，渣向耐火材料内部渗透并与耐火材料反应生成变质层，然后产生结构剥落是耐火材料蚀损的另一个重要原因。渣可以通过三条途径向耐火材料内渗透。

（1）通过开口气孔与裂纹向耐火材料内部渗透。

（2）通过晶界向耐火材料内部渗透。

（3）渣中的离子进入构成耐火材料的氧化物中，通过晶格扩散进入耐火材料中。

在上述三种形式中通过气孔与裂纹的渗透是最大的。其他两种形式，特别是通过晶格扩散的渗透是很小的。这里主要讨论渣通过气孔与裂纹的渗透。

2.5.3.1 熔渣向耐火材料中渗透的原理

A 熔渣通过孔隙与裂纹的渗透原理

熔渣通过孔隙和裂纹的渗透行为，可用液体渗入毛细管的模型来描述，如图 2-48 所示。液体渗入的速度与孔径的关系可用 Washburn 公式来表示。

$$v = \frac{dL}{dt} = \frac{r^2 \Delta p}{8\eta L} \tag{2-74}$$

$$\Delta p = \Delta p_c + \Delta p_g \tag{2-75}$$

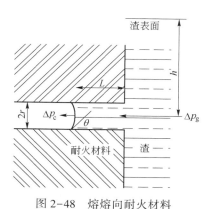

图 2-48 熔熔向耐火材料
毛细管渗透的模型

式中 v——渗入速度，cm/s；

L——渣渗透的深度，cm；

t——渗透时间，s；

η——渗入耐火材料中的熔渣的黏度，N·s/cm²；

Δp——毛细管两端的压力差；

Δp_c——毛细管张力；

Δp_g——熔渣产生的静压力，N/cm²。

将式 2-75 代入式 2-74 得到式 2-76：

$$v = \frac{r^2(\rho g h + \Delta p_c)}{8\eta L} \tag{2-76}$$

式中 ρ——熔渣的密度，g/cm³；

g——重力加速度，cm/s²；

h——孔中心线到熔渣上表面的距离，cm。

由于：

$$\Delta p_c = \frac{2\sigma \cos\theta}{x} \tag{2-77}$$

式中 σ——熔渣的表面张力，N/cm²；

θ——熔渣与耐火材料间的润湿角，（°）。

将式 2-77 代入式 2-76，得到式 2-78：

$$v = \frac{r^2}{8\eta L}\left(\frac{2\sigma \cos\theta}{r} + \rho g h\right) = \frac{2r\sigma \cos\theta + r^2 \rho g h}{8\eta L} \tag{2-78}$$

忽略静压力的影响。渗透渣的物理化学性质，如 η、σ、θ 和 ρ，在初始阶段都假设为常数。那么通过对式 2-74 积分，得到渗透深度 L 与时间 t 的关系，即可推导出在时间 t 时，渗透深度 L 与孔径 r 之间的关系：

$$L = \sqrt{\frac{rt\sigma \cos\theta}{2\eta}} \tag{2-79}$$

而由式 2-79 可以得到渗透速度与孔径的关系：

$$v = \frac{r\sigma\cos\theta}{4\eta L} \qquad\qquad (2-80)$$

B　熔渣通过晶界的渗透原理

晶界中液相的分布状态与固-固-液平衡二面角有关，如图 2-49 和式 2-81 所示。

$$\cos\frac{\Phi}{2} = \frac{\gamma_{ss}}{2\gamma_{sl}} \qquad\qquad (2-81)$$

式中　Φ——二面角；

γ_{ss}，γ_{sl}——分别为固-固界面张力与固-液界面张力。

当 $\dfrac{\gamma_{ss}}{\gamma_{sl}} \geq 2$ 时，$\Phi = 0°$。这时，晶粒完全润湿，液相穿过整个晶界。当 $\gamma_{sl} > \gamma_{ss}$ 时，$\Phi > 120°$，液相在三晶粒界面处呈孤岛状分布，液相完全不润湿固相，此时，渣不沿晶界渗透。当 $\dfrac{\gamma_{ss}}{\gamma_{sl}} > \sqrt{3}$ 时，$\Phi < 60°$，液相润湿固相，液相仍能沿晶界渗透。

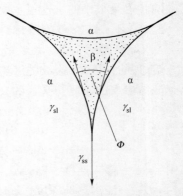

图 2-49　固相-固相-液相界面
之间表面力的平衡
α—固体晶粒；β—液体晶界相；
Φ—二面角

在前面显微结构的研究中已看到，由于晶界偏析在晶界中存在较多的杂质元素，当渣进入晶界后，它要与晶界中的元素反应改变原来渣的成分，从而引起其性质的变化。因此，渣沿晶界的渗透不仅仅是渣的渗透，是渣与晶界中存在物质反应生成新的液相的渗透。因而，渣沿晶界的渗透受渣与晶界组成与结构的影响。

2.5.3.2　影响渣向耐火材料中渗透的因素

从表达渣渗透深度与渗透速度的公式 2-79 与公式 2-80 中可以看出，影响渣向耐火材料渗透的主要因素有三个：耐火材料中气孔的尺寸、渣的黏度以及渣与耐火材料的润湿角。

A　气孔尺寸与分布、气孔率对渣渗透的影响

从式 2-79 及式 2-80 中可以看出，渣渗透的深度与 $r^{1/2}$ 成正比，而渗透速度与 r 成正比。可见，随气孔孔径的增加，渣向耐火材料中的渗透速度与深度都增大。耐火材料的气孔孔径越小其抗渣的渗透能力越强。除此以外，气孔孔径分布也对渣的渗透有很大影响。当气孔孔径分布不均匀时，渣的渗透路线呈树枝状。即它先沿大气孔渗入耐火材料中，然后沿小气孔向四周渗透扩散，这样渣就比较容易渗入耐火材料的内部。相反，如果耐火材料的气孔分布是均匀的，没有孤军深入的渗透条件，渣沿气孔渗透也是均匀的，渗透面积也会比气孔分布不均的小。

耐火材料的气孔率对渣渗透的影响是显而易见的。在其他条件相同的情况下，耐火材料的显气孔率越高，渣的渗透越厉害。

B　渣的黏度

由式 2-79 与式 2-80 可见，渣的渗透深度与渗透速度分别与 $\eta^{1/2}$ 及 η 成反比。渣的黏度越大，其渗透能力越差。应该特别提出的是，渗入耐火材料中的渣的黏度等性质已经与原来渣的性质有较大的差别。这里所说的黏度指的是进入耐火材料中的渣的黏度。

耐火材料的组成、耐火材料与渣的反应对渣的组成与性质产生很大影响，从而影响到

渣的渗透。Kusuhiro 等人用 X 射线原位观察 $CaO-Fe_tO-SiO_2$ 系与 $CaO-Fe_tO-Al_2O_3-SiO_2$ 系渣在氧化镁耐火材料中的渗透时发现：渣的渗透速度随着耐火材料气孔率与气孔孔径的增加而增大。同时，随着 MgO 与 Fe_tO 的反应，Fe_tO 被吸收到氧化镁颗粒中，导致渣中 Fe_tO 浓度下降，使渣的熔化温度与黏度上升，表面张力下降，使渣的渗透减弱而最后被阻止。另外含有 Al_2O_3 的渣向 MgO 耐火材料中渗透的速度比不含 Al_2O_3 的渣的渗透速度慢。而且，前者停止渗透的时间也比后者的短，这是因为 MgO 与前者中的 Al_2O_3 反应在气孔表面形成尖晶石降低了耐火材料的气孔孔径。Yilmaz 在研究钢包渣对 Al_2O_3-尖晶石浇注料侵蚀实验时发现，耐火材料的组成对其抗渗透能力及抗渣性的影响比显气孔率等的物理性质更显著。研究所用的耐火材料的化学成分、不同温度下烧后的显气孔率与孔径尺寸列于表 2-10 中，渣在浇注料中的渗透面积如图 2-50 所示。

表 2-10 浇注料化学组成与性质

组成与性质		浇注料 A	浇注料 B
化学成分/%	Al_2O_3	86.4	86.4
	MgO	11.4	11.4（+3.0）[①]
	CaO	2.0	2.0
	SiO_2	0.2（+0.5）[①]	0.2（+0.5）[①]
显气孔率/%	1500℃	15.1	19.6
	1600℃	13.6	18.0
气孔中位径 D_{50}/nm	1500℃	700	850
	1600℃	700	1000

① 外加3%的 MgO 与0.5%氧化硅微粉。

由表 2-10 与图 2-50 中可以看出，尽管 A 浇注料的气孔率与气孔孔径都比 B 浇注料的小。但是经 1500℃ 与 1600℃ 渣蚀试验后，前者的渣渗透面积却比后者大。B 试样中外加 3% 的氧化镁后，和氧化铝反应生成尖晶石导致 B 的显气孔率与气孔孔径增大，但耐火材料中尖晶石的含量提高有利于提高材料的抗侵蚀与抗渗透能力。

此外，在 B 试样中发现有较多的 $CaO \cdot 6Al_2O_3$ 高熔点相生成，而在 A 试样中发现有较多的 $2CaO \cdot Al_2O_3 \cdot SiO_2$ 低熔相生成，从而降低渣的熔化温度与黏度，促进了渣的渗透。Sarpoolaky 等人

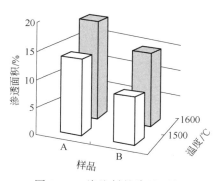

图 2-50 浇注料的渗透面积

在研究含铁硅酸盐渣在 1600℃ 下对 Al_2O_3-尖晶石复相材料、化学计量尖晶石与富 MgO 尖晶石的侵蚀时发现 Al_2O_3 含量为 90.90% 的 Al_2O_3-尖晶石复相材料 AR90 比 Al_2O_3 含量为 78.78% 的接近于化学计量尖晶石 AR78 具有较强的抗渗透能力。它们的气孔率都很小，分别为 1.5%~2.5% 与 1.5%~2%。因此，可以认为是沿晶界的渗透为主。AR90 具有较高抗渗透能力的原因是因为 Al_2O_3 吸收了渣中 CaO 形成高熔点 $CaO \cdot 6Al_2O_3$。同时 AR90 比

AR78 能从渣中吸收更多的氧化铁与氧化锰，从而降低渣中钙、铁与锰的氧化物的含量，提高氧化硅的含量使渣的黏度增大，渗透能力下降。相反，在 AR78 中却在晶界中形成 CaO·MgO·Al$_2$O$_3$·SiO$_2$ 低熔相，有利于渣的进一步渗透。

    C   渣对耐火材料的润湿性

渣对耐火材料的润湿性取决于它们的润湿角，即渣的表面张力及渣与耐火材料的界面张力。由式 2-81 可知，当 $\gamma_{ss}/\gamma_{sl} > 2$，润湿角等于零。渣对耐火材料完全润湿，渣很容易渗透到耐火材料内部。若 $\gamma_{sl} > \gamma_{ss}$，$\varPhi > 120°$，渣完全不润湿耐火材料，渣不能渗透到耐火材料内部去。大多数情况下，渣对耐火材料的润湿性介于上述两者之间，渣可能沿气孔渗透到耐火材料的内部。渣对耐火材料的润湿性与它们的组成有关。大部分渣由氧化物构成。它们对于氧化物耐火材料有较好的润湿性。它们对于含有石墨的碳复合耐火材料及其他的含有非氧化物耐火材料的润湿性较差。

渣对耐火材料的润湿性取决于其表面张力与界面张力。实际工作中要测定熔渣的表面张力与界面张力是困难的。所得到的数据也常因实验条件的差异而各不相同。渣的表面张力与其组成有密切关系。可以根据渣的组成来判断其表面张力的变化。氧化物的表面主要由 O^{2-} 占据，当它们成为熔体时也是这样。氧化物表面张力主要取决于表面的 O^{2-} 与附近阳离子的作用力。也就是说取决于阳离子的电荷数与其离子半径之比（静电势）。氧化物表面张力与静电势的关系如图 2-51 所示。图中两条直线相交的顶端处的 MnO、MgO、CaO、FeO 与 Al$_2$O$_3$ 等的阳离子的静电势相差不大，在熔渣中它们互相取代时对渣的表面张力影响不大。在顶端左边直线上的诸离子 Li$^+$、Na$^+$、Ba^{2+}、K$^+$ 等由于它们的静电势较小，相应的氧化物引入渣中会降低渣的表面张力。而在顶端右边直线上的诸阳离子，如 Si^{4+}、B^{3+}、Ti^{4+} 等，它们的静电势很高，容易与 O^{2-} 形成复合阴离子，这些复合阴离子被排斥到表面而降低熔渣的表面张力。此外，简单阴离子 F$^-$ 的静电势比 O^{2-} 小，它可以从表面排走 O^{2-} 降低表面张力。因而在渣中加入 F^{2-} 可降低表面张力。所有这些可降低渣表面张力的物质称为熔渣的表面活性剂。

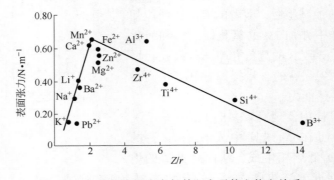

图 2-51   氧化物表面张力与其阳离子静电势之关系

温度对渣的表面张力的影响不大。因为一方面随温度的升高，质点的动能与它们之间的距离增加，作用力减弱，渣的表面张力下降；另一方面随温度的提高，质点的动能增加，在表面的复合阴离子减小，使渣的表面张力提高。两者共同作用的结果是使温度的影响变得不显著。

2.5.4 耐火材料的抗渣性及其测定方法

以上讲述了渣对耐火材料的侵蚀过程及影响因素。实际工作中我们需要一个衡量耐火材料抵抗渣蚀损的性质，即抗渣性。耐火材料的抗渣性是指耐火材料在高温下抵抗炉渣的侵蚀和冲刷作用的能力。

耐火材料的抗渣性的测定方法有多种。大致可分为两大类：一类是所谓静态法，即在检验过程中耐火材料是静止不动的，另一类是所谓动态法，即在检验过程中耐火材料是运动的。各种测定方法的示意图如图2-52所示。

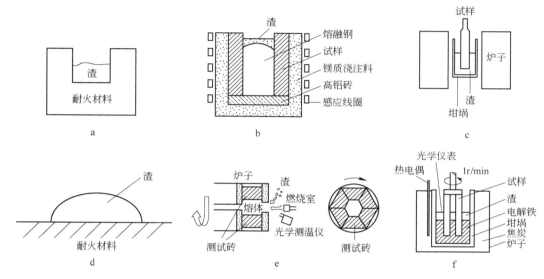

图2-52 耐火材料抗渣性试验方法示意图

a—坩埚法；b—感应炉法；c—浸棒法；d—滴渣法；e—回转渣蚀法；f—旋棒法

2.5.4.1 耐火材料的静态抗渣试验

静态抗渣试验方法包括滴渣法、浸棒法、坩埚法及感应炉法，如图2-52所示。在静态试验方法中，由于耐火材料试样静止不动，试样周围的侵蚀介质（熔渣）变化小，很容易达到饱和状态，这是静态法的缺点。

实验室中最常见的抗渣性试验方法为坩埚法。即将要检测的耐火材料压制或浇注成坩埚试样。在坩埚中放入一定量试验渣，如图2-52a所示。将盛渣的坩埚放入炉中加热到规定的温度后保温一定时间，随炉冷却后将坩埚沿高度方向切开，来观察渣对耐火材料的侵蚀情况。

一个典型的侵蚀后坩埚截面图如图2-53所示。图中1为坩埚腔原始截面积 S_o，2为被渣侵蚀的面积 S_c，3为渣渗透的面积 S_p。用图像分析或手工方法测出 S_c、S_p、S_o，可以用 S_c 与 S_p 或者用相对值 S_c/S_o、S_p/S_o 来表示耐火材料的抗渣性的好坏。在实

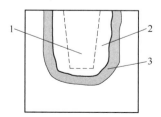

图2-53 渣侵蚀试验后坩埚截面示意图

1—原坩埚截面积；2—侵蚀掉的面积；

3—渣渗透面积

际试验中各层之间的界线常不明显，可根据实际情况确定各层的划分。可以利用光学显微镜、电子显微镜与能谱分析等技术分析研究渗透层与渣蚀层的成分与结构，探求渣对耐火材料的侵蚀机理以及提高耐火材料抗渣性的方法。坩埚法的优点是简单易行，可以在同一个炉子中进行多个坩埚的抗渣性试验。但是，除了静态试验共同的缺点外，在耐火材料内部不存在温度梯度是其另一个缺陷，这一点与耐火材料的实际使用情况不同。从前面的讨论中看到，温度对耐火材料组分在渣中的饱和浓度、黏度等有很大的影响，从而影响渣的渗透与侵蚀。坩埚法不能反映这一影响。

感应炉法是另一个最常用的抗渣性试验方法。如图 2-52b 所示，在感应炉中砌筑一个耐火材料内衬，在炉中放入一定量的钢块或钢水，在其上面放置一定质量的试验渣。利用电磁感应加热钢样使其熔化，同时熔化渣样。控制电流与电压，使炉温在一定温度下保持一段时间，然后倒出钢与渣，取出耐火材料。根据试样的形状截取截面积并测得渣蚀层与渗透层的面积，利用光学与电子显微镜、能谱分析等方法来分析侵蚀机理。感应炉的优点如下：

（1）在试验耐火材料中存在温度梯度，可以反映出温度梯度对渣渗透的影响，试验条件与耐火材料的实际使用条件比较接近。

（2）可以将不同的耐火材料试样砌筑在同一个感应炉中，在同一试验条件下对比不同耐火材料抗同一渣侵蚀的能力。

（3）在感应电场的作用下，钢水会进行一定程度的运动。在研究钢水与耐火材料之间的反应时，钢水的组成比较均匀。钢水运动也会对其上面的熔渣产生一定的影响。

（4）由于许多感应炉配置有真空或封闭系统，因而试验气氛容易控制。

（5）可以分析考察渣-金属界面上耐火材料的局部侵蚀。

浸棒法也是用得较多的方法之一。将一根或几根长方形或圆形截面的耐火材料试棒浸入到熔化的渣中，如图 2-52c 所示。在规定的温度下保温一定时间，取出试样冷却后切开，观察并测定渣蚀面积与渣渗透面积大小，以衡量耐火材料抗渣性的好坏。同样可以用光学、电子显微镜及能谱等手段研究渣蚀机理。这一方法的好处是可以采用小试棒与大量渣的方法来减小侵蚀试验过程中渣成分的变化，延长渣中耐火材料组分达到饱和的时间。

滴渣法是使用较少的方法，常用来测定渣对耐火材料的润湿性，如图 2-52d 所示。在一光滑的耐火材料表面上放置一个球状或柱状渣样，将耐火材料板与渣样一起放入一个炉子中，升温到规定的温度并保温一段时间。渣熔化附在耐火材料表面，这时可用一定的设备测定渣对耐火材料的润湿角。试验结束后，也可以切开渣及耐火材料以观察渣对耐火材料的侵蚀与渗透。这一方法对于测定耐火材料的抗渣性而言并不是很好的方法。

2.5.4.2　耐火材料抗渣性的动态试验方法

耐火材料抗渣性的动态试验方法主要包括旋棒法、回转渣蚀法和感应炉抗渣试验法。

回转渣蚀法的示意图如图 2-52e 所示。其主要设备为一个以丙烷-氧气或其他气体为燃料的小回转炉。试验耐火材料试样按规定形状砌筑成六边形截面炉衬，如图 2-52e 右边所示。试验时先让炉体处于水平位置旋转，升温到规定温度再保温约 30min 后加入一定量的试验渣，使形成约 10mm 的渣池，再保温约 1h 将炉体倾斜 90° 倒渣。渣倒完后，再将炉子放平后可再加渣重复进行上述试验，直到得到满意结果为止。渣蚀试验完成后取出耐火材料沿平行于渣蚀方向切开测定其渣蚀面积及渗透面积以衡量耐火材料的抗侵蚀能力，也可以利用光学、电子显微镜及能谱分析来研究侵蚀机理。回转渣蚀法的特点有如下几个：

（1）由于渣蚀过程中炉子是转动的，在整个试验过程中炉子中渣的组成是均匀的，避免了在耐火材料附近的渣中耐火材料组分达到饱和。同时，由于可以在试验过程不断加入渣并可以重新换渣，因此，使耐火材料在整个渣蚀过程中与较新鲜的渣接触，还可以模拟在冶炼过程中渣组成变化的情况。

（2）可以在炉衬中砌筑不同的耐火材料，对比它们在同一试验条件下抗同一渣的侵蚀能力，但抗侵蚀能力差异很大的材料不宜砌在同一炉中。

（3）在耐火材料中存在温度梯度，与耐火材料在工业炉中使用实际情况接近，反映了温度梯度对渣渗透及侵蚀的影响。

（4）试验与设备较其他方法复杂。

在我国及美国等国的耐火材料标准中已将回转渣蚀法列为检测耐火材料抗渣性的国家标准，试验时可以从其中查到具体试验步骤。

另一个动态抗渣蚀方法为旋棒法。如图 2-52f 所示，将装有试验渣的坩埚放入感应或电阻炉中。待渣熔化后，将一根或多根棒状耐火材料试样插入熔融渣中。试样以一定的速度在熔渣中旋转，并在规定的温度下保持一段时间后取出。沿渣侵蚀方向截断，在截面上观察渣对耐火材料的侵蚀与渗透情况，求出渣蚀面积与渗透面积。用光学及电子显微镜等研究侵蚀机理。旋棒法的特点是耐火材料是运动的，耐火材料周边的渣的成分比较均匀。和浸棒法相同，可以采用小试棒与大量渣的方法来减小侵蚀试验过程中渣成分的变化，延长渣中耐火材料组分达到饱和的时间。

上面提到的是检测耐火材料抗渣性的主要方法。还有其他的方法，如吸渣荷重法。所谓吸渣荷重法是将耐火材料泥料与熔渣细粉按一定比例混合后压制成测定荷重软化点的试样，测定其荷重软化温度来判断其抗渣性。然后用 X 射线、光学、电子显微镜与能谱分析等方法测定试验后试样的相组成的变化来判断耐火材料的抗渣性。也可以在坩埚试验的坩埚上加载一定的荷重，同时检测其侵蚀及变形情况，这一方法也称为坩埚荷重法。

2.6 耐火材料与熔融钢铁的反应及对钢质量的影响

钢与耐火材料之间的反应相对于渣与耐火材料之间的反应显得不很重要。至今还没有衡量耐火材料与熔钢反应的性能指标。渣与大多数耐火材料同属氧化物，耐火材料易溶入熔渣中，特别是渣易与耐火材料中的液相互溶而造成耐火材料损毁。但熔钢属于金属键结构，由正离子与自由电子构成，它与离子结构的硅酸盐熔体不能互溶，耐火氧化物也只能以金属原子与氧原子的形式溶入熔钢中，溶解的量很小。因此，与渣相比，熔融金属对耐火材料的侵蚀要小得多。在追求耐火材料长寿的年代，人们对渣蚀反应进行了大量的研究，而对于熔钢与耐火材料的反应研究得不够。随着对钢的质量与品种要求的提高，耐火材料对钢质量的影响逐渐受到重视。耐火材料工作者也需要对此有一定了解，耐火材料与熔钢的反应及对钢质量的影响包括如下几个方面：

（1）在熔钢的强烈的冲刷下，耐火材料工作面会有成块脱落的现象，耐火材料脱落物掉进钢水中形成钢中夹杂，这种情况下形成的夹杂一般较大。

（2）耐火材料与熔钢反应，其中包括耐火材料直接溶解到熔钢中提高钢中相关元素的含量，并与钢中的其他元素相结合生成夹杂。这一类夹杂通常为小夹杂。耐火材料与钢的反应主要是耐火材料与钢中的非铁元素的反应，这些非铁元素包括钢中的合金元素等。耐火材料与这些元素的反应影响了钢中合金元素含量，从而影响钢的品种与质量。这种影响包括两方面：一方面是与在冶炼过程中加入的有用的合金元素，如 Ti、Al、Si 等元素反应增加合金元素的消耗量；另一方面耐火材料可以与一些钢中的有害元素反应，吸收这些有害元素，如磷、硫等，对钢的质量有利。钢中的非铁元素（含合金元素）的种类与含量对钢的品种与质量有决定性的影响。耐火材料与这些元素的反应自然会对钢的质量与成本产生影响，同时也是钢中夹杂的重要来源之一。

（3）耐火材料可吸收钢中的夹杂，一定粒度的夹杂存在于钢中是有害的，钢中的夹杂可以上浮到熔钢上面的渣中而被渣吸收。现代精炼技术的很多方法是让钢水激烈运动以利于反应进行，由于熔钢的剧烈运动，熔钢中的夹杂与钢包等精炼设备中耐火材料的碰撞概率增加，在一定的条件下，耐火材料可以吸附夹杂而降低熔钢中夹杂的含量，有利于提高钢的质量。

2.6.1　耐火材料对钢中氧含量的影响

钢中的氧含量包括两个部分：一个部分是溶解于钢中的氧，称为溶解氧 O_s；另一部分是氧化物夹杂中的氧 O_i。两者之和称为总氧含量 O_T：

$$O_T = O_s + O_i \tag{2-82}$$

耐火氧化物在钢中的溶解可以用式 2-83 来表示：

$$M_xO_y(s) \Longrightarrow x[M] + y[O] \tag{2-83}$$

式中，方括号表示存在于熔融钢液中的元素，它们都是以原子状态存在的。根据式 2-83 可计算得到各种不同耐火氧化物在熔钢中的平衡氧含量与温度的关系，如图 2-54 所示。由图可见，SiO_2、Cr_2O_3 等酸性氧化物在熔钢中的溶解度大，它们易使钢水增氧，而碱性氧化物如 MgO、CaO 在钢水中的溶解度较小，特别是 CaO 在钢水中的溶解度很小，在图 2-54 的坐标范围内已不能表示出来了。因此，碱性氧化物，特别是 CaO 使钢水的增氧作用很小。

汤淺悟郎等人提出用氧潜能指数 IOP（Indes of Oxygen Potential）来衡量耐火氧化物向钢水中溶解氧的能力。

$$IOP = \frac{\sum \left(\dfrac{M_i}{D_i}x_i\right)^{2/3} \Delta G_i^\ominus}{\sum \left(\dfrac{M_i}{D_i}x_i\right)} \tag{2-84}$$

式中　$\Delta G_i^\ominus$——氧化物 i 的生成自由能，J/mol；

　　　M_i——相对分子质量；

　　　x_i——i 氧化物的摩尔分数；

　　　D_i——密度。

图 2-55 给出了一些耐火氧化物的 IOP 值与以它们作为炉衬时钢中平均氧含量的关系。由图可以看出，氧化物的 IOP 值越大（负数的绝对值越小），钢中的平均氧含量越大。

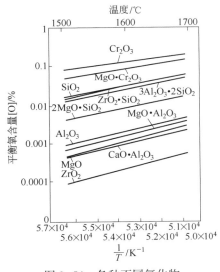

图 2-54　各种不同氧化物
平衡氧含量与温度的关系

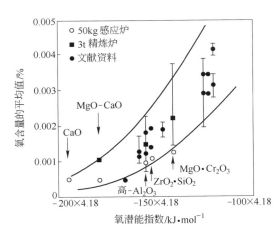

图 2-55　耐火氧化物的 IOP 值
与钢中平均氧含量的关系

也可以利用氧化物的标准生成自由能的大小来判断它们向钢水中溶解的难易程度。由于溶解到钢水中的元素是以原子态存在，它们先分解才能溶入钢水中。氧化物的生成自由能越小（越负），它越稳定，越难溶入钢水中。从式 2-84 中也可以看出。$\Delta G^{\ominus}$ 越小，IOP 值越小。

耐火材料向熔钢中的溶解过程包括两个步骤：一是耐火氧化物溶入钢水中；二是溶入熔钢中的元素自耐火材料-钢界面向钢水中的扩散。通常认为整个溶解过程是为扩散所控制的。

由于熔钢是由铁离子与自由电子构成，其他元素只能以原子状态的形式存在于钢水中，因此，传统上认为耐火氧化物是直接溶入钢水中。近年来，有人发现在耐火材料与熔钢之间可能存在一个液相层。这一层将耐火材料与熔钢隔离，使耐火材料不能直接溶解入钢水中。而这一隔离层的结构与钢水的结构不相同，前者为离子熔体，由正负离子构成；后者为金属熔体，由正离子与自由电子构成。两者不能互溶，它们之间的反应机理与渣-钢水之间的反应机理相似，涉及电荷的转移。反应历程复杂，有待进一步研究。

除了耐火氧化物向熔钢中溶解影响钢中的氧含量外。钢水中的非铁元素，如 Al、Mn 等与耐火氧化物的反应也是影响钢中氧含量的重要因素。在一定条件下，这一作用比耐火氧化物直接溶解的影响更大。例如：

$$3(SiO_2)_{ref} + 4[Al] = 3[Si] + 2Al_2O_3(s) \tag{2-85}$$

$$(SiO_2)_{ref} + 2[Mn] = [Si] + 2MnO(s) \tag{2-86}$$

式中，[ ] 表示溶入钢水中的元素；( )$_{ref}$ 表示存在于耐火材料中的氧化物。生成的 Al_2O_3 与 MnO 可以留在钢水中形成夹杂，也可能上浮到渣中，或者被耐火材料所吸附。

2.6.2　碳复合耐火材料中碳向钢中的溶解及对钢水的增碳作用

自 20 世纪 70 年代以来，碳复合耐火材料，如镁碳砖、铝碳砖已成为钢铁冶炼用耐火材料的重要组成部分，它对提高耐火材料的使用寿命起了很大作用。但含碳耐火材料在与钢水接触过程中，耐火材料中的碳会溶入钢水中增加钢水中的碳含量，对于低碳钢与超低碳钢是有害的。碳向钢中的溶解可用式 2-87 来表示：

$$C(s) \Longrightarrow [C] \tag{2-87}$$

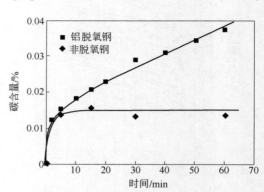

碳向钢水中的溶解受到钢种、耐火材料的组成、热处理温度以及气氛的影响。图 2-56 给出了镁碳耐火材料与铝脱氧钢及非脱氧钢接触时间与钢中碳含量的关系。由图可见，在耐火材料与钢水接触的最初约 5min 内，两种钢中的碳含量迅速增加。5min 后，两者的差别很大。非脱氧钢的碳含量基本不随时间的延长而变化。而 Al 脱氧钢中的碳含量却随接触时间的延长而继续增加，但增加的速度比前 5min 小。这是因为反应的初期在耐火材料表面有大量的碳存在，它们溶入钢水中造成钢中碳含量迅速升高。

图 2-56 镁碳耐火材料与不同钢水接触时间与钢中碳含量的关系

随着碳的溶解，在含碳耐火材料中形成一脱碳层，如图 2-57 所示。在脱碳层形成后，钢水渗入脱碳层中接触到耐火材料中的碳，碳继续溶解使这部分钢水中的碳含量增高。在这部分钢水与未渗入的钢水之间形成碳浓度梯度。碳沿渗入脱碳层的钢水扩散到未渗入的钢水中。因此，整个碳的溶解过程是由在钢水与碳的界面上碳的溶解与碳通过脱碳层的扩散两部分构成的。后者可能是控制步骤。其结果使碳向钢中的溶解速度下降。由于非脱氧钢中存在有大量的溶解氧，它与钢中的碳化合生成 CO 从钢水中排出，反应式如下：

$$[C] + [O] \Longrightarrow CO(g) \uparrow \tag{2-88}$$

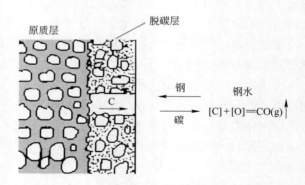

图 2-57 耐火材料中脱碳层的形成及对碳溶解的影响

碳的溶解速度与其氧化速度基本达到平衡，所以钢中的碳含量维持不变。而对于 Al 脱氧钢，由于钢中的氧含量很低，碳的氧化速度小于碳的溶解速度，钢中的碳含量随接触时间的延长而继续增大。

由上面的讨论还可以看出，钢水中的碳含量与钢水中的碳-氧平衡有密切关系，在空气气氛中，有足够的氧气与钢水中的碳反应，即使在有渣覆盖的情况下，氧仍可透过渣进入钢水中。相反，在真空条件下，没有足够的氧与钢水中的碳反应。因而，在试验与使用条件的气氛对钢中的碳-氧平衡有很大的影响，从而影响到钢中的碳含量。

碳复合耐火材料的碳含量，添加剂的种类及热处理条件都会影响其向钢中的增碳作用。图 2-58 中给出加入 Al、Al$_2$O$_3$ 以及未加抗氧化添加剂的 MgO-C 耐火材料与铝镇静钢接触时间与增碳量的关系。由图可见，加入金属 Al 作为抗氧化剂经低温热处理后的 MgO-C 砖向钢中的增碳量最大。而经 1500℃碳化处理后它向钢中的增碳大幅度下降。产生这种现象的原因目前有不同的解释方法，可能与 MgO·Al$_2$O$_3$ 尖晶生成及在钢水或碳之间的界面产生某种"气垫"所形成的隔离层有关，有待进一步研究。

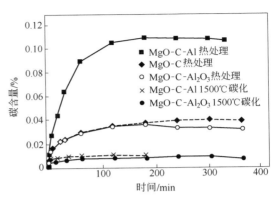

图 2-58 镁碳砖与铝镇静钢接触时间
与增碳量的关系（1600℃）

2.6.3 碱性耐火材料与钢水中硫、磷的反应及其脱硫、磷作用

碱性耐火氧化物 MgO、CaO 以及 FeO 都有一定的脱钢水中硫、磷的作用。

2.6.3.1 碱性耐火材料的脱硫作用

这三种氧化物脱硫的基本方程式如下：

$$（CaO）+[S] \rightleftharpoons （CaS）+[O] \qquad \Delta G_{(2-89)} = -55397J/mol \qquad (2-89)$$

$$（MgO）+[S] \rightleftharpoons （MgS）+[O] \qquad\qquad\qquad (2-90)$$

$$（FeO）+[S] \rightleftharpoons （FeS）+[O] \qquad \Delta G_{(2-91)} = -117677J/mol \qquad (2-91)$$

耐火材料中的 MgO、CaO、FeO 与钢水中的 S 反应生成 MgS、CaS 与 FeS 进入耐火材料中，而把氧留在钢水中。

耐火材料的组成、钢水的成分等对耐火材料的脱硫作用有很大影响。首先，式 2-89、式 2-90 与式 2-91 的平衡常数有如下的关系：

$$K_{(2-89)} > K_{(2-91)} \gg K_{(2-90)}$$

即 MgO 的脱硫作用比 CaO 与 FeO 差得多。图 2-59 中示出在 1600℃温度下，在 MgO-CaO 坩埚中处理后，含硫铁水中残留硫含量与耐火材料中 CaO 含量的关系。

由图可以看出，MgO-CaO 耐火材料中 CaO 含量达到 20%时，即可取得显著的脱硫效果。随着 CaO 含量的增加，残余硫含量有一定程度的降低。当钢水中有 Al 存在时，耐火材料中的 MgO 可以通过式 2-92 及式 2-93 发挥脱硫作用。可见，钢水的成分对脱硫有较大影响。此外，由式 2-89～式 2-91 可以看出，钢中的氧含量越低，越有利于脱硫。

$$CaO+3MgO+2[Al] \rightleftharpoons 3Mg(g)+CaO·Al_2O_3 \qquad (2-92)$$

$$CaO+Mg(g)+[S] \rightleftharpoons CaS+MgO \qquad (2-93)$$

MgO-CaO 系耐火材料中杂质的含量也对其脱硫作用有较大影响。图 2-60 中示出几种氧化物添加剂与 MgO-CaO 系耐火材料对铝镇静钢水脱硫率的关系。由图可见，Cr$_2$O$_3$ 对其脱硫率有很大影响，而 ZrO$_2$、Al$_2$O$_3$ 与 SiO$_2$ 的影响较小。这是因为 Cr$_2$O$_3$ 更易被 Al 还原。

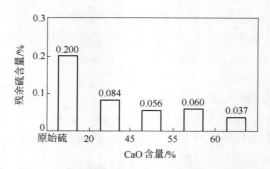

图 2-59　MgO-CaO 耐火材料中 CaO 含量与铁样中残余硫含量的关系

$$CaO + Cr_2O_3 + 2[Al] \Longrightarrow 2[Cr] + CaO \cdot Al_2O_3 \qquad (2-94)$$

由于没有 Mg(g)产生，脱硫作用被大大削弱。此外，$CaO-Cr_2O_3$ 系中产生的液相温度低可能也是一个原因。在含 Cr_2O_3 的 MgO-CaO 系材料存在较多液相，脱硫反应是在液相与钢水之间进行的，由于液相中 Cr^{3+} 使 O^{2-} 的活度下降，使其脱硫作用减弱。应该指出的是：添加剂的种类、加入量以及与耐火材料主成分、钢水成分的关系都对其脱硫作用产生影响。同一个添加成分，由于其加入量的不同，钢水的成分不同，有时会得出不同的结果。

由图 2-60 中还可以看出，脱硫率受处理时间的影响。在脱硫的初期，钢中的硫含量下降很快。随着处理时间的延长硫含量下降的速度减慢。产生这种现象有动力学方面的原因，例如随时间的延长，钢水内部与耐火材料附近区域之间硫浓度梯度减少，硫向耐火材料附近的扩散速度减小。另外，氧化铁的作用不可忽视。事实上，当处理时间过长，钢中的硫含量反而会回升，即产生所谓"回硫"现象。图 2-61 示出在 MgO-CaO 系耐火材料中处理后钢水中的硫含量与保温时间的关系。由图可见，在无渣的情况下经 90min 处理后以及在有渣情况下经 60min 处理后，都发生回硫现象，产生这种现象与耐火材料液相中氧化铁含量的变化有关。

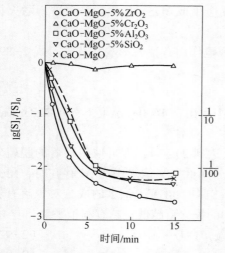

图 2-60　MgO-CaO 系耐火材料中杂质含量
对其脱硫率的影响
（1600℃，钢水中 Al 含量为 0.5%）

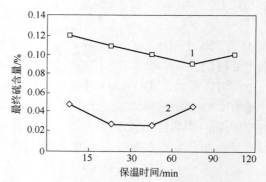

图 2-61　SiO_2 微粉结合 MgO-CaO 坩埚（MgO 71%，
CaO 25%）中处理钢水的最终硫含量
与保温时间的关系（1600℃）
1—有渣（L/S=1）；2—无渣

钢水脱硫的离子表达式为：

$$[S] + (O^{2-}) \rightleftharpoons (S^{2-}) + [O] \qquad (2-95)$$

钢中的 [S] 从渣（耐火材料液相）中的氧离子获得电子变为 S^{2-} 进入渣中，而渣中的 O^{2-} 失去电子成为氧原子进入钢水中。脱硫的离子式可写为：

$$[Fe] + [S] \rightleftharpoons (Fe^{2+}) + (S^{2-}) \qquad (2-96)$$

钢水中的 [S] 与 [Fe] 结合变为 FeS 而进入渣中。由式 2-96 及式 2-97 可见，渣中 O^{2-} 含量越高，Fe^{2+} 含量越低，则越有利于脱硫进行。由此可见，渣中氧化铁的含量对于其脱硫有相反两方面的作用。由于渣为氧化物熔体，渣中的 O^{2-} 含量本来就很高，在处理初期氧化铁带来的 O^{2-} 的增加对渣中 O^{2-} 浓度的增加有限，对脱硫的影响也很小。但是，渣中原来的 Fe^{2+} 较少，由反应式 2-97 所生成的 Fe^{2+} 对渣中的 Fe^{2+} 的浓度会产生显著影响。反应 2-97 可提高渣中 Fe^{2+} 的含量。随着渣中 Fe^{2+} 含量的提高，它可以和渣中的 S^{2-} 结合，重新回到钢水中去，出现回硫现象。

$$4(FeO_2^-) + [Fe] \rightleftharpoons 5(Fe^{2+}) + 7(O^{2-}) + [O] \qquad (2-97)$$

2.6.3.2　碱性耐火材料的脱磷作用

通常，钢水的脱磷是将磷氧化变为 P_2O_5 气体。但 P_2O_5 在钢水中很不稳定，必须与 CaO 或 MgO 等结合成磷酸盐并溶入渣中才能达到脱磷的目的。碱性耐火材料中的 MgO 与 CaO 可以起到这种作用。图 2-62 给出在 MgO-CaO 系坩埚中处理含磷铁所取得的脱磷效果。由图可见，当 CaO 含量为 25% 时，即可获得满意的脱磷效果。

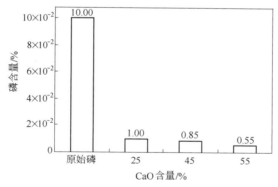

图 2-62　MgO-CaO 坩埚中 CaO 含量与处理后钢样中磷含量的关系（1600℃，30min）

在 MgO-CaO 耐火材料中，MgO 与 CaO 的脱磷作用是有很大区别的。两者的脱磷反应可以用式 2-98 与式 2-99 来表示：

$$3MgO(s) + 2[P] + 5[O] \rightleftharpoons Mg_3P_2O_8(s) \qquad (2-98)$$
$$\lg K_{Mg} = 62210/T - 31.14$$
$$4CaO(s) + 2[P] + 5[O] \rightleftharpoons Ca_4P_2O_9(s) \qquad (2-99)$$
$$\lg K_{Ca} = 74970/T - 31.33$$

式中，K_{Mg} 与 K_{Ca} 分别为式 2-98 与式 2-99 的反应平衡常数，T 为温度。当 $T = 1873K$ 时：

$$\lg K_{Mg} = \lg \frac{1}{w[P]_{Mg}^2 w[O]^5} = 2.07 \qquad (2-100)$$

$$\lg K_{Ca} = \lg \frac{1}{w[P]_{Ca}^2 w[O]^5} = 8.70 \qquad (2-101)$$

式中，$w[P]_{Mg}$ 及 $w[P]_{Ca}$ 分别为钢水中与 Mg、Ca 平衡的 P 的浓度。在钢中氧含量相同的条件下：

$$\lg K_{Mg} - \lg K_{Ca} = 2(\lg w[P]_{Ca} - \lg w[P]_{Mg}) = 12760/T + 0.19 \qquad (2-102)$$

$$\lg \frac{w[P]_{Ca}}{w[P]_{Mg}} = -3.3113 \qquad (2-103)$$

$$\frac{w[P]_{Ca}}{w[P]_{Mg}} = 5 \times 10^{-4} \qquad (2-104)$$

由此可见，钢水与 $Ca_4P_2O_9$-CaO 系的平衡磷含量比与 $Mg_3P_2O_8$-MgO 系的平衡磷含量低 4 个数量级。从热力学上看，与 CaO 相比，MgO 的脱磷作用可以忽略不计。因此，在以磷酸盐做结合剂的情况下，镁质耐火材料中保持一定的 CaO 含量是必要的，否则就有可能向钢水中增磷。当 CaO 含量达到一定的含量时，不仅不会向钢水中增磷还可起到一定的脱磷作用。

与脱硫的情况相似，在用 MgO-CaO 坩埚处理含磷铁水时同样也会出现"回磷"现象。图 2-63 中给出在 MgO-CaO 坩埚（MgO 71%，CaO 25%）中处理含磷铁水时，铁水中的最终磷含量与处理时间的关系。处理时间超过 90min 后，铁水中的磷含量增加，发生"回磷"现象。产生这种现象的原因可能与耐火材料中生成的液相有关。在耐火材料含有少量的 SiO_2 与 TiO_2，在高温下维持较长时间会产生较多的液相。液相包围 CaO、MgO 颗粒使其不能直接与磷反应。产生的液相同样有脱磷作用。但在液相中 SiO_2 含量过高的情况下，会发生下列反应导致铁水中磷含量的增加。

$$2(4CaO \cdot P_2O_5) + 4(SiO_2) = 4(2CaO \cdot SiO_2) + 2(P_2O_5) \qquad (2-105)$$

$$3(P_2O_5) + 5[Mn] = 5MnO(s) + 6[P] \qquad (2-106)$$

$$(P_2O_5) + 5[Mn] = 5MnO(s) + 4[P] \qquad (2-107)$$

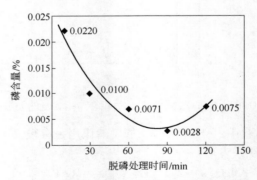

图 2-63 在 MgO-CaO 坩埚中处理的时间
与铁水最终磷含量的关系（1600℃）

对耐火材料与熔融金属之间的反应及其对金属质量的影响，已引起重视。首先要求不对熔融金属产生污染，同时也应注意发挥其净化钢水等方面的积极作用。在精炼技术迅速发展的今天，冶炼成本也在提高，因而对耐火材料在净化钢水方面的作用的关注是必要的。尽管耐火材料对冶炼所起的作用是辅助性的，但仍有可能对降低成本起一定作用。

思 考 题

2-1 什么是耐火材料的化学组成和矿物组成？它们有什么区别？

2-2 简述主晶相、次晶相、基质、杂质和玻璃相的概念。

2-3 什么是耐火材料的显微结构？

2-4 如何综合运用各种分析方法来研究耐火材料的组成及显微结构，并推测其使用性能的优劣？

2-5 重烧收缩和线膨胀有什么区别？引起重烧收缩的原因是什么？

2-6 大多数制品重烧都是收缩，为什么砌筑窑炉时还要留膨胀缝？留膨胀缝的依据是什么？

2-7 影响热震稳定性的因素有哪些？为什么？

2-8 影响耐火材料抗渣性能的因素有哪些？抗渣性能测定的方法有哪些？

2-9 如何衡量耐火材料中形成的液相对制品高温性能的影响？

2-10 请列出耐火材料力学性质、热学性质和高温使用性质涉及的指标并进行解释。

3 耐火材料生产过程基础

本章要点

（1）了解一般耐火材料的生产工艺过程的特点；

（2）掌握耐火材料颗粒级配设计及泥料颗粒组成的设计原则；

（3）熟悉耐火材料的烧成制度所包含的主要内容。

耐火材料品种繁多，不同品种耐火材料的生产过程有许多共同之处。本章将讨论耐火材料生产过程各环节中的重要基础问题。

耐火材料生产过程可大致归纳如图 3-1 所示。整个过程包括配方设计、泥料制备、成型、干燥与热处理、烧成及后加工等几个工序。但并非所有耐火材料品种的生产过程都包括上述几个工序。除了配方设计、泥料制备、干燥与热处理等工序是必须的外，其他工序并非每种产品都必须。如不烧砖不必经过烧成，经热处理后即可直接供使用，如图 3-1c 所示。但不烧滑板等仍需要经研磨、打箍等后处理过程，如图 3-1b 所示。不定形耐火材料则可在施工后经干燥、烧烤后直接使用。

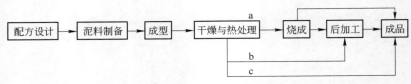

图 3-1　耐火材料生产过程

3.1　耐火材料配方设计

耐火材料的配方设计，实际上是泥料的配方设计。泥料是成型前各种原材料的均匀混合物。包括不同尺寸的各种耐火原料颗粒、添加剂、结合剂等。除某些特殊制品，如干式料外，常含有一定数量的液相。在不含液相的情况下，它是一个由不同成分和尺寸的颗粒构成的混合体。加入液体后颗粒被润湿变成黏滞的"泥料"。泥料在本质上是一个粉体系统。粉体工程学中的一些原理与方法可应用于耐火材料泥料的制备中。

耐火材料泥料配方设计包括两个主要部分。

（1）化学与相组成的设计。根据耐火材料品种、性质要求，设计合理的化学组成以及经烧成后制品中应达到的相组成。例如，在 Al_2O_3-SiO_2 系耐火材料中，根据对于性能的要求，选取合适的刚玉、莫来石及玻璃相的含量；根据对相组成的要求，确定配料中 Al_2O_3、SiO_2 及杂质的含量，并根据其选择合适的原料。又如在 Al_2O_3-MgO 系耐火材料中，先根据制品的性能确定其中刚玉、镁铝尖晶石、方镁石及玻璃相的含量，再据此确定配料中 MgO、Al_2O_3 及杂质含量，然后再选择合适的原材料。

（2）颗粒组成的设计。确定泥料中不同原料的颗粒尺寸及分布，对于耐火材料显微结构中颗粒尺寸及分布、气孔尺寸及分布等参数有重要意义。

耐火材料的化学与相组成设计及颗粒组成设计，对于耐火材料的显微结构及性质有决定性的影响，是耐火材料制造的基础。不同耐火材料品种的化学与相组成不同，因此，耐火材料的化学与相组成设计，将在后续各章节中讨论。而颗粒组成的设计对不同耐火材料品种有许多共同的地方，它涉及许多粉体工程学的基础知识，这是本节讨论的主要内容。

3.1.1 泥料的颗粒形状、尺寸及其分布

3.1.1.1 单个颗粒尺寸及形状

单个颗粒尺寸的表示方法如图 3-2 所示。以颗粒长、宽、高三个方向上的尺度作为其尺寸大小，也可根据它们计算出它们的粒度平均值，称为三轴径，计算式及物理意义见表 3-1。

表 3-1 三轴径的平均值计算公式

序号	计算式	名 称	意 义
1	$\dfrac{l+b}{2}$	二轴平均径	显微镜下出现的颗粒基本大小的投影
2	$\dfrac{l+b+h}{3}$	三轴平均径	算术平均
3	$\dfrac{3}{\dfrac{1}{l}+\dfrac{1}{b}+\dfrac{1}{h}}$	三轴调和平均径	与颗粒的比表面积相关联
4	$\sqrt{lb}$	二轴几何平均径	接近于颗粒投影面积的度量
5	$\sqrt[3]{lbh}$	三轴几何平均径	假想的等体积的正方体的边长
6	$\sqrt{\dfrac{2(lb+lh+bh)}{6}}$		假想的等表面积的正方体的边长

在实际生产工作中，需要的不是单个颗粒的尺寸，而是构成粉料颗粒的平均直径，常用显微镜等工具测得的统计平均径，这些统计平均径有许多表示方法，如图 3-3 所示。

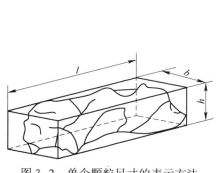

图 3-2 单个颗粒尺寸的表示方法

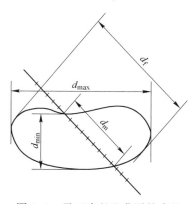

图 3-3 马丁直径和弗雷特直径

把颗粒的投影面积分为面积大致相等的两部分，这个分界线在颗粒投影轮廓上截取的长度，称为"马丁直径"d_m。在实际测定中，可在显微镜视域中确定一个方向，沿此方向上颗粒投影轮廓的两端相切的切线间的垂直距离称为"弗雷特直径"d_f（图3-3）。

"当量直径"是另一类表示颗粒尺寸的方法。当量直径是利用某些与颗粒大小有关的性质来推断其直径。最常用为当量球径，一个颗粒的当量球径为与它体积相等的球的直径。其他当量直径的定义与计算方式如表3-2所示。

表3-2　颗粒当量直径的定义

序号	名　称	定　义	公　式
d_V	体积直径	与颗粒具有相同体积的圆球直径	$d_V = \sqrt[3]{\dfrac{6V}{\pi}}$
d_S	面积直径	与颗粒具有相同表体积的圆球直径	$d_S = \sqrt{S/\pi}$
d_{SV}	面积体积直径	与颗粒具有相同的表面积对体积之比，即具有相同的比表面的球的直径	$d_{SV} = d_V^3/d_S^2$
d_{St}	Stokes 直径	与颗粒具有相同密度且在同样介质中具有相同自由沉降速度（层流区）的直径，最终沉降速度 u_t，介质黏度 μ，细颗粒密度 ρ_p，介质密度 ρ，重力加速度 g	$d_{St} = \sqrt{\dfrac{18\mu u_t}{(\rho_p - \rho)g}}$
d_a	投影面直径	与颗粒投影面积相同的圆的直径	$d_a = \sqrt{4a/\pi}$
d_l	等周长圆直径	与颗粒的投影外形周长相等的圆的直径	$d_l = l/\pi$
d_A	筛分直径	颗粒可以通过的最小方筛孔的宽度	

3.1.1.2　泥料的粒度分布

一般的粉料，包括耐火材料泥料是由不同粒度的颗粒构成的。不同大小的颗粒在泥料中所占的比例对泥料的性质乃至制品的性质有很大影响，因此需要了解泥料的颗粒尺寸分布。

泥料颗粒尺寸分布，表示不同尺寸的颗粒在泥料中所含的份额。某一尺寸（D_P）或某一尺寸范围（ΔD_P）内的颗粒数为 n_P，泥料的总颗粒数为 N，则该颗粒的频率 f 用式3-1与式3-2表示：

$$f(D_P) = \frac{n_P}{N} \times 100\% \qquad (3-1)$$

$$f(\Delta D_P) = \frac{n_P}{N} \times 100\% \qquad (3-2)$$

颗粒频率 f 与其粒径的曲线称为频率分布曲线，如图3-4所示。由图3-4可很方便地看出不同粒度颗粒在泥料中的相对含量。

颗粒尺寸的累积分布曲线是将颗粒大小的频率分布按一定方式累积而

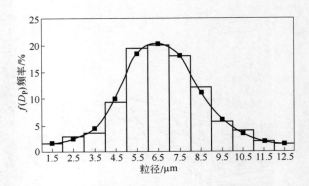

图3-4　颗粒分布的直方图及频率分布曲线的示例

得到的曲线，图 3-5 是一个筛分的结果。实线表示筛下颗粒直径的累积分布 $D\Delta D_P$，虚线表示筛上颗粒直径的累积分布 RD_P。

3.1.1.3 泥料颗粒粒度的表征

表征整个混料颗粒大小的特征颗粒尺寸可以用平均粒径、中位径、最频粒径（众数粒径）与粒径标准差等。

（1）平均粒径。由不同大小颗粒组成的颗粒群，有多种计算其平均粒径的方法，以颗粒个数为基准和质量为基准的平均粒径计算公式归纳于表 3-3 中。

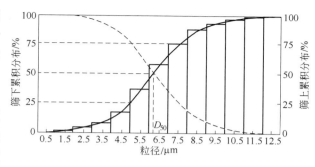

图 3-5 颗粒尺寸累积分布的直方图及累积分布曲线图示例

表 3-3 平均粒径计算公式

序号	平均粒径名称	记号	个数基准平均径	质量基准平均径
1	个数长度平均径	D_{nL}	$D_{nL} = \dfrac{\sum(nd)}{\sum n}$	$D_{nL} = \dfrac{\sum(w/d^2)}{\sum(w/d^3)}$
2	长度表面积平均径	D_{LS}	$D_{LS} = \dfrac{\sum(nd^2)}{\sum(nd)}$	$D_{LS} = \dfrac{\sum(w/d)}{\sum(w/d^2)}$
3	表面积体积平均径	D_{SV}	$D_{SV} = \dfrac{\sum(nd^3)}{\sum(nd^2)}$	$D_{SV} = \dfrac{\sum w}{\sum(w/d)}$
4	体积四次矩平均径	D_{Vm}	$D_{Vm} = \dfrac{\sum(nd^4)}{\sum(nd^3)}$	$D_{Vm} = \dfrac{\sum(w/d)}{\sum w}$
5	个数表面积平均径	D_{nS}	$D_{nS} = \sqrt{\dfrac{\sum(nd^2)}{\sum n}}$	$D_{nS} = \sqrt{\dfrac{\sum(w/d)}{\sum(w/d^3)}}$
6	个数体积平均径	$\sqrt{D_{nV}}$	$D_{nV} = \sqrt[3]{\dfrac{\sum(nd^3)}{\sum n}}$	$D_{nV} = \sqrt[3]{\dfrac{\sum(w/d)}{\sum(w/d^3)}}$
7	长度体积平均径	D_{LV}	$D_{LV} = \sqrt{\dfrac{\sum(nd^3)}{\sum(nd)}}$	$D_{LV} = \sqrt{\dfrac{\sum w}{\sum(w/d^2)}}$
8	调和平均径	D_h	$D_h = \dfrac{\sum n}{\sum(nd)}$	$D_h = \dfrac{\sum(w/d^3)}{\sum(w/d^4)}$
9	几何平均径	D_g	$D_g = \sqrt[N]{\left(\prod_{i=1}^{n} d_i^{ni}\right)} = \prod_{i=1}^{n} d_i^{fi}$	

注：1. 颗粒群粒径分别为 d_1，d_2，d_3，d_4，…，d_i，…，d_n；
　　2. 相对应的颗粒个数为 n_1，n_2，n_3，n_4，…，n_i，…，n_n，总个数 $N = \sum n_i$；
　　3. 相对应的颗粒质量为 w_1，w_2，w_3，w_4，…，w_i，…，w_n，总质量 $W = \sum w_i$。

由于计算平均粒径的方法很多，用不同方法得到的同一种粉体的平均粒径的大小可能相差很大。因此，在同一工程中最好采用同一表示方法，并且说明是采用哪种方法。

（2）中位径 D_{50}。它是指把粉料样品中的个数（或质量）分成相等两部分的颗粒直径，如图 3-5 中累积分布为 50% 时的粒径。D_{50} 是最常用的表示粉料粒度的数据。

（3）最频粒径 D_m。它是指频率分布曲线上纵坐标最大值所对应的粒径，即在粉料中个数或质量出现频率最高的颗粒粒径。

（4）标准偏差，分为标准偏差 σ 与几何标准偏差 σ_g。可按式 3-3 与式 3-4 进行计算。

$$\sigma = \sqrt{\frac{\sum_{n_i}(d_i - D_{nL})^2}{N}} \tag{3-3}$$

$$\sigma_g = \sqrt{\frac{\sum_{n_i}(\lg d_i - \lg D_g)^2}{N}} \tag{3-4}$$

式中　D_{nL}，D_g——分别为长度平均粒径与几何平均粒径；

$\quad\quad\quad d_i$——粒径；

$\quad\quad\quad N$——为总颗粒数。

σ 与 σ_g 表示粒径分布的离散程度，它们越小表示分布越集中，频率分布曲线尖而窄，它们的值越大，频率分布曲线越宽。

3.1.1.4　颗粒形状

颗粒形状对于粉体的流动性、包装性有重要影响。在耐火材料生产中，颗粒形状对其成型性能、坯体的性质都有一定影响。表征颗粒形状的因素有颗粒的扁平度、伸长度、球形度以及表面形状因子与体积形状因子等，形状因子已在第 2 章中提到。

（1）颗粒的扁平度与伸长度。常用扁平度与伸长度来表征长扁形颗粒的形状，计算公式如下：

$$扁平度\ m = 短径/厚度 = b/h \tag{3-5}$$

$$伸长度\ n = 长径/短径 = L/b \tag{3-6}$$

扁平度与伸长度大的颗粒多呈扁平状或长柱状。当一个颗粒置于一个平面上时，总是最大投影面与支承面接触。因此在耐火材料压制或振动成型时，长扁形颗粒多处于与压制或振幅方向垂直的位置，这种情况易造成坯体分层、结构不均匀甚至产生层裂。

（2）球形度。球形度（sphericity，φ）是一个与颗粒体积相同的球体的表面积与该颗粒的表面积之比。

$$\varphi = \frac{\pi d_V^2}{\pi d_S^2} = \left(\frac{d_V}{d_S}\right)^2 \tag{3-7}$$

式中，d_V、d_S 分别为颗粒的当量体积直径与当量表面直径。

颗粒的球形度越大，它的形状越接近球形，由它们构成粉料的流动性好。因此，若希望粉料的流动性好，可选用球形度大的颗粒。例如要改善泥浆或浇注流动性宜选择用球形度大的颗粒料。而对于压制成型的坯体，采用球形度小的颗粒可以提高它与基质的接触面积与咬合程度，有利于改善砖坯的结构并提高强度。此外，颗粒的球形度是根据其直径来计算的，而直径与测定方法有关，不同的测定方法可得到不同的结果。因此，说明球形度数据时，通常应告知粒径的测定方法。

颗粒的形状与材料的结构特性及破碎方式有关。如莫来石易形成长条形或扁平形颗粒。采用挤压破碎方式的设备，如颚式破碎机与对辊破碎机易产生片状颗粒，而研磨粉碎易产生球形度大的颗粒。

3.1.2 粉料的性质

粉料的性质主要有堆积性与填充性、流动性与压缩性等。粉体的压缩性将在后面的成型小节中讨论。

3.1.2.1 粉料的填充性

耐火材料粉料的填充性，对于耐火材料坯体及制品的体积密度有较大影响。对于致密产品而言，较好的填充性可以减少成型压力，促进坯体的烧结。表示粉料填充性的指标包括堆积密度、填充率与空隙率等。

（1）堆积密度 ρ_B。堆积密度也称容积密度、表观密度等，指在一定填充条件下，单位填充体积的粉料的质量。计算公式如下：

$$\rho_B = \frac{粉料质量}{粉料填充体积} = \frac{V_B(1 - \varepsilon)}{V_B} \times \rho_P \qquad (3-8)$$

式中　ρ_B——堆积密度，kg/m^3；

　　　V_B——粉料的填充体积，m^3；

　　　ρ_P——颗粒密度，kg/m^3；

　　　ε——空隙率。

（2）填充率 ψ。填充指在一定的填充条件下，粉料的实际体积占填充体积的比率。计算公式如下：

$$\psi = \frac{粉料的体积}{粉料的填充体积} = \frac{M/\rho_P}{M/\rho_B} = \frac{\rho_B}{\rho_P} \qquad (3-9)$$

式中　M——粉料的质量。

（3）空隙率 ε。空隙率指在一定填充条件下填充体积中空隙体积所占的体积百分率。计算公式如下：

$$\varepsilon = 1 - \psi = 1 - \frac{\rho_B}{\rho_P} \qquad (3-10)$$

影响粉料堆积密度等性能的因素较多，主要包括有如下几个方面。

（1）堆积条件。在定义上述填充特性指标时，都有一个限定条件"在一定填充条件下"，填充方式对堆积密度产生很大影响。因此，在测定堆积密度时，一定要严格固定测定条件。如自然堆积还是振动堆积、振动条件等，否则误差很大。由于堆积方式不同，堆积密度可分为松散堆积密度、紧密堆积密度与自然堆积密度等。

（2）粉料的粒度分布。粉料的粒度分布越宽，颗粒尺寸差异越大，则小颗粒可以进入到大颗粒之间的孔隙中，有利于提高堆积密度。另外，颗粒越小，它们之间的团聚作用越大，流动性减小，空隙率就越高。此外，粉料含水分越高，它的堆积密度也越小。

（3）颗粒形状。颗粒的球形度越大，粉料的流动性好。粉料的堆积密度越高，空隙率越小。此外，颗粒表面越粗糙，粉料的空隙率越高，堆积密度越小。

3.1.2.2 粉料的流动性与休止角

粉料的流动特性是指在外力作用下粉料的运动特性。对耐火材料生产而言，通常是指在重力作用下的流动。它对于粉料贮存、运输及泥料的粒度偏析有很大影响。

　　粉料的休止角也称安息角 ϕ_r，它是指粉料在重力作用下流散后所形成的锥体与水平面所构成的角度，如图 3-6 所示。安息角有许多不同的测定方法，其中图 3-6a 为注入法，将粉料由漏斗注入平板上形成圆锥体来测定休止角。图 3-6b~d 为排出法，将四方体或圆柱体的粉料用不同的方法从不同的方向排出形成料堆来测定休止角。图 3-6e 与 f 为旋转法，旋转转筒内的粉料或者单面抬起盛有粉料的容器来测定休止角。

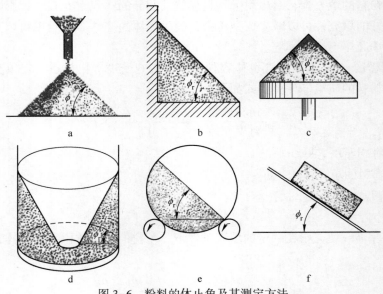

图 3-6　粉料的休止角及其测定方法

　　休止角大小在一定程度上反映出粉体的流动性，如图 3-7 所示。粉体的休止角越小，它的流动性越好。

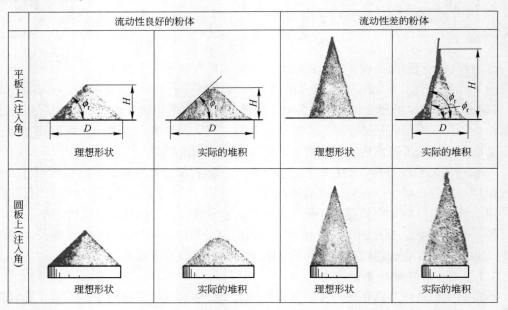

图 3-7　粉体的流动性与休止角

3.1.2.3　粉料贮存料仓结拱与防止

料仓是耐火材料厂最常见的贮存颗粒与粉料的设备。设计或操作不当会造成结拱等事故，给生产带来一定影响。料仓放料是靠粉料在重力的作用下放出料仓的。由于料仓设计及粉料性质的问题，可能在料仓出料口附近形成拱，阻止粉料流出料仓，如图 3-8 所示。

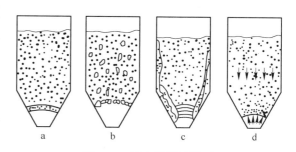

图 3-8　料仓结拱的类型
a—压缩拱；b—楔性拱；c—结附拱；d—气压平衡拱

拱的类型分为 4 类：（1）压缩拱，粉体下部受料的压力使其固结，强度增加而导致起拱；（2）楔性拱，因为颗粒之间互咬合而形成的拱；（3）黏结黏附拱，结性强的粉料因含水、吸潮或静电作用，互相之间以及与仓壁之间黏结或黏附在一起形成的拱；（4）气压平衡拱，由于出料口气密性差，导致空气进入料仓使上下压力达到平衡形成的料拱。

这些拱一旦形成，粉料就不能从料仓下料，影响生产。防止料仓结拱的方法包括如下几个方面。

（1）正确设计粉仓的形状及尺寸。包括适当大小的出料口及良好的出料装置；合适的出料口倾斜角度，此角应大于粉料的安息角；合适的料仓高度以防止料仓底部粉料承受的压力过大；采用偏心出料口也是防止结拱的方法之一。

（2）减小粉料之间的黏附。降低粉料与仓壁之间摩擦阻力，如控制粉料的水分含量、改善仓壁材料、加振动装置或挂链锤以消除静电。

3.1.2.4　粉料贮存与运输过程中的颗粒偏析

由于粉料中颗粒的尺寸、形状、密度与表面性质等的差异，粉料在运动过程中，不同颗粒表现的运动特性不同，造成粉料各部分组成的差别称为颗粒偏析。粒度分布范围越宽，颗粒尺寸越大，越容易造成颗粒偏析。粒度小于 $70\mu m$ 的粉料及黏性大的粉料，产生颗粒偏析的可能性小。构成粉料颗粒之间的密度相差越大、颗粒尺寸差别越大，越容易造成颗粒偏析。耐火材料泥料是由大、中颗粒与细粉三部分构成，产生颗粒偏析的机会很大，颗粒偏析可能造成粉料的实际颗粒组成远远偏离设计的组成，从而影响耐火材料的显微结构与性能。因此，防止贮运过程中的颗粒偏析对耐火材料生产制备很重要。产生颗粒偏析的原因包括如下几个方面：

（1）细颗粒的渗漏。在粉料流动时，细颗粒会在重力作用下通过较大颗粒之间的孔隙向下渗漏而造成各层之间粒度组成的差异。图 3-9 为料仓进料与出料时产生的颗粒偏析与再混合过程。在进料过程中（图 3-9a），落到料堆上的颗粒形成一快速移动粉料薄层。在此层中较细的颗粒渗透到下面的静止料层上并固定，无法渗入的大颗粒继续滚动或滑移到料堆的外围。在料仓卸料时（图 3-9b），又可能发生偏析颗粒的混合过程。此过程主要发生在粉料离开料仓的垂直部分之后。混合过程与出料口角度、出料速度以及出料装置有关。但是，由于在料仓中常形成一个由细颗粒组成的中央料芯，大颗粒分布在周围的状况，当卸空料仓时，最后排出总是粗颗粒。

这种情况不仅发生在料仓进料与卸料过程中，在皮带运输、振动运送等过程中也可能发生，在从搅拌机中卸料时也可能发生。由于从搅拌机中出来的泥料往往直接送去成型，因而会对生坯的结构与性能造成较大影响。对于质量要求高的制品应特别注意，搅拌机卸料口与盛泥料容器之间的距离不宜太高；每批泥料的运输量不宜太大；形成的料堆不能太尖，越平越好。

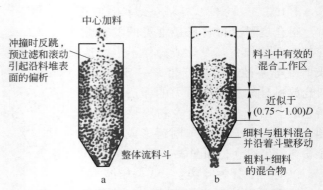

图 3-9　料仓进料与出料时的颗粒偏析与再混合

（2）振动。在振动过程中细颗粒会运动到粗颗粒的下面。当细颗粒料聚集并密实时，它将支托住大颗粒，使之上升到表面。在振动给料时这种情况容易发生。

上述偏析过程常发生在干料中。对于泥浆，如浇注料情况可能会相反。浇注料是一个悬浮体，其中有大量的液相，颗粒之间的摩擦力小。在振动过程中大颗粒会下沉，而小颗粒上浮，称之为"泛浆"，其过程因为气体排出而变得更加显著。

（3）颗粒的下落轨迹。由于颗粒的大小及密度不同，当粉料由输送机抛送到料堆时，不同颗粒的抛物线轨迹不同而造成的偏析如图 3-10 所示。

（4）料堆撞击。在粉料下落到料堆的过程中，大颗粒容易在料堆上滚动或滑动而集中到料堆的外围，小颗粒集中到中间而造成颗粒偏析。

（5）安息角大小不同的影响。安息角不同的粉料倾倒在料堆上时，安息角大的颗粒往往会集中在料堆的中心，造成偏析。

粉料在运输过程中偏析是难以避免的。采取有效的方法可以减轻偏析的影响，减轻偏析的方法包括有下列几个方面。在粉料的堆放过程中尽量不要形成尖锥状的料堆。如图 3-11 所示，在料仓中采用活动加料管或槽，或者采用多头加料管以实现均匀布料，而在出料口上加装辅助卸料装置，提高出料口混合作用。图 3-12 中给出两个附加装置的示意图，图 3-12a 改变粉料流动的通道有助于重新混合，而在图 3-12b 采用多通道卸料管，它们可以从不同的偏析区收取粉料将它们在出料口重新混合。

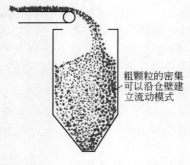

图 3-10　下落轨迹不同造成的偏析

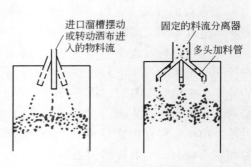

图 3-11　减少偏析的布料方式

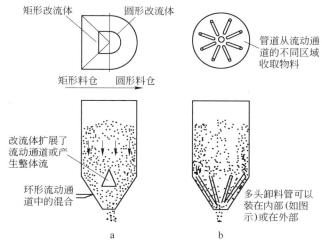

图 3-12 减少偏析的卸料装置

3.1.3 耐火材料泥料颗粒组成设计原则

耐火材料泥料颗粒组成的设计，一方面要满足材料显微结构与性能的要求，另一方面又要满足生产过程的要求，便于生产。所以在设计中应考虑诸多因素，主要的原则如下。

3.1.3.1 临界粒度的确定

临界粒度是指配料中最大颗粒的粒径。它可以为 1~2mm，也可以达十几毫米。它与耐火材料制品的厚度、形状及生产方式有关。通常厚壁制品可以选用较大的临界粒度，薄壁制品应选用较小的临界粒度，以保证沿厚度方向粒度分布均匀。对于存在尖角及棱的异形制品，也不宜选用太大的临界粒度，否则容易产生缺边掉角的废品。选用较大的临界颗粒，在一定程度有利于提高制品抗热震性、强度以及坯体密度。

3.1.3.2 最紧密堆积原理

耐火材料需要有一定的气孔率，但仍然要求它有足够高的体积密度。为了达到较高的体积密度，希望配料中不同尺寸的颗粒能形成较大的堆积密度，即所谓"紧密堆积"原则。一般情况下大颗粒与细粉的含量较大，而中间颗粒的含量较小。即所谓"两头大、中间小"的原则。这种情况下，大颗粒形成骨架，而细粉填充到骨架的空隙中去形成最紧密堆积。通常，大颗粒含量（质量分数）在 30%~50% 之间。表 3-4 中为两种泥料颗粒组成，1 号配料为三级配料，并且为连续粒径配料；2 配料为四级配料，是间断粒径配料。

表 3-4 泥料颗粒组成示例

1 号配料	颗粒尺寸/mm	3~1		1~0.088		<0.088
	质量分数/%	45		20		35
2 号配料	颗粒尺寸/mm	5~3	3~2		1~0.5	<0.085
	质量分数/%	30	20		15	35

在实际生产中，颗粒组成需根据耐火材料的品种、成型方式以及对显微结构与性能的要求确定。

3.1.3.3　结构、性能与生产过程的综合考虑

由于配料的颗粒组成对材料的显微结构与性能以及生产过程产生很大影响。因此，在设计颗粒组成时，必须综合考虑诸多方面的影响。例如，细粉是形成耐火材料基质的基础，它常常是由不同的物质组成。某种情况下，如黏土砖与高铝砖的生产中常含有一部分结合黏土（生料）。因此，在烧成过程中细粉内部以及细粉与颗粒之间会发生一定的物理化学过程与形成一定的结合。细粉量太少，细粉不能包裹颗粒表面，不能形成理想的结合，细粉量太多会造成压制困难，易产生层裂。总之，不同的耐火材料品种，不同的生产方式对颗粒组成有不同的要求。如不定形耐火材料，由于对料的流动性等施工性能有特殊的要求，对其粒度组成的要求也不同于压制制品。因此，设计粒度组成时需综合考虑制品结构、性质及诸多方面的因素。

3.2　耐火材料泥料制备

耐火材料配料组成设计完成以后，就要进入泥料制备工序。对泥料的要求是各组分尽可能地分布均匀，其性质满足成型要求。泥料制备的两个基本过程为混合与困料。

3.2.1　混合与造粒

混合的目的是保证不同粒径与不同组成的颗粒以及配料中的其他物料在泥料中分布均匀。粉料的均匀程度对材料的结构与性能以及后续生产过程有很大影响。混合均匀有利于固相反应的进行并保证显微结构的均匀性。

3.2.1.1　混合的均匀性及影响因素

混合的均匀性即粉料、结合剂、添加剂等在粉料中分布的均匀程度，其反面就是"偏析"或"分料"。常用粉料的均匀度或离散性来表示其混合的均匀程度。表示均匀度的方法很多。最方便的方法是用数理统计学中的均方根差来表示。在混合物中取 N 个样品，其中 i 组分的含量为 C_i，则方差和 Q 为：

$$Q = \sum_{i=1}^{N} f_i (C_i - \overline{C_i})^2 = \overline{C_i^2} - \overline{C}^2 \tag{3-11}$$

式中，$\overline{C_i}$ 为 C_i 的平均值。方差和的平均数称为平均方差和，简称方差。方差的平方根称为均方根差，简称方根差 σ，计算公式如下：

$$\sigma = \sqrt{\frac{1}{N} \sum_{i=1}^{N} (C_i - \overline{C})^2} \tag{3-12}$$

$$= \sqrt{\overline{C_i^2} - \overline{C}^2} \tag{3-13}$$

方根差恒取正值，不取负值。它衡量所得数据的离散程度的大小。方差值越小，所取各试样中组分含量的差异越小，粉料的均匀程度越高。此外，$\overline{C_i}$ 与设计的 C 值相比也可以在一定程度上反映出配料的准确性与混合的均匀性。

影响混合均匀性的因素包括：粉料的颗粒粒度分布、密度、颗粒形状、表面特性（如

电荷)、休止角、流动性、含水量与黏结性等。实际混合过程中伴随着混合与分料两个过程，混合状态是混合与分料之间平衡的结果。为提高均匀度，应促使混合状态向有利于混合方面转移。混料中各组分的密度与粒度差别越大越容易分料。颗粒质量的差别越小越不容易分料。物料中含有一定的水分可以在一定程度防止分料。当然混合设备对混合均匀度也有很大影响，不同的物料可选用不同的混合设备。

3.2.1.2 混合过程与设备

选用合理的混合过程与设备，是确保耐火材料配合物料混合均匀性的先决条件。

图 3-13 为耐火材料泥料的混合过程。先将粗颗粒与中颗粒混合均匀，加入结合剂混合，使结合剂均匀吸附于颗粒的表面，再加入细粉，使细粉吸附于颗粒的表面，形成相对均匀的分布。再进一步混合均匀使结合剂能分散到细粉中，获得一定的黏性以防止分料的发生。在颗粒的粒度与密度相差较大及有少量添加剂存在的情况下，可将细粉部分与添加剂一起预先混合。在实际生产过程中也可以将中颗粒最后加入再混合均匀。

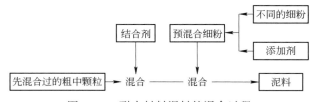

图 3-13 耐火材料泥料的混合过程

混合设备的种类很多，图 3-14 中给出一些典型混合设备的示意图。按操作方式混合设备可分为间歇式与连续式，前者生产效率较低，但对于保证配料的准确性有利；按设备运转方式可分为旋转容器式与固定容器式；按工作原理分重力式与强制式；按混合方式分机械混合机与气力混合机等。

图 3-14a 和 b 为无挡板转筒型混合器。通过容器的旋转混合粉料，图 3-14c 和 d 为在容器内设有挡板的转筒式混合机，挡板可以搅动粉料以促进混合均匀。图 3-14e 和 f 属静止容器式混合机，外壳或槽静止不动，通过旋转设置于容器内的一个或多个螺旋或叶片来混合粉料。图 3-14a~d 类型混合设备大部分为间歇式生产。在耐火材料工业中多用来做粉料的预混设备。图 3-14g 和 h 为轮辗式混合机。在一个辗盘上分布有一对或二对辗轮与刮板。重而宽的辗轮压在物料上产生局部切变，借助于刮板或刮刀进行混合。轮辗混合机底盘转动时带动辗轮转动。在一些轮辗混合机中装有混合工具头。当辗盘按顺时针转动时，该工具头按逆时针方向转动，形成一种行星式运动的混合方式。由于辗轮有一定质量，对泥料有一定碾压排气作用。它们是耐火材料泥料混合的最常用设备。轮辗混合设备也可分为间歇式与连续式（图 3-14h），间歇式最常用。特殊用途的轮辗混合机的底盘带有加热装置加热泥料，如含碳耐火材料的生产中，为了使树脂结合剂分布均匀，常用辗盘加热的轮辗机。图 3-14i 和 j 为双轴与单轴搅拌机。在一个圆筒形槽内安装 1 根或两根转轴，转轴上有螺旋或带有叶片，形式很多。转轴以不同的速度旋转以混合泥料。当为双轴时，转轴可以相同方向也可以相反方向旋转。它用于非自由流物料的混合，可以在混合过程中添加液体，在特别设计的设备中还可以对物料加热。图 3-14k 为透平式混合器，它外壳为一个圆形，在中心处有一幅条壳体或一系列腿，每一腿上装有刮板或型钢，绕中心旋转。它适用于混合干物料及半湿物料等。

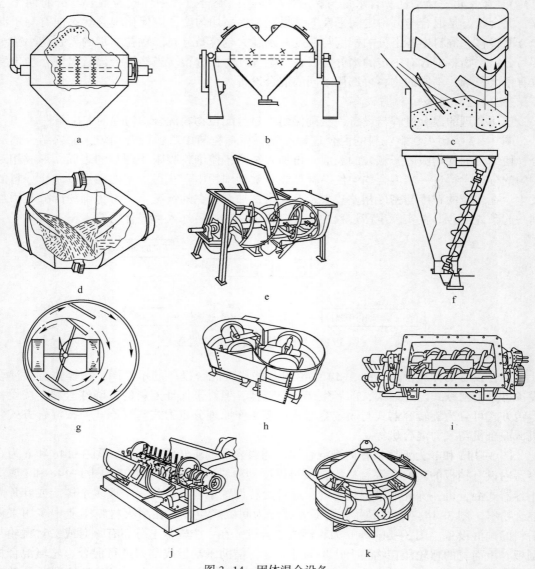

图 3-14　固体混合设备

3.2.1.3　造粒

在耐火材料生产的某些特殊工艺中，需要将粉料制造成颗粒以改善其流动性或成型性。如浸入式水口的生产过程中须将氧化铝粉、石墨及各种添加剂造粒以改善其流动性，并保证配料均匀。耐火原料的生产过程中也常需造粒。

造粒的方法包括有挤压造粒、压缩造粒、凝聚造粒、熔融造粒与喷雾造粒等。

挤压造粒是用挤压机将泥料从网孔中挤出造粒。这是耐火材料原料，如矾土熟料等生产中最常用的方法。

压缩法造粒是将粉料通过对辊式成球机等设备压缩造粒。这是镁砂及矾土熟料等生产中常用的方法。

凝聚造粒是将液体喷雾到有粉料的转动圆盘或圆筒中，靠粉料的凝聚而造粒。这是最常用的造粒方法。常用的圆盘造粒机如图 3-15 所示。

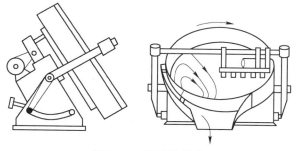

图 3-15 圆盘造粒机

喷雾造粒法是将泥浆或熔融物体通过压缩空气喷吹到一空间中造粒。最常见的设备有喷雾干燥器，它将干燥与造粒两个过程同时进行，是陶瓷工业中最常用的干燥设备。

3.2.2 困料

困料，也叫陈腐，是把混合好的泥料在一定湿度与温度条件下存放一段时间。存放时间的长短根据泥料的具体情况而定。

困料的作用包括如下几个方面：

（1）让水分、结合剂及其他添加剂通过毛细管的作用在泥料中分布均匀。

（2）让泥料中的某些化学反应有时间充分完成以减少对后续工序的影响或提高泥料的性能。如含 CaO 较多的镁质泥料在困料过程中可以使氧化钙充分水化，以防止砖坯在后续干燥及烧成过程中因氧化钙水化而开裂；又如在用磷酸盐为结合剂的不定形耐火材料与不烧砖泥料中，由于料中存在铁质等物质，在困料中可以与磷酸充分反应放出气体，以免在后续过程中放出气体而破坏砖坯；困料也可使黏土与高铝泥料中的有机物充分陈腐，以提高其可塑性。

困料后的泥料有时需经第二次混合。是否需要困料与第二次混合，需根据生产实际过程而定。困料延长生产周期，增加成本，因此并非必需。

3.3 成 型

成型的主要目的是使泥料获得预设的形状，同时使坯体获得必要的强度与密度。坯体的强度主要来自两个方面：黏结剂的黏结作用与颗粒之间的摩擦。通常坯体的体积密度越大，气孔率越小，强度越大。坯体的体积密度主要取决于两方面的因素。首先是要有合理的颗粒粒径分布以实现最紧密堆积，这方面在配方设计中已讨论过。其次是在成型过程是通过颗粒的移动来实现最紧密堆积的，这是在成型过程中需要讨论的问题。坯体的气孔率对烧成制品也是很重要的，因为通过烧结过程来降低坯体的气孔率的效率是很低的，需要很高的烧成温度与大的能耗。通过改善成型过程降低坯体气孔率较为省能。因此，希望砖坯的气孔率低。

耐火材料的成型方法很多，主要有如下几种：

（1）半干法，这是应用最广的方法。泥料水分在 4%～9%，故称为半干法。

（2）可塑成型，泥料水分在 15%左右，泥料塑性很好，可压入模型中成型。

（3）注浆法，将粉料与水等制成泥浆，将它们注入石膏等模型中，失水后脱模即可。

（4）浇注成型，将泥料制成浇注料（在 8.6 节中讨论）。将它注入模型中，凝固后取出成预制块，可供直接使用或进一步烧成。

3.3.1　压制成型与设备

3.3.1.1　泥料的压缩机理及影响因素

泥料的压缩可分为静压缩与冲击压缩两种。但无论静压缩还是冲击压缩，压缩过程机理都可归结于粉料颗粒之间与颗粒内部的变化。可分为如下几个过程：

（1）在加压过程中，颗粒互相推挤，移动，排除气孔。加压的能量大部分消耗在克服颗粒之间的摩擦上。

（2）粉料内部颗粒之间常形成一些桥架以维持粉料的稳定。在加压过程中这些桥架被破坏，粒子重新排列，小颗粒进入大颗粒的空隙中，粉料的体积缩小。这一过程中颗粒本身也开始变形。但是，加压的能量大部分消耗在粉体与器壁的摩擦与桥架的破坏上。

（3）在压制过程中，颗粒表面的凹凸部分由于相互摩擦、推挤而去除，或者相互咬合而使颗粒之间咬合更牢固结合在一起。在这一过程中，加压的能量主要消耗在颗粒变形上，并且部分成为残余压力而贮存起来。如果贮存的压力过大，在卸压以后会产生较大的膨胀而引起坯体开裂。

（4）粉体中颗粒的移动空间已很小，加压的能量主要消耗在颗粒的变形与破坏上。

在实际压缩过程中，上述四个过程常常是同时发生的。每个过程发生的程度与压缩阶段、粉料的组成与性质有关。耐火材料泥料是由尺寸相差很大的颗粒组成的，还含有结合剂等液相成分，使压缩过程变得十分复杂。此外，泥料与模壁的摩擦对压缩也影响较大。因此，在整个坯体中的应力分布是不均匀的，要想制得密度分布均匀的坯体存在一定的难度。

除了颗粒移动外，泥料压缩过程中另一个重要的过程为排气过程。随泥料体积密度的提高，大量的气体要排出泥料。排气过程对泥料的可压缩性有很大影响。在模具的设计及以加压的方式上都需考虑排气问题。在加压过程中通常采用所谓"先轻后重"的方法。即先轻压，让大部分气体排出，再重压以压实泥料。

常见的影响泥料压缩性的因素有泥料的颗粒度组成、颗粒形状、颗粒表面结构与特性、黏结剂的组成与特性以及泥料的堆积密度、休止角、成拱特性、泥料水分及压力与加压方式等。主要的影响因素包括如下几个方面。

（1）颗粒粒径分布影响颗粒之间的接触面积，影响摩擦力，从而影响泥料的可压缩性。细颗粒越多，摩擦力越大，可压缩性差。同时，由于细粉多，排气困难，粉料中的空气易集中在某一部位形成裂纹。最常见的为垂直压制方向上的裂纹，称为层裂。此外，粒径分布影响堆积密度，也影响泥料的可压缩性。

（2）颗粒的形状与表面特性对泥料的可压缩性有较大影响。球状颗粒由于颗粒间摩擦力小，流动性较好，其可压缩性较好。在压制过程中扁长形颗粒的长度方向常垂直于压制方向。颗粒表面粗糙、凹凸较多、压缩性较差。易吸附电荷的泥料的可压缩性也较差。

（3）结合剂或水分过多，由于气体排出受到影响，不利于泥料的压缩，是产生层裂的重要原因之一。

（4）在泥料的压制过程中，压力总是沿压制方向由坯体表面向内部传递。此外，由于颗粒变形及内摩擦消耗一部分能量，坯体内外所受到的压力是不一样的，密度也就不一样。通常是沿压制方向上密下疏。此外，由于模壁与泥料之间的摩擦消耗一定的能量，因而靠近模壁部分的坯体密度较小，即所谓的"外疏中密"。这种坯体中密度分布不均的现象称为层密度现象。完全消除层密度现象是非常困难的，可以通过双面加压、在模具表面涂抹润滑油等方法加以改善。当然，改善泥料质量也是很重要的，减少颗粒之间的摩擦、提高泥料的堆积密度有利于压力传递。

（5）成型压力主要是用来克服泥料颗粒的内摩擦力以及泥料与模壁的摩擦力。由于泥料中颗粒分布不均匀，实际压力应高于上述两摩擦力之和。但是压力不宜过大，压力过大会带来两个方面的负面影响：一方面会将大颗粒压碎从而改变泥料中颗粒粒径分布；另一方面即使颗粒不被破坏，但产生较大的弹性形变，当卸压后会产生较大的反弹，即所谓的"弹性后效"。弹性后效降低坯体的密度，严重时会产生层裂，是形成坯体废品的重要原因之一。除了颗粒变形以外，当泥料中水分含量较高时，泥料的弹性后效的作用也较大。

3.3.1.2 泥料的压制设备

按加压方式，半干法生产耐火材料坯体的压制设备可分为两类：冲击式加压和静压。最常见的冲击式压力机为摩擦压砖机和螺旋压砖机。最常见静压压力机为液压机。由于这两种压力机的压制方法不同，使用相同公称压力，砖坯所受到的压力是不同的。一般摩擦压砖机的最大成型压力是公称压力的两倍左右，而液压机的实际压力为公称压力的 0.85 倍左右。

对于需要压制像长水口、浸入式水口等管式中空的功能型耐火材料，常用冷等静压机成型。冷等静压机是根据帕斯卡原理，依靠高压液体或气体从各方向对物料施加相同压力的成型设备。

3.3.1.3 砖坯的主要性质与废品

耐火材料砖坯的控制指标主要包括如下三个方面。

（1）尺寸与放尺率。保证砖坯的尺寸精度对于保证烧成后制品的尺寸精度十分重要。压制过程中由于垂直于压制方向的尺寸取决于模具的尺寸，因此，重要的是保证压制方向上的尺寸，即高度。此外，由于大多数砖坯在烧制过程中会发生一定程度的收缩（或者膨胀）。砖坯的尺寸通常要大于（或小于）制品的尺寸。因此，砖模的尺寸须按比例放大（或缩小）。这个比率称为放尺率。放尺率的大小取决于砖种、泥料的颗粒组成、砖坯的密度等，通常由实验来确定。

沿压制方向的尺寸主要取决于成型压力、打击次数以及泥料的性质。泥料的性质主要包括泥料的粒度组成、泥料水分等因素。

（2）坯体的体积密度。坯体的体积密度，也称容重，以其体积除质量而得到。它对于烧成后的制品的体积密度与气孔率有显著影响。只要保证坯体的尺寸与加料精确就能获得稳定的砖坯密度。但在实际生产中由于泥料压制困难有时也难以实现尺寸完全准确一致。

（3）生坯废品。砖坯的密度或尺寸精度达不到要求皆为废品。此外，缺边、掉角也为常见的废品。泥料黏结性不好、临界颗粒过大，粗颗粒太多等可能造成边角不完整，严重的成为废品。在生坯中另一类常见的废品为"层裂"，即垂直于加压方向的层状裂纹。它们是由于加压过程中气体排不出去，集中到坯体的中间而形成的。泥料的细粉太多、水分过多、成型压力过大、压制方法不对，都有可能导致层裂的出现。采用"先轻后重"的压制方法可减少层裂产生的可能性。即在加压时，先轻压让一部分气体排出，再重压以实现坯体的致密。

成型用的模具均为金属制的。成型模具对制品的质量有很大的影响。如果模具与坯料接触部分的硬度不够均匀，在使用中就会出现软点，从而造成坑洼和波形槽，致使出砖过程中砖坯出现层状裂纹；如果模具硬度太低，则易磨损，相对应的砖坯断面因之加大，出砖时，当加大的砖坯断面通过断面较小的部位时，砖坯受到相当大的挤压力而产生树枝状开裂或裂纹；如果模具的刚度不够，砖坯会反复受到模具的弹性作用而造成纵向裂纹；如果模具的强度不够，则不仅会很快破损，而且底板或冲头的变形也会造成砖坯的扭曲；如果模具的光洁度不够，则会加大顶砖的阻力，同时会因砖坯的上下压力差的加大而加大了砖坯的密度差。因此，模具的材料选择、设计和加工是非常重要的。一般要求模具具有高的耐磨、耐压、抗冲击性能。从强度、硬度和韧性综合考虑，目前耐火材料厂用于制作钢模具的材质主要是碳素钢和合金结构钢、工具钢、轴承钢等。

3.3.2 其他成型方法

耐火材料的成型方法很多，除了压制成型方法外，还有振动成型、捣打成型、可塑成型、注浆成型、熔铸成型、热压成型、热压铸成型等。

3.3.2.1 振动成型

振动成型是利用泥料在振动的作用下，动摩擦代替了静摩擦，泥料内部以及泥料与模壁之间的摩擦力大大减少，泥料颗粒具有较好的流动性以填充模具各部位。同时，小颗粒也可填充到大颗粒的空隙中达到致密的目的。

振动成型的优点是设备结构简单，造价低，所需动力较小。工作台面可以较大，适合成型大型或板状坯体。其缺点是要求成型设备的零部件有较高的强度与刚度。由于各支撑弹簧的刚度不同，易造成大型板状坯体各部分受力差别而导致密度不均。振动成型设备有多种。为了提高成型密度，可以在振动泥料上加压，一边振动一边加压，即所谓"加压振动式"。

影响坯体性质的因素主要来自两方面。一方面是设备的振动参数，主要包括振动频率、振幅与所加压力的大小。另一方面为泥料的性质，包括它的粒度组成、结合剂的种类与数量。生产中应结合每台设备的实际状况进行调整。

3.3.2.2 捣打成型

捣打成型是用捣锤捣实泥料使其获得一定的形状与密度的成型方法。捣锤常用气力或电力驱动，也可以人工捣实。捣打时将泥料依次分层加入模型中，依次捣打将每层捣实。在每次加料前应将前次捣实的料层表面再扒松，以免造成层与层之间的明显的界面与裂纹。捣打方法适用于半干泥料生产大异型制品。这种方法的劳动强度较大，噪声也较大。

3.3.2.3 可塑成型

可塑成型是将可塑性好的泥料放入模型中成型或通过挤泥机挤压的成型方法。可塑泥料中含有较高的水分，通常在15%以上。在耐火材料工业中常用它来制造毛坯，多用于莫来石、矾土熟料等原料生产过程中。泥料通过挤泥机挤成泥条，然后在出口处将泥条按所需要的尺寸切成毛坯，再经干燥烧成而成。为了提高生坯的体积密度，在挤泥机中常设有抽真空的设备，以利泥料排气，即所谓"真空挤泥机"。

3.3.2.4 注浆成型

注浆成型是将含有耐火材料粉料的悬浮液注入石膏模中，待石膏模吸收水分后料浆固化得到坯体。为了得到空心制品，待部分料浆固化后，将中心部分的未脱水固化的泥浆倒出即可。为了提高注浆速度与坯体质量可以采用压力注浆、离心注浆及真空注浆等方法。压力注浆是采用重力或压缩空气将料浆注入模型中以缩短吸浆时间，减少脱模后坯体中的水分。离心注浆是在模型旋转的条件下将料浆注入模型中，在离心力作用下，料浆紧贴模壁。这种方法所得坯体的厚度均匀，变形少，水分含量少。真空注浆是在模型外抽真空，使模型的吸水作用加快，加速坯体成型，并提高坯体的质量。注浆成型在耐火材料工业中应用较少，主要用于陶瓷工业中。

3.3.2.5 热压铸成型

热压铸成型是将粉料加入石蜡与油酸混合体中。在加热到50~60℃的温度下加热成型以获得含有石蜡的坯体。然后再经过脱蜡获得素坯，再对素坯进行加工后经烧成而得到制品。热压铸成型方法过程复杂，特别是排蜡过程需要很长时间及易出现废品。它适合于形状复杂的小型制品。在耐火材料工业中很少应用，主要用于陶瓷工业中。

3.4 坯体的干燥

干燥是从湿物料中排除其所含水分的过程。潮湿物料或半成品在有热源存在的情况下，只要其表面的水蒸气分压大于周围介质中水蒸气的分压，物料表面的水蒸气就会向介质中扩散，这个过程称为外扩散。在物体表面的水蒸气扩散后，表面的水分又被汽化，同时吸收热量。与此同时，固体内部的水分在浓度差的推动下移至表面，此过程称为内扩散。因此，整个干燥过程由蒸发、内扩散和外扩散所组成，它包括了热量与物质的传递，是一个传热、传质的综合过程。

物料的干燥方法分为两种：自然干燥和人工干燥。自然干燥是将物料堆放在棚屋或室外晒场上，利用大气为介质，在自然条件下的干燥。此方法的特点是不需专门的设备，也不消耗动力和燃料。但是干燥速度慢，产量低，劳动强度高，操作条件差，且受气候影响较大。人工干燥就是将湿物料放在专门的干燥设备中，在特定的干燥介质中进行干燥。其特点是速度快，产量高，能人为控制干燥条件，便于实现自动化，但要消耗动力和燃料。本节介绍的主要是人工干燥方法。

3.4.1 干燥过程

干燥的目的，一是要在保证干燥质量的前提下，强化干燥过程，尽可能提高干燥速度；二是在保证质量和产量的前提下尽可能降低能耗。而物料的干燥过程与物料中水的存在形式有关，下边主要介绍物料中水的存在形式、物料的干燥过程、影响干燥速度的因素等。

3.4.1.1　物料中的水分

物料中的水分按照不同的分类方法，其名称不同。分类方法主要包括水在物料中的存在形式、水与物料结合的强弱以及物料在干燥过程中水分排除的难易和限度等。下边分别进行介绍。

A　水分与物料的结合方式

按照水和物料的结合方式，可将所含水分分为化学结合水、物理化学结合水以及机械结合水。

（1）化学结合水。化学结合水通常以结晶水的形态存在于物料的矿物分子组成中，如高岭土（$Al_2O_3 \cdot 2SiO_2 \cdot 2H_2O$）中的结晶水等。化学结合水与物料结合得最牢固，一般需要较高的温度才能排除，如高岭土中的结晶水需在 $400 \sim 500 ℃$ 时才能被分解出来，这已不属于干燥范围，所以在干燥中可以不考虑。

（2）物理化学结合水。物理化学结合水包括物料表面吸附作用形成的水膜及水与物料颗粒形成的多分子和单分子吸附层水膜，统称为吸附水；通过细胞半透壁的渗透水；微孔（半径小于 10^{-5} cm）毛细管水等。物理化学结合水中以吸附水与物料的结合最强，吸附水中又以单分子水膜与物料结合得最牢固，其次是多分子水膜和表面吸附水膜。干物料在吸收吸附水时呈放热效应，借此现象可用实验方法测定物料吸附水的含量。

渗透水是由物料组织壁内外间水分浓度差产生的渗透压造成的，如纤维皮、壁所含的水分。微毛细管水与物料结合的牢固程度随毛细管半径的减小而加强，因毛细管力的作用，重力不能使微毛细管水运动。

物理化学结合水与物料结合的牢固程度较化学结合水弱，在干燥过程中可以排除，所以又可称为大气吸附水。物理化学结合水产生的蒸气压小于同温度下自由液面的饱和蒸气压。

（3）机械结合水。机械结合水包括物料的润湿水、空隙水及粗孔（半径大于 10^{-5} cm）毛细管水等。这类水基本上与物料呈机械混合状态，结合的牢固性最弱，在干燥过程中首先被排除。机械结合水在蒸发时，物料表面的水蒸气分压等于同温度下饱和水蒸气压。机械结合水中的空隙水和粗孔毛细管水排除后，物料颗粒相互靠拢，体积收缩，产生收缩应力，故这部分水又称收缩水。

物料中含水形式的种类与物料的性质和结构有关。有的物料，如黏土、高岭土等，上述三种形式的水都存在，而有些物料，如砂子等，仅含一种或两种形式的水分。

B　平衡水分与自由水分

根据在一定的干燥条件下，物料中的水分能否用干燥方法去除，可将物料中的水分为平衡水分与自由水分。

（1）平衡水分。湿物料在干燥过程中，在一定温度下，其表面的水蒸气分压与干燥介质中的水蒸气分压达到动态平衡时，物料中的水分就不会因时间延长发生变化，而是维持一定值。这时物料中的水分称为该物料在此干燥条件下的平衡水分。它是在该条件下物料干燥不能排除的极限水分，与干燥时间无关。显然，平衡水分不是一定值，它与干燥介质的状态及物料的性质有关。当干燥介质状态相同，多孔吸湿物料，如木材，其平衡水分较高；不吸湿物料如黄砂，其平衡水分较低。对同一物料，平衡水分与干燥介质的温度及相对湿度有关。介质的温度一定时，仅与相对湿度有关。相对湿度越低，物料的平衡水分越低。物料的平衡水分与干燥介质相对湿度之间的关系曲线称为平衡水分曲线，可由实验测得。

（2）自由水分。物料中高于平衡水分的那部分水分称为自由水分，它是在一定干燥条件下可以通过干燥方法去除的水分。物料中的水为平衡水与自由水之和。

上述各种关系可用平衡水分曲线来表示。图 3-16 为某黏土在空气中的平衡水分曲线。图中表明，当介质温度为 75℃，相对湿度为 40% 时，黏土的平衡水分为 3%。于是，水分低于 3% 的黏土在此介质中不能被干燥。欲使该物料水分低于 2.5%，而介质的温度不变，则介质的相对湿度必须低于25%。因此，干燥介质不变时，物料中的平衡水分是干燥所能达到的最低水分。

C　物料中水分的表示方法

湿物料是由绝干物料和水分组成的。设湿物料的质量为 m_w，绝干物料的质量为 m_d，水分的质量为 m，则有：

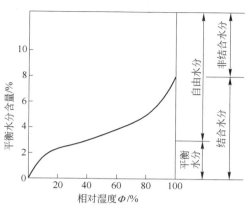

图 3-16　某黏土的平衡水分曲线（75℃）

$$m_w = m_d + m \qquad (3-14)$$

湿物料中水分的表示方法有两种：干基水分（或绝对水分）及湿基水分（或相对水分）。以绝干物料为计算基准的称为干基水分（或绝对水分），用 w_a 表示：

$$w_a = \frac{m}{m_d} \times 100\% \qquad (3-15)$$

由于在干燥过程中绝干物料的质量保持不变，因此可以直接用来计算干燥脱水率。例如，100kg 湿物料中含有水分 20kg，干燥后剩余水分 2kg，则干燥前的绝对水分为：

$$w_{a1} = \frac{20}{100 - 20} \times 100\% = 25\%$$

干燥后的绝对水分为：

$$w_{a2} = \frac{2}{100 - 20} \times 100\% = 2.5\%$$

干燥脱水率为：

$$w_{a1} - w_{a2} = 25\% - 2.5\% = 22.5\%$$

以湿物料为计算基准的称为湿基水分（或相对水分），用 w_r 表示：

$$w_r = \frac{m}{m_w} \times 100\% \qquad (3-16)$$

在物料的干燥过程中，没有必要也不可能将物料干燥至绝对干燥的程度。物料离开干燥器时，或多或少地含有水分，因此在对物料做含水率分析时，通常用相对水分表示。

随着湿物料中水分的蒸发，相对水分在不断地变化，故不能直接用来加减，颇为不便。在干燥计算时常换算成绝对水分，它们之间的关系为：

绝对水分×绝对干物料量 = 相对水分×湿物料量

3.4.1.2　物料干燥过程

湿物料的干燥过程是一个包含着传热、传质的复杂过程。这两个过程是朝两个相反方向进行的。传热是介质向物料表面提供能量的过程，用以满足水分蒸发、移动等所需要的能量。随物料表面的温度升高，与物料的内部形成温差，热量从表面传向内部。同时，物料表面的水分吸收热量后汽化为水蒸气并在浓度差的作用下扩散到干燥介质中，此过程为外扩散。当湿物料表面水分蒸发后，物料内部的水分由内部浓度较高处向表面迁移，此过程为内扩散。内扩散过程是由物料内部向表面进行的，即干燥过程中的传热与传质是逆向进行的。

干燥过程的快慢可用干燥速率来表示。干燥速率指单位时间内，物料在单位表面积上所蒸发排除的水分的质量 $[kg/(m^2 \cdot h)]$。

在恒定的干燥条件下，分析干燥过程中物料的温度、水分、干燥速率与时间的关系，如图 3-17 所示。从图中可以看出，整个干燥过程可以分为加热、等速、降速三个阶段。

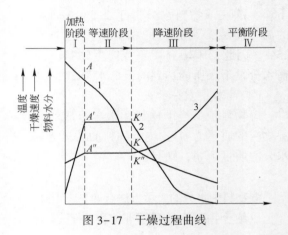

图 3-17　干燥过程曲线

（1）加热阶段。在该阶段，干燥介质在单位时间内传给物料的热量大于物料表面水分蒸发所消耗的热量，所以物料表面温度不断升高，水分蒸发量也随之增大，干燥速率增加。至图中 A'' 点时，干燥介质传给物料的热量正好等于物料表面水分汽化所需的热量，物料表面温度停止升高并等于干燥介质的湿球温度，此后即进入等速蒸发阶段。

（2）等速干燥阶段。在此阶段内，物料表面水分的蒸气压等于湿球温度下干燥介质的饱和水蒸气分压。在外扩散的同时，物料内部的水分扩散至表面，使物料表面始终保持有自由水。此阶段的干燥速率取决于水蒸气的外扩散速率，故称为外扩散控制阶段。

在等速干燥阶段，因干燥介质传递给物料的热量正好等于表面水分蒸发所需热量，故表面温度维持干燥介质湿球温度不变。物料中的水分减少，干燥速率为常数，成为稳定干燥即等速干燥过程。

在此阶段，随着自由水分的排除，物料发生体积收缩并产生收缩应力。若操作控制不当，使传热、内扩散、外扩散三个过程不平衡，则制品易产生变形、开裂，产生干燥废品。

在等速干燥阶段终了时，物料所含的绝对水分称为临界水分。此时物料表面的水蒸气分压低于介质湿球温度下的饱和水蒸气分压，物料表面的水为大气吸附水而内部仍为自由水。图 3-17 中 K 点为临界水分点，它是等速干燥阶段与降速干燥阶段的分界点。

（3）降速干燥阶段。图 3-17 中 K 点以后即进入降速干燥阶段。随着物料中水分的减少，内扩散速率小于外扩散速率。物料表面部分变干，物料表面水蒸气分压低于同温度下水的饱和蒸气压，蒸发面积小于物料或制品的几何表面积，甚至蒸发面移至物料内部。此阶段的干燥速率受内扩散速率控制，亦称为内扩散控制阶段。降速干燥阶段因物料表面水分逐渐减少，水分蒸发所需的热量也逐渐减少，以致物料表面的温度逐渐升高，干燥速率逐渐下降直至为零。此时物料的干基水分为平衡水分，干燥过程终止。

以上三个阶段的明显程度依坯体中水分的多少而定。一般对可塑法成型的坯体来说，三个阶段比较明显；而对水分不大的半干法成型坯体，如硅砖、镁砖等坯体，就不大明显。

3.4.1.3 影响干燥速率的因素

为了强化干燥过程、缩短干燥时间、提高干燥质量，必须了解影响干燥速率的因素。

因为干燥是一个传热、传质同时反向进行的过程，因此干燥速率的大小取决于传热速率、外扩散速率与内扩散速率。影响干燥速率的因素有：

（1）传热速率。在对流干燥中，单位时间内干燥介质传递给物料单位面积上的热量为：

$$\frac{dQ}{d\tau} = Ah(t_f - t_w) \tag{3-17}$$

式中 Q——干燥介质与物料之间传递的热量，J；

   A——与干燥介质接触的物料的表面积，m^2；

   τ——干燥时间，s；

   t_f——干燥介质温度，℃；

   t_w——物料表面温度，℃；

   h——干燥介质与物料之间的对流换热系数，$W/(m^2 \cdot ℃)$。

从式3-17可以看出，传热量与对流换热系数、干燥介质与物料的表面温差（t_f-t_w）、物料的表面积成正比。因此，欲加快传热速率，可以从以下几个方面入手：

1）提高干燥介质的温度，以增大干燥介质与物料表面之间的温差，加快传热速率。但这易使坯体表面温度迅速升高，表面水分与内部水分浓度差太大。表面受压，内部受拉，易使坯体变形，甚至开裂。同时，干燥介质温度的提高可降低其相对湿度，促进外扩散，有利于干燥。

2）提高对流换热系数。对流换热的热阻主要表现在物料表面的边界层上。边界层越厚，对流换热系数越小，传热越慢。加快干燥介质的流动速度可降低边界层厚度，提高换热系数，加快传热。

3）增大传热面积 A，使物料均匀分散于干燥介质中，或变单面干燥为双面干燥，可以增加传热量。

（2）外扩散速率。在稳定条件下，物料表面的水蒸气扩散速率可用下式表示：

$$\frac{dm_w}{d\tau} = A\beta_c(c_w - c_f) \tag{3-18}$$

式中 m_w——物料表面蒸发的水蒸气的质量，kg；

   c_w——物料表面水蒸气浓度，kg/m^3；

   c_f——干燥介质中水蒸气浓度，kg/m^3；

   β_c——对流传质系数，m/s，可用下式表示：

$$\beta_c = \frac{\alpha}{\rho_f C_f} \tag{3-19}$$

式中 ρ_f——干燥介质的密度，kg/m^3；

   C_f——干燥介质的比热容，$kJ/(kg \cdot ℃)$；

   α——干燥介质与物料表面的对流传热系数，$W/(m^2 \cdot ℃)$。

由上式可见，欲提高外扩散速率，可以采取以下方法：

1）降低干燥介质的湿度，增加传质的推动力。干燥介质中水蒸气浓度越低，它的湿度越小，干燥速度加大。相反，若干燥介质的湿度过大，则干燥速度变慢，若干燥介质达到饱和湿度，外扩散将会停止，物料将不再被干燥。因此，在用烟气做干燥时，应充分考虑其中水蒸气的含量，适当控制温度以保证介质中的相对湿度。

2）提高对流传质系数。随干燥介质流动速度的增加，β_c 增加。故增加干燥介质的流速，可提高外扩散速率，大大加快干燥速率。

（3）内扩散速率。在干燥过程中，物料内部的水分或蒸汽向表面迁移，是由于存在着湿度梯度与温度梯度，因此水分的内扩散包括湿扩散和热扩散。此外，当温度较高时，物料内部的水分局部汽化而产生蒸汽压力梯度也迫使水分迁移。这些迁移统称为内扩散。水分迁移的形式可以呈液态也可呈气态。在水分多时主要以液态形式扩散，水分少时主要以气态形式扩散。

湿扩散（湿传导）是由物料内部存在湿度梯度而引起的水分迁移，它主要靠扩散渗透力和毛细管力的作用，并遵循扩散定律。湿扩散率的大小除与物料的性质、结构、含水率有关外，还与物料或制品的形状及尺寸等有关。例如，对厚度为 S 的平板形制品进行两面对称干燥时，在等速干燥阶段，制品截面上的水分按抛物线规律分布，如图 3-18 所示。可以用式 3-20 来表示。

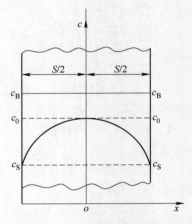

图 3-18　平板制品对称干燥时
沿厚度方向水分的分布
c_B—开始干燥时平板的水分浓度；
c_0—平板中心水分浓度；
c_S—平板表面水分浓度

$$c = c_0 - \frac{c_0 - c_S}{(S/2)^2} x^2 \qquad (3-20)$$

式中　c_0——平板中心水分浓度，kg/m^3；

　　　c_S——平板表面水分浓度，kg/m^3；

　　　x——沿制品厚度方向（x 方向）的距离，m；

　　　S——板的厚度。

物料的湿度梯度为：

$$\left(\frac{\partial c}{\partial x}\right)_S = \left(\frac{\partial c}{\partial x}\right)_{x=S/2} = -2\left(\frac{c_0 - c_S}{S/2}\right) \qquad (3-21)$$

单位时间从单位表面积蒸发的水量即干燥速率 J 与物料湿度梯度成正比：

$$J = -D\left(\frac{\partial c}{\partial x}\right)_S = \frac{4D(c_0 - c_S)}{S} \qquad (3-22)$$

式中　D——扩散系数。

由式 3-22 可知，湿扩散速度与制品厚度成反比，减薄制品厚度可提高干燥速率。在制品不能变更的情况下，变单面干燥为双面干燥时有利于干燥速率的提高。

热扩散（又称热湿传导）是由物体内部存在温度梯度引起的水分的扩散，其原因如下：

1）分子动能不同。温度高处的水分子动能大于低温处水分子动能，使水分由高温处向低温处迁移。

2）毛细管内水的表面张力不同，毛细管高温端水的表面张力（p_{m1}）大于低温端的表面张力（p_{m2}），造成毛细管内水分由高温端向低温端迁移，如图 3-19 所示。

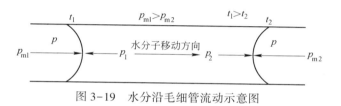

图 3-19　水分沿毛细管流动示意图

3）毛细管或空隙中的空气的压强不同。毛细管高温处空气压强大于低温处空气压强，在此压差的推动下，水分由高温处向低温处迁移。

热湿传导的方向与加热方式有关，采用外部加热时，物料表面的温度高于内部温度，热传导方向与湿传导方向相反，热传导成为阻力；采用内热源加热时，热传导方向与湿传导相同，这有利于干燥速率的提高。

综上所述，物料的干燥过程是个复杂的传热和传质过程，影响干燥速率的因素可归结为以下几个方面。

（1）物料或制品的性质、结构、几何形状和尺寸。

（2）物料或制品干燥的初始状态及终了状态的温度和湿度。

（3）干燥介质的状态，即温度、湿度、流态（流速的大小和方向）。

（4）干燥介质与物料的接触情况、加热方式。

（5）干燥设备的结构、大小、操作参数及自动化程度。

3.4.1.4　制品在干燥过程中的收缩与变形

在干燥过程的自由水排除阶段中，随着水分的排除，物料颗粒靠拢，产生收缩，可能使坯体产生变形、开裂。自由水排除完毕后，进入降速干燥阶段时，收缩即停止。

坯体干燥前后的尺寸可用式 3-23 表示：

$$l = l_0 \left[1 + \alpha (w_{a1} - w_{cr}) \right] \tag{3-23}$$

式中　l——湿制品的线尺寸，m；

l_0——停止收缩后的线尺寸，m；

w_{a1}——制品的初干基水分，%；

w_{cr}——制品的临界水分，%；

α——线收缩系数，%。

各种黏土的线收缩系数 α 值在 0.48%~0.7% 之间变动。

对薄壁制品，因内部水分浓度梯度不大，制品表面的线收缩系数与干燥条件无关，在不同的干燥介质条件下干燥同一黏土质制品时，线收缩几乎相同。对厚壁制品，因内部水分浓度梯度大，干燥条件对线收缩有显著影响。

当内部水分不均匀或制品各向厚薄不均时，不同部位的收缩不一致，产生不均匀的收缩应力。通常制品的表面和棱角处比内部干燥得快，壁薄处比壁厚处干燥得快，因而收缩相对也大。此外，制品内部因水分排除滞后于表面，收缩也比表面小，在表面与内部之间形成应力，因此不均匀收缩往往造成制品变形，甚至开裂。

为防止制品在干燥过程中的变形和开裂，减少局部应力，应适当限制制品中心与表面的水分差，并严格控制干燥速度。在干燥的初期，水分宜较慢地排除，先以高湿度的干燥介质使制品升温，待坯体温度升高后，再以湿度较低的干燥介质快速地干燥。

3.4.2　干燥制度

干燥制度是指对物料进行干燥时的条件总和。它包括干燥时间、进入和排出干燥器的干燥介质的温度和相对湿度、砖坯干燥前的水分和干燥终了后的残余水分等。

干燥时间由干燥速率决定，实际生产中，一般根据实验数据及干燥设备的类型、结构来确定。

砖坯的干燥残余水分根据下列因素确定：

(1) 砖坯的机械强度应能满足运输与装窑的要求；

(2) 能满足烧成初期快速升温的要求；

(3) 制品的大小、形状与品种，通常形状复杂的大型和异型制品的残余水分应低些；

(4) 烧成窑的类型。

残余水分并不是越低越好，因为过干的砖坯因脆性而给运输和装窑带来困难，且增加干燥的能耗。对于半干法压制的黏土砖在隧道窑烧成时，残余水分应低于 2%~3%，在用其他窑烧成时，要低于 4%~5%。硅砖烧成时要求干燥到 1%~2%，镁砖为 0.6%~1.0%。

3.4.3　干燥设备

耐火材料的干燥设备主要有隧道干燥器、室式干燥器等。此外还有流态化干燥器、微波及红外干燥器等。

3.4.3.1　隧道干燥器

隧道干燥器是用于干燥陶瓷、耐火材料、砖瓦等坯体的连续式干燥器。其产量大，干燥制度易于调节与控制，热效率高，劳动条件好，适宜于大规模生产品种单一的产品。

隧道干燥器通常由 3~8 条隧道并列组成，各通道之间由隔墙隔开。隧道结构如图 3-20 所示。其长度一般为 24~38m，内宽为 0.85~1m。每条隧道内铺有轨道，轨距为 600mm，轨面至干燥器顶的净高为 1.4~1.7m。

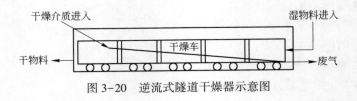

图 3-20　逆流式隧道干燥器示意图

干燥的坯体按照一定的装码原则放在长为 1.2~1.4m、宽度与隧道相配合的干燥小车上。用推车机将小车由隧道的一端推入干燥器内，干燥后的制品由隧道的另一端被推出，小车在隧道内彼此相连。干燥介质直接进入干燥器。根据介质的流动方向与装载制品的小车的运动方向不同，可分为逆流、顺流和错流三种形式。

对于逆流干燥器而言，刚进入隧道的含水较多的坯体首先与温度不高而湿度较大的干燥介质相遇，干燥速度较小。随干燥车向前推进，坯体逐渐与温度较高、相对湿度较低的干燥介质相遇，干燥速度逐渐加快。进入减速干燥阶段后，刚好与尾部温度最高而湿度最低的新干燥介质相遇。整个干燥过程比较缓和，符合干燥规律，有利于提高干燥速度和降低坯体的残余水分。

隧道干燥器的干燥介质可以用热空气、热烟气。用热空气作干燥介质时，干燥器可以在正压下工作。用热烟气作干燥介质时，为防止烟气逸出而污染环境，须在负压下工作。干燥器应密封，防止冷空气漏入而破坏干燥器的热工制度并造成较大的上下温差。由于隧道干燥器多与隧道窑连成生产线，此时可以抽取隧道窑冷却带的多余热风作干燥介质。进入隧道干燥器的干燥介质的温度一般不超过200℃，排出废气温度应高于其露点，以保证在坯体表面不至于凝露，并防止排废气设备受到腐蚀。

对不同干燥制度的坯体，可在不同干燥制度的隧道干燥器中进行干燥。

干燥介质在隧道内水平方向流动，若速度较小时干燥介质会自然分层，热气体在上，较冷的气体在下，而使物料干燥不均匀。为克服气体分层现象，除保证干燥器严密外，应使干燥介质从上方进入而从下方排出，也可以适当增大气体流速或增设扰动措施。

在生产中，为了调节干燥速度，保证干燥质量，可以改变的干燥器的技术参数包括：

（1）进干燥器干燥介质的温度、湿度和流速；

（2）干燥器内的压力制度；

（3）进车速度；

（4）干燥车上制品的码放方式及装车密度。

3.4.3.2 室式干燥器

室式干燥器是间歇式操作的干燥器。湿坯分批进入干燥器后，关闭干燥器门，控制干燥介质的温度、湿度和速度，使干燥制度能够按预定的规律进行。湿坯干燥好后开启干燥室门，取出已干燥的坯体，从而完成一个周期。

为了适应工厂连续生产的需要，应根据产量大小、每个干燥室的容量和每个干燥周期的时间，确定干燥室的数量。

室式干燥器的热源可取自隧道窑的余热，也可另设辅助加热器。当干燥过程各个阶段对干燥速度有不同的要求时，对干燥介质的温度、湿度和流速应进行程序自动控制，特别是在多干燥室的情况下，这对保证干燥质量十分重要。

由于间歇式干燥室中的干燥制度可任意调整，因此适用于大型或难以干燥的制品的干燥，但操作过程复杂，能耗大。

3.4.3.3 红外辐射式干燥器

红外辐射干燥原理是物体对热射线的吸收率具有选择性。水是非对称的极性分子，其固有振动频率大部分位于红外波段内，只要入射的红外线的频率与含水物质的固有振动频率一致时，物体就会吸收红外线，产生分子的剧烈共振并转变为热能，温度升高，使水分蒸发而获得干燥。由于物体吸收红外线是在表面进行的，所以表面温度升高很快，从而降低了制品的最大安全干燥速率。因此红外辐射干燥不适用于厚壁制品。

红外辐射加热元件加上定向辐射装置称为红外辐射器。它将电能或热能转化为红外辐射能，实现高效加热与干燥。从供热方式来分有直热式和旁热式红外辐射器两种。直热式是指电热辐射元件既是发热元件又是热辐射体，如电阻带式、碳化硅棒等均属此种红外辐射器。直热式器件升温快、质量轻，多用于快速或大面积供热。旁热式是指由外部供热给辐射体而产生红外辐射，其能源可借助电、煤气、蒸汽、燃气等。旁热式辐射器升温慢、体积大，但由于生产工艺成熟，使用方便，可借助各种能源，做成各种形状，且寿命长，故仍广泛应用。

3.4.3.4　高频及微波干燥

高频干燥和微波干燥均属于介电干燥。当介电质置于交变电磁场中时，带有不对称电荷的分子（如水分子）受到交变电场的激励，产生转动。这种转动与相邻分子产生"摩擦"。此"摩擦效应"使部分能量转化分子热运动能，使物料加热达到干燥的目的。高频干燥所用的频率一般在 150MHz 以下，采用三极管作振荡源。微波干燥所使用的频率一般在 300MHz 以上，需要采用特殊结构形式的微波管。高频介质加热干燥是在电容器电场中进行的；而微波介质干燥是在波导、谐振腔，或在微波天线的辐射场照射下进行的。

高频与微波加热干燥采用介电加热，其干燥机理与普通干燥机理有很大区别，如图 3-21 所示。普通干燥时，水分开始从表面蒸发，内部的水分慢慢扩散至表面，加热的推动力是温度梯度，通常需要很高的外部温度来形成所需的温度差（能量外部传递到物料内部），传质的推动力是物料内部和表面之间的浓度梯度，如图 3-21a 所示。

在介电干燥过程中，物料内部产生热量，传质的推动力主要是物料内部迅速产生的蒸汽所形成的压力梯度。如果物料开始很湿，物料内部的压力非常快地升高，则液体可能在压力梯度的作用下从物料中排出。初始湿含量越高，压力梯度对湿分排出的影响也越大，也即有一种"泵"效应，驱使液体流向表面，这使干燥进行得非常快。介电干燥机理如图 3-21b 所示。

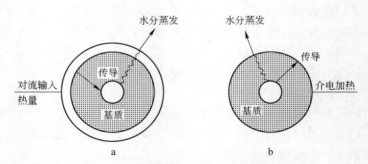

图 3-21　介电干燥与普通干燥机理比较

高频与微波干燥具有以下优点：

（1）加热速度快，干燥迅速。干燥时间可缩短 50% 或更多。

（2）干燥均匀。其体积热效应导致制品内外同时均匀加热，避免了普通加热系统中出现大的温度梯度，形成更加均匀的温度场与湿度分布。

（3）有效利用能量。电磁能直接与物料耦合，不需要加热空气、器壁及输送设备等。

（4）产品质量改善。因为表面温度不会变得很高，所以避免了物料表面过热结壳、产生过大的内应力等质量问题。

（5）系统占地面积少，减少操作步骤。

其缺点有如下几点：

（1）辐射波对生物体的危害。由于微波热效应的特点是穿透深度极深，发生微波泄漏的情况下，当人体皮肤还没有感觉到很痛时，深部组织已被微波烧伤。且目前证实，微波对人体的中枢神经系统、各大器官均有不利的影响。

（2）工业微波炉价格昂贵，运行成本较高。

3.5 坯体的烧成过程与设备

烧成是耐火制品生产的最后一道工序。在烧成的过程中，坯体内发生一系列的物理化学反应，以获得相对稳定的相组成与显微结构以及足够的强度与体积密度。不同品种的耐火材料在烧成过程中所发生的物理化学变化是不同的。为保证这些物理化学反应的顺利完成，需要一定的烧成制度。烧成制度是由不同品种的耐火材料本身的特性决定的。如何实现所需要的烧成制度则是根据热工原理来制定的。这就是本节讨论的内容。烧成制度包括如下几个部分。

（1）温度制度：最高烧成温度、保温时间、升温与冷却制度。

（2）烧成气氛：氧化气氛、还原气氛。

（3）压力制度：正压操作、负压操作。

在实际生产过程中，温度、气氛与压力制度之间是相互影响的。

3.5.1 温度制度

温度制度包括升温速度、最高烧成温度、在最高烧成温度下的保温时间及冷却速度。总的来说，就是温度与时间的关系，生产上也称作温度曲线。

3.5.1.1 升温速度和冷却速度

窑内单位时间内升高（或降低）的温度称为升温速度（或冷却速度）。在烧成过程中，升温速度或冷却速度的允许值取决于坯体在烧成或冷却过程中所能承受的应力。这种应力主要来源于两个方面，一是烧成过程中的温度梯度和热膨胀或收缩造成的热应力。另一个是由于制品内部一系列物理化学反应，如化学反应、晶型转变、重结晶、晶体长大等导致的体积变化而产生的应力。在工艺制度已经确定的条件下，如何保证产品的质量，是确定烧成制度应考虑的问题。

坯体加热时不出现裂纹的最大升温速度 dT/dt，理论上（以厚度为 $2b$ 的平板为例）可以用式 3-24 表示：

$$\frac{dT}{dt} = \frac{\sigma_1(1-\mu)}{\alpha E} \times \frac{\lambda}{c\rho} \times \frac{3}{b^2} \qquad (3-24)$$

式中　σ_1——坯体的抗拉强度；

　　　α——坯体的线膨胀系数；

　　　E——弹性模量；

　　　c——比热容；

　　　λ——导热系数；

　　　ρ——坯体密度；

　　　μ——泊松比。

由式 3-24 可知，坯体加热时的最大升温速度与线膨胀系数 α、弹性模量 E、抗拉强度 σ_1、导温系数 $[\lambda/(c\rho)]$ 等因素有关。此外，还受坯体厚度、形状复杂程度等的影响。在实际生产中，通常可参考坯体加热时的线变化值，作为确定各温度范围升温速度和制定合理烧成曲线的依据。若在烧成过程中发生化学反应或相变而导致发生较大体积膨胀的情况下，在发生相变与反应的温度范围内应降低升温或冷却速度，甚至在相应温度下保温一段时间，使反应与相变过程平稳进行，减少开裂的可能性。

在生产实际中，特别是在大型连续式生产窑炉中，在多个温度范围内控制升温或降温速度有一定困难。在某些窑炉中，如隧道窑则需通过调整窑炉的结构与使用烧嘴的数量在一定条件下改变升温速度。

3.5.1.2　最高烧成温度

最高烧成温度简称为烧成温度，是烧成制度中最重要的部分。在烧成温度下物料完成必需的物理化学变化，达到所要求的组成、结构与性能。烧成温度是指被烧物料本身在窑炉中应达到的最高温度。这一温度是由火焰温度来保证的。火焰温度应高于烧成温度。火焰通过辐射、对流等传热方式将热量传给被烧物料以保证被烧物料达到烧成温度。因此，火焰温度及火焰传热方式对烧成温度有决定性的影响。

A　火焰温度

火焰温度可分为理论燃烧温度 t_{th}、量热计温度 t_e 与实际燃烧温度 t_p 几种。理论燃烧温度可以由燃烧过程的热平衡计算得到。

（1）理论燃烧温度。燃料完全燃烧所产生的热量全部用来加热燃烧产物（烟气）的情况下，燃烧产物所能达到的最高温度即为理论燃烧温度，可以通过热平衡计算算出。

燃烧过程的热收入包括以下几项：

1）燃料产生的化学热，即燃料的发热量 Q_{net}。

2）燃料带入的物理热 Q_f，计算公式如下：

$$Q_f = C_f t_f \tag{3-25}$$

式中　t_f——燃料的温度，℃；

C_f——在温度 t_f 下的燃料的比热容，kJ/(kg·℃) 或 kJ/(m³·℃)。

3）燃烧用空气带入的物理热 Q_a，计算公式如下：

$$Q_a = L_a C_a t_a \tag{3-26}$$

式中　t_a——空气的温度，℃；

C_a——空气在 t_a 下的比热容，kJ/(m³·℃)；

L_a——燃烧用实际空气用量，m³。

燃烧用空气量分为理论空气用量 L_{th} 与实际空气用量 L_a。前者是根据燃料的化学成分，按其完全燃烧计算出来的，实际生产中为保证燃烧完全，供燃烧用的空气量常超过其理论计算值。实际用空气量与理论用空气量之比 $\alpha = L_a/L_{th}$ 称为空气过剩系数。根据燃料种类、燃烧方式及烧嘴结构不同，α 值的大小不同。采用固体燃料时，$\alpha = 1.15 \sim 1.5$；采用液体燃料时，$\alpha = 1.10 \sim 1.25$；采用气体燃料时，$\alpha = 1.03 \sim 1.20$。

燃烧过程中热支出包括以下几项：

1）加热燃烧产物所消耗的热量 Q_c

$$Q_c = V_\alpha c_p t_{th} \tag{3-27}$$

式中　V_α——燃料燃烧产物理论容积，m³；

c_p——燃烧产物定压比热容，kJ/(m³·℃)；

t_{th}——理论燃烧温度，℃。

2）燃烧产物中少数组分在高温下会分解而消耗一部分热量 Q_t。

根据热平衡原理可得到理论燃烧温度 t_{th}，计算公式如下：

$$t_{th} = \frac{Q_{net} + Q_f + Q_a - Q_c}{V_\alpha c_p} \qquad (3-28)$$

（2）量热计温度。由于高温下燃烧产物中可以分解的成分很少，难以确定，所以常不予以考虑。在式 3-28 中，忽略了燃烧产物分解所消耗的热量 Q_c，所计算得到的温度称为量热计温度 t_c，计算公式如下：

$$t_c = \frac{Q_{net} + Q_s + Q_a}{V_\alpha c_p} \qquad (3-29)$$

（3）实际燃烧温度。在计算理论燃烧温度与量热计温度时，忽略了燃料不完全燃烧减少的热量以及火焰传给炉衬、煅烧物料等的热量。将这些热量考虑到计算中所得到的燃烧温度即为实际燃烧温度。实际上，不完全燃烧及向其他物料传热所消耗的热量是难以确定的，所以通常是根据经验来确定实际燃烧温度 t_p：

$$t_p = \eta t_c \qquad (3-30)$$

式中，η 为窑炉高温系数，它与燃料种类、窑炉类型以及烧嘴的结构等诸多因素有关。表3-5 中列出一些经验数据供选取。

表 3-5 窑炉高温系数

窑炉类型	使用燃料	η 值
隧道窑	气体燃料或液体燃料	0.78~0.83
室式窑	煤气	0.73~0.780
	煤	0.66~0.70
竖窑	煤	0.52~0.62
	煤气	0.67~0.73
回转窑	煤粉、气体或液体燃料	0.70~0.75
倒焰窑	固体燃料	0.66~0.70
	气体燃料	0.73~0.78

B 影响燃烧温度的因素

由计算燃烧温度的公式中可以看出，提高热收入与降低热消耗即可提高燃烧温度。提高热收入的措施包括如下几方面：

（1）燃料的热值越高，理论燃烧温度也越高。但是高发热值燃料所产生的烟气量通常也越大。因此，选用发热量高烟气量较小的燃料对提高燃烧温度有利，特别对气体燃料更是如此。热值大于 8400kJ/m³ 的气体燃料，进一步提高热值对提高理论燃烧温度的作用有限，因为随热值的提高烟气量迅速增大。

（2）预热燃料或空气可以提高理论燃料温度。但液体燃料预热温度过高会带来结碳的问题，气体燃料预热会带来安全问题，最常见的是空气预热。可利用烟气通过换热与蓄热器来预热空气以降低燃料消耗及提高燃烧温度。但是并不一定是空气预热温度越高越好，因为随空气温度的提高，空气的体积增大，过大的体积会给燃烧控制带来麻烦。

减少热量消耗及损失、提高燃烧强度对提高燃烧温度有利。具体的方法有如下几方面:

(1) 减少烟气量可提高燃烧温度。可采用两种方法减少烟气量:一是在保证完全燃烧的条件下尽可能降低空气过剩系数;二是采用富氧燃烧。空气中氧的含量为21%,占79%的氮气对燃烧无贡献反而增大烟气量。提高燃烧空气中的氧含量可降低烟气量,提高燃烧温度。富氧燃烧是减少烟气量,提高燃烧温度的有效手段,常在超高温炉窑中应用。

(2) 提高燃烧强度、降低热量损失可以提高实际燃烧温度。所谓燃烧强度是指燃烧空间单位容积在单位时间释放出的热量。燃烧强度与烧嘴和窑炉的结构有关。此外,加强保温、减少热损失也可以提高实际燃烧温度。

应该指出的是,实际燃烧温度并非物料的烧成温度。可以通过火焰向物料的传热来保证物料的烧成温度。因此,传热过程对保证物料的烧成温度有重要意义。火焰向物料的传热包括对流与辐射两方面,可用式3-31表示。

$$Q_{g-s} = \alpha(t_f - t_w) + \varepsilon_{fw}C_0A\left[\left(\frac{t_f}{100}\right)^4 - \left(\frac{t_w}{100}\right)^4\right] \tag{3-31}$$

$$\varepsilon_{fw} = \frac{1}{1/\varepsilon_f + 1/\varepsilon_w - 1} \tag{3-32}$$

式中 α——火焰与物料之间的对流传热系数;

t_f——火焰的有效温度,可按理论燃烧温度与烟气排出燃烧空间的t_2的几何平均值计算,即$t_f = \sqrt{t_{th}t_2}$;

t_w——物料的温度;

ε_f——火焰的黑度;

ε_w——物料的黑度;

C_0——黑体辐射系数,为 5.669W/(m^2·K^4);

A——辐射面积。

由式3-31可见,影响火焰向物料传热的主要因素包括对流与辐射两方面。

(1) 提高对流传热系数α值有利于火焰气体对物料的传热。提高炉内气流的速度可以提高α值,有利于对物体传热。

(2) 提高火焰对物料的辐射能力对提高火焰对物料的传热有重要意义。火焰对物料的辐射与其组成有关。在烟气中主要含有 N_2、CO_2、H_2O 蒸气以及少量的 CO 与未反应的 O_2 等。在工业上常见的温度下,分子结构对称的双原子 N_2、O_2 无辐射能力,而 CO_2、H_2O 蒸气等三原子气体有相当大的辐射能力。含 CO_2 与水蒸气多的烟气有较强的辐射能力。此外,在火焰中还存在大量的炭粒等固体粒子,它们是造成明亮火焰的原因,它们也有很强的辐射能力。从式3-31中还可以看出,提高火焰温度可增强火焰对物料的辐射传热。

3.5.1.3 保温时间

为了使制品在烧成过程中获得均匀烧成并反应充分,需要在最高烧成温度下保温一段时间,即所谓"保温时间"。一般认为,保温时间越长,反应越充分。但反应速度随时间延长而减慢,过分地延长保温时间使能耗增加。因此,在不影响制品性质的前提下,缩短保温时间,可以降低能耗。

保温时间与最高烧成温度有较密切的关系。通常若烧成温度高则保温时间可缩短,较低的烧成温度则需要较长的保温时间。实际生产中常需要根据产量及对产品质量的要求调整。此外，窑炉的结构、燃烧器的布置形式、燃料燃烧方式、窑炉操作等因素都影响保温时间。对隧道窑来说，烧成带燃烧器的个数决定保温时间，也可通过改变推车制度而改变保温时间。

3.5.1.4 烧成气氛

烧成时窑内的气氛分为氧化气氛和还原气氛。当空气过剩系数大于1，燃烧中提供的空气量大于理论燃烧空气量时，燃烧产物中有过剩的空气存在，窑内为氧化气氛。反之，当空气过剩系数小于1，向燃烧提供的空气量小于理论燃烧空气量时，燃料不能完全燃烧，燃烧产物中有 CO 等可燃成分存在，窑内为还原气氛。实际生产中，一般采用弱氧化或弱还原气氛。

气氛性质对制品的组成及性质有一定影响。烧成时采用什么气氛，要根据物料的组成和性质及加入物决定。如硅砖烧成时在高温状态下，要求窑内保持还原气氛，使制品烧成缓和，形成足够的液相，有利于鳞石英的成长；而镁砖烧成时则应在弱氧化气氛下进行。

3.5.1.5 压力制度

窑内气体压力对耐火材料生产及窑炉的控制有很大影响。通常，窑内气体的压力是以它与大气压之差（表压）来表示的。若窑内气体的压力大于大气压，称之为"正压"；若窑内的气体压力小于大气压，压力差为负值，称之为"负压"；窑内气体压力等于大气压则称之为零压。

窑内气体的压力对窑内气氛及窑况有较大影响。当窑炉为负压操作时，窑外的空气就可能进入窑内，冷空气的进入会影响窑内温度分布的均匀性，改变空气过剩系数。因此，当要求窑内为还原气氛时，通常会采用正压操作。正压操作时，若窑内的压力过大，则会使窑内的高温气体外泄，使窑外环境恶化，严重时还会损坏窑炉上的金属构件。因此，无论是正压操作还是负压操作，窑内气体的压力与大气压之差都不宜太大，通常采用微正压或微负压操作。

窑炉的压力制度是指窑炉压力与烧成时间或窑炉位置的关系。前者是指间歇式生产的窑炉，后者适用于隧道窑这类连续式生产窑炉。

3.5.2 煅烧设备

耐火材料煅烧的设备统称为窑炉。耐火材料工业所用热工窑炉种类较多，大致可分为三大类：第一类为制品烧成窑炉，如隧道窑、倒焰窑、梭式窑等；第二类为原料煅烧窑炉，如竖窑和回转窑；第三类为原料轻烧窑炉，如多层炉、沸腾炉、悬浮轻烧炉等。

按运行方式，窑炉又可分为连续式生产窑炉与间歇式生产窑炉。前者如隧道窑、回转窑、立窑等，后者有梭式窑、倒焰窑等。

3.5.2.1 隧道窑

隧道窑因类似火车的隧道而得名。目前耐火材料工业多用单通道明焰车式隧道窑。在窑内放置一定数量的窑车，窑车置于轨道上，被烧砖坯码放在窑车上。隧道窑是逆流连续操作的热工设备，如图 3-22 所示。窑内分为预热、烧成、冷却带等若干带，各部位的温度、气氛均不随时间而变化。装有坯体的窑车由窑的入口端进入，在推车装置的带动下，经预热、烧成、冷却各带，完成全部烧成过程，然后由窑的出口端送出。推车的方式可以是间隙式的，也可以是连续式的。

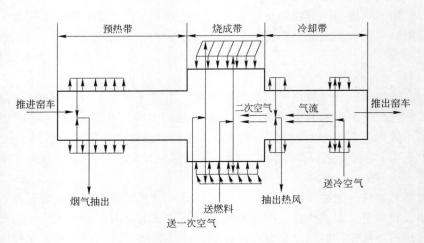

图 3-22　连续式窑工作原理图

在窑的中间设有烧嘴的部位称为烧成带，窑头至烧成带之间的区段称为预热带，烧成带至窑尾之间的区段称为冷却带。有些隧道窑中，在预热带前还设有一干燥带。燃料与空气通过烧嘴进入烧成带使烧成带的温度达到所需要的烧成温度。在预热带的前部设有排烟机等排烟设备，在排烟机抽力的作用下，烟气向窑头流动，并预热制品，同时烟气本身的温度降低，然后通过排烟机、烟囱排出。冷却带尾部鼓入大量的冷空气冷却制品，并使本身的温度升高。在冷却风中的一部分进入烧成带成为二次空气供燃烧用，多余的热风通过风机抽出，作为干燥介质等其他用途。

A　隧道窑工作系统与结构

隧道窑的工作系统随燃料种类、窑体结构、焙烧品种、烧成温度等不同有较大差异，图 3-23 为某黏土砖隧道窑系统图。

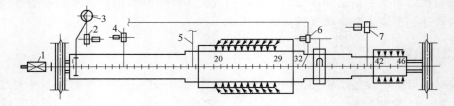

图 3-23　101.2m×2.2m×1.6m 黏土砖隧道窑系统图
1—推车机；2—排烟机；3—烟囱；4—气幕风机；5—抽热风兼一次风机；6—冷却带送风机；7—燃料总管

隧道窑的规格通常用窑长×内宽×有效高度（即从车台平面至拱顶内衬的最大高度）来表示。

隧道窑的长度主要取决于制品的烧成制度及产量。而烧成制度主要取决于制品在烧成过程中的物理化学变化。如硅砖，由于在加热和冷却的过程中相变较复杂，对烧成制度有较严格的要求，所以硅砖隧道窑较长。而黏土砖的烧成制度不如硅砖的严格，窑长的波动范围较大。除此之外还应考虑投资、燃耗及操作等方面的因素。

隧道窑的高度主要取决于坯体在烧成过程中的特性及允许的上下温差。窑高增加，上下温差加大，造成烧成制品质量不均匀。窑的宽度与窑的产量及允许的温差有关，对侧烧窑，太宽则中心温度易偏低。

隧道窑的窑墙和窑顶均由耐火材料和保温材料砌筑而成，窑顶可采用有拱顶、平吊顶、吊拱顶等不同的类型。

为了排出窑内的烟气，在隧道窑的预热带设置有排烟装置。可以分别采用地下烟道排烟、窑墙顶部排烟及金属管道排烟。图 3-24 给出一个带有金属烟道与拱顶结构的断面图。窑内的烟气通过窑墙上设置的排烟孔，经过支烟道，汇集到主烟道，通过排烟机或烟囱排出。

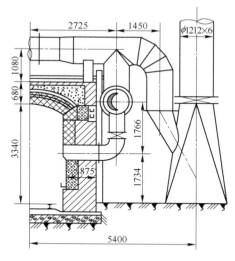

在烧成带设置有燃烧系统及一次风输送系统，一次风通过烧嘴直接进入燃烧室（或直接进入窑内空间）与燃料混合燃烧产生高温烟气。

为了冷却制品，在窑尾部靠近窑门处集中鼓入大量的冷空气冷却制品，有些隧道窑在窑尾处还设置有分散冷却风输送系统。冷却制品后多余的热风通过安装在冷却带与烧成带之间的耐热风机抽出。

图 3-24　断面结构图

连续生产的隧道窑主要优点是产量大、燃料消耗低、热效率较高、机械化自动化程度高、劳动条件好等。其缺点是基建投资大、热工制度不宜经常调整、钢材用量以及附属设备较多等，故多用于产量大、品种较为单一的制品。而且隧道窑采用窑车输送制品，窑车蓄热损失大，增加了能耗。

B　隧道窑的生产控制

隧道窑的控制包括如下几个方面：温度制度、压力制度、推车制度、砖垛的码放制度与窑炉气氛等。

a　温度制度与压力制度

温度制度与压力制度是隧道窑生产控制中最重要的两个制度。隧道窑的温度制度与压力制度是指窑内温度与压力沿隧道窑车位的分布曲线。

图 3-25 给出了某隧道窑的温度曲线与压力曲线。在预热带中，温度逐渐升高，砖坯被加热。在烧成带中有几个车位维持最高烧成温度不变以保证足够的保温时间。这几个车位称为保温车位，在图 3-25 中，从 20 号车位到 26 号车位共有七个保温车位。

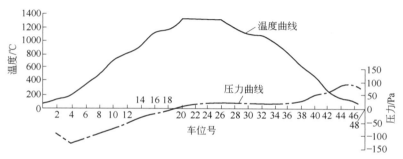

图 3-25　某隧道窑的温度曲线与压力曲线

　　砖坯在烧成带完成烧成后进入冷却带，从冷却带窑墙鼓入的冷风将砖坯冷却。

　　前面已经讨论过最高烧成温度的确定方式与影响因素。在隧道窑的实际生产中，提高送入烧成带的燃料量与从冷却带来的二次风温可提高烧成温度。烧成温度与保温车位数是密切相关的。若烧成温度高，保温车位可适当减少，烧成温度较低时可适当增加保温车位。保温车位的数目可以通过调节开启烧嘴的数目来控制。

　　预热带的升温曲线可调整的范围不大。提起出口烟道的闸板，加大对烟气的抽力可以提高预热带的温度。但出口温度不能过高，否则会损坏出口的金属部件，也不应过低，不能低于烟气的露点，否则烟气中的水蒸气会凝结到砖坯上。对于用烟气为干燥段干燥介质的隧道窑更要注意这一点。此外，在使用硫含量高的燃料时，凝结的水带有较强的酸性，也会对排烟机等金属部件产生较大侵蚀。

　　冷却带的温度曲线主要取决于冷却强度，即从各送风口送入的冷风量以及从冷却带抽出的热风量。送入的冷风量越大，冷却效果越好，冷却的速度越快。对于某些特殊制品，需要快冷或慢冷，则应调整各冷风进口与热风抽出口的风量，使它们达到一个合理的平衡。

　　图3-25中还给出了隧道窑中压力曲线的一个示例。由图可见，由于排烟机的作用，隧道窑的预热带一般为负压。由于鼓风机的作用，冷却带一般为正压，在正压与负压之间存在一个窑内气体压力与大气压相等的车位，即所谓"零压位"。在图3-25中零压位为19号车位。通常是将零压位控制在烧成带与预热带的连接部位，这样可以使烧成带保持微正压状态。这样既可以防止窑内的高温气体大量泄漏到窑底损坏窑车的金属部件又可以防止窑外的冷空气大量进入窑内增大窑内温度分布的不均匀性并影响燃料燃烧的稳定性。

　　实际生产中，在一个窑车的各部位的温度分布是不均匀的，压力也有一定的差别。在预热带，通常是上部的温度高于下部的温度，窑车前部的温度高于后部的温度，砖垛外部的温度高于内部的温度。产生这些温差的原因主要有如下几个。

　　（1）高温气体上浮、低温气体下沉造成上下温度差。

　　（2）由于砖垛与窑顶之间有较大的空间，气流阻力小，高温烟气容易从上部流向预热带，使窑上部温度升高。

　　（3）由于预热带为负压，冷空气容易从窑底渗入窑内。此外，由于要加热窑车消耗部分热量。造成预热带中砖垛下部的温度较低。相反，在冷却带由于窑车有较大的蓄热，窑底制品的冷却速度较慢，温度较上部砖垛高。

　　完全消除隧道窑内的温差是困难的。但通过改善码砖方法、使用优质烧嘴等措施可以降低温差。此外，还可以采用一些辅助措施来改善窑内烟气的流动状态，降低窑内温差。主要的方法有如下几种。

　　（1）在预热带的顶部向窑内喷射高压气体，在砖垛与窑顶之间的上部通道中形成气幕挡墙，提高气流阻力。

　　（2）从预热带的下部抽出一部分气体从上部喷入，形成气流循环以减少温差。

　　（3）封闭隧道窑窑车下部的通道，使其形成与窑内相同的压力曲线，消除窑内外的压差，阻止窑内外气体的渗透。

　　（4）采用低蓄热窑车。这种方法不仅有利于降低窑内的温差，更重要的是可降低燃料消耗。

　　b　推车制度

　　将装有砖坯的窑车送入隧道窑内的方法有两种。一种是间歇式的，定期开启窑门用推车机将窑车从预热带的窑门送入窑内，同时一辆窑车从冷却带被推出窑外，推车过程完成后，窑门关闭。根据产量及质量的要求规定推车时间间隙。通常，推车时间间隔越短，每辆窑车在窑内停留的时间越短。这种情况下，需适当提高烧成带的烧成温度或适当增加保温车位。在保证质量的前提下，快烧有利于减少燃料消耗。另一种推车方式是连续式推进的方法。隧道窑两端窑门始终处于开启状态，推车机不断慢慢将窑车推入窑内。窑车在窑内不断地慢慢移动，最后被推出隧道窑。

　　间歇式推车的优点是在不推车时窑门是关闭的，不与大气连通。同时，在两个窑车之间有供火焰燃烧的空间。其缺点是推车后各车位的温度会降低。因此随推车的不断进行，窑内的温度制度与压力制度在一定范围内不断地波动。连续推车时窑门是长期打开的，需要有气幕挡墙隔离窑内外。此外，烧嘴喷出的燃料与空气在窑内无固定的燃烧空间。其优点是：窑内的温度与压力制度基本上不受进出窑车的影响，比较稳定。一般大型高温隧道窑常选用间歇式推车方式，只有小型低温隧道窑才选用连续式推车方式，这种情况下要求燃料在喷出烧嘴后燃烧比较完全，火焰柔性好。

　　c　码坯制度

　　窑车上砖坯的码放方式对隧道窑的生产有重要意义。砖坯的码放遵循两个基本原则：首先，要求砖垛稳定牢固，避免砖垛在窑内倒塌，造成严重事故。码坯必须做到"平、稳、直"。即窑车平面及各砖坯必须码放平整；每一块砖坯、每一列砖坯与每一垛砖坯都必须稳固；各砖垛上下、前后、左右必须平直。各窑车上的砖垛成一直线以保证砖垛稳定与烟道直通。其次，要求保证烟气对砖坯的传热良好，烟气流在窑断面上分布均匀。一般须控制以下两个指标。

　　（1）装砖密度。装砖密度是指单位体积所装砖坯的质量。它反映窑车上装载砖坯的疏密程度。烧成过程中热量是由高温气体传给坯体的。如果装砖密度小，则高温烟气所占的体积较大，有利于对砖坯的传热，反之则不利于对砖坯的传热。因此装砖密度较大的窑车的烧成温度较高，保温时间较长。

　　（2）外内通道比 K 值。外通道是指由窑顶、窑墙与砖垛之间形成的通道。内通道是砖垛内部给烟气预留的通道。为了有利于烟气流在窑断面上的分布均匀及温度的分布均匀，内外通道的截面积应有一个合理的分配。外通道的截面积 A_0 与内通道截面积 A_i 之比定义为系数 K，如式 3-33 所示：

$$K = \frac{A_0}{A_i} \qquad (3-33)$$

　　K 值一般都大于 1。其值根据烧成制品的种类与窑炉结构（如断面大小）而定。一般烧制硅砖与黏土砖的隧道窑的 K 值在 1.3~1.6 之间。烧制高铝制品及镁质制品的隧道窑 K 值在 1.3~1.4 之间。

　　（3）m 值。m 值是指窑断面上总通道面积（内外通道面积之和）与窑断面积 A 之比，如式 3-34 所示：

$$m = \frac{A_0 + A_i}{A} \times 100\% \qquad (3-34)$$

m 值与装砖密度有关，还与排烟机的抽力大小有关。它对窑的温度及压力曲线有一定影响。在实际生产中，由于产量与砖形的变化，m 值常在一定的范围内变化。需根据生产情况做一些调整。对于烧制黏土砖与硅砖的隧道窑，m 值在 30~35 之间；而对于高铝砖与镁砖隧道窑 m 值，m 值在 40%~50% 之间。

3.5.2.2　间歇式窑炉

间歇式窑包括倒烟窑、钟罩窑、梭式窑等。其工作过程是将坯体码入窑内，关上窑门按一定升温制度进行加热，使坯体经过预热、保温与冷却各阶段，冷却至一定温度后，再将制品取出。其特点是生产分批间歇进行，具有热工制度易于调整、灵活性大、烧成时窑内温度分布比较均匀、基建投资少等优点。但传统的倒烟窑由于砌筑体蓄积热量大，烟气带走热量多，热效率低，单位产品燃料消耗高，且装出窑操作劳动强度大，因此已被淘汰，目前主要的间歇式窑有梭式窑和钟罩窑。

A　梭式窑

梭式窑是一种车底式窑，其结构示意如图 3-26 所示。窑内可以放置一辆或几辆窑车。梭式窑可以在窑车长度的两个方向设有窑门，也可以设一个窑门。窑车进出都通过此窑门，所以又称为抽屉窑。由于梭式窑在窑外装卸制品，大大减轻了劳动强度，改善了劳动条件。同时，可以在较高的温度下进出窑车减少窑炉蓄热损失，能耗比倒焰窑的低。

梭式窑的容积视烧成产品产量、烧成制度和燃烧装置的特性来决定。由于等温高速烧嘴的出现，大截面梭式窑相继出现，如电瓷行业梭式窑容积可达 64~80m³。

梭式窑的工作原理与倒焰窑相同，窑内烟气的排出有几种不同形式，最简单的为在窑车台面上、窑的端墙或侧墙上设排烟孔，这种排烟方式使窑内温度、压力都不够均匀。另一种是在窑车上设吸火孔，窑车面以下设水平支烟道，烟气由支烟道进入车面以下窑墙上设置的排烟孔，或是在窑车上设有吸火孔、支烟道，进入窑车上的竖直烟道再进入车下的总烟道，如图 3-27 所示。

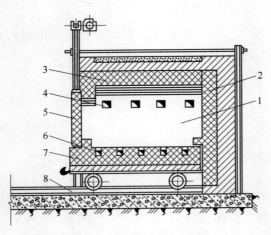

图 3-26　梭式窑结构示意图

1—窑室；2—窑墙；3—窑顶；4—烧嘴；
5—升降窑门；6—支烟道；7—窑车；8—轨道

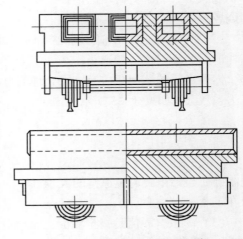

图 3-27　窑车上吸火孔及烟道

梭式窑在结构的处理上要做到密封性能好，特别是窑车车下的密封及窑门处的密封更为重要，以避免因漏气而影响窑内热工制度与温度的均匀性。

B　钟罩窑

钟罩窑又称罩式窑或高帽窑，其工作原理和梭式窑一样，只是结构上有所区别。其上部结构是一座可以上下移动的罩形整体，窑底是可移动的窑车，外形是圆形、方形或长方形；窑顶可以是拱顶或平吊顶，窑罩为一牢固的钢框架结构，风机、燃烧装置及窑封都安装在窑罩上，窑罩下部装有砂封或其他密封装置。

3.5.2.3　原料煅烧设备

竖窑和回转窑是我国目前应用较为广泛的耐火原料（如镁石、白云石、高铝矾土、硬质黏土等）的煅烧设备。与回转窑相比，竖窑具有结构简单、投资较省、热效率较高、燃料消耗较低等优点。当以焦炭等为燃料时，燃料灰分夹杂于熟料中，降低了产品质量。采用气体与液体燃料则可以排除上述缺点。竖窑对煅烧料的块度要求较高，要求料的大小均匀，以保证气流在窑截面上分布均匀。此外细粉及杂质含量不要太多，否则产生局部快速烧结，容易结块，影响气流分布的均匀性，从而影响熟料性能均匀。严重时会造成出料困难。

回转窑具有生产能力大、对原料适应性强、产品质量较均匀稳定、机械化程度高等优点，但也有热效率较低、燃料消耗量较高、设备投资较大、排出废气中含有较多粉尘、除尘设备较复杂等弊端。

A　竖窑

竖窑为一筒状窑体，筒体主要有直筒形、喇叭形、哑铃形和矩形截面形等多种形状。物料由布料设备从顶部加入，由卸料设备从底部卸出。而燃料燃烧所需空气由底部进入，当使用液体或气体燃料时，一次空气可由烧嘴送入，而由冷却带来的热空气为二次空气。燃烧产物（烟气）由顶部排出，故其属于逆流热工设备。

竖窑由上向下大致分为预热、煅烧、冷却三带。物料在预热带借助于烟气的热量被预热；在煅烧带进行煅烧；在冷却带被窑底鼓入的冷空气冷却，而加热后的空气进入煅烧带供助燃用。为保证物料良好煅烧，上述三带应分别保持一定高度，并力求稳定。

竖窑的种类很多，分类方法多种多样，既可按其不同特征进行分类，如按不同燃料分为固体、液体、气体燃料竖窑；也可按煅烧物料种类分类，如黏土、高铝、镁石、白云石、水泥、石灰竖窑等；还可以按通风方式、体积大小、机械化程度、煅烧温度等进行分类等。但其基本结构大致相同。图3-28为直筒形机械化竖窑示意图。

竖窑窑体砌筑材料一般分为三层，从里到外依次为工作层、永久层（或称保护层）、隔热层，最外面用钢板作壳体，层与层之间留有膨胀缝。

布料装置是竖窑关键设备之一。它决定物料在窑内分布是否合理，因而影响气流在窑内的分布与窑的一系列热工参数和操作状态。对布料装置的基本要求是：尽可能消除或减少"窑壁效应"，均衡窑内流体阻力。所谓"窑壁效应"是指在下料过程中大颗粒易分布到靠近窑壁处，使靠近窑壁处的阻力较小，气流较大，造成煅烧的不均匀。合理的布料方法是：使大块物料布于窑中心，中小块料布于四周，以使气流体沿断面分布均匀。常用的布料装置有固定式布料钟、回转式分级布料器、升降式布料器和机械加料装置等。

出料装置对稳定竖窑生产也具有重要意义。该装置应能保证出料时窑内物料均匀下

沉，窑内三带相对位置不被破坏，且对大块物料能起破
碎作用，并易于解决密封问题。常用的出料装置有拖板
出料机、圆盘出料机和摆动齿辊出料机。

　　在竖窑生产中，加大窑内通风量是提高其产量和质
量的主要措施之一。随着通风量的加大，除了增加通风
机能力外，加强窑的密封性能也是很重要的。安装有效
的密封装置，便可防止空气自下部溢出，避免漏损和粉
尘飞扬，但又可保证熟料顺利地从窑内卸出。

　　由于竖窑内的物料运动主要依靠其自重垂直向下运
动，而不像回转窑内物料能不断翻滚，因而物料受热不
均，这是竖窑煅烧熟料质量不均的原因之一。

　　竖窑的热效率高，节能。其缺点是易形成气流分布
不均，局部高温使物料在窑内结团，生产过程不易控
制。用于煅烧刚玉、镁砂等高耐火度物料很合适。

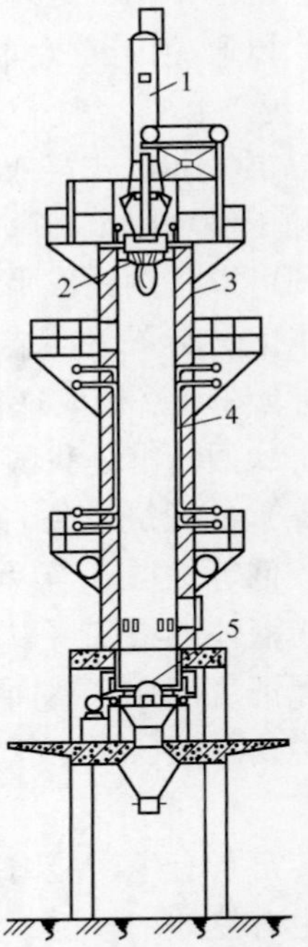

　　B　回转窑
　　回转窑属于旋转式窑炉。它一般由进料端的集尘
室、转动很慢的窑体、出料端的窑头小车、热烟室和冷
却机等组成。煅烧黏土熟料用的回转窑系统如图 3-29
所示。

　　图 3-28　直筒形机械化竖窑示意图
　　1—烟囱；2—布料器；3—内衬；
　　4—汽化冷却炉衬；5—出料器

　　回转窑窑体与水平面成 3°~5° 交角，由电动机通过
减速器带动大齿轮旋转。燃料与一次空气通过设在窑头
小车上并伸入窑内的烧嘴进入窑内。二次空气经冷却机中的物料预热后经热烟室入窑。燃
烧产物经窑体、集尘室、除尘器，由排烟机送入烟囱排出。被煅烧的原料经窑尾加料管入
窑，靠倾斜窑体的转动，使之向前运动，并与从窑头迎面而来的燃烧产物相遇，历经干
燥、预热、煅烧等过程，再从窑头落入冷却机，冷却机筒体也是倾斜旋转运动的，故物料
与气流呈逆向运动。

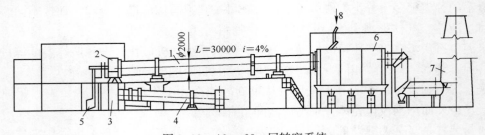

图 3-29　φ2m×30m 回转窑系统
1—窑体；2—窑头小车；3—热烟室；4—冷却筒；5—窑头通风机；6—集尘室；7—烟囱；8—进料口

　　煅烧耐火原料的回转窑一般可分为干燥、预热、煅烧和冷却四带，但带炉算加热器或
竖式预热器的回转窑无干燥带。其分类方法很多，如按窑体特征可分为直筒式、一端扩大
型和两端扩大型等；按煅烧原料种类可分为黏土、矾土、石灰石、白云石、镁石、水泥回
转窑等。

　　回转窑的结构主要包括窑体、支撑与传动装置、窑口及密封装置。为了充分利用窑尾的余热，有的还在窑尾安装有生料预热装置。

　　回转窑可以采用固体燃料，如煤粉、各种液体燃料及气体燃料。在实际操作中，应通过调整一次空气、二次空气的比例，燃料量等控制火焰的长度及位置，使窑内温度分布合理，同时，通过控制加料量与料层厚度以及转速等因素实现物料煅烧质量均匀。

3.5.2.4 原料轻烧设备

　　轻烧设备是将原料煅烧，使其完成有关反应的设备。通常不要求原料达到一定的体积密度，煅烧温度较低。原料轻烧炉有多层炉、沸腾炉和悬浮炉等。

　　A　多层炉

　　图3-30所示为一种形式的多层炉。

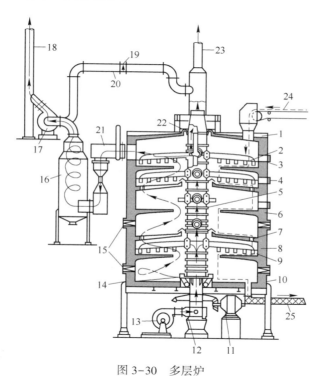

图3-30　多层炉

1—送料口；2—耙臂；3—耙齿；4—小门；5—中心轴；6—内炉膛；7—下料孔；8—钢壳；9—耐火炉衬；
10—产品出口；11—电动机；12—冷却空气；13—鼓风机；14—底封；15—烧嘴；16—文丘里洗涤管；
17—引风管；18—通入大气的干净空气；19—闸板；20—网管系统；21—气体出口；22—顶部密封；
23—冷却转轴的空气（通向大气或进燃气嘴或进热交换器）；24—送料；25—产品处理系统

　　它具有一个多层的筒形炉体，外表面由钢板围成，内砌耐火材料。各层上均砌有耐火材料，并设有下料孔。通过炉子中心的垂直转轴带动耙臂旋转，耙臂上有齿借以耙拌物料，故也将这种炉子称为耙式炉。在耙臂的作用下，可将加在周边的物料耙向中心，而在另一层则又可将集中在中心的物料耙向周边，亦即按螺旋路线推动物料由上至下依次通过各层，最后经炉底卸出。在炉子中段数层上设置烧嘴，燃料在炉膛内直接燃烧。耙臂用空气冷却，空气由通风机送至中心转轴，并通过一条通道流至耙臂前端，再从臂的外层间隔室返回到耙根部，经由中心转轴中的外环形通道流至排气孔排出。该空气可以作为助燃空气或作为其他热源。

多层炉由于物料被分配在多层炉膛内，加之耙齿对物料的搅拌作用，因此具有热交换条件好、产品质量较均匀等优点。其缺点是烟气中含尘较多，设备比较复杂。

B　沸腾炉

沸腾炉是气体由炉子的下部通过气体分布板以较大的速度吹入炉内，使被煅烧的颗粒物料将处于悬浮状态进行煅烧的炉子。

生产轻烧氧化镁粉的沸腾炉如图 3-31 所示，矿粉经旋风系统预热至 400℃ 后进入沸腾炉。炉内下部为浓相流化床，上部为稀相流化床。经雾化的燃油在沸腾炉内燃烧，助燃空气由分布板进入，使颗粒沸腾，并将矿石加热、分解（煅烧）。在炉内生成的轻烧氧化镁细粉经过稀相段被烟气带出炉外。未煅烧好的菱镁矿继续在炉内轻烧，已变细的菱镁矿离开沸腾床进入稀相区继续分解。少量未分解的杂质集于炉底，定期清除。

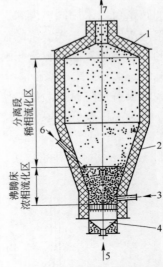

图 3-31　沸腾炉结构示意图
1—炉体；2—空气分布器；
3—炉顶盖；4—进料口；
5—喷油口；6—进风口；7—出口

思 考 题

3-1　耐火材料泥料配方设计一般包括哪些内容？

3-2　是否所有的耐火材料都可以直接用耐火原料的生料进行配料？为什么？

3-3　颗粒组成（级配）的目的是为了使制品获得最紧密堆积的粒度组成，可以用如下公式进行计算：

$$y_i = \left[a + (1-a)\left(\frac{d_i}{D}\right)^n \right] \times 100$$

式中　y_i——粒径为 d_i 的颗粒应配入的数量，%；

　　　　a——系数，取决于物料性质及细粉含量，一般取 $a=1\sim0.4$；

　　　　n——指数，与颗粒分布特性及细粉的比例有关，一般取 $n=0.5\sim0.9$；

　　　　D——最大（临界）颗粒尺寸，mm。

求当 $a=0.31$，$n=0.5$，$D=3mm$ 时，粒径 $d\leqslant0.064mm$ 细粉的配比为多少？

3-4　坯料混练的质量要求及影响混练质量的因素各是什么？

3-5　影响砖坯成型质量的因素有哪些？

3-6　影响制品烧成的因素有哪些？

<table>
<tr><td>**4**</td><td>**硅石耐火材料**</td></tr>
</table>

本章要点

（1）了解 SiO_2 变体及其晶型转变，熟悉硅石耐火材料的物相与性能之间的关系；

（2）掌握矿化剂的作用机制、选择原则及其种类；

（3）了解杂质氧化物对硅石耐火材料性能的影响规律；

（4）了解硅石原料的性质及分类，掌握硅砖生产的物理化学原理；

（5）熟悉硅石耐火材料的生产工艺要点、性能及主要应用。

硅石耐火材料是指以天然硅石为主要原料制得的耐火材料。天然硅石按制砖工艺分为结晶硅石（如河南铁门）和胶结硅石（如山西五台山），结晶硅石中的石英相晶粒较大，为 $150\sim250\mu m$，而胶结硅石中的石英相则晶粒细小，一般为 $5\sim10\mu m$。生产硅石耐火材料时，原料产地不同，制得的制品外观色泽、物相及性能方面稍有差异。我国标准与国际标准规定硅石耐火材料中 SiO_2 含量不少于93%。而将 SiO_2 含量大于或等于85%但小于93%的耐火材料称为硅质耐火材料。但人们习惯上常将硅石耐火材料称为硅质耐火材料，而将半硅砖列入硅酸铝质耐火材料的范畴。在本书中按国家与国际标准规定区分硅石耐火材料与硅质耐火材料，但仍将定型硅石制品简称为硅砖。

最常见的硅石耐火材料为硅砖。按气孔率的不同，硅砖可分为普通硅砖、高密度硅砖，也有人将高密度硅砖再分为高密度硅砖及超高密度硅砖。硅砖主要用于焦炉、高炉热风炉与玻璃熔窑，按用途不同又可分为焦炉用硅砖、热风炉用硅砖及玻璃窑用硅砖等。

4.1 硅砖的组成、显微结构与性质

4.1.1 硅砖的组成结构及对性质的影响

硅砖的矿物组成主要是鳞石英、方石英、少量的残余石英与玻璃相。根据使用的要求不同、原料及生产工艺的差别，硅砖的化学及矿物组成大致如下：

化学成分（质量分数,%）：

SiO_2	Al_2O_3	Fe_2O_3	CaO	R_2O
93~98	0.5~2.5	0.3~2.5	0.2~2.7	1~1.5

矿物组成（%）：

鳞石英	方石英	石英	玻璃相
3~70	20~80	3~15	4~10

硅砖的显微结构如图4-1所示。其中包括有细小的鳞石英颗粒（T）、玻璃相、方石英（C）与未完全转化的石英颗粒（Q）等。

与所有的材料一样，硅砖的组成决定其性质。硅砖中鳞石英、方石英、残存石英与玻璃相的相对含量对硅砖的性质有很大影响。

首先，SiO_2各种晶型的结构不同，也即 [SiO_4] 四面体的连接方式不同：α-石英没有对称中心，键角为150°；α-鳞石英有对称面，键角为180°；α-方石英有对称中心，键角为180°，如图4-2所示。因此决定了其具有不同的熔点，其中方石英最高，为1728℃；鳞石英次之，为1670℃；石英最低，为1600℃。因此，从提高制品的耐火度考虑，方石英含量高较有利。

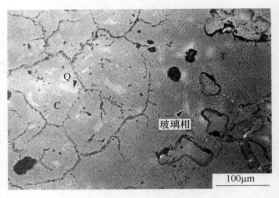

图4-1　硅砖的显微结构照片

对耐火材料而言，仅考虑耐火度是不够的。方石英晶粒呈现颗粒状或蜂窝状，结构松散、结合强度低；而鳞石英晶体具有矛头状双晶结构（图4-3），这些晶体在制品中能形成相互交错的网络结构，有利于提高制品的荷重软化温度与高温强度。

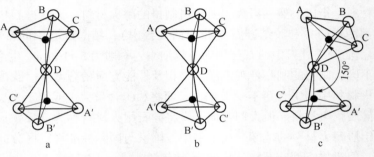

图4-2　石英三种主要变体 [SiO_4] 的连接方式

（●—Si，○—O）

a—α-方石英；b—α-鳞石英；c—α-石英

其次，不同的氧化硅晶型在加热冷却过程中产生的膨胀也不同。图4-4中给出三种不同SiO_2晶型在加热过程中的膨胀。由图可见，当温度高于600℃时，鳞石英的热膨胀率最小，当温度低于600℃时，石英的热膨胀率最小。因此，从热膨胀率来看，增加鳞石英的含量有利于提高制品的抗热震性与体积稳定性。

图4-3　鳞石英矛头双晶显微结构照片

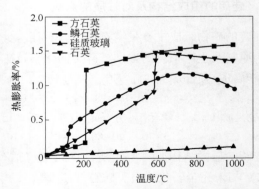

图4-4　二氧化硅主要形态加热过程中的膨胀性

另外，鳞石英的含量与硅砖的导热系数有很大关系。图4-5为硅砖导热系数与其中鳞石英含量的关系，随着鳞石英含量的提高，硅砖的导热系数上升。此外，硅砖的体积密度（显气孔率）对其导热系数也有很大影响。图4-6中给出硅砖的显气孔率与导热系数的关系。

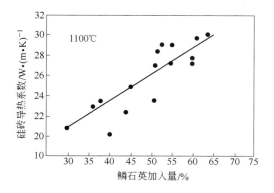

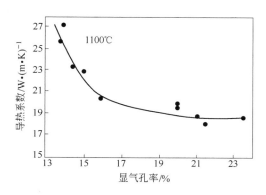

图4-5　硅砖的鳞石英含量与导热系数的关系　　　　图4-6　硅砖的显气孔率与导热系数的关系

由图4-6可见，随着硅砖显气孔率的提高，其导热系数下降；因此，高密度硅砖具有较高的导热系数。对于一些要求高导热系数的硅砖，如焦炉硅砖，常加入一定添加剂促进硅砖的烧结程度，并提升鳞石英含量，从而提高其导热系数。

最后，硅砖抗渣性能也与材料中各物相的含量密切相关。图4-7给出了不同方石英含量的硅砖被渣侵蚀的实验结果。由图可见，随方石英含量的提高，硅砖抗渣侵蚀的能力下降。

综上所述，硅石耐火材料中 SiO_2 各个晶型的相对含量对于其性质有很大影响。根据使用条件与工况要求的不同，选择最合理的含量，特别是鳞石英与方石英的相对含量，是生产硅砖的关键。通常认为硅砖中的残余石英会对硅砖带来不利影响。但是，由于鳞石英在1000℃以上时，其膨胀量减少，制品

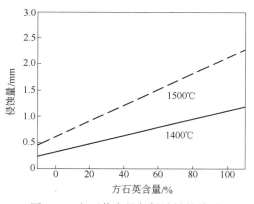

图4-7　方石英含量与侵蚀量的关系

会产生一定的收缩。为补偿这一收缩，硅砖中应含有少量的残余石英。但不同研究结果中报道的合适的残余石英含量存在一定的差异，一般从1%~3%到5%~6%不等。这可能与所使用的原料以及试样的结构差异有关，针对不同的原料与使用条件需进行专门的研究。也有些学者认为，应该控制零残余石英，使得制品高温下更为稳定。

除了上述三种晶相外，硅石制品中还含有一部分玻璃相。在硅砖的生产过程中为了促进与控制 SiO_2 晶型的转变，常需加入 CaO、FeO 或萤石和长石等矿化剂。它们在硅砖的烧成过程中形成高温液相，促使 SiO_2 晶型发生转化，提升制品中的鳞石英含量。因此，适量的液相对于硅砖的生产是重要的。但如果液相过高则会对硅砖的高温性能产生不良影响，在满足晶型转化要求的情况下以玻璃相少为好。

4.1.2　硅砖的性质

普通硅砖的显气孔率在 19% ~ 25% 之间，高密度硅砖的显气孔率在 10% ~ 16% 之间。根据不同应用场合，硅砖的常温耐压强度在 20 ~ 80MPa 之间。

与其他耐火材料不同之处是真密度为考核硅砖的一个重要的性能指标。由于鳞石英的真密度比方石英和石英更小，所以制品的真密度大小可以反映硅砖中石英转化的程度和 SiO_2 的各相组成，特别是鳞石英的含量。

表 4-1 中给出了硅砖真密度与相组成的关系，随鳞石英含量的减少，硅砖的真密度提高。我国国家标准 GB/T 2608—2012 中规定一般普通硅砖的真密度应不超过 $2.35g/cm^3$，优质硅砖的真密度一般不超过 $2.33g/cm^3$。

表 4-1　硅砖真密度与矿物组成的关系

硅砖真密度/g·cm⁻³	鳞石英含量/%	方石英含量/%	石英含量/%	玻璃相含量/%
2.33	80	13	1	7
2.34	72	17	3	8
2.37	63	17	9	1
2.39	60	15	9	6
2.40	58	12	12	18
2.42	53	12	17	18

硅砖拥有很多优良的性能。它的耐火度高，通常为 1690 ~ 1710℃。硅砖有很高的荷重软化温度，它接近鳞石英的熔点，一般在 1640 ~ 1680℃ 之间。同时，硅砖具有很高的导热系数，有利于热量的储存和释放。当温度高于 600℃ 时，硅砖具有较好的抗热震性，且高温蠕变率低、体积稳定性好，因而，它常被用作高炉热风炉及焦炉的砌筑材料。但是硅砖的主要缺点是，当温度低于 600℃ 时，由于 SiO_2 的多晶转变导致较大的体积变化，使其在 600℃ 以下的抗热震性差。因此，使用硅砖的高温炉不宜冷却至 600℃ 以下。此外，硅砖抗 CaO、Fe_2O_3、FeO 熔渣侵蚀性较好，因而也可以用于玻璃熔窑上。

对于在不同工况条件下使用的硅砖，对其性能指标要求也有所不同。表 4-2 与表 4-3 中列出不同硅砖的组成与性能供参考。

表 4-2　不同密度的硅砖化学矿物组成和物理性能

组成及性能	一般硅砖	高密度硅砖	超高密度硅砖
耐火度/℃	1710	1730	1710
真密度/g·cm⁻³	2.31	2.31	2.30
显密度/g·cm⁻³	2.30	2.30	2.26
体积密度/g·cm⁻³	1.80	1.85	1.93
显气孔率/%	21.6	19.5	14.6

组成及性能		一般硅砖	高密度硅砖	超高密度硅砖
透气度/mL·s^{-1}		0.121	0.103	0.035
常温耐压强度/MPa		60	62	95
常温抗折强度/MPa		19	19.9	21.1
高温抗折强度（1480℃）/MPa		5	5.5	11.6
室温弹性模量/MPa		1.30	1.35	1.76
热膨胀率（1000℃）/%		1.17	1.20	1.18
重烧变形（1450℃，2h）/%		0	0	0
荷重软化点 T_1/℃		1620	1630	1630
导热系数/ W·(m·K)$^{-1}$	350℃	—	1.39	1.61
	800℃	—	1.66	1.96
化学成分/%	LOI	0.18	0.14	0.16
	SiO$_2$	95.60	95.85	96.06
	TiO$_2$	0.10	0.07	0.07
	Al$_2$O$_3$	0.95	0.96	0.85
	Fe$_2$O$_3$	0.55	0.59	0.54
	CaO	2.00	2.10	1.96
	MgO	0.06	0.06	0.15
	Na$_2$O	0.06	0.08	0.07
	K$_2$O	0.18	0.10	0.14
矿物组成/%	石英	<1	<1	<1
	鳞石英	63	61	63
	方石英	18	21	26

表 4-3 各国产硅砖的性质

性能指标	中国 LPBG—96	中国 LBG—96	德国 DIDER	日本 旭硝子	美国 VEGA	英国 皮尔金顿
SiO$_2$ 含量/%	97.6	96.54	95.9	98.5	95.64	96.18
Fe$_2$O$_3$ 含量/%	0.35	0.67	0.48	0.9	0.71	0.52
熔融指数（Al$_2$O$_3$+2R$_2$O）含量/%	0.35	0.41	0.54	—	0.64	0.39
真密度/g·cm^{-3}	2.33	2.33	2.32	2.33	2.32	2.33
显气孔率/%	17	18	21.7	20	20.3	22
常温耐压强度/MPa	45	38	32	—	35.6	56.8
0.2MPa 荷重软化开始温度/℃	1690	1680	1680	1675	1690	1680

续表 4-3

性能指标	中国 LPBG—96	中国 LBG—96	德国 DIDER	日本 旭硝子	美国 VEGA	英国 皮尔金顿
重烧线变化率(1450℃，2h)/%	+0.2	+0.1	+0.19	—	—	—
方石英含量/%	55	—	35~40	—	55	—
残余石英含量/%	2	—	0	—	3~5	—

4.2　硅砖生产的物理化学原理

从 4.1 节的讨论中我们已知，硅砖生产的关键是根据耐火性能的要求，控制砖中鳞石英、方石英、残余石英及玻璃相的含量。此外，硅石在一定条件下的晶型转变伴随一定的体积变化而产生应力。为了得到合理的相组成又不会因相变应力而导致砖破坏，了解 SiO_2 各种晶型的转换条件以及矿化剂对其晶型转化的影响，对硅砖的制造、生产和使用均有重要意义。

4.2.1　SiO_2 的同质多晶转变

SiO_2 在常压下有 7 个变体和 1 个非晶体，即 β-石英、α-石英、γ-鳞石英、β-鳞石英、α-鳞石英、β-方石英、α-方石英以及石英玻璃。SiO_2 的各种变体的性质和稳定存在温度范围见表 4-4。SiO_2 各晶型间的转变温度以及体积变化值如图 4-8 所示。

表 4-4　SiO_2 各种变体的性质和稳定存在温度范围

变体	晶系	真密度/g·cm^{-3}	稳定温度范围/℃
β-石英	三方晶系	2.65	<573
α-石英	六方晶系	2.53	573~870
γ-鳞石英	斜方晶系	2.37~2.35	<117
β-鳞石英	六方晶系	2.24	117~163
α-鳞石英	六方晶系	2.23	870~1470
β-方石英	斜方晶系	2.31~2.32	<180~270
α-方石英	等轴晶系	2.23	1470~1723
石英玻璃	无定形	2.20	<1713（急冷）

从图中可以看出，SiO_2 各变体间的转变可分为两类：第一类是高温型转变。指的是石英、鳞石英、方石英之间的转变，即图 4-8 中水平方向的转变。由于它们在晶体结构和物理性质方面差别较大，转变所需的活化能大，转变由晶体表面向内部进行，转变温度高而缓慢，因此也称之为缓慢型转变或重构型转变。该类转变伴随有较大的体积效应，在硅石耐火材料生产过程中需要密切关注。有矿化剂存在时可显著加速转变，无矿化剂时几乎不

能转变。正是由于重构型晶型转变导致的较大的体积膨胀，因此，硅石耐火材料生产时废品率较高。第二类是低温型转变。指的是石英、鳞石英、方石英本身的 α、β、γ 型之间的转变，即图 4-8 中垂直方向的转变。由于它们在晶体结构和物理性质方面差别很小，因此转变温度低，转变速度快，也称为快速型转变或位移型转变。这类转变是可逆的过程，所伴随的体积效应也比高温型的小。

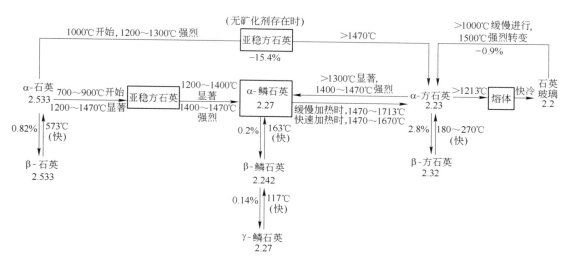

图 4-8　SiO₂ 晶型（实际）转化示意图

应该指出的是，图 4-8 中的 SiO₂ 各变体间的转变关系是指在相平衡状态下进行热处理时发生的晶型转变情况。在硅石耐火材料实际生产过程中，各变体之间的转变应综合考虑原料组成、颗粒级配、烧成制度、矿化剂、外加剂等多方面因素的影响。

4.2.2　矿化剂的作用

　　硅砖中鳞石英的含量是决定制品性能的关键，为了生产性能优良的硅砖，应尽可能提高其中的鳞石英含量。然而，自然界中几乎没有天然鳞石英矿，只有石英矿。如图 4-9 所示，根据热力学分析，石英向鳞石英转化是一个 ΔG 大于 0 的过程，即理论上石英不可能直接转变为鳞石英，而石英转变为方石英则相对较容易。

　　因此，在硅砖生产中，为获得鳞石英，须添加合适的矿化剂。矿化剂的作用原理如下：在有足够数量的矿化剂时，β-石英在 573℃ 转变为 α-石英。在

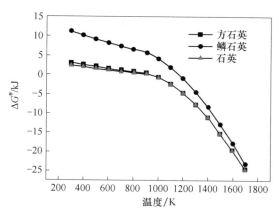

图 4-9　SiO₂ 变体的 $\Delta G^{\ominus}$-T 图

1200~1470℃ 范围内，α-石英又转变成亚稳方石英。同时，α-石英、亚稳方石英和矿化剂及杂质等相互作用形成液相，并侵入由石英颗粒转变为亚稳方石英时出现的裂纹中。促进

α-石英和亚稳方石英不断地溶解于所形成的液相中，使之成为过饱和熔液，然后以鳞石英形态不断地从熔液中结晶出来。如液相量过少，而且主要是以 CaO 和 FeO 组成时，则析晶主要为方石英。

矿化作用的本质就是与 SiO_2 形成液相，溶解石英，析出鳞石英。因此，矿化剂促使石英转变为鳞石英能力的大小主要取决于所加矿化剂与砖坯中的 SiO_2 在高温时所形成液相的数量及其性质，即液相开始形成温度、液相的数量、黏度、润湿能力和其结构等。

一般而言，矿化剂与 SiO_2 形成的共熔点越低，矿化作用越强，鳞石英生成量越多，晶粒越大。在 SiO_2 与相关氧化物形成的二元系中，液相出现的温度按下列顺序升高：

$$Na_2O\text{-}SiO_2 < FeO\text{-}SiO_2 < MnO\text{-}SiO_2 < CaO\text{-}SiO_2 < MgO\text{-}SiO_2$$

$$782℃ \qquad 1200℃ \qquad 1300℃ \qquad 1436℃ \qquad 1543℃$$

在实际的硅砖中，因有杂质存在，出现液相的温度较上述温度更低，可能增强矿化作用。矿化剂与 SiO_2 所形成的熔液中 O/Si 比值越小，矿化作用越好，见表 4-5。

表 4-5　不同矿化剂对熔液硅氧比及鳞石英含量的影响

矿化剂	LiO_2	Na_2O	K_2O	SrO	MnO	MgO
熔液中 O/Si 比	2.23	2.16	2.10	2.52	2.84	3.12
鳞石英含量/%	98	95	88	40	35	20

矿化作用还与 SiO_2 在熔液中的溶解度有关。矿化作用直接取决于形成过饱和熔体的温度，形成的温度越低，熔体的析晶倾向越大则矿化作用越强。同时，SiO_2 在熔体中的溶解速度和扩散速度及熔体对它的润湿性也对其饱和析晶速度有较大影响。此外，矿化剂的阳离子半径对矿化作用也有影响，半径小的 Fe^{2+}、Mn^{2+} 比 Ca^{2+} 可以增加硅酸盐熔体对 SiO_2 的润湿能力，提高矿化作用的效果。

矿化剂与 SiO_2 所形成的熔体的黏度越小，矿化作用越强。如 FeO 与 SiO_2 形成硅酸盐熔体黏度小，是较好的矿化剂，而 Al_2O_3 则相反，碱金属氧化物形成的硅酸盐熔体黏度最小，鳞石英化的程度也最高。由上述可以看出，矿化作用以碱金属氧化物为最强，FeO、MnO次之，CaO、MgO 较差。但是这只是说明矿化作用的强弱，而不是选择矿化剂的标准。选用的矿化剂必须满足三个条件，首先是促进石英转化为密度较低的鳞石英；其次不显著降低硅砖的耐火度等高温性能；最后防止在烧成过程中因相变过快导致制品的松散与开裂。

对于矿化作用强的矿化剂，由于作用过于剧烈，容易产生破裂，造成制品烧成成品率降低。同时，Na_2O、K_2O、Al_2O_3、TiO_2 等组分会严重降低硅石的耐火度。此外，Li_2O、Na_2O、K_2O 易溶于水，在砖坯干燥时，扩散至表面，造成砖坯表面矿化剂浓度高，降低烧成制品的性质。它们均不宜用作矿化剂。

在实际生产过程中，由于单一的氧化物难以满足要求，常采用复合氧化物矿化剂。例如，在 CaO 中引入 FeO，可以降低液相形成温度及液相黏度，提升 CaO 的矿化作用。

此外，亦可采用非氧化物作为矿化剂，例如用含氟的化合物，F^- 可能降低液相黏度。因此，同等条件下，可以大大加速石英的转化，如图 4-10 所示。转化的开始温度比通用的矿化剂（CaO+FeO）低 300℃ 左右，到 1400℃ 时转化率已达 85%，而用 CaO+FeO 矿化剂时转化率仅为 66%。

　　除了矿化剂种类外，矿化剂的粒度也对其矿化作用有显著影响。矿化剂的粒度越小，其在制品中分布更加均匀，反应活性也更高，矿化作用越好。有研究表明：当采用纳米氧化铁作为硅砖矿化剂时，能够明显改善硅砖的力学性能，降低高温蠕变率，提升鳞石英含量，降低残余石英含量。此外，降低矿化剂粒度可以减少体积效应导致的裂纹，提高制品成品率。

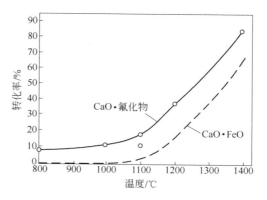

图 4-10　不同矿化剂对石英转化率的影响

　　在实际生产中，通常可以根据矿化剂与 SiO_2 能否形成二液区以及液相开始形成温度小于鳞石英稳定温度 1470℃ 作为判据来选择矿化剂。因此，研究 SiO_2 与相关氧化物的相平衡关系是有意义的。

　　在硅砖的生产中，与 SiO_2 相关的物质有 FeO、CaO、MgO、TiO_2、Cr_2O_3、Al_2O_3、Na_2O、K_2O 等。下面就它们与 SiO_2 的二元系相图，对它们作为矿化剂的可能性以及对硅砖性能的影响进行讨论。

　　(1) CaO/FeO-SiO_2 系。CaO-SiO_2 系和 FeO-SiO_2 系的相平衡图非常相似，分别如图 4-11 和图 4-12 所示。两者靠 SiO_2 侧都存在二液区，且二元共熔点温度也较鳞石英熔点 1470℃ 低。前者图中液化温度 1707℃，二液区范围从 CaO 质量分数 1%～27.5%，二元共熔点温度为 1436℃；而后者二液区范围从 FeO 质量分数 3%～42%，二元共熔点温度为 1178℃。因此，CaO、FeO 或两者同时均可用作矿化剂。图中宽的二液区也说明硅砖可以单独吸收 27.5%CaO 或 42%FeO 而不致崩溃。

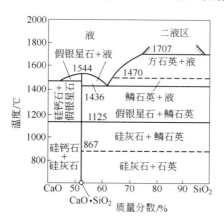

图 4-11　CaO-SiO_2 系相图

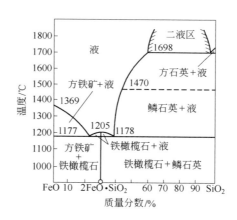

图 4-12　FeO-SiO_2 系相图

　　(2) MgO/Al_2O_3-SiO_2 系。尽管 MgO-SiO_2 系中（图 4-13）SiO_2 侧有二液区存在，但 MgO-SiO_2 系和 Al_2O_3-SiO_2 系（图 4-14）的二元共熔点温度都高于 1470℃，分别为 1543℃、1590℃，因此，MgO 和 Al_2O_3 均不能用作矿化剂。

　　(3) TiO_2/Cr_2O_3-SiO_2 系。TiO_2-SiO_2 系（图 4-15）、Cr_2O_3-SiO_2 系（图 4-16）相图表明，两者液化温度较高，二液区宽度宽阔，二元共熔点温度也比鳞石英熔点 1470℃ 高。

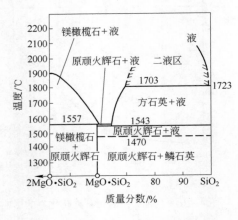

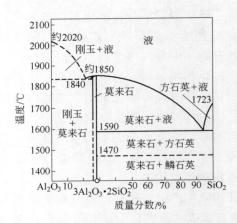

图 4-13 MgO-SiO$_2$ 系相图   图 4-14 Al$_2$O$_3$-SiO$_2$ 系相图

前者二液区为 18% ~ 92% TiO$_2$（偏向 TiO$_2$），二元共熔点 1553℃；后者二液区为 5% ~ 98% Cr$_2$O$_3$，二元共熔点 1720℃。因此，TiO$_2$、Cr$_2$O$_3$ 也不能用作矿化剂。相反，因为液化温度高，二液区宽度宽，二元共熔点温度也不低，因此，它们特别是 Cr$_2$O$_3$，是生产特种硅砖有效的添加剂。

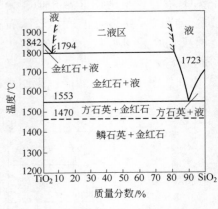

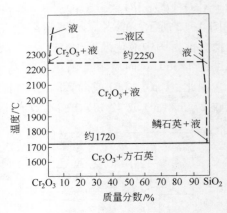

图 4-15 TiO$_2$-SiO$_2$ 系相图   图 4-16 Cr$_2$O$_3$-SiO$_2$ 系相图

（4）Na$_2$O/K$_2$O-SiO$_2$ 系。Na$_2$O-SiO$_2$ 系二元相图如图 4-17 所示。当 Na$_2$O 含量为 6.5% 时，体系的液化温度下降到 1600℃，当加入 25% Na$_2$O 时，液化温度降到 Na$_2$O·SiO$_2$-SiO$_2$ 的共晶点 789℃，并且无二液区。K$_2$O-SiO$_2$ 系与之相似。虽然此温度已远低于鳞石英的稳定温度且形成的液相黏度小，可能有利于矿化作用，但对硅砖的耐火性能损害较大。因此，Na$_2$O、K$_2$O 均不能用作矿化剂。相反，Na$_2$O、K$_2$O 却是硅砖的有害杂质。

（5）Al$_2$O$_3$-CaO-SiO$_2$ 系。CaO 是硅砖常用的矿化剂。在 CaO-SiO$_2$ 系中再引入少量的 Al$_2$O$_3$ 也会产生大量液相。如在 CaO-Al$_2$O$_3$-SiO$_2$ 相图（图 4-18）中选择两个组成点：B（1% Al$_2$O$_3$，2% CaO，97% SiO$_2$）和 B'（0.5% Al$_2$O$_3$，2% CaO，97.5% SiO$_2$）。经计算在 1600℃ 下点 B 液相量约为 15.3%，而点 B' 液相量约为 10.9%。研究结果也表明，随着 Al$_2$O$_3$ 含量的增加，系统的液相量快速增多，如图 4-19 所示。因此，Al$_2$O$_3$ 对硅砖的高温性能有着严重的影响，是硅砖最有害的杂质。

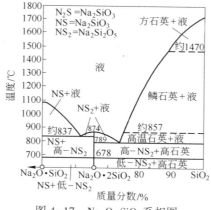

图 4-17　Na_2O-SiO_2 系相图

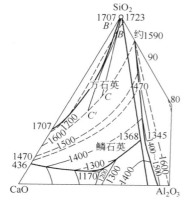

图 4-18　Al_2O_3-CaO-SiO_2 系富 SiO_2 相图

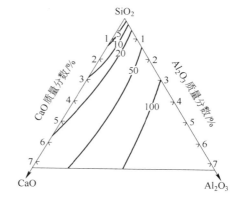

图 4-19　Al_2O_3 对 Al_2O_3-CaO-SiO_2 系液相数量的影响（1600℃）

通过上述相平衡分析，可采用 CaO、FeO 为硅砖的矿化剂，而 Al_2O_3、R_2O、TiO_2 等是杂质，应尽可能减少。国标 GB/T 2608—2012 中要求优质 BG-96 硅砖中熔融指数（Al_2O_3+2R_2O 质量分数）要不超过 0.7%。

4.2.3　外加物的引入和作用

针对不同用途，为了进一步提高硅砖的导热性、热震稳定性、耐磨性等性能，除了采用特殊硅石，控制合适的矿相组成外，还需要引入一定的添加物以达到所需效果。按成分分类，常用的添加剂包含氧化物、非氧化物和单质三类。

在硅砖中加入熔融石英、TiO_2、SiO_2、CuO、MnO、Cu_2O、Fe_2O_3、膨润土等，利用它们易形成液相、高烧结活性等特性，促进硅砖烧成过程中的鳞石英化和致密化，提升制品的导热系数和力学性能。但是需要注意的是，由于这些添加物对于硅砖的其他高温性质有影响，所以不宜加入太多，一般质量分数不超过 2%。

表 4-6 列出了纳米 TiO_2 添加剂引入量对硅砖性能的影响。纳米 TiO_2 添加剂引入后，对硅砖的致密度、力学性能、荷重软化温度、抗蠕变性能、体积稳定性都有所改善，还能够优化制品中的物相组成。此外，引入纳米 TiO_2 添加剂比微米 TiO_2 添加剂效果更好。

表 4-6 纳米 TiO₂ 添加剂引入量对硅砖性能的影响

TiO₂含量/%	0	0.5	1.0	1.5
显气孔率/%	21.8	19.5	16.4	16.0
体积密度/g·cm⁻³	1.80	1.85	1.91	1.92
常温耐压强度/MPa	41	48	60	64
荷重软化温度/℃	1675	1680	1680	1680
蠕变率（0.2MPa，1450℃×50h）/%	0.22	0.19	0.19	0.15
1000℃可逆热膨胀/%	1.35	1.28	1.18	1.15
残余石英含量/%	1.5	1.0	0.5	0.5
鳞石英含量/%	48	54	59	62
方石英含量/%	40	35	30	28

向硅砖配料中引入 ZrO₂、堇青石，甚至铬镁砖废砖也可提高硅砖的某些性能。如 ZrO₂ 微裂纹增韧和相变增韧、堇青石较低的线膨胀系数、铬镁砖废砖和硅砖的线膨胀系数不匹配，都可以提高硅砖的热震稳定性能。

在制备焦炉用硅砖时，为了提升导热系数和力学性能，还会通常引入 SiC、Si₃N₄ 等非氧化物。由于这些非氧化物本身具有较高的导热系数和优异的力学性能，可以加强晶粒之间的结合程度，形成镶嵌结构，提升制品致密度和鳞石英含量，因此，硅砖的导热系数、抗热震性能和高温力学性能均得到改善。

还可以引入一些单质，例如单质硅粉、铜粉等，它们在热处理过程中可以氧化形成高活性的氧化物，填充气孔并促进烧结和石英晶型转变，提升制品的性能。

4.3 硅砖的生产工艺要点

4.3.1 原料

硅石原料分为结晶硅石和胶结硅石两大类，见表 4-7。

表 4-7 硅石的分类

分类	岩石分类	显微结构和特征	国内原料产地示例
结晶硅石	脉石英	晶粒很大，纯净，转变困难	吉林
	石英岩	晶粒较小，纯净，中速转变	本溪
	变质石英岩	晶粒受地壳压力而发生扭曲，易转变	包头
	石英砂	晶粒较大，纯度不定	
胶结硅石	砂岩	以胶结石英为基质的砂岩	
	玉髓	由玉髓组成	武汉
	燧石岩	以玉髓为基质	山西

一般说来，结晶硅石纯度较高、生料密度大、结晶较大，热处理时转变速度较慢，多用作颗粒料。而胶结硅石往往含杂质含量较多、烧后易于松散、晶粒较小，热处理时转变速度较快，多以细粉的形式引入。为了结合两种硅石原料的优势，人们也考虑将两类硅石原料进行复配使用。例如，有报道采用唐山结晶硅石、辽宁结晶硅石和五台山胶结硅石进行复合配料，制备得到了蠕变率（0.2MPa，1550℃×50h）为-0.35%、残余石英质量分数为0.5%的优质热风炉硅砖。

在选用硅石原料时，应根据原料的特点及产品的应用工况进行合理选择。对硅石原料的选取应考虑显微结构、外观、化学成分、耐火度、致密度、强度、烧成转变等。原料要求纯净，杂质分布均匀，不能局部集中。否则，将使烧成后的制品产生熔洞和熔疤，使用时由此侵蚀深入内部，造成损毁。特别是Al_2O_3、TiO_2及碱金属氧化物含量要少，Al_2O_3或TiO_2可与SiO_2分别形成1590℃或1553℃的低共熔点，严重降低硅砖的耐火度和高温性能。原料如有泥土夹杂和污染，应先行洗涤净化。

硅石的晶粒大小和转化速度的快慢对制定生产工艺有很大关系，但不能成为判断可否用于制造硅砖的标准。必要时可添加部分硅石熟料或废砖等，并控制矿化剂的数量与种类，防止产生裂纹。

4.3.2 颗粒组成的选择

在硅砖的生产中泥料的颗粒组成对保证硅砖的致密度，特别是高密度硅砖的制造十分重要。但是，由于砖石原料的脆性，颗粒在混练、成型过程中会破碎。在烧成过程中由于相变会造成颗粒的膨胀与开裂。因而，配料中的颗粒组成常与硅砖显微结构中的颗粒组成有一定的差异。因此，对硅砖生产而言，除注意最紧密堆积原则外，还要充分考虑混练过程、成型压力、烧成条件等各方面的影响。

当颗粒粒度较大时，成型过程中砖坯较容易被压碎。同时，烧成时晶型转变导致的体积膨胀大，容易开裂，因此，硅砖生产的临界粒度通常小于3mm，以脉英石为原料时，通常小于2mm。选择临界粒度时应以砖在烧成时不发生松散破裂，而且致密稳定为宜。通常3~1mm质量分数为35%~45%，1~0.088mm质量分数为20%~25%，小于0.088mm质量分数为35%~40%。此外，由于细颗粒与矿化剂作用以及烧结性增强、转变时体积膨胀小，有利于硅砖烧成时的体积稳定，因此，通常细粉加入量可适当多加。

矿化剂通常为含铁、钙、锰组分的一些化合物。如焦炉硅砖可加2%CaO、2%MnO，高密度高硅质硅砖可加0.8%FeO、0.2%CaO。CaO、FeO分别以石灰乳和铁鳞或铁屑形式引入。矿化剂也可以干式加入，如采用石灰石下脚料为含钙矿化剂，FeO以黄铁矿渣的形式加入。而黏结剂可使用工业木质磺酸盐与石灰乳等。

颗粒组成中粗细两种颗粒的性质和数量对硅砖在烧成过程中砖的烧结与松散有很大影响。粗颗粒形成坯体骨架。但粗颗粒相变持续的时间长，而且往往发生在细颗相转变和坯体开始烧结之后，所以粗颗粒的相转变产生的体积膨胀是坯体趋于松散以至开裂的重要原因。并且，粗颗粒越多，砖坯开始剧烈膨胀温度就越低，烧成时砖坯开裂的趋势就越大。对同种原料、不同颗粒组成的硅砖来说，在真密度相同时，颗粒度越大的坯体在烧成中膨胀就越大，即开裂的倾向就越大。

同粗颗粒相反，细粉多处于粗颗粒堆积的孔隙处。由于细粉的比表面积较大，与矿化剂作用时在较低温度下就形成液相达到烧结。小于 0.088mm 的细粉是促进烧结最具活力的部分。由于液相的出现能缓冲部分膨胀造成的应力，以及由于细粉相对较易发生鳞石英化，因此，希望在砖坯中要有足够的细粉含量。可以这样认为，坯体在烧成中粗颗粒的变化是："转化—膨胀—破裂"；而细颗粒则是："转化—烧结—收缩"。

4.3.3　烧成曲线的制定

硅砖在烧成过程中有较多的晶型转变与较大的体积变化，加上砖坯在烧成温度下所形成的液相很少（质量分数为 6%~12%），导致硅石耐火材料烧成较为困难，废品率较高，因此，硅砖的烧成较其他耐火材料困难得多。要针对砖坯在烧成过程中的物理化学变化、砖坯的形状和大小，以及窑炉特性，综合考虑确定。

硅砖烧成时要求升温平稳，严格按一定的速度升温，止火温度正确。烧成气氛方面，高温阶段用弱还原火焰烧成，可以使得矿化剂中的铁呈现氧化亚铁形式而发挥矿化作用，同时，可以使窑内各处火焰分布均匀，避免火焰冲击砖坯。

硅砖的烧成曲线是根据坯体在加热过程中的相变及体积变化的大小来确定的，因而可参考图 4-8 中的物相转变规律。但是除了 SiO_2 以外，在硅砖制造过程中加入的矿化剂等添加剂也会对烧成过程产生影响。根据硅砖在烧成过程中的物理化学变化可大致按温度划分为如下几个阶段：

≤150℃	自由水排除
150~500℃	$Ca(OH)_2$ 分解，砖坯结合强度下降
550~650℃	β-石英→α-石英
600~700℃	CaO 与 SiO_2 的固相反应开始，砖坯结合强度提高
	$2CaO+SiO_2 \longrightarrow \beta\text{-}2CaO \cdot SiO_2$
	$2CaO \cdot SiO_2 + SiO_2 \longrightarrow 2(CaO \cdot SiO_2)$
1000~1100℃	生成固溶体
	$\alpha\text{-}CaO \cdot SiO_2 + FeO \cdot SiO_2 \longrightarrow [CaO \cdot SiO_2\text{-}FeO \cdot SiO_2]$
≥1200℃	与杂质如 Al_2O_3、Na_2O 等作用形成液相（8%~10%），润湿石英颗粒，石英转变速度提高
1300~1350℃	鳞石英和方石英增加
1300~1430℃	鳞石英进一步增加，方石英减少

在 450~500℃ 及 550~650℃ 阶段，由于 $Ca(OH)_2$ 的脱水使强度下降及 β-石英向 α-石英转化，有一定的体积膨胀，可以较快和均匀地升温。在 600~1200℃ 之间，主要是矿化剂与二氧化硅反应，由于不存在大规模的相变，而且由于 $CaO \cdot SiO_2$ 及固溶体的生成，使坯体强度升高，可以快速升温。在 1200℃ 至最终烧成温度的阶段，SiO_2 的相变及产生的体积膨胀最大，如图 4-20 所示。因而极易产生裂纹，应采用最慢的升温速度。这一阶段正是鳞石英大量生成的阶段，慢升温还有利于鳞石英的生成以及痕量矿物嵌入鳞石英晶体中。

硅砖的最高烧成温度不超过 1430℃。超过此温度，生成的方石英增多，影响制品的性能并易导致烧成废品。下面给出一硅砖的烧成制度供参考。

20~600℃	20℃/h	（快）
600~1100℃	25℃/h	（最快）
1100~1300℃	10℃/h	

1300~1350℃　5℃/h（慢）

1350~1430℃　2℃/h（最慢）

由于SiO_2的晶型转化速度较慢，为了使鳞石英充分生成和长大，需要有足够的保温时间，所以硅砖的烧成保温时间一般在20~50h。具体根据原料硅石转化的难易及矿化剂种类等因素而定。

硅砖在烧成冷却过程也伴随一定的体积变化，冷却速度也多加以控制。在800℃以上，可以快速冷却。低温时，则以缓慢冷却为宜。

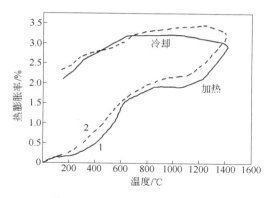

图4-20　硅砖砖坯加热膨胀曲线

1—硅砖（SiO_2 95.11%，Al_2O_3 0.3%，FeO 0.6%，Fe_2O_3 0.78%，CaO 1.93%）；

2—硅砖（SiO_2 96.12%，Al_2O_3 0.22%，FeO 0.5%，Fe_2O_3 0.78%，CaO 1.27%）

在实际生产中，烧成曲线的制定要考虑如下几个因素：

（1）原料硅石的性质。由于成矿及结构的不同，不同硅石晶型转化的难易及速度不同。对于易转化的硅石（如胶结硅石），升温速度可稍快，最高烧成温度可稍低，而对于难转化的硅石（如结晶的脉石英）则相反。

（2）加入物的种类与数量。加入物的种类与数量不同，它们与SiO_2生成液相的温度、数量及矿化作用也不同。烧成制度也不同。

（3）制品的形状与大小。大的异型制品要慢烧，较长时间保温及缓慢冷却。

硅砖的烧成设备有倒焰窑与隧道窑。近年来，由于节能与环境保护的要求，我国硅砖生产绝大部分都改用隧道窑烧成。由于硅砖的烧成时间长，对烧成制度的控制要求严格。硅砖烧成隧道窑都较长，我国现有硅砖烧成隧道窑的长度大多在150m以上。

此外，硅石耐火材料除了硅砖外，还有轻质硅砖、半轻质硅砖、硅质不定形耐火材料等。轻质和半轻质硅砖主要是用在玻璃窑拱顶、热风炉墙体的隔热层，减少高温炉热量损失、提升热效率。硅质不定形耐火材料（浇注料、自流料）主要是为了解决一些复杂形状的硅石耐火材料机压成型成品率低的问题。

思 考 题

4-1　如何提高硅砖的导热性能？

4-2　硅砖中矿化剂的选择原则有哪些？

4-3　如何看待液相形成对于硅石耐火材料性能的影响？

4-4　试分析造成硅砖生产中废品率较高的可能原因。

4-5　硅砖表面时常看到有几微米厚的、大小不一的似铁锈的斑点，而有的硅砖则没有这种斑点，请从硅石原料种类（有胶结硅石与结晶硅石之分）、矿化剂类型（铁磷和石灰乳，萤石和长石）、最终制品的矿相来分析存在这种现象的可能原因。

5 Al₂O₃-SiO₂ 系耐火材料

5 **Al_2O_3-SiO_2 系耐火材料**

本章要点

（1）熟悉 Al_2O_3-SiO_2 系二元相图，从相平衡分析掌握杂质氧化物对硅酸铝质耐火材料制品高温性能的影响；

（2）了解硅酸铝质耐火材料所用主要原料种类及性能特点，掌握黏土与矾土在加热过程中的物理化学变化，熟悉莫来石、三石、蜡石等原料结构及特性；

（3）掌握硅酸铝质耐火材料的种类及其制备过程的物理化学；

（4）熟悉硅酸铝质耐火材料的生产工艺要点、性能特点及主要应用；

（5）能够分析不同组成、结构的硅酸铝质耐火材料制品性能的变化规律及损毁特征。

硅酸铝质耐火材料是以 Al_2O_3 和 SiO_2 为基本化学组成的耐火材料。根据 Al_2O_3 含量的高低，硅酸铝质耐火材料又可分为：半硅质耐火材料，Al_2O_3 质量分数为 15%～30%；黏土质耐火材料，Al_2O_3 质量分数为 30%～48%；高铝质耐火材料，Al_2O_3 质量分数大于 48%。氧化铝质耐火材料是 Al_2O_3 质量分数在 95% 以上的耐火材料。

由于硅酸铝质耐火制品是最常见的耐火材料，沿用多年的习惯，人们常将高铝砖分为 I 等（Al_2O_3 质量分数大于 75%）、II 等（Al_2O_3 质量分数为 60%～75%）和 III 等（Al_2O_3 质量分数为 48%～60%）高铝砖。在国际标准与我国国家标准中已无 I、II、III 等高铝砖的划分，而是按使用要求来划分高铝砖，并定义 Al_2O_3 质量分数大于 48% 的硅酸铝质耐火材料为高铝质耐火材料。也可按晶相成分来分类，可分为刚玉-莫来石质、莫来石质及莫来石-石英质耐火材料。

硅酸铝质耐火材料由高铝矾土、黏土、刚玉、莫来石等原料制成。它们是最常用的耐火材料，广泛应用于冶金、玻璃、水泥、石油化工等领域的热工设备上。

5.1 Al_2O_3-SiO_2 系耐火材料的相组成与性质

5.1.1 Al_2O_3-SiO_2 系耐火材料的组成

Al_2O_3-SiO_2 系耐火材料的相组成可由其化学成分及 Al_2O_3-SiO_2 系相图确定。Al_2O_3-SiO_2 系相图如图 5-1 所示。

Al_2O_3-SiO_2 系统相图两个端元 Al_2O_3 和 SiO_2 的熔点分别为 2050℃ 和 1723℃。系统中唯一稳定晶相为莫来石（$3Al_2O_3 \cdot 2SiO_2$，缩写为 A_3S_2），熔点为 1850℃。由于莫来石相的存在，Al_2O_3-SiO_2 系统被分割为两个子系统：SiO_2-A_3S_2 和 Al_2O_3-A_3S_2，可以用它们独立地分析有关材料的相平衡关系。该系统中的莫来石是硅酸铝质耐火材料的一条重要的分界线，Al_2O_3/SiO_2大于莫来石组成的高铝砖（特等、一等和高二等高铝砖），其基本晶相组成对应为刚玉与莫来石。Al_2O_3/SiO_2小于莫来石组成的高铝砖（低二等、三等高铝砖）、黏土砖和半硅砖，其基本晶相组成对应为莫来石与方石英。子系统SiO_2-A_3S_2的固化温度为1595℃，共晶点组成靠近SiO_2一边。子系统Al_2O_3-A_3S_2的固化温度为1840℃，共晶点靠近Al_2O_3一侧。

可根据Al_2O_3-SiO_2系统二元相图将Al_2O_3-SiO_2系耐火材料进行分类，如表5-1所列。

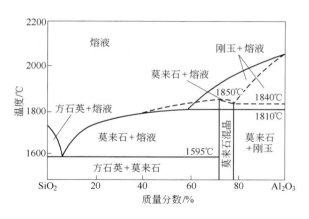

图5-1　Al_2O_3-SiO_2二元系相图

表5-1　Al_2O_3-SiO_2系耐火材料的分类和主要矿物组成

制品名称	Al_2O_3含量（质量分数）/%	主要矿物组成
半硅质	15~30	方石英、莫来石、玻璃相
黏土质	30~48	莫来石、方石英、玻璃相
Ⅲ高铝砖	48~60	莫来石、玻璃相、方石英
Ⅱ高铝砖	60~75	莫来石、少量刚玉、玻璃相
Ⅰ等高铝砖	>75	莫来石、刚玉、玻璃相
刚玉质	>95	刚玉、少量玻璃相

Al_2O_3-SiO_2系中Al_2O_3与SiO_2的相对含量及杂质的含量决定了耐火材料中的相组成，对耐火材料的性质有关键性影响。图5-2中给出Al_2O_3-SiO_2耐火材料熔化温度及耐火度与其Al_2O_3含量的关系。由图可见：在Al_2O_3质量分数小于5.5%（SiO_2质量分数大于93%）范围，体系熔融温度高，耐火度高；Al_2O_3质量分数在5.5%~15%范围时，体系的液相线较陡，成分稍有波动就会导致较大的熔融温度变化；Al_2O_3质量分数大于55%后液相线较平缓；在共晶点到Al_2O_3组成范围内，随着Al_2O_3含量的增加，制品的耐火度也升高。

表5-2中给出了几种铝硅系耐火材料的荷重软化温度的实例。

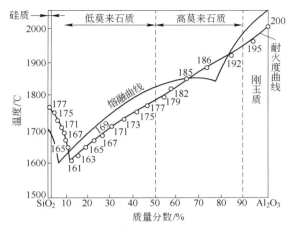

图5-2　Al_2O_3-SiO_2系组成与熔化温度及耐火度的关系

表 5-2　几种 Al$_2$O$_3$-SiO$_2$系制品的荷重软化变形温度

砖种	Al$_2$O$_3$含量/%	开始变形温度 T_H/℃	4%变形温度/℃	40%变形温度 T_K/℃	$T_K - T_H$
黏土砖	40	1400	1470	1600	200
莫来石砖	70	1600	1660	1800	200
刚玉砖	90	1870	1900	—	—

从表 5-2 可见，黏土砖的开始变形温度较低，与 40%变形温度相差 200~250℃。黏土砖的主要相组成是莫来石和硅酸盐玻璃相。Al$_2$O$_3$含量较多的黏土砖有 50%左右的莫来石晶体，针状莫来石晶体孤立分散于基质中，而不形成结晶网络。硅酸盐玻璃相在较低温度甚至 800~900℃下就开始变为黏度很大的液相，且随温度升高，黏度并不显著降低。这主要是因为莫来石晶体在液相中，特别是在含有一定数量的碱性液相中具有显著的分解或溶解作用，同时，方石英也会溶入液相中。这两方面作用增加了液相中 SiO$_2$含量，从而使液相的黏度增大。因此，在一定的温度范围内，温度升高并不能使液相的黏度有明显的变化。这些特点决定了黏土砖具有很宽的荷重软化变形温度范围。

一般情况下，如果制品体积密度波动不大，杂质含量不高且稳定，Al$_2$O$_3$质量分数在 40%~70%范围内，制品的荷重软化开始变形温度和 40%变形温度与其 Al$_2$O$_3$含量呈直线关系。制品中 Al$_2$O$_3$质量分数增加 1%，其开始变形温度约升高 4℃，40%变形温度约升高 7℃。

在 Al$_2$O$_3$-SiO$_2$系耐火材料中，除了刚玉相以外，主要的相成分是莫来石、玻璃相。刚玉的有关特性留在后面的章节中讨论，本章讨论莫来石结构与性质以及杂质氧化物对铝硅系耐火材料相组成及性质的影响。

5.1.2　莫来石

如图 5-1 所示，莫来石是 Al$_2$O$_3$-SiO$_2$系统中唯一稳定的二元化合物，它在铝硅系耐火材料与陶瓷中具有重要意义。Al$_2$O$_3$-SiO$_2$系相图的莫来石相区如图 5-3 所示。

莫来石在大气压力下能稳定到 1850℃左右，其组成依据不同的 Al$_2$O$_3$/SiO$_2$比，形成 Al$_{4+2x}$Si$_{2-2x}$O$_{10-x}$固溶体，x 值波动在 0.2~0.9 之间，相应的 Al$_2$O$_3$质量分数为 71%~96%。但是，对莫来石是否一致熔融或形成固溶体的问题争论很多。有实验证明，当试样在空气中（非密闭条件下）试验，或当试样中含有少量碱金属等杂质的条件下，莫来石为不一致熔化合物；当使用高纯原料并在密闭条件下，则莫来石为一致熔化合物。一般硅酸盐材料中，特别是在工业生产条件下，莫来石多以不一致熔融状态存在，在熔融或析晶过程中的转熔关系为：3Al$_2$O$_3$·2SiO$_2$→Al$_2$O$_3$+L。其

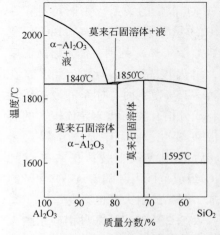

图 5-3　Al$_2$O$_3$-SiO$_2$二元系中莫来石相区

组成位于 3Al$_2$O$_3$·2SiO$_2$（A$_3$S$_2$）至 2Al$_2$O$_3$·SiO$_2$（A$_2$S）之间。由高温液态冷却时，在1840℃以下温度液相消失。一般情况下，通过固相反应生成的烧结莫来石多为化学计量莫来石，即 3Al$_2$O$_3$·2SiO$_2$，$x=0.25$。电熔法生产的莫来石而多为富铝莫来石 2Al$_2$O$_3$·SiO$_2$，$x=0.40$。以无机与有机铝与硅化合物为原料用化学法制得的莫来石成分取决于原料与处理温度。在极端情况下，可得到 $x>0.8$ 的莫来石。

化学计量莫来石 3Al$_2$O$_3$·2SiO$_2$（A$_3$S$_2$），晶体结构为斜方晶系，$Ng=1.654$，$Nm=1.644$，$Np=1.642$。它与硅线石的化学成分不同，但在晶体结构上颇为相似。莫来石是由4 个硅线石晶胞组成，第一个晶胞中有一个 Si^{4+} 被 Al^{3+} 所置换，即：

$$2Si^{4+}+O^{2-} \longrightarrow 2Al^{3+}+\square \tag{5-1}$$

式中，$\square$ 为氧空位。Al$_{4+2x}$Si$_{2-2x}$O$_{10-x}$ 中的 x 值与氧空位有关。在不同的 x 值条件下，材料的晶格常数也有所差异，见表 5-3。

表 5-3 莫来石、硅线石、蓝晶石、红柱石的结构参数

x 值	名称	空间群	晶格常数			
			a/nm	b/nm	c/nm	V/nm^3
0	硅线石	pbnm	0.7486	0.7625	0.5775	0.3318
0	蓝晶石	P$\bar{1}$	0.71262	0.7852	0.55724	0.3118
0	红柱石	pnnm	0.777942	0.78985	0.5559	0.3416
0.25	3/2 莫来石	pbam	0.7553	0.7686	0.28864	0.1676
0.40	2/1 莫来石	pbam	0.7588	0.7688	0.28895	0.1686

莫来石晶体结构参数与 Al$_2$O$_3$ 含量及杂质种类和含量有关。莫来石中 Al$_2$O$_3$ 含量与晶格常数 a，b 与 c 的关系如图 5-4 所示。由图可见，随莫来石中 Al$_2$O$_3$ 含量的提高，a（还有晶胞体积）直线增大，b 非线性下降，而 c 则非线性上升。

除了 Al$_2$O$_3$ 含量以外，存在于莫来石中的杂质也会对莫来石的晶体结构及性质产生很大影响。由于莫来石固溶体中有氧的空位，这个空位可以捕捉多种金属离子。

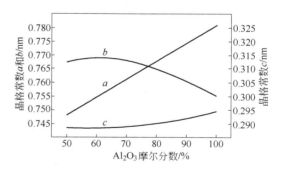

图 5-4 莫来石中 Al$_2$O$_3$ 含量与晶格常数的关系

通常，离子半径小于 0.7×10^{-10} m 可以占据莫来石晶格中的空位，粒子半径大于 0.7×10^{-10} m 则会致使莫来石晶格膨胀。杂质中的阳离子主要是取代铝氧八面体的 Al^{3+}，固溶入莫来石中。其中主要是过渡金属离子，如 Fe^{2+}、Fe^{3+}、Ti^{3+}、Ti^{4+}、V^{3+}、V^{4+}、Cr^{3+}、Mn^{3+} 和 Co^{2+}。还有其他一些离子如 Ga^{3+}、B^{3+} 等。根据杂质离子的半径的不同，它们取代 Al^{3+} 位置的数量也有一定的差异，固溶的量也不同。

图 5-5 给出了杂质阳离子半径与它在莫来石晶体中的最大含量的关系。可见，阳离子半径比较小的氧化物，如 Cr$_2$O$_3$、Fe$_2$O$_3$、Ga$_2$O$_3$、V$_2$O$_3$ 等的固溶量比较大。Ti$_2$O$_4$、V$_2$O$_4$、

V_2O_5虽然离子半径较小，但由于离子电荷比 Al^{3+} 多，它们的固溶量较小。Zr_2O_4、Co_2O_2、Fe_2O_2、Mn_2O_2 等的阳离子半径较大，且离子电荷与 Al^{3+} 不同，所以固溶量很小。Mn^{3+} 离子半径较大，但 Mn^{3+} 的电荷数与 Al^{3+} 相同，故仍有一定的溶解度。

图 5-6 给出了过渡金属氧化物在莫来石晶体中的固溶量与其 Al_2O_3 及 SiO_2 含量的关系。由图可见，M_2O_3 类氧化物含量与 Al_2O_3 含量有关，而与 SiO_2 的含量无关。M_2O_4 类氧化物含量与 SiO_2 含量有关，而与 Al_2O_3 含量无关。这是因为 M_2O_3 中阳离子的电荷数与 Al^{3+} 相同。而 Ti^{4+} 与 V^{4+} 这类离子要取代铝八面体中 Al^{3+} 的位置时，必须同时发生 Si^{4+} 被 Al^{3+} 取代以保持电价平衡。杂质氧化物的固溶会导致晶格参数的变化。表 5-4 中给出含有过渡金属的莫来石的晶格常数，同时给出了标准莫来石的晶格常数以供比较。由表 5-4 可见，由于不同的氧化物的固溶引起莫来石晶格常数以及晶胞体积的变化也不同。反之，也可以通过测定晶格常数的变化来判断杂质氧化物固溶的状况。

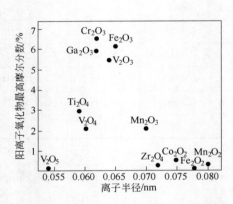

图 5-5 不同半径过渡金属在莫来石中固溶量

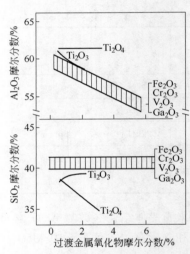

图 5-6 不同过渡金属随固溶量
增加莫来石组分的变化

表 5-4 含过渡金属阳离子的莫来石的晶格常数

种类	质量分数/%	方法	晶格常数			
			a/nm	b/nm	c/nm	V/nm^3
含过渡金属阳离子莫来石	Al_2O_3：72.0；SiO_2：24.5；TiO_2：4.2	EMA[①]	0.7564	0.7701	0.28931	0.1685
	Al_2O_3：63.0；SiO_2：28.2；V_2O_3：8.7	XFA[①]	0.7555	0.7711	0.28995	0.1689
	Al_2O_3：72.5；SiO_2：24.0；V_2O_4：3.5	XFA	0.7551	0.7698	0.28936	0.1682
	Al_2O_3：60.0；SiO_2：28.4；Cr_2O_3：11.5	EMA	0.7570	0.7712	0.29025	0.1694
	Al_2O_3：68.4；SiO_2：25.9；Mn_3O_4：5.7	XFA	0.7563	0.7721	0.28828	0.1683
	Al_2O_3：62.1；SiO_2：27.4；Fe_2O_3：10.3	EMA	0.7574	0.7726	0.29004	0.1697
标准莫来石	Al_2O_3：71.2；SiO_2：28.6	EMA	0.7546	0.7692	0.28829	0.1673

①EMA：电子探针分析；XFA：X 射线荧光分析。

除了上述诸阳离子外，B^{3+}也可以进入莫来石晶体中。如图5-7所示，B$_2$O$_3$的最大固溶量（质量分数）可达20%。此外，其他的一些氧化物，如Na$_2$O（0.4%）、MgO（0.5%）、ZrO$_2$（≤0.8%）等都可以少量固溶入莫来石中。由于Al$_2$O$_3$含量的不同及杂质离子的固溶导致莫来石晶格常数的变化，也有人将它们看成是不同的莫来石变体，将其分为α-莫来石、β-莫来石与γ-莫来石，但并不常用。

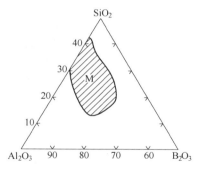

图5-7 B$_2$O$_3$在莫来石中的固溶区域

化学计量莫来石（3Al$_2$O$_3$·2SiO$_2$）的性质如下：熔点约为1830℃；密度约为3.2g/cm^3；线膨胀系数（20~1400℃）约为4.5×10^{-6}℃$^{-1}$；导热系数为6.07W/(m·K)（20℃），3.48W/(m·K)(1400℃)；断裂强度约为200MPa；断裂韧性约为2.5MPa·m$^{1/2}$。实际上，莫来石的力学与热学性质随温度、Al$_2$O$_3$含量、杂质含量以及不同晶轴方向不同而变化。表5-5给出了不同温度下化学计量莫来石的力学性能参数。表5-6中给出了用不同方法测得的硅线石、加10%（质量分数）的Cr$_2$O$_3$与无添加氧化物、但x值不同的莫来石的线膨胀系数和体膨胀系数。此系数是采用一阶多项式拟合实验数据而得到的，同时$\alpha_V = \alpha_{11} + \alpha_{22} + \alpha_{33}$，其中，$\alpha_V$为体膨胀系数，$\alpha_{11}$、$\alpha_{22}$、$\alpha_{33}$分别为沿不同方向的线膨胀系数。

表5-5 不同温度下化学计量莫来石的力学性能

温度/℃	断裂韧性/MPa·m$^{1/2}$	断裂强度/MPa	抗弯强度/MPa	显微硬度/GPa
22	2.5±0.5	—	186	15
1000	—	—	—	10
1200	3.6±0.1	260±15	500	—
1300	3.5±0.2	200±20	—	—
1400	3.3±0.2	120±25	360	—

表5-6 莫来石与加Cr（Cr$_2$O$_3$质量分数10%）的莫来石的线膨胀系数和体膨胀系数

材料	x值	方法[①]	温度/℃	线膨胀系数/℃$^{-1}$			
				α_{11}	α_{22}	α_{33}	α_V[②]
硅线石	0	XRD	25~900	2.3×10^{-6}	7.6×10^{-6}	4.8×10^{-6}	14.7×10^{-6}
莫来石	0.24	XRD	300~900	3.9×10^{-6}	7.0×10^{-6}	5.8×10^{-6}	16.7×10^{-6}
莫来石	0.25	XRD、ND	300~1000	4.1×10^{-6}	6.0×10^{-6}	5.7×10^{-6}	15.8×10^{-6}
莫来石	0.25	ND	1000~1600	6.8×10^{-6}	9.3×10^{-6}	6.3×10^{-6}	22.4×10^{-6}
莫来石	0.39	XRD	300~900	4.1×10^{-6}	5.6×10^{-6}	6.1×10^{-6}	15.8×10^{-6}
莫来石	0.39	DIL	300~1000	4.5×10^{-6}	6.1×10^{-6}	7.0×10^{-6}	17.6×10^{-6}
莫来石	0.39	DIL	1000~1400	6.2×10^{-6}	7.3×10^{-6}	6.9×10^{-6}	20.4×10^{-6}
莫来石（加Cr）	0.21	ND	300~1000	3.6×10^{-6}	5.9×10^{-6}	5.2×10^{-6}	14.7×10^{-6}

材料	x值	方法①	温度/℃	线膨胀系数/℃$^{-1}$			
				α_{11}	α_{22}	α_{33}	α_V②
莫来石（加Cr）	0.21	XRD	300~1000	3.1×10^{-6}	6.2×10^{-6}	5.6×10^{-6}	14.9×10^{-6}
莫来石（加Cr）	0.21	ND	1000~1600	5.8×10^{-6}	11.0×10^{-6}	6.1×10^{-6}	22.9×10^{-6}

①XRD为高温X射线法，ND为高温中子衍射法，DIL为高温单晶热膨胀法测得。
②α_V为体膨胀系数。

莫来石晶体呈现粒状，通常表现为长柱状、棒状、针状结晶习性，并且莫来石熔点较高、导热系数低、热处理过程中热膨胀较小，因此，以莫来石为主晶相的硅酸铝质耐火材料高温力学性能和抗热震性优良、化学性质稳定。少量的过渡金属氧化物固溶会促进莫来石晶体的发育和长大。但是因为碱金属、碱土金属离子半径较大，包括前面的过渡金属离子，当它们达到一定数量后，将促使莫来石分解，莫来石可能由长柱状、棒状、针状变成粒状、球状甚至玻璃相。如图5-8显微结构照片所示，在杂质成分不同的情况下，莫来石的结晶形态发生了明显的变化。

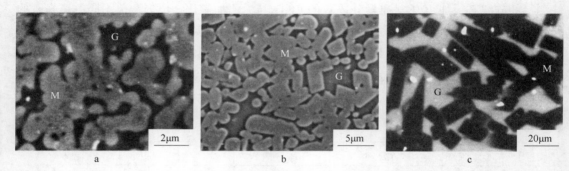

图5-8　掺杂不同过渡金属杂质的莫来石显微结构
a—V$_2$O$_3$质量分数为8.7%；b—Cr$_2$O$_3$质量分数为11.5%；c—Fe$_2$O$_3$质量分数为10.3%

由以上的讨论中可以看出，莫来石 Al$_{4+2x}$Si$_{2-2x}$O$_{10-x}$ 中 x 的值以及不同的杂质在莫来石中的固溶量对莫来石的晶体结构以及它们的性质有较大影响，从而对以莫来石为主的耐火材料中的玻璃相的含量及高温性能也产生一定的影响。

5.1.3　Al$_2$O$_3$-SiO$_2$-杂质氧化物相平衡分析及对铝硅系材料组成与性能的影响

存在于铝硅系耐火材料中的杂质氧化物主要有碱金属氧化物、铁氧化物、钛氧化物与碱土金属氧化物等。某些氧化物可以少量固溶于莫来石与刚玉中，但是，很多也会与Al$_2$O$_3$及SiO$_2$生成低熔物，增加耐火材料中的玻璃相含量并改变高温下液相的性质。本节探讨Al$_2$O$_3$-SiO$_2$-杂质氧化物系的相组成及对制品性质可能的影响。

5.1.3.1　Al$_2$O$_3$-SiO$_2$-K$_2$O 系

图5-9为Al$_2$O$_3$-SiO$_2$-K$_2$O系统相平衡图。由图可见，K$_2$O可大幅度地降低开始形成液相的温度。在莫来石和刚玉之间的二元系统中，液相形成温度为1840℃，而Al$_2$O$_3$-SiO$_2$-K$_2$O系统高铝区液相形成温度为1315℃，降低了525℃；在低铝区，Al$_2$O$_3$-SiO$_2$系液

相形成温度为 1595℃, 而 Al$_2$O$_3$-SiO$_2$-K$_2$O 系统液相形成温度为 985℃, 降低了 610℃。在有其他杂质氧化物共同存在的多元系中, 开始出现液相的温度更低。

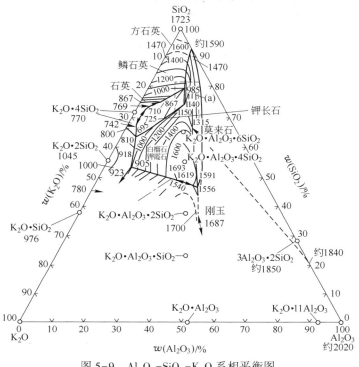

图 5-9 Al$_2$O$_3$-SiO$_2$-K$_2$O 系相平衡图

在 Al$_2$O$_3$-SiO$_2$-K$_2$O 系三元系统中, 当 K$_2$O 含量增加时, 随着温度的升高, 所形成的高温液相量迅速增加。从相图可以粗略地计算出: 1%K$_2$O 在 Al$_2$O$_3$/SiO$_2$ 比值大于 2.55 的高铝区, 当三元无变点温度为 1315℃时, 形成 7.2%的液相; 而在低铝区, 当三元无变点为 985℃时, 形成 10.1%的液相。由于 K$_2$O 大幅度降低 Al$_2$O$_3$-SiO$_2$ 系液相形成的温度, 增加液相量, 从而降低耐火材料的高温性能。

图 5-10 给出高铝质耐火材料中碱金属含量与其荷重软化温度的关系。由图可见, 随砖中 R$_2$O 含量的增加, 荷重软化温度下降。但是, 在 SiO$_2$ 含量高的铝硅系耐火材料中, 合适含量 K$_2$O 可以大大提高材料中玻璃相中的 SiO$_2$ 含量, 因而, 可以提高玻璃相的黏度。这一点在 5.1.4 节中再讨论。

5.1.3.2 Al$_2$O$_3$-SiO$_2$-铁氧化物系

图 5-11 为 Al$_2$O$_3$-SiO$_2$-铁氧化物系统相平衡图。由图可见, Al$_2$O$_3$-SiO$_2$-Fe$_2$O$_3$ 系内不形成化合物。但是, 高温下 Fe$_2$O$_3$ 在莫来石和刚玉中有一定的固溶度, 形成有限固溶体, 而且在

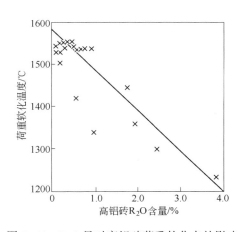

图 5-10 R$_2$O 量对高铝砖荷重软化点的影响

刚玉中的固溶度比在莫来石中的固溶度高。例如，在 1000℃ 下，刚玉能固溶 8% Fe_2O_3，而莫来石只能固溶 0.38% Fe_2O_3。随着温度的升高，固溶度还会增加。但是，在还原气氛下，由于 Fe^{2+} 离子易于脱溶，进入玻璃相，所以 FeO 的固溶度降低。

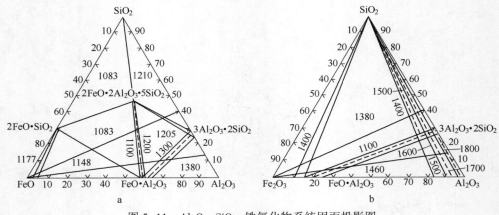

图 5-11　Al_2O_3-SiO_2-铁氧化物系统固面投影图

a—Al_2O_3-SiO_2-FeO；b—Al_2O_3-SiO_2-Fe_2O_3

此外，在 Fe_2O_3 与 TiO_2 共存的条件下，制品的高温力学性能降低，特别是在还原气氛下，影响更为明显。因此，在高铝质制品中，Fe_2O_3 的含量应控制在 2.5% 以下，并且尽量使 Fe_2O_3 进入结晶相中形成固溶体，避免出现"黑心"砖。

5.1.3.3　Al_2O_3-SiO_2-TiO_2 系

图 5-12 为 Al_2O_3-SiO_2-TiO_2 系相图。TiO_2 在莫来石中的固溶范围：在 B 点，Al_2O_3 为 75%，固溶体含 6% 的 TiO_2；C 点，Al_2O_3 为 69.5%，固溶体含 3.5% 的 TiO_2。由于固溶体的存在，该系可划分为下列组成的副三角形：

（1）Al_2O_3-B-AT 三角形。固化温度为 1727℃（P_1）。组成点在此三角形内的混合物，最后凝固成刚玉、AT 和组成为 B 的莫来石。

（2）AT-C-SiO_2 三角形。固化温度为 1480℃（P_2）。混合物最后凝固为 AT、SiO_2 和组成为 C 的莫来石。

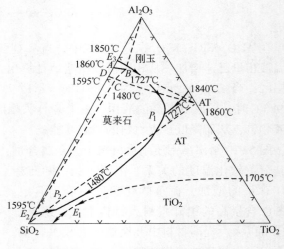

图 5-12　Al_2O_3-SiO_2-TiO_2 三元相图

（3）Al_2O_3-A-B、AT-B-C 和 SiO_2-C-D 三角形。组成点在这些三角形内的混合物，分别在液相边界线 E_3P_1、P_1P_2 和 E_2P_2 上的某一点完全凝固。最后凝固产物为莫来石与刚玉、AT 或 SiO_2 的二元混合物。

对于 Al_2O_3 含量等于或低于莫来石组成的高铝砖而言，其中的 TiO_2 含量一般都较低，与 Al_2O_3 和 SiO_2 共存时，通常会固溶在莫来石中，而不出现 AT 相，对高温性能影响不大。

通常随着矾土中 Al$_2$O$_3$ 含量的提高，TiO$_2$ 含量也提高，TiO$_2$ 不能全部固溶于莫来石中，才会出现 AT 相。高铝质材料中的玻璃相含量与 Al$_2$O$_3$-SiO$_2$ 比值有关。对于 Al$_2$O$_3$/SiO$_2$ 比值低的低Ⅱ等、Ⅲ等高铝砖，进入玻璃相的 TiO$_2$ 较少；对于 Al$_2$O$_3$/SiO$_2$ 比值较高的Ⅰ等和高Ⅱ等高铝砖，进入玻璃相的 TiO$_2$ 较多。因此，控制Ⅰ等和高Ⅱ等高铝砖中 TiO$_2$ 的含量是值得注意的问题。

表 5-7 比较了不同杂质氧化物存在的情况下，Al$_2$O$_3$-SiO$_2$ 二元无变点温度的变化。从表可以看出，这些杂质氧化物中对 Al$_2$O$_3$-SiO$_2$ 二元系液相形成温度影响最大的是碱金属氧化物，影响最小的是 TiO$_2$。另外，氧化亚铁和氧化铁会与氧化铝、氧化硅等反应形成起助熔作用的低熔点液相，也是较有害的杂质。

表 5-7　杂质氧化物对 Al$_2$O$_3$-SiO$_2$ 二元无变点的影响

相组合	无变点温度/℃	温降/℃
SiO$_2$-莫来石	1595	
SiO$_2$-A$_3$S$_2$-AT	1480	115
SiO$_2$-A$_3$S$_2$-KAS$_8$	985	610
SiO$_2$-A$_3$S$_2$-NAS$_6$	1050	545
SiO$_2$-A$_3$S$_2$-CAS$_2$	1345	250
SiO$_2$-A$_3$S$_2$-M$_2$A$_2$S$_5$	1440	155
SiO$_2$-A$_3$S$_2$-F'F	1380	215
SiO$_2$-A$_3$S$_2$-F'$_2$A$_2$S$_5$	1210	385
莫来石-Al$_2$O$_3$	1840	
Al$_2$O$_3$-A$_3$S$_2$-AT	1727	113
Al$_2$O$_3$-A$_3$S$_2$-KAS$_4$	1315	525
Al$_2$O$_3$-A$_3$S$_2$-NAS$_6$	1104	736
Al$_2$O$_3$-A$_3$S$_2$-CAS$_2$	1512	328
Al$_2$O$_3$-A$_3$S$_2$-MA	1578	262
Al$_2$O$_3$-A$_3$S$_2$-F'F	1460	380
Al$_2$O$_3$-A$_3$S$_2$-F'A	1380	460

5.1.4　莫来石-高硅氧玻璃复合材料

从上面的讨论可知，在 Al$_2$O$_3$-SiO$_2$ 系材料的低铝区域，存在于耐火材料中的主要相成分为莫来石、方石英及玻璃相。由于方石英的存在，使用过程中容易发生晶型转变，使这类制品（如黏土砖）的抗热震性差。如果将方石英熔入玻璃相中不仅可以消除因方石英的相转变而导致的抗热震性差，而且可以获得 SiO$_2$ 含量高的玻璃相。这种高硅氧玻璃在低温下的线膨胀系数较低，在高温下转化为高 SiO$_2$ 含量的液相，具有较大的黏度。因此，含有高硅氧玻璃的耐火材料具有较好的抗热震性与较高的荷重软化温度。生产莫来石-高硅氧玻璃复合材料有两种方法：一种是直接将黏土等原料经高温熔烧，将 SiO_2 熔入玻璃相中，这需要很高的烧成温度；另一种是在配料引入合适的添加剂（如 K_2O）来促进 SiO_2 的熔入玻璃相中，降低烧成温度。

　　莫来石-高硅氧玻璃材料的组成、玻璃相的含量与组成取决于原料的 Al_2O_3/SiO_2 比及杂质含量。理论上讲，Al_2O_3-SiO_2 比小于莫来石计量比的材料都可能用来制备莫来石-高硅氧玻璃复合材料，只是材料中的莫来石与高硅氧玻璃相对含量不同而已。另外 K_2O、Na_2O 等助熔剂的添加量对莫来石-高硅氧玻璃材料中的莫来石-高硅氧玻璃的成分及熔化温度都有较大影响。如图 5-13 和图 5-14 所示，有研究拟合了原料组成对莫来石-高硅氧玻璃中玻璃相含量的影响，随着 Al_2O_3/SiO_2 比增加，配比更加接近莫来石，莫来石形成量增多，玻璃相含量减少。当 K_2O+Na_2O 质量分数小于 1.5% 时，玻璃相质量分数为 10% ~ 20%，但是 K_2O+Na_2O 质量分数超过 1.5% 后，玻璃相质量分数将增加至 30% ~ 50%。此外，不同原料配比情况下，玻璃相中的组分及性质也有所区别。

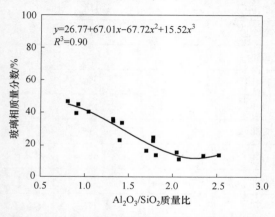

图 5-13　Al_2O_3/SiO_2 质量比对玻璃相含量的影响

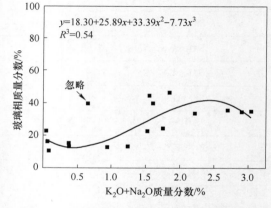

图 5-14　助熔剂加入量对玻璃相含量的影响

　　除了 K_2O、Na_2O、钾长石、稀土氧化物等氧化物外，也可以用其他助熔剂来制造莫来石-高硅氧玻璃材料。为了提高此材料的高温性能，也有不添加任何助熔剂的，但要求较高的烧成温度。在大多数天然铝硅系原料中都存在一定量的杂质，在制备莫来石-高硅氧玻璃材料时，要充分考虑它们的作用。

　　莫来石-高硅氧玻璃材料具有耐火度高、线膨胀系数低、抗热震性好、硬度高、耐磨性好等优点。其性质与原料的化学组成、杂质种类与含量有关。需根据原料的成分，决定是否需要添加剂以及烧成温度。Leipold 曾利用矾土制得莫来石含量在 55% ~ 60%、高硅氧玻璃含量在 40% ~ 45% 之间的低热膨胀材料。李红霞等人利用黏土为原料，引入 K_2O 经 1520℃烧成制得了莫来石含量在 55% ~ 60%、高硅氧玻璃相含量在 40% ~ 45%、耐火度在 1752 ~ 1770℃、线膨胀系数（25 ~ 1300℃）为 $4.2×10^{-6}K^{-1}$ 的莫来石-高硅氧玻璃复合材料。它的 X 射线衍射图谱如图 5-15 所示，主晶相为莫来石，2θ 角小于 40° 的部位底线高抬表示高硅氧玻璃的存在。邱文冬与李楠等人用 Al_2O_3 含量低的矾土为原料，不引入 K_2O 等添加剂，1650℃烧成制得高纯度的莫来石-高硅氧玻璃复合材料。

　　表 5-8 给出其中一个材料的晶相与玻璃相的化学成分。可见，晶相组成非常接近莫来

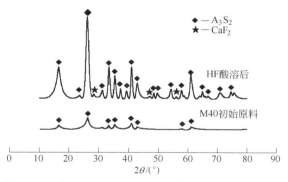

图 5-15　莫来石-高硅氧玻璃复合材料 X 射线衍射图

石 $3Al_2O_3 \cdot 2SiO_2$ 的化学计量组成。玻璃相中的 SiO_2 含量在 86%~87%。表中晶相的组成是由熟料经 HF 酸处理后剩下的固体物料经化学分析而得到的。玻璃相的组成是由熟料的化学成分与莫来石晶相的化学成分计算得到的。

表 5-8　莫来石-高硅氧玻璃化学成分举例

化学成分		Al_2O_3	SiO_2	Fe_2O_3	TiO_2	CaO	MgO	K_2O	Na_2O
熟料成分/%		57.15	40.90	0.49	1.20	0.09	0.17	0.03	0.02
晶相成分[①]/%	1520℃	71.05	27.36	0.40	0.57	0.07	0.11	0.004	0.001
	1622℃	71.90	26.68	0.38	0.75	0.06	0.06	0.003	0.002
玻璃相成分[①]/%	1520℃	9.11	86.09	0.78	3.31	0.16	0.37	0.10	0.10
	1602℃	8.32	87.31	0.84	2.65	0.19	0.53	0.10	0.10

①1520℃、1600℃下玻璃相含量分别为 22.15% 与 32.4%。

　　由于莫来石-高硅氧玻璃复合材料的优良性能，它被广泛用来制备各种耐火制品与不定形耐火材料以取代黏土与高铝熟料。国内外都有批量生产的莫来石-高硅氧玻璃材料供应。如美国生产的牌号为 Mulcoa70，Mulcoa60 与 Mulcoa47 等，Mulcoa 后面的数字代表 Al_2O_3 的含量。它们的莫来石质量分数在 62%~87% 之间。在 Mulcoa47 中还可能含有一定量的方石英。此外，英国还生产一种牌号为 Molochite、含较高 K_2O 的莫来石-高硅氧玻璃复合材料。它的 Al_2O_3 质量分数在 42%~45% 之间，SiO_2 质量分数在 50%~55% 之间，K_2O 质量分数在 1.5%~2.0% 之间。莫来石相质量分数在 55%~57%，玻璃相质量分数在 43%~45% 之间。它的耐火度在 1770℃ 左右，线膨胀系数（20~1600℃）为 $4.44 \times 10^{-6}℃^{-1}$。我国也大量生产 Al_2O_3 含量不同的牌号为 M_{70}、M_{60}、M_{50} 及 M_{45} 等的莫来石-高硅氧玻璃复合材料。M 后面的数字为 Al_2O_3 的质量分数。由于各厂所使用的原料的杂质含量的不同，同时还存在是否引入 K_2O 等低熔物质因素的影响。即使 Al_2O_3 含量相同的同一牌号的材料，其相组成与性质仍可能存在一定的差异，选用时应注意。

　　还有一点必须提到：由于在莫来石-高硅氧玻璃中含有大量的玻璃相。它在高温下长期使用时可能会结晶。玻璃相结晶趋势的大小与其成分有很大关系。这一点在材料的选择时也应充分考虑。

5.2 黏土质耐火材料

黏土质耐火材料是指 Al_2O_3 质量分数在 30%～48% 范围内用黏土为主要原料的一类耐火材料。根据原料和生产工艺的不同，黏土质耐火材料分为普通黏土砖、全生料黏土砖、多熟料黏土砖、高硅黏土砖以及高密度黏土砖等。

5.2.1 黏土原料

黏土是沉积矿床或铝硅酸盐岩石经风化而成的黏土状矿物。耐火黏土按耐火度分为特级、一级、二级、三级；按外观及性质分为硬质黏土和软质黏土，软质黏土又包括半软质黏土、可塑黏土等。

5.2.1.1 黏土的种类

A 硬质黏土

硬质黏土为结构致密、在水中难分散、可塑性差的黏土。硬质黏土为长时间沉积的矿床，因此通常作为煅烧熟料的原料。我国山东淄博地区的硬质黏土含有较低的杂质成分，其煅烧后俗称焦宝石。

B 软质黏土

软质黏土为结构松散、在水中易分散、可塑性好的黏土。软质黏土为沉积时间较短的矿床，因此多作为硅酸铝质耐火材料的结合剂。

5.2.1.2 黏土的化学矿物组成

黏土主要由 Al_2O_3、SiO_2 组成，其主要矿物是高岭石，次矿物有石英、铁化合物、有机物等。根据黏土的主要矿物组成，黏土分为高岭石族黏土、蒙脱石族黏土、叶蜡石族黏土、水云母族黏土。

黏土的 Al_2O_3 含量及 Al_2O_3/SiO_2 比值越接近高岭石矿物的理论值，那么黏土的纯度越高，质量越好。Al_2O_3/SiO_2 比值越大，黏土的耐火度越高，黏土的烧结熔融范围越宽。

我国河南、山西、山东、辽宁、内蒙古等地的黏土资源储量很大，并且品种齐全。在江西、湖南、广西、江苏、浙江等地也有优质的高岭土矿物。我国黏土的主要矿物组成及杂质矿物列于表 5-9 中。

表 5-9 黏土可能的矿物组成

岩石类型	主要成分（高岭石族）		少量成分（主要为杂质矿物成分）	
	常见的	少见的	常见的	一般含量很少的（碎屑，同生及后生的）
高岭土	高岭石	多水高岭石、迪开石、变水高岭石、珍珠陶土、富硅高岭石	石英、长石、黑（白）云母、水云母	褐铁矿、针铁矿、赤铁矿、磁铁矿、电气石、榍石、金红石、钛铁矿、锐钛矿、黄铁矿、柘榴石、蓝晶石、闪石、辉石、绿帘石、磷灰石、明矾土、叶蜡石、水铝石、勃姆石、三水铝石、绿泥石、堇青石、黝帘石、菱铁矿、方解石及其他黏土矿物与有机物等

续表 5-9

岩石类型	主要成分（高岭石族）		少量成分（主要为杂质矿物成分）	
	常见的	少见的	常见的	一般含量很少的（碎屑，同生及后生的）
高岭石黏土（软质黏土）	高岭石	多水高岭石、变水高岭石、迪开石	石英、水云母、三水铝石	针铁矿、褐铁矿、赤铁矿、金红石、锆英石、电气石、长石、云母、菱铁矿、黄铁矿（白铁矿）、锐钛矿、板钛矿、钛铁矿、榍石、磁铁矿、辉石、角闪石、绿帘石、黝帘石、符山石、蓝晶石、磷灰石、柘榴石、锡石、方解石、白云石、蛋白石、石髓、叶蜡石、海绿石、石膏、绿泥石、三水铝石、勃姆石、水铝石、明矾石及其他黏土矿物与有机物等
高岭石黏土岩（半软质及硬质黏土）	高岭石	变水高岭石	石英、水云母、水铝石、勃姆石	

5.2.1.3 耐火黏土的工艺特性

耐火黏土的工艺特性指分散性、可塑性、结合性和烧结性。它们主要由黏土的矿物组成、杂质含量及颗粒组成所决定。

A　分散性

黏土的分散性指它的分散程度，主要与其颗粒粒径分布及比表面积有关。黏土属于高分散性物质，其颗粒的粒度大小一般不大于 $10\mu m$。黏土的工艺性质如悬浮性、可塑性及在水中的分解度主要取决于所含小于 $2\mu m$ 颗粒的数量。

B　可塑性

可塑性是指物质在外力作用下易变形但不破裂的性质。黏土的可塑性是指黏土泥团在外力作用下易变形但不开裂，在外力解除后仍保持变形后的形状而不再恢复原形的能力。黏土的可塑性可以用塑性指数与塑性指标来表示。两者都有专门的仪器及方法进行测定。塑性指数表示黏土呈可塑性状态时含水量的变化范围。黏土呈塑性状态的上限含水量称为液限（w_T），黏土呈塑性状态的下限含水量称为塑限（w_ρ）。两者之差（$w_T - w_\rho$）即为黏土的塑性指数。可根据塑性指数来划分黏土的可塑性等级，如表 5-10 所示。表中的含水量的上下限数值分别为 w_T 与 w_ρ 的值。

表 5-10　黏土的可塑性等级

等级	高	中	低	无
含水量（质量分数）/%	35~45	25~35	15~25	<15

塑性指标则是用特定的仪器（通常用捷米亚婶斯基仪）直接测得的。将一个固定直径（通常 46mm）黏土泥球放在仪器中加压直至开裂为止。记录下泥球出现裂纹时的负荷，按式 5-2 计算可塑性指标：

$$s = (a - b)P \tag{5-2}$$

式中　s——可塑性指标；

　　　a——泥球在试验前的高度，cm；

　　　b——泥球在试验后的高度，cm；

　　　P——泥球出现裂纹时的荷重，kg。

根据可塑性指标也可以划分黏土的可塑性等级，如表 5-11 所示。

表 5-11 黏土的可塑性指标

等级	高	中	低
可塑性指标	>3.6	2.5~3.6	<2.5

黏土的可塑性是其重要的工作性能，这对于其结合性以及铝硅系耐火材料的成型性能有较大影响。

影响黏土可塑性的因素主要有它的组成、粒度等。如高岭土含量越高，它的粒度越小，微粒的量越大，则可塑性越好。此外，黏土中有机物对于其可塑性也有一定影响。调节 pH 值、润湿后困料（长期存放）以促进有机物分解腐烂与分解物充分分散，都有利于提高黏土的可塑性。此外，去除黏土中的瘠性杂质，如石英等，或者加入适当的增塑物质，如淀粉、动物或植物胶、亚硫酸纸浆废液、单宁、氢氧化铝胶体等都可以提高黏土的可塑性。

加水细磨，使水分均匀地吸附在黏土颗粒的表面也可以有效地提高黏土的可塑性。

C 结合性

黏土的结合性是指黏土黏结瘠性物料颗粒的能力。具有良好结合性的黏土可以赋予砖坯足够的强度。一般情况下，黏土的分散性越大，可塑性越好，则结合性也越好。其结合机理将在后面章节中介绍。

D 黏土的烧结性与黏土熟料

生黏土在煅烧过程中会发生一系列物理化学变化及较大的体积收缩。因此，除全生料砖以外，大部分耐火制品的制造过程中，用大量的"熟料"为原料。所谓"熟料"是指将耐火材料原料经过一定的温度煅烧，完成大部分的物理化学反应，相组成及显微结构相对稳定并达到一定的体积密度与气孔率的耐火材料原料。黏土熟料是以硬质黏土为原料经煅烧后所制得的熟料。黏土的烧结性就是指它达到熟料所要求的性能的特性。最重要的指标为气孔率、吸水率与体积密度，与它的结构、颗粒大小、化学与矿物成分、杂质的种类与含量等因素有关。这些对于熟料的组成、结构与性质也有很大影响。

高岭土加热过程中发生如下反应：

（1）脱水分解，在 100℃左右失去吸附水，450~600℃脱出结构水生成偏高岭石。

$$Al_2O_3 \cdot 2SiO_2 \cdot 2H_2O \longrightarrow Al_2O_3 \cdot 2SiO_2 + 2H_2O \tag{5-3}$$

（2）在 980℃左右，偏高岭石进一步分解生成 Al-Si 尖晶石（$Al_6Si_2O_{13}$），也可能生成少量微晶莫来石，同时生成 35%~38%的无定形 SiO_2。

$$3(Al_2O_3 \cdot 2SiO_2) \longrightarrow Al_6Si_2O_{13} + 4SiO_2 \tag{5-4}$$

$$3(Al_2O_3 \cdot 2SiO_2) \longrightarrow 3Al_2O_3 \cdot 2SiO_2 + 4SiO_2 \tag{5-5}$$

（3）进一步提高温度至 1250℃左右，Al-Si 尖晶石转化为莫来石并伴随莫来石晶粒长大。同时，无定形 SiO_2 也逐渐转变为方石英。

$$Al_6Si_2O_{13} \longrightarrow 3Al_2O_3 \cdot 2SiO_2 \tag{5-6}$$

$$SiO_2(无定形) \longrightarrow SiO_2(方石英) \tag{5-7}$$

研究表明：在未出现液相的结晶初期，莫来石即可形成。莫来石晶粒的尺寸、形状，它的组成以及相应的晶格常数受温度，特别是升温速度的影响很大。研究者以当地的一种高岭土（高岭石 79%±2%，白云母 17%±2%，石英 4%±1%）进行的研究指出，在 1100~1150℃的范围内，生成的莫来石的 Al_2O_3 质量分数在 62%~65%（根据晶格常数值计算得到）之间。它受升温速度的影响很大。随升温速度的提高，莫来石中的 Al_2O_3 含量与晶格常数都增大。但是即使在 1100~1150℃这样低的温度与升温速度极低的情况下，仍可检测到斜方晶莫来石。

黏土中的杂质对其烧结性主要起熔剂作用，同时对莫来石化有影响。Fe_2O_3、TiO_2 可促进莫来石化，CaO、R_2O 会抑制莫来石，并让莫来石发生分解。黏土所含杂质的数量和种类决定了黏土的烧结机制。黏土的烧结为液相烧结，因液相中 SiO_2 含量高，主要发生黏滞流动烧结。硬质黏土的 Al_2O_3 含量高，烧结温度高；软质黏土的 Al_2O_3 含量低，烧结温度低。如黏土中的 R_2O 含量高，则烧结温度将显著降低。煤质黏土或含有机物较多，孔隙多，则烧结较困难。

5.2.2 黏土砖的生产工艺要点

图 5-16 为三种典型的黏土砖生产工艺流程。黏土砖生产工艺要点如下：

（1）原料选择及加工。黏土砖有不同的品种，如普通黏土砖、全生料黏土砖、多熟料黏土砖、致密黏土砖等。首先，根据砖种选择熟料及结合黏土的品种与用量；再根据第 3

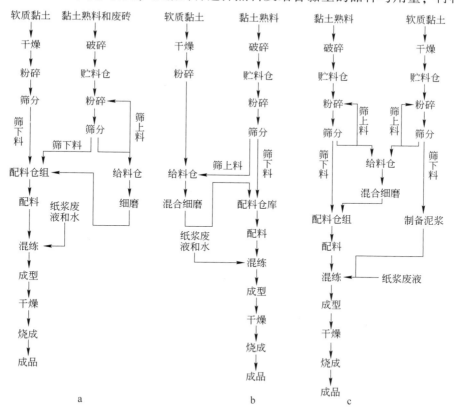

图 5-16 黏土砖生产工艺流程

a—软质黏土和黏土熟料共混；b—软质黏土和部分黏土熟料共磨成混合粉；

c——部分软质黏土和部分黏土熟料共磨成混合粉，另一部分软质黏土加入磨成泥浆

章中所述内容选择粒度组成。按图5-16的工艺进行生产。为进一步减少结合黏土的用量，提高制品的高温性能，可将黏土细粉与结合黏土进行共同粉磨后加入配料中。

（2）混练方法。混练时添加适量的水，使软质黏土膨胀、分散，产生一定的强度。为了提高砖坯的成型性能和搬运强度，可以同时添加亚硫酸纸浆废液为辅助结合剂，甚至将软质黏土和部分熟料黏土共磨成混合粉。或者将其中一部分结合黏土和部分熟料黏土共磨成混合粉，另一部分结合黏土加水磨成泥浆。泥料的水含量与砖坯的成型方法有关。通常机压用半干泥料水分一般为4%~6%。生坯体积密度为2.10~2.40g/cm³。采用结合黏土打泥浆或与熟料细粉预混的方法有利于结合黏土的分布均匀，也有利于成型。

（3）干燥制度。黏土砖的生产多采用半干法生产，砖坯水分含量较低，可在隧道式干燥器中进行快速干燥。干燥制度实例：标、普型砖干燥介质进口温度为150~200℃，异型砖为120~160℃；废气排出口温度为70~80℃；砖坯残余水分小于2%；干燥时间为16~24h。

（4）烧成制度。砖坯的烧成，主要根据使用黏土熟料的性质、结合黏土的来源及其使用数量和砖型决定。但实际上，主要受结合黏土在烧成过程中所发生的物理化学变化来控制。结合黏土在400~450℃发生分解，发生微小体积收缩；900℃左右开始产生液相，到1200℃产生γ-Al_2O_3或隐晶质莫来石，并产生大量液相，因此，升温速度可适当加快。而在1200℃以上至止火温度1320~1360℃，升温应缓慢。应采用微正压氧化气氛烧成。冷却过程中，800~1000℃，砖体内约50%黏度很大的高硅液相，产生一定的应力，因此，冷却应慢，避免出现裂纹。

5.2.3 黏土砖的性质

黏土砖主要由莫来石、方石英（可能含有石英等其他变体）及玻璃相构成。它们的含量决定了黏土砖的性质。耐火黏土是广泛存在的矿物，其不同产地的黏土的组成、杂质的含量有很大的差别。因此，黏土砖的相组成可能在很大范围内变动。由于黏土砖的组成与制作工艺的差别，黏土砖的性质也会在很大范围内波动。

黏土砖的显气孔率在10%~30%之间。致密黏土砖的气孔率较低。一般而言，砖坯的成型压力大，热处理温度高及杂质含量高的黏土砖的气孔率低。但是，大多致密黏土砖要求良好的高温性能，因而限制有害杂质的含量，只能通过控制泥料的粒度组成、提高成型压力及烧成温度等来提高黏土砖的体积密度。

黏土质耐火制品的耐火度较低，通常在1580~1770℃之间。这主要与制品的化学组成有关。一般而言，黏土质耐火制品的耐火度随Al_2O_3含量的增加而提升，随杂质（尤其是碱金属和Fe_2O_3）含量的增加而降低。

黏土砖的荷重软化温度（开始点）在1200~1500℃之间。通常，黏土砖中的莫来石含量越大，莫来石晶粒发育得越完整，玻璃相含量越少及玻璃相中SiO_2含量越高，则它的荷重软化温度越高。

黏土砖的抗热震性较好。但受组成与结构的影响变化范围很大。1100℃条件下水冷的次数在10~100次之间变动。莫来石含量高，方石英含量少，玻璃相含量少的黏土砖的抗热震性好。

黏土制品为酸性耐火材料，抗酸性熔渣侵蚀性强，是一种使用范围极广的普通耐火材料，可在干熄灭焦炉、加热炉、铁水包内衬、炼铝炉等工业炉中常用。当黏土制品用于炼铝炉时因与NaF反应（$4NaF + 3SiO_2 + 2Al_2O_3 = 3NaAlSiO_4 + NaAlF_4 \uparrow$）生成的霞石（$NaAlSiO_4$）而被破坏，因此，提高黏土制品中$Al_2O_3$含量，并不能延长其使用寿命。

为了提高黏土制品的高温性能，可采用多熟料配料及混合细磨工艺；尽可能提高基质中 Al_2O_3 含量，使基质中 Al_2O_3/SiO_2 比接近莫来石组成，提高基质纯度；引入外加物，增大液相黏度，控制烧成温度。

5.3 半硅质耐火材料

黏土是硅酸铝质耐火材料的重要原料，在山西、山东、河南等地有大量的黏土矿。在我国东南沿海，比如福建、浙江等地，并没有黏土资源，而是具有非常丰富的蜡石资源。20 世纪 70 年代初，为了解决当地耐火黏土资源短缺的问题，利用当地丰富的叶蜡石资源，成功地试制出了半硅质耐火材料。

半硅质耐火材料是指 Al_2O_3 质量分数小于 30%、SiO_2 质量分数大于 65%，采用蜡石、硅质黏土或原生高岭土及其尾矿、煤矸石等主要原料，以结合黏土为结合剂的一类耐火材料。在我国与国际标准中没有半硅质耐火材料的定义，但定义 SiO_2 质量分数大于 85%、小于 93% 的耐火材料为硅质耐火材料，定义 Al_2O_3 质量分数在 30%~48% 的铝硅质耐火材料为黏土质耐火材料。本书仍按传统称 Al_2O_3 质量分数在 15%~30% 之间的铝硅质耐火材料为半硅质耐火材料。其晶相为方石英、莫来石，以及一定数量的玻璃相，典型代表为蜡石砖。20 世纪 80 年代中期，上海宝钢投产，就指定蜡石砖作为钢包衬砖。

5.3.1 蜡石

生产半硅质耐火材料最常用的原料是蜡石。蜡石矿由叶蜡石、石英、高岭石、云母等构成。矿石呈致密块状，有蜡状光泽。因杂质不同而呈不同颜色，如灰色、蜡黄色、淡棕色、肉红色等。有滑腻感，与滑石极为相似。我国蜡石资源丰富，主要分布于东南沿海的火山岩发育地区，其中福建、浙江有多处矿点。

5.3.1.1 叶蜡石的化学矿物组成

叶蜡石是一种含水的硅酸盐矿物，其化学式为 $Al_2[Si_4O_{10}](OH)_2$ 或 $Al_2O_3 \cdot 4SiO_2 \cdot H_2O$。理论上 Al_2O_3 质量分数占 28.3%，SiO_2 质量分数占 66.7%，H_2O 质量分数占 5%。由两层六方硅氧四面体网层夹一层"氢氧铝石"八面体（铝氧八面体）层，层间靠氢键连接而成的复杂层状结构。我国探明的叶蜡石矿储量居世界第一，主要分布在福建、浙江、黑龙江、内蒙古、北京等地，同时，在广东、江西、四川、河北、吉林、新疆等地也都发现了叶蜡石矿点。

叶蜡石又称青田石、寿山石、印章石、蜡石等。可分为叶蜡石质蜡石、硅质蜡石、高岭石质蜡石和水铝石质蜡石。常含有一定数量的 Fe_2O_3、CaO、R_2O 等杂质。表 5-12 与表 5-13 中分别列出我国主要蜡石矿的化学成分及矿物组成。

表 5-12 部分蜡石矿的化学组成　　　　　　　　　　　　　　　（%）

产地	Al_2O_3	SiO_2	Fe_2O_3	CaO	K_2O	Na_2O	灼减
浙江上虞	39.55~23.68	49.2~69.11	0.65~0.93	0.11~0.14	0.11~0.35	0.25~0.33	14.5~5.34
浙江青田	31.75~27.60	59.00~63.80	0.72~0.84	0.06~0.57	0.16~0.11	0.20~0.25	7.23~6.01

续表 5-12

产地	Al₂O₃	SiO₂	Fe₂O₃	CaO	K₂O	Na₂O	灼减
浙江雁荡山	35.32	43.13	0.58	—	0.23	0.15	19.92
浙江藤桥渡	36.76	47.32	1.92	0.97	6.75	0.50	5.70
福建寿山	27.72~23.40	65.5~68.85	1.16~0.65	0.11~痕迹	0.11~0.12	0.10~0.15	5.66~5.32
福建峨嵋	42.16~17.18	48.02~78.19	0.13~0.38	0.26	0.27	0.07	9.86~3.59
内蒙古雅马吐	37.74~27.22	46.94~60.73	0.55~0.56	0.7~0.14	0.06~0.14	0.06~0.12	13.83~9.76
北京门头沟	29.79	65.93	0.65	—	—	—	5.01

表 5-13　蜡石矿的矿物组成

主要矿物	叶蜡石、石英、高岭石、绢云石
伴生矿物	硬水铝石、勃姆石、刚玉、红柱石、石英、玉髓、水云石、地开石、蒙脱石
杂质矿物	黄铁矿、赤铁矿、褐铁矿、黄玉、板钛矿、硅线石、金红石、蓝晶石、磁铁矿、锆石

5.3.1.2　蜡石的基本性质

不同矿物类型蜡石的差热曲线如图 5-17 所示。由于它们的矿物组成不同，它们的差热曲线明显不同，存在不同的吸热与放热峰。图 5-18 给出叶蜡石型蜡石加热过程中的膨胀曲线。

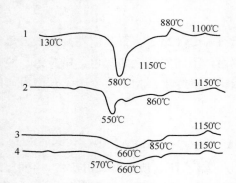

图 5-17　蜡石的差热曲线

1—高岭石质蜡石；2—水铝石质蜡石；
3—叶蜡石质蜡石；4—石英质蜡石

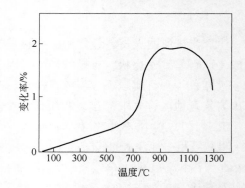

图 5-18　叶蜡石（占 95%）的热膨胀曲线

可见试样未烧结以前，在一定温度范围内会产生膨胀，这主要是由晶格膨胀，铝氧、硅氧层分离所致。700℃左右开始发生剧烈膨胀，900℃开始尺寸变化趋于平缓，1100℃开始收缩。因此，蜡石砖在高温下具有微膨胀特性。生蜡石的硬度很小，是常用的雕刻材料，但经煅烧后其硬度与强度大幅度提高。此外，叶蜡石具有较好的化学稳定性，在高温下才能被硫酸分解。

5.3.2　半硅质砖的生产工艺要点

半硅质砖的制造工艺和黏土砖基本相似，最大的区别是半硅质砖可以全部利用生料制砖。其生产工艺要点如下：

（1）利用天然的硅石黏土、蜡石时，要根据原料的性质和成品的使用条件，比如，烧成收缩大或者使用温度较高等，来决定是否加入熟料。可采用生料直接制砖，也可将部分蜡石原料煅烧成熟料后加入配料中，或者加入10%~20%的黏土熟料取代天然的硅石黏土。

（2）如果外加石英砂或硅石作瘠性料时，其颗粒大小应根据制品性能要求而定。一般情况下，若原料杂质多，石英颗粒细，制得的制品的耐火性能降低，热震稳定性下降，但强度增大。若用的石英颗粒大，制品的强度降低，但抗热震性增强，荷重软化温度提高。

（3）蜡石原料由于含结构水少，且脱水比高岭石、水铝石等缓慢得多，所以可以直接制砖。为了提高制品的荷重软化温度，可以通过选择氧化铝含量高、杂质含量少的蜡石作为原料，或者添加部分石英颗粒。为了提高制品的抗侵蚀性，可以通过引入矾土、锆英石、石墨、碳化硅等细粉来强化基质。此外，由于蜡石表面光滑、吸水率低，所以，一方面，为了提高成型后的强度，部分蜡石原料可以煅烧成蜡石熟料后加入，另一方面，泥料水分要严格控制，否则容易发生层裂。

（4）蜡石生料水分较小（小于7%），全蜡石或加少量结合黏土配料时，泥料水分低，结合性能差。同时，蜡石砖在使用过程中，一般要经过反复加热—冷却，膨胀量逐渐增大，体积密度进一步降低。因此，应该高压成型，一般成型压力在50MPa以上。也有的成型压力为70~100MPa，或采用真空脱气压砖机来成型体积稳定性高的高密度蜡石砖。这种蜡石砖透气度小，气孔直径细小，可提高耐用性。

（5）最高烧成温度随所用原料特性而有差异，通常采用低温烧成，温度比烧成温度较低的黏土砖还要低150℃，一般不超过1200℃。烧成后缓慢冷却。

5.3.3 半硅质砖的性能特点与应用

以叶蜡石为主要原料生产的半硅质砖，耐火度大于1700℃。抗热震性较好，能经受钢渣和金属的冲击，且有较强的抗蠕变能力。

蜡石砖具有两个明显的性能特点。一个是微膨胀性，由于蜡石的矿物组成叶蜡石加热时其晶体结构中晶格大小变化小，所以在焙烧时收缩小，有时候反而略显膨胀，从而有利于提高砌体的整体性，减弱熔渣沿砖缝对砌体的侵蚀作用；另一个就是，在高温使用过程中，叶蜡石与酸性的熔渣反应可以在蜡石砖表面形成一层黏度大的釉状物质，阻止酸性熔渣向砖内渗透，从而提高抗酸性熔渣侵蚀的能力。

表5-14给出了蜡石砖SiO_2含量与熔渣侵蚀量的关系，随着蜡石砖中二氧化硅含量的增加，由于能够形成高黏度釉状物质，因此，其抗电炉渣侵蚀能力增强。但是，需要注意的是，二氧化硅含量增加也会影响到材料的耐火度，因此，需要综合考虑。

表 5-14 蜡石砖 SiO_2 含量与熔渣侵蚀量的关系

性能指标	砖1	砖2	砖3	砖4	砖5	砖6	砖7	砖8	砖9
SiO_2质量分数/%	81.65	78.58	77.77	74.97	72.80	70.59	62.85	62.75	58.91
Al_2O_3质量分数/%	15.13	20.25	20.25	23.01	25.75	27.60	34.19	35.20	38.39
Fe_2O_3质量分数/%	1.11	0.91	1.40	1.54	1.35	1.52	1.28	1.15	1.14

性能指标	砖 1	砖 2	砖 3	砖 4	砖 5	砖 6	砖 7	砖 8	砖 9
耐火度/℃	1640	1610	1610	1630	1650	1650	1670	1710	1750
电炉渣侵蚀量/g	13.9	13.5	16.0	15.2	15.6	16.0	18.6	21.0	21.1

表 5-15 和表 5-16 给出了我国国标规定的高炉用黏土砖和系列蜡石砖的理化指标，对比可以发现，蜡石砖的指标中除了耐火度低于高档黏土砖之外，其他指标（尤其是荷重软化温度）都达到了高炉黏土砖的指标要求。因此，蜡石砖在一定场合是可以代替黏土砖使用的。另外，由于黏土具有较大的酌减，需要煅烧后才能作为颗粒料使用。相比于黏土砖，蜡石砖含结构水少，且脱水缓慢，可以直接采用生料制砖。

表 5-15　高炉用黏土砖的理化指标

性能指标	ZGN-42	GN-42
Al₂O₃ 质量分数/%	≥42	≥42
Fe₂O₃ 质量分数/%	≤1.6	≤1.7
耐火度/℃	1760	1760
荷重软化开始温度/℃	≥1450	≥1430
重烧线变化率（1450℃，3h）/%	0～-0.2	0～-0.3
显气孔率/%	≤15	≤16
常温耐压强度/MPa	≥58.8	≥49.0

表 5-16　蜡石砖的理化指标

性能指标	砖 1	砖 2	砖 3
SiO₂ 质量分数/%	77.71	77～80	68.35
Al₂O₃ 质量分数/%	20.90	16～20	29.40
R₂O 质量分数/%	0.12	<0.6	0.66
耐火度/℃	1630	1610～1650	1670
荷重软化开始温度/℃	1450	1480～1520	1450
重烧线变化率（1450℃，3h）/%	0.1	0.1～1.0	0.2
显气孔率/%	12.0	12～18	17.0
常温耐压强度/MPa	68	40～70	42

为了改善半硅质砖的性能，有时需添加其他一些物质。如添加莫来石、高铝矾土熟料、SiC 及锆英石等来提高制品的耐热性。半硅质砖主要被应用于钢包包底内衬、铁水包内衬、浇钢砖和窑炉烟道等。随着对钢质量要求的提高，半硅砖在钢铁工业中的用量已很少。

除了蜡石以外，其他半硅质材料与矿物，也可以用来制造半硅质耐火材料。

5.4　高铝质耐火材料

高铝质耐火材料是以高铝矾土熟料为主要原料，以结合黏土等为主要结合剂，Al_2O_3 质量分数不低于 48% 的一类耐火材料。按 Al_2O_3 含量不同，高铝质耐火材料可分为：Ⅰ等，Al_2O_3 质量分数 75% 以上；Ⅱ等，Al_2O_3 质量分数为 60%~75%；Ⅲ等，Al_2O_3 质量分数为 48%~60%。此外，高铝砖还可以按性质及使用场合来分类。

5.4.1　高铝矾土原料

高铝矾土原料，又称铝土矿、矾土、铝矾土、矾石。我国铝矾土主要分布于山西（阳泉、孝义、太原），河北（唐山、古冶），河南（巩义、新密、泌阳、登封）以及贵州等地。

5.4.1.1　矾土矿石构造

矾土矿结构分为下述几种形态，不同形态与结构对其可压缩性等成型性能及烧结性能有很大影响。

（1）致密状。矿石光滑、细腻，断面均匀；有的组成矿物以水铝石（细晶质到隐晶质）为主，有的以高岭石或叶蜡石为主。

（2）多孔状。多为纯水铝石构成，结构十分疏松。水铝石一般都较粗大，有时在孔洞中填有其他矿物，如金红石或石英等。

（3）鲕状。表面呈鱼子状或豆状。产地不同鲕粒矿物的特性不同。如山西矿鲕粒多为水铝石。此外，鲕粒也可以由水铝石、高岭石或高岭石、叶蜡石构成。而鲕粒之间的胶结矿物可以为粗糙铝土矿或致密铝土矿。

（4）粗糙状。断面粗糙，略显疏松，但均匀。矿石主要成分为水铝石和高岭石，两者含量相近。

5.4.1.2　矾土矿石的化学矿物组成及分类

我国矾土矿石有一水型铝矾土、三水型铝矾土，但以水铝石-高岭石（D-K 型）为主。它们的矿物类型与产地分别如表 5-17 及表 5-18 所示。

表 5-17　铝矾土的分类及分布

基本类型	亚类型	主要分布
一水型铝矾土	水铝石-高岭石（D-K 型）	山西、山东、河北、河南、贵州
	水铝石-叶蜡石（D-P 型）	河南
	勃姆石-高岭石（B-K 型）	山东、山西、湖南
	水铝石-伊利石（D-I 型）	河南
	水铝石-高岭石-金红石（D-K-R 型）	四川
三水型铝矾土	三水铝石型（G 型）	福建、广东

表 5-18　水铝石—高岭石类（D-K 型）铝矾土的分类及特征

矾土等级	Al_2O_3质量分数/%	Al_2O_3/SiO_2	外观特征
特等	>76	>20	灰色、重而硬、结构致密均匀
一等	68~76	5.5~20	浅灰色、重而硬、结构致密均匀
二等（甲）	60~68	2.8~5.5	灰白色、结构尚致密，具有少量鲕状体
二等（乙）	50~60	1.8~2.8	灰色、结构疏松，具有较多的鲕状体
三等	42~52	1.0~21.8	灰色、质轻又软、易碎、结构均匀

5.4.1.3　高铝矾土在加热过程中的变化与矾土熟料

高铝砖的生产需要高铝矾土熟料。高铝矾土熟料是将矾土生料在回转窑或竖窑等窑炉内经高温煅烧后，使其达到一定的气孔率、吸水率与体积密度并形成相对稳定的相组成与显微结构得到的。

生矾土的煅烧大致可分为三个阶段：分解、二次莫来石化与重结晶烧结阶段。主要化学反应如式 5-8~式 5-11 所示。

（1）分解阶段。分解阶段在 400~1100℃。此过程主要是水铝石与高岭石脱水，图 5-19 的 DTA 曲线中在 500~600℃之间的吸热峰即为此两个脱水反应生成的。此吸热峰温度的高低取决于高岭石的含量以及它们粒度大小等因素。在 980℃左右的放热峰是一次莫来石产生的，即高岭石转化而来的莫来石。不过，由水铝石分解后产生的微晶在 1000℃左右会结晶转化为 α-Al_2O_3，也可能对这一放热峰产生一定程度的影响。

$$\alpha\text{-}Al_2O_3 \cdot H_2O \longrightarrow \alpha\text{-}Al_2O_3 + H_2O \uparrow \quad (400~600℃) \qquad (5\text{-}8)$$

$$Al_2O_3 \cdot 2SiO_2 \cdot 2H_2O \longrightarrow Al_2O_3 \cdot 2SiO_2 + 2H_2O \uparrow \quad (600℃左右) \qquad (5\text{-}9)$$

$$3(Al_2O_3 \cdot 2SiO_2) \longrightarrow 3Al_2O_3 \cdot 2SiO_2(一次莫来石化) + 4SiO_2(980℃左右) \qquad (5\text{-}10)$$

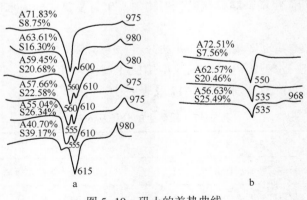

图 5-19　矾土的差热曲线

a—阳泉矾土；b—巩义矾土

（2）二次莫来石化阶段。高岭石分解所生成的 SiO_2 与 Al_2O_3 反应生成莫来石，即所谓的二次莫来石。此过程伴随一定的体积膨胀。

$$3Al_2O_3 + 2SiO_2 \longrightarrow 3Al_2O_3 \cdot 2SiO_2 \quad (1200~1500℃) \qquad (5\text{-}11)$$

（3）重结晶烧结阶段。在矾土中二次莫来石阶段结束后进入重结晶烧结阶段，这一阶段中刚玉与莫来石晶粒长大。随着烧结过程的进行，气孔逐渐缩小与消失，气孔率与吸水率减少，体积密度提高。在矾土中常有 Fe_2O_3、TiO_2、CaO、MgO、Na_2O 与 K_2O 等杂质存在，在煅烧过程中会形成一定的液相促进烧结。TiO_2 与 Fe_2O_3 可能固溶入刚玉与莫来石中，也可以促进矾土的烧结。

影响矾土烧结特性的因素包括 Al_2O_3 含量（Al_2O_3/SiO_2 比）、杂质含量、矾土矿的结构状况及煅烧温度等。表 5-19 给出了不同 Al_2O_3 含量的矾土烧结的难易程度与原因及烧结温度。Al_2O_3/SiO_2 接近莫来石的矾土，由于莫来石化过程中的体积膨胀导致烧结困难。矾土中 K_2O、Na_2O、CaO、MgO、Fe_2O_3、TiO_2 越多，产生的液相越多，越有利于烧结。此外，生矾土的结构、成矿条件都可能对矾土的烧结性带来影响。如果生矾土结构致密，水铝石与高岭石的晶粒细小则烧结性能好。

表 5-19　不同等级铝矾土的烧结情况

等级	Al_2O_3质量分数%	烧结情况	烧结温度/℃	原　因
特级	>75	较易烧结	1600~1700	因高岭石少，水铝石多，二次莫来石化程度弱
Ⅰ	70~75	较难烧结	1500~1600	一定程度的二次莫来石化
Ⅱ	60~70	最难烧结	1600~1700	二次莫来石化强烈
Ⅲ	55~60	较易烧结	约1500	因高岭石多，水铝石少，二次莫来石化程度弱
Ⅳ	45~55	易烧结	约1500	因高岭石多，水铝石少，二次莫来石化程度弱

图 5-20 给出了煅烧温度对Ⅰ、Ⅱ等矾土烧后吸水率及线收缩的影响。由图可知，在 1300~1500℃ 之间，矾土的烧结过程快速进行，吸水率大幅度下降，线收率迅速增加。当烧结温度达到 1500℃ 时，由二次莫来石化导致线收缩及吸水率的变化减小。

矾土熟料是制备高铝质制品及不定形耐火材料的重要原料。生矾土经高温煅烧后形成相对稳定的相组成与显微结构，以保证在高铝质耐火材料生产与使用中结构与体积的稳定。衡量矾土熟料质量的指标主要包括两个方面：其一是相组成，其二是吸水率、气孔率与体积密度。矾土熟料的相成分主要包括刚玉、莫来石与玻璃相。在特级与一级矾土等 Al_2O_3 含量高的矾土中

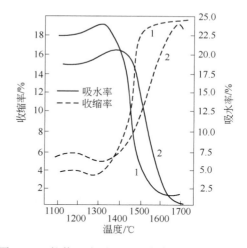

图 5-20　煅烧温度对矾土吸水率及线收缩的关系
1—Ⅰ等矾土；2—Ⅱ等矾土；

还可能出现钛酸铝（$Al_2O_3 \cdot TiO_2$）。与黏土熟料一样，矾土熟料的相组成主要取决于生矾土中的 Al_2O_3/SiO_2 比、杂质含量与种类以及烧成温度等因素。通常，氧化铝含量越高，熟料中刚玉相含量越高，莫来石含量越少。液相量与杂质的种类与含量有关。这些都可以根据相图大致计算出。

图 5-21 给出 R_2O、RO、Fe_2O_3、TiO_2 等氧化物对在 Al_2O_3-SiO_2-R_xO_y 中产生液相的量

与温度的关系。可见K₂O与Na₂O等碱性氧化物产生的液相量最多，碱土金属氧化物次之，钛与铁氧化物产生的液相量相对较少。除了相组成外，矾土熟料的吸水率、显气孔率与体积密度是选择与控制其烧结质量的重要指标。由于体积密度受氧化铝含量的影响，因而吸水率与显气孔率常用作衡量其致密程度的指标。

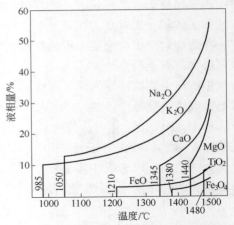

图5-21   Al₂O₃-SiO₂-氧化物三元系液相生成量与温度的关系

在实际生产中，由于相组成的测定较麻烦。在矾土熟料的产品标准及说明书中仅列出其化学成分及吸水率或显气孔率。使用者可根据其化学成分估计其相组成，按产品要求选用。

传统的矾土熟料生产工艺是将开采的生矾土矿石破碎后直接煅烧得到矾土熟料，对低品位料的利用率较低，造成了一定的资源浪费。为了提升低品位资源利用效率，国内外学者也开展了矾土矿均化烧结的研究，将矾土矿石分级、破碎、进行干法或湿法细磨均化，成型后高温煅烧，制得均化矾土熟料。

5.4.2   高铝耐火制品的生产工艺

高铝质制品的生产工艺流程与多熟料黏土质制品生产工艺流程基本相似。

在生产时，首先，应对高铝矾土熟料进行挑选除铁，选择烧结良好、理化检验合格的矾土熟料。高铝砖的主要结合剂还是软质黏土。但是需要注意的是，烧成过程中，软质黏土中高岭石分解产生的SiO₂会与高铝矾土中的Al₂O₃反应生成二次莫来石，并伴随着约10%的体积膨胀，不利于高铝砖组织致密化，所以生产高铝砖时应尽量避免二次莫来石化。因此，应该尽量减少软质黏土加入量，可引入高铝矾土微粉和纸浆废液作为辅助结合剂。

高铝砖的烧成温度主要取决于坯体的化学组成和在烧结阶段的烧结性质。升温速度与黏土砖相似，1200℃以后要慢，气氛为弱氧化气氛。

控制二次莫来石化反应，减轻其对生产的影响，对高铝质制品的生产很重要。一般采取以下措施：

（1）严格对铝矾土熟料进行拣选分级。

（2）合理选择结合剂的种类和加入数量，如结合黏土尽可能地少加（一般为5%～10%），用生矾土细粉代替结合黏土，调整与控制高铝矾土和结合黏土粉的比例配合。

（3）相邻级别熟料先混合，氧化铝含量高的熟料以细粉形式加入。

（4）确定合适的颗粒组成。如适当增加细粉数量，适当增大粗颗粒的尺寸和加入数量。部分熟料和结合黏土共同细磨，并注意熟料和黏土共磨混合料中的Al₂O₃/SiO₂质量比合理。

（5）适当提高烧成温度。

5.4.3   高铝质耐火制品的显微结构与性质

由高铝矾土熟料和结合黏土等制造的高铝质制品主要由莫来石、玻璃相及刚玉相组成。Al₂O₃含量越高，刚玉相比例越大。图5-22为一典型的高铝砖的显微结构。它由

Al₂O₃颗粒（A）及结合相（基质相）构成。结合相由细粒氧化铝、莫来石及玻璃相构成。

高铝砖的性质取决于其组成与结构，它的抗热震性一般比黏土砖的差。其抗热震性的优劣主要与刚玉、莫来石及玻璃相的含量有关。在Ⅰ等高铝质制品中，由于线膨胀系数较低的莫来石含量少，也不能形成交织的网络结构，因而抗热震性较差。在Ⅱ-Ⅲ高铝砖中，抗热震性主要取决于莫来石与玻璃相的含量，莫来石含量越高，则抗热震性越好。高铝质制品的抗渣性随制品中Al₂O₃含量的增多和液相量的减少而有所提高。

高铝砖的荷重软化温度在1400~1550℃之间，高于一般黏土砖，添加硅线石、红柱石或蓝晶石的高铝砖的荷重软化温度更高。高铝砖的荷重软化温度取决于其组成与显微结构。图5-23中示出高铝砖中Al₂O₃含量与其荷重软化温度的关系。三条曲线大致可划分为三部分。第一段为Al₂O₃质量分数小于70%。在这一段中高铝砖由莫来石与玻璃构成，随Al₂O₃含量的提高，砖中的莫来石含量提高，玻璃相减少，且由长柱形莫来石晶粒在砖中形成牢固的网络结构，高铝砖的荷重软化温度提高。第二段为Al₂O₃质量分数在80%~90%之间。此时制品的荷重软化温度受Al₂O₃含量的影响较小。首先，随Al₂O₃增多，显微结构中刚玉相增多，莫来石相减少，此时，莫来石晶粒不能形成完整的网络结构而代之以相对松散的刚玉-莫来石骨架。同时，随Al₂O₃的增加，玻璃相中的SiO₂含量下降，液相黏度下降。表5-20中给出Ⅰ、Ⅱ等高铝矾土熟料中玻璃相的化学成分。可见，Ⅰ级矾土熟料的玻璃相中SiO₂的含量比Ⅱ矾土中的少很多。另外，随Al₂O₃含量的提高，形成刚玉骨架，有利于提高荷重软化温度。这些因素导致这一Al₂O₃含量范围内高铝砖的荷重软化温度受Al₂O₃含量的影响很小。但是，当Al₂O₃质量分数高于90%以后，由于大量的刚玉存在并形成稳固的骨架，同时Al₂O₃质量分数大于90%的制品中常用高纯原料，杂质含量低，玻璃相量少。因此，随Al₂O₃的提高，其荷重软化温度迅速上升。

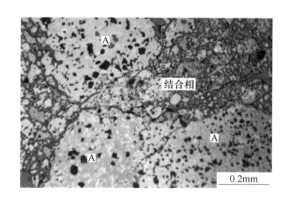

图5-22 高铝砖的显微结构照片

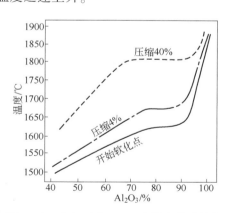

图5-23 高铝砖中Al₂O₃含量和荷重软化温度关系

表5-20 Ⅰ、Ⅱ级矾土熟料中玻璃相化学组成

矾土熟料	温度/℃	SiO₂质量分数/%	Al₂O₃质量分数/%	Fe₂O₃质量分数/%	TiO₂质量分数/%
Ⅰ级矾土	1500	24.95	45.16	9.35	19.52
Ⅱ级矾土	1500	44.82	46.15	2.50	3.20

总之，提高原料纯度，改变基质的化学矿物组成，减少玻璃相数量，调整玻璃相成分，是提高高铝质制品的高温结构强度、热震稳定性及抗渣性的关键。

为了满足某些特殊条件的需要，常需添加某些添加剂或改变其配料组成，而制成具有某些特殊性质的高铝砖，如微膨胀高铝砖、抗蠕变高铝砖、耐磨高铝砖等。

5.5   硅线石质耐火材料

硅线石质耐火制品是指以硅线石族矿物为主要原料的高铝质耐火材料制品，通常称硅线石砖、红柱石砖或蓝晶石砖。这类制品主要应用于玻璃、钢铁、化工、陶瓷、水泥等工业中，如脱硫喷枪、混铁炉或鱼雷车内衬、钢包内衬、水泥回转窑窑口内衬。在实际生产中，全部用硅线石族矿物为原料制造耐火制品的情况不多。通常是将它们添加到高铝质制品中，制得含硅线石、红柱石等的高铝质制品。本节将它们一起讨论。

5.5.1   硅线石族矿物的特性

硅线石族矿物包括天然蓝晶石、硅线石和红柱石，也俗称作"三石"。

我国蓝晶石主要分布于河北邢台、山西繁峙县、新疆的契布拉盖和可什根布拉克、江苏沭阳、四川丹巴、辽宁大荒沟、吉林柳树沟、安徽凉亭河、河南隐山等地。硅线石主要分布在黑龙江鸡西三道沟、河北平山罗圈、陕西丹凤长里沟、新疆阿尔泰大牛、河南叶县等。红柱石主要集中在河南西峡、辽宁凤城、新疆拜城及库尔勒、陕西眉县等。表 5-21 列出了部分硅线石族矿物原料的化学成分。不同产地的原料化学成分存在一定差异，硅线石族原料选矿后酌减均小于 5%，因此，可以直接作为耐火原料。当然，也可以煅烧后再使用。

表 5-21   部分硅线石族矿物原料的化学成分

品名及产地		化学成分（质量分数）/%								
		SiO_2	Al_2O_3	Fe_2O_3	TiO_2	CaO	MgO	K_2O	Na_2O	灼减
蓝晶石	印度-1	36.33	62.05	0.31	0.16	0.13	0.06	0.28	0.08	0.59
	印度-2	37.11	59.61	0.70	0.58	0.10	0.05	0.36	0.44	0.31
	美国	37.70	58.77	1.17	1.30		微量	0.59		0.38
	肯尼亚	37.38	59.65	0.56	1.09	0.27	0.07			0.60
	保加利亚	38.86	57.86	1.02	0.75	0.40	0.36			1.17
硅线石	南非-1	17.20	77.80	0.94	2.40	0.05	0.07	0.08	0.05	
	南非-2	34.20	58.22	0.38	1.56	0.11	0.18	0.43	0.40	
	印度	34.70	61.18	0.50	0.10	0.35	0.16	微量	微量	2.93
	美国	34.48	58.76	2.40	7.45	0.80	0.12	0.39		1.36
红柱石	南非-1	41.19	53.09	2.26	0.46	0.61	0.28		0.88	1.20
	南非-2	37.34	59.66	1.11	0.30	0.11	0.12	0.17	0.07	
	法国	38.55	59.25	0.95	0.24			0.25	0.09	

5.5.1.1 结构特征及基本性质

硅线石矿物属分子式相同、结构不同的同质异晶体。它们的晶体特性及基本性质如表 5-22 所示。在加热过程中，它们都会转化为莫来石并伴随一定的体积膨胀。

表 5-22 硅线石族矿物原料的结构特征及基本性质

矿物性质	蓝晶石	红柱石	硅线石
成分	$Al_2O_3 \cdot SiO_2$ $Al_2O_3$62.92%（63.1%） $SiO_2$37.08%（36.9%）	$Al_2O_3 \cdot SiO_2$ $Al_2O_3$62.92%（63.1%） $SiO_2$37.08%（36.9%）	$Al_2O_3 \cdot SiO_2$ $Al_2O_3$62.92%（63.1%） $SiO_2$37.08%（36.9%）
晶系	三斜	斜方	斜方
晶格常数	$a=0.71$nm，$\alpha=9005$ $b=0.774$nm，$\beta=10102$ $c=0.557$nm，$\gamma=10544$	$a=0.778$nm $b=0.792$nm $c=0.557$nm	$a=0.744$nm $b=0.759$nm $c=0.575$nm
结构	岛状	岛状	链状
结构式	$Al_2[SiO_4]O$	$AlO[AlSiO_4]$	$Al[AlSiO_5]$
晶形	柱状、板状或长条状集合体	柱状或放射状集合体	长柱状、针状或纤维状集合体
颜色	青色、蓝色	红、淡红	灰、白褐
密度/$g \cdot cm^{-3}$	3.53~3.65	3.13~3.16	3.23~3.27
解理	沿｛100｝解理完全，｛010｝良好	沿｛110｝解理完全	沿｛010｝解理完全

5.5.1.2 硅线石、红柱石与蓝晶石的莫来石化与加热膨胀

硅线石、红柱石与蓝晶石在加热过程中都会分解为莫来石与无定形 SiO_2 或高硅氧玻璃（有杂质存在时），并伴随发生一定的体积膨胀。由于它们晶体结构上的差别，分解的温度、速度、莫来石晶粒的生长方式以及膨胀量的大小都不相同，大致情况列于表 5-23 中。蓝晶石的转化温度最低，转化速度最快，转化过程中产生的膨胀量也最大。硅线石开始转化的温度最高，转化速度也慢。而以红柱石的体积膨胀最小。表 5-23 中所介绍的有关数据只是在一般的情况下反映出硅线石、红柱石与蓝晶石结构不同所带来的影响。事实上，还有其他因素，如粒度、杂质、升温速度都会对它们的莫来石的转化温度与膨胀量产生较大影响。

表 5-23 硅线石族矿物原料的热膨胀性能

矿物名称	硅线石	红柱石	蓝晶石
开始转变为莫来石的温度范围/℃	1500~1550	1350~1400	1300~1350
转化速度	慢	中	快
转化所需时间	长	中	短
转化后体积膨胀	中（7%~8%）	小（3%~5%）	大（16%~18%）
莫来石结晶形态及大小	短柱状，针状，长约 $3\mu m$	针状，柱状，长约 $20\mu m$	长针状，长约 $35\mu m$
莫来石结晶方向	平行于原硅线石晶面	平行于原红柱石晶面	垂直于原蓝晶石晶面

表 5-24 中给出了不同粒径的蓝晶石与红柱石经不同温度煅烧后试样中的莫来石含量。可以看出，粒径对蓝晶石、红柱石的莫来石化速度有一定影响。粒度越细莫来石速度越快。粒度差别越大，莫来石化速度的差别也越大。同为细粉，粒度对其莫来石化速度的影响相对较小，而且温度越高，粒度的影响越小。如表 5-24 所示，当温度达到或高于 1400℃后，粒径在 0.054~0.074mm 之间的蓝晶石试样中的莫来石含量与粒径小于 0.054mm 的相比，试样中莫来石含量相差不大。同时，从表 5-24 中也可以看出：即使煅烧温度达到 1500℃，红柱石颗粒中的莫来石含量仍远低于其细粉试样中莫来石的含量。一般而言，硅线石族矿物的粒度越小，越容易转化。它们的开始转化温度也越低，完全转化的温度也越低，时间也越短。

表 5-24　不同粒径蓝晶石与红柱石经不同温度（保温 2h）煅烧后莫来石含量

试样	粒径/mm	温度/℃			
		1200	1300	1400	1500
蓝晶石（沭阳产）	0.154~0.074	25	30	62	70
	0.074~0.054	27	40	73	78
	<0.054	30	43	75	78
红柱石 HJ-58（库尔勒产）	5~3	—	<1[①]	5[①]	31
	<0.074	—	<1[①]	11[①]	48
红柱石 HJ-56（库尔勒产）	5~3	<1	<2[①]	21[①]	34
	<0.074	<1	4[①]	32[①]	63

①在 1300℃及 1400℃煅烧红柱柱石时，保温 1h。

与大多数在颗粒中发生的化学反应相似，硅线石族矿物的莫来石化反应也是从表面向内部逐步进行的。当颗粒表面的温度达到它分解温度时开始分解。同时发生晶体结构的变化，这一变化影响紧靠表面的内层材料的晶体结构，促进其分解，如此继续下去，使分解反应逐步由表面向内部推进，直至最后完成。有些文献将此过程称之为自催化过程。显然，如果颗粒越大，其比表面积就越小，反应由表面推进至内部的速度也越小。反之，粒度越小，莫来石化的速度就越快。

另外在颗粒的研磨过程中，材料的晶体结构会产生更多的缺陷，从而促进莫来石化反应的进行。

除了粒度以外，杂质含量对硅线石族矿物的莫来石化也有很大影响。从表 5-24 中可见，HJ-58 试样的 Al_2O_3 质量分数较高（约 58%），杂质含量较低（Fe_2O_3、TiO_2、CaO、MgO、Na_2O 与 K_2O 的总质量分数在 2%左右）。HJ-56 试样的 Al_2O_3 质量分数较低（约 56%），杂质含量较高（杂质总质量分数在 4%左右）。在相同的温度下煅烧后，由于杂质的存在导致液相的生成，后者的莫来石含量高于前者。Bouchetou 等认为红柱石中的杂质对其莫来石化过程产生如下三方面的影响：

（1）降低了形成液相的温度，使在较低的温度下通过溶解—沉淀过程促进红柱石向莫来石转化。

（2）增加液相的量，可以填充更多的气孔与裂缝。

（3）降低了液相的黏度，有利于液相渗透入红柱石莫来石化所形成的裂纹中，同时降低了原子在液相中的扩散阻力。

上述三个因素均有利于红柱石的莫来石化过程。除此以外，Bouchetou 还认为液相的存在能提高煅烧红柱石的抗热震性。在莫来石化的过程中，液相可以填入红柱石的裂纹中，形成无裂纹的莫来石-玻璃相复合材料。热震过程中产生的微裂纹的生长在玻璃相上终止，使得这种结构的莫来石-玻璃复合材料比单晶莫来石具有更好的抗热震性。

硅线石族矿物在加热过程中的莫来石化伴随一定的体积膨胀，这一膨胀是不可逆的，因此，研究硅线石族矿物膨胀特性及影响因素对于其应用有重要意义。图 5-24 给出以粒径小于 0.074mm 的粉料为原料压制成断面为 25mm×25mm、长 100mm 试样而测得的线膨胀率与温度的关系。由图可以看出，当温度低于 1000℃时，随温度的升高，两个试样的膨胀曲线几乎平行。但纯度较高的 HJ-58 试样的线膨胀率低于杂质含量较高的 HJ-56。Winter 等曾测定了室温至 1000℃ 的 Al_2SiO_5 各晶型的晶格常数，认为当温度低于 1000℃，所产生的膨胀主要是热膨胀。由于 HJ-58 的纯度比 HJ-56 高，前者的红柱石的含量较高，红柱石的线膨胀率比较小，因而在 1000℃ 以下，HJ-58 试样的线膨胀率低于 HJ-56 试样的。当温度超过 1000℃ 后，部分杂质熔化而形成液相。液相对促进莫来石生成及坯体的烧结都有促进作用。前者会导致膨胀而后者导致收缩。在 1000～1300℃ 这一温度范围内，莫来石化的速度很慢，以烧结为主，因而试样发生收缩。由于 HJ-56 中杂质含量及液相量都比 HJ-58 的高，因而收缩量也大。当温度高于 1300℃ 以后，莫来石化的速度提高，这时莫来石化成为整个过程的控制步骤，试样开始重新膨胀。当温度达到 1400℃ 以后，HJ-58 的膨胀速度大于 HJ-56 的。这是由于前者的莫来石转化量大于后者。Namiranian 等比较了粒度为 38～300μm 的蓝晶石在 1400～1600℃ 温度条件下的莫来石化情况，发现在 1400℃ 下蓝晶石就会开始转化生成针状的莫来石晶粒，随着粒度的减小和温度的增加，莫来石速率加快。在 1500～1500℃ 时，蓝晶石可在 2.5h 内完全转变为发育良好的莫来石晶粒。

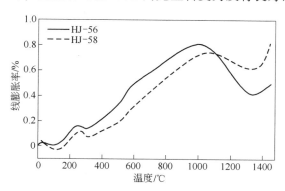

图 5-24　0.07mm 红柱石粉压制成的长柱状试样的线膨胀率与温度的关系

以上介绍的是硅线石系矿物莫来石化的几个实例，仅用于告诉我们影响它们莫来石化及体积膨胀的因素。由于测定硅线石族矿物膨胀率的试样通常是由粉料压制而成的，因而粒度、压制试样的成型压力以及结合剂等对线膨胀率有很大的影响。所测得的线膨胀曲线只反映该矿物莫来石化情况，而非它的实际热膨胀曲线，不能用它计算线膨胀系数，它是无意义的。此外，在给出膨胀曲线时应同时给出相应的试验条件。

5.5.2 硅线石族矿物的应用

硅线石类矿物的应用共有三个方面：以它们为主要原料直接制造耐火材料；作为添加剂加入铝硅系耐火材料中来改善其性质；用它们来制备莫来石。由于我国有丰富的优质矾土资源，因而用硅线石族矿物制砖及莫来石的不多。蓝晶石在烧成过程中的膨胀量很大，用它来制砖的机会更少。因此，硅线石族矿物的应用通常作为添加剂加入耐火材料中。

硅线石质耐火材料的制造工艺与高铝砖基本相同。通过在高铝砖中引入部分或全部硅线石族原料替代高铝矾土熟料，经原料破粉碎、配料、混料、成型、干燥、烧成，制备硅线石质耐火材料。通常直接采用硅线石族原料精矿加入，可以不用预烧。天然硅线石族精料通常以细颗粒状或粉状料作为添加剂引入。硅线石一般要求小于0.5mm，红柱石可适当放宽至小于2mm，蓝晶石一般为0.147~0.074mm。制品的烧成温度通常在1350~1500℃。

由于硅线石族原料高温下分解成莫来石和氧化硅，这部分氧化硅再和高铝矾土熟料的氧化铝或添加的氧化铝发生反应，形成莫来石，从而提升砖中莫来石的含量。因而，此类制品具有良好的抗热震性与抗蠕变性，多用于高炉、热风炉、鱼雷罐车、混铁炉及浮法玻璃熔窑的顶盖上。表5-25给出部分硅线石质耐火材料的性质举例。

表 5-25   硅线石质耐火材料性质

性质		制品1	制品2	制品3	制品4
化学成分 （质量分数）/%	Al$_2$O$_3$	55	60	60	61.5
	Fe$_2$O$_3$	1.00	0.80	1	—
	TiO$_2$	0.35	0.30	—	—
	CaO+MgO	0.45	0.50	—	—
	Na$_2$O+K$_2$O	0.50	0.40	—	—
体积密度/g·cm^{-3}		2.48	2.51	2.2~2.4	2.58
显气孔率/%		14.5	14.0	25	18
耐压强度/MPa		55	60	50	90
重烧线变化（1500℃，2h）/%		+0.2	+0.2	+0.2	—
荷重软化温度（0.2MPa，开始点）/℃		—	—	1450~1510	1610

将硅线石族矿物添加到铝硅系耐火材料中，可从下列三个方面提高后者的性能：

（1）利用硅线石族矿物莫来石化产生的膨胀来弥补不定形耐火材料、不烧砖在加热过程中的收缩以保证耐火材料砌体的体积稳定性，如应用于浇注料、可塑料、压入料及泥浆中。此外，将其加入高铝质耐火材料制品中，利用其莫来石化产生的膨胀来提高其荷重软化温度与抗蠕变性。

（2）利用硅线石族矿物的莫来石化与二次莫来石过程来形成合理的显微结构。在制品的烧成过程中，硅线石族矿物首先分解生成莫来石与无定形二氧化硅。分解过程中生成的莫来石晶粒的大小、形状与取向取决于硅线石族矿物的结构、颗粒大小等因素。分解产生的二氧化硅与制品中的 Al_2O_3 反应生成二次莫来石，此类莫来石可以在一次莫来石晶粒上生长使其长大。二次莫来石的生成与长大与 Al_2O_3 含量、粒度、液相组成与量、烧成温度等一系列的因素有关。控制上述因素使形成具有莫来石交错网络、液相量少的显微结构，可提高铝硅系耐火材料的性能。

（3）由于大部分硅线石族矿物是经过选矿的。因而其杂质含量普遍低于高铝矾土。将它们添加到高铝质耐火材料中可降低制品中的杂质及玻璃相含量。

应该特别指出的是，在上面三个因素中形成合理的显微结构、减少玻璃相量、提高玻璃相中 SiO_2 含量是最为重要的。如果无法保证这三点，仅靠硅线石族矿物莫来石产生的膨胀来抵消荷重软化温度及蠕变测定中产生的压缩是不可取的。因为，即使通过这一方法可以使荷重软化温度及蠕变指标合格，但由于显微结构的不合理及大量的低黏度的液相存在，耐火材料在长期使用过程中会产生较大的变形而导致结构的破坏。

5.6 莫来石及莫来石质耐火材料

莫来石质耐火制品是指以莫来石为主晶相的耐火材料。按莫来石含量的高低，莫来石质耐火制品可分为：低莫来石质、莫来石质、莫来石-刚玉质和刚玉-莫来石质等。在刚玉-莫来石质制品中，刚玉可能是主晶相。实际上，高铝质制品的主晶相也可能是莫来石或刚玉-莫来石，但习惯上不将它们称为莫来石质或刚玉-莫来石质耐火材料，因为其中含有较多的玻璃相。而将由预合成的莫来石及烧结或电熔刚玉为原料制成的制品称为莫来石或刚玉-莫来石制品，其特点是由预合成原料制成，且纯度较高。

5.6.1 莫来石的制备

5.6.1.1 合成所用原料

莫来石可用天然原料或工业原料合成。天然原料有高铝矾土、硅线石族矿物、焦宝石、高岭土、黏土、蜡石及硅石等，工业原料有工业氧化铝、$\alpha-Al_2O_3$ 微粉、氢氧化铝等。

5.6.1.2 合成工艺

常见的合成莫来石有烧结法和电熔法两种，与之相对应的有烧结莫来石、电熔莫来石。

烧结法又分干法和湿法合成工艺。简单地说，干法是将原料按一定配比进行配料，在筒磨机、球磨机或振动磨等中干法共磨，半干法压制成型，在回转窑或隧道窑等窑炉中煅烧而成熟料；而湿法是将上述配料在筒磨机、球磨机或振动磨等中湿法共磨，得到的料浆通过压滤机过滤，再经真空挤泥制成泥饼或荒坯，在回转窑或隧道窑内烧成。

电熔法合成莫来石是将一定配比的配料在电弧炉内熔融、冷却结晶而得到的。电熔莫来石从熔体中冷却析晶过程符合 $Al_2O_3-SiO_2$ 系统相图的析晶过程。当配合料的 Al_2O_3 质量分数高于莫来石中的理论组成71.8%时，可形成溶有过剩 Al_2O_3 的莫来石固溶体。只有 Al_2O_3 质量分数大于80%时才可能出现刚玉相。冷却速度不同，所得到的莫来石晶粒大小和矿物组成也有所区别，急冷则莫来石晶粒细小，矿物组成为莫来石晶体和玻璃相；缓冷则莫来石晶粒粗大，矿物组成主要为莫来石晶体与较少的玻璃相。

图 5-25 给出了烧结莫来石和电熔莫来石的显微结构照片。与烧结莫来石相比，电熔莫来石晶粒大，缺陷少，因此高温力学性能好，抗侵蚀性强。烧结莫来石晶粒小，缺陷多，但抗热震性较优越。此外，电熔莫来石的体积密度要高于烧结莫来石的。

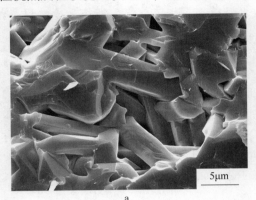

a   b

图 5-25   不同方法制备的莫来石显微结构照片

a—烧结莫来石；b—电熔莫来石

除了传统的烧结法与电熔法合成莫来石外，还可以采用化学法合成莫来石，比如溶胶-凝胶法、共沉淀法、水解沉淀法、水热法等，但是，化学法成本较高、产量有限，主要是用来合成一些超细莫来石粉体，用作耐火材料的结合剂或添加剂。如 Emilija 等以 $Al(NO_3)_3 \cdot 9H_2O$ 与 $Si(OC_2H_5)_4$ 为原料制得二元溶胶，经煅烧后得到莫来石凝胶粉。根据化学成分的不同，莫来石在继续升温过程中结晶并长大。莫来石凝胶粉可用来制造高技术陶瓷材料。在耐火材料中它们可以用来做耐火制品及不定形耐火材料的结合剂，并可作为调整与控制显微结构的添加剂。

5.6.1.3　影响莫来石制备、组成、结构与性质的因素

影响莫来石组成、性质与结构的因素很多，主要包括如下几方面：

（1）原料的 Al_2O_3/SiO_2 比将影响莫来石的相组成。如果比值大于莫来石理论配比，形成富 Al_2O_3 的莫来石固溶体，对莫来石的合成有利。电熔莫来石中，Al_2O_3 含量最高可接近 80%，Al_2O_3/SiO_2 比接近 4，超过 $2Al_2O_3 \cdot SiO_2$ 莫来石中的 Al_2O_3 含量。Al_2O_3 固溶量的大小与生产过程有很大关系。对烧结莫来石而言，如 Al_2O_3/SiO_2 超过 2.55 太多，则容易出现刚玉相。此外，Al_2O_3/SiO_2 比对莫来石试样中的液相量也产生影响。

图 5-26 中给出四个试样经不同的温度烧结后的玻璃相的含量，玻璃相含量是用 HF 酸腐蚀法测得的。经 X 射线衍射分析测定未见到刚玉相，晶相

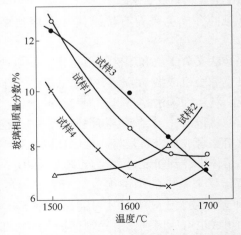

图 5-26   温度与 Al_2O_3/SiO_2 对试样玻璃相含量的影响

仅为莫来石。四个试样的化学成分如表 5-26 所示。3 号试样是由 Al(OH)₃ 加石英砂为原料制得的，其他试样是由高铝矾土为原料制得的。

表 5-26 合成莫来石熟料的化学成分

试样编号	化学成分（质量分数）/%								Al_2O_3/SiO_2
	Al_2O_3	SiO_2	Fe_2O_3	TiO_2	CaO	MgO	K_2O	Na_2O	
1	70.07	27.54	0.60	1.27	0.04	0.08	0.11	0.08	2.54
2	72.71	24.08	0.75	2.12	0.06	0.17	0.12	0.05	3.02
3	70.95	26.74	0.16	0.16	0.09	0.09	0.10	0.21	2.65
4	70.04	26.48	0.67	0.84	0.04	0.02	0.06	0.05	2.65

由图 5-26 可见，经 1600℃、1650℃ 与 1700℃ 煅烧后，Al_2O_3/SiO_2 比为 2.65 的试样 4 的玻璃相含量最低。它低于 Al_2O_3/SiO_2 比为 3.02 及 2.54（化学计量比）的试样中玻璃相的含量。且随温度的升高 Al_2O_3/SiO_2 为 3.02 的试样中的玻璃相含量随温度的升高而增加。

以 Al(OH)₃ 与 SiO_2 为原料但 Al_2O_3/SiO_2 比与 4 号试样相同的 3 号试样，1500~1650℃ 烧后的玻璃相含量反而比杂质含量高的试样 4 高。其原因是 3 号试样中的杂质含量低，也没有一次莫来石生成，因而试样中莫来石晶粒小，很多莫来石微晶随玻璃相一起溶解入 HF 酸中。经 1700℃ 烧成后，晶粒长大，溶入 HF 酸中的微晶莫来石减小，用 HF 酸溶解法测得的玻璃相量大幅度下降至略小于试样 4 的。这是因为后者的杂质含量略高于前者的。

除了相组成，Al_2O_3/SiO_2 比对莫来石材料的烧结性也有一定影响。前面已经提到 Al_2O_3/SiO_2 接近化学计量比的试样最难烧结。此外，产生液相越多的试样越易烧结。

（2）原料中的杂质种类与含量。杂质对莫来石组成的影响，与对高铝质制品的影响相似。在莫来石的组成与性质中可以看到，杂质氧化物中，Fe_2O_3、TiO_2 等在莫来石中的固溶量相对较大，固溶后引起莫来石晶格的一些变化。但是，一定范围内产生的液相较少。相反，Li_2O，Na_2O、K_2O、CaO、MgO 等可能分解莫来石，产生较多的液相。这些我们已在前面讨论过。

（3）原料的结构特性及粒度。采用不同晶型的原料所制备的莫来石晶粒大小、转化率均有区别。有研究采用四种不同晶型的铝源制备了莫来石材料，其显微结构照片如图5-27所示。发现：采用 γ-Al_2O_3 作为初始原料时，由于它的晶体结构与莫来石接近，有利于莫来石的合成。此外，原料粒度越小，合成莫来石所需的温度越低，转化率越高。

（4）热处理制度。烧成温度的影响与原料的 Al_2O_3/SiO_2 比以及杂质含量有关。Al_2O_3/SiO_2 比越接近化学计量比，杂质含量越少的配料的烧成温度越高。烧成温度越高，保温时间越长，烧后莫来石熟料的显气孔率越低，莫来石的晶粒尺寸越大。烧成温度对烧后莫来石相组成的影响与其原料中的 Al_2O_3/SiO_2 比、杂质种类及含量有关。

另外，热处理时的冷却速率也对莫来石的形成有一定影响，当冷却速率较慢时，除了原生莫来石之外，液相也会缓慢析出一定的针状、柱状的再生莫来石。对于电熔莫来石，也要缓慢冷却，这样可以促进莫来石晶粒发育，同时减少玻璃相含量。

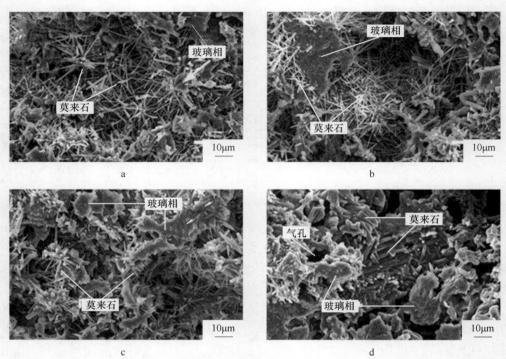

图 5-27   不同晶型氧化铝原料制备的莫来石显微结构照片

a—Al(OH)$_3$；b—γ-Al$_2$O$_3$；c—ρ-Al$_2$O$_3$；d—α-Al$_2$O$_3$

烧成气氛方面，由于还原气氛中可能会存在一定的 FeO，因此，氧化气氛更加有利于莫来石的晶粒发育。

5.6.2 莫来石制品及相关复合材料的生产与性质

莫来石质制品生产时有烧结法和熔铸法两种。需要注意的是，这里提到的熔铸法和前面学习的电熔法制备莫来石是不一样的，前面是采用电熔法制备莫来石颗粒料，而这里是整个莫来石制品通常熔铸法合成。

烧结莫来石制品的生产工艺与高铝质制品的生产工艺相似。采用合成莫来石熟料为颗粒料，合成莫来石熟料，或白刚玉、石英粉及"纯净"黏土等为基质料。结合剂可采用黏土、磷酸或磷酸二氢铝溶液、硫酸铝溶液等。

烧成方面，莫来石在 1370℃ 以上的还原气氛下将会发生分解，部分 SiO$_2$ 变成气态的 SiO 离开砖体。当温度高于 1650℃ 时，即使不是还原气氛，而在较低的氧分压情况下，莫来石也会分解。因此，燃烧温度和气氛直接影响莫来石砖的烧成。

莫来石耐火制品在高温下容易被碱性耐火材料侵蚀。此外，在高温下，莫来石可以与水蒸气按式 5-12 反应生成 Al$_2$O$_3$ 而受到损坏。

$$Al_6Si_2O_{13}(s) + 4H_2O(g) \Longrightarrow 3Al_2O_3(s) + 2Si(OH)_4(g) \tag{5-12}$$

因此，莫来石制品不宜在高碱性渣及高水蒸气含量的环境下长期使用。

莫来石质耐火材料耐火度高、高温强度大、荷重软化温度高、高温蠕变率低、抗热震性能和耐渣侵蚀性能优异，广泛应用于高炉热风炉、玻璃熔窑、干熄焦及加热炉等工业炉窑上。表 5-27 给出了几个莫来石制品性能的示例。一般而言，烧结莫来石制品的高温抗折强度、热震性能要优于电熔莫来石制品，而电熔莫来石制品的体积稳定性、抗蠕变性、抗侵蚀能力要更优。

表 5-27 莫来石制品性能示例

性能指标	制品 1	制品 2	制品 3	制品 4	制品 5
Al_2O_3 质量分数/%	82	73	65	61.4	60
体积密度/$g \cdot cm^{-3}$	2.68~2.74	2.7	2.5	2.45	2.44
显气孔率/%	18~21	14~16	18	12.1	20
常温耐压强度/MPa	79~105	160	70	110	85
荷重软化温度 $T_{0.6}$/℃	—	—	1650	1550	1570
蠕变率（1550℃，50h）/%	0.1	0.16	—	—	—
用途	热风炉	热风炉	玻璃窑	高炉	干熄焦

除了莫来石以及它与刚玉构成的复合耐火制品外，莫来石还可以与其他材料构成耐火材料以提高其性能，如锆莫来石制品、莫来石-碳化硅制品等。所谓锆莫来石制品就是莫来石-氧化锆复合材料。但是由于氧化锆价格昂贵，在实际生产中常通过 Al_2O_3 或矾土与锆英石按反应式 5-13 制得锆莫来石熟料或制品。这类制品及原料的制造方法包括电熔法与烧结法。用电熔铸制的铝锆硅（AZS）制品将在电熔铸耐火材料一章中讨论。

将 Al_2O_3 与 $ZrSiO_2$ 配料煅烧制得锆莫来石熟料，再将其破碎、混练、成型与烧成制得锆莫来石制品，即烧结 AZS 砖。当使用矾土为原料时，最常见的是将 $ZrSiO_4$ 引入高铝砖中来提高高铝砖的抗热震性，即所谓的"抗剥落高铝砖"。通过式 5-13 反应生成的 ZrO_2 分散在莫来石与刚玉中。由于 ZrO_2 在加热与冷却过程中的相变，在 ZrO_2 颗粒周围产生微裂纹，从而提高其抗热震性。烧结 AZS 制品常用于玻璃窑中，抗剥落高铝砖常用于水泥窑中。它们性能的示例列于表 5-28 中。

$$3Al_2O_3 + 2ZrSiO_4 \longrightarrow 3Al_2O_3 \cdot 2SiO_2 + 2ZrO_2 \qquad (5-13)$$

表 5-28 ZrO_2-莫来石复合耐火材料性质

材料种类	化学成分/%				体积密度 /$g \cdot cm^{-3}$	显气孔率 /%	耐压强度 /MPa	荷重软化点 /℃	抗热震性 （1100℃条件下 水冷）/次
	Al_2O_3	SiO_2	ZrO_2	Fe_2O_3					
烧结 AZS	50.20	15.94	32.38	0.18	3.34	13.7	247	>1650	—
抗剥落高铝砖	76.20	—	6.11	1.49	2.93	18	104	1520	>20

在莫来石制品中加入 SiC 制得莫来石-SiC 复合材料，以提高莫来石制品的抗热震性。由于 SiC 的导热系数较高，同时它与莫来石的线膨胀系数的差别也较大，可在 SiC 颗粒与莫来石之间形成微裂纹，材料的抗热震性得以改善。莫来石-SiC 复合材料大量使用在干熄灭焦及其他热工设备上，SiC 的质量分数在 10%~35% 之间。此外，在莫来石-SiC 复合

材料中添加金属铝粉，利用干熄焦炉服役过程中的氮气气氛生成氮化铝，可以进一步提升材料的力学强度和热震稳定性。

思 考 题

5-1 试分析杂质及液相对硅酸铝质耐火材料结构及性能的影响。

5-2 什么是二次莫来石化？简述对莫来石的认识。

5-3 将硅线石族矿物引入铝硅系耐火材料中有何作用？

5-4 硅酸铝质耐火材料的"黑心"或"红心"是如何造成的？说明解决途径。

5-5 影响莫来石合成质量的主要因素有哪些？它们如何影响莫来石质耐火材料的使用性能？

6 碱性耐火材料

本章要点

（1）理解与碱性耐火材料主成分 MgO 或 CaO 相关物系的相平衡分析；

（2）掌握化学矿物组成对碱性耐火材料性能的影响；

（3）了解碱性耐火材料所用主要原料的种类及其烧成的物理化学；

（4）熟悉碱性耐火材料的生产工艺要点、性能及主要应用；

（5）能够分析生产与使用中出现问题的原因和提出解决方案。

　　碱性耐火材料是指以氧化镁、氧化镁与氧化钙或氧化钙为主要化学成分，以方镁石、方镁石-石灰或石灰为主晶相的一类耐火材料。常用的碱性耐火材料主要品种有镁质、白云石质等。但广义上，以尖晶石或镁橄榄石为主的耐火材料也属于碱性耐火材料，包括镁质耐火材料、尖晶石质耐火材料、镁钙质耐火材料、镁橄榄石质耐火材料及氧化钙质耐火材料等。

　　镁质耐火材料是指 MgO 质量分数不低于 80%、以方镁石为主晶相的碱性耐火材料。尖晶石质耐火材料是指以 $MgO \cdot Al_2O_3$、$MgO \cdot Cr_2O_3$ 及 $MgO \cdot Fe_2O_3$ 等尖晶石为主晶相的耐火材料，它们也可以与方镁石组合成方镁石-尖晶石耐火材料。镁钙质耐火材料是指以白云石或合成镁钙砂为原料、以石灰和方镁石为主晶相的碱性耐火材料。

　　碱性耐火材料不但耐火度高、抗碱性渣和高铁渣侵蚀性强，而且一定程度上可净化钢水。随着洁净钢、品种钢需求的增长，这类耐火材料越来越成为人们所关注的焦点。这类耐火材料主要应用于氧气转炉、电炉、钢包、炉外精炼、中间包和有色熔炼炉等。

　　本章研究碱性耐火材料的组成、显微结构以及它们与性质的关系，着重在碱性耐火材料的抗热震性与抗侵蚀性方面。

6.1　镁质耐火材料

6.1.1　与镁质耐火材料有关的物系

　　由于受镁质原料成因和使用条件等的影响，与镁质耐火材料相关的组分主要有 FeO、Fe_2O_3、Al_2O_3、Cr_2O_3、CaO、SiO_2 等。

6.1.1.1　MgO-氧化铁系

氧化镁与氧化铁二元系包括 MgO-FeO 系与 MgO-Fe_2O_3 系。

由图 6-1 可见，氧化镁与氧化亚铁可形成连续固溶体，MgO 吸收大量的 FeO 而不生成液相，FeO 为 50% 时，开始出现液相的温度约为 1850℃。

而 MgO-Fe_2O_3 二元系统中有一化合物铁酸镁（$MgO \cdot Fe_2O_3$），分解温度为 1720℃。铁酸镁在方镁石中的溶解度随温度的升高而增加，最大可达到 70% 左右。由图 6-2 可以看出，即使 MgO 吸收大量的 Fe_2O_3 后耐火度仍很高，所以，镁质耐火材料具有良好的抗含铁炉渣的侵蚀能力。这是炼钢工业日益广泛应用镁质耐火材料的重要原因之一。

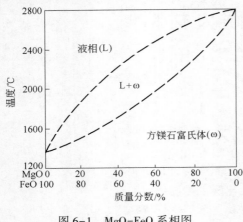

图 6-1　MgO-FeO 系相图

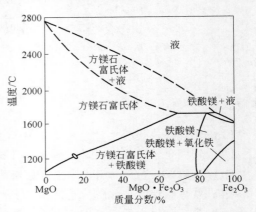

图 6-2　MgO-Fe$_2$O$_3$系相图

6.1.1.2　$MgO-Fe_2O_3/Al_2O_3/Cr_2O_3$系

$MgO-Fe_2O_3$、$MgO-Al_2O_3$、$MgO-Cr_2O_3$ 系统相图高 MgO 部分合并于图 6-3 中。三个二元系统的固化温度分别为 1720℃、1995℃、2350℃。三种倍半氧化物在氧化镁中的固溶度顺序：$Fe_2O_3 \gg Cr_2O_3 > Al_2O_3$，而且在 1000℃ 以下固溶量均很低，在 1700℃ 下，它们的固溶度分别为 70%、14% 和 3%。冷却时，尖晶石相脱溶在方镁石颗粒内部，形成含尖晶石相的镁质耐火材料显微结构。由于 Fe_2O_3 在 MgO 中的溶解度高于 Al_2O_3，大量的 Fe_2O_3 溶解于方镁石中，降低液相出现的数量。因此它对于镁质耐火材料的危害比 Al_2O_3 小，在一定条件下还可以提高制品的荷重软化温度与促进烧结。

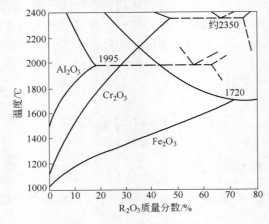

图 6-3　MgO-R$_2$O$_3$系相图

6.1.1.3　尖晶石-硅酸盐系

镁质耐火材料中的 Al_2O_3、Cr_2O_3 和 Fe_2O_3 在一定温度下与 MgO 反应生成尖晶石 MA（$MgO \cdot Al_2O_3$）、MK（$MgO \cdot Cr_2O_3$）、MF（$MgO \cdot Fe_2O_3$）。它们与硅酸盐构成的二元系统对镁质耐火材料的高温性能有重要影响。表 6-1 列出这三种尖晶石与四种常见的硅酸盐形成的尖晶石-硅酸盐系统的固化温度。

表 6-1　尖晶石-硅酸盐系统及其固化温度

系统	固化温度/℃	系统	固化温度/℃	系统	固化温度/℃
MA-M₂S	1720	MK-M₂S	1860	MF-M₂S	约1690
MA-CMS	1410	MK-CMS	1490	MF-CMS	1410
MA-C₃MS₂	1430	MK-C₃MS₂	1490	MF-C₃MS₂	—
MA-C₂S	1417	MK-C₂S	约1700	MF-C₂S	1380

注：M 表示 MgO，A 表示 Al_2O_3，C 表示 CaO，F 表示 Fe_2O_3（FeO），K 表示 Cr_2O_3，S 表示 SiO_2，后文中用相同表示方法。

尖晶石与镁橄榄石 M_2S（$2MgO \cdot SiO_2$）形成的二元系的共熔点温度都较高。在其他硅酸盐与尖晶石构成的系统中，除 $MK-C_2S$（$2CaO \cdot SiO_2$）外，无变量点温度都较低。此外，含 Cr_2O_3 系统的无变点温度较高。因此，镁质材料的次要矿物应以 M_2S 和 C_2S 为主，避免或尽可能减少 CMS（$CaO \cdot MgO \cdot SiO_2$）和 C_3MS_2（$3CaO \cdot MgO \cdot 2SiO_2$）的含量。这就是常要求镁砂中 CaO/SiO_2 摩尔比大于 2 的原因。

图 6-4 表示 $MA-MK-C_2S$ 体系的熔融关系，体系中尖晶石呈连续固溶体，因此，有一个共熔线把 C_2S 和尖晶石的初晶区分开。图中仅表示出 C_2S 超过 50% 的浓度三角形部分。由图可以归纳出：

（1）C_2S 与 MA 的共熔温度很低，只有 1418℃，大大低于 C_2S 与 MA 的熔点。

（2）随着 Cr_2O_3 逐渐取代尖晶石中 Al_2O_3，边界线温度趋于上升。当尖晶石中 Al_2O_3 被 Cr_2O_3 完全取代后，液相面上边界温度增加约 300℃，即 C_2S 和 MK 共熔点比 C_2S 和 MA 共熔点约高 300℃。

（3）随着尖晶石中的 Al_2O_3 被 Cr_2O_3 取代，尖晶石中的 Cr_2O_3/Al_2O_3 比增加，尖晶石相在硅酸盐熔液中的溶解度逐渐降低。C_2S 和尖晶石混合物在一定温度下形成的液相量随着尖晶石相 Cr_2O_3/Al_2O_3 比的增加而减少。这一点亦可利用未考虑固溶体影响的 $MA-MK-C_2S$ 系 1650℃ 等温截面简化图（图 6-5）得到解释。由图 6-5 根据杠杆规则可知，1650℃ 下，

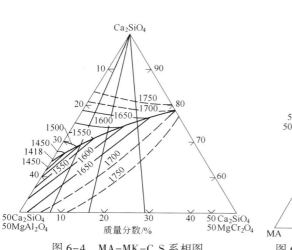

图 6-4　$MA-MK-C_2S$ 系相图

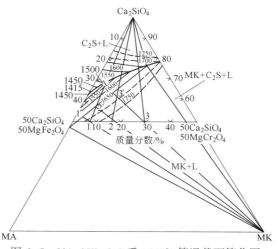

图 6-5　$MA-MK-C_2S$ 系 1650℃ 等温截面简化图

组成点液相量：L1＝(1-MK)/(1-1')，L2＝(2-MK)/(2-2')，L3＝(3-MK)/(3-3')，且 L1>L2>L3。

　　同样，在 MF-MK-C₂S 系统中，Cr_2O_3/Fe_2O_3 比对低熔点及液相量也有影响。尖晶石中 Fe_2O_3 被 Cr_2O_3 取代时，低熔点由 1415℃增加到 1700℃，且尖晶石相在液相中溶解度比 MA-MK-C₂S 系（图 6-6）中降得更快。可见，含少量硅酸盐的尖晶石混合物，在给定的温度下形成的熔体数量随 Cr_2O_3/Fe_2O_3 比的增加而减少。

　　如图 6-7 所示，当尖晶石中 Fe_2O_3 被 Al_2O_3 取代后，二元共熔温度从 1415℃增加到 1418℃，影响很小。但从等温线趋势判断，在含少量硅酸盐的尖晶石混合物中，在给定的温度下，尖晶石在硅酸盐液相中的溶解度随 Al_2O_3/Fe_2O_3 比的增加也有所降低。含二元尖晶石和 CMS 的系统，也有与上述相仿的情况。

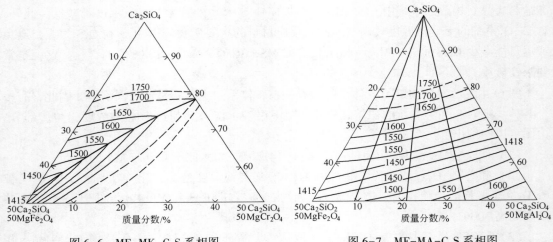

图 6-6　MF-MK-C₂S 系相图　　　　　　图 6-7　MF-MA-C₂S 系相图

　　图 6-8 示出由二元混合尖晶石与硅酸盐构成的二元系统始熔或固化温度随尖晶石比例变化的情况。以 Cr_2O_3 取代 Al_2O_3 或 Fe_2O_3 均能显著提高系统的始熔温度，而以 Al_2O_3 代替 Fe_2O_3，提高不显著。

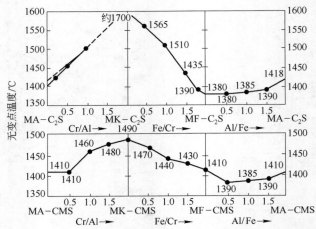

图 6-8　R_2O_3 端元比例对二元混合尖晶石-硅酸盐系统固化温度的影响

图 6-9 给出尖晶石在 CMS 高温熔体中溶解度及在方镁石中溶解度随不同尖晶石变化的情况。由上述可知，尖晶石中 R_2O_3 在硅酸盐液相的溶解度顺序：$Cr_2O_3 \ll Al_2O_3 < Fe_2O_3$，尖晶石中 R_2O_3 在方镁石中的溶解度顺序：$Al_2O_3 < Cr_2O_3 \ll Fe_2O_3$。与尖晶石向氧化镁中固溶相比，高温下尖晶石更容易向硅酸盐液相中溶解。不同尖晶石向方镁石及液相的溶解能力不同，MK 主要固溶于方镁石中，MA 主要在硅酸盐液相中溶解，而 MF 同时存在这两个过程。

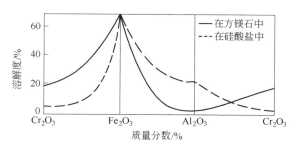

图 6-9 尖晶石在方镁石和硅酸盐相中的溶解度

对硅酸盐含量或 CaO/SiO_2 比值一定的材料，若要提高始熔温度，则要提高尖晶石中 Cr_2O_3 对 Al_2O_3 或 Fe_2O_3 的比例。当原料为不含 R_2O_3 的镁砂时，将 Cr_2O_3 加入含有 C_2S 的镁砂中会降低始熔温度。因为 MgO-C_2S 的共熔点近似为 1800℃，而 MK-C_2S 的共熔点是 1700℃，所以，MgO-MK-C_2S 三元共熔点将比 1700℃ 更低。但当制品在使用中吸收氧化铁后，加入 Cr_2O_3 的好处则可显现出来。

6.1.1.4 MgO-CaO-SiO_2 系

镁质材料中的 CaO/SiO_2 比影响其相组成，CaO/SiO_2 比与相组成及其固化温度示于表 6-2 中。由表可知，CaO/SiO_2 比是决定镁质耐火材料矿物组成和高温性能的关键因素。在这些硅酸盐中，三元化合物熔点都低，二元化合物熔点则很高。当 CaO/SiO_2 质量比不小于 1.87 时，由于生成高熔化温度的矿物而不致显著降低耐火性能；当 CaO/SiO_2 质量比小于 1.87 时，由于始熔温度变低，严重影响镁质材料的耐火性能。

表 6-2 镁质耐火材料的 CaO/SiO_2 和相组成的关系

C/S 分子比	0	0~1.0	1.0	1~1.5	1.5	1.5~2.0	2.0
C/S 质量比	0	0~0.93	0.93	0.93~1.4	1.4	1.4~1.87	1.87
相组成	MgO M$_2$S	MgO M$_2$S CMS	MgO CMS	MgO CMS C$_3$MS$_2$	MgO C$_3$MS$_2$	MgO C$_3$MS$_2$ C$_2$S	MgO C$_2$S
固化温度/℃	1860	1502	1490	1490	1575	1575	1890

6.1.1.5 MgO-尖晶石-硅酸盐系

由于这一体系中包含了镁质耐火材料的主要物相，它对于镁质耐火材料的组成与性质有很大影响。该三元系的固化温度列于表 6-3 中。

表 6-3 方镁石-尖晶石-硅酸盐系统及其固化温度

系统	固化温度/℃	系统	固化温度/℃	系统	固化温度/℃
$MgO-MA-M_2S$	1710	$MgO-MK-M_2S$	1850	$MgO-MF-M_2S$	
$MgO-MA-CMS$	1410	$MgO-MK-CMS$	1490	$MgO-MF-CMS$	
$MgO-MA-C_3MS_2$	1430	$MgO-MK-C_3MS_2$	1490	$MgO-MF-C_3MS_2$	1410
$MgO-MA-C_2S$	1415	$MgO-MK-C_2S$	约1700	$MgO-MF-C_2S$	

　　与表 6-1 相比较，可见在尖晶石-硅酸盐系统中加入 MgO 后形成的 MgO-尖晶石-硅酸盐三元系的无变量点温度与原二元系相比没有变化或变化很小，其规律性与二元系统基本一致。表中 $MgO-MA-M_2S$、$MgO-MK-M_2S$、$MgO-MK-C_2S$ 固化温度较高。

6.1.1.6　$MgO-CaO-Al_2O_3-Fe_2O_3-SiO_2$ 系

　　用五元系来描述镁质耐火材料的组成更加符合实际。该系统中，可与方镁石处于平衡的矿物只有 13 个，如表 6-4 所示。

表 6-4 与方镁石处于平衡的 13 个矿物的熔点

矿物	MF	CMS	MA	M_2S	C_3MS_2	C_2S	C_4AF	CA	C_5A_3	C_3A	C_3S	CaO	C_2F
熔点/℃	1750 不一致	1498 不一致	2130	1890	1575	2130	1415	1600	1485	1545 不一致	1900 分解	2570	1435

　　在这些系统中加入 FeO（熔点 1370℃）和 MnO（熔点 1785℃）时不产生新相，而只以固溶体存在。系统中硅酸盐平衡相的种类取决于 CaO/SiO_2 比值。与方镁石平衡的 13 个矿物仅构成 12 个与方镁石共存的平衡组。表 6-5 列出平衡矿物共存的条件及其计算公式。

表 6-5 平衡矿物共存的条件及其计算公式

组别	条件	平衡矿物及矿物组成的计算公式
1	$0<C/S<0.93$	$MF=1.25F$；$CMS=2.80C$；$MA=1.40A$；$M_2S=2.38(S-1.06C)$
2	$0.93<C/S<1.40$	$MF=1.25F$；$C_3MS_2=5.45(1.08C-S)$；$MA=1.40A$；$CMS=5.6(1.39S-C)$
3	$1.40<C/S<1.87$	$MF=1.25F$；$C_3MS_2=6.0(1.86S-C)$；$MA=1.40A$；$C_2S=6.25(C-1.40S)$
4	$0<C-1.87S<1.40F$ 及 $2.20A$	$C_2S=2.87S$；$MF=1.25(F-0.33C_4AF)$；$C_4AF=2.16(C-1.87S)$；$MA=1.40(A-0.21C_4AF)$
5	$0<\dfrac{C-1.87S-2.20A}{F-1.57A}<0.70$	$C_2S=2.87S$；$C_2F=2.42(C-1.87S-2.20A)$；$C_4AF=4.77A$；$MF=1.25(F-1.57A-0.58C_2F)$
6	$0<\dfrac{C-1.87S-1.40F}{A-0.64F}<0.55$	$C_2S=2.87S$；$CA=1.55(C-1.87S-1.40F)$；$C_4AF=3.04F$；$MA=1.40(A-0.64F-0.65CA)$
7	$0.55<\dfrac{C-1.87S-1.40A}{A-0.64F}<0.93$	$C_2S=2.87S$；$CA=1.55(2.5A+5.11S+2.22F-2.73C)$；$C_4AF=3.04F$；$C_3A2=1.92(2.73C-5.11S-1.50A-2.86F)$

续表 6-5

组别	条件	平衡矿物及矿物组成的计算公式
8	$0.93 < \dfrac{C-1.87S-1.40A}{A-0.64F} < 1.65$	$C_2S=2.87S$；$C_3A=2.65(1.87C-1.25A-2.56S-1.11F)$； $C_4AF=3.04F$；$C_5A_3=1.92(2.25A+2.56S+0.47F-1.37C)$
9	$A/F<0.64$，$0.67<KH<1$	$C_4AF=4.77A$；$C_3S=3.80(3KH-2)S$；$C_2F=1.70(F-1.57A)$； $C_2S=8.61(1-KH)S$
10	$A/F>0.64$，$0.67<KH<1$	$C_4AF=3.04F$；$C_3S=3.80(3KH-2)S$；$C_3A=2.65(A-0.64F)$； $C_2S=8.61(1-KH)S$
11	$A/F<0.64$，$KH>1$	$C_4AF=4.77A$；$C_3S=3.80S$；$C_2F=1.70(F-1.57A)$； $CaO=C-2.20A-2.8S-0.41C_2F$
12	$A/F>0.64$，$KH>1$	$C_4AF=3.04F$；$C_3S=3.80S$；$C_3A=2.65(A-0.64F)$； $CaO=C-1.40F-2.8S-0.42C_3A$

注：C 表示 CaO，M 表示 MgO，A 表示 Al_2O_3，F 表示 Fe_2O_3，S 表示 SiO_2，下标表示系数。如 C_3MS_2 即为 $3CaO \cdot MgO \cdot 2SiO_2$。

表 6-5 中 KH 为石灰饱和系数，对于该五元系来说，它表示处于该系统中全部 Fe_2O_3 和 Al_2O_3 都结合为 C_4AF、C_2F 或 C_3A 后剩余的 CaO 对 SiO_2 的饱和情况。其计算方法为：

当 $w(Al_2O_3)/w(Fe_2O_3) < 0.64$ 时，$KH=(C-0.7F-1.1A)/2.8S$；

当 $w(Al_2O_3)/w(Fe_2O_3) > 0.64$ 时，$KH=(C-0.35F-1.65A)/2.8S$。

镁质耐火材料的化学组成及 CaO/SiO_2 决定着材料的平衡矿物组成。这一规律能使我们从已知的化学组成较精确地预测产品的矿物组成，进而分析出产品的性能；反之，也能利用它粗略地计算出具有预期性能材料的化学组成和配料比。

6.1.2 镁质耐火材料的化学组成对性能的影响

6.1.2.1 CaO 和 SiO_2 的影响

镁质耐火材料的 CaO 和 SiO_2，即 CaO/SiO_2 比对应着不同的结合相。这些结合相对砖的性能，尤其高温强度有很大的影响。这方面有不少的研究工作。例如当 CaO/SiO_2 比为 2.0~2.5，SiO_2 质量分数为 0.8%~0.9% 时，砖的显气孔率最低，1400℃ 下的抗折强度最高，1500℃ 蠕变速率最小。在 1500~1600℃ 温度下不同 CaO/SiO_2 比对含 SiO_2 质量分数为 0.3% 和 0.85% 的镁砖高温抗折强度有较大影响，当 $CaO/SiO_2 > 2.0$ 时，可获得最高强度；若 SiO_2 含量增加，获得最高强度时的 CaO/SiO_2 也相应降低。SiO_2 质量分数为 0.3%~0.85%、CaO/SiO_2 比为 3.0 的镁砖，其高温变形量随 SiO_2 含量的增加而增大，而随 MgO 含量的提高而减小。CaO 与 SiO_2 为镁质耐火材料的两种主要杂质，在考虑它们对镁质耐火材料性质影响时，不仅要考虑它们的含量，还要考虑它们的比例。首先，希望 SiO_2 含量尽可能地低；其次，在 SiO_2 含量一定时，应使 CaO/SiO_2 比在适当的范围内，通常希望 CaO/SiO_2 大于 2。但合理值还受 SiO_2 含量等因素的影响。表 6-6 中给出了不同 C/S 比及不同 SiO_2 与 CaO 含量的镁质耐火材料的荷重软化温度。可见，氧化镁含量高，而 C/S 比小的制品的荷重软化温度并不高。C/S 比对荷重软化温度有较大影响。

表 6-6　不同 C/S 比的镁质制品的荷重软化温度

序号	化学成分/%			C/S（质量比）	荷重软化温度/℃
	MgO	CaO	SiO$_2$		
1	92.9	1.19	3.16	0.38	1550
2	87.8	1.50	8.0	0.19	1640
3	84.46	7.74	3.4	2.28	1900
4	85.22	8.31	2.88	2.89	1840

通过引入少量外加物，如稀土氧化物、WO_3、ZrO_2 或 $ZrSiO_4$ 等，可提高镁质制品的高温性能。如少量 WO_3 的加入，由于形成 $CaWO_4$ 相使高温性能得到改善；但是，WO_3 加入量增大，对高温性能反而有害。图 6-10 为添加 WO_3 的镁质制品的显微结构。

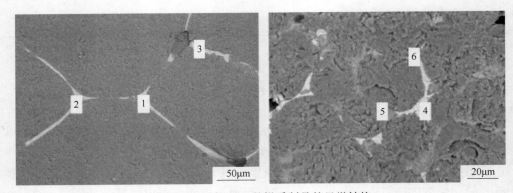

图 6-10　添加 WO_3 的镁质制品的显微结构
1，2，3—$CaWO_4$；4，5—$CaWO_4$+$MgWO_4$+C_3S(m)+CMS(m)；6—C_2S

6.1.2.2　Al_2O_3、Fe_2O_3 和 Cr_2O_3 的影响

在天然菱镁矿制取的镁砂中，通常含有 Al_2O_3 和 Fe_2O_3 等杂质。对于我国辽宁菱镁矿而言，Al_2O_3 和 Fe_2O_3 含量较低，一般分别在 0.2%～0.3% 和 0.6%～0.8% 之间。尽管较低，但对镁砖高温强度有不同程度的影响。

当镁砖中的 CaO 和 SiO_2 含量极低，而且 CaO/SiO_2 比很低的条件下，可将系统视为 $MgO-Al_2O_3$、$MgO-Fe_2O_3$ 和 $MgO-Cr_2O_3$ 系。其相平衡关系的特点表明 Al_2O_3、Fe_2O_3 和 Cr_2O_3 对镁砖的高温性能起有益的作用。

当镁砖中的 CaO 和 SiO_2 含量较高、且 CaO/SiO_2 比较高时，可用尖晶石-C_2S 相图来说明。尽管 MA、MK、MF 和 C_2S 均为高耐火相，其熔点分别为 2135℃、2180℃、1720℃（确切地说应为分解温度）和 2130℃。但这些尖晶石和 C_2S 共存，其熔点显著降低，共熔点温度分别为 1418℃、1700℃ 和 1380℃。并且，由尖晶石在硅酸盐中溶解度可知，这些倍半氧化物对镁砖高温强度的影响，应以 Fe_2O_3 为最大，其次是 Al_2O_3。当 CaO/SiO_2 比较高时（3.0），由于 Fe_2O_3 和 Al_2O_3 与 CaO 反应生成铁酸钙和铝酸钙或铁铝酸四钙等低熔相，Fe_2O_3 和 Al_2O_3 都明显降低镁砖的高温强度。

6.1.2.3　B_2O_3 的影响

B_2O_3 来源于海水镁砂或盐湖镁砂，天然菱镁矿中含 B_2O_3 极少或几乎没有。即使海水镁砂、盐湖镁砂中含 B_2O_3 也仅千分之几，但对高纯镁砖高温强度的有害影响却非常大。如砖的结合相为高熔点 C_2S 相，当有 B_2O_3 存在时，其结合相将在 1150℃ 左右发生熔融，破坏砖的原始组织结构，从而显著降低砖的高温强度。砖的高温抗折强度随 B_2O_3 含量的提高而降低，随 CaO/SiO_2 比的增大而明显增高。另据报道，B_2O_3 对 C_2S 结合的高纯镁砖的高温抗折强度的有害影响是 Al_2O_3 的 7 倍，Fe_2O_3 的 70 倍，如表 6-7 所示。因此，在生产海水或盐湖镁砂过程中，要特别注重去 B_2O_3 工艺，使镁砂中的 B_2O_3 含量尽可能降到最低，B_2O_3 质量分数应不超过 0.03%。

表 6-7　R_2O_3 型氧化物杂质对含 C_2S 的镁砖的高温断裂模量（1500℃）的影响

R_2O_3 添加物	添加物数量/%	加入 0.01% R_2O_3 引起的强度下降值（平均）/MPa	加入 1mol R_2O_3 引起的强度下降比较
B_2O_3	0.01~0.07	11.0	×70
Al_2O_3	0.0~0.5	1.2	×11
Cr_2O_3	0.0~0.5	0.2	×3
Fe_2O_3	0.0~1.5	0.07	×1

6.1.3　镁质耐火材料的结合相及其显微结构对性能的影响

6.1.3.1　结合相

镁质耐火材料的主晶相为方镁石，它使镁质耐火材料具有高耐火、抗碱性渣、氧化铁渣性能好的基本特点，然而，结合相的性质及其分布往往成为制品的薄弱环节，因此成为制约制品优劣的关键。主要结合物质有下列几种。

（1）硅酸盐。镁质耐火材料可能存在的硅酸盐矿物有 C_3S、C_2S、C_3MS_2、CMS、M_2S 等。由于它们本身或者与 MgO 构成的二元系的液化温度的不同，它们对镁质制品的荷重软化温度以及蠕变有影响。表 6-8 中给出不同结合相对镁质制品中蠕变速度的影响。

表 6-8　C/S 比对镁质制品蠕变的影响

C/S 比	基质硅酸盐相	变形速度
1:1	CMS, C_3MS_2	高速度
2:1	C_2S	低速度
1:3	M_2S, CMS	与 2:1 变形速度大约相同
3:1	C_3S, C_4AF	低速度

表 6-9 列出了硅酸盐结合相对镁质制品性能的影响。以 C_3S 为结合物的镁质耐火材料荷重变形温度高、抗渣性好，但烧结性差、生产比较困难。若配料不准或混合不均，烧后得到的不是 C_3S，而是 C_2S 和 CaO 的混合物。由于 C_2S 的晶型转变和 CaO 的水化，容易使制品开裂，因此生产中应加以控制。

以 C_3MS_2、CMS 为结合物的制品荷重变形温度低、耐压强度小，不是有利的组成。

表 6-9　硅酸盐结合相对镁质制品性能的影响

矿物	熔点或分解温度/℃	对镁质制品性能影响			其他
		烧结	荷重软化温度	耐压强度	
M_2S	1890	不利	提高	高	抗渣性好
CMS	1498 分解	—	降低	小	
C_3MS_2	1575 分解	—	降低	小	
C_2S	2130	很差	提高	晶型转变（稳定剂）	抗渣性好
C_3S	1900 分解	很差	提高		抗渣性好

　　以 C_2S 为结合物的制品烧结性差，但荷重变形温度高。实践证明，只要有足够高的烧成温度，就能获得良好的烧结制品。由于 C_2S 的晶型转变会引起制品开裂，所以生产时，当 CaO 含量足够高时，需加入 C_2S 的稳定剂，如 B_2O_3、P_2O_5 或 Cr_2O_3 等。

　　以 M_2S 为结合物的制品烧结性也很差，但由于制品的高荷重变形温度和足够高的耐压强度，而且没有 C_2S 有害的晶型转变，使得 M_2S 成为镁质制品较好的结合物。

　　以 C_2S 或 M_2S 为结合物的制品具有较高的荷重变形温度，因为这些结合物的熔点及其与 MgO 所形成的低共熔物的熔融温度高。晶体的晶格强度大和高温下的塑性变形小，晶体颗粒呈针状和尖棱状，因而提高了制品的抗剪应力能力。硅酸盐结合物在熔融前都不利于制品的烧结，这与硅酸盐的晶体结构有关。此外，硅酸盐（特别是 C_2S）存在于方镁石颗粒间形成分隔层，从而增加镁离子的扩散阻力，阻碍方镁石的再结晶。

　　抗渣性主要取决于制品的组织结构和化学成分，尤其是结合物的组成。在一般情况下，以 CMS 为结合物的比以 C_2S 和 M_2S 为结合物的制品要致密些，但因前者始熔温度较后者低，而且 C_2S 或 M_2S 对碱性或氧化铁渣的化学稳定性高，所以以 C_2S 或 M_2S 为结合物的制品抗渣性更好。

　　(2) 铁的氧化物和铁酸盐。在镁质耐火材料中，FeO 溶解在方镁石中以 $(Mg \cdot Fe)O$ 形式存在，Fe_2O_3 则形成 MF 或 C_2F。MF 或 C_2F 也能部分地溶解在方镁石中形成有限固溶体，Fe_2O_3 对方镁石烧结的促进作用比 FeO 显著，特别是高温时更如此。

　　C_2F 的熔点低，熔融物的黏度小且对方镁石有良好的润湿能力，也能部分地溶解在方镁石中活化方镁石晶格。因而，以 C_2F 作为镁质耐火材料的结合物，在不高的烧成温度下就能得到致密而坚固的制品。但是，由于其熔点低和熔融后得到的液相黏度小，使制品的耐火性能特别是荷重变形温度大大降低。因此，只有在特殊的使用条件下，才能采用 C_2F 作为镁质耐火材料的结合物。MF 在方镁石中的溶解度随温度变化波动很大。在高温下，大量 MF 溶解到方镁石晶格中。在低温度下，则以具有较弱的各向异性的枝状晶体和颗粒状包裹体沉析在方镁石颗粒的表面和解理裂纹中，形成晶间、晶内尖晶石如图 6-11 所示。MF 在方镁石中的溶解度随温度的波动而变化时，有助于方镁石晶格的活化，因而，有利于促进方镁石晶体的生长和制品的烧结。MF 在方镁石中的溶解度随温度波动的剧烈变化会降低镁质材料的热震稳定性。因温度波动引起 MF 在材料中的不均匀分布以及由 MF 在方镁石的溶解而引起方镁石塑性的降低都是降低材料热震稳定性的因素。此外，铁氧化物的氧化和还原都伴随较大的体积变化，如图6-12所示。气氛条件经常波动是含铁量高的镁质材料损坏的一个重要因素。因此，如果材料是在气氛经常波动的条件下使用，则其铁含量应加以限制。某些研究表明，镁质材料的铁含量不超过10%时，对材料的耐火性能和荷重软化温度无显著影响。

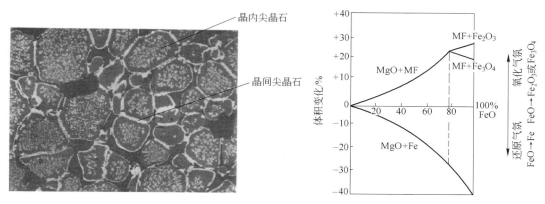

图6-11 MF胶结方镁石的显微结构　　　　图6-12 （Mg，Fe）O氧化还原时的体积变化

6.1.3.2 显微结构特点及对性质的影响

从显微结构看，镁质耐火材料是由主晶相方镁石和不同熔点、不同数量的硅酸盐（当然还有铁酸盐相）构成的。低纯镁砂或镁砖和高纯镁砂或镁砖的显微结构截然不同。前者大量的低熔点硅酸盐相呈连续或基本连续分布在方镁石晶粒周围，方镁石晶粒被硅酸盐相所包裹，方镁石相之间很少看到直接接合。当温度达到硅酸盐相与方镁石的低共熔点时，存在于方镁石晶粒周围的硅酸盐层逐渐变成液态，方镁石晶粒间失去结合力，从而降低了材料的强度。后者低熔点硅酸盐相很少，呈孤岛状存在于方镁石晶粒之间，直接结合率高，称为"直接结合制品"。由于在高温度下仍基本保持这种结构特征，因此，直接结合高纯镁砖具有较高的高温强度。由此可见，显微结构的控制与组成控制一样，对耐火材料的性能起着至关重要的作用。

能否实现直接结合，取决于晶粒边界与相边界间的平衡关系：

$$\gamma_{per-per} = 2\gamma_{per-liq}\cos\frac{\varphi_{per-per}}{2} \tag{6-1}$$

式中　$\gamma_{per-per}$——方镁石晶界能；

$\gamma_{per-liq}$——方镁石/硅酸盐相界面能；

$\varphi_{per-per}$——二面角。

当$\varphi_{per-per} \geqslant 120°$，硅酸盐相在方镁石晶界无渗透；当$\varphi_{per-per}$减小（<60°），硅酸盐相在方镁石晶界渗透加重；当$\varphi_{per-per} = 0°$时，方镁石晶界完全被硅酸盐相润湿因而大量渗透。因此，二面角φ越大，方镁石晶粒直接接触程度越高。直接结合程度亦可采用抛光面在显微镜下的固-固接触数目N_{ss}占总接触数目N（N_{ss}和固-液接触数目N_{sl}之和）的分数来表示，称为直接结合率。人们俗称的"三高"制品（即高纯原料、高压成型和高温烧成）正是为了获得高直接结合率的显微结构。

  多相耐火材料的情况比较复杂，但上述规律仍然适用。图 6-13、图 6-14 表示加入 Fe_2O_3、Cr_2O_3 对方镁石晶粒间二面角及直接结合程度的影响。少量 Fe_2O_3、Cr_2O_3、Al_2O_3 存在时，由于 Cr_2O_3 易向方镁石中固溶，Al_2O_3 偏向硅酸盐液相中溶解，而 MF 可同时向方镁石、硅酸盐液相中溶解，因此，Cr_2O_3 加入使二面角和 N_{ss}/N_{sl} 增大，从而促进直接结合，而加入 Fe_2O_3 则作用相反。一些实验证明，加入 Al_2O_3 的作用实际上同 Fe_2O_3 一样。所以，镁砂原料中氧化铁含量应适当控制。温度对 φ 的影响与组成有关，就 MgO 85%、CMS 15% 的组成来说，加入 Al_2O_3 或 Fe_2O_3 时温度对 φ 的影响不大，而加入 Cr_2O_3 时温度影响很大，随着温度提高 φ 减小。加入 TiO_2 时在 1725℃下，φ 减小，影响程度比加入 Al_2O_3、Fe_2O_3 大。其耐高温性顺序：MK > MA ≫ MF。MF 尖晶石在高温真空条件（如氧分压 $10^{-9} \sim 10^{-4}$Pa）下，因为容易分解其耐高温性能将进一步降低。

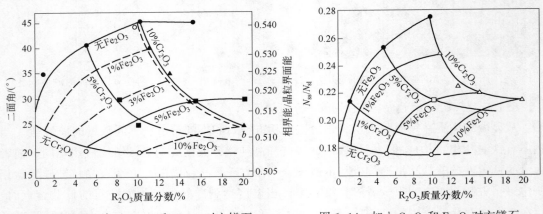

图 6-13   加入 Cr_2O_3 和 Fe_2O_3 对方镁石晶粒间形成二面角的影响

图 6-14   加入 Cr_2O_3 和 Fe_2O_3 对方镁石晶粒间接触与其液相接触比值的影响

  图 6-15 表示在 1725℃下改变 CaO/SiO_2 比值对方镁石间形成的 N_{ss}/N 的影响。在所有情况下，直接结合程度随 CaO/SiO_2 的增加而增加。N_{ss}/N 的最大值是含 5% Cr_2O_3 和 CaO/SiO_2 比高的混合物。

  MgO-CaO 直接结合程度比 MgO-MgO、CaO-CaO 之间的直接结合程度大得多，这是由它的二面角不同所致。相关二面角数值为：$\varphi_{MgO-MgO} = 15°$，$\varphi_{CaO-CaO} = 10°$，$\varphi_{MgO-CaO} = 35°$。图 6-16 展示了 $CaO-MgO-Fe_2O_3$ 系中固相接触程度随 CaO/MgO 的变化情况。

  MgO-MK-CMS 混合物在 1700℃下煅烧，其所得到的耐火材料的直接结合比率可用图 6-17 表示。各种结合随着 MgO/Cr_2O_3 比而变化。可发现方镁石与尖晶石间的直接结合率 $N_{m,sp}/N$ 比纯方镁石间（$N_{m,m}/N$）和纯尖晶石间（$N_{sp,sp}/N$）的大得多。在两虚线之间，N_{ss}/N 有极大值，这表明尖晶石有在方镁石晶粒或颗粒之间"搭桥"的作用。同样，对以高熔点的 C_2S 和 M_2S 作为次晶相的镁质耐火材料，C_2S、M_2S 都有助于 N_{ss}/N 的提高。但是，必须指出，次晶相应达到一定数量（如 ≥15%）并在方镁石晶粒或颗粒之间形成连续的网络结构，才能明显地表现出多相材料有利于直接结合的优越性。这也正是镁铬砖、镁铝或尖晶石砖、镁钙砖、镁锆砖、镁钙锆砖以及镁橄榄石结合镁质耐火材料的理论基础之一。

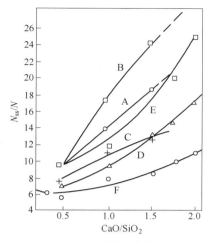

图 6-15　CaO/SiO_2 比对混合物的 N_{ss}/N 的影响

A—无加入物；B—5%Cr_2O_3；C—5%Fe_2O_3；D—1%Al_2O_3；E—1%Al_2O_3+17% Cr_2O_3；F—1%Al_2O_3

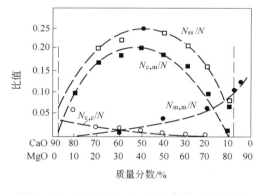

图 6-16　CaO-MgO-Fe_2O_3 混合物 1550℃下
界面接触同 CaO/MgO 比例关系

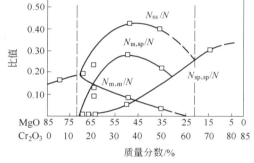

图 6-17　1700℃ MgO/Cr_2O_3 比
对各种界面接触的影响

　　在第 2 章中已经指出，所谓"直接结合"也是相对的。任何两个晶粒之间总存在有晶界，晶界中存在有较多的杂质与晶格不规则排列。因此，严格地讲，两个晶粒或多个晶粒之间并不存在完全的直接结合。镁质材料直接结合程度提高将增强其高温力学性能、抗渣渗透性能和抗热震性能。为了提高镁质材料直接结合程度，可采取以下措施：（1）提高配料纯度；（2）引入 Cr_2O_3；（3）以尖晶石、CaO、C_2S、M_2S 等高熔点物相作为次晶相。

　　除了前面提到的相组成与分布、直接结合程度外，晶粒尺寸也是影响碱性耐火材料性能的重要因素之一。晶粒尺寸的作用主要在两个方面：一方面是影响抗渣性，由于晶界中的晶体结构不完整并集中较多的杂质，成为熔渣等侵蚀介质入侵的通道，晶粒越大，晶界的数目就越小，材料的抗侵蚀能力就越强；另一方面晶粒尺寸越大，晶界数目减小，高温下晶界滑移减小从而提高耐火材料抗高温蠕变性等高温性能。Bhagiratha 曾研究了方镁石晶粒尺寸对玻璃窑蓄热室上部用高纯镁砖抗蠕变性及抗侵蚀性的影响。表 6-10 中列出四种砖的性质及晶粒尺寸。

表 6-10　镁砖的性质与成分

性质与成分		制品 A	制品 B	制品 C	制品 D
物理性质	显气孔率/%	13.2	13.8	13.6	12.8
		13.5	14.2	13.9	13.3
	体积密度/g·cm^{-3}	3.03	2.99	3.06	3.05
		3.04	2.02	3.07	3.06
	耐压强度/MPa	98.8	84.0	85.7	92.5
		103.0	92.0	99.4	99.3
	荷重软化开始温度/℃	1770	1760	1780	1770
	高温抗折强度（1500℃）/MPa	13.6	10.8	14.2	10.4
	平均方镁石晶粒尺寸/μm	80	—	350	300
1600℃、0.2MPa 下的压蠕变率/%	0~25h	0.67	0.72	0.04	0.096
	5~25h	0.32	0.27	0.0	0.0
化学成分（质量分数）/%	MgO	98.25	97.3	97.6	97.2
	CaO	0.7	1.18	1.02	1.22
	SiO$_2$	0.34	0.49	0.45	0.54
	Fe$_2$O$_3$	0.32	0.56	0.38	0.58
	Al$_2$O$_3$	0.06	0.1	0.08	0.12

　　由表 6-10 可见，试样 A 为高纯镁砖，其中含硅酸盐相很少，晶粒尺寸也小，其蠕变量比杂质含量稍高、但晶粒尺寸大得多的 C 号与 D 号大很多。在日产 350t 的玻璃池窑的蓄热室上部进行了对比工业试验，窑温在 1560~1570℃之间，蓄热室顶部的温度在 1420~1430℃之间。得到如表 6-11 所示的结果。可见，C 砖具有优异的使用性能。它的使用寿命在两年以上。而 A 砖在使用一年半至两年后即被拆除。在使用试验中 B 砖的效果最差。可见晶粒尺寸大有利于提高抗侵蚀能力。

表 6-11　蓄热室隔墙渣蚀深度　　　　　　　　　　（mm）

点		1	2	3	4	5	6
使用 3 个月后	试验砖 A	45	44	46	68	66	65
	试验砖 C	—	—	—	—	—	—
使用 6 个月后	试验砖 A	76	92	78	90	95	85
	试验砖 C	6	6	7	9	5	4
使用 1 年后	试验砖 A	87	136	100	112	120	110
	试验砖 C	9	9	10	10	12	6
使用 2 年后	试验砖 A	145	228	170	165	190	160
	试验砖 C	14	16	15	12	20	10

6.1.4 镁质原料

生产镁质耐火材料的原料镁砂的主要化学成分是氧化镁，矿物为方镁石。

方镁石属等轴晶系，无色，呈立方体、八面体或不规则粒状，密度为 $3.56 \sim 3.67g/cm^3$，硬度为5.5，熔点为2800℃。线膨胀系数大，弹性模量大，晶格能大，化学性质稳定。但在1700℃以上开始升华，1800~2400℃显著挥发，使用温度受到局限。氧化镁主要来源于天然菱镁矿、海水、盐湖卤水、白云石、蛇纹石（$3MgO \cdot 2SiO_2 \cdot 2H_2O$）、水镁石（$Mg(OH)_2$）等，其中蛇纹石、水镁石很少用于生产耐火材料。我国的氧化镁耐火原料主要由天然菱镁矿得到。

6.1.4.1 菱镁矿（镁石或生镁石）

菱镁矿是一种几乎完全由 $MgCO_3$ 组成的天然矿石，它的理论组成为：MgO 质量分数为47.82%，CO_2 质量分数为52.18%。天然的菱镁矿是三方晶系或隐质碳酸镁岩，由于其中的杂质不同，颜色可以由白色到浅灰色-暗灰、黄或者灰黄色。晶质菱镁矿的密度为 $2.96\sim3.12g/cm^3$，硬度为3.4~5.0，沿晶面完全解理，具有玻璃光泽。

我国菱镁矿矿床主要分为：沉积变质型、热液变质型及此两者成矿作用叠加型；按产出地质条件和形成方式又可分为：镁质碳酸盐岩层中的晶质菱镁矿床和超基性岩中的隐晶质菱镁矿床两种类型，并以前者为主。

世界上菱镁矿主要分布于俄罗斯、奥地利、希腊、朝鲜、南斯拉夫、印度、加拿大、美国等。我国菱镁矿的总储量约占世界总量的1/4。目前，已累计探明储量31亿吨、保有储量30亿吨，均居世界第一位。我国现已探明27个菱镁矿，存在于辽宁、山东、河北、甘肃、四川、西藏等地，其中，山东莱州（原掖县）含较多的滑石、绿泥石和石英杂质矿物，属高硅菱镁矿；辽宁大石桥、四川含较多的白云石；内蒙古、陕西、青海、新疆、西藏等属隐晶质菱镁矿，蛋白石是最常见杂质。

菱镁矿的质量主要取决于其中的 MgO 含量。目前，世界上许多国家都致力于提高菱镁矿纯度的研究。根据不同矿床类型的矿石性质的不同，分别采用手选、热选、浮选、光电选、磁选、重选及化学选等方法。

（1）浮选法。我国如大石桥、海城、营口及莱州（原掖县）等多采用此法，主要根据润湿性的差异将菱镁矿和滑石分离。其中，一级矿石经浮选后可获得 MgO 质量分数（烧后）在98%以上的特级精矿粉，二级矿石浮选可获得 MgO 质量分数（烧后）在97%以上的高纯精矿粉，而对级外矿的尾矿经精选后还可得到10%左右的滑石精矿。

（2）热选法。菱镁矿经轻烧后，强度降低，变成易磨细的疏松状物料；而滑石等杂质矿物强度较高，不易磨细而成为粗粒。根据主矿物与杂质物易磨性的不同，在细磨后按粒度分级而达到选矿的目的。

6.1.4.2 烧结镁砂

将菱镁矿、水镁石和由海水或卤水中提取的氢氧化镁经煅烧得到烧结镁砂。

以菱镁矿为例说明煅烧过程中发生的物理化学变化。煅烧时，菱镁矿的主要化学成分 $MgCO_3$ 从350℃开始分解，排出 CO_2、生成氧化镁，并伴有很大的体积收缩。温度达到550~650℃时，反应激烈，至1000℃时分解完全。此过程灼减量在47%~52%之间。菱镁矿的分解是自颗粒表面向内部进行的。当表面温度达到分解温度时，先分解生成 MgO，同时使靠近表面的内层晶格发生变化，并进一步分解。如此分解过程由表面向颗粒（晶粒）中心推进。在由表面向中心推进的同时，表面上的氧化镁微晶发生一定程度的烧结而获得一定的强度，使得菱镁矿颗粒的外形得以保留，即所谓的"母盐假象"。"母盐假象"实际上是一个由许多氧化镁微晶构成的团聚体。假象的存在对菱镁矿的烧结有较大影响。当一个由菱镁矿粉料压成的压块中的菱镁矿分解后，这个压块实际上是由许多氧化镁微晶的团聚体堆积而成。团聚体内的氧化镁微晶的活性高，易烧结，而团聚体之间的烧结较慢。这种不均匀烧结特性难以生产出高致密镁砂。由菱镁矿煅烧使其分解得到氧化镁称其为轻烧氧化镁。但是，轻烧氧化镁中微晶氧化镁的团聚结构（母盐假象）妨碍轻烧氧化镁的压缩与烧结。为了消除假象的影响，轻烧氧化镁先经过细磨破坏团聚体结构，再进行压制与烧结，即所谓"二步煅烧"。而用菱镁矿粉直接压块烧结的方法，称为"一步煅烧"。由于能获得高密度，二步煅烧法在实际生产中较为常用。除了预烧之外，还可以通过控制物料的细度、引入微量添加物和控制烧成温度等措施来破坏母盐假象。

此外，在煅烧过程中菱镁矿中的杂质 CaO、SiO_2、Fe_2O_3 等将与 MgO 发生反应生成新化合物。在 600~800℃ 时生成 $CaO \cdot Fe_2O_3$、$2CaO \cdot Fe_2O_3$，在 800~1000℃ 时生成 $2CaO \cdot SiO_2$ 和部分 $CaO \cdot MgO \cdot SiO_2$ 及 MF，在 1000~1200℃ 时生成 MF，1200℃ 及以上生成 CMS、M_2S 和固溶体。

菱镁矿分解温度的高低与 MgO 含量有一定的关系，MgO 质量分数在90%以上时，激烈的分解温度都在725℃以上。同时，与共生的矿物和其他成分也有关，例如，菱镁矿含有碳质，呈深灰色，分解温度都较低，低于720℃。

轻烧镁砂是菱镁矿经 700~1100℃ 煅烧得到的氧化镁，也称轻烧镁石、轻烧氧化镁、轻烧镁粉、轻烧镁、苛性氧化镁、苛性苦土，俗称苦土粉。轻烧氧化镁粉质轻而松软，具多孔结构，密度为 3.07~3.22g/cm³，方镁石晶粒细小（<3μm），反应活性大，易进行固相反应和烧结。与水作用生成 $Mg(OH)_2$ 而硬化，有黏结能力。

图 6-18 为轻烧镁粉水化后 $Mg(OH)_2$ 的显微形貌。轻烧氧化镁具有高活性，主要作为二步煅烧法生产优质镁砂、建筑材料、保温或胶凝材料、转炉溅渣镁球等的原料。轻烧氧化镁的活性受煅烧温度、晶粒尺寸等的影响。煅烧温度对轻烧镁粉比表面积和活性的影响如表 6-12 所示。随着晶粒尺寸增大，轻烧氧化镁活性降低，而方镁石晶粒大小最终又受煅烧温度、保温时间、冷却速度以及 C/S 比等影响。可以采用沸腾炉、悬浮炉、隧道窑、

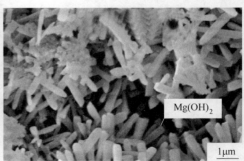

图 6-18　轻烧镁粉水化后 $Mg(OH)_2$ 的显微形貌

反射窑、回转窑等设备煅烧，生产活性氧化镁。其中沸腾炉、悬浮炉得到的轻烧镁活性较隧道窑、反射窑的高，回转窑的活性介于两者之间。

表 6-12　煅烧温度与轻烧镁粉活性及比表面积的关系

煅烧温度/℃	柠檬酸反应活性/s	比表面积/$m^2 \cdot g^{-1}$
650	185	17.40
800	202	14.62
1000	327	7.92
1200	1380	2.13
1400	>3000	0.44

由菱镁矿或轻烧镁粉经 1450~1900℃ 充分烧结而得到的体积密度高、气孔率低的产物为死烧镁砂，也称烧结镁石、重烧镁砂。一般以轻烧镁粉为原料时的死烧温度可比以菱镁矿为原料时的低 100~200℃。死烧镁砂体积致密，根据其杂质含量、相成分及结构不同密度在 2.95~3.65g/cm³ 之间波动。

通常，人们将由海水中得到的氧化镁生产的镁砂称为海水镁砂。它是将海水中的 Mg^{2+} 沉淀制得 $Mg(OH)_2$ 或者水氯镁石为原料经煅烧分解及高温烧结而成。海水镁砂的优点是海水用之不尽，其产品纯度高，MgO 质量分数在 95% 以上，化学成分易于调节，密度为 3.30~3.49g/cm³。海水镁砂生产的基本原理很简单，是利用过饱和原理将海水中 Mg^{2+} 以溶解度较小的 $Mg(OH)_2$ 沉淀出来。一般用较纯的碳酸钙（石灰石）低温煅烧成氧化物，随后水化得到 $Ca(OH)_2$，再用 $Ca(OH)_2$ 与海水中 $MgCl_2$、$MgSO_4$ 反应得到 $Mg(OH)_2$。也可以用煅烧的白云石作沉淀剂。这样可以使海水和白云石中的 $Mg(OH)_2$ 都得以利用，缺点是杂质含量较高。我国西北和西南不少盐湖中含有水氯镁石（$MgCl_2 \cdot 6H_2O$），其为提取钾盐的副产品，加热到 600~800℃ 脱水后得到 MgO，再经高温煅烧得到卤水（盐湖）镁砂。此外，也可以通过煅烧让水氯镁石直接分解得到氧化镁来生产镁砂。

无论海水镁砂还是盐湖镁砂，均属优质镁砂，但其共同弱点是都有少量的强熔剂 B_2O_3，因此，降硼是生产这类镁砂的关键性技术之一。海水镁砂中，B_2O_3 的含量最好低于（CaO 含量+SiO_2 含量）²/100。目前高纯海水镁砂 B_2O_3 质量分数小于 0.1%。降硼的技术措施一是减少氢氧化镁对硼的吸附量，二是高温煅烧脱硼。

判断镁砂的烧结程度通常用体积密度、重烧收缩、水化性能来衡量，也用外观颜色观察。按镁砂纯度不同，镁砂可分为：（1）高档（高纯）镁砂，MgO 质量分数不小于 96%；（2）中档镁砂，MgO 质量分数约为 94%；（3）低档镁砂，MgO 质量分数通常小于 92%。此外还有高铁镁砂、高钙镁砂（二钙砂）等。

6.1.4.3　电熔镁砂

电熔镁砂是由天然菱镁矿、水镁石、轻烧镁粉或烧结镁砂在电弧炉中高温熔融而成的镁质原料。原料在电弧炉中熔融后进行自然冷却，使方镁石晶体从熔体中结晶、长大。冷却后除掉大块上的欠熔体，欠熔体可再返回电弧炉。当采用菱镁矿或生镁石生产电熔镁砂时，大量气体排出，结晶及致密度受到影响。

电熔镁砂多为棕黄色、黑褐色粒状块体，均质性好，其主要矿物为方镁石。电熔镁砂的杂质含量少，硅酸盐含量低且呈孤岛分布。电熔镁砂中的方镁石结晶粗大，晶粒之间直接接触程度较高，这使得方镁石的良好性能得以充分发挥。电熔镁砂的理化指标如表6-13所示。用特殊工艺熔炼可得到无色透明的大晶粒方镁石。

大晶粒镁砂具有优良的结晶性、稳定的晶格常数和线膨胀系数、纯度高、缺陷少等特点，适用于超导体和强绝缘材料薄膜的印刷路板、远红外感应接收器的基片材料等。用电熔的大晶体镁砂制成的耐火材料用于金属熔炼炉腐蚀性强的部位，可提高熔炼炉的使用寿命。

表 6-13　电熔镁砂的理化指标

牌号	MgO 质量分数/%	SiO$_2$ 质量分数/%	CaO 质量分数/%	颗粒体积密度/g·cm^{-3}
DMS-98	≥98	≤0.6	≤1.2	≥3.50
DMS-97.5	≥97.5	≤1.0	≤1.4	≥3.45
DMS-97	≥97	≤1.5	≤1.5	≥3.45
DMS-96	≥96	≤2.2	≤2.0	≥3.45

烧结法制得的大结晶镁砂中方镁石晶粒平均尺寸为 $60 \sim 200\mu m$，而一般电熔镁砂中方镁石晶粒尺寸为 $200 \sim 400\mu m$，大结晶电熔镁砂可达 $700 \sim 1500\mu m$，甚至 $5000\mu m$ 以上。

镁砂是镁质、镁碳质、镁尖晶石质等耐火材料的重要原料。镁砂质量对上述制品的性质有很大影响。通常可以从如下三方面考虑来选择镁砂：

（1）镁砂的化学与矿物组成，可根据相图及表 6-4 及表 6-5 来判断可能生成的矿物相与产生液相的温度。最常用的指标为镁砂中 CaO 与 SiO$_2$ 的物质的量比 CaO/SiO$_2$（C/S）。通常希望 C/S 质量比不大于 0.93 或不小于 1.87，以保证在镁砂中形成高熔点结合相。

（2）镁砂的体积密度与显气孔率。高密度镁砂有较好的抗渣性与抗水化性。

（3）方镁石的晶粒尺寸。大晶粒尺寸有助于提高耐火材料的抗侵蚀能力。

高纯度、高密度与大晶粒镁砂是优质镁砂。为了达到高纯、高密度与大晶粒的目的，需要选用优质原料，高温熔制与烧成。镁砂生产中需要消耗较多的能源，且可利用的优质镁砂资源也有限。因而应根据不同的使用要求，选用合适的镁砂，实现原料的合理配置。

6.1.5　镁砖生产工艺

普通镁砖的生产工艺过程是生产镁质耐火材料乃至碱性耐火材料的基础。高纯镁砖、直接结合镁铬砖等的生产工艺过程与之相类似，只是所用原料种类、纯度、成型压力及烧成温度等参数不同而已。以下主要介绍普通镁砖的生产工艺。

6.1.5.1　原料的要求

我国制造镁砖的主要原料是普通烧结镁砂。这种镁砂是在竖窑中分层加入菱镁矿和焦炭进行煅烧制得的，因此，SiO$_2$ 和 CaO 含量，尤其是 SiO$_2$ 要比菱镁矿中的高。对其要求主要为化学组成和烧结程度。一般要求化学组成应为 MgO 质量分数大于 87%，CaO 质量分数小于 3.5%，SiO$_2$ 质量分数小于 5.0%，同时要求烧结良好，密度应不低于 3.18g/cm^3，灼减小于 0.3%，没有瘤状物，黑块越少越好。

6.1.5.2 颗粒组成及配料

颗粒组成确定则应符合最紧密堆积原理和有利于烧结。临界粒度根据镁砂烧结程度和砖的外观尺寸及单重而定，可选择4mm、3mm、2.5mm、2mm。制造单重大的砖，临界粒度可适当增大。粒度组成一般为：临界粒度至0.5mm的占55%~60%，0.5mm~0.088mm的占5%~10%，小于0.088mm的占35%~40%。

在生产中，也可以加入部分破碎后的废砖坯，其加入量一般不超过15%，或者在成型过程中将废砖坯捣碎，直接掺到泥料中进行成型。

结合剂采用亚硫酸纸浆废液（密度为1.2~1.25g/cm³）或者$MgCl_2$水溶液（卤水）。

6.1.5.3 混练

在轮辗机或混砂机中进行，加料顺序为：颗粒料→纸浆废液→细粉，全部混合时间不低于10min。由于限制原料的CaO量，并提高了镁砂的烧结程度，一般都取消了困料工序。

6.1.5.4 成型

烧结镁砂是瘠性物料，且坯体水分含量少，一般不会出现因气体被压缩而产生的过压废品，因此，可采用高压成型，使坯体密度达2.95g/cm³以上。这有利于改善制品的性能。

6.1.5.5 干燥

坯体在干燥过程中，所发生的物理化学变化包括水分的蒸发和镁砂的水化两个过程。水分排除的最初阶段需要较高的温度，但是高温又会加速镁砂的水化，使坯体开裂。特别是在干燥后期，由于热传导的影响大于湿传导的影响，所以过高的温度反而不利于水分的排除。隧道干燥器中，干燥介质的入口温度一般控制在100~120℃，废气出口温度一般控制在40~60℃。为了保证坯体干燥后具有一定的强度，坯体干燥后应保持有0.6%左右的水分。

干燥过程中经常出现的废品是网状裂纹，其原因主要是由成型后的坯体生成大量水合物所致，但如果控制得当，一般不会出现废品，坯体干燥后应及时装窑烧成，以免吸潮粉化。

6.1.5.6 烧成

镁砖的烧成可以在倒焰窑或隧道窑中进行。它们的荷重软化点较低，同时在结合剂失去作用后坯体强度较低，所以砖垛不宜太高，一般在0.8m左右。

由于物料在煅烧过程中所发生的物理化学变化在原料煅烧过程中已基本完成，制品的主要矿物组成可以认为与烧结镁石基本相同，只是反应接近平衡的程度和矿物成分分布的均匀性有所提高。其烧成制度的制定主要从烧成过程物理水的排除、水解产物的分解和坯体在不同温度下的结合强度几方面考虑。200℃以下，主要是水分的排除，升温速度不宜太快；400~600℃水化产物的分解，结构水析出，升温速度要适当降低；600~1000℃结合剂失去结合作用，而液相尚未生成，坯体主要靠颗粒间的摩擦力来维持，强度较低，升温速度不宜太快；1200~1500℃液相开始出现，并形成陶瓷结合，升温速度可适当提高；1500℃至最终烧成温度，陶瓷结合已较完整，坯体强度较大，升温速度可快。烧成最终温度下的保持时间视制品大小而定。

为了防止生成FeO-MgO固溶体，使氧化铁生成MF。这样既能促进制品烧结，又不显著降低耐火性能，故一般采用弱氧化气氛烧成。

冷却时，在液相凝固前砖坯具有缓冲应力的能力，冷却速度可以很高，但液相凝固后，砖坯的塑性已经消失，为避免裂纹的产生，冷却速度不宜太快，但800℃以下可采用快冷。

6.1.6 镁砖显微结构与性能

镁砖显微结构主要取决于所用镁砂的组成、结构及烧成温度。采用杂质含量高的镁砂制造的镁砖，硅酸盐相多，MgO晶体呈圆形，直接结合率低。原料杂质含量少，采用超高温烧成的镁砖，硅酸盐相减少，直接结合率高，MgO质量分数98%以上的镁砖中，MgO晶体呈自形、半自形晶。如图6-19所示。

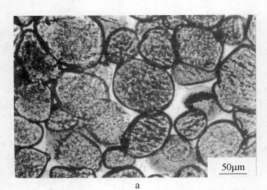
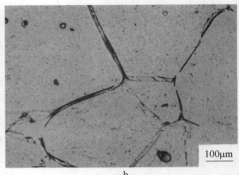

图6-19　镁砖显微结构照片
a—普通结合；b—直接结合

镁砖的耐火度达2000℃以上，而荷重软化温度随胶结相的熔点及其在高温下所产生液相的数量不同而有很大差异。一般镁砖的荷重软化开始温度在1520~1600℃之间，而高纯镁砖可达1800℃。镁砖的荷重软化开始温度与坍塌温度相差不大。1000~1600℃下镁砖的线膨胀率一般为1.0%~2.0%，并与温度呈近似线性关系。镁砖的导热系数随温度升高而降低。在1100℃和水冷条件下，镁砖的抗热震性仅为1~2次。镁砖可抵抗含氧化铁和氧化钙等碱性渣的侵蚀，但不耐含氧化硅等酸性渣侵蚀，因此，使用时不能与硅砖直接接触，一般用中性砖隔开。常温下镁砖的电导率很低，但到高温时，如1500℃则不可忽视。表6-14列出镁砖的典型性能。

表6-14　直接结合镁砖和普通烧成镁砖的性能

性　能	普通烧成镁砖	直接结合镁砖
MgO质量分数/%	95.5	97.8
视密度/g·cm^{-3}	3.48	3.5
体积密度/g·cm^{-3}	2.89	2.98
显气孔率/%	17.2	15.0
荷重软化点 T_1/℃	1650	>1700
高温抗折强度（1200℃）/MPa	2.45	6.86

6.2　镁铬质耐火材料

镁铬质耐火材料是由镁砂与铬铁矿制成的且以镁砂为主要成分的耐火材料,其主要物相为方镁石和尖晶石。依化学组成分,镁铬质耐火制品有铬砖（Cr_2O_3 质量分数 ≥25%,MgO 质量分数 <25%）、铬镁砖（25%≤MgO 质量分数 <55%）和镁铬砖（55%≤MgO 质量分数 <80%）。按结合方式分,镁铬质耐火制品分为普通镁铬砖、直接结合镁铬砖、再结合镁铬砖、半再结合镁铬砖、熔铸镁铬砖、共烧结镁铬砖和化学结合不烧镁铬砖等。镁铬质耐火制品耐火度高,高温强度大,抗热震性优良,抗碱性渣侵蚀性强,对酸性渣也有一定的适应性,且具有良好的回转窑生产水泥中的挂窑皮性,因此,主要用于 AOD 炉、RH炉、VOD 炉、炼钢电炉衬、有色金属冶炼炉和水泥回转窑、玻璃窑蓄热室、石灰窑、混铁炉及耐火材料高温窑炉内衬等部位。

由于六价铬对环境及人体的危害,自 20 世纪 80 年代后期以来,镁铬质耐火材料的生产和使用出现下降趋势。特别是水泥回转窑中镁铬砖在碱性条件下使用很容易产生六价铬,并可能污染水泥熟料。因此,水泥窑中镁铬质耐火材料应是首先被取代的,国内外已进行了大量工作。

6.2.1　镁铬质耐火材料的化学矿物组成及对性能的影响

普通镁铬砖是一种用镁砂和铬矿配合生产的碱性耐火材料。它的组成包括在 $MgO-CaO-SiO_2-FeO-Fe_2O_3-Al_2O_3-Cr_2O_3$ 七元系统中。组成铬矿颗粒的矿物为铬铁尖晶石,又称铬尖晶石,即（MgO,FeO）·（Cr_2O_3,Fe_2O_3,Al_2O_3）,它基本上是 $MgO·Cr_2O_3$,$MgO·Al_2O_3$,$FeO·Cr_2O_3$,$FeO·Al_2O_3$ 四种尖晶石固溶体。四种尖晶石的熔点分别为 2400℃、2105℃、2160℃、1780℃。它们都是高熔点的耐火复合氧化物。高温时固溶于方镁石、尖晶石中的倍半氧化物在冷却时脱溶形成晶内、晶间二次尖晶石。而在高温时溶于硅酸盐中的倍半氧化物在冷却时则脱溶成晶间二次尖晶石。二次尖晶石（也即次生尖晶石）有助于"直接结合"的形成,在没有任何硅酸盐相薄膜阻断的情况下,呈现出氧化镁与镁铬尖晶石直接相连的特性,理论上对镁铬砖的高温强度、抗热震性及抗渣侵蚀性是有利的。

镁铬质耐火材料的性质取决于它的组成与结构。首先是 Cr_2O_3/MgO 比,通常,随 Cr_2O_3/MgO 比增大其抗剥落性下降,抗渣性提高。其抗渣性与砖中杂质 Al_2O_3 及 CaO 的含量以及渣的性质有关。由图 6-20 可见,随耐火材料中 Cr_2O_3 含量的提高,蚀损指数下降,含杂质少的纯制品的蚀损指数低于含杂质多的不纯制品。图 6-21 中给出 1700℃下 MgO 在碱度为 1 与 3 的 $CaO-SiO_2-MgO-Al_2O_3$ 系中的溶解度与镁铬耐火材料中 Al_2O_3 含量的关系。当渣碱度等于 3 时,随砖中 Al_2O_3 含量的提高 MgO 在渣中的溶解度提高,砖抗渣性下降。当渣碱度为 1 时,随砖中 Al_2O_3 的提高 MgO 在渣中的溶解度先上升后下降,在 Al_2O_3 质量分数为 30% 时,MgO 的溶解度达最高峰,然后迅速下降。可见,镁铬耐火材料中 Al_2O_3 等的含量与抗渣性的影响与渣组成和性质密切相关。

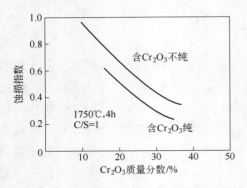

图 6-20　不同 Cr_2O_3 的 MgO-Cr_2O_3
砖抗渣性能变化

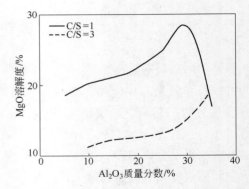

图 6-21　在 CaO-SiO_2-MgO-Al_2O_3 系中 MgO 溶解度
与渣的 C/S 及 Al_2O_3 含量之间的关系（1700℃）

由于铬矿中 CaO 含量很低，一般小于 1%，所以，镁铬质耐火材料中的 CaO/SiO_2 比几乎无例外地小于 1。在此范围内，无论采用电熔镁砂还是烧结镁砂，在 CaO/SiO_2 比为 0.5 左右时高温抗折强度呈现极大值。

在研究向镁铬质耐火材料（70%铬矿-30%镁砂）中加入 CaO 对性能的影响时发现，CaO/SiO_2 比约等于 1 时，荷重破坏时间缩短；CaO/SiO_2 再提高时，1400℃下的破坏时间反而延长了。但试验温度超过 1400℃时，加入 CaO 却会使破坏时间迅速缩短。其中，直接结合镁铬砖的强度会下降到 0.02MPa。

图 6-22 给出 CaO/SiO_2 比（SiO_2 质量分数为 1.5%和 2.0%，$CaO/SiO_2<2.0$）对镁铬质耐火材料高温断裂模量的影响，发现 $CaO/SiO_2<0.4$ 时，镁铬质耐火材料具有很高的高温强度，并且 SiO_2 含量高时其高温强度也高，这与 $CaO/SiO_2<0.4$ 时生成高熔点硅酸盐相 $2MgO \cdot SiO_2$ 是对应的。相反，$CaO/SiO_2>0.4$，特别是 $CaO/SiO_2=1.0\sim2.0$ 时，高温强度却较低，而且硅酸盐含量越高，其高温强度也越低。这可以由 CaO/SiO_2 高于 0.4（0.5～1.5）时生成了低熔点硅酸盐相 $CaO \cdot MgO \cdot SiO_2$ 和 $3CaO \cdot MgO \cdot 2SiO_2$ 得到解释。此外，图 6-22 还表明，该类材料的组成中即使 $CaO/SiO_2>1.5$（硅酸盐相主要为 $2CaO \cdot SiO_2$

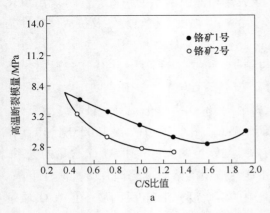

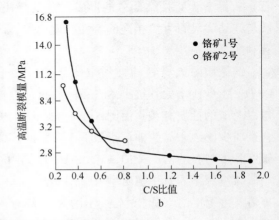

图 6-22　镁铬试样的高温断裂模量与 C/S 的关系（1480℃）
a—1.5%SiO_2；b—2.0%SiO_2

时），其高温强度也不会得到提高。显然，镁铬质耐火材料的高温性能是由 CaO/SiO₂ 比控制的，当然也受到 CaO 和 SiO₂ 绝对含量的影响。

在 SiO₂ 含量一定的情况下，镁铬质耐火材料的显气孔率随着组成中 CaO/SiO₂ 比的提高而降低，其中 CaO/SiO₂＝1.5 时体积密度最大，显气孔率最小，如图 6-23 所示。

镁铬质耐火材料的高温抗折强度与 Cr_2O_3、Al_2O_3、Fe_2O_3、SiO_2 和 CaO 含量有关。Cr_2O_3 的含量较低且 $Cr_2O_3/(Fe_2O_3+Al_2O_3) \approx 1$ 时，高温抗折强度随着 CaO/SiO₂ 比的增加而减小；而当 Cr_2O_3 的含量较高且 $Cr_2O_3/(Fe_2O_3+Al_2O_3) > 1.8$ 时，1470℃ 下的高温抗折强度在 CaO/SiO₂＝2 处达到最大值。

同时，当 Cr_2O_3 的含量在 14%～30% 之间时，材料在 1470℃ 下的强度随着 Cr_2O_3/MgO 的增加而增大。Cr_2O_3 含量对镁铬质耐火材料的抗热震性有影响，Cr_2O_3 含量高的镁铬质耐火材料由于其显微结构形成了多种复合晶相，抗热震性明显提高，如图 6-24 所示。

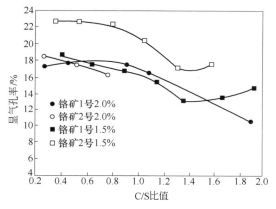

图 6-23 镁铬试样的气孔率与 C/S 的关系
（含 SiO₂ 1.5% 和 2.0%）

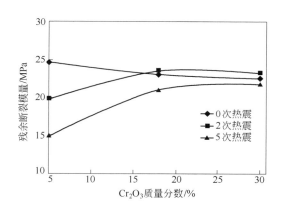

图 6-24 热震后不同镁铬熟料残余断裂模量
（1000℃，风冷）

由于铬矿难于烧结，铬矿加入量越多，镁铬熟料致密化越困难，可采用细磨、引入少量添加物或提高烧成温度等措施。如图 6-25、图 6-26 所示，配料中掺入少于 5% 的 ZrO_2 或 TiO_2，可改变了材料晶界物相的分布，促进液相烧结，从而使体积密度增大，高温强度提高。

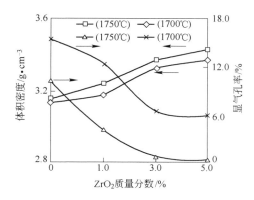

图 6-25 不同 ZrO_2 镁铬熟料烧结性能
（Cr_2O_3 含量为 18%）

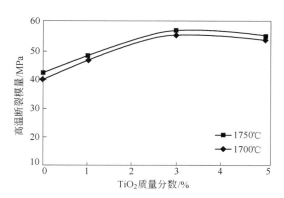

图 6-26 不同 TiO_2 镁铬熟料高温断裂模量
（Cr_2O_3 含量为 30%）

6.2.2　镁铬质耐火原料

6.2.2.1　铬铁矿

铬铁矿（也称铬矿）是以 Cr_2O_3 为主成分的铬尖晶石耐火原料，其化学式为 $FeO \cdot Cr_2O_3$，此纯矿物仅在陨石中见到。铬铁矿实际上是多种尖晶石的混晶，化学式可表示为 $(Mg, Fe) \cdot (Cr, Al, Fe)_2O_3$。立方晶系，呈黑褐色，密度为 $4.0 \sim 4.8 g/cm^3$，熔点为 $1900 \sim 2050℃$，莫氏硬度为 $5.5 \sim 7.5$。呈中性，抗酸性和碱性渣侵蚀。体积稳定，加热到 $1750℃$ 而不收缩，并且高温强度大，因此可用作耐火材料，如钢包引流砂、酸性和碱性耐火材料间的"过渡料或隔层砖"。但是，铬铁矿化学成分变化很大：Cr_2O_3 质量分数 $18\% \sim 62\%$；Al_2O_3 质量分数 $0\% \sim 33\%$；Fe_2O_3 质量分数 $2\% \sim 30\%$；MgO 质量分数 $6\% \sim 16\%$；FeO 质量分数 $0\% \sim 18\%$。与铬铁矿伴生的脉石矿物主要为镁的硅酸盐，如蛇纹石（$3MgO \cdot 2SiO_2 \cdot 2H_2O$）、叶状蛇纹石、橄榄石和镁橄榄石等，一般 M/S 比小于 2，主要以蛇纹石为主。脉石是铬铁矿的有害成分，通常分布在铬铁矿颗粒周围，并填充于铬铁矿颗粒的裂隙中。因此，采用铬铁矿作耐火材料时，配料中通常添加一定数量的镁砂。图 6-27 示出铬矿颗粒的显微结构照片。

图 6-27　铬矿颗粒的显微结构照片

6.2.2.2　镁铬砂

镁铬砂是用镁质原料（轻烧镁粉、烧结镁砂、天然菱镁矿）和铬铁矿配合，经人工合成得到的以方镁石和镁铬尖晶石为主要矿物组成的耐火原料。镁铬砂还含有少量的钙镁橄榄石、镁橄榄石、铁铝酸四钙等矿物。如果采用铬精矿或氧化铬微粉，则合成的镁铬砂纯度会提高。

镁铬尖晶石是镁铬砂的主要组成矿物之一，其理论组成为：MgO 质量分数 21.0%，Cr_2O_3 质量分数 79.0%。属立方晶系，密度为 $4.429g/cm^3$，熔点为 $2350℃$，莫氏硬度为 5.5，$25 \sim 900℃$ 的线膨胀系数为 $(5.70 \sim 8.55) \times 10^{-6}℃^{-1}$。

由于所用的原料铬铁矿成分比较复杂，所以人工合成的镁铬砂往往含有由 FeO、MgO 与 Fe_2O_3、Al_2O_3、Cr_2O_3 组成的多种尖晶石。烧结镁铬砂的 Cr_2O_3 质量分数一般为 $5\% \sim 15\%$，体积密度为 $3.30 \sim 3.40 g/cm^3$。电熔镁铬砂有中铬与高铬之分，中铬砂的 Cr_2O_3 质量分数为 $15\% \sim 30\%$，高铬砂的 Cr_2O_3 质量分数大于 30%。电熔镁铬砂的体积密度为 $3.6 \sim 4.2g/cm^3$。

采用轻烧镁粉与铬铁矿为原料生产烧结镁铬砂的工艺流程为：将各种原料称重，按比例混合，然后送入压球机中压成球坯（干法成球），烧成。烧成温度为 $2000℃$ 左右。

电熔法也是生产合成镁铬砂的常用方法，特别是对 Cr_2O_3 含量高的合成砂。它与烧结砂的区别在于方镁石与尖晶石呈直接结合程度高，晶间尖晶石自形程度高，硅酸盐相含量相对较少，组织致密，颗粒气孔率低。因而，电熔镁铬砂具有更好的抗侵蚀性能。

6.2.3　镁铬质耐火制品

按结构及制造方式不同，镁铬制品包括普通镁铬制品、直接结合镁铬制品、电熔再结合镁铬制品、电熔铸镁铬制品、预反应镁铬制品、全合成镁铬制品等。

6.2.3.1　普通镁铬制品

采用普通镁砂和铬铁矿生产的镁铬砖，其显微结构特点是粒状铬矿被细分散的镁砂结合料所包围，因此具有较好的高温强度、抗热震性和抗侵蚀性。

由于铬铁矿中含有一定数量的蛇纹石等脉石矿物，蛇纹石能强烈地降低尖晶石的耐火度，配料中添加镁砂可将蛇纹石转化为高耐火的镁橄榄石。如图6-28所示，使组成点转移到 $M-MK-M_2S$ 三角形中，使无变量点温度较高（1850℃）。添加的镁砂必须预计到与氧化铁结合为铁酸镁消耗的氧化镁量。发生的化学反应为：

$$3MgO \cdot 2SiO_2 \cdot 2H_2O+MgO \longrightarrow 2[2MgO \cdot SiO_2]+2H_2O \qquad (6-2)$$

在氧化气氛下：

$$(Fe_n, Mg_m)O \cdot (Cr, Al)_2O_3+MgO \longrightarrow (Fe_{n-1}, Mg_{m+1})O \cdot (Cr, Al)_2O_3+FeO$$
$$\qquad (6-3)$$

过剩的氧化镁继续发生反应：

$$2FeO+1/2O_2 \longrightarrow Fe_2O_3 \qquad (6-4)$$

$$Fe_2O_3+MgO \longrightarrow MgO \cdot Fe_2O_3 \qquad (6-5)$$

在形成 $(Fe_{n-1}, Mg_{m+1})O \cdot (Cr, Al)_2O_3$ 过程中，伴随较大的体积膨胀。为减轻加入 MgO 后引起的体积膨胀，通常铬矿作粗颗粒，镁砂为细粉，或在砌筑时在砖间放置铁板。物料中氧化镁过剩时，反应生成耐火度高的产物。但是，由于物料分布不均和各个反应进行快慢的差异，在烧成过程中可能有非耐火的 Fe_2O_3 蓄积，特别是在升温速度很快时。

图6-29为 $MgO-Cr_2O_3$ 二元系相图。在2100℃时，MgO 可固溶40% Cr_2O_3；1700℃时，MgO 可固溶14% Cr_2O_3，因此，理论上认为，为保证1700℃时有两个固相存在以提高材料的抗热震性和抗渣渗透性，Cr_2O_3 含量应大于14%。但尖晶石形成为体积膨胀反应，所以普通镁铬砖的 Cr_2O_3 质量分数一般均低于14%，以避免产生过大的体积膨胀。为提高砖中 Cr_2O_3 含量，需要直接引入预合成镁铬砂。

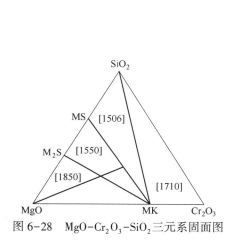

图6-28　$MgO-Cr_2O_3-SiO_2$ 三元系固面图

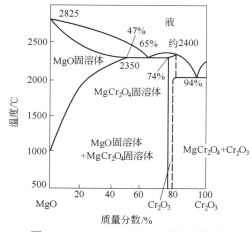

图6-29　$MgO-Cr_2O_3$ 二元系相平衡图

　　铬矿与镁砂配比对镁铬砖的性能也有影响。当铬矿与镁砂配比为 50：50 时，制品具有较高的抗热震性，随着铬矿或镁砂比例的增大或减小，抗热震性都会降低。当铬矿含量过高时，制品在 1650℃下抵抗铁氧化物作用的能力会显著降低。铬矿颗粒能与 Fe_3O_4 形成固溶体，引起体积的急剧膨胀，致使制品产生大的膨胀以致爆胀现象。配料中铬矿的含量越高，爆胀现象越严重。增加配料中镁砂含量能增强制品的抗渣能力。

6.2.3.2　直接结合镁铬制品

　　采用高纯镁砂和铬矿精矿生产的镁铬砖。直接结合镁铬制品杂质含量少，烧成温度高（≥1700℃），高温矿物相的直接结合率高，具有高抗侵蚀性、高强度、耐腐蚀及优良的抗热震性。表 6-15 给出直接结合镁铬砖及另外两种标准镁铬砖的性质。

表 6-15　四种不同的镁铬砖的特性

特性	标准镁铬砖		直接结合镁铬砖	
工艺特点	阿尔卑斯山高铁镁砂，1600~1700℃	高温烧成，1700~1800℃	镁铬共烧结料，1700~1800℃	铬矿和镁铬共烧结料，高温烧成，1600~1700℃
第二相铬铁矿脱溶情况	+	++	++++	+++
直接结合程度	++	++++	(++++)	(++)

　　根据不同的需要和用途，有时可选用 1~2 种镁砂和 1~2 种铬矿进行配料。水泥窑用直接结合镁铬砖一般采用铬矿和部分镁砂为颗粒，镁砂为细粉，Cr_2O_3 质量分数为 3%~14%；冶金工业用直接结合镁铬砖 Cr_2O_3 含量较高，如 20%，镁砂和铬矿通常共同粉磨。

　　为获得良好的直接结合，可采取如下措施：采用的高纯镁砂、铬精矿原料中的总 SiO_2 质量分数应小于 2%，C/S<0.93 以减少硅酸盐相，特别是低熔点硅酸盐相，且在有低熔点硅酸盐存在时，方镁石-方镁石的结合会被 Cr_2O_3 所加强，而被 Fe_2O_3 和 Al_2O_3 所削弱，因此宜采用高铬铬精矿；添加微粉（如 Cr_2O_3 微粉）并适当增加其加入量以提高尖晶石含量与硅酸盐相黏度；外加少量 Ti、V、Mn、Fe 的氧化物，可加速烧结并促进直接结合这一过程；提高烧成温度至 1750℃以上，以促进生成更多次生尖晶石；控制冷却速度以形成晶间尖晶石（有时还有晶内尖晶石）等。

　　相比于普通镁铬砖，直接结合镁铬砖抵抗 C/S 比高、低 Al_2O_3 含量熔渣侵蚀能力更强，荷重软化温度高，抗热震性能优良。

6.2.3.3　其他镁铬制品

　　（1）预反应镁铬制品。以预合成镁铬砂为主要原料的制品。其抗侵蚀性强，抗热震性好。

　　（2）熔铸镁铬制品。将镁砂和铬矿按一定比例配合，在电弧炉中高温熔融后，浇注成一定形状的制品。该制品纯度高，结构致密，常温和高温机械强度高，抗侵蚀性强，但抗热震性差。

　　（3）电熔再结合镁铬制品。用电熔镁铬砂为原料按合适的化学与粒度组成配合，经混练、高压成型、1800℃高温烧成而成。制品中直接结合程度高，杂质含量少，具有优良的高温强度、高温体积稳定性、耐腐蚀性和抗侵蚀性。如采用部分电熔镁铬砂为原料则为半电熔再结合镁铬制品。相比之下，电熔再结合与半电熔再结合镁铬制品的抗热震性较熔铸砖好，但较其他烧成砖差。

（4）全合成镁铬制品（共烧结镁铬制品）。采用精选菱镁矿与铬矿精矿为原料共同粉磨成细粉，压制成型，烧结而成。

表 6-16 中列出了不同结合形式的镁铬制品的性能对比。

表 6-16 不同结合镁铬砖的配料特点及相应性能比较

性能	普通镁铬砖	直接结合镁铬砖	半再结合镁铬砖	再结合镁铬砖
电熔镁铬砂	不加	少加或不加	加入较多	很多至100%
显气孔率	高	中等	较低	很低
体积密度	低	中等	较高	很高
高温强度	低	中等	较高	很高
抗蚀性	一般	较好	很好	最好
抗热震性	好	好	好	较差

6.2.4 镁铬砖的六价铬污染及对策

镁铬砖中三价铬化合物由于氧化或被碱和硫酸盐侵蚀生成六价铬的化合物 $K_2Cr(Ⅵ)O_4$、$Na_2Cr(Ⅵ)O_4$ 与 $K_2[(SO_4)_x(Cr(Ⅵ)O_4)_y]$ 或 $Na_2[(SO_4)_x(Cr(Ⅵ)O_4)_y]$。六价铬对人体与环境，特别是水造成严重污染。

影响上述反应的重要因素包括碱性介质、较高的氧分压和适宜的温度等。在 Cr—O 系中，稳定存在的氧化物有 Cr_2O_3 和 CrO_3，其中，Cr_2O_3 是重要的耐火材料组分；不稳定的化合物：Cr_3O、CrO（$t_熔$为1723℃）、Cr_3O_4、CrO_2（$t_分解$为477℃）、Cr_5O_{12}（$t_分解$为547℃）、Cr_2O_5（$t_分解$为380℃）、Cr_8O_{21}（$t_分解$为367℃）、$CrO_{2.9}$（$t_分解$为237～277℃）。这些不稳定的化合物不是耐火材料组分，但依氧分压和温度的不同，可转变成 Cr_2O_3 和 CrO_3，进而成为六价铬的化合物。

防止六价铬污染的途径包括如下几方面：

（1）制造镁铬砖的原料镁砂、铬矿、镁铬砂等，理论上都不含六价铬。但研究发现铬绿（Cr_2O_3）和电熔镁铬砂中含有六价铬。因此，破碎、粉磨电熔镁铬砂以及加入铬绿配料、混合、成型时应注意防护。

（2）混合镁铬砖泥料时，若使用含有碱离子（Na^+，K^+）的结合剂，如碱性纸浆废液、水玻璃、钠的磷酸盐等，烧成后的制品中会形成六价铬盐。砖中 Na_2O 高，六价铬也高。因此，要加以控制与防止。

（3）烧成时氧分压对六价铬生成有影响。对 Cr_2O_3 质量分数为 12% 的镁铬砖做调整氧分压的烧成试验显示，空气过剩系数大时，六价铬含量也高。采用低钙镁砂原料，以无碱或低碱结合剂，适当控制冷却带前端风压，镁铬砖的制造过程中产生的六价铬含量可低至 $0.04×10^{-6}$%，对环境的污染很少。

（4）使用条件也影响六价铬的生成。在炼钢时的还原气氛下，氧分压低，不会增加镁铬砖中六价铬的含量。在介质中含钙、钠、钾较多的情况下，六价铬急剧升高。比如在水泥回转窑中服役的镁铬砖，水泥熟料与镁铬砖反应，生成六价铬盐 $3CaO \cdot 3Al_2O_3 \cdot CaCrO_4$。在石灰窑、煅烧白云石回转窑等存在碱性热介质的环境下，用后镁铬砖中六价铬盐大量增加。用后的镁铬砖不应长期存放在大气中，应尽可能地再生利用。一般情况下，夹杂不多的镁铬废砖可以回收作低档镁铬砖的原料；夹杂多的镁铬废砖可以用还原煅烧的办法使六价铬转为三价铬，或在镁铬废砖中加 TiO_2 或加入焦粉，在 $800 \sim 1200℃$ 下煅烧，均可使六价铬向三价铬转化。最新研究表明，通过氧化钙、氧化铝与氧化铬反应形成钙-铝-铬或铝-铬中间相固溶体，可以避免材料中 Cr（Ⅵ）的形成。

（5）开发无铬碱性砖。开发应用无铬砖是解决六价铬污染最彻底的办法。$MgO-Al_2O_3$（-FeO）系、$MgO-CaO$ 系、$MgO-SiO_2$ 系、$MgO-ZrO_2$ 及 $MgO-CaO-ZrO_2$ 系等都是非常有前途的碱性品种，并在水泥窑、玻璃窑蓄热室、石灰窑等得到应用。但是，在温度高、热冲击大、渣侵蚀严重的二次精炼炉，特别是在有色冶金炉中，耐火材料受到橄榄石类、辉石类等渣的严重侵蚀，开发有效的无铬砖任重道远。因此，在积极推行无铬化的同时，减少在镁铬砖生产与使用中的危害仍是重要课题。

6.3　镁铝尖晶石质耐火材料

按国际标准与我国国家标准，定义镁铝尖晶石质耐火材料为：由镁砂和氧化镁含量（质量分数）不小于20%的尖晶石组成的耐火材料（常用 MA 表示）。但实际工作中，由于 Al_2O_3 与 MgO 含量的变化范围较大。因此，将以 MgO 和 Al_2O_3 为主要化学成分的耐火材料称为镁铝尖晶石质耐火材料，根据 Al_2O_3 含量可将镁铝尖晶石质耐火材料分为方镁石-尖晶石耐火材料（Al_2O_3 质量分数小于30%）、尖晶石-方镁石耐火材料（Al_2O_3 质量分数为30%~68%）、尖晶石耐火材料（Al_2O_3 质量分数为68%~73%）、尖晶石-刚玉耐火材料（Al_2O_3 质量分数为73%~90%）和刚玉-尖晶石耐火材料（Al_2O_3 质量分数大于90%）。从制造工艺可分为原位反应尖晶石耐火材料和预合成尖晶石耐火材料。其中尖晶石-方镁石耐火材料、尖晶石耐火材料、尖晶石-刚玉耐火材料因价格等原因几乎没有生产。

将高铝矾土直接引入镁砖中制造的方镁石-尖晶石耐火材料（也即镁铝砖或原位反应方镁石-尖晶石砖，Al_2O_3 质量分数小于10%）属第一代方镁石-尖晶石耐火材料。20世纪30年代奥地利、英国曾申请了专利。苏联1942年已有研究，但至1964年才有产品开发。我国于20世纪50年代利用我国丰富的天然资源开发出镁铝砖，并在平炉炉顶得到成功使用与推广。欧洲直到20世纪70年代末才对这种制品表现出较大的兴趣。日本1976年开始在水泥工业中使用镁铝尖晶石砖。我国20世纪80年代采用铝矾土和菱镁矿（或轻烧镁粉）合成镁铝尖晶石原料，并在方镁石-尖晶石耐火材料中应用。随着钢铁冶炼技术的发展和人们对环境保护意识的增强，国内外对方镁石-尖晶石耐火材料、刚玉-尖晶石耐火材料的研究日益增多，取得了不少成果。

MA 属立方晶系，密度为 $3.58g/cm^3$，莫氏硬度为8，导热系数（1000℃）为 $5.82W/(m·K)$，线膨胀系数（20~1000℃）为 $7.6×10^{-6}℃^{-1}$，与刚玉的接近，比方镁石的小得多，弹性模量也明显较方镁石的小。镁铝尖晶石抗铁渣、K_2O 和 Na_2O 的硫酸盐侵蚀性强和抗热震性良好，还原气氛下体积稳定性优良和抗游离 CO_2、SO_2 和 SO_3 的侵蚀性好。镁铝尖晶石质耐火材料主要应用于大型水泥回转窑、玻璃窑蓄热室、石灰窑、电炉炉顶、炉外精炼炉、钢包以及其他强化操作的热工设备。本章重点讨论方镁石-尖晶石和刚玉-尖晶石耐火材料。

6.3.1 方镁石-尖晶石耐火材料

方镁石-尖晶石耐火材料是指以方镁石与尖晶石为主晶相的耐火材料，通常方镁石的含量较高。

6.3.1.1 与方镁石-尖晶石耐火材料相关的相平衡

A MA-MgO 系

镁铝尖晶石（通常也简称为尖晶石）是 MgO-Al_2O_3 二元系统中唯一的中间化合物。其化学式为 $MgO \cdot Al_2O_3$，理论含量为：MgO 质量分数 28.3%，Al_2O_3 质量分数 71.7%。在 MA-MgO 二元系中有一低共熔点，如图 6-30 所示。在高温下，方镁石在尖晶石中的溶解度可达 10%，而方镁石中可固溶 18% 的 Al_2O_3。温度下降，互溶度降低，温度低于 1500℃时，MgO、MA 两者完全脱溶。由于 MgO 熔点为 2825℃，MA 熔点为 2105℃，$MgO \cdot Al_2O_3$ 系相图中左侧始溶温度高，因此，方镁石-尖晶石耐火材料的组成应偏于 MgO 一侧。

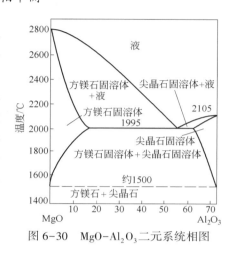

图 6-30 MgO-Al_2O_3 二元系统相图

B MgO-MA-SiO₂ 系

图 6-31 为 MgO-MA-M_2S 相图。由图可见，M_2S 可部分固溶到 MgO 中，在共熔点 1860℃时，M_2S 在 MgO 中的溶解度约为 11%，在 1700℃时为 8%。与此类似，MA、M_2S 之间亦可发生部分互溶，在共熔温度为 1720℃时，MA 中可溶解 5%（摩尔分数）左右的 M_2S，M_2S 中可溶解 1%（摩尔分数）左右的 MA。因此，SiO_2（M_2S）对方镁石-尖晶石耐火材料高温性能的影响较小。但是，当尖晶石含量较高时，SiO_2 含量的增大，将使亚液相线温度下降，方镁石-尖晶石耐火材料高温性能受到制约，如图 6-32 所示。

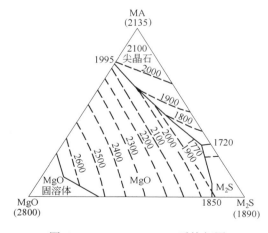

图 6-31 MgO-MA-M_2S 系统相图

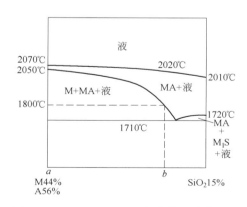

图 6-32 SiO_2-M44/A56 部分等组成截面图

C MgO-MA-CaO · SiO₂ 系

由图 6-33 可见，MA-CMS 系统的始熔温度很低，为 1410℃。富尖晶石一侧的组成物有较高的耐火性能。此外，左侧 MgO+MA 二固相共存的温度达到 1640℃，比右侧 MgO+CMS 共存的最高温度高得多。

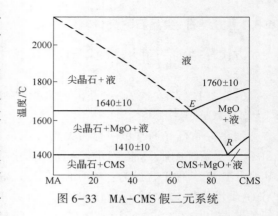

图 6-33　MA-CMS 假二元系统

CaO 对 MgO-MA-SiO$_2$ 系的危害可以从图 6-34 与图 6-35 中看出。由图可以发现，MA 含量固定为 10% 时，CMS 含量的增大将导致液线温度迅速下降，并使亚液线也由 1995℃ 很快地下降到 1640℃，然后较平缓地降至 1410℃。表明 CMS 是方镁石-尖晶石耐火材料的最大祸害，其含量越低越好。与图 6-34 对比，图 6-35 左侧的液线温度较低，但亚液线随 CMS 含量增加下降平缓，使第二固相可以在广阔组成范围和较高温度条件下存在。说明 MA 集中于基质中时，CaO（CMS）对方镁石-尖晶石耐火材料高温性能的害处较小。但总的来说，引入 CaO 使 MgO-MA 系统无变量点温度从 1995℃ 下降到 1410℃，而 SiO$_2$ 的存在 MgO-MA 系统的无变量点温度为 1710℃，因此，CaO 是 MgO-MA 系统中最有害的杂质。

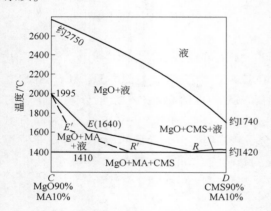

图 6-34　10MA-90M/CMS 等组成截面图

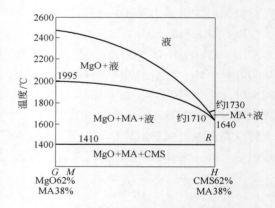

图 6-35　38MA-62M/CMS 等组成截面图

在 MgO-MA-CMS 系统中再引入一定数量的 SiO$_2$，其无变量点温度由 1410℃ 降为 1380℃，只下降 30℃。这主要由于尽管 SiO$_2$ 的引入使硅酸盐相含量增加，但 C/S 降低，硅酸盐相以 M$_2$S 为主，有助于提高液相形成温度。并且，M$_2$S 与 MgO、MA 之间可形成固溶体。进一步说明在方镁石-尖晶石耐火材料中适当增加 SiO$_2$ 含量，材料的高温性能影响不大，但抗碱性渣侵蚀能力有所下降。

D　MgO-MA-TiO$_2$ 系

从图 6-36 可看出，当 TiO$_2$ 含量不高时，TiO$_2$ 将以 Mg$_2$TiO$_4$ 出现。Mg$_2$TiO$_4$ 也是一种尖晶石，能与 MgAl$_2$O$_4$ 在 1350℃ 以上完全互溶，甚至形成它们两者与部分 Al$_2$O$_3$ 共同组成的三元固溶体。温度下降时互溶度降低，析出成为晶间尖晶石。因此，与 Fe$_2$O$_3$ 一样，TiO$_2$ 对方镁石-尖晶石耐火材料高温性能的影响可以忽略。

6.3.1.2　化学矿物组成对方镁石-尖晶石耐火制品性能的影响

方镁石-尖晶石耐火材料中除主成分 MgO 外，次成分 Al$_2$O$_3$ 对制品性能的影响亦不可

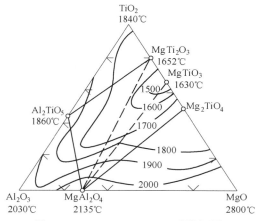

图 6-36 MgO-Al$_2$O$_3$-TiO$_2$系统相图

忽视，Al$_2$O$_3$质量分数一般在 5%~30% 范围内。随着尖晶石含量的增加，方镁石-尖晶石材料的线膨胀率逐渐降低（图 6-37），断裂功增大（图 6-38）。

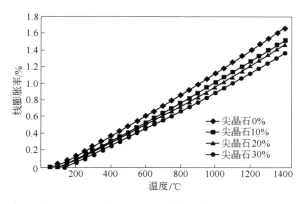

图 6-37 不同尖晶石含量的方镁石-尖晶石
材料的线膨胀率

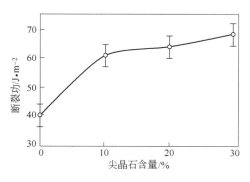

图 6-38 方镁石-尖晶石材料的断裂功
与尖晶石含量的关系

尖晶石加入量达到 30% 时，方镁石-尖晶石材料的断裂功可提高 75%。其原因被认为是断裂路径从穿晶断裂更多地向晶间断裂改变，从而使裂纹扩展需要更多的能量。而 Ghosh 等提出，方镁石-尖晶石材料在尖晶石含量为 20% 时具有优越的抗热震性。图 6-39 为热震前后方镁石-尖晶石材料的弹性模量与尖晶石含量的关系。可见，尖晶石的存在使得方镁石-尖晶石材料的弹性模量显著降低。

表 6-17 列出热震后的方镁石-尖晶石材料随急冷急热温度差与残余强度的关系。含有 10%、30% 粒径为 20μm 尖晶石的方镁石-尖晶石材料急冷急热试验后强度保持率较高，尖晶石加入越多，残余强度越大。但是，尖晶石加入量过多，由于方镁石和尖晶石线膨胀系数不匹配，微裂纹越多，微裂纹长度越长。因此，在较小的应力作用下，裂纹得以扩展，使力学性能下降。图 6-40~图 6-42 显示尖晶石含量与方镁石-尖晶石材料热震后残余断裂模量、荷重软化温度和热态断裂模量的关系，都存在一个最佳尖晶石含量。

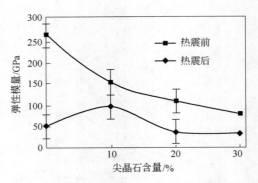

图 6-39　热震前后方镁石-尖晶石材料的
弹性模量随尖晶石含量的变化

表 6-17　方镁石和方镁石-尖晶石材料经急冷急热后的残余强度

$\Delta T/^\circ C$	残余强度/%		
	MgO（233MPa）[1]	10%22μm（110MPa）[1]	30%22μm（60.5MPa）[1]
200	100±16	85±17	100±6
400	100±17	75±17	98±9
600	48±40	61±7	93±6
800	22±4	54±3	92±5

①起始强度。

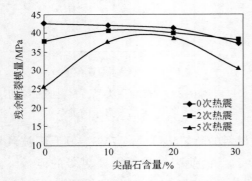

图 6-40　热震前后方镁石-尖晶石材料的残余
断裂模量随尖晶石含量的变化

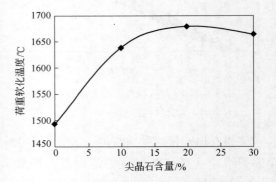

图 6-41　方镁石-尖晶石材料的荷重软化
温度随尖晶石含量的变化

当 Al_2O_3 含量小于8%时，尖晶石晶体含量少，晶间结合以方镁石与方镁石结合为主体，呈现出镁砖的缺点，即抗剥落性差。Al_2O_3 含量在8%~20%范围内，尖晶石矿物均匀地分布在方镁石中，尖晶石矿物晶体的尺寸为5~20μm，制品的性能较好。然而，当 Al_2O_3 质量分数超过20%，制品的抗侵蚀性能则下降。在（95%MgO/5%CMS）-（95%MA/5%CMS）假二元系统中（图6-43），Al_2O_3 含量少时，液线温度很高，但亚液线温度很低，因此，耐高温性好，但荷重软化温度低。在相图的右端，也即方镁石相较少时，液线和亚液线温度均较低，所以高温性能不理想。只有适当控制 Al_2O_3 含量，如图中 cd 区域

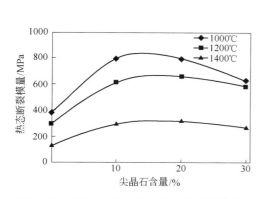

图 6-42 方镁石-尖晶石材料的热态断裂模量
随尖晶石含量的变化

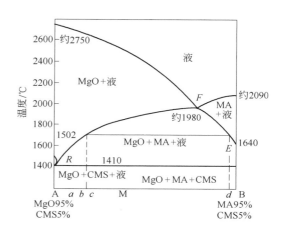

图 6-43 MgO-MA 假二元系统相图

内，液线和亚液线温度均较高，并且在 1700℃的高温下，仍然存在双固相（M，MA），因此，制品不但高温性能优良，而且抗渣渗透性强，抗热震性好。实践表明，Al_2O_3 质量分数为 5%~12%的方镁石-尖晶石制品耐高温，抗侵蚀性强，抗热震性好，可用作中间包挡渣墙、钢包滑板等。Al_2O_3 质量分数为 10%~20%的方镁石-尖晶石制品抗热震性优良，适于水泥窑和石灰窑过渡带、烧成带内衬等；Al_2O_3 质量分数为 15%~25%的方镁石-尖晶石制品抗 SO_3 和碱性硫酸盐侵蚀的能力优越，可作为玻璃窑蓄热室格子砖等。

为进一步改善方镁石-尖晶石制品的抗渣渗透性、耐侵蚀性和抗热震性，可以引入少量 TiO_2、Cr_2O_3 等微粉。图 6-44 为分别添加 1% TiO_2 和 3% Cr_2O_3 的方镁石-尖晶石制品在真空精炼钢包包壁实际使用的结果。图中基础制品的化学组成及性质：MgO 质量分数为 76.4%，Al_2O_3 质量分数为 18.1%，体积密度为 3.03g/cm³，显气孔率为 13.8%，高温抗折强度（1450℃）为 6.2MPa。由图可见，添加 Cr_2O_3 的制品可获得优于添加 TiO_2 的制品，后者又优于基础制品。这是因为原来的方镁石-尖晶石制品对于高碱度炉渣容易生成 CaO-Al_2O_3 系低熔物，而添加 Cr_2O_3 与 TiO_2 可促进低气孔率化，控制炉渣渗透，从而提高了高耐用性。

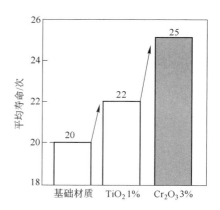

图 6-44 钢包的平均寿命

方镁石-尖晶石耐火材料的杂质一般主要为 CaO、SiO_2、Fe_2O_3、TiO_2 等，通常 CaO/SiO_2 质量比小于 0.93。如将 TiO_2 合并到 Al_2O_3 或 Fe_2O_3 中或以 M_2T 尖晶石出现，根据 MgO-Al_2O_3-CaO-SiO_2-Fe_2O_3 系统含方镁石的平衡矿物组成计算公式，材料的矿物组成为 MgO、MA、MF、M_2S、CMS 以及 M_2T。随着 CaO 及 Fe_2O_3 含量的增加，形成了由 CaO-Al_2O_3-Fe_2O_3 系统的低熔物组成的液相，使尖晶石晶体长大，有利于提高材料的抗剥落性。但当 CaO 质量分数大于 1%、Fe_2O_3 质量分数大于 0.8%时，CaO-Al_2O_3-Fe_2O_3 系统的低熔点液相量进一步增加，尖晶石晶体尺寸达 $20\mu m$ 以上，晶体很大。但由于 $CaO-Al_2O_3-Fe_2O_3$ 系统低熔物量增加使热态强度下降。SiO_2 质量分数大于 0.4%、B_2O_3 及碱等杂质质量分数大于 0.3% 时，生成较多的低熔物，也使制品的热态强度下降。

方镁石-尖晶石耐火材料被认为是有望取代镁铬制品的材料之一。方镁石-尖晶石制品导热系数比镁铬制品高，制品中的尖晶石组分在过热条件下易与水泥熟料中的 C_3S 或 C_3A 反应生成低熔点的 $C_{12}A_7$，导致窑皮烧流，造成制品蚀损和挂窑皮性差。因此，研究耐剥落性好、热震稳定性强、耐侵蚀并挂窑皮性良好的方镁石-尖晶石制品作为镁铬制品最佳替代材料应用于水泥回转窑，仍是重要研究课题。

添加 CaO 和 SiO_2 以及 TiO_2、Fe_2O_3、Fe-Cr、SiC 等调整镁砂颗粒的晶界物相，对方镁石-尖晶石耐火材料有一定影响。添加少量 TiO_2 粉，既可显著提高 MA 的烧结性，又能明显改善砖的抗渣性能，尤其是对高 CaO 熔渣的抵抗能力更有效。添加部分 Fe_2O_3 或 SiO_2 或高硅镁砂，可改善挂窑皮性能。引入 ZrO_2 到方镁石-尖晶石制品中，斜锆石 ZrO_2 在高温下吸收 CaO 将形成稳定的立方晶，通过进一步吸收 CaO 变为 $CaZrO_3$，这些都是高熔点化合物。同时，由于吸收 CaO，防止水泥中液相的浸透，抑制组织的劣化。因此，ZrO_2 是方镁石-尖晶石制品形成稳定窑皮的理想添加材料。由于窑皮的稳定存在，减少了因窑皮在不断的脱落—重挂过程中造成的窑衬砖内温差的频繁变化，减少了因此而造成的结构的劣化，从而提高了使用寿命。

水泥窑用镁铬耐火材料的替代材料，如方镁石-镁铝尖晶石材料与方镁石-铁铝尖晶石材料，是人们关注的问题。研究表明，采用多孔骨料制备的方镁石-尖晶石材料，相较于采用电熔镁砂制备的方镁石-尖晶石材料，不仅强度增大，抗热震性增强，而且导热系数降低，水泥窑上使用挂窑皮性提高。表 6-18 列出几种无铬碱性砖的典型性能。在方镁石-铁铝尖晶石材料中，铁离子以稳定的二价的形式存在于铁尖晶石（$FeAl_2O_4$）构造内，增强材料的弹性。而且与水泥熟料接触后，铁尖晶石与水泥反应形成铁酸钙及铁铝酸四钙相，这些新相非常有助于在耐火砖工作面形成保护层。因此，方镁石-铁尖晶石制品也是一种性能优良而具有发展前景的水泥窑无铬碱性耐火材料。

表 6-18　无铬碱性砖的典型性能

砖		无铬砖			镁铬砖
编号		A	B	MH	MK
品名		开发品	一般品	一般品	一般品
化学成分 （质量分数）/%	MgO	84	85	85	76
	Al_2O_3	13	13	3	6
	Cr_2O_3	—	—	—	11
	Fe_2O_3	—	—	8	4
矿物成分 （计算值）/%	MgO	79	79	83	MgO-尖晶石 组合物
	$MgAl_2O_4$	19	19	—	
	$FeAl_2O_4$	—	—	5	
	$MgFe_2O_4$	—	—	8	

砖			无铬砖		镁铬砖
编号			A	B	MH	MK
品名			开发品	一般品	一般品	一般品
原料	镁砂	烧结	○	○	○	○
		电熔	○	○	—	—
	尖晶石砂		○	○		
	铁尖晶石（电熔）		—	—	○	
	铬铁矿		—	—	—	○
显气孔率/%			16.8	14.4	15.0	16.3
体积密度/g·cm⁻³			2.93	3.03	3.05	3.04
常温耐压强度/MPa			46	58	70	46
高温抗折强度（1500℃）/MPa			2.4	4.0	2.2	3.1
弹性模量/GPa			15	32	33	12

注：○表示所用原料。

6.3.2 刚玉-尖晶石耐火材料

刚玉-尖晶石耐火材料是以刚玉与镁铝尖晶石为主要相组成的耐火材料。通常刚玉含量较高。

6.3.2.1 与刚玉-尖晶石耐火材料相关的相平衡

A Al_2O_3-$MgAl_2O_4$ 系

从图6-30中右侧可以看出，Al_2O_3 与 MgO 都可以固溶于尖晶石中。尖晶石可固溶 Al_2O_3 达20%，比 MgO 固溶量大得多。尖晶石固溶 Al_2O_3 后带有阳离子晶格缺陷，而且，Al_2O_3 固溶越多，缺陷越多，从而影响它的活性以及与渣的反应。另外 Al_2O_3 与 MgO 的固溶还可能导致一定的体积膨胀。

B Al_2O_3-$MgAl_2O_4$-CaO 系

从 Al_2O_3-$MgAl_2O_4$-CaO 三元系相图6-45可见，当材料组成点落在1600℃等温截面全固相 Al_2O_3-MA-CA_6 或 MA-CA_6-CA_2 区内时，CaO 对刚玉尖晶石材料的高温影响较小。但 CaO 含量过多，系统将形成如 CA、$C_{12}A_7$ 等低熔点化合物，对高温性能不利。

C Al_2O_3-$MgAl_2O_4$-SiO_2 系

Al_2O_3-$MgAl_2O_4$-SiO_2 三元系相图如图6-46所示，Al_2O_3-MA-A_3S_2 子区无变量点温度为1578℃，说明少量 SiO_2 引入 Al_2O_3-$MgAl_2O_4$ 中系统对高温性能影响不大。为了保证高温下材料中同时存在刚玉、尖晶石相，组成点应落在 Al_2O_3-MA-A_3S_2 子区下部，如图6-47所示偏右阴影部分。SiO_2 含量增加将出现假蓝宝石、董青石低熔相，系统高温性能明显降低。对于系统 SiO_2 含量较高时，为避免低熔相出现，通常将基质组成转移到无变点温度1710℃的 MgO-MA-M_2S 三角形中偏 MA 端点区域。

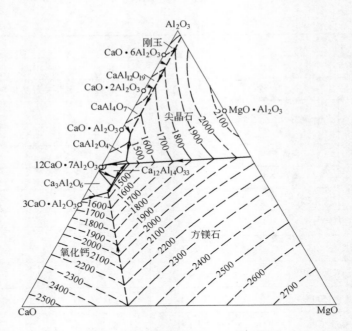

图 6-45　$MgO-Al_2O_3-CaO$ 系相图

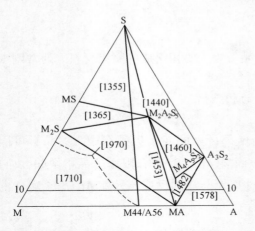

图 6-46　$MgO-Al_2O_3-SiO_2$ 系固面图

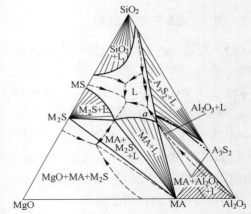

图 6-47　$Al_2O_3-MgO-SiO_2$ 系 1600℃等温截面图

D　$Al_2O_3-MgAl_2O_4-CaO-SiO_2$ 系

在 $Al_2O_3-MgAl_2O_4-CaO-SiO_2$ 系统 Al_2O_3 侧，尽管只含少量 CaO、SiO_2，但高温性能受到明显影响。如材料基质中 MgO 含量为 6%，CaO 含量为 1%，利用 $MgO-Al_2O_3-SiO_2-CaO$ 系相图，估算 1600℃时系统液相形成量随系统中 SiO_2 含量增加而增大。如果基质中 MgO 全部与 Al_2O_3 反应生成标准尖晶石被消耗，剩余的 Al_2O_3 参与 $CaO-Al_2O_3-SiO_2$ 三元系反应，计算可知，随系统中 SiO_2 含量增加，1600℃时系统液相形成量不断增大的同时，刚玉相逐渐增加，CA_6 相逐渐减少而消失。

6.3.2.2　化学矿物组成对刚玉-尖晶石耐火材料性能的影响

刚玉-尖晶石耐火材料中的主要物相为刚玉与镁铝尖晶石。刚玉-尖晶石材料的性能与刚玉及尖晶石的组成、它们的相对含量与颗粒大小等有着重要的关系。

刚玉可以采用电熔白刚玉、烧结白刚玉、亚白刚玉、棕刚玉等。一般情况下，采用电熔白刚玉或烧结白刚玉制备的刚玉-尖晶石材料，后者抗热震性会强于前者，它们的抗渣性会优于采用亚白刚玉或棕刚玉制备的刚玉-尖晶石材料。近年研究表明，采用微孔刚玉制备的刚玉-尖晶石材料，具有强度更大、抗热震性更好、导热率更小和抗渣性更优等特点，通过在钢包、滑板等试验，取得理想的使用效果。

刚玉可与渣中的 CaO 反应形成 CA_6、CA_2 等高熔点化合物，并伴随体积膨胀，导致材料组织致密化；同时尖晶石可吸收渣中的 FeO、MnO 形成固溶体，所有这些将提高渣的 SiO_2 含量，使其黏度增大，材料的抗渣渗透性能增强。图 6-48 给出了尖晶石抑制熔渣渗透作用与尖晶石类型的关系。采用 Al_2O_3 含量为 90% 的尖晶石和增加尖晶石用量都有利于阻止熔渣渗透。图 6-49 给出理论组成尖晶石加入量对材料抗渗透与侵蚀的影响，其添加量在 10%~30% 的范围内，限制渣渗透的作用最大。尖晶石配入量低于 10% 时，渣中 FeO 和 MnO 在尖晶石中固溶。而尖晶石配入量高于 30% 时，不利于提高渣的黏度。两者都限制了熔渣黏度的提高而使抑制熔渣渗透的作用下降，但抗侵蚀性在尖晶石含量为 70% 左右最好。

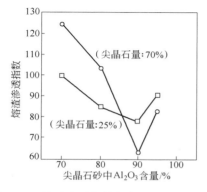

图 6-48 熔渣渗透指数与尖晶石砂中 Al_2O_3
含量的关系（LD 渣，1650℃，4h）

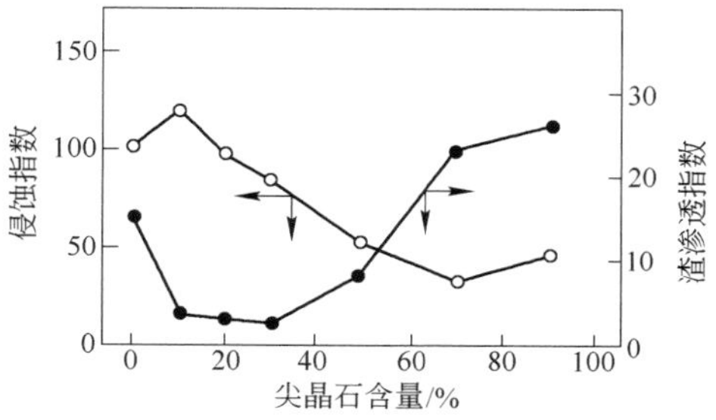

图 6-49 尖晶石含量对刚玉-尖晶石
含量材料的作用

刚玉-尖晶石材料的抗渣性与尖晶石中 MgO 含量的关系如图 6-50 和图 6-51 所示。尖晶石中 MgO/Al_2O_3 比值越大，刚玉-尖晶石材料的抗渣侵蚀性越强。如将基质中的尖晶石以尖晶石微粉形式引入，使之在基质中均匀分布，可获得结构稳定、抗渣侵蚀和渗透性良好的耐火材料。

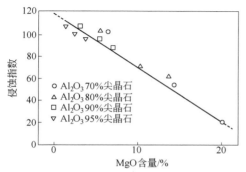

图 6-50 刚玉-尖晶石材料中 MgO 含量与耐侵蚀性
之间的关系（LD 渣，1650℃，4h）

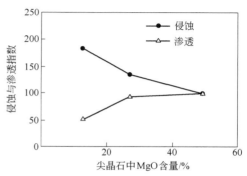

图 6-51 尖晶石中 MgO 组分与渣
渗透和侵蚀指数之间的关系

　　刚玉-尖晶石材料的抗侵蚀和抗渗透性与渣组成和性质密切相关。不同的使用条件可能有不同的结果，在实际中应有针对性地进行材料与尖晶石的组成设计。

　　刚玉-尖晶石材料中的尖晶石亦可以镁砂形式引入，让它在后续烧成与使用过程中与 Al_2O_3 反应生成尖晶石即原位尖晶石。这种尖晶石细小，在基质中分布均匀，能更有效地阻止渣中 FeO 和 MnO 的渗透。图 6-52、图 6-53 给出某刚玉-尖晶石浇注料中 MgO 细粉含量与侵蚀和渗透指数之间的关系。

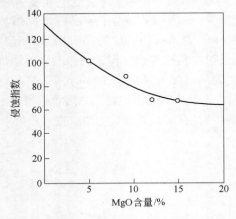 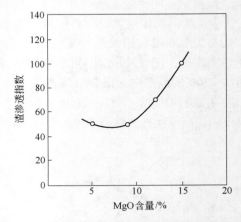

图 6-52　MgO 含量与熔渣侵蚀指数之间的关系　　　图 6-53　MgO 含量与熔渣渗透指数之间的关系

　　图中随着 MgO 细粉含量的增加，材料耐侵蚀性能提高。MgO 细粉含量处于 5%～10%时，熔渣渗透量最小。当 MgO 含量大于 10% 时，虽然抗渣侵蚀性能得到提高，但抗渗透性变差。而且由于 Al_2O_3 与 MgO 原位反应伴随较大的体积膨胀效应，产生裂纹，甚至开裂。可以通过添加氧化硅微粉来控制体积膨胀，SiO_2 微粉的加入促进烧结并形成少量液相，可抵消因尖晶石的形成而产生的膨胀。图 6-54 示出某铝镁浇注料细粉中 MgO/SiO_2 比与永久线变化率的关系。当 MgO/SiO_2 比大于 12 时，永久线变化率将高达 2% 以上，容易引起剥落。而当 MgO/SiO_2 比小于 3 时，却会产生收缩，从而加速裂纹的形成。一般认为这种材料的细粉中 MgO/SiO_2 比为 4～8 较适宜。同时，过多的 SiO_2 含量影响荷重软化温度等高温性能，因此需根据配料中的粒度、杂质含量及结合剂的种类与用量等因素确定最佳 SiO_2 微粉加入量。

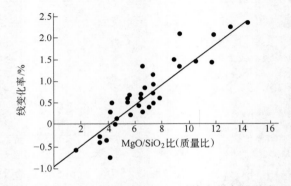

图 6-54　铝镁质材料中细粉部分 MgO/SiO_2 比对线变化率的影响（1500℃，3h）

表6-19中给出刚玉-尖晶石耐火材料的性质的示例。

表6-19 刚玉-尖晶石材料的性质

特性		铝尖晶石质			铝镁质		
Al_2O_3质量分数/%		92.7	93	88.9	83.9	89.9	91.6
MgO质量分数/%		4.9	6	8.1	12.6	6.7	4.8
SiO_2质量分数/%		0.1	0.1	1.5	2.5	0.5	0.5
CaO质量分数/%		—	—	1.2	0.6	—	—
体积密度/g·cm^{-3}	110℃，24h	3.03	3.07	3.05	3.05	3.01	3.02
	1500℃，3h	2.91	3.02	2.95	3.07	2.90	2.83
显气孔率/%	110℃，24h	16.4	17.3	—		18.1	17.9
	1500℃，3h	20.9	20.6	—		22.7	24.2
耐压强度/MPa	110℃，24h	11.9	24.8	24.5	23.5	21.8	22.0
	1500℃，3h	46.6	57.6	137.5	156.3	71.6	59.3
抗折强度/MPa	110℃，24h	7.9	—	—	—	10.7	8.1
	1500℃，3h	30.2	7.0[①]			29.9	36.3
线变化率/%	1500℃，3h	-0.34	+0.08	+0.66	+0.19	+0.87	+1.16
使用部位		钢包，包壁	钢包，包底	钢包，包壁	钢包，包底	钢包，包壁	钢包，包壁

①高温抗折强度，1400℃。

6.3.3 镁铝尖晶石的性能与制造

在上述方镁石-尖晶石、刚玉-尖晶石耐火材料中，除方镁石和刚玉外，镁铝尖晶石是最重要的组分。无论是以原料的形式加入配料中的预合成尖晶石，或者是在烧成与使用过程中原位生成的尖晶石，对镁铝尖晶石质耐火材料的结构与性能有很大影响。了解其性能及合成是有意义的。MgO与Al_2O_3按理论组成形成尖晶石时会产生约8%的体积膨胀，为获得体积稳定的镁铝尖晶石质耐火制品，可添加预先合成的镁铝尖晶石原料。镁铝尖晶石按化学组成可分为富镁尖晶石、理论尖晶石（真尖晶石）与富铝尖晶石。按化学纯度分尖晶石可分为矾土基尖晶石（中档尖晶石）、氧化铝基尖晶石（高纯尖晶石）。按合成工艺分有轻烧尖晶石（活性尖晶石或煅烧尖晶石）、烧结尖晶石、电熔尖晶石。其中，矾土基尖晶石是我国耐火材料工作者根据中国的天然原料资源特点而开发的。

根据原料的特性不同，MgO与Al_2O_3在900～1100℃即开始形成尖晶石。根据Wagner与Cater等人的研究认为，MgO与Al_2O_3之间的反应为Mg^{2+}与Al^{3+}之间的互扩散反应，如图6-55所示。为了保持电中性，$3Mg^{2+}$扩散到Al_2O_3侧在Al_2O_3/尖晶石界面与Al_2O_3反应生成了$MgAl_2O_4$。与此同时，$2Al^{3+}$扩散到MgO/尖晶界面与MgO反应生成$MgAl_2O_4$。因此，Wagner认为在Al_2O_3侧尖晶石层的厚度与在MgO侧尖晶石层的厚度之比R就为3:1。实际上由于Al_2O_3在尖晶石中的固溶以及MgO挥发等因素产生的影响，R值并不等于3，受诸多因素的影响。

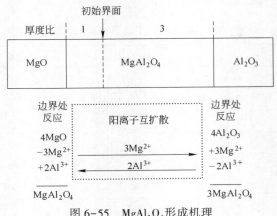

图 6-55   MgAl₂O₄形成机理

影响尖晶石合成的主要因素包括如下几个方面：

（1）合成尖晶石所用原料。合成尖晶石所用的 MgO 原料有菱镁矿、轻烧镁粉、镁砂、碳酸镁、氢氧化镁等。Al_2O_3原料有工业氧化铝、氢氧化铝、铝矾土生料、铝矾土轻烧料、铝矾土熟料等。为了促进尖晶石的反应和烧结，可选择添加一定数量的外加剂，如 B_2O_3、$MgCl_2$、MgF_2、AlF_3、TiO_2、Fe_2O_3、BC_4、$BaCO_3$、ZnO、BaO 等。

除了原料的化学成分以外，Al_2O_3的晶型也对尖晶石的合成有一定影响。由于 $\gamma-Al_2O_3$的晶体结构较 $\alpha-Al_2O_3$更接近尖晶石；$\gamma-Al_2O_3$的密度较 $\alpha-Al_2O_3$小，由它生产尖晶石产生的体积膨胀较小；此外，由于生成 $\gamma-Al_2O_3$的温度较低，活性较高，所以用 $\gamma-Al_2O_3$代替$\alpha-Al_2O_3$可以制得尖晶石含量高、气孔率低及晶粒尺寸大的尖晶石。

（2）合成尖晶石的配比。合成镁铝尖晶石的配比，即 MgO/Al_2O_3比（摩尔比）直接影响合成砂的性能。MgO/Al_2O_3比大于 1 时，随 MgO/Al_2O_3比增大，尖晶石砂的颗粒体积密度逐渐增大；当 MgO/Al_2O_3比小于 1 时，随 MgO/Al_2O_3比的降低，尖晶石砂的颗粒体积密度也逐渐增大。MgO/Al_2O_3比为 1 左右时，体积密度最小。通常 MgO/Al_2O_3比大于 1，即富镁尖晶石结构较为致密，而富铝尖晶石晶内气孔较多。这可能由尖晶石生长过程中 MgO 侧、Al_2O_3侧不同的生长机理所致。富镁尖晶石中方镁石相镶嵌在尖晶石晶粒晶界上，对尖晶石晶界迁移起"钉扎"阻碍作用，尖晶石形成速度慢，但易于致密化。而富铝尖晶石有大量 Mg^{2+}离子空位，扩散通道多，且因尖晶石晶界迁移速率高，尖晶石生成速度快，但易于在尖晶石晶粒中形成气孔。但富铝尖晶石（MgO/Al_2O_3比小于 1）中阳离子缺陷能捕捉渣的 FeO、MnO。同时，Al_2O_3与渣反应生成 CA_6、CA_2等矿物，从而增大了渣的黏度，能抑制渣的渗透。图 6-56 给出富铝尖晶石的晶格常数与 Al_2O_3含量的关系。随 Al_2O_3含量的提高晶格常数减小，同时线膨胀系数减小。实际生产中，合成尖晶石的 MgO/Al_2O_3比应根据其用途而定。化学计量尖晶石可用于不同类型的耐火材料。富镁尖晶石通常用于代替铬铁矿或镁铬尖晶石，与镁质原料配合制造碱性耐火砖，主要用作大型水泥窑的窑衬。富铝尖晶石则常与 Al_2O_3质原料配合，主要制造大、中型钢包浇注料或预制件和钢包透气砖、座砖等特殊部位。而天然原料合成的矾土基尖晶石则主要用于小型钢包浇注料和中间包挡渣墙等。

镁铝尖晶石的组成是随所处条件改变而变化的，如在高温下刚玉-尖晶石材料中的Al_2O_3会继续固溶入尖晶石中形成富铝尖晶石，温度降低，富铝尖晶石又会脱溶出 Al_2O_3。

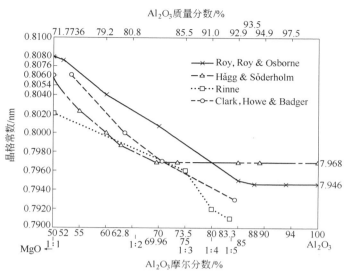

图 6-56 镁铝尖晶石晶格常数与化学组成关系

（3）合成工艺要点。影响镁铝尖晶石反应烧结的工艺因素有：原料的细度、混合的均匀性、成型压力、烧成温度及保温时间等。原料共同混磨及其细度是较关键的工艺参数。原料越细，反应越快，反应温度也越低。以煅烧氧化铝和轻烧氧化镁为原料合成镁铝尖晶石时，若在 1680℃烧成，则原料须粉磨至小于 0.04mm。

镁铝尖晶石的合成也有一步煅烧与二步煅烧之分。一步煅烧是将生料坯体在高温下一次烧成，即尖晶石的生成和烧结一次完成。由于 MgO 与 Al_2O_3 在 1000~1400℃反应生成尖晶石时会产生明显的体积膨胀，对烧结致密化不利。因而一步煅烧合成镁铝尖晶石往往需要较高的温度，高纯尖晶石的烧结温度通常在 1750~1850℃。二步煅烧法的第一步是将混合料坯体在 1200~1500℃下煅烧使尖晶石的生成量达到 85%~90%，煅烧尖晶石磨细（高纯尖晶石，小于 0.045mm 占 100%）后再压坯或成球进行第二步煅烧。由于尖晶石的形成在第一步时已完成大部分，因此，煅烧尖晶石在烧结时不产生膨胀。

煅烧尖晶石粉具有极好的活性和烧结性，用 100%的活性尖晶石 1750℃下烧结可达到 3.45g/cm³ 的体积密度，为理论密度的 96%，这一过程约产生 17%的体积收缩。轻烧温度对煅烧尖晶石的性质有重要意义。如果煅烧温度过高，虽然尖晶石形成量较大，但活性降低，不利于第二步的烧结。为了节省能源，在第二步煅烧时也可采用部分活性尖晶石与生料配合使用。在烧结过程中尖晶石形成速度快，形成量大。如果控制不当，因为尖晶石形成时较大的体积膨胀和晶粒异常长大，烧结体难以达到理想的体积密度。

生产电熔尖晶石的配料一般采用富镁的形式，MgO 质量分数为 35%~50%，MgO 含量过高或过低都会使熔化不佳，造成熔体黏度高。生产电熔尖晶石的关键是如何获得结构均匀的产品。一般而言，熔块上部和周边含较多蜂窝状气孔，其中符合化学计量组成的尖晶石熔块气孔率最大，而富 MgO 熔块和加入 Cr_2O_3 的熔块气孔率均较低。

与高纯尖晶石所不同的，合成矾土基尖晶石的反应和烧成温度要低些。尖晶石砂除含有 85%~90%的尖晶石外，约有 10%的硅酸盐相（主要是固溶了少量 CMS 的镁橄榄石）。

X 射线衍射分析表明，烧结或电熔矾土基尖晶石中的尖晶石结构有缺陷，是过渡型尖晶石，说明它是 MA、MF 和 M_2T（Mg_2TiO_4）尖晶石的固溶体。

6.4　白云石质耐火材料

白云石质耐火材料是指以白云石熟料为主要成分的碱性耐火材料。白云石熟料是指以天然或人工合成镁和钙的碳酸盐或氢氧化物经煅烧后而形成致密均匀的氧化钙与氧化镁混合物。按化学矿物组成分为两大类：

（1）含游离 CaO 的镁钙质耐火材料，矿物组成位于 $MgO-CaO-C_3S-C_4AF-C_2F$（或 C_3A）系中，因其组成中含有难于烧结的 CaO，极易吸潮粉化，故又称不稳定或不抗水化的镁钙质耐火材料。

（2）不含游离 CaO 的镁钙质耐火材料，其矿物组成为 MgO、C_3S、C_2S、C_4AF、C_2F_x（或 C_3A）。组成中 CaO 全部呈结合态，无游离 CaO 存在。不易因水化崩裂而粉化，因而也称稳定性或抗水化性的镁钙质耐火材料。稳定性白云石砖即属于此类。

含氧化钙耐火材料早在 18 世纪就应用在欧洲冶金行业。20 世纪 50 年代后出现氧气顶吹转炉炼钢法，稳定性白云石耐火材料用于转炉炉衬曾起过积极作用。但因制品易发生水化，产量未有大幅提高。进入 20 世纪 60 年代后，碱性炼钢转炉法在全世界范围迅速推广，作为碱性耐火材料的镁钙质材料再次受到重视，有较快的发展。在原料制作方面，由单一的焦炭竖窑一步煅烧发展成为二步煅烧白云石熟料、人工合成二步煅烧白云石熟料和电熔镁白云石熟料等，生产的镁钙砂质量不断提高；在制品方面，由单一的沥青结合白云石砖，发展为轻烧油浸白云石砖、沥青结合镁白云石砖、烧成镁白云石砖、无水树脂结合镁白云石砖等。因为 CaO 抗水化问题没有得到彻底地解决，所以，总的来说，镁钙质耐火材料的应用受到严重影响。

近年，炼钢技术向高级化和洁净化方面发展。随着对杂质含量低的洁净钢需求日益增加，人们还希望耐火材料不污染钢水，最好具有一定洁净钢水的能力。在这种形势下，热力学稳定和抗碱性渣侵蚀强的含游离 CaO 的镁钙质耐火材料逐渐又引起国内外的普遍重视，特别是其具有净化钢水的功能，使其成为现代钢铁工业中重要的耐火材料，具有广泛的开发应用前景。

6.4.1　与镁钙质耐火材料有关物系的相平衡

6.4.1.1　CaO-MgO 系

CaO-MgO 系相图如图 6-57 所示，MgO、CaO 两者的低共熔点为 2370℃。MgO 与 CaO 之间具有一定的互溶度，方镁石中能固溶 7%CaO，CaO 中能固溶 17%MgO。随温度下降，彼此间的溶解度降低。系统液线温度高，亚液线温度也高。因此，镁钙系耐火材料是一种耐火度高的耐火材料。

图 6-57 中，CaO/MgO = 58/42 为纯白云石，CaO/MgO<58/42 为富镁白云石或镁白云石，CaO/MgO>58/42 为高钙白云石。

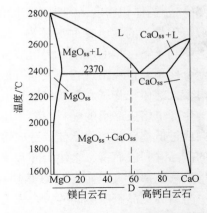

图 6-57　CaO-MgO 二元系统相平衡图

6.4.1.2　杂质-CaO-MgO 系

镁钙质耐火材料的杂质主要为 SiO_2、Al_2O_3、Fe_2O_3 等，当 $CaO/SiO_2 > 3$ 时，平衡矿物除 CaO、MgO 外，还有 C_3S（1900℃分解）、C_4AF（1415℃）、C_2F（1449℃）、C_3A（1535℃），如表 6-20 所示。下面根据相图来讨论它们对性能的影响。

表 6-20　白云石耐火材料的平衡相组成（$CaO/SiO_2 > 3$）

Al_2O_3/Fe_2O_3 比	矿物相				
<0.64	CaO	MgO	C_2S	C_4AF	C_2F
>0.64	CaO	MgO	C_2S	C_4AF	C_3A
0.64	CaO	MgO	C_2S	C_4AF	—

A　$CaO-MgO-SiO_2$ 系

$CaO-MgO-SiO_2$ 三元相图及有关假二元系相图分别如图 6-58 和图 6-59 所示。

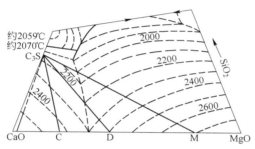

图 6-58　$CaO-MgO-SiO_2$ 系统的贫硅部分相图

图 6-58 为 $CaO-MgO-SiO_2$ 系统的贫硅部分相图，在白云石 D 点 $CaO/MgO = 58/42$ 左右两侧选择两点，如 C 点代表高钙白云石，M 点代表富镁白云石。由 C、D、M 三点分别与 C_3S 做连线，并做出 C_3S-D、C_3S-M 和 C_3S-C 系的假二元相图（图 6-59）。

图 6-59 中，D 端液化温度较高（2400℃），随着 C_3S 的增加向左下降比较平缓；CaO与 MgO 二相共存的温度也很高。亚液线由 2300℃向左方下降也十分平缓，至 D/C_3S 比例约为 60/40 时，亚液化温度仍高达 2200℃。但是，图左半部亚液线位置较低，在相当宽阔的组成和温度范围不存在第二高温固相。很显然，从提高高温性能的角度出发，白云石耐火材料应选用 $D-C_3S$ 线上靠 D 端的组成点。

与 C_3S-D 二元相图相比，C_3S-M 系统相图中 M 的液化温度（约2700℃）比白云石 D高很多，甚至当 M/C_3S 的比例降至 65/35 时，仍在 2400℃以上；亚液线向左下降的速度则与白云石 D 差不多，至 M/C_3S 为 60/40 时亚液相温度仍在 2180℃左右，与 C_3S-D 二元相图相似。图中液线和亚液线的交点虽左移甚远，但温度仍高达 2020℃左右，加上图中的M 点的液化温度比 $D-C_3S$ 截面的 D 点高 200℃，所以如 C_3S 含量低于 40%，镁白云石的高温性能优于白云石的。在 $C-C_3S$ 二元相图中，液线走向与 $D-C_3S$ 截面近似，但横贯全图的第一晶相都是 CaO，CaO 和 MgO 二固相能共存的温度上限由 C 点 2200℃向左下降较快。

综上可见，论高温性能，C_3S 含量不高时，镁白云石优于白云石，而两者又远优于高钙白云石。

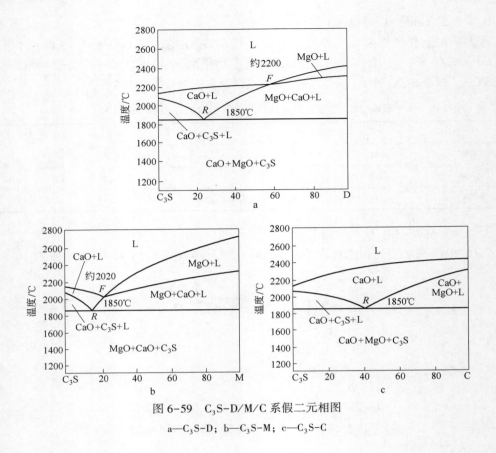

图 6-59 C₃S-D/M/C 系假二元相图

a—C₃S-D；b—C₃S-M；c—C₃S-C

B CaO-MgO-C₄AF 系

CaO-MgO-C₄AF 系相图及相关假二元系相图分别如图 6-60 及图 6-61 所示。

在 CaO-MgO 系统中引入 C₄AF，系统无变量点温度由 2370℃ 降为 1320℃，所以 C₄AF 对 CaO-MgO 二元系统始熔温度的影响很大。

在 D-C₄AF 截面图（图6-61a）中，C₄AF 的加入使白云石材料的液线和亚液线分别从 2400℃ 和 2300℃ 迅速下降至略高于 1325℃ 的 F 点和共熔点 E（1320℃）。

在 C₄AF-M 截面图（图 6-61b）中，MgO 含量较高，液线的起点提高了 300℃，全线液化温度都比较高，使方镁石能在较高温度和较宽的组成范围存在；但三元共熔点 E 右移，使亚液线变得更为陡峭。因此，同白云石 D 相比，镁白云石 M 加 C₄AF 后的熔化温度较高而二固相共存的温度较低。

C₄AF-C 截面图（图 6-61c）大体与 C₄AF-D 相似，全图第一晶相为 CaO，三元共熔点 E 的位置右移。如果抛开高钙材料易水化这个因素，C₄AF 对白云石 D 和高钙白云石 C 高温性能的影响似乎无显著差别。

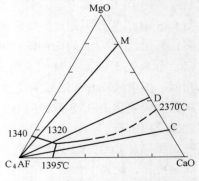

图 6-60 CaO-MgO-C₄AF 系统相图

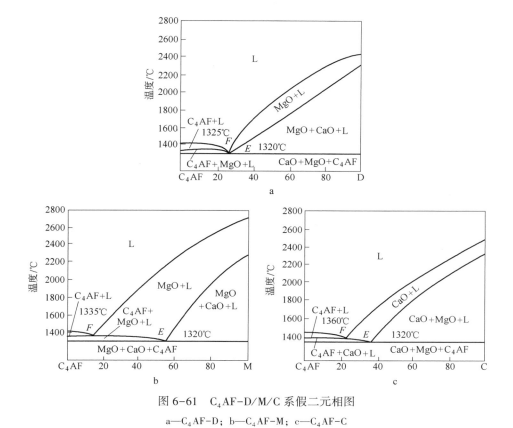

图 6-61 C_4AF-D/M/C 系假二元相图

a—C_4AF-D; b—C_4AF-M; c—C_4AF-C

C CaO-MgO-C_3A 系

CaO-MgO-C_3A 系相图及相关假二元系相图分别如图 6-62 及图 6-63 所示。

在图 6-63c 中，近右端 C 一段的液线和亚液线温度较 C_3A-D 截面图（图 6-63a）近 D 的一段稍高一些，说明 C_3A 含量不高时，高钙白云石 C 略胜于白云石 D，但 C 易于水化。

C_3A-M 截面图（图 6-63b）与 C_3A-D 的相似，但液线温度稍高于 C_3A-D 截面，说明 C_3A 对镁白云石高温性能的影响较白云石 D 小。

D CaO-C_3A-C_2F 系

CaO 含量为 90%、C_3A 含量为 10% 与 CaO 含量为 90%、C_3F 含量为 10% 两种材料所构成的纵截面图如图 6-64 所示。

由于 C_3A 的不一致熔点（1535℃）高

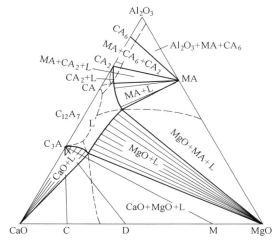

图 6-62 CaO-MgO-Al_2O_3 系 1600℃ 等温截面图

（中间虚线为液相线）

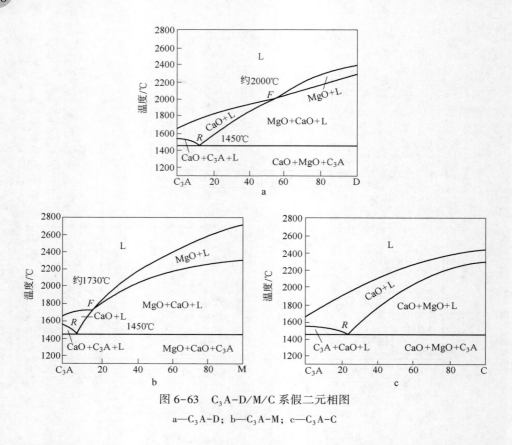

图 6-63　C_3A-D/M/C 系假二元相图

a—C_3A-D；b—C_3A-M；c—C_3A-C

于 C_2F 的熔点（1449℃），图 6-64 中靠 C_3A 一侧的液线温度较高，虽然向右方下降较快，但总的看来，C_3A 对 CaO 高温性能的影响较 C_2F 小。除两侧部分固溶段外，始熔温度基本上都是 1389℃。据此推论，C_3A 和 C_2F 对含 CaO 和 MgO 的二元或多元系统的影响也应与此相似。

通过分析，最佳的 MgO/CaO 比例（白云石种类）取决于使用条件。对于转炉操作条件而言，提高 MgO/CaO 比例，虽然有熔渣易渗透的缺点，但却能够降低熔渣对耐火材料的熔损速度，因而其耐用性高。温度越高，高 MgO/CaO 比值的优点就越能显示出来。因而提高 MgO/CaO 比值对于苛刻的超高温操作条件是有效的。砖中的杂质相 C_4AF、C_3A、C_2F 使 CaO-MgO 系统的始熔温度降低 900~1000℃。C_3S 本身熔点高，但也易与 SiO_2、MgO 反应生成低熔物。因此，为提高镁钙质耐火材料的高温性能，除了选择合适的白云石外，还必须尽量降低 Al_2O_3、氧化铁以及 SiO_2 等杂质。不过，纯度高的白云石材料难烧结，抗水化问题也十分突出。

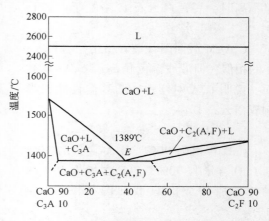

图 6-64　CaO90/C_3A10-CaO90/C_2F10 纵截面

6.4.2 镁钙质耐火材料的抗水化措施

CaO 和 MgO 都具有 NaCl 型的晶体结构，立方晶系，面心立方点阵，F_{m3m} 空间群。阴离子和阳离子都成面心配位，离子配位数均为 6，Ca^{2+}、Mg^{2+} 处于 O^{2-} 的八面体间隙中。它们的晶格常数分别为：CaO $4.80 \times 10^{-4} \mu m$，MgO $4.20 \times 10^{-4} \mu m$。一个晶胞含有 4 个分子。$Mg^{2+}$ 半径较小，它可以完全被包围在 O^{2-} 之间。而 Ca^{2+} 半径比 Mg^{2+} 大，不能被 O^{2-} 完全包围。因此，CaO 的晶格较为疏松，密度低，比 MgO 更容易水化。由计算得出 CaO 水化时体积增加 96.5%，导致含游离 CaO 耐火材料完全粉化而成粉末，从而限制了镁钙质耐火材料的推广应用。从这个意义上讲，镁钙质耐火材料最大的难题就是抗水化性的提高。

提高镁钙质材料抗水化性的途径包括降低材料的气孔率与增大 MgO 及 CaO 的晶粒尺寸以减少水蒸气通过气孔与晶界的渗透；控制 MgO/CaO 的比例以形成 CaO 被 MgO 包围的显微结构以及在 MgO 与 CaO 颗粒表面形成抗水化保护层等。具体方法包括下面几方面。

6.4.2.1 烧结法

烧结法是通过活化烧结或提高烧结温度等方法来降低镁钙质材料的显气孔率，提高方镁石与氧化钙的晶粒尺寸，以提高其抗水化性。

A 活化烧结法（二步煅烧和消化）

二步煅烧与消化活化工艺过程如图 6-65 所示。共有三条技术路线。路线 1 为轻烧粉直接压球后再烧结。路线 2 与路线 3 中将部分轻烧粉或全部轻烧粉水化后压球，再经高温烧结。二步煅烧，可以提高坯体密度、加快坯体的致密化速度和显著降低烧结温度，使石灰和镁钙熟料抗水化性能得到有效提高；水化工艺则可借助水化过程中强烈的崩散作用，破坏轻烧白云石所残留的母盐假象。同时，所产生的 $Ca(OH)_2$ 和 $Mg(OH)_2$ 在烧结过程中可脱水生成更具活性的细小 MgO 和 CaO 晶粒，进一步促进了镁钙熟料的烧结性能。

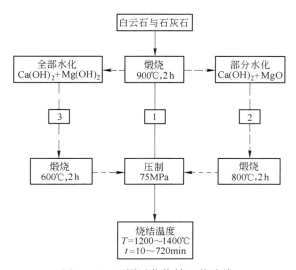

图 6-65 不同活化烧结工艺路线

B 添加外加剂烧结法

一方面，通过添加如 Al_2O_3、Fe_2O_3、SiO_2、TiO_2、CuO 等氧化物和氮化物、碳化硼、

单质硼、铝等非氧化物及金属，在较低温度下生成液相，促进 MgO、CaO 晶粒的发育和长大，加速烧结致密化过程。另一方面利用液相对 MgO、CaO 的良好润湿性，不仅有利于方镁石和氧化钙在表面张力的作用下进行颗粒重排，形成以 MgO 为基体、CaO 分布其间的网络结构，而且液相冷却后在晶界上形成的玻璃相物质也阻碍了水蒸气向颗粒内部的扩散，从而改善了 MgO-CaO 系耐火材料的抗水化性。

引入 CeO_2、La_2O_3、ZrO_2、Y_2O_3、Cr_2O_3 等氧化物，在较高温度下与 MgO、CaO 材料发生固溶反应，因此不会对白云石耐火材料的高温性能产生很大损害。同时由于固溶于 MgO、CaO 晶粒的添加物使 MgO、CaO 晶格发生畸变，造成晶格缺陷，活化了晶格，从而促进了 CaO、MgO 晶粒的发育、长大。此外，该添加物的加入还起到增加 CaO 与 MgO 之间固溶度的作用，有利于提高 MgO-CaO 系耐火材料的抗水化性能。

添加合适组分使 CaO 生成稳定化合物，如 $CaZrO_3$、$CaTiO_3$、Ca_2SiO_4、Ca_3SiO_5 和 $CaAl_{12}O_{19}$ 等，提高其抗水化性能。但在加入 ZrO_2 及 SiO_2 时，必须考虑 Ca_2ZrO_5 及 Ca_2SiO_5 的晶型转变。Ca_2ZrO_4 有 5 种多晶体，由 β 型斜方晶系向 γ 型单斜晶系转变类似于四方 ZrO_2 向单斜 ZrO_2 转变，冷却过程中伴随体积膨胀。β 型 Ca_2SiO_4 向 γ 型 Ca_2SiO_4 转变是孪晶向非孪晶方向转变，其晶型转变是不可逆的，产生的体积膨胀为 12%，大大高于 ZrO_2 的 4.9%。添加剂的加入量与粒度对其抗水化性有影响。图 6-66 为 ZrO_2 的含量与粒度对镁钙系材料水化增重率的影响。随 ZrO_2 含量的增大与粒度的减小水化增重率减小。

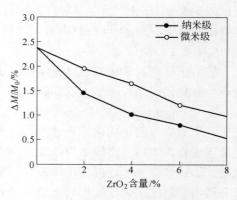

图 6-66　添加不同粒度 ZrO_2
白云石的抗水化性

选择 $Ca(OH)_2$、$CaCO_3$ 或 CaF_2 为促烧结抗水化添加剂可促进烧结但不污染材料。

6.4.2.2　表面处理法

采用有机或无机物对镁钙质耐火材料进行表面处理。在其表面形成一层保护膜，隔离水蒸气起到防止水化的作用。

A　有机物表面包覆

采用有机物如焦油、沥青、石蜡、脂醇类及各种树脂、有机硅化物、有机酸-有机酸盐复合（如乙醇酸-乳酸铝、柠檬酸-乳酸铝）等对镁钙质耐火材料进行表面处理。这种防水化处理方法不仅抗水化效果明显，而且还具有工艺简单和操作方便等优点。但随温度提高，抗水化效果减弱。

B　无机物表面包覆

如通过在 CO_2 气氛下对镁钙质耐火材料进行加热处理，使其表面游离 CaO 与 CO_2 发生反应而转变成较为稳定的一层 $CaCO_3$ 薄膜。也可采用磷酸、磷酸钠、硅酸钠盐、磷酸二氢铝、草酸等溶液浸渍镁钙质耐火材料，与镁钙质耐火材料表面的游离 CaO 反应生成难溶或微溶的化合物，附着在原料表面。当采用前述酸溶液浸渍后再进行 CO_2 气氛下处理，抗水化效果更加明显。

表 6-21 列出经 $H_2C_2O_4$ 与 H_3PO_4 溶液浸渍和热处理后镁钙熟料的抗水化实验结果。

表 6-21 抗水化实验结果

编号	处理条件	增重率/%	粉化率/%	增重指数	粉化指数
1	$H_2C_2O_4$	0.20	0.34	54	39
2	H_3PO_4	0.24	0.63	65	72
3	未做任何处理	0.37	0.87	100	100

表 6-21 中 $H_2C_2O_4$ 溶液浸渍处理的镁钙熟料的粉化指数与增重指数低于 H_3PO_4 浸渍处理的同类材料。图 6-67 为用 $H_2C_2O_4$ 溶液浸渍处理的镁钙熟料表面膜的扫描电镜照片。膜由细小颗粒组成，均匀、密集。膜与镁钙熟料颗粒表面之间无间隙，结合良好。膜的厚度为 5~10μm。

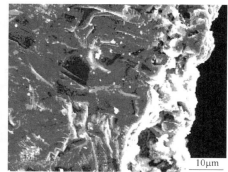

图 6-67 浸渍后镁钙熟料的扫描电镜照片

C 密封包装法

热塑包装是目前最常用的防止镁钙质耐火制品水化的有效方法。以聚乙烯或聚氯乙烯等塑料薄膜为原料采用热塑真空包装方法使塑料薄膜紧贴在制品的表面。在包装过程中，一边抽真空一边对薄膜加热，使薄膜处于塑性状态，在大气压力作用下紧贴制品表面。也有采用镀铝薄膜以增加其隔水能力。

除了热塑包装以外，其他的密封包装还有金属密封包装。将镁钙质制品密封于集装箱等容器中，抽真空去除箱中的空气以防止水化。

密封包装是目前最常用的方法。在未拆除包装的情况下抗水化性良好。一旦拆除包装制品极易水化。因此，应尽快完成砌筑施工并尽快使用。在使用过程中也不应停炉，避免镁钙耐火材料的温度下降到 600℃ 以下，以保证其不水化。

6.4.3 白云石耐火原料

6.4.3.1 白云石的分类

白云石是以碳酸钙和碳酸镁的复盐为主要成分的矿物。化学式为 $CaMg(CO_3)_2$，CaO/MgO = 1.39，煅烧后理论组成：CaO 质量分数为 58%，MgO 质量分数为 42%。依据 CaO/MgO 比分类，白云石可分为：石灰质白云石，也称钙质白云石或高钙白云石（CaO/MgO>1.39）；白云石，即化学计量白云石（CaO/MgO = 1.39）；镁质白云石，也称富镁白云石

（CaO/MgO<1.39）。镁质白云石、钙质白云石是白云石与天然菱镁矿或方解石的混合体，其中镁质白云石是生产镁白云石砂的主要原料之一，辽宁大石桥的储量达 1.4 亿吨。我国白云石的分布范围很广，几乎每省都有，是一种优质价廉的耐火原料。如果其抗水化问题得以解决，应用前景广阔。

6.4.3.2　白云石的基本性质

化学计量白云石属三方晶系，密度为 2.82~2.9g/cm^3，硬度为 3.5~4。纯净的白云石为乳白色，但一般与滑石等伴生而有 SiO_2、Al_2O_3、Fe_2O_3 等杂质，呈深灰色、浅灰色等。作为耐火原料其杂质总量要求小于 3%。

白云石外观与菱镁矿、石灰石相似，可采用冷的 HCl 溶液浸泡加以辨别。菱镁矿不溶于冷 HCl 溶液，白云石会慢慢溶解起泡，石灰石则很快起泡发生溶解。

白云石经一步或二步煅烧，或者电熔可以制得烧结或电熔白云石熟料，也称白云石砂。电熔白云石砂中，方镁石与氧化钙的晶粒尺寸比烧结白云石中的大，直接结合程度高。电熔白云石砂的抗化学侵蚀能力比烧结白云石的强。表 6-22 给出一些白云石砂的性能实例。

表 6-22　白云石砂的性能

| 种类 | 化学成分（质量分数）/% | | | | | 体积密度 /g·cm^{-3} |
	CaO	MgO	Fe$_2$O$_3$	Al$_2$O$_3$	SiO$_2$	
烧结砂	24~26	71~73	≤1.0	≤0.5	≤1.0	≥3.25
	31~33	62~64	≤3.0	≤0.5	≤1.0	≥3.25
	55~57	39~41	≤0.6	≤0.4	≤1.0	≥3.25
电熔砂	25.18	71.49	0.19	0.88	0.98	3.37

6.4.4　镁钙质耐火制品

镁钙质耐火制品主要有焦油白云石砖、镁白云石砖、直接结合镁钙砖以及添加氧化锆的白云石锆砖等。

焦油白云石砖是以烧结白云石为主要原料或再加入适量烧结镁砂（通常以细粉的形式加入），并以焦油、沥青或石蜡等有机物作结合剂而制成的。镁白云石砖是在焦油白云石砖的基础上开发的，主要采用合成镁白云石砂为主要原料制得。前者为不烧制品，后者为烧成制品。配料时可全部采用镁白云石合成砂，也可在基质料中引入部分或全部高纯镁砂细粉，以便提高其抗渣性（尤其是氧化铁高的炉渣）和抗水化能力。合成砂可采用一步煅烧法或二步煅烧法生产，但以二步煅烧法居多。

烧成镁白云石砖基本采用三级配料，通常由 5~3mm、3~0.5mm 的颗粒和<0.088mm 的细粉构成，细粉可以全部是合成砂，也可以引入部分或者全部镁砂粉，用石蜡或焦油作结合剂。典型配比为 5~3mm 占 10%，3~0.5mm 占 60%，<0.088mm 占 30%，外加石蜡 2.7%。使用前石蜡需经加热脱水，并在 80~100℃下保温。

泥料用摩擦压砖机成型，在高温窑内烧成，烧成温度视杂质总含量而定，当其不小于 3% 时，烧成温度在 1700℃ 或更高。烧成制度中应重点注意脱蜡温度，在该温度范围内，最好快速升温，以免因脱蜡使砖坯强度显著降低而造成砖坯塌落或开裂。另一点需要注意的是燃料和一、二次风中不能带入过量的水分，否则将会引起砖坯的水化而粉化。

烧后镁白云石砖要采取防水化措施，严防其水化。通常采用塑料薄膜将砖密封包装，不得与大气中的水分接触。

油浸镁白云石砖实质上为烧成镁白云石砖在沥青液中进行真空浸渍，使沥青进入砖内覆盖颗粒及砖体表面，这既起到防水化作用，也能提高砖的抗渣侵蚀性能。它在碱性氧气转炉中的使用效果较烧成镁白云石砖为优。

直接结合白云石砖或直接结合镁白云石砖的生产工艺与烧成镁白云石砖相似。但其原料要求较高，$SiO_2+Al_2O_3+Fe_2O_3$ 杂质总质量分数必须小于 2%。合成白云石砂的体积密度应大于 $3.15g/cm^3$，合成镁白云石砂的体积密度应大于 $3.20g/cm^3$。砖的烧成温度也较镁白云石砖的高，物理性能也较镁白云石砖的好些。直接结合白云石砖主要应用于炉外精炼 AOD、VOD 炉的渣线高侵蚀区，使用效果明显较原使用的直接结合镁铬砖为好，更优于直接结合高纯镁砖，是一种取代镁铬砖的优质材料。

由于烧成制品工艺复杂，投资大，能耗高，采用沥青造成环境污染。近年有采用无水酚醛树脂为结合剂制造不烧镁白云石砖。其在钢包渣线应用亦取得与烧成镁白云石砖相接近的使用效果。

6.4.5　镁钙质耐火制品的性能

6.4.5.1　耐高温性

镁钙质耐火材料中的主要成分 MgO、CaO 均为高熔点氧化物，氧化镁的熔点为 2800℃，氧化钙的熔点 2600℃，两者共熔温度也在 2370℃，因此，这类材料具有良好的耐高温性。

6.4.5.2　热力学稳定性

图 6-68 示出一些氧化物的自由能及氧分压的关系，图中氧化物中，CaO 的自由能最负，MgO 次之，CaO 最稳定，对钢水再供氧的可能性最小。MgO-CaO 质耐火材料这一热力学稳定性适合于使用在具有高温真空工作环境的炉外精炼中。

6.4.5.3　净化钢液功能

MgO-CaO 质耐火材料的游离 CaO 能较好地捕捉钢中 Al_2O_3、SiO_2、S、P 等非金属夹杂。对钢水的脱磷、硫的效率也有一定的影响。图 6-69 中给出以 CaSi 为脱硫剂时三种

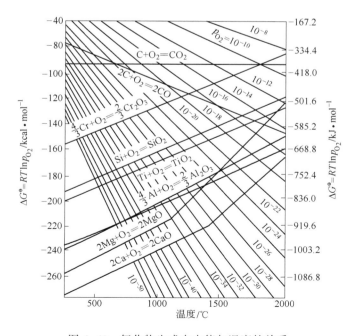

图 6-68　氧化物生成自由能与温度的关系

不同钢包衬的脱硫率与喷入 CaSi 之间的关系。由图可见，当以白云石为包衬时，相同 CaSi 喷入量的脱硫率高于其他两种耐火材料。

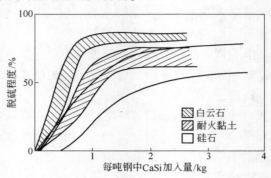

图 6-69　耐火材料对脱硫的影响

6.4.5.4　抗渣性

镁钙质耐火材料的游离 CaO 对炉渣有广泛的适应性。它对高碱性渣有较强的耐侵蚀性，随着渣碱度的提高，炉渣侵蚀量迅速下降。此外，在精炼初期炉渣碱度低时，游离 CaO 也可能优先与炉渣中的 SiO_2 反应，生成高熔点、高黏性的硅酸二钙保护层附着在炉衬砖工作表面，堵塞气孔，抑制炉渣向内渗透和减轻炉渣的侵蚀。

$MgO\text{-}CaO\text{-}SiO_2$ 系统中贫 SiO_2 部分固面图如图 6-70 所示。CaO/MgO 比越低的材料吸收 SiO_2 后的固化温度越低，从而导致高温性能恶化，说明镁白云石耐火材料抗低碱度渣侵蚀能力不及白云石和高钙白云石耐火材料。

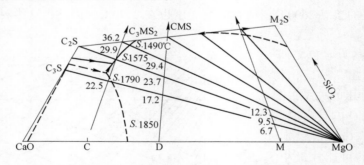

图 6-70　$CaO\text{-}MgO\text{-}SiO_2$ 系统贫 SiO_2 部分固面图
S—固化温度，数字为材料吸收的 $SiO_2\%$

对于含氧化铁含量高的炉渣，由 MgO-CaO-氧化铁系等温截面图（图 6-71）计算可知，富镁白云石耐火材料与氧化铁接触时，比钙含量较高的白云石耐火材料更能抵抗氧化铁炉渣的侵蚀，在还原条件下尤其如此。图中，1500℃开始形成液相时吸收氧化铁的数量如下：氧化气氛下，M = 3.5%，D = 2.0%，C = 1.0%；还原气氛下，M = 26.5%，D = 16.7%，C = 11.4%。同样，在 1500℃吸收相同数量的氧化铁时所形成的液相量：氧化气氛下，设 $Fe_2O_3 = 15\%$，$L_M = (m-1)/(m-L') = 23.8\%$，$L_D = (d-2)/(d-L') = 26.3\%$，$L_C = (c-3)/(c-L') = 28.4\%$；还原气氛下，设 FeO = 30%，$L_M = (m'-4)/(m'-L') = 9.4\%$，$L_D = (d'-5)/(d'-L') = 27.1\%$，$L_C = (c'-6)/(c'-L') = 36.8\%$。

与 CaO-SiO_2 系渣相比，镁钙质耐火材料在 CaO-Al_2O_3 系渣中损耗相当严重，并随砖中 CaO/MgO 比值的提高而加大。其原因是由于砖中的游离 CaO 会立即熔于 CaO-Al_2O_3 系渣中，生成 12CaO·$7Al_2O_3$ 等低熔点物质，以熔融状从砖的表面排出，使砖表面不能形成保护层，从而加快砖的损毁。

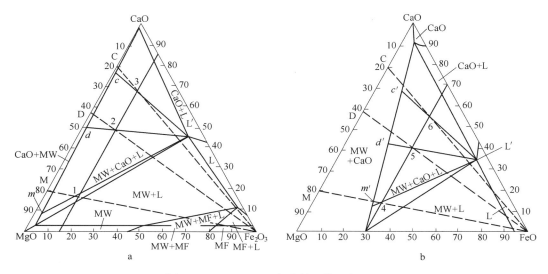

图 6-71　MgO-CaO-氧化铁系等温截面图

a—氧化气氛；b—还原气氛

表 6-23 与表 6-24 分别列出不同含锆镁钙质及常见镁钙质耐火制品的理化性能。研究表明，添加 ZrO_2 后，材料弹性模量和常温抗折强度下降，高温抗折强度基本接近，侵蚀指数忽高忽低，但渗透指数明显降低。

表 6-23　纯白云石及锆白云石质耐火制品的理化性能

类型		纯白云石砖		白云石锆砖		白云石镁锆砖	
牌号		LD1	BD2	LDZ1	LDZ2	LDM1	BDM2
体积密度/g·cm^{-3}		2.8	2.78~2.82	2.81	2.92	2.94	2.98
显气孔率/%		17	12~15	17	16	15	12~14
抗折强度/MPa		60	28~42	40	—	50	—
耐压强度/MPa		—	9.0~12.4	—	6.2~9.7	—	6.5~10
化学组成（质量分数）/%	MgO	40.0	40.0	38.8	39.0	57.0	60.0
	CaO	58.0	57.0	56.2	57	38.8	37.0
	SiO_2	0.8	0.9	0.8	1.2	0.8	1.1
	Al_2O_3	0.4	0.8	0.4	0.8	0.4	0.4
	Fe_2O_3	0.8	1.1	0.8	1.2	0.8	0.6
	ZrO_2	—	—	3.0	2.3~3.0	3.0	0.5~2.0

表 6-24　镁钙质耐火制品的理化性能

指标		镁白云石砖	白云石砖	烧成白云石砖	油浸白云石砖	烧成镁白云石砖	油浸镁白云石砖
SiO_2 质量分数/%		0.4~0.9	0.9	0.9	1.1	1.62	≤4
Al_2O_3 质量分数/%		0.1~0.3	0.8	0.3	0.4	0.45	
Fe_2O_3 质量分数/%		0.4~1.4	1.1	1.0	1.8	1.98	
CaO 质量分数/%		7.2~34.8	40	56.5	58.0	14.86	15~20
MgO 质量分数/%		64.2~92.0	57	41.1	40.6	80.20	75~80
显气孔率/%		10~15	10	16.8	5	13	约2
体积密度/g·cm^{-3}		2.96~3.19	2.94	2.86	2.90	3.02	>3.10
耐压强度/MPa		63~119	49		26~46	73	82
抗折强度/MPa	1400℃	4.5~6.7		20.8（1200℃）	5.7（1200℃）	2.0	8.3（1200℃）
	1500℃	3.7					3.2（1350℃）
荷重软化开始温度/℃		1650~1720				>1700	

6.5　镁橄榄石质耐火材料

以镁橄榄石 M_2S 为主要原料，氧化镁质量分数大于 40% 的耐火材料称为镁橄榄石质耐火材料，其主要矿物组成为镁橄榄石。M_2S 的理论化学组成为：MgO 质量分数为 57.3%，SiO_2 质量分数为 42.7%，MgO/SiO_2 = 1.34。

在镁橄榄石质耐火材料中除主要结晶相 M_2S 外，还有相当数量的方镁石、铁酸镁及其他矿物。M_2S 的结晶颗粒很大（0.075~0.4mm，有时可达 1mm），并形成结构骨架。其他矿物不是以结合物形式存在，而是以包裹体的形式存在于镁橄榄石晶粒的裂缝中。因此，这些杂质对性质的影响较小。

纯的镁橄榄石熔点为 1890℃，是 MgO-SiO_2 系统中唯一稳定的耐火相，如图 6-72 所示，由室温到熔点范围内 M_2S 没有同质异相转变。

镁橄榄石制品具有较高的荷重软化温度，添加镁砂的制品开始变形温度可达 1650~1700℃，甚至更高。镁橄榄石制品抵抗熔融氧化铁作用的能力较强，但对 CaO 的抵抗作用较弱。其抗热震性较普通镁砖好。主要用作加热炉炉底、热风炉和玻璃窑、石灰窑等各种工业炉蓄热室的格子砖以及引流砂等。

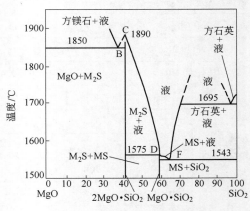

图 6-72　MgO-SiO_2 系相平衡图

6.5.1 原料及其性质

6.5.1.1 橄榄岩

橄榄岩是以橄榄石为主要矿物组成的无水硅酸镁，属超基性岩浆岩。密度为 3.2 ~ 4.0g/cm³。由于地壳深处或来自地幔的熔融岩浆受某些地质构造作用的影响，侵入地壳中或上升到地表面凝结成的岩浆型矿石。

由图 6-73 可以看出，镁橄榄石和铁橄榄石之间可形成无限固溶体，因此，橄榄岩的化学式可简单表示为 $2(Mg \cdot Fe)O \cdot SiO_2$。但是，铁橄榄石的熔点较低，为 1205℃，它的存在强烈降低了镁橄榄石的耐火度。因此，用作耐火材料的橄榄岩中，铁橄榄石的含量不应过多。FeO 超过 10% 的橄榄岩不宜用作耐火原料。

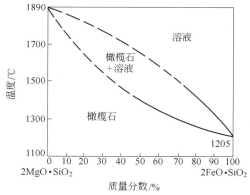

图 6-73 $2MgO \cdot SiO_2$-$2FeO \cdot SiO_2$ 系相平衡图

在氧化气氛中煅烧橄榄岩时，在 700 ~ 750℃下铁橄榄石被破坏，其中的 FeO 氧化成 Fe_2O_3。在 1150℃ 以上，在镁橄榄石颗粒的周围形成高铁玻璃，并且镁橄榄石开始进行强烈的重结晶和再结晶。其化学变化可表示成：

$$2[(Mg_{n_1}, Fe_{m_1})2SiO_4] + 1/6O_2 \longrightarrow (Mg_{n_2}, Fe_{m_2})_2 \cdot SiO_4 + (Mg_{n_3}, Fe_{m_3}) \cdot SiO_3 + 1/3Fe_3O_4$$
$$(6-6)$$

$$n_1 + m_1 = n_2 + m_2 = n_3 + m_3 \qquad n_1 < n_2, \quad m_1 > m_2$$

上式说明开始生成的 Fe_2O_3 局部转变成 Fe_3O_4，并且局部和正硅酸镁作用形成偏硅酸镁与磁铁矿。

由于橄榄岩中不含结合水和碳酸盐，在加热过程中收缩和灼减量都很小。当采用橄榄岩作原料生产镁橄榄石制品时，原料可不经预烧直接使用。也可将天然橄榄石切割成型直接使用。但当橄榄岩中含有较多的蛇纹岩时，常需经过煅烧后才能使用。

6.5.1.2 蛇纹岩

蛇纹岩是以蛇纹石（$3MgO \cdot 2SiO_2 \cdot 2H_2O$）为主要矿物组成的硅酸镁岩石，它是橄榄岩风化后的产物。

$$3(Mg_2FeSi_2O_3) + 6H_2O + 1/2O_2 \longrightarrow 3H_4Mg_2Si_2O_4 + Fe_3O_4 \qquad (6-7)$$

蛇纹石的理论组成：MgO 质量分数为 43%，SiO_2 质量分数为 44.1%，H_2O 质量分数为 12.9%。蛇纹石有三种变体：叶状蛇纹石、纤维片状蛇纹石、胶状蛇纹石。密度为 2.5 ~ 2.6g/cm³。通常，在蛇纹岩中存在的杂质矿物有滑石、绿泥石、碳酸镁等。

蛇纹岩也可以用作耐火材料。由于蛇纹石中含有结合水，因此用它作原料时，需经预烧。

蛇纹岩在加热至 600 ~ 700℃下开始脱水，晶体的结晶格子被破坏，反应式如下：

$$3MgO \cdot 2SiO_2 \cdot 2H_2O \longrightarrow 2MgO \cdot SiO_2 + MgO \cdot SiO_2 + 2H_2O \qquad (6-8)$$

在超过 1300℃ 以后，镁橄榄石 M_2S 和斜顽火辉石 MS 开始结晶。

6.5.1.3　钝橄榄岩

钝橄榄岩是处于向蛇纹岩转变过程中的橄榄岩。它含有橄榄石和蛇纹石，是介于两者之间的一种矿物。其密度为 $2.8g/cm^3$，硬度为 6.5。

由于橄榄岩的蛇纹石化通常是沿着岩石的裂纹进行的，因而钝橄榄岩呈网状结构，网线内保留有橄榄石区域。作为生产耐火材料用的钝橄榄岩，蛇纹石化的程度越小，铁氧化物的含量越少则越好。

在橄榄岩和蛇纹岩中的杂质，在钝橄榄岩中也都存在。钝橄榄岩中的 $Mg(OH)_2$ 是无害的杂质。同样，煅烧钝橄榄岩时，在 1500℃ 以前，其中的蛇纹石和橄榄石都单独地各自发生相应变化，仅在 1500～1600℃ 物料才充分烧结。

6.5.1.4　滑石

滑石的分子式为 $3MgO \cdot 4SiO_2 \cdot H_2O$。理论组成为：MgO 质量分数为 31.7%，$SiO_2$ 质量分数为 63.5%，H_2O 质量分数为 4.8%。滑石加热至 1000℃ 下脱水，晶格破坏，温度高于 1200℃ 时可能按下式变成斜顽火辉石和方石英。由于方石英的存在，滑石烧结性非常差。

$$3MgO \cdot 4SiO_2 \cdot H_2O \longrightarrow 3(MgO \cdot SiO_2) + SiO_2 + H_2O \qquad (6-9)$$

纯净的滑石耐火度仅为 1500～1550℃，因此滑石较少用作耐火材料。

6.5.2　镁橄榄石质制品的生产工艺要点

镁橄榄石质制品的生产工艺与普通镁砖大同小异。生产时主要应注意镁砂加入与否及其数量。

对于镁橄榄石质耐火制品，CaO、Al_2O_3 是其最有害的杂质，一般要求其质量分数分别限制在 2.0% 以下。为了保证制品中的低温相全部转化为高温耐火相，在配料中应当配入烧结镁砂（或苛性镁砂）。镁砂的配入量应保证全部 $MgO \cdot SiO_2$ 转化成 M_2S、MF、MA 及 CMS，并应比理论计算的加入量高些，以保证在制品的平衡矿物中有方镁石存在。这不仅会改善制品的性质，而且有助于加速制品烧结过程。

镁砂加入量由制品的平衡矿物组成及原料成分计算得出。用橄榄岩作原料时加入 10% 左右的镁砂，生产不重要的制品也可不加镁砂。用钝橄榄岩作原料时，镁砂加入量应在 10% 以上，甚至达 20%～25%。以蛇纹岩作原料时，镁砂加入量为 15%～20%。

镁砂通常以细粉形式加入配料中，起到强化基质作用。这种方法简单，能节省镁砂的加入量，且能得到良好的性能，缺点是矿物组成分布不均。用蛇纹岩、钝橄榄岩、滑石等原料时，如能将该原料与适量的苛性镁砂粉预先混合、压制成团，在 1400～1450℃ 下煅烧则可得到结构与性能较好的原料，但这种工艺复杂，在国内较少采用。

烧成气氛应选择氧化性气氛烧成。在氧化气氛下，有利于 Fe^{2+} 转化为 Fe^{3+}，而在还原气氛下，易生成熔点低的 FeO。

6.5.3　改性镁橄榄石质制品

在生产钠钙玻璃和水玻璃的熔窑的蓄热室内，主要使用碱性砖。碱性砖也用于生产玻璃纤维和水玻璃窑的熔池顶部。由于外来碱性氧化物和碱金属硫酸盐的侵蚀及高温负荷等，这些砖中的镁砖耐蚀性差。铬镁砖虽具有较好的抗蚀性，但存在环境污染问题，可采用80%镁砂和20%硅酸锆（锆英石）研制出镁锆砖。通过下列反应形成镁橄榄石与氧化锆复合材料：

$$ZrSiO_4 + 2MgO \longrightarrow Mg_2SiO_4 + ZrO_2$$

这种制品用作玻璃窑蓄热室中部格子砖具有极好的抗侵蚀性能。因为细颗粒的硅酸锆和细颗粒的氧化镁反应生成镁橄榄石和ZrO_2，提高了抗热震性与抗侵蚀性。

此外，氧化镁粗颗粒的边缘也由于类似的反应形成羽绒状的镁橄榄石和ZrO_2组成的覆盖层，此层可以保护氧化镁而不受到侵蚀。同时，制品的显气孔率比一般碱性砖低2%~3%。低气孔率的砖有较好的抗渗透性与较好的抗侵蚀性。

此外，由于镁橄榄石熔点较高，没有晶型转变，热稳定性较好，同时因为镁橄榄石中通常伴有一定数量的铁橄榄石，可以促进材料烧结，所以利用这些特性，近些年成功开发了转炉大面料和中间包干式料。另外，还利用镁橄榄石导热系数仅为方镁石的1/3~1/4，开发了膨胀蛭石-镁橄榄石隔热材料；利用镁橄榄石良好抗碱侵蚀性能，开发的电熔镁橄榄石匣钵应用于工业合成钴酸锂的推板窑中，使用效果优于日本莫来石-堇青石匣钵。

思 考 题

6-1 结合碱性耐火材料，说明耐火材料热剥落、结构剥落、机械剥落的区别及主要影响因素。

6-2 陶瓷结合和直接结合对镁质耐火材料性能有何影响？如何提高镁质耐火材料的直接结合率？

6-3 影响镁铝尖晶石合成质量的主要因素有哪些？其组成对镁铝尖晶石质耐火材料性能有何影响？

6-4 镁铬质耐火材料是碱性耐火材料的重要品种，但是可能造成六价铬污染。六价铬是如何形成的？有何防治措施？

6-5 镁钙质耐火材料被认为是洁净钢冶炼的理想材料，试分析镁钙质耐火材料主要性能优势、缺陷及主要解决措施。

6-6 结合镁橄榄石的特性，说明镁橄榄石质耐火材料有哪些主要用途。

7　氧化物–碳复合耐火材料

本章要点

(1) 掌握碳–氧、碳–耐火氧化物反应的一般性规律，并能运用这些规律合理解释碳复合耐火材料生产和使用过程中碰到的问题；

(2) 理解碳复合耐火材料防氧化的机理，熟悉选择防氧化剂的原则及其抗氧化的热力学与动力学机理；

(3) 了解耐火原料质量对碳复合耐火材料使用性能的影响，熟悉碳复合耐火材料生产的一般性工艺流程；

(4) 熟练分析和解释不同使用环境条件下不同碳复合耐火材料的损毁机理。

7.1　概　　述

传统耐火材料是以耐火氧化物为主要原料，包括矿物与人工合成氧化物，如硅石（SiO_2）、锆英石（$ZrSiO_4$）、刚玉（Al_2O_3）、镁砂（MgO）、尖晶石（MA）、莫来石（A_3S_2）等。这些耐火氧化物大部分是离子晶体，熔点高，在自然界中储量丰富，因而成为耐火材料最常用的成分。耐火材料在使用时损毁的两个主要原因，一是炉渣的侵蚀及其渗透而引起的结构剥落，二是由于耐火材料承受温度变化及温度梯度所产生的热应力而产生的剥落损毁。提高耐火材料的抗渣性与抗热震性，是延长其使用寿命的重要手段。但在上述两个损毁原因中，氧化物存在明显的不足。首先，大部分炉渣是由氧化物构成的，它们与耐火氧化物的亲和性与润湿性好，因而氧化物耐火材料抵御氧化物熔渣的侵蚀和渗透能力低；其次，大部分氧化物为脆性材料，它们的韧性差；此外，它们的导热系数较小，因而影响了它们的抗热震性。20 世纪 70 年代，人们将石墨等碳材料引入耐火材料中，形成了氧化物–碳复合耐火材料。石墨的导热系数高，韧性好，对渣的润湿性差，作为耐火原料引入耐火材料组分中，可明显改善耐火制品的抗热震性与抗渣性，从而大大提高了钢铁工业用耐火材料的使用寿命。碳复合耐火材料已成为钢铁工业用耐火材料的一个十分重要的品种。

氧化物–碳复合耐火材料又称含碳耐火材料，它是氧化物–非氧化物耐火材料中最重要、应用最广的品种。许多耐火氧化物都可与碳复合获得碳复合耐火材料。最常见的有 MgO-C、MgO-CaO-C、Al_2O_3-C，Al_2O_3-MgO-C、Al_2O_3-SiC-C，Al_2O_3-ZrO_2-C 等。

碳被引入耐火材料中提高了耐火材料的抗渣性与抗热震性，但碳本身也有它自身的弱点，如易被氧化；另外由于碳的导热率高，因此碳复合耐火材料作为高温窑炉内衬时的热损耗大，不利于节能；同时，与氧化物相比，碳更易溶入钢水中而造成钢水的增碳，这对于冶炼低碳钢、超低碳钢来说是一个严重的问题。因此，提高碳复合耐火材料的抗氧化性，减少碳复合耐火材料中的碳含量，降低碳向钢水中的溶解仍是碳复合耐火材料重要的研究课题。

氧化物–碳复合耐火材料，是氧化物–非氧化物复合耐火材料中最重要的部分，它在钢铁冶金用耐火材料中有着重要的地位和重要的意义，因此单独作为一章进行学习。其他氧化物–非氧化物耐火材料，包括 Si_3N_4 与 Sialon 结合刚玉制品等将在第 9 章中学习。

7.2 碳–氧化物复合耐火材料相关物系热力学

7.2.1 碳–氧系的化学反应

碳–氧化学反应可以产生一系列只有碳和氧组成的化合物。最简单常见的碳氧化物有一氧化碳（CO）和二氧化碳（CO_2）。除了这两种为人熟知的无机物，碳与氧其实还能构成许多稳定或不稳定的碳氧化合物，但在现实生活中很难接触到其他碳氧化物（例如 C_3O_2）等。

含碳耐火材料、碳热还原、无机非氧化物制备等都与碳氧反应有关。高炉、欧冶炉、化铁炉、煤气发生炉、气化炉等用耐火材料的选取及安全性评估也会涉及此反应体系。

7.2.1.1 碳–氧反应

在高温下，碳–氧系中存在着 C（s）、C_2（g）、C_3（g）、C_4（g）、C_5（g）、C_2O（g）、C_3O_2（g）、CO（g）、CO_2（g）、O（g）、O_2（g）等物种。在 C（s）与 O_2（101kPa）中某一物种存在或两者均存在时，生成 101kPa 各气体的化学反应如表 7-1 所示。据表 7-1 中的 $\Delta G^\ominus - T$ 的关系式，可绘制出生成 1mol 这些气体的标准自由焓与温度的关系图，如图 7-1 所示。

表 7-1 碳共存条件下 C-O 系各气体的生成自由能 $\Delta G_f^\ominus$

反应式	$\Delta G_f^\ominus = A + BT$ （kJ/mol）		温度范围/K
	A	B	
C（s）→C（g）	714. 12512	−0. 15493	0~6000
2C（s）→C_2（g）	828. 23117	−0. 18627	0~6000
3C（s）→C_3（g）	752. 8062	−0. 18184	0~2000
4C（s）→C_4（g）	955. 09842	−0. 19514	0~6000
5C（g）→C_5（g）	963. 14843	−0. 20393	0~6000
$\frac{1}{2}O_2$（s）→O（g）	253. 83366	−0. 06682	0~6000
2C（s）+$\frac{1}{2}O_2$（g）→C_2O（g）	281. 76102	−0. 11803	0~6000
3C（s）+O_2（g）→C_3O_2（g）	−97. 09725	−0. 05519	0~6000
C（s）+$\frac{1}{2}O_2$（g）→CO（g）	−119. 80382	−0. 08121	0~6000
C（s）+O_2（g）→C_2O（g）	−395. 76749	−0. 00036	0~2000

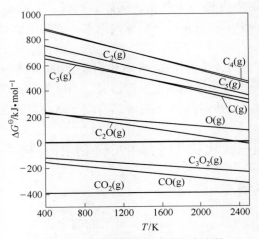

图 7-1　C-O 系各气体的标准自由焓

由图 7-1 可知，只有 C_3O_2、CO 和 CO_2 三种气体的标准生成自由焓小于零。因此，标准状态下只能生成 $C_3O_2(g)$（101kPa）、$CO(g)$（101kPa）和 $CO_2(g)$（101kPa）三种气体。含碳耐火材料的理论分析及计算中，一般只研究以下四个反应：

$$C(s) + O_2(g) \longrightarrow CO_2(g) \tag{7-1}$$

$$2C(s) + O_2(g) \longrightarrow 2CO(g) \tag{7-2}$$

$$2CO(g) + O_2(g) \longrightarrow 2CO_2(g) \tag{7-3}$$

$$C(s) + CO_2(g) \longrightarrow 2CO(g) \tag{7-4}$$

这四个反应中，式 7-1 称为碳的完全燃烧反应，式 7-2 称为碳的不完全燃烧，式 7-3 是 CO 气体的燃烧反应，式 7-4 称为碳气化反应或布都阿尔反应（Boudouard reaction），碳气化反应的逆反应称为 CO 的歧化反应。

式 7-1 和式 7-2 很难在实验室中进行单独研究，这是因为两个反应总是同时相伴进行的，且这两个反应在高温下与固体碳平衡共存的氧非常少，由实验准确测量非常困难，式 7-3 和式 7-4 在不同温度时的平衡气相组成，均可通过实验分别加以测量，所以在 C-O 反应体系中，一般取反应式 7-3 和式 7-4 作为独立反应。

如 CO 的燃烧反应：

$$2CO(g) + O_2(g) \longrightarrow 2CO_2(g)$$

由实验测得其不同温度时的平衡气相组成，得出其平衡常数 K 与 T 的关系为：

$$\lg K_{(7-3)} = \frac{29502}{T} - 9.068 \tag{7-5}$$

由 $\Delta G^{\ominus} = -RT\ln K = -2.303RT\lg K$，可求得 CO 燃烧反应的标准自由能变为：

$$\Delta G^{\ominus}_{(7-3)} = -564777 + 173.64T \tag{7-6}$$

碳的气化反应：

$$C(s) + CO_2(g) \longrightarrow 2CO(g)$$

由其不同温度时测得的平衡气相组成，求得的标准自由能变为：

$$\Delta G^{\ominus}_{(7-4)} = 175548 - 177.65T$$

由反应式 7-3+式 7-4 可得反应式 7-1：

$$C(s) + O_2(g) \longrightarrow CO_2(g)$$

$$\Delta G^{\ominus}_{7-1} = \Delta G^{\ominus}_{f,CO_2} = \Delta G^{\ominus}_{7-3} + \Delta G^{\ominus}_{7-4} = -389.229 - 0.00401T$$

由式 7-3+2×式 7-4 可得式 7-2：

$$2C(s) + O_2(g) \longrightarrow 2CO_2(g)$$

$$\Delta G^{\ominus}_{7-2} = \Delta G^{\ominus}_{7-3} + 2\Delta G^{\ominus}_{7-4} = -213.681 - 0.18167T$$

反应式 7-2 除以 2 就是生成 1mol CO 的反应：

$$C(s) + \frac{1}{2}O_2(g) \longrightarrow CO(g)$$

从而得上式的　　$\Delta G^{\ominus}_{f,CO} = \frac{1}{2}\Delta G^{\ominus}_{7-2} = -106.841 - 0.9083T$

7.2.1.2　碳的气化反应

碳的气化反应为 $C(s) + CO_2(g) \longrightarrow 2CO(g)$，在分析讨论有碳参与的反应时十分有用。碳的气化反应是吸热反应。它由二组元构成，存在两个相。根据相律，此体系的自由度：$f = C-p+2 = 2-2+2 = 2$，即温度、压力和组成（CO 或 CO_2）参数中，只有两个是独立变数。

碳气化反应的平衡常数：

$$K^{\ominus} = \frac{\left(\dfrac{p_{CO}}{p^{\ominus}}\right)^2}{\left(\dfrac{p_{CO_2}}{p^{\ominus}}\right)}$$

式中，p_{CO} 与 p_{CO_2} 分别为 CO 与 CO_2 的分压。

设总压力为 p，其平衡气相组成 $\varphi(\%)$ 为：

$$\varphi(CO) = \frac{p_{CO}}{p} \times 100\%, \quad \varphi(CO_2) = \frac{p_{CO_2}}{p} \times 100\%$$

$$p_{CO} = \varphi_{CO} \times p, \quad p_{CO_2} = \varphi(CO_2) \times p$$

则：
$$K^{\ominus} = \frac{p_{CO}^2}{p_{CO_2}} \times \frac{1}{p^{\ominus}} = \frac{\varphi(CO)^2}{\varphi(CO_2)} \times \frac{p}{100p^{\ominus}}$$

又因为
$$\varphi(CO) + \varphi(CO_2) = 1$$

所以
$$\frac{\varphi(CO)^2}{1 - \varphi(CO)} \times \frac{p}{p^{\ominus}} = K^{\ominus}$$

解上述方程得：

$$\varphi(CO) = \left[-\frac{K^{\ominus}}{2} + \sqrt{\frac{(K^{\ominus})^2}{4} + \frac{K^{\ominus}p}{p^{\ominus}}} \right] \frac{p^{\ominus}}{p} \qquad (7-7)$$

由上式可知，要计算出平衡气相组成 $\varphi(CO)$ 或 $\varphi(CO_2)$，必须知道 $K^{\ominus}$ 与 p。

碳的气化反应是一个吸热反应，同时又是一个气体摩尔数增加的反应。因此，若让其在一密闭罐内进行，罐内压力必增大，随压力增大，反应将向反方向即向生成 CO_2 的方向移动。由此可见，密闭对碳的气化反应起抑制作用，不利于 CO 的生成，降低罐内的还原气氛。因此用固体碳作还原剂进行碳热还原法（$FeO+C \Longrightarrow Fe+CO(g)$）、碳热还原氮化法

（2TiO$_2$+2C+N$_2$（g）=2TiN+2CO$_2$（g））或碳热还原硼化法（TiO$_2$+C+2B=TiB$_2$+CO$_2$（g））等生产金属、氮化物或硼化物时，不能在密闭还原罐内进行。

式 7-4 的逆反应（CO 的歧化反应）有 C 生成，当此反应在高炉中的矿石、耐火材料的裂隙或气孔中发生时，由于碳的沉积，将导致矿石的碎裂、炉衬耐火材料的损毁。CO 在 1000℃ 以上的高温下是相当稳定的，不会分解为 C 和 CO$_2$。但在 1000℃ 以下时，纯 CO 在热力学上是不稳定的。根据外部条件，CO 可分解为 C+CO$_2$，由于 C—O 键结合强（C 与 O 原子形成 CO 的生成热为 996kJ/mol），CO 在单相内的分解需要很高的活化能，因此 CO 在一般情况下是不容易分解的。但若容器内有 Fe、Cr、Ni、Co 或 Mn 等 CO 分解的催化剂存在时，CO 就会分解，其中 Fe 最为有效。

7.2.1.3 C—O 反应与生成气体的分压

碳在空气中加热时约在 500℃ 开始氧化，生成 CO、CO$_2$，主要反应为：

$$C（s）+O_2（g）\longrightarrow CO_2（g）\qquad \Delta G^\ominus = -395767.49-0.364T$$

$$C（s）+\frac{1}{2}O_2（g）\longrightarrow CO（g）\qquad \Delta G^\ominus = -119803.82-81.21T$$

$$CO（g）+\frac{1}{2}O_2（g）\longrightarrow CO_2（g）\qquad \Delta G^\ominus = -275963.67+80.864T$$

$$C（s）+CO_2（g）\longrightarrow 2CO（g）\qquad \Delta G^\ominus = 156159.85-162.056T$$

当反应达到平衡时，$\Delta G^\ominus = -RT\ln K_p = -2.303RT\lg K_p$，由此可得 $\ln K_p$ 与温度 T 之间的函数关系式，见式 7-8~式 7-11，相应的函数图如图 7-2 所示。

$$\ln K_{p(7-1)} = \frac{47602.54}{T}+0.044 \qquad (7-8)$$

$$\ln K_{p(7-2)} = \frac{14409.89}{T}+9.768 \qquad (7-9)$$

$$\ln K_{p(7-3)} = \frac{33192.65}{T}-9.726 \qquad (7-10)$$

$$\ln K_{p(7-4)} = \frac{18782.66}{T}+19.492 \qquad (7-11)$$

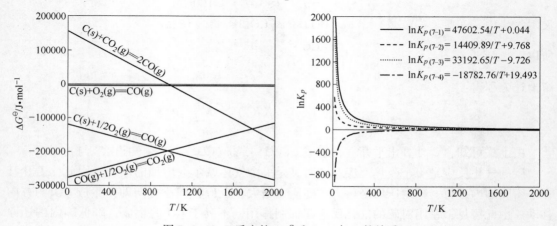

图 7-2   C-O 反应的 $\Delta G^\ominus$ 和 $\ln K_p$ 与 T 的关系

由式 7-8 ~ 式 7-11 式可求得式 7-1 ~ 式 7-4 在不同温度下的标准反应自由能和平衡常数，如表 7-2 所示。

表 7-2　碳-氧反应的标准自由能 $\Delta G^{\ominus}$ 和平衡常数

温度/℃	反应							
	$C(s)+O_2(g) \rightarrow CO_2(g)$		$C(s)+\frac{1}{2}O_2(g) \rightarrow CO(g)$		$CO(g)+\frac{1}{2}O_2(g) \rightarrow CO_2(g)$		$C(s)+CO_2(g) \rightarrow 2CO(g)$	
	$\ln K_p = 47602.54/T+0.044$		$\ln K_p = 14409.89/T+9.768$		$\ln K_p = 33192.65/T-9.726$		$\ln K_p = -18782.66/T+19.492$	
	$\Delta G^{\ominus} = -395767.49-0.364T$		$\Delta G^{\ominus} = -119803.82-81.21T$		$\Delta G^{\ominus} = -275963.67+80.864T$		$\Delta G^{\ominus} = 156159.85-162.056T$	
	$\Delta G^{\ominus}$	$\ln K_p$	$\Delta G^{\ominus}$	$\ln K_p$	$\Delta G^{\ominus}$	$\ln K_p$	$\Delta G^{\ominus}$	$\ln K_p$
727	−396131.5	47.639	−201016.8	24.176	−195086.7	23.4613	−5922.079	38.272
927	−396204.3	39.707	−217256.8	21.775	−178913.9	17.9309	−38333.28	35.142
1127	−396277.1	34.042	−233496.8	20.06	−162741.1	13.9803	−70744.48	32.907
1227	−396313.5	31.776	−241616.8	19.374	−154654.7	12.4001	−86950.08	32.012
1327	−396349.9	29.793	−249736.8	18.773	−146568.3	11.0173	−103155.7	31.23
1427	−396386.3	28.043	−257856.8	18.244	−138481.9	9.79725	−119361.3	30.54
1527	−396422.7	26.488	−265976.8	17.773	−130395.5	8.71272	−135566.9	29.926
1627	−396459.1	25.096	−274096.8	17.352	−122309.1	7.74234	−151772.5	29.377
1727	−396495.5	23.843	−282216.8	16.972	−114222.7	6.869	−167978.1	28.883
1827	−396531.9	22.71	−290336.8	16.629	−106136.3	6.07882	−184183.7	28.435

假定 $p_{CO} = 101\text{kPa}$，由式 7-2 得：$K_{p(7-2)} = \dfrac{p_{CO}}{p_{O_2}^{\frac{1}{2}}}$

则：

$$\ln K_{p(7-2)} = \ln p_{CO} - \frac{1}{2}\ln p_{O_2} \qquad (7-12)$$

将式 7-12 代入式 7-9 得：

$$\ln p_{O_2} = -\frac{28819.78}{T} - 19.536 \qquad (7-13)$$

同理由反应式 7-4 和式 7-11 得：

$$\ln p_{CO_2} = \frac{18782.66}{T} - 19.492 \qquad (7-14)$$

由式 7-13 和式 7-14 即可求得不同温度下的 p_{O_2} 和 p_{CO_2} 值，见表 7-3。$\ln p_{CO_2}$ 和 $\ln p_{O_2}$ 与温度的关系如图 7-3 所示。

表 7-3　在高温且 $\ln p_{CO} = 0$ 的条件下 $\ln p_{O_2}$ 与 $\ln p_{CO_2}$ 的变化趋势

温度/K	1400	1500	1600	1700	1800	1900	2000	2100
$\ln p_{O_2}$	−40.12	−38.75	−37.55	−36.49	35.55	−34.70	−33.95	−33.26
$\ln p_{CO_2}$	−6.08	−6.97	−7.75	−8.44	−9.56	−9.61	−10.10	−10.56

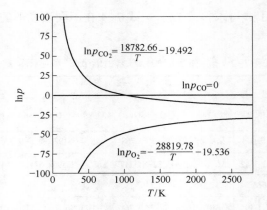

图 7-3 $\ln p_{CO} = 0$ 条件下 $\ln p_{O_2}$ 和 $\ln p_{CO_2}$ 与温度的关系

由图 7-3 和表 7-3 可看出：与 $p_{CO} = 101kPa$ 相比，p_{CO_2} 和 p_{O_2} 小得可以忽略不计，说明在碳复合耐火材料的通常使用温度范围内，耐火材料中的气氛几乎全是 CO。

若 $\ln p_{CO} \neq 0$，则由反应式 7-1 和式 7-8 得 CO_2 分压与 O_2 分压间的关系：

$$\ln p_{CO_2} = \ln p_{O_2} + 0.044 + \frac{47602.54}{T} \tag{7-15}$$

由反应式 7-2 和式 7-9 得 CO 分压与 O_2 分压间的关系：

$$\ln p_{CO} = \frac{1}{2}\ln p_{O_2} + 9.768 + \frac{14409.89}{T} \tag{7-16}$$

用 $\ln p_{O_2}$ 对 $\ln p_{CO}$ 及 $\ln p_{CO_2}$ 作图，可得不同温度和不同氧压条件下 CO_2 和 CO 的分压，如图 7-4 所示。p_{CO} 随 p_{O_2} 的增加而增加，在很小的 p_{O_2} 下，p_{CO} 即可达到或超过 101kPa，如在 $\ln p_{O_2} = -37.5$，含碳制品的工作温度为 2200K 时，p_{CO} 已超过 101kPa。碳复合耐火材料内气压的增加，有利于阻止炉渣的渗透及外界氧化性气体的进入。

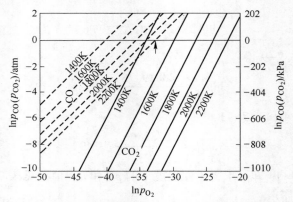

图 7-4 不同温度和氧压条件下 CO_2 和 CO 的分压

7.2.2 碳–耐火氧化物反应

在氧化物–碳复合耐火材料的制备和使用过程中，都涉及碳与氧化物之间的反应。这就要求耐火氧化物具有高的稳定性，只有那些在高温下可与碳稳定共存的氧化物才有可能构成碳复合耐火材料，如 MgO-C、MgO-CaO-C、Al_2O_3-C、Al_2O_3-ZrO_2-C 复合耐火材料等。而 SiO_2 与 Cr_2O_3 不能与碳在高温下稳定共存，因此没有单独的 SiO_2-C 及 Cr_2O_3-C 复合耐火材料。

7.2.2.1　碳与氧化物反应的一般规律

碳与氧化物（MO）间可能发生以下反应：

$$MO+C \Longrightarrow M+CO \tag{7-17}$$
$$2MO+C \Longrightarrow 2M+CO_2 \tag{7-18}$$
$$C+CO_2 \Longrightarrow 2CO \tag{7-19}$$
$$MO+CO \Longrightarrow M+CO_2 \tag{7-20}$$

在 M-O-C 体系中，$m=3$（组元数，即 M、O、C），$n=5$（反应体系的物种数，即 MO、M、C、CO、CO_2）。故独立反应数为 2，即在上列四个反应中，只有两个反应是独立的，其他反应可由独立反应组合求得。在此体系中常取反应式 7-19 和式 7-20 作为独立反应。式 7-19 即 7.2.1.2 节中讲的碳的气化反应，其反应热为 $\Delta H_{298}=172500J$。

对热力学稳定性大的氧化物，式 7-20 一般为吸热反应（$\Delta H>0$）；对于热力学稳定性小的氧化物，则一般为放热反应（$\Delta H<0$）。但不管是放热还是吸热反应，式 7-20 的 ΔH 绝对值一般都小于 172500J。故式 7-17 的 ΔH 值总是正值，即一般都是吸热反应。

图 7-5 为在一定压力条件下式 7-19 与式 7-20 的平衡气相组成与温度的关系。因式 7-19 在反应前后气体摩尔数发生变化，而式 7-20 没有变化。因此总压力对式 7-19 的位置有影响，而对式 7-20 的位置没有影响。当压力一定时，两曲线相交于 a 点，表明只有在 T_a 温度下，式 7-19 和式 7-20 才可能处于平衡，即 MO、M、C、CO 和 CO_2 才能同时平衡共存。在 T_a 以外任何温度都是不能同时平衡共存的，不是碳消失，就是 MO 或 M 消失。

当温度高于 T_a 时，只要有过剩的碳存在，则不管最初气相组成位于图 7-5 中哪一点，最后气相组成总是力图到达式 7-19 上，以满足

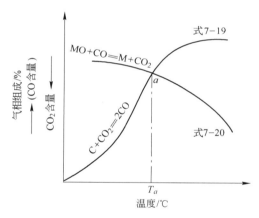

图 7-5　在一定压力条件下式 7-19 与式 7-20 的平衡气相组成与温度的关系

碳气化反应平衡；而式 7-19 是位于式 7-20 的上部，即气相中 CO 的含量总是大于式 7-20 平衡时的 CO 含量，因此 MO 都将被还原成 M。即反应式将按 $2MO+C \to 2M+CO_2$ 方向进行。故当温度大于 T_a 时，只有 M 能稳定存在。

当温度低于 T_a 时，只要有过剩碳存在，同样不管最初气相组成如何，最后气相组成也要力图到达式 7-19 上。而此时式 7-19 曲线在式 7-20 曲线的下部，即气相中 CO 含量总是比式 7-20 平衡时的低，或者说气相中 CO_2 含量总是比式 7-20 平衡时的高。因此反应将按 $M+CO_2 \to MO+CO$ 方向进行。故在此条件下，如将 M 放入，M 将氧化成 MO。因此当温度低于 T_a 时，只有 MO 能稳定存在。由此可知，T_a 是在一定压力下，固体碳与氧化物反应的开始温度（或开始还原温度）。该温度随氧化物或压力的不同而不同。氧化物越稳定，开始反应温度越高；当总压力 $p=p_{CO}+p_{CO_2}=p^{\ominus}=101.325kPa$ 时，对 FeO、Cr_2O_3、MnO、

SiO$_2$、TiO$_2$、MgO、Al$_2$O$_3$、ZrO$_2$、CaO 而言，它们与碳开始反应温度分别约为 710℃、1230℃、1420℃、1640℃、1720℃、1850℃、2050℃、2140℃、2150℃。

对于热力学稳定性大、难还原的氧化物，如 Al$_2$O$_3$、ZrO$_2$、CaO 等，它们与碳反应的开始温度都很高，根据碳气化反应的特征，此时 CO 含量几乎为 100%。因此对于这类氧化物，其被固体碳还原的反应式应为式 7–17。

对于稳定性小的氧化物，如 NiO、Cu$_2$O 等，由于与碳开始反应温度较低，根据碳气化特征，其气相中主要是 CO$_2$，因此对这类氧化物其用固体碳还原的反应式应为式 7–18。

对于稳定性介于以上两类氧化物之间的一些氧化物如 FeO 等，由于与碳反应的开始温度都在 500~900℃ 之间，平衡气相中既有 CO，又有 CO$_2$，因此其还原反应式就不能简单地写成式 7–17 或式 7–18。对于难还原氧化物，在标准压力 $p^\ominus$ 下，其与碳反应的开始温度，可根据其金属元素与 1mol O$_2$ 生成 CO 与 MO 的标准吉布斯自由能求得。其与碳反应的开始温度就是图 7–6 中 CO 与 MO 的 $\Delta G^\ominus$ 与 T 关系曲线的交点温度。

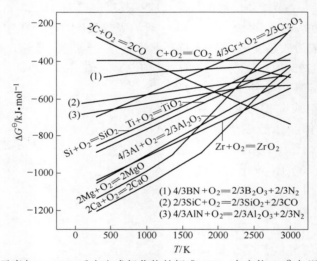

图 7–6　元素与 1mol O$_2$ 反应生成氧化物的标准 Gibbs 自由能 $\Delta G^\ominus$ 与温度的关系

由此可知在高温冶炼的条件下，只有 CaO、Al$_2$O$_3$、ZrO$_2$ 能与碳平衡共存，而 Cr$_2$O$_3$ 由于在高温下与碳反应，不能与碳共存，以及 Cr 是变价元素，因此 Cr$_2$O$_3$ 不能与碳单独制成铬碳复合材料。

7.2.2.2　C 与 MgO 反应开始温度

在标准状态下，C 与 MgO 反应的开始温度可由 MgO 和 CO 的标准生成 Gibbs 自由能：

$$\text{Mg}(\text{g}) + \frac{1}{2}\text{O}_2(\text{g}) \rightleftharpoons \text{MgO}(\text{s})，\quad \Delta G^\ominus_{\text{f, MgO}} = -713.272 + 0.197T \quad\quad (7-21)$$

$$\text{C}(\text{s}) + \frac{1}{2}\text{O}_2(\text{g}) \longrightarrow \text{CO}(\text{g})，\quad \Delta G^\ominus_{\text{f, CO}} = -119.804 - 0.0812T$$

求得：

$$\text{MgO}(\text{s}) + \text{C}(\text{s}) \rightleftharpoons \text{Mg}(\text{g}) + \text{CO}(\text{g})，\quad \Delta G^\ominus = 593.469 - 0.2782T \quad\quad (7-22)$$

令 $\Delta G^{\ominus}=0$，则得反应式 7-22 的开始温度：$T=2133.25K$（1860.1℃），此温度为纯固态 MgO 与纯石墨反应生成 Mg 蒸气与 CO 气体的分压都分别是标准压力时的开始反应温度，如图 7-7。

对于非标准态时，反应式：$MgO(s) + C(s) \rightleftharpoons Mg(p'_{Mg}) + CO(p'_{CO})$ 的开始反应温度可通过 MgO 与 CO 的生成反应：

$$2Mg(p'_{Mg}) + O_2(p^{\ominus}) \rightleftharpoons 2MgO(s) \tag{7-23}$$

$$\Delta G = 2\Delta G^{\ominus}_{f,MgO} + RT\ln Q_{(7-23)} = -1426.544 + 0.394T - 2RT\ln\frac{p'_{Mg}}{p^{\ominus}}$$

$$2C(s) + O_2(p^{\ominus}) \rightleftharpoons 2CO(p'_{CO}) \tag{7-24}$$

$$\Delta G = 2\Delta G^{\ominus}_{f,CO} + RT\ln Q_{(7-22)} = -239.608 - 0.1624T + 2RT\ln\frac{p'_{CO}}{p^{\ominus}}$$

由上述各式结果可绘制出在不同 p'_{Mg} 与 p'_{CO} 时，其 ΔG 与 T 的关系直线，如图 7-8 所示，由两直线的交点，即可读出在某一 $\frac{p'_{CO}}{p^{\ominus}}$ 值与 $\frac{p'_{Mg}}{p^{\ominus}}$ 值时 MgO 与 C 反应的开始温度，如在 $\frac{p'_{CO}}{p^{\ominus}}=0.1$，$\frac{p'_{Mg}}{p^{\ominus}}=0.1$ 时 MgO 与 C 发生反应的开始温度为 1878.5K（1605.4℃）。

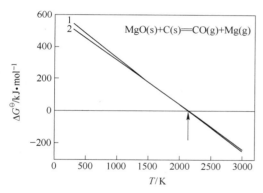

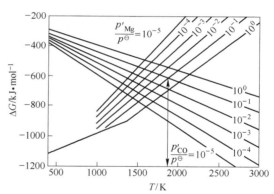

图 7-7　MgO(s) + C(s) $\rightleftharpoons$ Mg(g) + CO(g)
　　　反应的 $\Delta G^{\ominus}$ 与 T 关系图
　　　1—由 JANAF 数据处理回归而得；
　　　2—由 FactSage 软件计算而得

图 7-8　压力 p'_{CO} 与 p'_{Mg} 对 CO 与
　　　MgO 生成 Gibbs 自由能及对
　　　MgO 与碳开始反应温度的影响

由图 7-8 可以看出，当系统压力不断降低时，MgO 与 C 的开始反应温度也不断下降。MgO 与 C 反应的开始温度，还可以直接由 MgO 与 CO 的标准生成 Gibbs 自由能求得反应 $MgO(s) + C(s) \rightleftharpoons Mg(p'_{Mg}) + CO(p'_{CO})$ 在非标准状态时的 ΔG（kJ）为：

$$\Delta G = \Delta G^{\ominus} + RT\ln Q_p = \Delta G^{\ominus}_{f,CO} - \Delta G^{\ominus}_{f,MgO} + RT\ln\left(\frac{p'_{CO}}{p^{\ominus}} \times \frac{p'_{MgO}}{p^{\ominus}}\right)$$

$$= 593.469 - 0.2782T + RT\ln\left(\frac{p'_{CO}}{p^{\ominus}} \times \frac{p'_{Mg}}{p^{\ominus}}\right)$$

如当 $\frac{p'_{CO}}{p^{\ominus}}=10^{-3}$，$\frac{p'_{Mg}}{p^{\ominus}}=10^{-3}$ 时，得 $\Delta G=593.469-0.3932T$；令 $\Delta G=0$，得 MgO 与 C 发生反应的开始温度为 1509.3K（1236.15℃）。

因 MgO 与 C 反应的产物都是气体，降低压力或抽真空，都会使 MgO 与 C 反应的开始温度大幅下降。因此，在真空冶炼的容器中，用 MgO-C 质耐火材料做内衬并不合适。由于转炉炼钢或电炉炼钢温度都在 1600℃ 以上，可以推断其所用 MgO-C 质耐火材料的工作衬附近，MgO-C 质耐火材料中 MgO 会与 C 将会发生自耗反应。但是，若 MgO-C 质耐火材料脱碳层工作面被一层致密的、黏滞性炉渣所覆盖而形成保护层，则 MgO-C 质耐火材料自耗反应产生的 Mg 蒸气与 CO 气体的逸出的扩散通道受阻，因而 p'_{Mg} 与 p'_{CO} 会增大，导致 MgO 与 C 反应需要的开始温度升高，从而减缓或阻止 MgO-C 质耐火材料内自耗反应的进行。

通过对使用后 MgO-C 残砖显微结构的分析，发现吹氧转炉使用过的 MgO-C 砖，在脱碳层与原砖层之间均存在一层致密的 MgO 层，这种致密的 MgO 层同样能起到减缓或阻止 MgO-C 质耐火材料的自耗反应。MgO 致密层的形成是由制品在使用过程中 MgO 与 C 反应形成的金属镁蒸气，向工作面扩散过程中，在氧分压相对较高的工作面附近区域，又被氧化沉积而成。在高温使用时能否形成 MgO 致密层，可通过热力学数据计算得知：

$$MgO(s) + C(s) \rightleftharpoons Mg(g) + CO(g)$$
$$\Delta G^{\ominus} = 593.469 - 0.2782T$$

上述反应在平衡时有：

$$\Delta G^{\ominus} = -RT \ln K_p = -RT \ln p_{Mg} \cdot p_{CO}$$

由此得：

$$-RT \ln p_{Mg} \cdot p_{CO} = 593.469 - 0.2782T$$

因 $p_{CO} = 101\text{kPa}$，则得：$\ln p_{Mg} = \dfrac{1}{RT}(0.2782T - 593.469)$，此即为一定温度下，体系平衡时的镁蒸气分压。

这时的平衡 O_2 分压可由下式求得：

$$C(s) + \frac{1}{2}O_2(g) \longrightarrow CO(g)$$
$$\Delta G^{\ominus} = -119.804 - 0.081T$$

平衡时：

$$\Delta G^{\ominus} = -RT \ln K_p = -RT \ln \frac{p_{CO}}{p_{O_2}^{\frac{1}{2}}}$$

因 $p_{CO} = 101\text{kPa}$，所以：$\ln p_{O_2} = \dfrac{2}{RT}(-119.804 - 0.081T)$，此即为一定温度下体系平衡时的氧气分压。

在 1627℃ 时，由 $\ln p_{Mg} = \dfrac{1}{RT}(0.2782T - 593.496)$ 得 $\ln p_{Mg} = -4.11$。

对于反应：

$$2Mg(g) + O_2(g) \rightleftharpoons 2MgO(s) \tag{7-25}$$

$\Delta G = \Delta G^{\ominus} + RT \ln Q_p = -1416.544 + 0.394T + 8.314 \times 10^{-3}T \ln \dfrac{1}{p_{Mg}^2 p_{O_2}} = -667.944 - 15.8 \ln p_{Mg}^2 p_{O_2}$，

将 $\ln p_{Mg} = -4.11$ 代入上式，得 $\Delta G = -538.068 - 15.8 \ln p_{O_2}$。

当 $\Delta G \leqslant 0$ 时，即 $\ln p_{O_2} \geqslant -34.058$，$p_{O_2} \geqslant 1.167 \times 10^{-13}$ kPa 才能形成致密 MgO 层。即在 1627℃温度条件下，形成致密氧化镁保护层的最低氧气分压应为 1.17×10^{-13} kPa。

7.2.3 非氧化物-氧的反应

在碳复合耐火材料中常添加一些非氧化物（包括金属）作为各种不同用途的添加剂。它们可能与碳或氧反应。在耐火材料中常遇到的一些非氧化物的标准生成 Gibbs 自由能与温度的关系式见表 7-4。

表 7-4　一些非氧化物的标准生成 Gibbs 自由能 $\Delta G_f^{\ominus}$ 与温度的关系

反应式	$\Delta G_f^{\ominus} = A + BT$	
	A	B
$4Al(l) + 3C(s) \Longrightarrow Al_4C_3(s)$	-266.520	0.09623
$Al(l) + 0.5N_2(g) \Longrightarrow AlN(s)$	-326.477	0.1164
$23Al(l) + 13.5O_2(g) + 2.5N_2(g) \Longrightarrow Al_{23}O_{27}N_5(s)$	-16467.302	3.324
$4B(s) + C(s) \Longrightarrow B_4C(s)$	-41.500	0.00556
$Ce(l) + 0.5S_2(s) \Longrightarrow CeS(s)$	-534.900	0.09096
$Si(s) + C(s) \Longrightarrow SiC(s)$	-63.764	0.00715
$Si(l) + C(s) \Longrightarrow SiC(s)$	-114.400	0.0372
$3Si(s) + 2N_2(g) \Longrightarrow Si_3N_4(s)$	-722.836	0.31501
$3Si(l) + 2N_2(g) \Longrightarrow Si_3N_4(s)$	-874.456	0.40501
$2Si(l) + N_2(g) + 0.5O_2(g) \Longrightarrow Si_2N_2O(s)$	-951.651	0.29057
$4Si(l) + 2Al(l) + 2.5N_2(g) + 0.5O_2(g) \Longrightarrow Si_4Al_2O_2N_6(s)(z=2)$	-2598.808	0.8681
$3Si(l) + 3Al(l) + 2.5N_2(g) + 1.5O_2(g) \Longrightarrow Si_3Al_3O_3N_5(s)(z=3)$	-2967.720	0.86265
$Ti(s) + 2B(s) \Longrightarrow TiB_2(s)$	-284.500	0.0205
$Ti(s) + 0.5N_2(g) \Longrightarrow TiN(s)$	-336.300	0.09326
$Zr(s) + 2B(s) \Longrightarrow ZrB_2(s)$	-328.000	0.0234
$Zr(s) + C(s) \Longrightarrow ZrC(s)$	-196.650	0.0092
$Mo(s) + 2Si(s) \Longrightarrow MoSi_2(s)$	-132.600	0.0028

由表 7-4 所列的标准生成自由能与温度的关系式，可绘制出由单质与 1mol N_2 或 1mol C 或 1mol B 或 1mol Si 等，生成耐火非氧化物的 Gibbs 自由能与温度的关系图，如图 7-9 所示。

一般来说对 Al、B、Si、Ti、Zr 等金属元素，其与氧生成氧化物的 Gibbs 自由能都小于（亲和力都大于）其与氮或碳等生成的氮化物或碳化物的 Gibbs 自由能。而且碳化物或硼化物中的碳或硼都易于氧化成 CO、CO_2 或 B_2O_3 等。因此，氮化物、碳化物以及硼化物

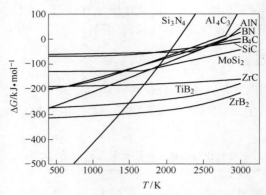

图 7-9　由单质与 1mol N_2（或 C，B，Si）生成耐火非氧化物的 Gibbs 自由能与温度的关系图

等的抗氧化性都不如耐火氧化物，在大气或氧化性气氛中易被氧化，例如：

$$4AlN+3O_2 \longrightarrow 2Al_2O_3+2N_2$$

$$Si_3N_4+3O_2 \longrightarrow 3SiO_2+2N_2$$

$$2BN+1.5O_2 \longrightarrow B_2O_3+N_2$$

$$ZrB_2+2.5O_2 \longrightarrow ZrO_2+B_2O_3$$

如能在这些非氧化物制品表面，形成连续致密的氧化物层，且其氧化物在高温下又不易被破坏，则此氧化物层将起到保护耐火非氧化物制品的作用，从而使之在大气与氧化气氛中能较长时间使用。例如，SiC 氧化后会在 SiC 颗粒表面生成 SiO_2 膜附在 SiC 颗粒的表面，保护其内部 SiC 不被氧化，称为自保护氧化。但当温度较低（800~1140℃）时，生成的 SiO_2 保护膜疏松，起不到自保护作用。

7.3　炭　材　料

炭材料主要由元素"碳"构成的材料，是 2019 年公布的冶金学名词。随碳原子的成键方式和结合形式的不同，炭材料呈现不同的结构、形态和性能。

炭材料是碳复合耐火材料的重要构成组分，通常有两种存在形式。一是加入配料中去的，大多数情况下为石墨；另一种是由结合剂碳化而生成的，也称结合碳，为无定形结构。近年来为了提高碳复合耐火材料的性质，将纳米炭以及炭黑等引入碳复合耐火材料中。本节仅讨论石墨等炭材料的结构与性质。结合炭等留待 7.4 节和 8.4 节中讨论。

7.3.1　碳的同素异形体与相图

碳同素异形体指的是元素碳的同素异形体，即纯碳元素所能构成的各种不同的分子结构。碳有多种同素异形体，纯碳元素能形成多种不同的分子结构，除石墨外，还包括无定形碳、石墨烯、碳纳米泡沫、碳纳米管、金刚石、蓝丝黛尔石和蜡石。

无定形炭又称过渡态碳，是指那些石墨化度很低的炭材料。所谓无定形，并不是指这些物质存在的形状，而是指其内部结构像玻璃一样呈非晶状态。实际上它们的内部结构并不是真正的无定形的，而是具有和石墨一样结构的晶体，只是由碳原子六角形环状平面形成的层状结构零乱而不规则，晶体内有大量缺陷，而且晶粒微小，含有少量杂质。无定形碳有：炭黑、木炭、焦炭、活性炭、骨炭、糖炭等。无定形碳跟少量砂子、氧化铁混合，在约 3500℃ 条件下加热，使产生的碳蒸气凝聚，可得人造石墨。

石墨烯是单原子层石墨，是一种只有一个原子层厚度的准二维材料，是到目前为止发现的最薄、强度最大、导电导热性能最强的一种新型纳米材料，很可能会成为硅的替代品，也非常适合作为透明电子产品的原料。

碳纳米泡沫呈蛛网状，具有分形结构，有铁磁性。泡沫由许多原子团簇构成，每个团簇含有约 4000 个碳原子，直径为 6~9nm；其中很多原子团连在一起，形成纤细的网。在碳纳米泡沫中，有许多七边形的结构。七边形的结构是它有很多未成对电子的原因；泡沫也因此具有磁性，这是其他任何一种碳的同素异形体所没有的特性。碳纳米泡沫的密度很低，与碳气凝胶很相似，但密度是它的百分之一，它是目前世界上最轻的物质之一，密度约为 0.002g/cm^3。碳纳米泡沫是电的不良导体，可以积聚静电而吸附在其他物质上，它的热传导性很差。

碳纳米管是在 1991 年 1 月由日本物理学家饭岛澄男使用高分辨率的电镜从电弧法生产碳纤维中发现的。它是一种管状的碳分子，如图 7-10 所示。管上每个碳原子采取 sp^2 杂化，相互之间以碳—碳 σ 键结合起来，形成由六边形组成的蜂窝状结构作为碳纳米管的骨架。每个碳原子上未参与杂化的一对 p 电子相互间形成跨越整个碳纳米管的共轭 π 键电子云。按管子的层数不同，分为单壁碳纳米管和多壁碳纳米管。

金刚石，是无色正八面体晶体，由碳原子以四价键链接，为目前已知自然存在最硬物质。在金刚石晶体中，碳原子以 sp^3 杂化轨道与另外 4 个碳原子形成共价键，构成正四面体。金刚石中所有的碳原子都参与了共价键的形成，所以 C—C 键很强，同时又没有自由电子，故金刚石不仅硬度大、熔点高，而且不导电。

富勒烯又名巴基球，为 1985 年发现的继金刚石和石墨之后碳元素的第三种晶体形态。富勒烯是 C_{60} 和 C_{70} 的混合物，是一类崭新的碳素多面体原子簇，其结构如图 7-11 所示。1984 年科学家利用激光气化-氦脉冲膨胀法得到的碳原子簇可达 180 个碳原子。1990 年法国物理学家和美国物理学家宣布成功并能大量地制备和分离出 C_{60} 和 C_{70}。这类碳原子簇被认为是金刚石、石墨外的第三碳素形态。C_{60} 具有球形削角 20 面体结构，这一结构包括 20 个六边形及 12 个五边形相互连接构成。60 个碳原子处于各顶角。

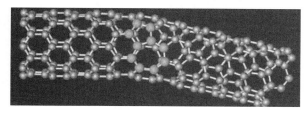

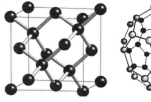
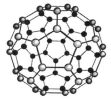

图 7-10　碳纳米管结构模型　　　　图 7-11　金刚石和 C_{60} 的结构模型示意图

蓝丝黛尔石因晶体结构及特性被称作六方金刚石，蓝丝黛尔石是一种六方晶系的金刚石，属于碳同素异形体的一种构型。第一次发现并鉴别出蓝丝黛尔石是 1967 年在美国亚利桑那州的巴林杰陨石坑中。蓝丝黛尔石具有透明棕黄色的外观，屈光度为 2.40~2.41，密度为 3.2~3.3g/cm³，莫氏硬度为 7~8。

蜡石是第四种碳的同素异形体，蜡石在 1969 年发现，是人类所知最软的物质之一。

碳的相图和碳的蒸气压图如图 7-12 所示。由该图可知，碳的三相共存点在 12000kPa 与 4000K 左右，金刚石是高压稳定相，石墨是低压稳定相。碳的蒸气压在 4030K 左右达 101kPa。

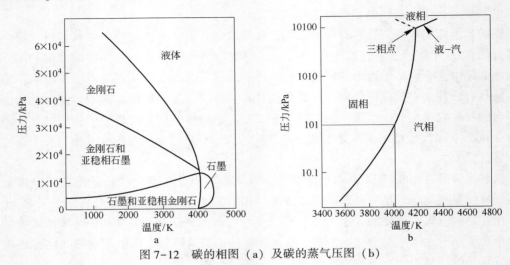

图 7-12 碳的相图（a）及碳的蒸气压图（b）

炭素材料具有一系列可贵的物理、化学性质，如具有良好的导电性、导热性，在高温下机械强度高和抗腐蚀性好，且又价格低廉，货源充足，故炭素材料作为导电和耐火材料广泛地应用在冶金工业上，并在冶金工业发展过程中起着重要作用。

7.3.2 炭素材料的结构及性能

炭素材料，也称炭材料，是构成含碳耐火材料的主要成分之一。严格来讲，炭材料和石墨材料是有区别的，它们虽都是以碳元素为主的非金属固体材料，但炭材料基本上是由非石墨质碳组成的材料，而石墨材料则是基本上是由石墨质碳组成的材料。为了简便起见，有时也把炭和石墨材料统称为炭素材料或炭材料。

7.3.2.1 石墨

石墨分为天然石墨和人造石墨两种。含碳物质在常压下经高温热分解处理，最终得到人造石墨，其石墨化程度取决于原料分子的结构、炭化条件。

理想的石墨晶体结构如图 7-13 所示。碳原子呈六角形排列，并向三维方向无限延伸，成为周期性点阵结构。在层平面内，碳原子排成六角形。在层平面内每一个碳原子都和其他三个碳原子以 σ 共价键相连接，其键长为 1.4211×10^{-10}m，三个 σ 键互成 120°角。在层平面之间则由很弱的范德华力（π 键）相连接，层与层之间有规则地排列。层间距离为 3.354×10^{-10}m，利用石墨层间距大这一特点，可以用石墨制备石墨层间化合物和膨胀石墨。层面与层面之间的碳原子具有一定的位置，它们互相对应。已知有两种排列形式：一种是每隔一层重复，形成 ABABAB…式结构，属于六方晶系；另一种是每隔两层重复，形成 ABCABCA…式结构，属于菱面体晶系。在天然石墨和人造石墨中，前者占绝大多数，后者只占百分之几到百分之十几。图 7-13 分别为六方晶系石墨及菱面体晶系石墨结构示意图。

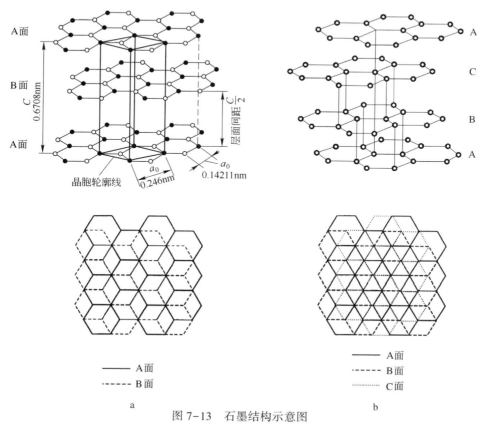

图 7-13 石墨结构示意图
a—六方晶系石墨结构；b—菱面体晶系石墨结构

从图 7-13 看出，碳原子构成的六角网格层面相互错开六角形对角线的一半，而叠合成 ABAB…序列。从上面一层 A 到邻近的相对称的下一层 A 是石墨晶胞 c 轴尺寸。室温下最可几值为 $c_0 = 0.6708$nm。层面上可以划出许多互相连接的菱形，每个菱形边长 $a_0 = 0.24614$nm，这一参数不大会受到晶体完善程度的影响。层面上碳原子间的键长为 0.14211nm。

以层面上划出的菱形面为两底，以 c 轴长度为高的空间为六方体晶胞，晶胞体积：

$$V_{六方} = a_0^2 c_0 \sin 60° = 0.03519 \ nm^3$$

晶胞中有 4 个碳原子，由此可求出六方体石墨的理论密度 D：

$$D = \frac{碳原子质量×晶胞内碳原子数}{晶胞体积} = \frac{12.011×1.66×10^{-24}×4}{35.19×10^{-24}} = 2.266 \ g/cm^3$$

由于石墨中每个碳原子的 π 电子不固定，在平行于石墨六角层平面内能起到近似金属性质的电子传导作用，因此导电性良好。在电气、冶金等工业上用它制造电极。由于石墨的层与层之间的结合力很弱，各层容易滑动，故石墨可用作润滑剂。石墨在纸上划过，它的细小片状晶体就会附在纸上而留下灰色的线痕，所以又可用石墨制造铅笔芯。石墨耐烧灼、耐腐蚀。因石墨是层状结构，因此各向异性。例如在平行于层平面方向，导电良好，电阻值仅为 $(4～7)×10^{-5}\Omega\cdot cm$，而在垂直于层平面方向则具有半导体性质，电阻为 $5×10^{-3}\Omega\cdot cm$，相差两个数量级。另外，层平面中 σ 键强度为 $618kJ/mol$，层平面之间的 π 键强度仅为 $5kJ/mol$。因此，在平行于层平面方向杨氏模量为 $1015×10^{3}MPa$，而在垂直于层平面方向仅为 $35300MPa$，也差两个数量级。

实际上，无论天然石墨还是人造石墨都是多晶体，即由周期性排列有限的微晶组成。这些微晶取向不一定完全相同，其中有时还可能含有许多晶体缺陷，如空穴、间隙原子、位错及其他杂质等，这样就会使它的电阻增大。

研究石墨结构的最好方法是进行 X 射线衍射分析。图 7–14a 是天然石墨的 X 射线衍射图。图中出现的 (H、K、L) 衍射线 (112) 是三维结构的特征，它证明石墨是三维有序结构。图 7–14b 是经 1000℃ 处理的焦炭的衍射图，其中没有出现 (H、K、L) 衍射线 (112)，说明焦炭不具有三维结构。在图 7–14a 中的 (002) 面衍射线特别强，其面间距相当于两个相邻层平面间的距离 d_{002}。它对结构的改变反应非常敏感，所以通常采用 d_{002} 作为石墨化程度的度量指标。

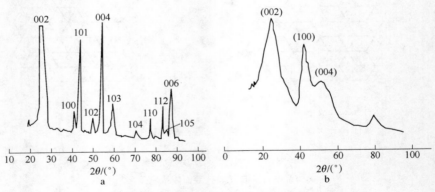

图 7–14　石墨和焦炭的 XRD 谱线

a—天然石墨；b—1000℃ 处理后的焦炭

7.3.2.2　无定形炭

煤炭、焦炭、木炭、骨炭、炭黑等都是无定形炭。无定形炭被认为是不像金刚石和石墨那样具有一定的晶型。但根据近代研究结果，无定形炭也并非完全是非晶态的，它的晶型结构与石墨一样。无定形碳与石墨不同之处在于：它们的晶粒小，而且碳原子六角形环所构成的层皆为零乱的、不规则的堆积，不像石墨那样三维有序，焦炭粉的 X 射线衍射结果图 7–14b 说明，它也和石墨一样，具有 (002)(004) 峰，并具有层状结构。但是，在衍射图上没有出现 (112) 峰，表明它不是三维有序结构。因此，有人称它们为乱层结构。乱层石墨结构与石墨晶体结构有相同之处，也有不同之处。相同之处是两者的层平面是由六角环构成的；不同之处是乱层石墨结构的层与层之间的碳原子没有规则的固定位置，缺乏三维有序性，并且层间距比石墨晶体层间距 $(3.354×10^{-10}m)$ 大得多，在 $(3.360～3.440)×10^{-10}m$ 之间。它的微晶平均厚度和平均宽度也比石墨微晶的小得多。日常生活及工作中所接触的各种炭素材料，大多数属于乱层石墨结构。

乱层石墨结构的碳经高温处理可转变成石墨。

常用石墨化度 G 来衡量炭素原料的晶体结构接近理想石墨晶格尺寸的参数。

富兰克林首先确定了完全未石墨化碳的晶格中层面间距为 $3.44 \times 10^{-10}\,\text{m}$，而理想石墨的层面间距为 $3.354 \times 10^{-10}\,\text{m}$，因此石墨化度 G 可表示为：

$$G = \frac{3.44 - d_{002}}{3.44 - 3.354} \times 100\%$$

式中 d_{002}——被测试样的层面间距。

石墨化度越低，则石墨晶体结构中的缺陷就越多。

当温度高于1800℃时，石墨微晶层平面排列向有序转化，微晶急剧增长，其宽度和厚度都增大。在微晶长大过程中，由于层结构的各向异性膨胀，产生很大的内应力，使结构中的位错和缺陷消除，微晶重新排列，逐步趋向于三维有序的类似石墨晶体结构。当温度超过3000℃时，接近碳的升华温度，产生所谓的碳原子迁移，碳原子移动到理想的石墨结构的位置上去，即达到完全石墨化。

富兰克林还提出了乱层结构的概念，而且把炭材料分为难石墨化碳和易石墨化碳，前者又叫硬炭，后者又叫软炭。石油和煤沥青、聚氯乙烯和蒽等炭化后属于软炭，纤维素、呋喃树脂和酚醛树脂及聚偏二氯乙烯等炭化后属于硬炭。一般认为，固相炭化为硬炭，液相炭化为软炭。所谓固相炭化是指材料先固化后炭化，而液相炭化是指材料在液态状态下炭化。材料的种类不同，其炭化状态也不同，在7.4节中我们还要讨论。乱层石墨结构的模型如图7-15所示。

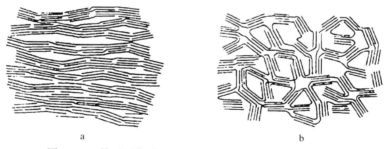

a   b

图7-15　易石墨化碳（a）和难石墨化碳（b）结构模型

无定形碳的用途很广泛，炭黑可以用来制造墨汁、油墨及颜料。因木炭和骨炭具有从溶液中除去着色物质的能力，制糖和酿酒工业用其来脱色和提纯。许多药用化学品和一般的药品也用木炭或骨炭提纯。煤炭和焦炭除了做燃料之外，还广泛地应用在冶金、化工等工业上。由于它们具有很好的耐高温、耐腐蚀和导电性能，以它们为主要原料制成的炭素材料被广泛地使用在冶金炉中，作为电极或耐火材料。在石油炼制、化工、酸碱生产等工业中，还用炭素材料做耐腐蚀的结构材料。使用炭素材料最多的是炼铝工业，炼铝的主体设备——铝电解槽的底部和侧部都是由炭素材料砌筑的，铝电解槽的阳极也是采用炭素材料。在耐火材料中，可用作高炉与铝电解槽中使用的炭砖，也可与氧化物等复合可构成碳复合耐火材料。

7.4　结　合　剂

在碳复合耐火材料中常用的含碳有机结合剂有沥青、树脂、焦油等。作为碳复合耐火材料结合剂，必须满足下列条件：

（1）对石墨等炭质材料及氧化物耐火材料都有良好的润湿性，黏度不能太高，以利于在混练过程中结合剂均匀分布在氧化物与炭材料之上，保证良好的混合与成型性能。

（2）经热处理固化后，能在材料中形成某种网络结构以保证制品或砖坯的强度。

（3）在高温碳化处理后，能在制品中形成较多的残留炭，以形成一定程度的碳结合，这种残留炭的抗氧化性越高越好。残留炭的量一般用残炭率来表示。残炭率（炭化率）是指结合剂经一定条件处理后留下的炭的质量与结合剂质量之比。

结合剂的上述性质与其结构有关。一般结合剂的分子量越大，它的黏度就越大，残炭率也越高。不同结合剂因其结构不同具有不同的特性。

7.4.1　沥青

沥青是煤焦油或石油经蒸馏处理或催化裂化提取沸点不同的各种馏分后的残留物。它是由芳香族和脂肪族结构为主构成的混合物，其组成和性能随原料种类、蒸馏方法和加工处理方法的不同而异，但一般为稠的液体、半固体或固体。色黑而有光泽，有臭味，不溶于水，熔化时易燃烧，并放出有毒气体。煤沥青是很多种高分子碳氢化合物的混合体，一般难于从煤沥青中提取单独的具有一定化学组成的物质。

7.4.1.1　沥青的种类

根据其来源，沥青分为煤焦油沥青（煤沥青）和石油沥青两大类，前者芳香烃含量比后者的多，耐火材料用沥青结合剂主要是煤焦油沥青。煤焦油沥青在常温下是固体，没有固定的熔化温度，因而用软化点来表示其由固态转变为液态时的温度。按软化点（环球法测定）的不同可分为低温沥青（软沥青，软化点低于60℃）、中温沥青（中沥青，软化点为60~80℃）和高温沥青（硬沥青，软化点为90~140℃）等，在耐火材料领域，中温沥青应用最多，其次是高温沥青。煤焦油沥青的分类见表7-5。

表7-5　煤焦油沥青分类

种类	别名	软化点/℃	煤焦油蒸馏温度/℃
低温沥青	软沥青	35~75	320
中温沥青	中沥青	75~95	360
高温沥青	硬沥青	95~120	380
特种沥青	—	>120	—

7.4.1.2　沥青的组成

煤焦油沥青是由多种有机化合物组成的混合物，很难从中提取单独的具有一定化学组成的物质，通常是用不同的溶剂对其进行分离萃取，即把沥青分为若干具有相似化学物理性质的组分。常用的萃取溶剂有吡啶、苯胺、三氯甲烷、二硫化碳、二氯乙烷、甲苯、苯等，表7-6为用不同溶剂萃取沥青时不溶物的含量。

表 7-6　沥青及其馏分的元素组成

沥青的种类及馏分		元素组成/%				
		C	H	N	S	O
中温沥青 及其分馏	沥青	91.94	4.66	1.43	0.82	1.16
	苯中不溶物	92.48	3.49	1.53	0.95	1.55
	汽油中不溶物	90.81	4.63	1.52	0.82	2.19
	溶于苯和汽油中的馏分	90.92	5.43	1.18	0.79	1.68
高温沥青 及其馏分	沥青	92.93	4.25	1.35	0.70	0.76
	苯中不溶物	93.20	3.58	1.72	0.76	0.74
	汽油中不溶物	92.10	4.27	1.68	0.60	1.35
	溶于苯和汽油中的馏分	92.46	4.48	1.32	0.53	0.85

甲苯不溶物也叫 α-树脂即游离碳，游离碳高时沥青的残碳也高。也可以将溶解性能不同的溶剂搭配使用，如用苯和石油醚搭配做萃取溶剂时，可以把沥青分离为 α（高分子组分，相对分子质量为 1200~2100）、β（中分子组分，相对分子质量为 530~620）、γ（低分子组分，相对分子质量为 10~250）三种馏分。沥青中的高分子组分是不溶于苯或甲苯，也不溶于蒽油的组分，高分子组分是焦化时形成的残炭的主要载体，对碳复合耐火材料的强度及密度有一定影响。一般认为，高分子组分没有黏结性，沥青中高分子组分含量过高会影响沥青的黏结能力；沥青中的中分子组分最重要的特性是不溶于苯（或甲苯），但溶于蒽油。沥青中起黏结作用的主要是中分子组分，中分子组分常温时呈固态，加热到一定温度后液化，进一步加热焦化后大部分成为结焦炭，一般认为，中分子组分含量的多少对沥青的性能起着重要的作用；低分子组分是指沥青中溶于苯的成分在去掉中分子组分后的剩余部分。低分子组分稍有一点黏结性且只产生少量的结焦炭，其作用是一种溶剂，能适当降低沥青的软化点，有利于改善沥青对焦炭颗粒的浸润作用及提高成型时的可塑性。

沥青由 C、H、S、N 和 O 等元素组成，其中 C 含量很高，其他元素含量很低。沥青中 C 含量越高，其软化点也越高。表 7-7 为不同软化点沥青及其馏分的元素组成。

表 7-7　用不同溶剂萃取沥青时不溶物含量

软化点/℃	不同溶剂萃取后不溶物含量/%						
	吡啶	苯胺	氯仿	二硫化碳	二氯乙烷	甲苯	苯
79.0	7.76	8.32	9.85	22.60	22.60	24.73	24.20
150.0	35.86	39.68	47.43	51.00	51.00	52.63	52.62

7.4.1.3　沥青的性质

作为耐火材料结合剂，沥青的密度（也有称为重度）、黏度、表面张力、润湿性等是重要基本性质。沥青的软化点越高，其密度越大，见图 7-16a；同一软化点的沥青，其密度随加热温度的升高而降低，见图 7-16b。

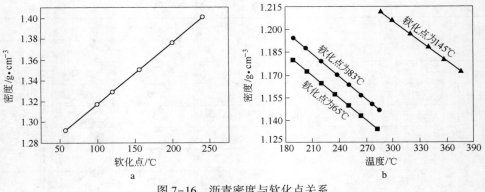

图 7-16　沥青密度与软化点关系

　　沥青做结合剂时，其黏度对坯料的可塑性有很大影响。作为耐火材料的浸渍剂时，黏度也是影响浸渍效果的主要因素。沥青的黏度与其软化点有密切关系，因为软化点就是一定黏度时的温度。对某种沥青而言，黏度随温度升高而下降，两者呈指数关系，如图 7-17 所示。

　　在沥青中加入糠醛、煤油、甲苯、油酸、喹啉等添加剂，可使其黏度大大降低，可以使高温沥青的黏度降低到中温沥青的程度。

　　沥青作为结合剂或浸渍剂使用时，对耐火骨料的润湿性十分重要，这取决于其表面性质，如表面张力、润湿角等。沥青的表面张力与温度的关系见图 7-18。随温度的升高表面张力下降，可见提高混练和成型温度对改善沥青与耐火原料的润湿性和结合力是十分有用的。

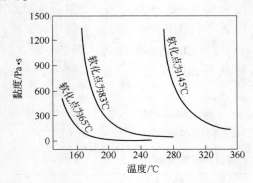

图 7-17　沥青的黏度与温度的关系

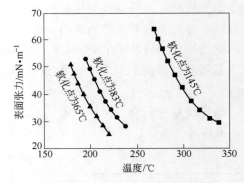

图 7-18　沥青的表面张力与温度的关系

7.4.1.4　沥青的碳化

　　作为碳复合耐火材料的结合剂，沥青碳化后的残碳量越高越好。迄今为止，沥青之所以仍作为碳复合耐火材料的结合剂之一，是因为其残碳量高、价格便宜、使用可靠。同时沥青碳化后得到的碳的结晶状况、真密度和抗氧化能力都比树脂碳好。

　　沥青的碳化过程是液相碳化，如图 7-19 所示。沥青在软化点（T_S）软化，然后黏度大幅度下降，到达黏度最低温度点 T_V。在 $T_S \sim T_V$ 范围内，沥青中各组分发生分解和聚合，于 T_V 时（约 400℃）在范德华力和分子偶极矩作用下互相平行叠合而形成一新相，并在表

面张力作用下呈圆球形，是一种均相成核
过程。这种小球形体具有可塑性，相对分
子质量约为 2000，是一种具有液晶性质的
中间相。随温度的提高，小球形体逐渐融
合、长大、黏度上升，到温度 T_L 时形成大
块中间相，这时仍有可塑性；到固化温度
T_R（500~550℃）时，材料变为固体，成
为半焦状态，中间相的结构转变为碳的结
构。若大块中间相是由任意取向的各向异
性的小块中间相（<10μm）组成，从整体
上看大块中间相是各向同性的，最后就得
到沥青碳的所谓"镶嵌结构"；若大块中

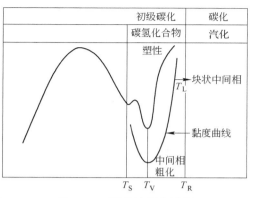

图 7-19　沥青的碳化过程

间相在一定条件下变形而产生某种程度的择优取向，则形成纤维状结构，这就是所谓的沥
青碳的"流动结构"。沥青的组成、氧和硫的数量会影响沥青碳的结构。

　　沥青碳化率的高低，主要取决于沥青的组成及高分子芳香族化合物的含量。沥青中苯
或甲苯不溶物含量越高，则碳化率越高。可以采用多种方法使沥青改性以提高其高分子芳
香族化合物含量和降低挥发分，从而提高其碳化率。此外，碳化率还受碳化时的升温速
度、环境压力等条件的影响。升温速度越慢，碳化率越高。800℃时的残碳量是碳复合耐
火材料结合剂的主要指标。表 7-8 给出沥青和其他碳素结合剂的残碳率。

　　作为耐火材料的结合剂，沥青具有残碳高、碳化后形成易石墨化炭以及价格较低等优
点，但它在加工使用过程中，会释放出有害气体危害人体健康。因此在使用沥青时应做好
净化工作和环境保护。

表 7-8　结合剂的残碳率（800℃）

沥青	残碳率/%	酚醛树脂	残碳率/%
中温沥青（88℃）	50.10	热塑性树脂	46.70
高温沥青（138℃）	56.57	热固性树脂	46.60
改性沥青（114℃）	52.03	沥青改性树脂	29.90

7.4.2　树脂

　　酚醛树脂是碳复合耐火材料最常用的结合剂。酚醛树脂是由酚类化合物（如苯酚、甲
酚、二甲酚、间苯二酚、叔丁酚、双酚 A 等）与醛类化合物（如甲醛、乙醛、多聚甲醛、
糠醛等）在碱性或酸性催化剂作用下，经加成缩聚反应制得的树脂统称为酚醛树脂。

　　酚醛树脂是最早合成的一大类树脂，1909 年由 L. H. Backeland 首先合成了有应用价
值的酚醛树脂体系并从此开始了酚醛树脂的工业化生产。酚醛树脂广泛用于玻璃钢、模压
料、黏合剂、隔热和电绝缘材料、涂料等。酚与醛的反应是比较复杂的，由于苯酚与甲醛
的摩尔比和所用催化剂的不同，加成与缩聚反应的速度和生成物也有差异。碳复合耐火材
料开始生产之初主要以多元醇与沥青为结合剂，酚醛树脂做结合剂是从 20 世纪 80 年代后

期才开始的。与沥青相比，酚醛树脂对耐火骨料和石墨有良好的润湿性能，可以在常温下进行混练和成型，黏性好，坯体强度高。有害物质含量少，可大大改善生产和作业环境，此外还具有较高的残炭量。因此酚醛树脂已成为目前耐火材料行业广泛使用的炭素结合剂。

7.4.2.1　酚醛树脂的合成、固化与分类

A　酚醛树脂的合成

目前大规模工业化生产的酚醛树脂，主要是以苯酚和甲醛为原料。苯酚分子在苯环上有一个羟基，在羟基的邻位和对位上的氢原子特别活泼，它们与苯环的连接不很牢固，易于参加化学反应，因此苯酚是个三官能团的化合物（图7-20）。甲醛分子中含有活泼的羰基，与苯酚在催化剂作用下可反复发生加成反应和缩合反应而形成酚醛树脂。

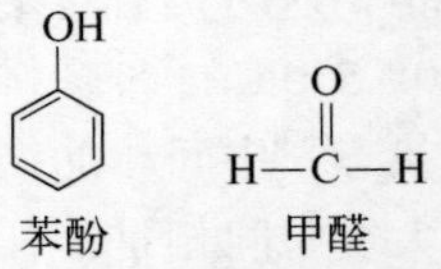

图7-20　苯酚与甲醛的结构式

当酚和醛作为原料的比例不同及所采用的催化剂不同时，可得到具有不同结构和性能的热塑性酚醛树脂和热固性酚醛树脂。

B　酚醛树脂的固化与分类

用不同生产工艺生产的不同种类的树脂有不同的固化方式，按固化方式，酚醛树脂可分为热塑性酚醛树脂和热固性酚醛树脂。

a　热塑性酚醛（novolak）树脂

又称酚醛清漆或线性酚醛树脂，是甲醛（F）与过量的苯酚（P）（摩尔比 F/P=0.6~0.9），在酸性催化剂（盐酸、草酸、硫酸、甲酸等）作用下反应生成的酚醛树脂，其结构通式可简写为：

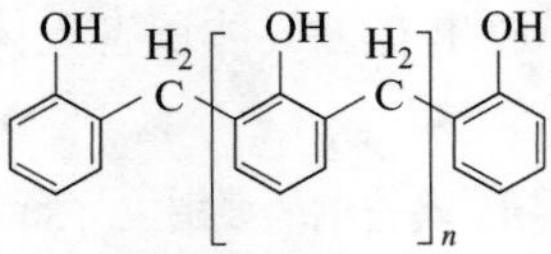

结构式中省略了对位结构和支链结构。反应结果一般形成缩合度 n（核体数）为 4~12（多数为 7）的酚醛树脂，相对分子质量为 400~1000。

因这类树脂的分子中不存在未反应的羟甲基，所以在长期或反复加热条件下，它本身不会相互交联转变成体型结构的大分子，因而呈热塑性。但其分子中苯环上羟基的邻位和对位上还存在着未作用的活性反应点，所以这类树脂可在六次甲基四胺，简称六胺（商品名为乌洛托品，英文名 Urotropine）或甲阶酚醛树脂（即热固性酚醛树脂）或多聚甲醛的作用下，可再进一步反应交联形成既不溶也不熔的体型结构的大分子而固化。

b　热固性酚醛树脂

又称甲阶酚醛树脂（A-stage resin）或 A 阶酚醛树脂，是过量的甲醛与苯酚（F/P=1~3）在碱性催化剂（如氢氧化钠、氢氧化铵、氢氧化钡和氢氧化钙等）作用下反应形成的酚醛树脂，其结构通式如下：

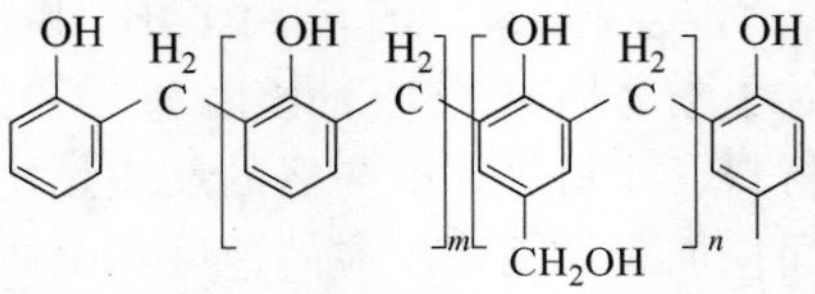

其中 $m=0~2$，$n=1~2$，相对分子质量一般为 150~500。反应中也会形成低相对分子质量

的异形体，这是含有羟甲基的线型或支链型酚醛树脂。由于分子中含有羟甲基，受热时会进一步相互缩合形成高度交联的体型结构大分子，即不溶不熔状态的末期酚醛树脂（即丙阶或 C 阶酚醛树脂）。因此，这类含有羟甲基的酚醛树脂是热固性的。

　　综上所述，根据苯酚与甲醛的摩尔比及反应介质的 pH 值（即使用不同类型的催化剂），可获得两种主要类型的酚醛树脂，最后通过不同的硬化方法都会变成高度交联的体型结构大分子（丙阶或 C 阶酚醛树脂），如图 7-21 所示。两种主要类型的酚醛树脂对比见表 7-9。工业上使用的酚醛树脂是由相对分子质量不同的一些分子聚集而成，也就是说存在着相对分子质量的分布问题，同一牌号的产品也不可能达到相对分子质量分布完全相同，不同厂家产品的相对分子质量分布更有差别。

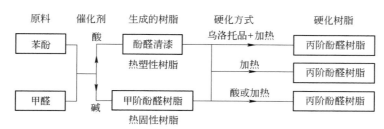

图 7-21　酚醛树脂生成过程示意图

表 7-9　两种酚醛树脂的对比

树脂种类	甲阶酚醛树脂	酚醛清漆（含六胺）
F/P 摩尔比	1~3	0.6~0.9
催化剂	碱	酸
相对分子质量	150~500	400~1000
形态	液体为主	固体为主
润湿性	良好	良好
硬化性	良好	良好
臭味	甲醛臭	氨臭
保存方法	低温	防吸湿

7.4.2.2　酚醛树脂的性质

　　由酚醛树脂的合成方法可知，按其加热性状和结构形态，酚醛树脂可分为热塑性和热固性两类。若按产品的形态分类，有液态酚醛树脂和固态酚醛树脂，液态酚醛树脂又分为水溶性和醇溶性等两种，固态酚醛树脂又有块状、粒状和粉末状之分。按固化温度分类，有高温固化型（固化温度 130~150℃）、中温固化型（固化温度 105~110℃）和常温固化型酚醛树脂（固化温度 20~30℃）。另外还有各种改性树脂，下面分类介绍它们的主要性质。

　　A　酚醛清漆

　　酚醛清漆一般为无色或微红色透明的脆性固体，熔点为 60~100℃，也有粉末状和液态产品。其游离酚含量一般不大于 9%，固体含量在 95% 以上（未加乙醇时），凝胶化速度在 150℃ 时为 65~90s（加入 14% 的六胺）。它能溶解于甲醇、乙醇、甘醇等酒精类溶剂和丙酮、二恶烷等溶剂中。固态酚醛清漆为热塑性，在耐火材料结合剂中类似于沥青。

酚醛清漆的物理性质与其相对分子质量有密切关系，图 7-22 为酚醛清漆熔体黏度与温度的关系，由此可见在同一温度下具有高相对分子质量的酚醛清漆 A 和具有低相对分子质量的酚醛清漆 C 的黏度有着明显的差别。酚醛清漆长时间放置时，在较低的温度下游离酚会挥发致使黏度升高；在较高温度下，有时会发生酚醛清漆分子再排列现象，释放出酚，致使相对分子质量增加，黏度大幅度升高。酚醛清漆的黏度与所用的溶剂也有关系。图 7-23 为固态酚醛清漆 C 溶于甲醇、乙醇、乙二醇和二甘醇后熔体的黏度。做耐火材料结合剂时，一般要求其具有高浓度和低黏度。

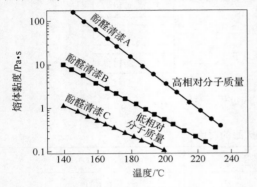

图 7-22　熔体黏度与温度的关系

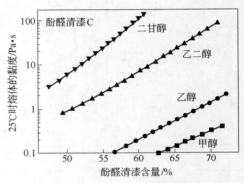

图 7-23　溶剂种类对熔体黏度的影响

固体状和粉末状酚醛清漆的熔点与相对分子质量的高低有关，高相对分子质量的酚醛清漆熔点较高。加入苯酚可降低其熔点，图 7-24 为在高相对分子质量的酚醛清漆 A 中加入酚时的熔点降低情况。

B　甲阶酚醛树脂

甲阶酚醛树脂有块状、粉末状和液态状，但大部分以液态状供应。根据催化剂的种类及加入量、反应温度及时间、溶剂的种类及加入量等的不同，液态状甲阶酚醛树脂的种类很多，相对分子质量的变化范围也很大，但一般比酚醛清漆的相对分子质量低。液态状产品一般有如下分类。

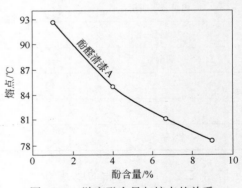

图 7-24　游离酚含量与熔点的关系

（1）完全水溶性。完全水溶性甲阶酚醛树脂是由分子中含有的亲水性羟甲基（—CH_2OH）所致，低相对分子质量的树脂（150~200）含羟甲基很多，而高相对分子质量的树脂本身对水的溶解性不佳，但酚核的羟基（—OH）变为碱性盐时便能很好地溶解于水。

（2）水溶性。水溶性树脂虽然也称为水溶性甲阶酚醛树脂，但由于羟甲基很少，故水溶性不佳，其游离酚较多，而且不挥发分也高得多。

（3）溶剂型。溶剂型甲阶酚醛树脂是将经过脱水后的甲阶酚醛树脂溶于各种溶剂中而制成的。其中标准型产品是将甲阶酚醛树脂溶于甲醇、乙醇、甘醇和丙酮等之中。而酚醛清漆改质产品是在标准型产品中溶解 20% ~ 50% 的酚醛清漆。非水性产品是将几乎无水溶性的树脂溶解于有机溶剂中的不含水的特殊型树脂。

液态状甲阶酚醛树脂的黏度与树脂相对分子质量的大小、溶剂种类和树脂的含量有关。常温下（25℃）的黏度在 0.02 ~ 100Pa·s 范围内，而且随温度升高度下降（图 7-25）。同时也存在着黏度随存放时间延长而升高的现象，存放期过长会凝固而无法使用。一般夏季存放时间为 2~3 个月，冬季要长些。耐火材料用各种酚醛树脂结合剂的一般性能见表 7-10。

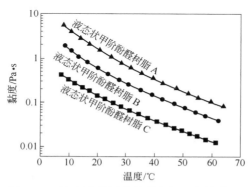

图 7-25　液态酚醛树脂的黏度与温度的关系

表 7-10　耐火材料用酚醛树脂结合剂

型号	外观	25℃黏度/Pa·s	水分/%	固含量/%	残碳率/%	游离酚/%	pH 值
PF-5311	棕红液态	$(37 \sim 43) \times 10^2$	4.5 ~ 6.0	75 ~ 80	45 ~ 48	11.0 ~ 14.0	6.5 ~ 7.0
PF-5320	棕红液态	$(95 \sim 115) \times 10^2$	2.0 ~ 3.0	78 ~ 82	42 ~ 46	9.5 ~ 11.5	6.8 ~ 7.5
PF-5321	棕红液态	$(130 \sim 150) \times 10^2$	2.0 ~ 3.0	77 ~ 82	42 ~ 46	9.5 ~ 11.5	6.8 ~ 7.5
PF-5322	棕红液态	$(150 \sim 160) \times 10^2$	2.0 ~ 3.0	78 ~ 82	43 ~ 47	9.5 ~ 11.5	6.8 ~ 7.5
PF-5323	棕红液态	$(170 \sim 200) \times 10^2$	2.0 ~ 3.0	78 ~ 82	43 ~ 47	9.5 ~ 11.5	6.8 ~ 7.5
PF-5405	棕红液态	$(75 \sim 95) \times 10^2$	1.5 ~ 2.5	75 ~ 80	43 ~ 48	10.0 ~ 12.0	6.5 ~ 7.5
PF-5406	棕红液态	$(80 \sim 100) \times 10^2$	2.0 ~ 3.0	75 ~ 80	41 ~ 45	7.0 ~ 10.0	6.5 ~ 7.5
PF-5020	棕红液态	$(4 \sim 8) \times 10^2$	7.0 ~ 9.0	68 ~ 72	38 ~ 40	10.0 ~ 14.0	6.8 ~ 7.2

7.4.2.3　酚醛树脂的硬化

酚醛树脂作为碳复合耐火材料的结合剂，必须硬化才能使坯体产生强度。硬化方法依酚醛树脂的种类不同而不同，见表 7-11。表中各形态树脂的硬化方法为"√"对应项。

酚醛清漆分子中不存在未反应的羟甲基，因而是热塑性的。一般要加入六胺（乌洛托品）、甲阶酚醛树脂或多聚甲醛等并加热才能使其硬化，其中尤以六胺为最广泛采用的硬化剂。六胺是氨与甲醛的加成反应产物。外观为白色结晶的粉末状，在150℃时很快升华，分子式为（CH_2）$_6 N_4$。

表 7-11　酚醛树脂的硬化方法

种类	形态	热塑性	热硬性	硬化方法
酚醛清漆	固态状	√		（六胺或甲阶酚醛树脂）+加热
	粉末状	√		（六胺或甲阶酚醛树脂）+加热
	粉末状		√	加热
	液态状	√		六胺或甲阶酚醛树脂）+加热
甲阶酚醛树脂	固态状		√	加热
	粉末状		√	加热
	液态状		√	加热
	液态状		√	酸+常温放置

　　六胺遇水受热分解释放出甲醛和氨，前者提供酚醛树脂相互交联所需要的次甲基团（—CH_2—），而后者作为碱性催化剂促使树脂的硬化反应迅速进行。由六胺架桥的酚醛清漆的硬化反应和硬化物结构模型如下：

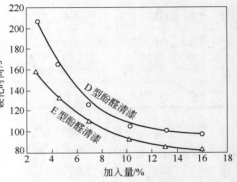

酚醛清漆　　　　　六胺　　　　　　　　　　　　由六胺或次甲基团架桥酚醛清漆

　　如果不外加润湿剂，六胺与粉末状或固态状的酚醛清漆从 120~130℃ 开始剧烈反应。若有能溶解六胺的溶剂存在，则在低温下即开始反应。以六胺作硬化剂硬化酚醛清漆时会逸出氨气产生氨臭味。酚醛清漆的硬化时间与六胺的加入量有一定关系。即使 1% 的六胺也能使酚醛清漆硬化，通常六胺的加入量为酚醛清漆的 5%~15%。图 7-26 为 150℃时六胺的加入量与酚醛清漆硬化时间的关系。

　　也可以用甲阶酚醛树脂作酚醛清漆的硬化剂，其硬化机理是缩合反应，产生缩合水，但不生成氨气，故适合于在厌恶臭味的场合使用。反应式如下：

图 7-26　六胺加入量与硬化时间

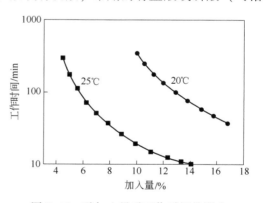

酚醛清漆　　　　甲阶酚醛树脂　　　　由甲阶酚醛树脂架桥的酚醛清漆

不论是固体状、粉末状还是液态状，甲阶酚醛树脂受热时都能硬化。其硬化反应是非常复杂的，但硬化机理仍是以缩合反应为主，即产生缩合水。工业上使用的甲阶酚醛树脂的硬化是由缩水产生的次甲基键和醚键架桥引起的，两者在硬化产物中的比例与树脂中羟甲基的数目、体系的酸碱性、硬化温度及酚环上活泼氢的多少有关。若硬化温度低于160℃，且树脂呈碱性，主要生成次甲基键。在酸性条件下，次甲基键与醚键同时生成，但在强酸条件下主要生成次甲基键。在较高的硬化温度下（170~250℃），醚键很快减少，而次甲基键大量增加，同时生成次甲基醌及其聚合物等十分复杂的产物。

甲阶酚醛树脂完全缩合硬化时会产生大量的缩合水，但并没有达到理想的硬化结构。如能理想地完成硬化，则会在所有酚环的三个活性位上形成架桥。甲阶酚醛树脂硬化后产物的架桥密度比酚醚清漆硬化产物的要高。

酸也是甲阶酚醛树脂的硬化剂。在液态的甲阶酚醛树脂中加入酸，当pH值小于2时，常温下便能硬化。酸类硬化剂可以是合适的无机酸或有机酸，常用的有盐酸或磷酸（可溶解在甘油或乙二醇中使用），也有对甲苯磺酸、苯酚磺酸或其他磺酸。酸硬化与热硬化的机理相似，主要是在树脂分子中形成次甲基键架桥，但是若酸的用量较少、硬化温度较低以及树脂分子中羟甲基含量较高时，醚键也可形成。甲阶酚醛树脂酸硬化的特点是反应剧烈、放热量大，硬化速度很快。通常将加入酸后至开始剧烈硬化之间的时间称为工作时间，当然作为耐火材料结合剂使用时理想情况是工作时间尽可能长些。图7-27为工作时间与酸加入量和硬化温度的关系。

图7-27　酸加入量对工作时间的影响

7.4.2.4　酚醛树脂的碳化

A　酚醛树脂的加热变化

酚醛树脂结合剂受热时，在200~800℃分解，放出CO_2、CO、CH_4、H_2及N_2O等气体，留下残余碳，即树脂被碳化。所谓残余碳是指有机物在受热超过一定温度时通过分解、聚合而沉淀形成的碳。它不同于固定碳，后者是指煤、石墨等含碳材料经隔绝空气加热处理除去挥发分后的残留物。放出气体的速率与温度的关系如图7-28所示。甲阶酚醛树脂在900℃以下热处理时都有H_2O排出，但在200℃和500℃左右排出率较大；处理温度超过400℃时还排出CH_4、CO、H_2和少量CO_2。H_2O的排出是由进一步的缩合反应造成的。在较低温度下（小于300℃）可以看成是硬化反应的继续，在较高温度下则是酚羟基之间或者酚羟基和亚甲基之间的反应。在 500~600℃，连接苯环的亚甲基桥（—CH$_2$）、氧桥（—O—）断裂，形成不成对电子，使苯环直接相连。断裂的 CH$_2$、O 相互作用，或与其他小相对分子质量气体进行一系列反应：CH$_2$+O→CO+H$_2$，CH$_2$+H$_2$O→CO+2H$_2$，CH$_2$+CH$_2$→C$_2$H$_4$，C$_2$H$_4$+H$_2$→C$_2$H$_6$，CO+O→CO$_2$，CH$_2$+H$_2$→CH$_4$。

对含六胺硬化剂的酚醛清漆，非硬化状态时在 100℃ 左右大量排出酚，300℃ 以下仅释放少量水；硬化后的酚醛清漆则没有酚排出，但在 300℃ 以下也有大量 H$_2$O 排出。

综上所述，酚醛树脂受热时的分解情况可概括如下。

（1）第一阶段：至 300℃ 为止。气体状成分占 1%~2%，放出 H$_2$O、酚、甲醛等。

（2）第二阶段：300~600℃。在此阶段，几乎排出所有气体状成分，如 H$_2$O、CO、CO$_2$、CH$_4$、酚、甲醛、二甲苯酚类等。

（3）第三阶段：600℃ 以上。产生 H$_2$、CO、CH$_4$、苯、甲酚类、二甲苯酚类等气体。此阶段发生收缩，密度增加，因而气体和液体的透过性减少。

经 600℃ 左右加热处理后的酚醛树脂结构模型如图 7-29 所示。这种非常紊乱的三维结构生成的碳，要实现石墨化是较为困难的。

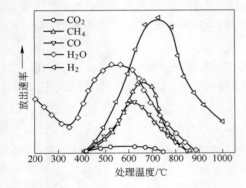

图 7-28　酚醛树脂的加热时放出
气体速度与温度的关系

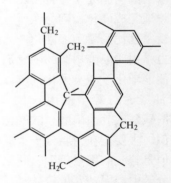

图 7-29　热处理后的树脂结构

B　酚醛树脂的碳化率

碳化率（或残碳率）的高低直接影响到含碳耐火材料的性能。表 7-12 为几种有机结合剂的实测碳化率。由该表可见，环氧树脂和尿素树脂虽然均为热硬性树脂，但碳化率都非常低。

表 7-12　有机结合剂的碳化率

种类	碳化率/%	种类	碳化率/%
焦油沥青	52.5	密胺树脂	10.2
酚醛树脂	52.1	环氧树脂	10.1
呋喃树脂	49.1	尿素树脂	8.2
聚丙烯腈	44.3	天然橡胶	0.6
醋酸纤维素	11.7	聚酯树脂	0.3

甲阶酚醛树脂和酚醛清漆的理论碳化率是不一样的。对于甲阶液态酚醛树脂，其分子

中多含2~3个酚核，若以3个酚核计算，则其碳化率为75.0%。但实际上只有苯环中的碳是最稳定的，若CH_2OH和CH_2中的碳在受热碳化时都变为CO、CO_2等气体逸出，则其碳化率为64.3%。对酚醛清漆而言，如—CH—中的碳也能碳化，则碳化率为79.0%；若—CH_2—中的碳受热时变为气体，则碳化率为68.0%。

实际使用的树脂，因含有残存的未反应的酚和甲醛，还含较不稳定的羟甲基酚和水分等，故要获得理论计算的碳化率是相当困难的，实际碳化率一般不超过55%。

酚醛树脂的碳化率高低与许多因素有关。如生产时的F/P（醛/酚）摩尔比值、催化剂的种类和数量、反应时间和温度以及使用时硬化剂的种类和加入量、硬化温度等。

F/P值与碳化率的关系如图7-30所示。按F/P为0.7~1.5合成酚醛树脂，经计算和实验分别得到碳化率数据，其结果是F/P=1.1~1.3时，树脂的碳化率最高；若进一步提高F/P值，则碳化率呈缓慢降低趋势。但也有实验表明，将F/P=1.3和F/P=2.5的合成树脂在N_2气氛中加热，结果F/P=2.5的合成树脂失重率较F/P=1.3的树脂的低（即碳化率较高），这是由于当F/P值较高时，多形成—CH_2—结合，在碳化时—CH_2—自由弯曲转变为石墨结构的可能性大。

对于酚醛清漆，其碳化率还与其种类和硬化剂有关。酚醛清漆相对分子质量高，或适量加入5%~8%的六胺可增加其碳化率。六胺加入量过高反而降低碳化率，如图7-31所示。当用甲阶酚醛树脂作酚醛清漆的硬化剂时，碳化率也有所提高，但低于以六胺做硬化剂的碳化率。另外，选择合适的硬化处理温度，也是获得较高碳化率的条件之一。

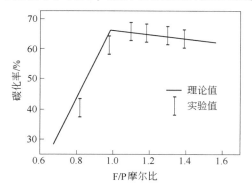

图7-30　F/P值与碳化率的关系

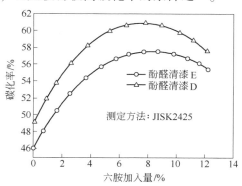

图7-31　六胺加入量与碳化率的关系

7.4.2.5　酚醛树脂碳化产物的性状

采用的结合剂不同，其高温碳化后的碳化产物性状也有一定的差别，从而影响到碳复合耐火材料的抗氧化性、抗侵蚀性等使用性能。

沥青与酚醛树脂的碳化过程是不一样的。沥青为液相碳化过程，受热时首先熔化，经过所谓"中间体"的"液晶体"变为固体，即这种"液晶体"成为"结晶中间体"或"各向异性组织"，促进生成碳的石墨化。研究表明，在Ar气氛中加热处理的沥青，800℃时其碳化产物呈板状，超过1200℃时则呈层状；随温度升高，这种层状结构越来越显著，在1700℃接近石墨的结构状态，但在其层状结晶聚集体中形成很多空隙。

甲阶酚醛树脂和酚醛清漆（加硬化剂）是热硬性树脂，其碳化过程为固相碳化，不像沥青那样形成各向异性的"结晶中间体"，故形成的碳难于石墨化，碳化产物通常为各向同性的无定形碳。与沥青不同，酚醛树脂在1200℃以下生成的碳呈块状，在1700℃时才开始呈现方向性，但这种块状碳内气孔较少。在 Ar 气氛中于不同温度下分别碳化沥青和酚醛树脂所得碳化产物的 X 射线衍射研究表明，树脂碳在结晶程度上明显低于沥青碳（图7-32）。

但是，由3、5-二甲酚合成的3、5-二甲基酚甲醛树脂初期反应时生成平面性缩合稠环，而且由于甲基的立体障碍致使其缩合度低，所以加热时呈熔融状态，成为碳化产物易石墨化的酚醛树脂。

同样，不含硬化剂的酚醛清漆，在加热时也熔融成液相，其碳化产物也应该易于石墨化，但有待进一步验证。

由于石墨化的难易程度相差很大，不同热处理温度下形成的沥青碳和树脂碳的真密度也有很大区别，如图7-33所示。沥青碳的真密度从800℃时的 1.47g/cm^3 增加到1700℃时的 2.13g/cm^3，而树脂碳的真密度却是从800℃时的 1.23g/cm^3 增加到1000℃时的1.46g/cm^3，超过这一温度时，再升高温度密度增大也不多，即使在1700℃时也只有 1.54g/cm^3。

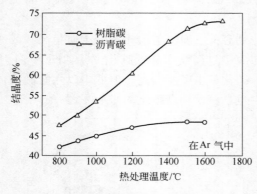

图7-32　沥青碳和树脂碳的结晶度

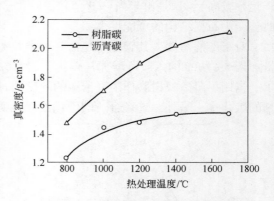

图7-33　沥青碳和树脂碳的真密度

树脂碳与沥青碳的抗氧化能力也有明显的差别，见图7-34。在相同的热处理温度下得到的树脂碳的氧化开始温度和氧化峰值温度低于沥青碳，这一差别也源于其石墨化程度的差异。若要达到与沥青碳大致相同的抗氧化能力，则酚醛树脂的热处理温度必须比沥青高500~600℃。无论是沥青碳还是树脂碳，随热处理温度的升高，其石墨化程度、结晶尺寸和抗氧化能力都提高或增大。

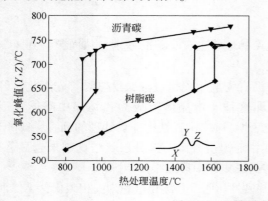

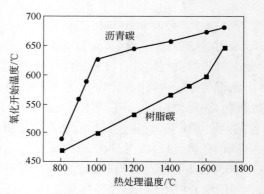

图7-34　沥青碳与树脂碳的氧化行为

从碳化率和碳化产物的性状上看，焦油沥青作碳复合耐火材料的结合剂有一定的优势。但酚醛树脂可以在常温下混练，可以缩短耐火材料的干燥及热处理时间，碳化率也较高，且碳化后含碳质耐火材料的坯体气孔率低，环境公害少。将树脂与沥青混合使用能充分发挥两者的优点。当以适当的比例混合沥青和酚醛树脂时，其混合物的碳化率比单独的沥青和单独的树脂都要高，碳化产物的抗氧化能力也会增强。这是由于树脂生成的碳填入沥青碳的空隙内，同时易于石墨化的沥青碳提高了复合碳的石墨化程度，结果形成致密的石墨聚集体。将约20%的树脂与约80%的沥青混合作为含碳耐火材料的结合剂最合适。

7.4.2.6 改性酚醛树脂

酚醛树脂改性的目的主要是强化它某一方面的性能。改性酚醛树脂的品种很多，如聚乙烯醇缩醛改性酚醛树脂、硼改性酚醛树脂、环氧改性酚醛树脂、有机硅改性酚醛树脂、二甲苯改性酚醛树脂等。

作为碳复合耐火材料的结合剂，一是通过改性使其不含游离水又尽可能在硬化时少放出缩合水，从而可以用于含游离 CaO 的白云石碳质耐火材料、镁白云石碳质耐火材料和钙碳质耐火材料等的生产；二是通过改性提高碳复合耐火材料的抗氧化能力。改性的途径一般是通过封锁酚醛树脂分子中的酚羟基或引进其他组分。

一般的热塑性酚醛树脂由于采用亲水性乙醇系溶剂，游离水含量在 5% 左右（最高达13%），再加上在热处理过程中产生大量缩合水，均会使含 CaO 耐火材料水化。市场上所谓的无水树脂是指游离水少的树脂，通常游离水的含量在 0.5% 以下，但不能排除在加热过程中放出的缩合水。

热塑性酚醛树脂的缩合水是因其分子中含酚羟基，在加热过程中放出水。为了排出羟基，可选择合适的催化剂，控制适宜的反应条件以提高酚羟基的反应活性，引入其他基团将其替换，从而大大降低其缩合水含量。实现基团替换的方法很多，例如在酸性条件下，用脂肪醇对其进行改性，用异氰酸酯类化合物对其改性，用环氧化合物进行改性，用含乙酰基的化合物进行改性等。用碳酸亚烯酯（如丙烯碳酸酯）在碱金属碳酸盐催化剂的作用下对酚醛清漆改性被认为是一种较好的方法。反应在 140～200℃ 下进行，此时酚羟基烷基醚化。该方法工艺简单，反应条件易于控制，无污染、无废弃物，产品性能稳定。改性剂本身是树脂的良好溶剂，无色、无臭，常温不吸湿，没有腐蚀性，因而未反应完全的改性剂不必分离出去，可充当理想的黏度调整剂。原树脂中的游离酚也将部分被烷基醚化，醚化产物也可作为改性树脂的溶剂，对降低游离酚含量、保护作业人员安全有好处。同时改性后的结合剂在制备含碳耐火材料过程中因热、碱作用，醚键被断开而支链形成脂肪醇挥发出来，对环境无污染。

用以上方法改性的树脂在热处理过程中因羟基缩合产生的缩合水少，同时用高效脱水剂处理后所得的树脂其游离水含量为 0.2%～0.4%，游离酚含量为 3%～5%，残碳率为30%～40%，pH 值为 8～9。

在配料时，直接添加金属粉末是提高碳复合耐火材料抗氧化能力的一种最常用方法。此方法在混练时，因金属粉末与耐火原料的密度和粒度的不同，使其难以分散均匀。而使金属粉末进一步微细化来提高其分散均匀程度又存在安全方面的问题（易燃烧爆炸），因而此方法在提高碳复合耐火材料强度和抗氧化性方面的作用受到限制。将金属结合于酚醛树脂中，则能确保金属充分均匀分散。用烷基金属化合物 M(OR) 对酚醛树脂进行改性即可实现金属在树脂中的化学结合，金属 M 起架桥剂的作用，如 Si、Al、Ti 及 Cr 等，烷基 R 的碳原子数为 1~2 较好，例如甲基、乙基等。此类有机金属化合物有 $Ti(CH_3O)_4$、$Si(CH_3O)_4$、$Cr(CH_3O)_4$ 等。酚与有机金属化合物的反应属于酯化反应，因此这类抗氧化树脂的制造并不困难。

抗氧化树脂结合剂中金属含量因金属种类的不同而异，但一般在 10% 以下，若超过 10% 时，易出现凝胶化问题。Si 和 Ti 最大含量为 6% 左右较好。

7.4.2.7 酚醛树脂结合剂使用要点

酚醛树脂可以作为镁碳质、镁钙碳质、铝碳质以及铝碳化硅质等多种碳复合定型及不定型耐火材料的结合剂。它与骨料的润湿性及混练物的稳定性、成型性或施工性、生坯强度、干燥后的热态强度都能满足生产要求，既可作为临时性结合剂，又可做永久性结合剂。

酚醛树脂的形态及用量、硬化热处理温度、混练机的种类及加料顺序等都会对碳复合耐火材料的性能产生显著的影响。对镁碳质耐火材料而言，一般酚醛树脂的用量为 3%~5%，随树脂用量的增加，制品的常温耐压强度明显升高，但体积密度下降，显气孔率上升。对于固态热塑性酚醛树脂，宜采用六胺作硬化剂，六胺用量为树脂用量的 5%~7% 时，坯体具有较高的耐压强度和体积密度。采用固态热塑性酚醛树脂做结合剂时，为了使树脂能良好地润湿镁砂和石墨，一般应添加润湿剂。硬化处理温度对制品的耐压强度、体积密度都有影响，应根据树脂结合剂的种类而确定合适的硬化温度。

混练时的加料顺序也是十分重要的，图 7-35 是常见的几种加料顺序。对于液态酚

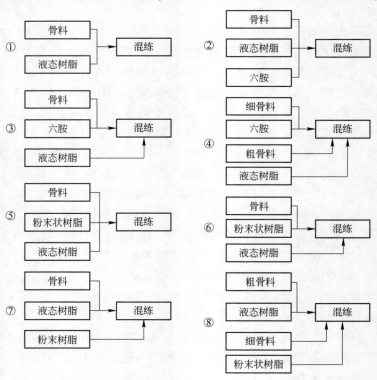

图 7-35 酚醛树脂结合剂常见加料混合顺序

醛清漆+六胺，关键是如何使少量的六胺分散均匀，因而通常采用③方法，也可以采用④方法。可以使用两台混练机，用一台混练粗骨料和液态酚醛清漆，然后再加入六胺与细骨料的混合物，也可以采用相反的顺序。液态酚醛清漆加热混练效果更好。对于粉末状树脂+液态树脂（或溶剂），由于两者的比例及总用量不同，混练方法也不相同，有⑤~⑧等多种加料顺序。⑥~⑧可以使用两台混练机。若是与溶剂配合，则可先将粉末状树脂溶解成液态。除上述方法外，还可将液态酚醛清漆与液态甲阶酚醛树脂配合使用。由于酚醛树脂的种类、形态很多，再加上它可以用作多种定形和不定形耐火材料的结合剂，因而其使用方法也很多。多数情况下都需要结合实际情况研究适合于某一具体酚醛树脂的方法。硬化剂的加入量与加入方式还与季节有关，一般夏季加入量多，冬季加入最少。甲阶酚醛树脂一般不加六胺，若加入时也不应超过5%，否则影响结合强度。用酚醛清漆调整甲阶酚醛树脂的性能时，比例为1:2，并要注意加料顺序和增加成型的压制次数。此外，粉末状树脂应存于凉爽通风处，以防结块。若已经结块则粉碎后仍可使用。

7.4.3 其他有机结合剂

其他有机结合剂较常见的有煤焦油、蒽油和洗油。煤焦油（coal tar）又称煤膏，为煤干馏过程中所得到的一种黑色或黑褐色稠状液体。具有特殊的臭味，可燃并有腐蚀性，是一种高芳香度的碳氢化合物的复杂混合物。煤焦油是煤炭在焦化过程中产生的。煤焦油含有上万种成分，其中很多有机物是生产塑料、合成纤维、染料、橡胶、医药、耐高温材料等的重要原料。煤焦油分为高温煤焦油和低温煤焦油。高温干馏（即焦化）得到的焦油称高温煤焦油，低温干馏得到的焦油称低温煤焦油。两者的组成和性质不同，加工利用方法也各异。高温煤焦油，黑色稠液体，含大量沥青，密度较高，为 $1.160 \sim 1.220 g/cm^3$。主要由多环芳香族化合物组成，烷基芳烃含量较少，高沸点组分较多，热稳定性好。其组分中萘含量较多，其余相对含量较少，主要有1-甲基萘、2-甲基萘、苊、芴、氧芴、蒽、菲、咔唑等，见表7-13。

表7-13 高温煤焦油中主要化合物的含量（质量分数）

名称	含量（质量分数）/%	名称	含量（质量分数）/%
沥青	54~56	荧蒽	2.0~3.5
苯及其同系物	0.5~1.4	酚	0.2~0.5
萘及其同系物	8~12	甲酚	0.4~0.8
芴	1.0~1.2	二甲酚	0.3~0.5
蒽	1.2~1.8	吡啶及其同系物	0.1~0.11
菲	4.5~5.0	喹啉及其同系物	0.3~0.5
咔唑	1.5~2.1	其他焦油碱类	0.7~0.8

工业上将煤焦油集中加工，有利于分离提取含量很少的化合物。加工过程首先按沸点范围蒸馏分割为各种馏分，见表7-14。然后再进一步加工，各馏分的加工采用结晶方法

可得到萘、蒽等产品；用酸或碱萃取方法可得到含氮碱性杂环化合物（称焦油碱）或酸性酚类化合物（称焦油酸）。焦油酸、焦油碱再进行蒸馏分离可分别得到酚、甲酚、二甲酚和吡啶、甲基吡啶、喹啉。这些化合物是染料、医药、香料、农药的重要原料。煤焦油蒸馏所得的馏分油也可不经分离而直接利用，如沥青质可制电极焦、碳素纤维等各种重要产品，也可做耐火材料结合剂。酚油可用于木材防腐，洗油用作从煤气中回收粗苯的吸收剂，轻油则并入粗苯一并处理。

表 7-14　高温煤焦油各馏分含量

馏分名称	沸点范围 /℃	密度 /g·cm⁻³	平均含量（质量分数）/%	所含主要化合物	
				烃类	非烃类
轻油	约 170	0.8818	0.5	苯、甲苯、二甲苯	轻吡啶、吡咯、噻吩等
酚油	170~210	0.9958	1.5	萘	酚、甲酚、二甲酚、重吡啶、库马龙
萘油	210~230	1.0328	9.0	萘、甲基萘、二甲基萘	三甲酚、四甲基吡啶、喹啉等
洗油	230~300	0.0591	9.0	苊、芴	茚、库马龙的烃基衍生物、喹啉衍生物等
蒽油	300~360	1.150	23.0	蒽、菲、荧蒽	喹啉衍生物、咔唑及其衍生物、硫芴
沥青质	>360		57.0		

密度 /g·cm⁻³ 列中轻油对应 $g \cdot cm^{-3}$。

蒽油，又名绿油（anthracene oil），是煤焦油组分的一部分，通过蒸馏焦油获取 280~360℃的馏分，比水重，主要组分是蒽、菲、咔唑等。洗油是煤焦油精馏过程中的重要馏分之一，占煤焦油的 6.5% ~ 10%，是一种复杂的混合物，富含喹啉、异喹啉、吲哚、α-甲基萘、β-甲基萘、联苯、二甲基萘、苊、氧芴和芴等宝贵的有机化工原料。洗油为棕色油状液体，沸点为 230~300℃，属可燃物品。

焦油、蒽油和洗油在低温下有良好的结合性。作为耐火材料结合剂可使泥料具有一定的塑性和结合性，有利于不定形耐火材料的整体施工。在使用过程中，它们均受热分解，残留的炭素在高温下易石墨化，形成炭素骨架，可增加材料的高温强度。焦化后残留下炭素，有利于提高施工体的抗渣性。因此，焦油、蒽油和洗油常作为含碳不定形耐火材料的结合剂，如高炉炮泥、转炉填缝料、传统的焦油镁砂大面修补料等。

7.5　碳复合耐火材料添加剂

除了炭素原料与结合剂外，添加剂是影响碳复合耐火材料性能的重要因素。添加剂早期的作用主要是抗氧化。近年来，随着研究的深入，碳复合耐火材料中添加剂对其性能的影响相当广泛。主要包括有下列几个方面：

(1) 抗氧化作用，阻止碳的氧化；

(2) 通过还原 CO (g)生成固态炭来减少碳复合耐火材料中碳的损失；

(3) 降低气孔率，提高制品的密度，同时也提高抗氧化性；

(4) 促进由结合剂所生成的无定形炭的结晶；

（5）通过形成表面保护层来提高制品的抗氧化性与抗渣性。

常见的添加剂包括金属、合金、氮化物与硼化物。

（1）金属：Al、Si、Mg；

（2）合金：Al-Si、Al-Mg、Al-Ca-Mg-Si；

（3）碳化物：SiC、B_4C、Al_4SiC_4、$Al_8B_4C_7$、Al_4O_4C、Al_2OC、Cr_7C_3；

（4）硼化物：ZrB_2、CaB_2；

（5）氮化物：Si_3N_4、AlN。

含碳耐火材料的主要缺点是碳易被氧化，为了抑制碳的氧化并提高其强度，通常在含碳耐火材料中加入一定量的添加剂，这些添加剂有 Si、Al、Mg、Ca、Zr、SiC、B_4C、BN、CaB_6 等。添加剂的抗氧化作用通常从两个方面来考虑，一是优先于碳被氧化从而对碳起到保护作用，二是形成某种化合物阻塞气孔。因此，需要了解这些添加剂与碳及氧的作用的热力学。添加剂的抗氧化作用包括以下几点。

7.5.1 添加剂与碳的亲和力

含碳耐火材料中添加的金属添加剂，在使用或埋碳烧成时会与碳或空气中氮形成碳化物或氮化物。

金属 M 与 1mol 碳反应生成 M_xC_y 为：

$$\frac{x}{y}M（s 或 l）+C（s，石墨）=\frac{1}{y}M_xC_y \tag{7-26}$$

由于参与反应的各物质为纯固态或纯液态，因此上述反应能否向右进行，可由反应的标准 Gibbs 自由能来确定。

用式 7-26 的标准 Gibbs 自由能变化来定义元素对碳的亲和力（affinity）：

$$\Delta G^{\ominus}=-RT\ln K^{\ominus}=RT\ln a_c \tag{7-27}$$

元素对碳的亲和力也称为碳势。由式 7-27 可知，碳势的值越负，碳化物越稳定。

图 7-36 示出了一些金属与 1mol 碳生成碳化物的标准 Gibbs 自由焓与温度的关系。从图可知，除金属镁外，Al、Si、B、Zr、Cr、Ti 等都能形成碳化物。

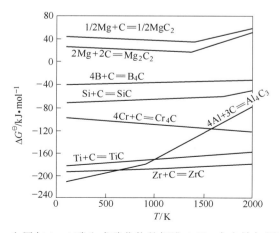

图 7-36　金属与 1mol 碳生成碳化物的标准 Gibbs 自由焓与温度的关系

7.5.2 添加剂与氧的亲和力

金属或元素与 1mol O_2 反应生成氧化物的标准 Gibbs 自由能 $\Delta G^{\ominus}$ 称为氧势。通过氧势可以比较各种元素对氧的亲和力的大小或其氧化物的稳定程度。氧势越小，对氧的亲和力越大。

在含碳耐火材料中，为了防止碳的氧化，一般均要加入防氧化的添加剂。添加剂能否抑制氧化，就涉及添加剂与氧的亲和能力的大小。图 7-37 为部分元素、氮化物及碳化物与 1mol O_2 反应生成氧化物的标准 Gibbs 自由能与温度的关系。

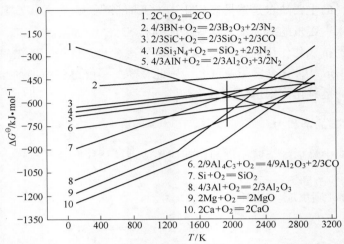

图 7-37 部分物质与 1mol O_2 反应生成氧化物的标准 Gibbs 自由能 $\Delta G^{\ominus}$ 与温度的关系

对比在不同温度下，各种金属、碳化物、氮化物和碳对氧的亲和力大小，即可对它们的抗氧化作用做出判断。例如炼钢用的不烧 MgO-C 耐火材料，若镁碳耐火材料中加有 Al 和 SiC，在 1650℃ 时，Al 对氧的亲和力大于碳，可优先于碳与氧作用，能起到抑制碳氧化的作用；而 SiC 对氧的亲和力小于碳，不能优先于碳被氧化。但 SiC 仍广泛用作含碳耐火材料的抗氧化剂，其作用机理稍后有介绍。

对于铁水预处理用的不烧 Al_2O_3-C 质耐火材料，在制备时添加有 Al、Si 和 SiC，在使用温度为 1350℃ 时，由图 7-37 可知，Al、Si 和 SiC 对氧的亲和力均大于 C 对氧的亲和力，因此它们均能起到抑制碳氧化的作用。但是，同样是添加有 Al、Si 和 SiC 的 Al_2O_3-C 质浸入式水口，由于其经过 1300℃ 的埋炭烧成，其中 Al 已全部转变成 Al_4C_3 与 AlN，Si 部分地转变为 SiC、Si_3N_4（此种高温处理未达到热力学平衡）；在连续铸钢 1550℃ 条件下，水口中只有 Al_4C_3 与未转变的 Si 对氧亲和力大于碳，能优先于碳氧化而保护碳；而 SiC、Si_3N_4 与 AlN 由于在 1550℃ 时对氧的亲和力都小于碳，只有在碳氧化后才能被氧化，它们不能保护碳。因此 SiC 在 Al_2O_3-C 质水口中起不到抑制碳氧化的作用，但在铁水预处理的 Al_2O_3-C 质耐火材料中则能起到抑制碳氧化的作用。

在 Al_2O_3-C 质浸入式水口中，虽然加入的 Al 与 Si 在 1300℃ 的埋碳烧成中，因有部分转变为 AlN、SiC 与 Si_3N_4，而不能在使用中起抑制碳氧化的作用。但在烧成中这些新形成的纤维状或晶须及粒状碳化物与氮化物确能使制品中刚玉、碳等"桥接"起来或充填于气孔，使烧成 Al_2O_3-C 质制品的常温与高温强度大为提高，同时，因阻塞气孔提高了材料的抗氧化性。

7.5.3 降低碳损失与降低气孔率

石墨在700℃以上会迅速氧化产生CO(g)与CO$_2$(g)。如前所述,在1000℃以上的高温下,在固态碳存在时,CO(g)的分压大大高于CO$_2$(g)的。在大气压下,CO(g)的分压为0.1MPa左右。如果在一定条件下,抗氧化添加剂能与CO(g)反应而生成稳定的氧化物与碳,就可以起到减少碳损失的作用,主要反应为:

$$x\mathrm{M} + y\mathrm{CO(g)} \longrightarrow \mathrm{M}_x\mathrm{O}_y + y\mathrm{C} \tag{7-28}$$

$$x\mathrm{MC} + y\mathrm{CO(g)} \longrightarrow \mathrm{M}_x\mathrm{O}_y + (x+y)\mathrm{C} \tag{7-29}$$

这类添加剂包括Al、AlN、SiC等。此外,当这类添加剂被氧化时,还伴随着发生一定的体积膨胀。例如:

$$2\mathrm{Al(s,l)} + 3\mathrm{CO(g)} \Longrightarrow \mathrm{Al}_2\mathrm{O}_3\mathrm{(s)} + 3\mathrm{C(s)} \tag{7-30}$$

$$\mathrm{SiC(s)} + 2\mathrm{CO(g)} \Longrightarrow \mathrm{SiO}_2\mathrm{(s)} + 3\mathrm{C(s)} \tag{7-31}$$

式7-30与式7-28分别伴随着149%与289%的体积膨胀(此结果由Al、Al$_2$O$_3$、SiC、SiO$_2$与无定形碳的密度计算得到,它们的密度分别为2.70g/cm^3、3.98g/cm^3、3.21g/cm^{3}与1.60g/cm^3),可以起到封闭气孔的作用。

图7-38给出了加添加剂与不加添加剂的两种MgO-C砖的显气孔率与处理温度的关系。由该图可见,对于无添加剂的MgO-C砖,随温度的升高,显气孔率增大。当温度达到800℃时,结合剂的挥发物质已经挥发完毕。再进一步升高处理温度,显气孔率不再随温度的升高而变化。但对于加有Al-Mg、Al-Si与

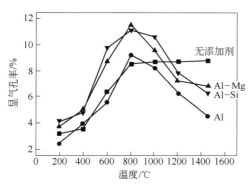

图7-38 有添加剂与无添加剂的MgO-C砖的显气孔率与处理温度的关系

Al等添加剂的MgO-C砖,由于发生式7-28所描述的反应,产生体积膨胀,封闭气孔而导致显气孔率下降,从而可提高材料的强度与抗氧化性。显气孔率的下降速率与添加剂的种类、加入量及粒度等诸多因素有关。

7.5.4 提高碳复合耐火材料的强度

添加剂与C、CO及空气中的N$_2$可形成各种碳化物与氮化物,可起到增强材料强度的作用。图7-39给出了有添加剂与没有添加剂的MgO-C砖的常温抗折强度与处理温度的关系。

由图7-39可看出,随热处理温度的提高,无添加剂的MgO-C砖的常温抗折强度下降。但对于有添加剂的MgO-C材料,随温度从600℃升高到1000℃其抗折强度提高。当热处理

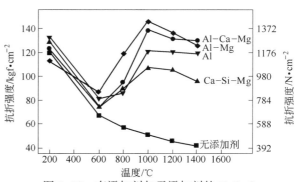

图7-39 有添加剂与无添加剂的MgO-C耐火材料常温抗折强度与处理温度的关系

温度从 1000℃ 提高到 1400℃ 时，其抗折强度略有下降，但仍远高于无添加剂的材料。这是因为添加剂可与 C、CO (g) 及 N$_2$ (g) 形成板状或纤维状的碳化物或氮化物沉积在气孔中，提高了强度。同时，添加剂也可能与骨料反应形成新的物相，加强颗粒之间的结合而提高了强度。

7.5.5　促进无定形炭的结晶

从前面的讨论中已经知道，不同的结合剂碳化后产生的炭的结晶形态及石墨化能力是不同的。树脂炭不易石墨化，同时由式 7-28 和式 7-29 所生成的炭也为无定形炭，它也有结晶化的问题。加入添加剂可以促进这些无定形炭的石墨化。图 7-40 为无添加剂的酚醛树脂碳（a）和含有 5%B$_4$C 的树脂碳（b），在 Ar 气中不同温度下保温 3h 后的 X 射线衍射图。

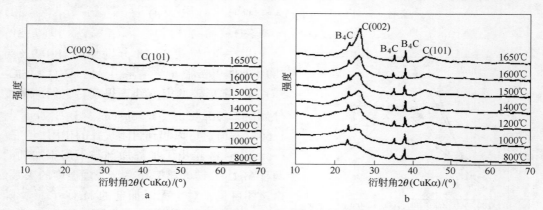

图 7-40　不同热处理温度下有、无添加剂的树脂炭的 X 射线衍射图谱

由图 7-40 可见，有添加剂的树脂炭的衍射峰（002）比无添加剂的要高，说明其结晶化程度较好。除了 B$_4$C 外，其他一些物质，甚至 MgO 都在一定程度上有促进无定形炭结晶的作用。随无定形炭结晶化（石墨化）程度的提高，其抗氧化能力也增强。

7.5.6　形成保护层提高抗氧化及抗侵蚀能力

在碳复合耐火材料中加入金属、合金、碳化物及氮化物等可促进在耐火材料内部形成保护层以提高材料的抗氧化与抗侵蚀能力。下面介绍几个实例。

（1）加 Mg-Al 合金促进在 MgO-C 制品中形成 MgO 致密层。在前面的讨论中我们曾经提到，在一定条件下，通过下面反应可在 MgO-C 制品内部生成 MgO 致密层：

$$MgO (s) + C (s) \Longleftrightarrow Mg (g) + CO (g)$$

$$2Mg (p'_{Mg}) + O_2 (p^\ominus) \Longleftrightarrow 2MgO (s)$$

当加入 Mg-Al 合金为添加剂时，Mg 与 Al 金属共存，Al 可以与 CO 反应，见式 7-30，降低气孔中 CO 分压，增大 Mg (g) 分压，促进 MgO 致密层的生成。

此外，当 MgO 致密层与渣接触时，渣中的 Fe$_2$O$_3$ 与 MgO 反应形成 MgFe$_2$O$_4$，进而铁离子扩散进入这一层中导致 (Mg, Fe)O (Wustite, 方铁矿) 生成。Mg (g) 可与 (Mg, Fe)O 反应生成 MgO (s) 与 Fe，有利于氧化镁致密层的形成。

$$(Mg, Fe)O + Mg (g) \Longrightarrow MgO (s) + Fe \qquad (7-32)$$

加入 Al-Mg 合金的 MgO-C 耐火材料中 MgO 致密层的显微结构如图 7-41 所示。

（2）在 Al_2O_3-C 耐火材料中加入 SiC 在其表面形成高黏度的液相保护层。当 Al_2O_3-C 砖中加入 SiC 时，在耐火材料与渣之间可形成 SiO_2 致密层或高 SiO_2 含量的高黏度的液相层，保护耐火材料，如图 7-42 所示。在耐火材料内部发生如下反应生成 CO（g）与 C：

$$SiC（s）+CO（g）\Longrightarrow SiO（g）+2C（s） \tag{7-33}$$

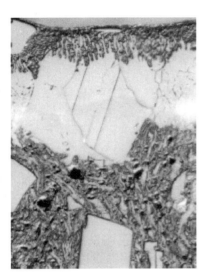

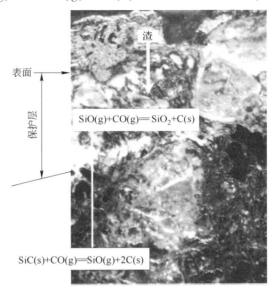

图 7-41 加入 Al-Mg 合金的 MgO-C
中 MgO 致密层的生成

图 7-42 添加 SiC 的 Al_2O_3-C 耐火材料
中保护层的形成

C 沉积在 SiC 颗粒的表面，而 SiO（g）扩散到耐火材料的表面与 CO（g）反应生成 SiO_2（s）与 C（s）。生成的 SiO_2（s）在表面沉积下来生成 SiO_2 致密层。当它与渣接触时会与渣生成一层液相。这一液相中的 SiO_2 含量较高，同时含有细粒自由碳，因此黏度很高，阻碍了渣的侵蚀，也减少了内部碳被氧化的机会。

加入氮化物与硼化物的作用机理与上面两个例子类似。如氮化物在高温下分解产生的 N_2，溶入渣中可以提高渣的黏度，减弱渣与耐火材料之间的反应。在 MgO-C 制品中加入硼化物可以形成（$MgO+Mg_3B_2O_6$）致密层，$Mg_3B_2O_6$ 在高温下形成液相，可以阻止氧扩散进入耐火材料内部。

以上的讨论可见，添加剂在碳复合耐火材料中可以通过其与耐火材料或渣的反应影响耐火材料的显微结构，改变渣的性质从而改善耐火材料的性能。在实际生产过程中，添加剂的选择与用量需根据具体情况进行设计才能取得好的效果。

7.6 镁碳质耐火材料

镁碳（MgO-C）质耐火材料是由高熔点的氧化镁和难于被炉渣浸润的高熔点的石墨为主要原料，添加不同添加剂，用碳质结合剂结合而成的不烧碳复合耐火材料。添加有金属 Al 粉、Si 粉和 B_4C 的 MgO-C 砖的显微结构如图 7-43 所示。

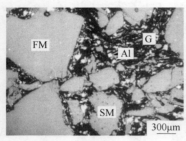 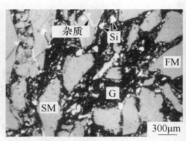 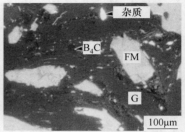

图 7-43   MgO-C 砖耐火材料的显微结构
FM—电熔镁砂；SM—烧结镁砂；G—石墨

镁碳质耐火材料主要用于转炉、交流电弧炉、直流电弧炉的内衬，钢包的渣线等部位。

7.6.1 镁碳质耐火材料的性能

MgO-C 质耐火材料是在镁质耐火材料中引入了高导热性、低膨胀性及对渣不湿润的石墨，补偿了镁砖耐剥落性差的最大缺点，使其具有如下优异性能。

（1）耐高温性能。它们的熔化温度分别为 $T_{M,P_{MgO}} = 2825℃$，$T_{M,P石墨} > 3000℃$，且 MgO 与 C 间在高温下无共熔关系，因而镁碳质耐火材料具有很好的高温性能。但在高温下，MgO 可与 C 反应。

（2）抗渣能力强。镁砂对碱性渣及高铁渣具有很强的抗侵蚀能力，加上石墨对渣的润湿角大，与熔渣的润湿性差，因而镁碳质耐火材料具有优良的抗渣性。

（3）抗热震稳定性好。

材料的抗热震指数：

$$R \propto \frac{P_m \lambda}{E \alpha}$$

式中 P_m——材料的机械强度；

         λ——材料的导热系数；

         E——材料的弹性模量；

         α——材料的线膨胀系数。

石墨具有高的导热系数（$\lambda_{石墨}^{1000℃} = 229 \, W/(m \cdot K)$，$\lambda_{镁砂}^{1000℃} = 24 \, W/(m \cdot K)$），低的线膨胀系数（$\alpha_{石墨}^{0 \sim 1000℃} = 1.4 \times 10^{-6} \sim 1.5 \times 10^{-6} ℃^{-1}$，$\alpha_{MgO}^{-1} = 14 \times 10^{-6} \sim 15 \times 10^{-6} ℃^{-1}$），小的弹性模量：$E = 8.82 \times 10^{10} \, Pa$，且石墨的机械强度随着温度的升高而提高，因此镁碳质耐火材料具有良好的抗热震性。

（4）高温蠕变低。MgO-C 质耐火材料中的 C 与 MgO 无共熔关系，与其他陶瓷结合耐火材料相比，显示出好的抗蠕变特性。这是因为 MgO-C 质耐火材料的基质是由高熔点的石墨和镁砂细粉组成，液相少，不易产生滑移。

但镁碳质耐火材料与所有的含碳耐火材料一样，其抗氧化性差。一些牌号的镁碳制品的性质如表 7-15 所示。

表 7-15　MgO-C 质耐火材料理化指标

分类与牌号	显气孔率/%		体积密度/g·cm⁻³		常温耐压强度/MPa		高温抗折强度(1400℃×0.5h)/MPa		$w(MgO)$/%		$w(C)$/%	
	μ_0	σ	μ_0	σ	μ_0	σ	μ_0	σ	μ_0	σ	μ_0	σ
MT-5A	≤5.0	1.0	≥3.10	0.05	≥50.0	10	—	—	≥85.0	1.5	≥5.0	1.0
MT-5B	≤6.0		≥3.02		≥50.0		—	—	≥84.0		≥5.0	
MT-5C	≤7.0		≥2.92		≥45.0		—		≥82.0		≥5.0	
MT-5D	≤8.0		≥2.90		≥40.0		—		≥80.0		≥5.0	
MT-8A	≤4.5		≥3.05		≥45.0		—		≥82.0		≥8.0	
MT-8B	≤5.0		≥3.00		≥45.0		—		≥81.0		≥8.0	
MT-8C	≤6.0		≥2.90		≥40.0		—		≥79.0		≥8.0	
MT-8D	≤7.0		≥2.87		≥35.0		—		≥77.0		≥8.0	
MT-10A	≤4.0	0.5	≥3.02	0.03	≥40.0		≥6.0	1.0	≥80.0		≥10.0	
MT-10B	≤4.5		≥2.97		≥40.0		—		≥79.0		≥10.0	
MT-10C	≤5.0		≥2.92		≥35.0		—		≥77.0		≥10.0	
MT-10D	≤6.0		≥2.87		≥35.0		—		≥75.0		≥10.0	
MT-12A	≤4.0		≥2.97		≥40.0		≥6.0	1.0	≥78.0	1.2	≥12.0	
MT-12B	≤4.0		≥2.94		≥35.0		—		≥77.0		≥12.0	
MT-12C	≤4.5		≥2.92		≥35.0		—		≥75.0		≥12.0	
MT-12D	≤5.5		≥2.85		≥30.0		—		≥73.0		≥12.0	
MT-14A	≤3.5		≥2.95		≥38.0		≥10.0	1.0			≥14.0	
MT-14B	≤3.5		≥2.90		≥35.0		—				≥14.0	
MT-14C	≤4.0		≥2.87		≥35.0		—				≥14.0	
MT-14D	≤5.0		≥2.81		≥30.0		—				≥14.0	
MT-16A	≤3.5		≥2.92		≥35.0	8.0	≥8.0	1.0			≥16.0	0.8
MT-16B	≤3.5		≥2.87		≥35.0		—				≥16.0	
MT-16C	≤4.0		≥2.82		≥30.0		—				≥16.0	
MT-18A	≤3.0		≥2.89		≥35.0		≥10.0	1.0			≥18.0	
MT-18B	≤3.5		≥2.84		≥30.0		—				≥18.0	
MT-18C	≤4.0		≥2.79		≥30.0		—				≥18.0	

注：μ_0 代表合格质量批均值；σ 代表批标准偏差估计值。

7.6.2　原料选取原则

生产 MgO-C 质耐火材料所需的主要原料有镁砂、石墨、结合剂和添加剂，这些原料的质量直接影响着 MgO-C 质耐火材料的性能和使用效果。

7.6.2.1　镁砂

镁砂是生产 MgO-C 质耐火材料的主要原料，镁砂质量的优劣对 MgO-C 质耐火材料的性能有着极为重要的影响，如何合理地选择镁砂是生产 MgO-C 质耐火材料的关键之一。镁砂有电熔镁砂和烧结镁砂，它们具有不同的特点。生产 MgO-C 质耐火材料用的镁砂质量应着重考虑下列内容：

（1）MgO 含量（纯度）；

（2）杂质的种类与含量；

（3）镁砂的体积密度、气孔率以及方镁石晶粒尺寸等。

镁砂的纯度对 MgO-C 质耐火材料的抗渣性能有着重大的影响。MgO 含量越高，杂质相对越少，硅酸盐相分割程度降低，方镁石直接结合程度提高，抗高温熔渣的熔损和渗透能力提高。镁砂中的杂质主要有 CaO、SiO_2、Fe_2O_3、B_2O_3 等，天然镁砂中 B_2O_3 含量极低，镁砂中如果杂质含量高，特别是 B_2O_3 的化合物，将对镁砂的耐火度及高温性能产生不利影响。

镁砂中的杂质主要有以下几个方面的不利影响：

（1）降低方镁石的直接结合程度；

（2）高温下与 MgO 形成低熔物；

（3）Fe_2O_3、SiO_2 等杂质在 1500~1800℃时，先于 MgO 与 C 反应，留下气孔使镁碳质耐火材料的抗渣性变差。

MgO-C 质耐火材料在使用过程中，镁砂熔损的重要过程之一是熔渣通过气孔与方镁石晶界渗入，从而促进 MgO 与熔渣的反应。当熔渣和 SiO_2 和 CaO 等杂质反应之后，方镁石晶体不断剥落进入熔渣中。体积密度高的镁砂可以减少熔渣的侵入，从而提高 MgO-C 质耐火材料的耐蚀能力。所以生产 MgO-C 质耐火材料的镁砂一般要求体积密度不小于 $3.34g/cm^3$，最好大于 $3.45g/cm^3$。同时，如果方镁石晶粒越大则晶粒间直接结合程度越高、晶界越少、晶界面积越小，因而熔渣向晶界处渗透越难。一般情况下，电熔镁砂的抗侵蚀性比烧结镁砂好。原因就在于电熔镁砂的晶粒尺寸大、晶粒间的直接结合程度比烧结镁砂要高。

因此，要生产高质量的 MgO-C 质耐火材料，须选择高纯、高体积密度镁砂。例如 MgO 不小于 97%，$CaO/SiO_2 \geqslant 2$，杂质含量低，体积密度不小于 $3.34g/cm^3$，结晶发育良好，气孔率≤3%，最好小于 1%。但在实际生产中，由于镁碳质耐火材料使用的部位不同，对它性能的要求也不同。因此，根据实际情况选择质量相当的镁砂，符合降低成本、减少优质资源消耗、有利于可持续发展的原则。

7.6.2.2　石墨

制备 MgO-C 质耐火材料用的炭素材料主要为鳞片石墨。

鳞片石墨按固定碳含量不同分为四类：高纯石墨、高碳石墨、中碳石墨和低碳石墨，见表 7-16。另外，按石墨粒度不同，石墨分为多种不同的牌号，石墨牌号及其意义见表 7-17。

表 7-16　石墨的分类

名称	高纯石墨	高碳石墨	中碳石墨	低碳石墨
固定碳	$w(C) \geqslant 99.9$	$94.0 \leqslant w(C) < 99.9$	$80.0 \leqslant w(C) < 94.0$	$50.0 \leqslant w(C) < 80.0$
代号	LC	LG	LZ	LD

表 7-17　石墨的牌号及意义

牌号	意义
LC300-99.9	高纯石墨，粒径 300μm，筛余量≥80.0，固定碳 99.9%

牌号	意 义
LG180-95	高碳石墨，粒径 180μm，筛余量≥75.0，固定碳 95%
LZ(-)150-90	中碳石墨，粒径-150μm，筛余量≤20.0，固定碳 90%
LD(-)75-70	低碳石墨，粒径-75μm，筛余量≤25.0，固定碳 70%
LG-196	高碳石墨，粒径<-100，筛余量≤20.0，固定碳 96%
LG+196	高碳石墨，粒径+100，筛余量≥75.0，固定碳 96%

生产镁碳砖主要使用高碳石墨中的-198、-197、-195、-194、-192、+196 等几种牌号的石墨产品。

石墨的主要特性如固定碳含量、粒度、灰分组成及其含量，颗粒形状、挥发分及水分等质量指标影响 MgO-C 质耐火材料的性能和使用效果。

固定碳：是指石墨中除去挥发分、灰分以外的组成部分，挥发分是易挥发的有机及无机物。石墨的固定碳含量越高，则灰分及挥发分越少，制备出来的 MgO-C 质耐火材料在高温下使用过程中组织结构越好，制品的高温抗折强度越大。

用不同纯度的石墨作为炭素原料生产出的 MgO-C 质耐火材料，在结构上存在着明显的差异。用低纯石墨生产的 MgO-C 质耐火材料，经高温处理后，由于石墨伴生矿物熔化成玻璃相并与镁砂或碳反应，产生内部结构缺陷，从而使制品的结构局部劣化，高温强度降低。图 7-44 为石墨纯度与用三种不同工艺生产的 MgO-C 质耐火材料高温抗折强度间的关系。随石墨纯度的提高，高温抗折强度提高。

石墨越纯，生产出的 MgO-C 质耐火材料耐侵蚀性越好。

石墨中的挥发分在 MgO-C 质耐火材料热

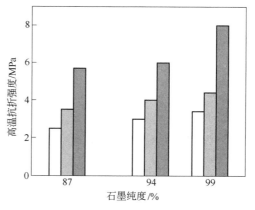

图 7-44 石墨纯度对 MgO-C 质耐火材料高温抗折强度的影响

处理过程中会产生较多的挥发物，使制品的气孔率变大，因此对制品的使用性能不利。

石墨的粒度影响制品的抗热震性和抗氧化性能。对于鳞片石墨，鳞片越大，则制品的耐剥落性和抗氧化性越好。这是因为大鳞片石墨具有高的导热系数和小的比表面积。生产 MgO-C 质耐火材料用的鳞片石墨一般要求其粒度大于 0.125mm；鳞片石墨的厚度对制品的性能也有影响。一般要求厚度 δ 不大于 0.02mm，最好 δ 不大于 0.01mm。鳞片石墨的厚度越小，其端部表面发生氧化的有效面积越小，所以制品的抗氧化性能越好。这是因为鳞片石墨边缘的氧化速度比其表面要快 4~100 倍之故。

近年来，由于低碳镁碳砖的开发，碳含量减少，为保证石墨在制品中的均匀分布，粒度有减小的趋势。

灰分是石墨经氧化处理后的残留物。一般情况下，鳞片石墨的灰分主要成分为 SiO_2、Al_2O_3、Fe_2O_3，这三种成分占灰分的 82.9% ~ 88.6%，其中 SiO_2 在灰分中占 33% ~ 59% 之多。石墨中灰分越多，MgO-C 制品的抗渣性能越低。此外，杂质对于石墨的抗氧化性也有一定的影响。其作用可以分为两个方面。一方面是某些夹杂氧化物对于石墨的氧化有催化作用；另一方面，石墨的灰分对 MgO-C 耐火材料氧化后所形成的脱碳层的厚度等有影响，从而影响其抗氧化性，但并非纯度越高的石墨制得的 MgO-C 砖的抗氧化性越好。

制备不同的碳复合耐火材料需选用不同品质的石墨，可按照标准（GB/T 3518—2008）选用。

7.6.3 镁碳质耐火材料的生产

7.6.3.1 MgO-C 的生产工艺流程

按照所用结合剂的不同，MgO-C 质耐火材料的生产工艺流程有以下两种。

（1）当用酚醛树脂作为结合剂时，MgO-C 质耐火材料生产工艺流程如图 7-45 所示。如用热塑性酚醛树脂，则需加六次甲基四胺又名乌洛托品作固化剂。如用热固性酚醛树脂，则不用另加固化剂。

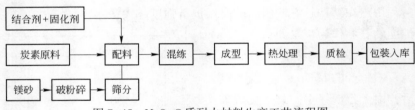

图 7-45   MgO-C 质耐火材料生产工艺流程图

该生产工艺流程的特点：室温下进行混练、成型，工艺简单。

（2）当用煤沥青作为结合剂时，MgO-C 质耐火材料生产工艺流程如图 7-46 所示。

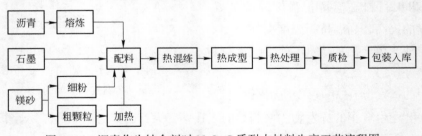

图 7-46   沥青作为结合剂时 MgO-C 质耐火材料生产工艺流程图

该生产工艺流程的特点：在配料、混练及成型过程中需对混合料进行加热处理，工艺稍复杂。但当沥青被破碎成细粉，并加入一定量的蒽油或洗油作为助溶剂后，也可以采用冷成型工艺生产沥青结合 MgO-C 质耐火材料。为了保证含碳耐火材料的质量，降低树脂的消耗。在用树脂为结合剂时也可采用带加热装置的混合设备。

7.6.3.2 MgO-C 质耐火材料生产工艺要点

（1）镁砂临界粒度的选择。通常，MgO-C 质耐火材料的熔损是通过工作面上的镁砂与熔渣反应进行的，熔损速度的大小除与镁砂本身的性质有关外，还取决于镁砂颗粒的大小。较大的颗粒有较高的耐蚀性能，但其脱离 MgO-C 质耐火材料工作面浮游至熔渣中去的可能性也大，一旦发生这种情况，就会加快 MgO-C 质耐火材料的损毁速度。

另外，镁砂大颗粒的绝对膨胀量比小颗粒要大，加上镁砂的线膨胀系数比石墨大得多，所以在镁碳质耐火材料中镁砂大颗粒/石墨界面产生的应力比镁砂小颗粒/石墨界面产生的应力大，因而产生的裂纹也大。

因此，在生产 MgO-C 质耐火材料时，通常需要根据 MgO-C 质耐火材料的特定使用条件来确定镁砂的临界粒度尺寸。通常，在温度梯度大、热冲击激烈的部位使用的 MgO-C 质耐火材料需选择较小的临界粒度；而要求耐蚀性高的部位，则需要的临界粒度尺寸要大。例如风眼 MgO-C 质耐火材料、转炉耳轴、渣线用 MgO-C 质耐火材料，镁砂的临界粒度选用 1mm。而一般转炉、电炉用 MgO-C 质耐火材料的临界粒度选用 3mm；另外转炉不同部位的 MgO-C 质耐火材料，由于使用条件的不同，临界粒度尺寸也有所区别。

为了提高制品的体积密度，对于成型设备吨位小的生产厂家，临界粒度可适当大些。

（2）镁砂细粉。为使镁碳质耐火材料中颗粒与基质部分的热膨胀能保持整体均匀性，基质部分需配入一定数量的镁砂细粉，也有利于基质中的碳被氧化后保持结构的完整性。

但若配入的镁砂细粉太细，则会加快 MgO 的还原速度，从而加快 MgO-C 质耐火材料的损毁。小于 0.01mm 的镁砂易与石墨反应，所以在生产 MgO-C 质耐火材料时应适当控制。

有报道，为了获得性能优良的 MgO-C 质耐火材料，MgO-C 质耐火材料中颗粒尺寸小于 0.074mm 的镁砂与石墨的比值应小于 0.5，而超过 1 时，则会使基质部分的气孔率急剧增大。

（3）石墨加入量。石墨的加入量应与 MgO-C 质耐火材料种类及使用部位结合在一起考虑。一般情况下，若石墨加入量小于 10%，则制品中难于形成连续的碳网，不能有效地发挥碳的优势；石墨加入量大于 20%，生产时成型困难，易产生裂纹，制品易氧化，所以石墨的加入量一般在 10%~20% 之间，根据不同的部位，选择不同的石墨加入量。

MgO-C 质耐火材料的熔损受石墨的氧化和 MgO 向熔渣中的溶解这两个过程的支配，增加石墨配入量虽能减轻熔渣的侵蚀速度，但却增大了氧化造成的损毁，导致侵蚀速度加快。石墨的加入量与粒度应根据使用条件，权衡上述两方面的影响后进行选取。

（4）混练。石墨密度轻，混练时易浮于混合料的顶部，造成混料不均。一般采用高速搅拌机或行星式混料机。生产 MgO-C 质耐火材料时，若不注意混练时的加料次序，则泥料的可塑性和成型性将受到影响，从而影响到制品的成品率与使用性能。正确的加料次序为：

镁砂（粗、中）→ 结合剂 → 石墨 → 镁砂细粉和添加剂的混合粉。

根据不同的混练设备混练时间略有差异。若在行星式混练机中混练，首先将粗、中颗粒混合 3~5min，然后加入树脂混碾 3~5min，再加入石墨，混碾 4~5min，再加入镁砂细粉及添加剂的混合粉，混合 3~5min，使总的混合时间在 20~30min。

若混合时间太长，则易使附着在镁砂颗粒上的石墨与细粉脱落，且泥料因结合剂中的溶剂大量挥发而发干；若太短，混合料不均匀，且可塑性差，不利于成型。

（5）成型。成型是提高坯体密度，使制品组织结构致密化的重要步骤。因此镁碳质耐火材料需要高压成型，同时严格按照先轻后重、多次加压的操作规程进行压制，由于 MgO-C 质耐火材料的膨胀，模具需要缩尺（一般为 1%）。

274

生产 MgO-C 质耐火材料时，常用 MgO-C 质耐火材料坯体密度来控制成型工艺。压力机的吨位越高，MgO-C 质耐火材料的坯体密度越高，同时混合料所需的结合剂越少。在高压情况下，颗粒间距离的缩短，液膜变薄，过多的结合剂会造成结合剂局部集中，使制品结构不均匀，影响制品的性能。同时也会产生弹性后效而造成 MgO-C 质耐火材料坯体开裂。一般 MgO-C 质耐火材料坯体密度控制在 2.9g/cm³ 左右。成型设备应根据实际生产的制品形状与尺寸选择，可参考表 7-18，按受压面积选择压机的吨位。

表 7-18 不同受压面积下摩擦压砖机与液压机的吨位

加压面积/mm×mm	115×230	300×160	400×200	600×200	700×200	900×200
摩擦机吨位/t	300	400	600	800	1000	1500
液压机吨位/t	600	800	1200	1600	2000	3000

（6）硬化处理。酚醛树脂结合的 MgO-C 质耐火材料可在 200~250℃ 的温度下进行热处理。热处理过程实际上就是结合剂的固化过程，不同温度下树脂的变化见表 7-19，一般处理时间为 24~32h。

表 7-19 MgO-C 质耐火材料处理过程中各温度下结合剂的变化

温度/℃	结合剂状态
50~60	树脂软化
100~110	溶剂大量挥发
200 或 250	结合剂缩合硬化

7.6.4 低碳镁碳质耐火材料

低碳镁碳砖一般是指总含碳量不超过 8%，以镁砂与石墨为主要原料，加入一定量的金属添加物，由有机结合剂结合而成的一类低碳复合材料。

传统的镁碳砖（指碳含量在 10%~20%）具有良好的热震稳定性和优良的抗渣性能，这是石墨具有较大的导热系数（一般大于 20W/(m·K)）、石墨与渣的不湿润性及使渣中氧化铁被还原使渣黏度变大的结果。但石墨含量高导致的直接热损耗也高，同时石墨含量高对冶炼低碳钢、超纯净钢不利。因此如何开发既具有优良热震稳定性和抗渣性，同时又具有热导率低，利于超纯净钢及二次精炼技术发展的低碳镁碳砖是目前镁碳砖的发展趋势。

到目前为止，针对低碳 MgO-C 砖的研究，已开展了引入纳米结构碳、优化结合碳结构和外加剂的引入与陶瓷相的调控等方面的研究，取得了很好的效果。

传统的镁碳质耐火材料具有良好的抗热震性和优良的抗渣性，是因为组分中含有 10%~20% 的鳞片石墨，能形成良好的碳网络结构。而降低鳞片石墨含量后仍需要低碳镁碳质耐火材料具有与传统镁碳质耐火材料相似的性能，必须在基质中加入细小且分散均匀的碳结构材料，才能在低碳镁碳质耐火材料的显微结构中形成碳结构网络，如纳米碳、纳米炭黑、碳纳米管、碳纳米纤维、膨胀石墨等。

田村信一和高永茂等于 2003 年报道了炭黑含量为 1%~3% 的低碳 MgO-C 质耐火材料，发现纳米炭黑及部分石墨化炭黑的添加，可提高耐火材料的抗热震性、抗侵蚀性和抗氧化性。同时，他们还研究了不同炭黑、杂化树脂在镁碳质耐火材料中应用，报道了含 2% 分散型炭黑的低碳 MgO-C 质耐火材料具有高的常温耐压强度，含 2% 聚集型炭黑的材料具有优异的抗热震性，含聚集型炭黑和杂化树脂的低碳 MgO-C 质耐火材料，具有更好的抗热震性和更高的强度，而镁碳砖表面的 MgO 层可显著提高材料的强度、抗热震性和抗氧化性。

与炭黑相比，碳纳米管或碳纳米纤维具有优异的力学性能和热学性能，已在聚合物基、陶瓷基及金属基复合材料领域得到了广泛的应用。在耐火材料领域，也有被作为石墨的替代碳源进行过研究，并发现添加少量碳纳米管可以提高低 MgO-C 质耐火材料的力学性能和致密度（表 7-20），但因种种原因，在耐火材料行业尚未得到推广使用。

表 7-20 含碳纳米管低碳 MgO-C 质耐火材料的性能

性能指标	含 0.2% 碳纳米管+4.8% 鳞片石墨	含 5% 鳞片石墨
显气孔率/%	11.5±0.2	12.3±0.1
体积密度/g·cm^{-3}	2.98±0.01	2.94±0.01
冷态抗折强度/MPa	10.28±0.38	10.02±0.25
弯曲模量/GPa	2.36±0.05	2.65±0.09
热震后强度保持率/%	47.17	37.43

针对单纯加入纳米碳管存在的不易分散问题，很多研究人员通过在酚醛树脂中加入 Fe、Co、Ni 等催化剂，使树脂在碳化过程能原位形成石墨碳和碳纳米管结构网络。

同时，添加铁催化剂的酚醛树脂黏合剂后，MgO-C 样品基质中形成了更多的陶瓷晶须，如 Al_4C_3、AlN、MgO 和 $MgAl_2O_4$，并且随着碳化温度的升高而显著增加，从而有效提高了材料的物理和力学性能，如图 7-47 所示。

图 7-47 添加改性树脂或含 Fe 催化剂树脂后低碳 MgO-C 基质显微结构形貌

　　膨胀石墨是一种石墨制品，是由天然石墨鳞片经插层、水洗、干燥、高温膨化得到的一种疏松多孔的蠕虫状物质。作为一种新型功能性碳素材料，膨胀石墨除了具备天然石墨本身的耐冷热、耐腐蚀、自润滑等优良性能以外，还具有天然石墨所没有的柔软、压缩回弹性、吸附性、生态环境协调性、生物相容性、耐辐射性等特性，广泛用作静态密封材料、电池负极材料、电容器材料、热屏蔽和保温材料，自然也被想到用于低碳 MgO-C 质耐火材料替代部分鳞片石墨，研究发现与仅含鳞片石墨的材料相比，添加膨胀石墨有利于改善材料的强度和韧性，从而提高材料的抗热震性，如图 7-48 所示。添加超细石墨和鳞片石墨的低碳镁碳质耐火材料的抗热震性对比如图 7-49 所示。

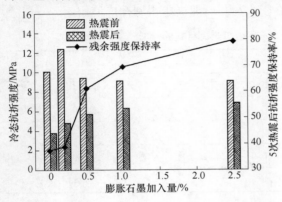

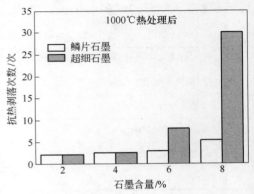

图 7-48　含膨胀石墨的低碳 MgO-C 砖的抗热震性　　　　图 7-49　MgO-C 质耐火材料的抗剥落性

　　由图 7-49 可知，在总含碳量不超过 4% 时，两种试样的抗热剥落性能没有差异；而当石墨含量在 6% 以上时，含超细石墨的镁碳砖的抗热剥落性能明显优于含鳞片石墨的样品。这主要是由于超细石墨相对于大鳞片石墨更易于分散，结构更趋于均匀。由此可见，在含碳量低时，通过对酚醛树脂改性及添加少量其他炭素材料，在一定范围内可改善低碳镁碳砖的热剥性能。同时，纳米碳、纳米碳管、膨胀石墨等超细碳材料的加入，可降低砖的弹性模量，因而能提高低碳镁碳砖的抗剥落性能。另外，可通过对镁砂进行表面处理，使砖坯在热处理过程中形成较多连续分布的微小气孔，从而使低碳镁碳砖的导热率下降，抗热震性提高。

　　镁碳质耐火材料的抗渣侵蚀性是随着熔体温度的上升、渣碱度的降低和渣中 FeO、MnO_2 量的增加而降低的。在低碱度渣、FeO 含量较多（≥20%）的情况下，镁碳质耐火材料的 C 含量在 5%~10% 时熔损量最小。通常，制品的熔损都是从基质部分开始的。在 FeO 含量多的渣中，C 含量越多，Fe 在渣和砖的界面析出得越多（渣中的 FeO 被碳还原成 Fe），基质由于液相氧化（碳被渣中的氧化铁氧化）而受到破坏，氧化镁颗粒流出显著，损毁严重。而 C 含量少时，即使发生液相氧化，由于形成了氧化镁颗粒堆积较多的反应层而抑制了其进一步损毁。低碳 MgO-C 砖中加入金属 Al 粉后，在熔渣与原砖层的交界处有 Al_2O_3-MgO 系致密生成物，使熔渣不能侵入原砖层，从而提高了材料的抗渣侵蚀性能。

　　材料的抗渣侵蚀性能与材料的组织结构以及渣蚀后材料表面的致密程度相关。若材料结构致密，且不易为渣所渗透，则其抗渣性好。或者，材料本身的结构致密度虽不高，但是与熔渣接触后，容易与熔渣反应形成致密层，则其抗渣侵蚀性能也会提高。材料的抗渣侵蚀性能还与其抗氧化性能有关，如果材料抗氧化性差，使用后组织结构必然疏松，熔渣便会侵入材料内部，损坏原砖层，使材料彻底损坏。

表7-21为低碳MgO-C与普通MgO-C的性能对比，发现低碳MgO-C的使用性能完全可以满足使用要求。

表7-21 两种MgO-C砖的对比

指标性能		低碳MgO-C	普通MgO-C
化学成分	MgO	86	78
	固定碳	7	15
干燥后	显气孔率/%	4.5	2.5
	体积密度/g·cm⁻³	3.31	3.30
	常温耐压/MPa	30	40
	抗折强度/MPa	10	17
于焦炭中1000℃加热后	显气孔率/%	8.5	9.0
	常温耐压强度/MPa	25	35
	抗折强度/MPa	6	8
	耐剥落性	好	好
	耐侵蚀性	优良	好
	抗氧化性	优良	好

7.7 镁钙碳质耐火材料

镁钙碳（MgO-CaO-C）质耐火材料是由碱性氧化物氧化镁（熔点2800℃）和氧化钙（熔点2570℃）与难以被炉渣浸润的高熔点炭素材料为原料，添加各种添加剂，用无水碳质结合剂结合而成的不烧碳复合耐火材料。

7.7.1 镁钙碳质耐火材料的特性

由7.2.2节可知，CaO比MgO与C共存的温度更高，因此含CaO的碳复合耐火材料应具有更好的使用性能。但MgO-CaO-C并没有像MgO-C质耐火材料这样被广泛使用的主要原因是CaO易水化，生产工艺过程较难控制。但CaO具有独特的化学稳定性，并具有净化钢液的作用，在冶炼不锈钢、纯净钢及低硫钢等优质钢种领域的作用正日益受到人们的重视。

例如在冶炼IF（无间隙原子interstitial atom free steel）钢高档轿车板时，对钢液中的杂质有着严格的要求，如20世纪90年代初对IF钢的要求为：

| [C] | [N] | [S] | [P] | [H] | [O] |
| 3×10^{-5} | 3×10^{-5} | 1×10^{-5} | 2×10^{-5} | 1.5×10^{-6} | 5×10^{-6} |

总杂质含量小于0.01%

20 世纪 90 年代末对 IF 钢的要求:

[C]	+	[N]	+	[S]	+	[P]	+	[H]	+	[O]
1×10^{-5}		1.5×10^{-5}		4×10^{-6}		1.5×10^{-5}		1×10^{-6}		5×10^{-6}

总杂质含量小于 0.005%

日本在 21 世纪初对 IF 钢提出努力方向:

[C]	+	[N]	+	[S]	+	[P]	+	[H]	+	[O]
6×10^{-6}		1.4×10^{-5}		1×10^{-6}		2×10^{-6}		2×10^{-7}		5×10^{-6}

总杂质含量小于 0.00282%

要想按上述五个成分要求的纯净度,冶炼必须在高真空度条件下才能达到指标要求,即真空度达到 67Pa(0.5Torr 左右)时,才能实现并完成精炼任务。

在 1 个大气压下:

$$MgO_{砖} + C_{钢}^{砖} \xrightarrow{101 \text{ kPa}} Mg(g) + CO(g) \quad \Delta G = 655.88 - 0.2707T$$

上述反应必须在高达 1850℃ 以上才能进行。炼钢温度和精炼温度一般在 1700℃ 以下,所以理论上该反应不发生。

在真空度达 11.2kPa(84Torr)时,该反应温度降低到 1610℃。即在精炼温度范围内,上述反应就能够进行。

$$MgO_{砖} + C_{钢}^{砖} \xrightarrow{11.2 \text{ kPa}} Mg(g) + CO(g) \quad \Delta G = 606.8594 - 0.3222T$$

在高真空度条件下(如 67Pa),该反应温度降低到 1230℃。即精炼温度远远高于 MgO 与 C 的反应温度,反应将激烈地进行。

$$MgO_{砖} + C_{钢}^{砖} \xrightarrow{高真空度 67 \text{ Pa}} Mg(g) + CO(g) \quad \Delta G = 622.3634 - 0.4139T$$

在这种情况下,如果还是用镁碳质耐火材料作为精炼炉内衬,则砖中的 MgO 参加了炉外精炼的化学反应,而将遭到严重破坏。在特别高真空度条件下的冶炼,耐火材料将会遭到严重的挑战,单纯的镁碳质耐火材料已显然不适合于高真空冶炼操作,而含氧化钙质的碳复合耐火材料则有望作为高真空冶炼条件下的耐火材料。

图 7-50 所示为 MgO+C 和 CaO+C 反应在不同真空度条件下的自由熵与温度的关系。由图可知,在相同真空度下,CaO-C 反应的理论温度比 MgO-C 反应的要高 200℃ 以上,即在相同的条件下,含钙质的碳复合耐火材料性能更加稳定。

另外,在冶炼不锈钢时,耐火材料长期暴露于低碱度渣的条件下,而低碱度渣能提高 MgO 的溶解度。同时低碱度渣更容易向方镁石晶界浸润,并能促进晶粒的分离和溶出,因此,在这样的条件下使用 MgO-C 质耐火材料,镁砂损毁很大。此外,同时由于操作温度高,炉渣中 CaO/SiO$_2$ 低、总铁含量小,在工作面附近难于形成致密 MgO 层,所以在制品内易于进行 MgO 与 C 的反应,造成组织劣化。因此,在冶炼不锈钢时,MgO-C 质耐火材料的损毁可以认为同时受到炉渣引起的镁砂的溶解与溶出及由 MgO-C 反应造成的碳的氧化产生的组织劣化两者的综合作用,制品的损毁速度显著增大。

用 MgO-CaO-C 质耐火材料取代上述操作条件和吹炼方法中使用的 MgO-C 质耐火材料,具有如下优点:制品中的 CaO 溶解于炉渣中,在工作面形成高熔点和高度的渣层,具有炉渣保护层的机能;由于 CaO 比 MgO 更能稳定地与 C 共存,所以由制品内部反应引起的组织劣化小。

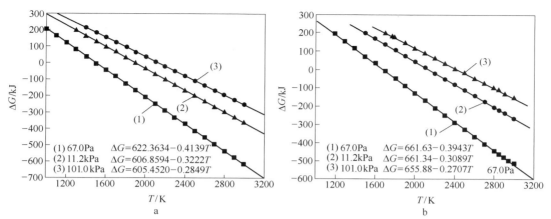

图 7-50　不同真空度下 MgO+C 和 CaO+C 反应的自由焓与温度的关系

a—MgO+C；b—CaO+C

7.7.1.1　原料及其显微结构特点

制备镁钙碳质耐火材料的原料有烧结白云石、合成镁白云石、电熔白云石、电熔 CaO 熟料。这些原料的显微结构随着其游离氧化钙含量的不同而各异。若 CaO 含量小于 10% 时，则在显微镜下不能明确找到 CaO 的聚集部分（即 CaO 晶簇）；10%＜CaO 含量＜30% 时，CaO 晶相被连续的方镁石晶相所包围，CaO 呈孤岛状分布于方镁石晶相之中，能明确找到 CaO 的聚集部分；CaO 含量大于 30% 时，则 CaO（石灰相）成为连续晶相，方镁石则被石灰晶相所包围。电熔原料比烧结原料有更大的晶体尺寸。

7.7.1.2　MgO 与 CaO 抗渣特性

CaO 与 MgO 虽都是碱性耐火氧化物，但两者的抗渣性却不尽相同。CaO 抗酸性渣的能力强，原因是 CaO 与 SiO_2 反应生成高熔点的 C_2S，同时使靠近 CaO 工作面的渣碱度上升，从而使渣的黏度提高，降低了渣的侵蚀作用。因此 MgO-CaO-C 质耐火材料对低碱度渣的耐蚀性比 MgO-C 质耐火材料要强，而抗铁渣的能力 MgO 比 CaO 要强。

在一般的转炉冶炼过程中，炉渣对耐火材料的侵蚀可分两个阶段，即初期渣侵蚀阶段（酸性渣，SiO_2 含量高）和后期渣侵蚀阶段（Fe_2O_3 与 CaO 含量高）。对于初期渣来说，CaO 的存在可降低熔渣对制品的侵蚀性，降低渣的渗透速度，所以一般 CaO 抗侵蚀性比 MgO 的好；对于后期渣而言，一般是 MgO 的抗侵蚀性比 CaO 的强。

7.7.2　镁钙碳质耐火材料的生产工艺及要点

MgO-CaO-C 质耐火材料生产工艺流程随所用结合剂的不同而有所差异。当用沥青作为 MgO-CaO-C 质耐火材料的结合剂时，其生产工艺流程如图 7-51 所示。

当用无水树脂作为结合剂时，其生产工艺流程与镁碳质耐火材料基本相同。

工艺要点如下：

（1）骨料与基质。为了提高 MgO-CaO-C 质耐火材料的抗水化性，一般采用含游离 CaO 的原料为骨料，基质部分为电熔镁砂和石墨，这样可提高制品的抗渣性能和抗水化性能。

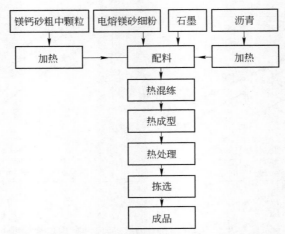

图 7-51　沥青为结合剂时镁钙碳质耐火材料的生产工艺流程

（2）结合剂。由于 CaO 易水化，因此所用结合剂应尽量少含结合水或游离水，可用的结合剂有煤沥青、石油重质沥青、高炭结合剂、无水树脂。

（3）石墨加入量。根据实际用途及操作条件来确定石墨的加入量。

1）当低 CaO/SiO_2 比、高总铁渣，石墨的加入量不宜太多。这是由于除 CaO 与铁的氧化物反应生成低熔物外，渣中铁的氧化物和石墨反应，使制品的损毁增大。

2）当低 CaO/SiO_2 比、低总铁渣，石墨加入量越高，则 MgO-CaO-C 质耐火材料的抗渣性越好，但这类制品的耐磨性变差，不适应于钢水流动剧烈的部位。

3）当高 CaO/SiO_2 比、高总铁渣，石墨含量增大，有利于制品熔损量的降低。

（4）混练与成型。当用无水树脂时与 MgO-C 质耐火材料相同。当用沥青作为结合剂时，通常采用热态混练与成型。另外为了提高制品的体积密度，增强碳结合，对已压好的制品进一步经焦化处理后再用焦油沥青浸渍，可明显提高制品的性能。

（5）泥料配制。典型的 MgO-CaO-C 质耐火材料泥料配比可参见表 7-22。

表 7-22　MgO-CaO-C 质耐火材料泥料配比　　　　　　　　　　（%）

含游离 CaO 原料			电熔镁砂	石墨	添加剂	结合剂
8~5mm	5~1mm	<1mm	<0.088mm	-196①		
25~35	25~35	10~15	15~25	10~20	2~3	2.5~6

①高碳石墨，粒径 100 目（0.147mm），固定碳 96%。

（6）制品坯体表面处理。对于成型好的坯体，为了防止 CaO 的水化，同时为了防滑，一般要进行表面处理，表面处理剂为稀释后的无水树脂。也可以用石蜡或沥青等来浸渍。

（7）热处理。MgO-CaO-C 质耐火材料的热处理同 MgO-C 质耐火材料。

7.8　铝碳质耐火材料

铝碳质耐火材料是指以氧化铝和炭素为原料，大多数情况下还加入添加剂，如 SiC、单质 Si 等，用沥青或树脂等有机结合剂黏结而成的碳复合耐火材料。广义上讲，以氧化铝和碳为主要成分的耐火材料均称为铝碳质耐火材料。铝碳质耐火材料按其生产工艺不同可分为不烧铝碳质耐火材料和烧成铝碳质耐火材料。

不烧铝碳质耐火材料属于碳结合型耐火材料，在高炉、铁水包等铁水预处理设备中得到广泛的应用。烧成铝碳质耐火材料属于陶瓷结合或双重结合型耐火材料，由于其强度高、抗侵蚀和抗热震性能好，因而大量地使用于连铸用滑动水口系统的滑板砖（sliding gate bricks），钢包上下水口、中间包水口及连铸三大件中。所谓连铸三大件，即长水口（ladle shroud）、浸入式水口（submerged nozzle）和整体塞棒（monoblock stopper）。它们在连铸系统中的位置如图7-52所示，由该图可见，连铸三大件在炼钢生产中处于十分重要的位置，它们质量的好坏对于连铸乃至整个钢厂生产的连续与稳定性有重要的意义。

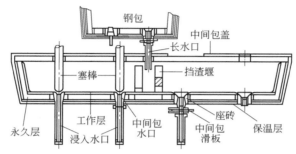

图7-52　连铸系统的结构及耐火材料的应用

7.8.1　铝碳质耐火材料的性能

氧化铝具有高的抵抗酸碱性炉渣、金属和玻璃溶液作用的能力。它在氧化性气氛或是还原性气氛中使用时，均能得到良好的使用效果。而炭素原料特别是石墨具有高的导热系数和低的线膨胀系数，并对渣等高温熔液具有不湿润性。因此铝碳质耐火材料具有如下性能：

（1）优异的抗渣性能和抗热震性能。与镁碳质耐火材料相比，铝碳质耐火材料的抗高碱（Na_2O）和抗高TiO_2渣侵蚀能力更高。

（2）对于烧成铝碳质耐火材料，由于添加物硅与炭在高温下反应形成碳化硅，使其具有双重结合系统，即碳结合和陶瓷结合，因而烧成铝碳质耐火材料具有高的力学性能。

7.8.2　生产铝碳质耐火材料的原料及工艺流程

铝碳耐火材料中的Al_2O_3组分主要选用电熔刚玉、烧结刚玉。电熔或烧结氧化铝原料的价格昂贵，硬度大，制备的Al_2O_3-C滑板砖加工磨平困难。因此，根据我国资源特点，也可选用特级或Ⅰ级优质矾土熟料作为颗粒料，刚玉作为细粉生产Al_2O_3-C质耐火材料，既可降低成本，又可适当提高制品的热震稳定性和耐侵蚀性。但是，对于连铸时间长、温度高等苛刻条件下使用的耐火制品，必须提高制品的Al_2O_3含量，降低SiO_2含量，应选用刚玉或锆刚玉等为原料。

抗氧化剂有金属Al、Si粉及SiC粉。加入少量抗氧化剂能延缓含碳层氧化，提高制品的使用寿命。图7-53和图7-54分别为铝碳滑板及铝碳质连铸三大件的生产工艺流程图。

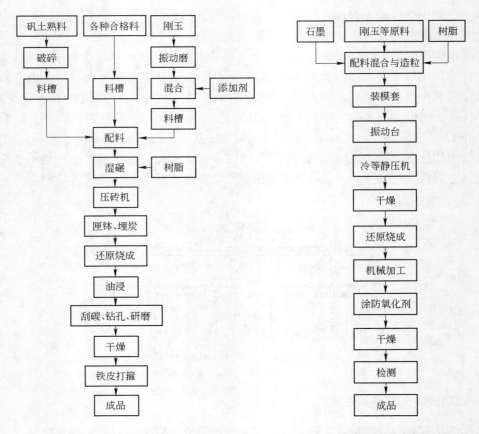

图 7-53   铝碳滑板生产工艺流程   图 7-54   铝碳质连铸三大件生产工艺流程

碳在 Al_2O_3-C 制品中的作用包括如下几方面：在颗粒孔隙内或在颗粒之间形成脉状网络碳链结构，形成"碳结合"，从而降低制品的气孔率，提高制品的高温强度。碳还可形成不受金属和熔渣侵蚀的表面，提高制品的抗侵蚀能力和耐热冲击性。此外，碳的存在为铁、硅氧化物的还原创造了条件，生成的气体能够阻止渣向耐火材料内部渗透。碳还可提高制品的导热性，以避免制品的个别部位因温度过热而导致制品的剥落、断裂。铝碳质耐火材料中的炭素原料以鳞片状天然石墨为主，也可采用热解高纯石墨，有时还加入炭黑。

铝碳滑板砖是连铸用功能耐火材料，广泛使用于电炉、转炉、炉外精炼钢包和连铸中间包等滑动水口系统中。它作为控制钢水流量和流速的开关，要求具有较高的高温强度、优良的耐侵蚀性、抗冲刷性和抗热震性，同时还要求具有较高的尺寸精度。

目前国内外大中型钢包一般用烧成铝碳质滑板为主，小型钢包多使用不烧铝碳滑板，而中间包滑板基本上以铝锆碳质耐火材料为主。

在配料时一般采用两种或两种以上炭素原料，滑板中总碳含量波动在 5% ~ 15%。滑板砖的成型设备多为大型摩擦压砖机、油压摩擦压砖机。由于成型时铝碳滑板砖内不可避免地存在一定量的气孔和微裂纹，在烧成时由于制品中各固相成分的线膨胀系数大小不等，以及液相数量很小，不可能消除这些气孔和裂纹。这些分布不均匀的气孔和微裂纹影响制品的抗热震性能。当与钢水接触时，气孔部位首先遭到侵蚀，导致制品加速损坏。为克服上述缺点，用中温沥青浸渍处理，使沥青充填气孔，并进一步提高制品的碳含量，增大制品强度和提高制品抗侵蚀能力。

为提高滑板砖铸孔边缘的抗侵蚀和耐冲刷性，滑板砖应整块成型，烧成后用金刚石钻头钻出所需大小的铸孔，使铸孔周边密度均匀。钻孔后进行浸渍处理，也可以在铸孔上套上 ZrO_2 或 ZrO_2-C 环来提高其抗侵蚀性能以满足特殊钢种的需要。还可以在滑板的铸口部位与周边区域使用不同的材料一次成型，以提高使用寿命，降低成本。

成型后的坯体经埋炭还原烧成、用真空油浸设备进行油浸处理、热处理和机加工后即得成品。在烧成铝碳滑板中，有机结合剂在还原烧成中碳化结焦，形成碳结合；加入物 Si，在 1300℃还原烧成时，与碳素生成 β-SiC，同时，还可能发生部分烧结，因而在砖体内形成陶瓷结合。所以烧成铝碳质耐火材料中存在着两种结合系统，它使铝碳质耐火材料的强度明显提高。即使在使用中碳素燃尽之后，由于陶瓷结合的存在也能保持足够的残余强度。另外，为防止滑板砖在使用时破裂或裂纹扩大，在滑板周围用铁皮打箍，以提高使用的安全性。

铝碳质长水口通常情况下是在钢包移至中间包上方时才套装上，多数情况下长水口是在不经预热或预热不充分的情况下直接接上钢包的，这就要求长水口具有优良的抗热震性，因此，长水口含碳量较高，一般为 20% ~ 40%。

铝碳质浸入式水口是连铸工艺过程中的关键部位，它对连续浇铸的时间和钢材质量有很大的影响，因此浸入式水口在连铸三大件中被研究得最多，其碳含量一般在 30%左右。浸入式水口使用前都要经预热处理，所以使用时不易产生裂纹。而渣线部位的侵蚀、Al_2O_3 沉积堵塞铸口以及铸口的损坏是影响浸入式水口寿命的致命的因素。通常在侵入式水口渣线的外壁镶嵌 ZrO_2-C 层来提高其抗渣性。内衬采用 CaO-ZrO-C 质材料等方法可防止 Al_2O_3 沉积造成的铸口堵塞问题。

铝碳整体塞棒的使用条件与长水口相同，但整体塞棒在使用前与浸入式水口同时预热，受热震不大。而塞棒头部的抗冲刷蚀损是其损毁的主要原因，可通过加入添加物、降低临界粒度、控制烧成温度、加入钢纤维等措施来改善，配料中 C+SiC 量一般在 30%左右。

铝碳质耐火材料常用的结合剂有：树脂、焦油、沥青等。采用热固性酚醛树脂结合剂及乌洛托品 $[(CH_6)N_4]$ 硬化剂，生成不溶解、不溶融的固化物，高温时的残余碳量高，其使用性能优良。

由于外形的特殊性，长水口、浸入式水口和整体塞棒的成型设备一般采用冷态等静压机（CIP，cold lsostatic pressing）。CIP 的工作原理是将配合料放入一个橡胶或塑胶制成的模型内，再将模型与料一起放置到密闭的容器中，采用液压方式向制品施加各向同等的压力，在高压的作用下，制品得以成型及致密化。由于塞棒、长水口及浸入式水口的形状都是细长圆柱或圆筒形，配料中刚玉颗粒与石墨的密度相差很大，因此在加料过程中容易造成颗粒与成分的偏析，造成制品组成与结构的偏差。为此，在加料之前需要有一个造粒过程，通过造粒过程用树脂等结合剂将刚玉与石墨等混合制成小球状颗粒，以保证成分均匀与良好的颗粒流动性，这样可使坯体中的成分与密度均匀一致。此外，由于对这类制品性能的稳定性要求很高，而树脂等结合剂的性质受气温及湿度的影响很大，所以生产连铸三大件的车间，常要求恒温恒湿。

长水口及浸入式水口烧成后（或在烧成前）常需用车床加工至用户需要的尺寸。为防止制品在使用时迅速氧化脱碳，在制品表面应涂一层防止石墨氧化的防氧化涂料层。

不烧铝碳质耐火材料常用的原料有刚玉、莫来石、I 等和 II 等高铝矾土熟料、鳞片石墨、SiC、Si 粉等。与烧成铝碳质耐火材料相比，不烧铝碳质耐火材料有如下特点：不用烧成、油浸及干馏热处理；工艺简单，但相对于烧成铝碳滑板而言，强度偏低，气孔率偏高。

7.9　铝锆碳质耐火材料

铝锆碳质耐火材料是为了满足连铸工艺对多炉连铸用滑板的要求，在铝碳质耐火材料的基础上，通过添加具有低膨胀系数的锆莫来石以及具有优良抗侵蚀性能的锆刚玉而制成的，是铝碳质耐火材料的延伸。铝锆碳质耐火材料解决了连铸工艺中出现的铝碳质耐火材料因强度上升而导致的热震稳定性下降这一问题。

一般情况下，影响铝碳质耐火材料使用寿命的主要原因是形成各种裂纹（热应力作用），为了提高铝碳砖的使用寿命，采用低线膨胀系数的原料是最有效的途径，表 7-23 为常用耐火原料的线膨胀系数。

表 7-23　常见耐火原料的线膨胀系数

原料名称	α/K^{-1}	原料名称	α/K^{-1}
MgO	13.5×10^{-6}	A_3S_2	5.3×10^{-6}
ZrO_2	10.0×10^{-6}	SiC	4.7×10^{-6}
Cr_2O_3	9.6×10^{-6}	B_4C	4.5×10^{-6}
BeO	9.0×10^{-6}	$ZrSiO_4$	4.2×10^{-6}
Al_2O_3	8.8×10^{-6}	C（石墨）	3.3×10^{-6}
MA	7.6×10^{-6}	董青石	$(1.1 \sim 2.0) \times 10^{-6}$
TiC	7.4×10^{-6}	熔融石英	0.5×10^{-6}

铝锆碳质耐火材料是以烧结刚玉、含锆原料（主要是锆莫来石与锆刚玉）、石墨及添加剂等为原料，用酚醛树脂作为结合剂经烧成（或不烧）加工而成的碳复合耐火材料，它的强度高并具有优良的抗侵蚀性能和抗热震性能。

7.9.1　铝锆碳质耐火材料用原料特征

与铝碳质耐火材料相比，铝锆碳质耐火材料的配料中增加了 ZrO_2 系原料。ZrO_2 有三种变体，即高温立方型（$c-ZrO_2$），$d = 6.27 g/cm^3$；中温四方型（$t-ZrO_2$），$d = 6.10 g/cm^3$；低温单斜型（$m-ZrO_2$）：$d = 5.65 g/cm^3$。三者的转变温度如下：

$$m-ZrO_2 \xrightleftharpoons{1170℃} t-ZrO_2 \xrightleftharpoons{2370℃} c-ZrO_2 \xrightarrow{2715℃} 液相 ZrO_2$$

ZrO_2 由单斜相向四方相的晶型转变过程中有 7%～9% 的体积变化（升温时，单斜→四方晶型有明显收缩，反之呈明显膨胀，体积变化效应为 3%～5%）。这一转变对 ZrO_2 制品的生产有着极为重要的影响。该转变有以下特征：（1）从结晶学看，属母相结构剪切获得新相，具有无扩散性，新相与母相维持共格关系，所以该转变也称马氏体转变。（2）从相变速度看，因无扩散性，是非热激活转变，只要满足热力学条件 $\Delta G<0$，即可发生转变，速度快，可达声速。（3）从相变温度看，马氏体相变无确定的终了温度。晶粒尺寸减小，$t-ZrO_2 \rightarrow m-ZrO_2$ 温度降低。当晶粒尺寸足够小时，$t-ZrO_2$ 在室温下也可稳定存在。

因 ZrO_2 的这种马氏体相变，使得含氧化锆的耐火材料，在高温下具有低的热膨胀率，如图 7-55 所示。它的膨胀率低于铝碳质耐火材料中常见的另外两种氧化物材料，有利于提高抗热震性。

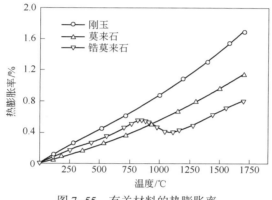

图 7-55　有关材料的热膨胀率

7.9.2　铝锆碳质耐火材料用锆系原料及特性

制备铝锆碳质耐火材料用的 ZrO_2 系原料主要有锆莫来石、锆刚玉和部分稳定 ZrO_2。在铝锆碳质耐火材料中引入 ZrO_2 系原料，除了利用 ZrO_2 本身优良的抗侵蚀性能及锆莫来石的低热膨胀特性外，通过控制 ZrO_2 的"马氏体转变"可以提高材料的韧性和热震稳定性。

（1）锆莫来石。锆莫来石是氧化锆-莫来石复合材料的简称。有烧结锆莫来石和电熔锆莫来石之分。目前市场上销售的锆莫来石主要是电熔锆莫来石，其 ZrO_2 含量一般在 30%~35% 之间，具有较佳的热膨胀率和抗侵蚀性。制造方法是将工业氧化铝和锆英石在电弧炉中直接熔制。其反应过程为 $2ZrSiO_4+3Al_2O_3 \rightarrow 2ZrO_2+3Al_2O_3 \cdot 2SiO_4$。电熔锆莫来石的主要物相有：莫来石、斜锆石，可以伴有一定量的 $t-ZrO_2$ 和刚玉相、玻璃相，理想的锆莫来石显微结构应为共晶结构，ZrO_2 均匀分布于 A_3S_2 基晶内。实际生产中受冷却工艺的制约，无法得到全共晶结构。常见的显微结构为：ZrO_2 以细微的针状或树枝状分散存在于莫来石晶体的内部或周边上。ZrO_2 的晶粒尺寸在零点几微米至十几微米，ZrO_2 的均匀性与 $t-ZrO_2$ 的含量及粒径对铝锆碳质耐火材料的性能有重要影响。

（2）锆刚玉。由工业氧化铝和氧化锆原料经电熔或高温烧结而成，主晶相为刚玉、斜锆石及少量四方 ZrO_2，ZrO_2 分散于刚玉晶内及晶界。ZrO_2 粒度在零点几微米至数微米。同锆莫来石一样，理想的锆刚玉材料的晶体结构也应为共晶结构。在实际应用中，常控制 ZrO_2 的含量在 23%~25% 之间。

氧化锆的加入可以显著改善耐火材料的性能。原因是弥散分布的氧化锆在烧结过程中会发生相变，在基质材料内形成一定数量的微小裂纹，提高了材料的抗热震性。同时，氧化锆的加入，也会一定程度上促进刚玉质耐火材料的烧结。无论是烧结锆刚玉还是电熔锆刚玉，氧化锆在其中的作用基本一样：当温度发生变化时，氧化锆会发生相变，并伴有一定的体积变化，导致在氧化锆晶体的周围产生微裂纹。这些微裂纹在裂纹尖端张应力的作用下，成核并扩展，消耗和分散了主裂纹尖端的能量，阻碍了危险裂纹的扩展，提高了这类材料的抗热震性。

（3）部分稳定 ZrO_2。工业上制备氧化锆一般有化学法、等离子法、电熔还原法三类。化学法又分为碱熔法、钙熔法和酸化法。化学法的主要原料为锆英石，通常将锆英石与烧碱或碳酸钠混合，熔融生成锆酸钠，加入酸或氨水使之生成氢氧化锆，煅烧后制得，我国称此法为二碱二酸法。可以通过对所得到的氧化锆反复熔融提炼，以得到高纯度的产品。等离子法制备氧化锆，由于产品的二氧化硅含高，一般较少使用。主要原理是利用等离子体的高温分解锆英石，得到氧化锆和二氧化硅的混合体。再通过碱熔融加以提纯。电熔法主要是将锆英石和碳素混合在电炉中加热到2000℃以上，得到氧化锆熔体，冷却破碎可得产品。

对于纯氧化锆来说，因在高温下会发生如前所述的马氏体相变而发生较大的体积变化，极易使制品发生炸裂，因此需要添加稳定剂来稳定其晶型，即在常温下保留部分四方相或立方相。这样，既减少了体积变化过大造成的不利影响，同时保留适量的相变还可起到增韧作用。一般常用的稳定剂有 CaO、MgO、Y_2O_3 等，即生成所谓的 Ca-PSZ、Mg-PSZ、Y-PSZ。

7.10　铝镁碳质耐火材料

铝镁碳质耐火材料是在铝碳质耐火材料中加入一定量的镁砂组分，以 Al_2O_3 为主成分的 Al_2O_3-MgO-C 系耐火材料，其在加热的过程中形成尖晶石，可保证材料具有良好的残余热膨胀。铝镁碳质耐火材料所具备的这种特性，使衬砖之间的接缝密实并减小炉渣的渗透。

铝镁碳质耐火材料所用的主要原料有高铝矾土熟料（或各种刚玉）、镁砂（或镁铝尖晶石）和石墨，用沥青或树脂等有机结合剂黏结而成的不烧碳复合耐火材料。广义上讲，以氧化铝、氧化镁和碳为主要成分的耐火材料均称为铝镁碳系耐火材料。铝镁碳系耐火材料按其主成分的不同可分为两类，一类是以氧化铝为主成分的制品，常用 AMC 来表示，另一类是以氧化镁为主成分的制品，常用 MAC 来表示。

为防止高温使用过程中 MgO 和 Al_2O_3 反应的过分膨胀造成的开裂及钢包变形，一般在基质中引入适量的预合成尖晶石，减少镁砂与高铝粉的反应，达到控制膨胀的目的。

7.10.1　铝镁碳质耐火材料的性能

铝镁碳质耐火材料不仅具有优良的化学和热力学稳定性，而且具有优异的热学和力学性能。其优点包括如下几个方面：

（1）高的抗钢水渗透能力。由于在使用过程中氧化铝和氧化镁之间发生反应，可原位生成尖晶石产生膨胀，有效地阻止钢水从衬砖间的接缝处往砖内部的渗透。

（2）优良的抗渣性能。除了石墨的作用以外，由于使用过程中形成的尖晶石能吸收渣中的 FeO 形成固溶体。Al_2O_3 则与渣中的 CaO 反应形成高熔点 $CaO-Al_2O_3$ 系化合物，起到堵塞气孔并增大熔体黏度的作用，达到抑制渣渗透的目的。

（3）具有高的机械强度。相对于 MgO-C 和 Al_2O_3-C 耐火材料而言，铝镁碳质耐火材料含石墨的量较少，一般在 6%～12%，因此其体积密度大，气孔率低，强度高。典型的铝镁碳制品理化指标见表 7-24。

表 7-24　铝镁碳质耐火材料典型理化指标

指标	LMC65	LMC70
$w(MgO)/\%$	≥10	≥10
$w(Al_2O_3)/\%$	≥65	≥70
$w(C)/\%$	≥7	≥7
体积密度/g·cm^{-3}	≥2.95	≥3.00
显气孔率/%	≤8	≤8
常温耐压强度/MPa	≥40	≥45

7.10.2　制备铝镁碳质耐火材料的主要原料

铝镁碳质耐火材料的生产工艺与镁碳质材料相同，仅仅是原料有所区别。含氧化铝原料可用特级高铝矾土熟料、Ⅰ等高铝矾土熟料、电熔刚玉、烧结刚玉及棕刚玉等。含 MgO 原料可用电熔镁砂、烧结镁砂。炭素原料主要用天然鳞片石墨，结合剂一般用合成酚醛树脂，另外还加入一定量的 SiC、Al 粉等作为防氧化剂。

尽管特级高铝矾土熟料、Ⅰ等高铝矾土熟料、电熔刚玉、烧结刚玉等都可以作为制备铝镁碳质耐火材料的氧化铝原料，但由于矾土中含有较高的氧化硅，对制品的抗渣性不利。烧结刚玉与电熔刚玉相比，结晶细小，存在的晶界较多，用其制得的铝镁碳质耐火材料抗渣性不如相同条件下用电熔刚玉制得的制品。在铝镁碳质耐火材料中，含氧化铝原料一般占配料总组分的 80%～85%，在配料中以颗粒状和粉状形式存在。

含氧化镁原料主要有电熔镁砂和烧结镁砂，与烧结镁砂相比，电熔镁砂结晶粗大，体积密度大，抗渣侵蚀能力强，因此在不烧铝镁质耐火材料中，一般加入电熔镁砂，且主要以细粉形式加入，加入量一般在 15%以内。加入量太多，制品在使用过程中形成的尖晶石量太多，制品内部会产生过大的应力和裂纹，削弱制品的强度。镁砂加入量适量时，生成尖晶石化的体积效应不但不会形成裂纹，还有利于堵塞气孔。

炭素原料一般以天然鳞片石墨为主。为避免实际使用过程中炭素材料的低温氧化及因石墨的导热系数大而引起的钢水热损耗过大，石墨的加入量一般在 10%以内。

结合剂与其他含碳材料一样，一般用合成酚醛树脂，加入量根据成型设备的不同有一定的差异，一般在 4%～5%。

7.11　铝碳化硅碳耐火材料

Al_2O_3-SiC-C质耐火材料是指以Al_2O_3、SiC和炭素原料为主要成分，用有机结合剂或水化结合剂制得的定形或不定形碳复合耐火材料。

Al_2O_3-SiC-C质耐火材料中的Al_2O_3一般以高铝矾土、电熔刚玉或烧结刚玉的形式引入。Al_2O_3是一种对各种处理剂和铁鳞都有极好抗侵蚀性的氧化物。但Al_2O_3线膨胀系数大，耐剥落性差。基质部分易被溶渣渗透蚀损，导致骨料暴露，剥落而落入渣中。因而单纯的Al_2O_3耐火材料不能满足铁水预处理及铁沟料的要求。

C与Al_2O_3、SiC间无共熔关系，与炉渣的润湿角相当大，能阻止渣向制品内渗透。同时，C将熔渣中的氧化铁还原成为金属的化学反应，使熔渣高黏度化，可减少熔渣成分向耐火材料内部迁移渗透，从而达到减少侵蚀的效果。

SiC本身是一种很好的耐火材料，具有耐高温（2200℃分解升华）、化学稳定性好的特点。它的导热系数比Al_2O_3高，线膨胀系数只有Al_2O_3的一半，耐磨性好。同时还可以起到防止碳氧化的作用。Al_2O_3、SiC与C的复合构成了性能优良的耐火材料。

Al_2O_3-SiC-C质定形制品主要用于鱼雷式混铁车、铁水罐等铁水预处理设备的内衬。Al_2O_3-SiC-C质不定形耐火材料主要用于高炉出铁沟及高炉炮泥。

7.11.1　Al_2O_3-SiC-C质定形耐火材料

20世纪80年代中期以前，铁水罐只用作贮铁水的容器，其内衬大多采用黏土质、叶蜡石质耐火材料。但自采用铁水预处理技术后，铁水包及鱼雷式混铁车内衬的使用寿命大幅度下降，这主要是耐火材料受到各种脱硫、脱磷剂等的严重侵蚀所致。一般情况下，脱硫剂用CaO与CaC_2，脱磷剂由氧化剂、造渣剂和助熔剂组成。氧化剂的作用在于供氧，将铁水中的磷氧化成P_2O_5，使之与造渣剂结合成磷酸盐而留在脱磷渣中。氧化剂一般为气体氧化剂（主要是O_2）和固体氧化剂（轧钢皮、铁矿石、烧结返矿、锰矿石等）。应用的造渣剂主要有两类：苏打（Na_2CO_3）系和石灰（CaO）系，它们起着固化硅、磷氧化物的作用，形成稳定的硅酸盐或磷酸盐，同时降低渣熔点。添加的助熔剂一般为萤石和氯化钙等，用来改善脱磷渣的流动性能，同时激化脱磷反应，强化脱磷效果。脱硫和脱磷处理时，这些粉剂喷吹速度很高，最高可达600kg/min。所以要求鱼雷式混铁车、铁水罐内衬具有优良的抗渣侵蚀性、抗热震性和良好的抗冲刷性与耐磨性。

高铝质耐火材料受石灰质熔剂的侵蚀并不很快，但易剥落，因此鱼雷式混铁车、铁水罐内衬用耐火材料中必须含有石墨和SiC，以改善其抗剥落性。石墨可使砖具有高的导热性，并可阻止渣的渗透。SiC则可在砖中生成气态SiO阻止渣渗透并生成SiO_2保护石墨不致氧化。因此Al_2O_3-SiC-C质耐火材料具优良的抗渣性和抗热震性，同时具有很好的抗冲刷、耐磨损性能，是目前为止在铁水预处理容器上最理想的内衬材料。

7.11.2　Al_2O_3-SiC-C质不定形耐火材料

Al_2O_3-SiC-C不定形耐火材料主要有高炉铁沟及炮泥。在20世纪50年代以前，主要采用焦炭、黏土熟料及生黏土为原料，以焦油或糖浆作结合剂，经人工捣打成型。20世纪 60 年代起，由于冶炼条件的不断强化，出铁沟及炮泥用耐火材料承受更为苛刻的使用条件，开发出 Al_2O_3-SiC-C 质含碳捣打料，以磷酸盐、焦油（或树脂）为结合剂，显示出了优异的耐剥落性和抗侵蚀性。20 世纪 80 年代后期以来，开发出适应不同要求的 Al_2O_3-SiC-C 质浇注料，同时由于施工和维修技术的提高，多种新型结合剂，如胶体结合剂、微硅结合剂、可水合氧化铝结合剂以及超细粉和溶胶-微粉复合结合剂的应用，大幅度地提高了铁沟及炮泥的使用性能，有关内容将在第 8 章中介绍。

思 考 题

7-1　碳，不管是晶态还是非晶态，在空气中遇高温都会发生燃烧，最终变为 CO 或 CO_2，而钢铁冶金正是在高温下进行，碳为什么能用作耐火材料原料呢？

7-2　什么叫石墨化度？了解硬炭与软炭的含义，举例说明工业生产中碰到的硬炭与软炭。

7-3　分别举例说明哪些是难石墨化碳，哪些是易石墨化碳。

7-4　沥青有哪两类？什么叫沥青的软化点？按软化点的不同，沥青分为哪几类？

7-5　沥青作为碳复合耐火材料结合剂时，常用哪些指标来衡量其质量？

7-6　沥青与酚醛树脂的炭化组织有何不同？

7-7　什么是残余碳？什么是固定碳？什么叫炭化率？

7-8　除了沥青和酚醛树脂外，还有哪些有机物可作为碳复合耐火材料的结合剂？

7-9　碳复合耐火材料中没有单独的 SiO_2-C 和 Cr_2O_3-C 质耐火材料，为什么？是否同样意味着没有 Al_2O_3-Cr_2O_3-C 复合耐火材料？请说明原因。

7-10　CO 歧化反应在钢铁冶金工业中经常会发生，请举例说明。

7-11　含碳耐火材料，特别是 MgO-C 质、Al_2O_3-C 质耐火材料等在钢铁冶金领域获得了广泛的应用，请你思考并回答：含碳耐火材料能否应用于有色火法冶金（炼铜、炼锌等）领域？为什么？

7-12　我们都知道相图是耐火材料研究的基础，你如何理解相图在碳复合耐火材料研究、开发过程中的作用？

7-13　炼钢转炉在砌筑内衬时，一般采用综合砌砖法，即把碳含量高的 MgO-C 砖砌在耳轴和渣线部位，碳含量低的 MgO-C 砖砌在炉底上，这样能确保炉衬的综合使用寿命。但随着"溅渣护炉"技术的应用，MgO-C 砖中碳含量高对炉渣不润湿或润湿程度差，不易黏结炉渣，对溅渣护炉不利；MgO-C 砖中碳含量低对炉渣易润湿，易黏结炉衬，有利于溅渣护炉。针对此问题，是否可以将碳含量高的 MgO-C 砖砌在炉底上，而碳含量低的 MgO-C 砖砌在耳轴和渣线部位？请说明理由。

8　不定形耐火材料

本章要点

(1) 掌握不定形耐火材料的工程原理和基本制备工艺；
(2) 掌握不定形耐火材料用结合剂和外加剂的作用原理；
(3) 熟悉不定形耐火材料的种类、组成和应用特点；
(4) 了解不定形耐火材料性能的影响因素。

不定形耐火材料，是指由骨料、细粉、结合剂与添加剂组成的混合物，以交货状态直接使用，或加入一种或多种不影响其耐火度的合适液体后使用的耐火材料，也称为散状耐火材料。它们以散料状的形式送到现场，以浇注、捣打、涂抹、喷射、振动、投射及挤压等方法施工制作或修补炉衬。不定形耐火材料的优点包括如下几个方面：

(1) 不需要烧成，有利于节能减排，且生产工艺简单，劳动生产率高。
(2) 容易施工，通常不受窑炉结构形状限制，可以很方便地制作成不同形状的炉衬。
(3) 炉衬的整体性与气密性好。
(4) 可以机械化施工。
(5) 易于修补，可以方便地作为炉衬修复材料。

不定形耐火材料存在的主要问题是现场施工与烘烤条件不易控制，影响炉衬的质量，严重时甚至会造成炉衬开裂损坏。为了减少这方面的麻烦，可以将不定形耐火材料在生产车间加工成预制块，经烘烤处理后送现场使用，这实际上是浇注成型的不烧砖。

按传统的想法，烧成砖的烧成温度应高于其使用温度，以求它内部的相组成与显微结构处于相对稳定状态。不定形耐火材料与不烧砖一样，使用前未经过高温烧成。在使用过程中它的组成是远离平衡状态的。因此，不定形耐火材料在使用过程中，不仅要注意各组分之间的反应，还要考虑与渣等介质的反应，是一个不同于烧成砖的更加复杂的体系。

8.1　不定形耐火材料的分类方法

不定形耐火材料分类的方法很多。可以按材质分类，如高铝质浇注料、铝镁质浇注料等；还可以按结合剂分类，如铝酸钙水泥浇注料、磷酸盐结合捣打料等。最常见还是按施工方法分类，按施工方法不定形耐火材料可分为如下几大类：

(1) 耐火浇注料，简称浇注料。它是由骨料、细粉和结合剂及外加物组成的没有黏附性的混合料。通常以干态交货，加水或其他液体混合后进行浇注施工。浇注成型后经一段时间的养护完成结合剂的水化、凝固过程使其获得一定的强度，再经烘烤后使用。按流动特性及施工方式不同，浇注料可分为下列几种：

1）振动浇注料。流动性较差，需经过机械振动才能使泥料流动充满模型。

2）自流浇注料。流动性好，靠重力或位能差产生流动，能自动充满模型。

3）泵送浇注料，也称泵灌浇注料，流动性及防偏析性能好。可以用泥浆泵将浇注料远距离输送并能很好地注满模型。

按结合剂的种类与数量浇注料可分为低水泥浇注料、超低水泥浇注料、无水泥浇注料、磷酸盐结合浇注料以及凝聚结合浇注料等。

（2）捣打耐火材料，简称捣打料，是由骨料、细粉、结合剂和必要的液体组成，使用前无形，用捣打方式施工的不定形耐火材料。经烘干后获得强度。

（3）耐火可塑料，为由骨料、细粉、结合剂和液体组成，具有良好的可塑性等作业性能，按交货状态直接使用的不定形耐火材料。可塑料通常制成条状软块交货，用手工或机械捣打方式施工。施工后经自然干燥或烘烤后获得强度。

（4）喷射耐火材料是指可用喷射方法施工的由骨料、细粉与结合剂组成的混合物料。在喷射过程中，高速气流将物料喷射到施工面上，经干燥或烘烤而获得强度。按喷射方式及含水量的多少，分为干法、半干法、湿法、泥浆法与混合法多种。还有一种方法是所谓熔融物料喷射法。喷嘴喷出的为火焰，将物料熔成熔融或半熔融状态喷射至工作面上。有人将等离子喷射及溅渣护炉等都划入熔融物料喷射法中。

（5）涂抹料。由细耐火骨料、细粉与结合剂混合而成的可涂抹的不定形耐火材料。多呈膏状或泥浆状，可以用手工或机械方法涂抹或喷涂在工作表面。

（6）接缝耐火材料。用于砌筑和黏结耐火制品的耐火材料。由细耐火骨料、细粉与结合剂构成的混合料，以干粉状或使用状态供货，采用涂抹、灌浆或浸渍等方法施工。

（7）干混料，也称为干式振动料或干式料，为采用振动或捣打在干状态下施工的不定形耐火材料。这类材料中多含有某种临时结合剂，经烘烤后脱模。

（8）压入料。可用专用的压注机施工的混合料。压注机的压力通常在 $1\sim2MPa$ 之间。压入料可分为硬质压入料与软质压入料，前者如高炉热态修复料、炮泥等，后者如耐火材料之间及耐火材料与炉壳之间的填缝料等。

其他按施工方法分类的不定形耐火材料的品种还很多，如投射料等。

8.2 不定形耐火材料的流变学基础与作业性能

不定形耐火材料的作业性能是指它们易于充满模型或成型的能力，也称为施工性能，它表示不定形耐火材料施工操作的难易程度。它对于不定形耐火材料成型后的结构与性质也有很大影响。不定形耐火材料的作业性能很多，主要包括和易性、稠度、触变性、流动值、铺展性、可塑性、附着率、马夏值、凝结性、硬化性等。不同品种的不定形耐火材料与不同的施工方法对施工性能的要求也不同，如浇注料要求有较好的流动性，可塑料要求有较好的可塑性等。

8.2.1 不定形耐火材料作业性能的流变学基础

流变学是研究物体（或物料）在外力作用下变形与流动的学科，它研究在外力作用下应力、变形与时间的关系，以及它们与材料本身性质之间的关系。不定形耐火材料的施工过程中，在振动力、重力及挤压力的作用下发生流动与变形来充满与密实模型。因而，了解流变学的基础知识对研究不定形耐火材料的施工性有重要意义。

8.2.1.1　流变学的基本模型

根据物体应力与应变的关系，有三个基本模型。

（1）弹性元件模型。物体为理想弹性固体，应力-应变关系遵守胡克定律，如式 8-1 所示：

$$\tau = G\gamma \tag{8-1}$$

式中　τ——应力；

γ——应变；

G——弹性模量。

人们把应力与应变之间关系的曲线称为流变曲线。弹性模型的流变曲线为通过原点的一条直线。

（2）塑性元件模型。物体为塑性体，可以用式 8-2 表示。当施加到塑性体上的应力超过其屈服应力时，塑性体开始变形。应变量与应力大小无关。其流变曲线为从 τ 轴上 τ_k 为起点的平行于应变坐标的一直线。

$$\tau = \tau_k \tag{8-2}$$

式中，τ 为压力；τ_k 为屈服应力。

当施加到塑性体的应力超过其屈服应力时，塑性体开始变形。应变量与应力大小无关。其流变曲线为从 τ 轴上以 τ_k 为起点的平行于应变坐标的一条直线。

（3）黏性液体元件模型。即物体为服从牛顿液体定律的理想性液体的模型。在这个模型中应力与剪切速率之关系用式 8-3 表示：

$$\tau = \eta\gamma \tag{8-3}$$

式中，τ 为应力；γ 为剪切速率，s^{-1}；η 称为牛顿黏度，也称表现黏度、显黏度等，$N \cdot s/m^2$。牛顿液体的黏度 η 在一定温度下是一个常数，它仅仅与温度有关。

在一些实际工作中，如混凝土、不定形耐火材料生产中，很难找到适合的单一模型。而需要将两种以上模型通过并联或串联方式复合起来。例如由弹性模型与塑性模型复合而成的弹-塑性模型，称为胡克-圣维南模型。它适合于由弹性成分与塑性成分所组成的混合体。其中弹性成分为骨架，塑性成分分布其中。在骨架受到破坏之前呈弹性状态，骨架受到破坏后是塑性状态。其流变曲线如图 8-1 所示。由图可知，当 $\tau < \tau_k$ 时，物料呈弹性状态，当 $\tau = \tau_k$ 时，则呈塑性状态，部分可塑料与捣打料接近这种模式。

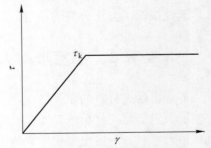

图 8-1　弹-塑性体的流变曲线

还可以由弹性、塑性和黏性三种模型复合而得到三元复合模型。例如，比较适合水泥净浆、耐火泥浆、耐火浇注料与耐火涂料的宾汉体模型就是由塑性元件与黏性元件并联后再与弹性元件串联而成的三元模型。适用于这一模型的物料是由弹性成分、塑性成分与黏性成分组合而成。弹性成分的物料（颗粒）并不彼此接触或者接触率不高，而是埋在由塑性成分与黏性成分组成的混合物中。这种组合的特点是体系存在一屈服应力 τ_k，当施加的外力小于屈服应力 τ_k 时，即 $\tau \leqslant \tau_k$ 时，体系不发生流动。当 $\tau > \tau_k$ 时，体系产生黏性流动。其流变方程式如式 8-4 所示：

$$\tau = \tau_k + \eta_p \gamma \tag{8-4}$$

式中　η_p——塑性黏度。这种模型的流变曲线如图 8-2 所示。

8.2.1.2　不定形耐火材料流变性的测定方法

不定形耐火材料、混凝土等是粉料（固体）与液体（水）所构成的分散体系（悬浮液）。流动性是它们的重要性质，通常是测定它们的应力、剪切速度与黏度以及它们之间的关系。测定的仪器包括管式或漏斗式黏度计。最常用的为同心圆筒旋转式黏度计，也称流变仪。特别适用于测定不定形耐火材料这类非牛顿流体的流变特性，是最常用的测定设备。流变仪的种类很多。其基本原理都是测定转矩（剪切应力）与

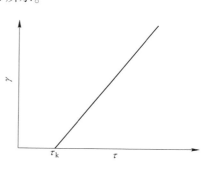

图 8-2　宾汉体模型的流变曲线

转速（剪切速度）之间的关系。它们通常由两个同心圆筒构成。被测试样装入两个圆筒之间的空隙内。通过旋转外筒或内管来测定剪切应力。图 8-3 为外筒旋转的形式。当外筒以一定的角速度旋转时，借助于被测物料的黏性带动内筒产生相同方向的偏转，根据与内筒轴相连接的扭丝产生的转矩测定剪切应力。根据式 8-5～式 8-7 来计算剪切应力 τ，剪切速率 γ 与表现黏度 η。

$$\tau = T/2\pi R_b L \tag{8-5}$$

$$\tau = \frac{2R_c^2}{R_c^2 - R_b^2} \Omega \tag{8-6}$$

$$\eta = \frac{\tau}{\gamma} \tag{8-7}$$

式中　R_b，R_c——分别为内外筒的半径；

　　　　L——内筒浸入被测试样的深度；

　　　　T——转矩；

　　　　Ω——角速度。

除了外筒旋转的形式外，还有一种内筒旋转而外筒固定不变的形式。驱动旋转内筒的电机用悬挂式安装，当它启动时带动内筒旋转，转筒在物料中旋转受到滞阻力作用，产生的反作用力使电机壳体偏转，同样使连接在电机壳上的游丝产生扭矩。当游丝的力矩与滞阻力矩达到平衡时，与电机壳体相连的指针便在刻度盘上指出一个数据，此值与转筒所受到的阻力成

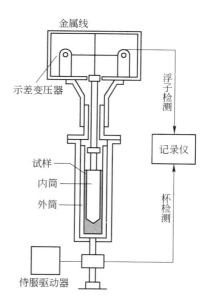

图 8-3　流变仪测定示意图

正比，据此可计算出剪切应力。在实际测定中，各仪器所用的修正值不同，应根据仪器的使用说明书进行测定。

通常，用物料的剪切应力与剪切速率之间的关系或者黏度与剪切速度之间的关系来表

征其流变学特性。图 8-4 给出了加入不同含量的一水柠檬酸的条件下，SiO_2 微粉料浆（固体体积分数为 20%）的剪切应力、黏度与剪切速率的关系曲线。由图可以看出，当一水柠檬酸加入量为 0.05% 时，剪切应力与黏度较高，但当一水柠檬酸的加入量达到 0.1% 以后，再提高其含量对 SiO_2 微粉料浆的剪切应力与黏度的影响已不大。

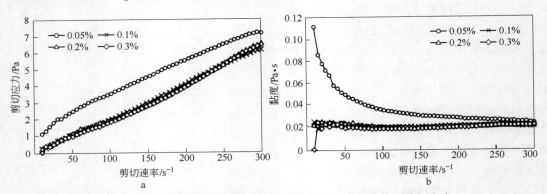

图 8-4   不同一水柠檬酸加入量的条件下，SiO_2 微粉浆体的剪切应力
a—与剪切应力的关系；b—与黏度的关系

在实际工作中，大量使用的流变性测定仪仅适合于粉料-水体系。但是，一般浇注料中含有大量的颗粒，因而开发了一种适合于测定临界粒度小于 2.5mm 浇注料流变性的流变仪。贾全利等曾用其研究临界粒度为 5mm、Andreasen 粒度分布系数 $q = 0.23$ 的超低水泥刚玉浇注料的流变特性。结果发现在结合体系中以 2% 的 SiO_2 微粉取代等量的 Al_2O_3 微粉，浇注料的屈服应力大幅度下降，如图 8-5 所示。

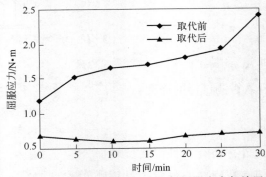

图 8-5 SiO_2 微粉取代 Al_2O_3 微粉后，浇注料屈服应力与放置时间的关系

8.2.1.3   耐火浇注料的基本流变类型

在耐火材料领域中，流变学的研究对象主要是粗分散体系（悬浮液）与含有骨料的粗分散体系。其流变特性可以分为三种：与时间无关的流变特性、与时间有关的流变性以及与结构变化有关的流变特性。

A   与时间无关的流变特性

剪切应力与黏度和时间无关，只与剪切速率有关。分为低剪切速率下的流变曲线与高剪切速度下的流变曲线两类。低剪切速率下的流变曲线如图 8-6 所示。

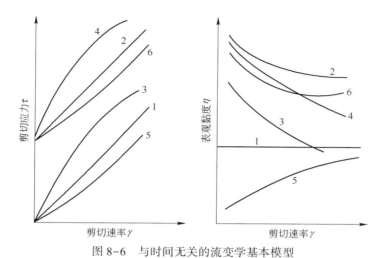

图 8-6　与时间无关的流变学基本模型

1—牛顿流体；2—宾汉流体；3—假塑性流体；4—屈服假塑性流体；5—胀性流体；6—屈服胀性流体

（1）牛顿流体，其应力 τ 应变 γ 关系为通过坐标原点的一条直线。在温度不变时，其黏度不随剪切速率变化，为平行于剪切速率轴的一条直线。

（2）宾汉流体。存在屈服应力，当剪切应力超过屈服应力时，剪切应力与剪切速度呈直线关系。随着剪切速度的提高，表观黏度趋向于恒定值，即塑性黏度 η_p。

（3）假塑性流体。剪切应力与剪切速率的关系为一条通过坐标原点的向上凸起的曲线。随剪切速率的提高度下降。以黏度对数与剪切速率对数作图得一直线，其斜率在 0~1 之间。假塑性流体的流变特性可以用式 8-8 来描述：

$$\tau^n = K\gamma \tag{8-8}$$

式中，n 为常数。$n=1$ 时为牛顿流体。假塑性流体的 $n>1$。常用 n 作为非牛顿流体的偏离程度，n 越大，与牛顿流体的偏差越大。实际上，n 并非是常数。假塑性流体在实际中多见，很多流体属此类型。

（4）具有屈服值的假塑性流体。除了存在一个屈服应力外，其流变特性曲线及黏度与剪切速率的关系都与假塑性流体相似。

（5）胀性流体。其应力应变关系为一条通过坐标原点的向下凹的曲线。表观黏度随剪切速率的提高而增大。流体在搅动过程中产生膨胀，其原因是因为搅动改变了原体系中颗粒排列紧密的程度，颗粒重排增加了空隙的体积，导致总体积膨胀。同时，由于空隙增大，颗粒之间的液层减少，使其润滑作用降低，导致流体的黏度增大。

（6）具有屈服值的胀性流体。除了存在一个屈服应力外，其流体曲线基本上与胀性流体的相似，但黏度与剪切速率的关系是先随剪切速度的提高下降到某一定值后再上升。

在高剪切速率下的流变曲线与低剪切速度不同。例如，在高剪切速率的情况下，剪切应力与剪切速率的关系并非为一条直线，而是如图 8-7 所示的一条复杂曲线。它是由 Osfwald 首先发现的，故称为"Osfwald 流变模型"，图中用细实线表示。他发现随剪切速率的提高，在流变曲线上存在两个牛顿区（ⅠN 与ⅡN），中间夹着一个非牛顿区（ⅠnN）。后来 Umeya 又发现第三牛顿流区（ⅢN）与第二非牛顿流区的存在，得到如图 8-7 黑实线所

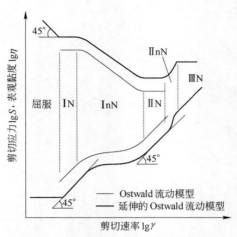

图 8-7　高剪切速率下的流变曲线

示的"延伸的 Osfwald 流动模型"。产生这种现象的原因可能与粒子表面的静电力和范德华引力之间的平衡所导致的颗粒团聚体的形成与解体有关。

　　B　与时间有关的流变特性

　　与时间有关的流变特性主要有触变性与震凝性。触变性是指处于凝胶状态下的物料在搅拌或振动等外力的作用下变成流动性好的溶胶，静置后又恢复到原来凝胶状态的特性。它是不定形耐火材料的重要性质之一。震凝是指悬浮液在一定的剪切速率下，剪切应力随时间延长而增大的现象。或者在比较高的剪切速率作用一段时间后，以较低的恒定剪切速度剪切时，黏度随剪切时间的延长而增大的现象。震凝实际上是物料由溶胶变为凝胶的过程，是非可逆的。震凝性是衡量此过程难易程度的指标。具有震凝性的材料也称负触变性体系。在不定形耐火材料领域中，耐火涂料与泥浆常对震凝性有一定要求。

　　不定形耐火材料的流变性主要取决于其颗粒组成与形状、添加剂的种类与加入量、泥浆的酸碱性以及分散相颗粒间的相互作用等因素。流变特性与不定形耐火材料的作业性能密切相关，许多影响它们的因素及其作用机理是相同的。

8.2.2　不定形耐火材料的作业性能

　　不定形耐火材料的作业性很多，包括流动性、凝结性、硬化性、稠度、和易性、铺展性、可塑性、触变性、附着率、马夏值等。不同的不定形耐火材料有各自重要的作业性能。

8.2.2.1　流动性

　　它是衡量震动耐火浇注料与自流浇注料流动性能的重要指标，通常用流动值来衡量。流动值可用跳桌测定仪来测定，流动值的测定示意图如图 8-8 所示。将一个高为 60mm，上口内径为 70mm，下口内径为 100mm 的截头圆锥筒放在带同心圆刻度的跳桌的平板中央。将搅拌好的待测浇注料倒入圆锥筒内，抹平浇注料表面后抽出圆锥筒以每秒一次的速度上下跳动 15 次后，浇注料层铺展在跳桌面上，从相互垂直的两个方向测定铺展的浇注料在板上的 D_1 与 D_2（如图 8-8b 所示）。取平均值 D_m，按式 8-9 计算其流动值 f。

$$f = \frac{D_\mathrm{m}}{100} \times 100\% \qquad\qquad (8-9)$$

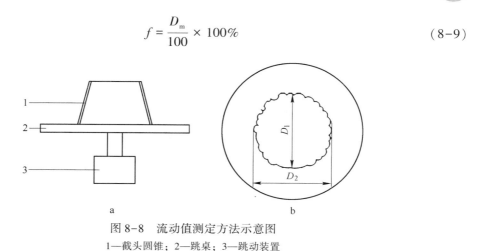

图 8-8   流动值测定方法示意图
1—截头圆锥；2—跳桌；3—跳动装置

当测定自流料时，由于自流料的流动性很好，测定时不需要跳动。表面抹平后，抽出截头圆锥，待浇注料自流 2~3min 后再测定其铺展后的直径计算其流动值。

其他测定流动值的方法很多。如可以在一个中间用隔板隔开的筒体的一边注入浇注料。提起中间隔板，使相隔的两边底部相通。通过测定在隔板两边浇注料高度的变化来衡量浇注料的流动性，这是一个简便的方法。也可以在一块耐火材料板上按上述方法制成一个浇注料浇注体，将它直接放入一个恒定温度的炉内，按规定测定铺展后的直径以确定其在高温下的流动性。目前，浇注料流动性的测定方法尚无国家标准，在实际工作中，可根据需要采用适合各自实际情况的方法。目前最常用方法为上述的跳桌法。

浇注料的流动性对其施工质量有很大影响。流动值越大浇注料的流动性越好。浇注料越容易充满整个模型，越容易得到结构均匀的施工体，也使施工过程变得容易与方便。

浇注料的流动性主要取决于颗粒组成与性状、添加剂的种类与加入量、水分含量等。通常，在其他条件不变的情况下，增加水分可以改善其流动性，但会影响所得施工体的常温及高温性能。因而，在保证正常施工的前提下，应尽量减少水分的用量。

8.2.2.2   稠度

稠度是评估浆体状不定形耐火材料（如耐火泥浆、压注耐火材料、耐火涂料等）流动性的指标。通常用的测定方法是用一定质量的铜质或铝质圆锥体自由沉入装在一定容积的容器中的浆体的深度来衡量浆体的稠度。现在有耐火泥浆稠度测定方法的标准（GB/T 22459.2—2008）。刺入的深度越大，浆体的稠度越小。对于耐火浇注料，可用测定从固定尺寸的流出口中流出的固定容积浇注料流出的时间来评估其稠度。流出的时间越短其稠度越小。稠度与流动值的大小有关，流动值越大，稠度越小。在浇注料的开发与生产中广泛使用流动值。因而，稠度的意义不大。

影响浆体不定形耐火材料稠度的因素主要有浆体中的固含量、固体颗粒的粒度组成、固体粒子的形貌、浆体的黏度与添加剂等。通常，浆体中固体颗粒的含量越高，浆体流动的阻力也越大，其稠度越大；颗粒形状的球形度越高，其流动性越好，稠度也越小；浆体的黏度越大，其稠度也越大。添加剂对浆体的流动性有很大的影响。它是调节浆体稠度的重要因素。

8.2.2.3　铺展性

铺展性是衡量用刮刀将浆状或膏状不定形耐火材料（耐火泥浆、耐火涂抹料）均匀地涂敷于耐火制品或砌体表面上难易程度的指标。它对于浆状与膏状不定形耐火材料在砌体或制品表面形成厚度均匀的涂层有重要意义。铺展性好的材料都具有一定的塑性。通常通过添加增塑剂与保水剂来实现。常见的有塑性黏土、羧基纤维素、甲基纤维素钠盐、木质素磺酸盐、糊精、硅溶胶等。其中羧甲基纤维素具有增塑与保水两方面的作用。

目前尚无大家认可的测定铺展性的方法。一般根据施工人员自己的习惯来控制。但对于耐火泥浆有测定凝结时间的行业标准（GB/T 22459.3—2008）。将泥浆涂抹在一个标准砖的表面，再放上两根直径为3mm、相距170mm的钢棒，再将一块标准砖放在其上面来回揉动到不能揉动为止。用秒表记录的时间即为凝结时间。

8.2.2.4　触变性

浆体或含浆体的不定形耐火材料（如浇注料）在外力（搅拌或震动）作用下能流动与摊平，而静置后不再流动（或处于凝胶状态）的特性称为触变性。实际上从可流动到不能流动的过程是体系在恒温下的"凝胶-溶胶"之间的相互转换过程，是一个等温可逆过程。过程中其结构的变化如图8-9所示。在恒定剪切速度的条件下，外力使互相联结形成的胶体粒子（如图8-9a所示）分散而成单个颗粒（如图8-9b所示），黏度随时间的延长而下降，这一过程称为"软化作用"，在剪切速率下降或去掉剪切作用时，分散的粒子又互相联结起来形成大且长的胶体粒子团，黏度又增大，这一过程称为硬化作用。软化-硬化过程是可逆的。

图8-10为有触变性的浆体的典型的流变曲线。由图可见，随剪切速度的升高，剪切应力τ也逐渐升高。达到某一确定的最高值（C点）后，逐渐降低剪切速度。剪切应力τ也随之下降，γ与τ的关系为一直线。图中上行线与下行线不重合，形成月牙形的圈，称为"滞后圈"。此圈面积的大小反映浆体触变性的相对大小（难易程度）。但是"滞后圈"的面积与时间及剪切速度有关，与测定仪器及操作人员的水平也有关。因此，在对比不同浆体的触变性大小时，应保证在同一条件下测定。

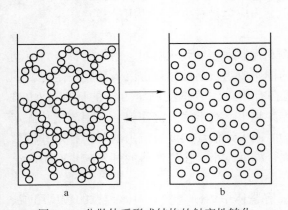

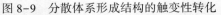

图8-9　分散体系形成结构的触变性转化

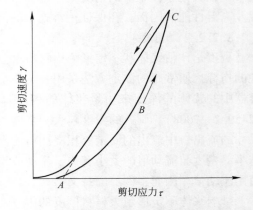

图8-10　用转筒式黏度计测定触变性流变曲线

不定形耐火材料的触变性对其施工有一定影响。在浇注料震动施工时，要求有较好的流动性以易于填充模型的各角落。当震动停止后又希望内部结构迅速重建，提高黏度以避免粗颗粒偏析，形成均匀的组织结构。

影响浆体触变性的主要因素为粒度组成，特别是基质的组成与添加剂，如分散剂与解胶剂等。

8.2.2.5 凝结性

不定形耐火材料经搅拌混合后，拌合料逐渐失去触变性或可塑性而成凝固状态的性质称为凝结性。经历凝固过程所需要的时间称为凝固时间，拌合料由黏-塑性体或黏-塑-弹性体转变为塑-弹性体的时间为初凝时间，由塑-弹性体变为弹性体的时间为终凝时间。两者都是浇注料等施工中最重要的指标。如果初凝时间过短，不能满足施工时间的要求。终凝时间过长，不能及时脱模也给生产带来困难，对浇注料而言，通常希望初凝时间不少于40min，终凝时间不超过8h。但对于喷射耐火材料，如湿式喷射料，希望喷到受喷面上的材料能迅速凝固以防止涂层脱落。

凝结时间与结合剂的凝固过程密切相关，受气候及施工时的温度影响很大。在实际生产中常需根据施工条件添加促凝剂或缓凝剂来调节初凝、终凝时间。

目前，含粗骨料的不定形耐火材料的凝结时间尚无统一的标准测定方法。由于结合剂凝固过程的主要物理化学反应都是在基质中进行的，因此常用我国国家标准中有关水泥浆凝结时间测定方法（GB/T 1346—2011）来测定基质的凝结时间。该法是以称为维卡仪（凝结时间测定仪）的设备来测定水泥浆的凝结时间。该仪器的端头有一个测定指针，通过插入一定厚度的泥浆中规定深度所需要的时间作为凝结时间。具体测定需参考有关标准及仪器说明书。

8.2.2.6 硬化性

不定形耐火材料加水或液状结合剂搅拌均匀成型后，经一定时间养护、存放或加热干燥、烘烤固化而获得强度的性能称为硬化性。

硬化过程实际上是材料由黏-塑性或黏-塑-弹性体转变为弹性体的过程。强度主要是通过结合剂在硬化过程中发生的物理化学反应而获得的。所用的结合剂不同，硬化所要求的条件也不同。在常温水中或潮湿条件下养护，通过水化反应而获得强度称为水化硬化。此类材料称为水硬性材料，如铝酸钙水泥结合的浇注料。通过干燥硬化而获得强度的材料称为气硬性材料，如以磷酸盐或水玻璃结合的不定形材料。需通过加热烘烤（温度在200~500℃）才能硬化的材料称为热硬性材料，如以有机树脂或沥青为结合剂的不定形耐火材料。

不定形耐火材料的硬化性常用经一定时间养护或烘烤后的强度的大小来衡量。

8.2.2.7 可塑性

与第4章中黏土的可塑性的定义一样，不定形耐火材料的可塑性是指在外力作用下块状耐火泥料发生变形但不开裂或溃散，外力消除后仍能保持变形后形状的能力。它对于可塑料非常重要。

不定形耐火材料的可塑性用可塑性指数来表示。可塑性指数是用专门的仪器与标准（YB/T 5115—2014）来测定的。其基本原理是在一个直径为50mm、高度为（50±2）mm的可塑料的圆柱形试样上，用冲击锤冲击试样三次，试样不开裂与溃散。测得冲击前试样的 L_0 与冲击后试样的高度 L，按式8-10计算可塑性指数 W_a：

$$W_a = \frac{L_0 - L}{L_0} \times 100\%$$

$$(8-10)$$

　　影响泥料可塑性的因素有物料的种类、配料、粒度组成、水分含量与添加剂的种类等。

　　泥料中塑性好的成分越多其可塑性越好，如提高软质黏土的含量即可提高其可塑性；泥料中的细粉含量越高，颗粒越细则可塑性越好；泥料中的水分含量对泥料的可塑性有较大影响，水分布在泥料中的颗粒之间，在外力作用下对颗粒的移动起到一定的润滑作用而提高可塑性。另外，在外力去除以后，分布在颗粒之间的流体通过毛细管力的作用与颗粒之间的范德华力保持平衡有利于维持变形后物料的形状。但若水分量过大，颗粒之间的液膜过厚，在外力作用下试样易发生溃散。因此可塑料的水分含量（质量分数）一般控制在9%~13%之间。

　　添加少量增塑剂可以有效地提高泥料的可塑性。常用的增塑剂有纸浆废液、环烷酸、木质素、磺酸盐以及其他的无机或有机胶体保护剂等。

　　可塑性对可塑料等不定形耐火材料的施工有重要意义。一般情况下应控制可塑性指数在15%~40%之间。实际工作中常控制在20%~35%之间。低于20%则泥料较干硬，不易施工，高于35%时泥料较软，不易捣实且加热后收缩较大。

8.2.2.8　和易性

　　衡量不定形耐火材料干料与水（或液体结合剂）搅拌混合达到均匀的难易程度称为和易性，影响和易性的因素有许多。首先是液体的黏度与它对固体颗粒表面的润湿能力。液体的黏度越小，它对颗粒的润湿性越好，泥料的和易性越好。其次，固体颗粒的粒度组成与颗粒形状对和易性也有影响。细粉越多，粉料的比表面积越大，泥料的和易性越差。颗粒的球形度越好，混合时的阻力越小，和易性越好。第三，加入添加剂，如减水剂可改善和易性。

　　除上述作业性以外，还有一些其他指标要求，如附着率是喷射耐火材料的重要性能，马夏值是铁口炮泥的重要性能等，将在8.7.2节和8.11.1节中讨论。

8.3　粒度组成与颗粒形状对不定形耐火材料性能的影响

　　从前面的讨论中我们已经知道耐火材料的颗粒组成与形状对其成型性能、显微结构与性质有很大影响。同样，不定形耐火材料的粒度分布与颗粒形状对其性能有很大影响，特别是浇注料的流动性，影响较大。在不定形耐火材料中常用的粒度级配有两种类型：间断式粒度分布与连续式粒度分布方式。

　　（1）间断式颗粒堆积。间断式颗粒堆积指配料是由尺寸大小不连续的颗粒混合而成的。通常分为几个颗粒尺寸段（级），各段（级）之间颗粒尺寸大小是不相连的，如5~3mm，2~1mm，0.088~0mm等。间断粒度堆积理论是由Furnas提出的，根据该理论，当泥料含有大、中、小三种颗粒时，中、小颗粒应填入由大、中颗粒形成的空隙中，由此形成最紧密堆积。按此理论，如果引入越来越细的颗粒，采用更多级的粒度时可使气孔率最终趋向于零。此时，各级颗粒的量要形成几何级数。当粒级被推广到连续分布时，可用式8-11来表示：

$$CPFT = \frac{r^{\lg D} - r^{\lg D_S}}{r^{\lg D_L} - r^{\lg D_S}} \tag{8-11}$$

式中 $CPFT$——直径小于 D 的颗粒的百分数；

r——相邻两粒级的颗粒量之比；

D——颗粒尺寸；

D_S——最小颗粒尺寸；

D_L——最大颗粒尺寸。

用 D 与 $CPFT$ 作双对数坐标图可得 Furnas 方程的粒度分布曲线，如图 8-11 所示。图中 K 值为最小颗粒尺寸与最大颗粒尺寸之比，$K=D_S/D_L$。

（2）连续颗粒堆积。连续粒度颗粒堆积理论是由 Andreassen 提出的。其分布方程式可用 8-12 来描述：

$$CPFT = \left(\frac{D}{D_L}\right)^q \tag{8-12}$$

式中，q 为粒度分布系数。

Andreassen 粒度分布曲线如图 8-12 所示。$CPFT$ 与颗粒尺寸的双对数图为一条直线，q 为其斜率。

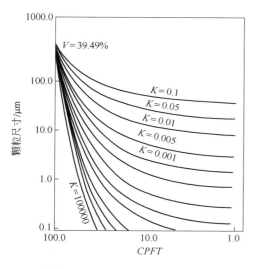

图 8-11 Furnas 粒度分布曲线

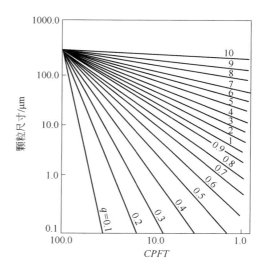

图 8-12 Andreassen 粒度分布曲线

在 Andreassen 方程中没有最小粒度的限制，其下限是无穷的。这与实际情况有差别。Dinger 和 Funk 根据 Furnas 方程对 Andreassen 方程进行了修订，得到 Dinger-Funk 方程式 8-13。其粒度分布曲线如图 8-13 所示。可见在 $CPFT$ 与 D 的双对数坐标上，Andreassen 方程为直线，而 Dinger 和 Funk 为曲线，在实际工作中前者更为方便。

$$CPFT = \frac{D^q - D_S^q}{D_L^q - D_S^q} \tag{8-13}$$

不定形耐火材料，特别是浇注料对粒度控制的要求较高。它不仅影响材料的显微结构与性能，对施工性能更有重要影响。通常，对于振动型浇注料，q 值可以在较大范围内波动，可在 0.26~0.35 之间。而对于自流料 q 值应控制在 0.21~0.26 之间。大于 0.26 后自流性会变差。自流料与泵送料对粒度组成的要求严格，颗粒组成配合不当会产生对施工很

不利的结果。图 8-14 为用 90 尖晶石（MgO
10%；Al$_2$O$_3$ 90%）、煅烧氧化铝与铝酸钙水泥
为原料，加水量为 7% 的情况下，大
（>1.00mm）、中（1.00~0.045mm）与小颗粒
（<0.045mm）的粒度三角形中颗粒配比不同的
泥料的形态。全图可分为五个区域。在区域①
中发生粗颗粒与细颗粒分离，颗粒偏析；在区
域②中，由于粗颗粒多，不流动，泥料表面暴
露大量粗颗粒；在区域③中，由于中颗粒多，
泥料的塑性较高，无自流性；区域④中细粉含
量偏高，有较好的塑性与黏性，但无自流性。
只有在区域⑤中，粒度适当，泥料具有良好的
自流性。该自流区是比较窄的。图 8-15 给出在
（>1.0mm）-（1.0~0.045mm）-（<0.045mm）
粒度组成三角形中粒度间隔为 5% 变化的情况
下各组成浇注料的流动值。可见高流动值浇注

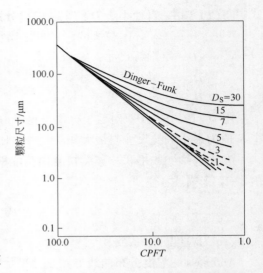

图 8-13　Dinger-Funk 与 Andreassen 粒度分布
（$D_L = 300$，$q = 0.8$，$D_S = 30$，15，7，5）

料的粒度组成在一个很窄的范围内。因此，严格控制粒度组成对自流料是重要的。

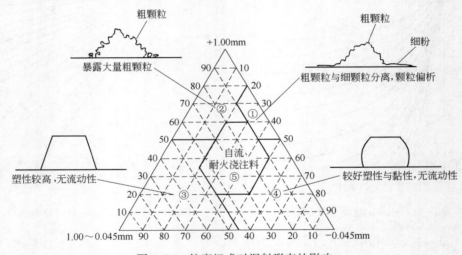

图 8-14　粒度组成对泥料形态的影响

　　除了粒度组成以外，颗粒形状对不定形耐火材料，特别是浇注料的流动性影响较大。
加藤邦夫等人研究球形度高的烧结氧化铝颗粒与两种普通的烧结氧化铝颗粒对氧化铝及氧
化铝-碳化硅浇注料流动性的影响。

　　三者的 Al$_2$O$_3$ 含量都高于 99.55%，粒度分布也相差不太大，只是其中一种的颗粒的球
形度较大。尺寸小于 1mm 的颗粒的形貌，如图 8-16 所示，其球形度较高，此颗粒称为球
形颗粒，另外两种称为普通颗粒。其中 A 的显气孔率较小，为 2.6%，B 的为 4.4%。不同
尺寸的三种颗粒的安息角如表 8-1 所示。球形烧结氧化铝颗粒的安息角略小。

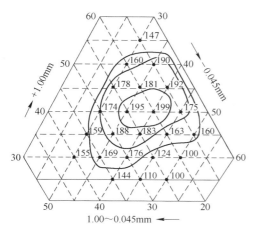

图 8-15　>1.0mm，1.00~0.045mm，<0.045mm
粒度组成三角形中各组成点的流动值

图 8-16　球形颗粒的形貌（尺寸<1mm）

表 8-1　烧结氧化铝的形状与安息角

颗粒尺寸/mm	球形颗粒的安息角/(°)	普通颗粒 A 的安息角/(°)	普通颗粒 B 的安息角/(°)
5~3	30.1	31.1	30.9
3~1	31.1	34.9	34.9
<1	34.0	35.9	35.3

表 8-2 给出不同尺寸颗粒的振动前后的堆积密度。由表可以看出，无论振动前后，球形颗粒的堆积密度都大于普通颗粒。但球形颗粒振动前后的堆积密度的变化较小，充分说明球形颗粒的流动性较好。为了对比颗粒形状对浇注料流动性的影响，设计了 15 种配方，分别用球形颗粒取代普通颗粒，如表 8-3 所示。10~15 号配方中加有碳化硅。在 1~5 号配方中，同时使用 A、B 两种原料以对比不同气孔率的情况下球形颗粒的影响。6~9 号配方与 2 号配方研究加入<1mm 的球形颗粒的影响。10~15 号配方是研究在有碳化硅存在的情况下球形颗粒的影响。在 6~15 号试样中所使用的烧结氧化铝全部为 A 料。

表 8-2　振动前后球形颗粒与普通颗粒的堆积密度

颗粒尺寸/mm	球形颗粒			普通颗粒 A			普通颗粒 B		
	振动前/g·cm⁻³	振动后/g·cm⁻³	变化/%	振动前/g·cm⁻³	振动后/g·cm⁻³	变化/%	振动前/g·cm⁻³	振动后/g·cm⁻³	变化/%
5~3	2.42	2.46	1.7	2.14	2.19	2.3	2.13	2.17	1.9
3~1	2.50	2.57	2.8	2.09	2.21	5.7	2.11	2.21	4.7
<1	2.44	2.52	3.3	2.02	2.17	7.4	2.05	2.20	7.3

表8-3 试验浇注料的配方   （质量分数,%）

配方		1	2	3	4	5	6	7	8	9	10	11	12	13	14	15
烧结氧化铝 A 或 B	5~3mm	15	15	15			15	15	15	15	15	15	15		15	
	3~1mm	25	25		25		25	25	25	25	25	25			25	
	<1mm	25		25			20	15	10	5	25				10	
	<0.045mm	25	25	25	25	25	25	25	25	25	5	5	5	5	20	20
球形烧结氧化铝	5~3mm				15	15							15			15
	3~1mm			25		25							25	25		25
	<1mm		25			25	5	10	15	20		25	25	25		10
高铝水泥		10	10	10	10	10	10	10	10	10	10	10	10	10	10	10
碳化硅	<1mm														15	15
	<0.045mm										20	20	20	20	5	5

所得结果如图8-17和图8-18所示。由图可以看出，当使用烧结氧化铝A时，除了4号试样以外，用球形颗粒氧化铝取代烧结氧化铝A都有一定的减水效果。例如当流动值为200时，5号料的用水量（质量分数）比1号料少1%左右。

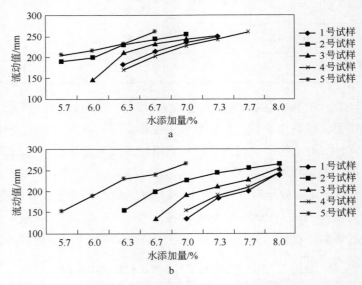

图8-17 1-5号试样流动值与加水量的关系
a—以烧结氧化铝A为原料；b—以烧结氧化铝B为原料

当用烧结氧化铝B为原料时，也是除了4号料以外，以球形颗粒氧化铝取代烧结氧化铝B时，用水量下降显著，其下降幅度比使用烧结氧化铝A为原料时大。这是因为B料的气孔率较高，使用它时浇注料的流动性较差，这种情况下球形颗粒发挥的作用更为显著。

图8-18主要表示以小于1mm的球形颗粒取代烧结氧化铝A的情况，浇注料的流动性

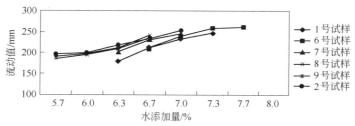

图 8-18　用小于 1mm 的球形颗粒取代烧结刚玉 A 的条件下，流动值与用水量的关系

与加水量的关系。可见当小于 1mm 的球状氧化铝的取代量为 5% 时，基本上无减水效果。当取代量大于 10% 后，显现出一定的减水效果，但不如以大颗粒加入的效果好。

　　总之，球形颗粒有利于提高粉料的填充性，可改善浇注料的流动性，减少加水量，以颗粒形式加入的效果比细粉加入的形式好，在细粉流动性较差的情况下，作用显著。最近研究表明，采用球形颗粒进行配料，因其 "拱桥效应" 导致材料的强度将得到大大提高。

8.4　不定形耐火材料的结合剂

　　结合剂是指添加到非塑性颗粒料或纤维状材料中，使其具有作业性能和生坯强度或干燥强度的物质。在不定形耐火材料与不烧制品中，除了考虑结合剂的结合性能外，还必须考虑到它们在加热过程中的变化、与被结合材料在高温下的反应以及对后者组成、显微结构与性能的影响。

8.4.1　不定形耐火材料结合剂的分类

　　不定形耐火材料结合剂很多，其分类方法也有多种。

8.4.1.1　按化学成分与性质分类

按化学成分与性质，结合剂可分为无机结合剂与有机结合剂两大类。

无机结合剂按其化学成分又可分为如下几类：

（1）硅酸盐类。硅酸盐水泥、水玻璃以及结合黏土等。

（2）铝酸盐类。铝酸钙水泥（包括高纯的与普通的）、铝酸钡水泥等。

（3）磷酸盐类。磷酸与各种磷酸盐，如磷酸二氢铝、磷酸镁、磷酸二氢铵、铝铬磷酸盐、三聚磷酸钠、磷酸钠等。

（4）硫酸盐。常见的有硫酸铝、硫酸镁等等。

（5）氯化物。如氯化镁与卤水、聚合氯化铝等。

（6）溶胶（或凝胶）及微粉。有氧化硅溶胶、氧化铝溶胶、氧化硅-氧化铝复合溶胶、ρ-氧化铝、活性氧化铝及氧化硅微粉等。

有机类结合剂包括有下列几类：

（1）天然有机物或从天然有机物中分离出来的物质。它们主要有淀粉、糊精、阿拉伯树胶、糖蜜、纸浆废液及木质磺酸钙、海藻酸钠、焦油、沥青与蒽油等。

（2）合成有机物。它们包括各种树脂，如酚醛树脂、环氧树脂、脲醛树脂、呋喃树脂等。此外，还有聚乙烯醇、羧甲基纤维素、硅酸乙酯、聚醋酸乙烯酯等。有机结合剂分为水溶性与非水溶性两类。通常后者碳化后所获得的残碳较高。

8.4.1.2　按硬化条件分类

按硬化条件可分为三类：

（1）水硬性结合剂。水硬性结合剂指加水混合后经养护，通过水化反应而凝结与硬化的结合剂。各种水泥即为这类结合剂。

（2）气硬性结合剂。气硬性结合剂指在常温自然干燥条件下养护即可凝结、硬化的结合剂。如水玻璃、磷酸盐类多为这种结合剂。通常需添加促凝剂。有时也要通过干燥以获得较高的强度。

（3）热硬性结合剂。热硬性结合剂指需要经过一定温度（一般为 $105 \sim 350℃$）烘烤才凝结、硬化的结合剂，如酚醛树脂结合剂。有时也需加入促凝材料，如用线型酚醛树脂时，需加乌洛托品（六次甲基四胺），通过加热时发生的缩聚反应而硬化。

8.4.1.3　按结合机理分类

按结合机理，结合类型可分为如下六类：

（1）水化结合。水化结合指在常温下通过水化反应生成水化物而凝结、硬化并获得强度。常见的这类结合剂有铝酸盐水泥、$\rho\text{-}Al_2O_3$ 等水硬性结合剂。

（2）化学结合。化学结合指通过结合剂与被结合物料之间或者结合剂与外加的促凝剂之间的化学反应生成具有结合作用的物相而形成结合。形成化学结合的结合剂有磷酸盐、水玻璃等。

（3）凝聚结合。凝聚结合指在固体小颗粒–水体系的悬浮液中加入凝聚剂或调节 pH 值使微颗粒（胶体颗粒）发生凝聚而产生结合。各种胶体结合剂以及悬浮体类结合剂形成的结合均属这种类型。

（4）缩聚结合。缩聚结合指通过加入催化剂或交联剂使结合剂发生缩聚反应形成的结合。大多数树脂类结合剂形成的结合属这类结合。

（5）黏（附）着结合。黏（附）着结合是通过物理或化学作用将固体联结在一起所形成的结合。包括物理吸附（范德华力）作用而形成的结合以及通过在固体颗粒表面形成化学键产生的化学吸附；其次是通过结合剂的渗透、扩散在颗粒表面上形成相互连接的膜而产生的结合；再有就是通过结合剂与被结物质界面上存在的双电层，在静电引入作用下被结在一起而形成的结合。常见的有机类结合剂，如糊精、羧甲基纤维素、木质素磺酸盐等多形成此类结合。

（6）高温液相结合。高温液相结合也称为陶瓷结合，常见于干式料中。最常见的为用硼酐（B_2O_3）或硼酸（有时也用硼砂）作为刚玉干式料的结合剂。硼酐在 $450 \sim 550℃$ 下可形成黏度高的液相将刚玉颗粒结合在一起。随温度的升高，Al_2O_3 通过固–液反应生成 $2Al_2O_3 \cdot B_2O_3$，最后生成 $9Al_2O_3 \cdot 2B_2O_3$。可见，B_2O_3 可以在低温下生成液相，黏合刚玉料，在高温下生成高熔点的 $9Al_2O_3 \cdot 2B_2O_3$。因此，它是工频感应炉内衬与出钢口填充料用干式料的理想结合剂。

8.4.2　铝酸钙水泥

铝酸钙水泥是目前使用最广泛的结合剂。它是以氧化铝或矾土与碳酸钙为原料经煅烧或电熔而得到的。也有用高铁矾土与石灰石为原料经熔融制得高铁铝酸钙水泥的。还有用氧化铝或矾土与白云石为原料制得含镁铝尖晶石的铝酸钙水泥。近年来，虽然耐火材料工作者试图尽量降低浇注料等耐火材料中 CaO 的含量以减少其对高温性能的影响，生产出低水泥浇注料（CaO 2.5~0.2%）、超低水泥浇注料（CaO 1.0~0.2%）与无水泥浇注料（CaO<0.2%），使水泥在浇注料中的用量减少。但是，它仍然是最广泛使用的结合剂，与其他的结合剂相比，其优点之一是可以短时间（6~24h）内获得高强度。

按化学成分，即杂质含量，铝酸钙水泥可以分为低纯、中纯与高纯型三类。也可以按凝结时间分快凝、中凝与慢凝等几类。表 8-4 给出一种按化学成分分类的方法供参考。

表 8-4 铝酸钙水泥的分类

性质		低纯型	中纯型	高纯型
化学成分/%	SiO_2	4.5~9.0	3.5~6.0	0.0~0.3
	Al_2O_3	39~50	55~56	70~90
	Fe_2O_3	7~16	1~3	0.0~0.4
	CaO	35~42	26~36	9~28
比表面积/$m^2 \cdot g^{-1}$	Wagner（ASTMC115）	0.14~0.16	0.16~0.24	0.22~0.30
	Blaine（ASTMC204）	0.26~0.44	0.32~1.00	0.36~1.50
	BET	0.6~1.00	0.8~5.00	0.60~18.00
密度/$g \cdot cm^{-3}$		3.05~3.25	2.95~3.15	3.00~3.30
维卡初凝时间（ASTMC191）/h:min		3:00~9:00	3:00~12:00	3:00~6:00

由表 8-4 可以看出，即使是同一类型的水泥，其化学成分与性质也是在较大的范围内波动。其性质与其细度及相成分有关。低纯与中纯铝酸钙水泥可以用氧化钙与杂质含量不同的矾土制造，因此也被称为矾土水泥。表 8-5 给出一些典型的铝酸钙水泥的化学成分。其中包括低纯的、中等纯度的与高纯的。

表 8-5 典型的铝酸钙水泥的化学成分

化学成分（质量分数）/%	1	2	3	4	5	6	7	8	9
SiO_2	3.05	4.72	4.59	6.69	5.21	0.20	0.80	0.08	0.08
TiO_2	1.95	2.16	2.09	2.66	2.57	fr	0.25	fr	0.03
Al_2O_3	42.11	47.55	52.28	52.98	50.70	71.07	68.5	80.22	88.10
Fe_2O_3	15.55	9.52	5.35	1.87	2.20	0.09	0.3	0.12	0.18
CaO	37.46	34.82	35.27	34.50	36.85	27.10	31.0	17.63	9.70
MgO	0.65	1.19	0.35	0.51	2.20	0.33	0.3	0.35	0.00
Na_2O	0.08	0.06	0.10	—	—	0.21	—	0.66	—
K_2O	0.05	0.02	0.05	—	—	0.02	—	Tr	—
烧失量	-0.2	0.35	-0.05	—	—	0.17	—	1.06	—

8.4.2.1 铝酸钙水泥的物相组成

图 8-19 为 $CaO-Al_2O_3$ 二元系相图，它是纯铝酸钙水泥生产控制的基础。图中最低共

熔点在 CaO/Al_2O_3 比为 50% 左右，共熔温度约为 1360℃。因此，用烧结法生产铝酸钙水泥的烧结温度不高，在 1300~1430℃ 之间，为液相反应烧结。

大部分铝酸钙水泥的化学成分控制在图 8-19 的右侧。因此，主要相成分为 CA、CA_2、CA_6、$C_{12}A_7$。当使用矾土为原料时，SiO_2 与 Fe_2O_3 及 TiO_2 参加反应，还会生成 C_2S、C_4AF、C_2AS、CT 等物相。此外，还可能有未反应的 Al_2O_3（A）存在。

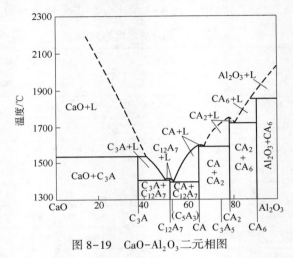

图 8-19　$CaO-Al_2O_3$ 二元相图

表 8-6 中给出低纯、中纯及高纯铝酸钙水泥中的主要物相及它们的水化速度。

表 8-6　铝酸钙水泥中的矿物相与水化速度

水化速度	水泥纯度		
	低纯	中纯	高纯
快速水化	$C_{12}A_7$	$C_{12}A_7$	$C_{12}A_7$
中速水化	CA	CA	CA
慢速水化	CA_2	CA_2	CA_2
	C_2S	C_2S	—
	C_4AF	C_4AF	
不水化	C_2AS	C_2AS	CA_6
	CT	CT	A
	A	A	—

表 8-7 中给出它们的化学成分与重要性质。在这些物相中，一铝酸钙 CA，二铝酸钙 CA_2 与七铝酸十二钙为最重要的水化物质。应该指出的是，各相的结晶程度与生产工艺对其水化活性有一定影响。如烧结法与熔融法生产的水泥的物相组成、水化活性有差别。烧成温度、熔制制度与冷却制度都会对水泥的相组成及水化活性产生影响。此外，粒度对水化活性也有较大影响，颗粒越细，水化活性越高。同时它也更易与骨料反应。六铝酸钙

CA_6虽然没有水化性，但是在耐火材料中仍有相当的地位，一方面它可以在耐火材料与渣的反应中生成。由于它的熔点高，可以起到对耐火材料的自修复作用，减少对耐火材料的侵蚀。另一方面CA_6已成为一个重要的潜在的隔热耐火材料。因此，这里也顺带介绍了它的一些重要的性质。

表 8-7　铝酸钙水泥的主要物相的成分与性质

物相	化学成分（质量分数）/%				熔点/℃	密度/g·cm⁻³	耐压强度/MPa	凝结时间 初一终/h:min	晶系
	CaO	Al_2O_3	Fe_2O_3	SiO_2					
C	99.8	—			2570	3.32	—	—	立方
$C_{12}A_7$	48.6	51.4			1415~1495	2.69	15	0:05~0:07	立方
CA	35.4	64.6			1600	2.98	60	7:00~8:00	单斜
CA_2	21.7	78.3			1750~1765	2.91	25	18:00~20:00	单斜
C_2S	65.1			34.9	2066	3.27	—		单斜
C_4AF	46.2	20.9	32.9		1415	3.77			斜方
C_2AS	40.9	37.2		21.9	1590	3.04			四方
CA_6	8.6	91.6			1830	3.38			六方
$\alpha-A$	—	99.8			2051	3.98			菱形

如前所述，铝酸钙水泥是以碳酸钙与Al_2O_3等为原料经煅烧与熔融而制成的。烧成与熔融制度对水泥的相组成产生一定的影响。根据生产条件的不同，在市售的铝酸钙水泥中各主要相的含量（质量分数）大致如下：CA 40%~70%；CA_2<25%；$C_{12}A_7$<3%。

8.4.2.2　铝酸钙水泥的水化及影响因素

水泥的水化是由水泥中的可水化组成与水发生化学反应而凝固、硬化并获得强度的过程。CA、CA_2与$C_{12}A_7$与水发生反应生成不同的物质。主要水化反应如图 8-20 所示。由图可见，水化产物除了与物相成分有关外，还与温度有关。各水化产物的组成与性质列于表8-8 中。

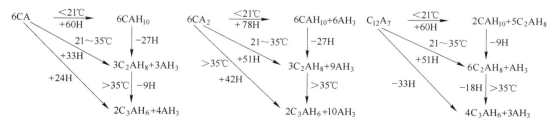

图 8-20　铝酸钙水泥水化阶段的水化反应

（C=CaO；A=Al_2O_3；H=H_2O）

表 8-8 铝酸钙水泥水化物的性质

水化物	化学成分/%			晶系	密度/g·cm^{-3}
	CaO	Al$_2$O$_3$	H$_2$O		
CAH$_{10}$	16.6	30.1	53.5	六方	1.72
C$_2$AH$_8$	31.3	28.4	40.3	六方	1.95
C$_3$AH$_6$	44.4	27.0	28.6	六方	2.52
AH$_3$	—	65.4	34.6	六方	2.42

铝酸盐水泥水化产物与研究条件有关，不同的研究者可能得出不同的结论。如有研究者将铝酸盐水泥浆体在 10℃ 和 20℃ 下养护 24h，分别得到 CAH$_{10}$ 和 C$_2$AH$_8$ 两种水化产物，再将这两种水化产物在 60℃、无自由水存在的条件下养护 3d，发现水化产物的 XRD 衍射峰没有发生变化，依然是 CAH$_{10}$ 和 C$_2$AH$_8$，没有 C$_3$AH$_6$ 水化产物；电镜观察表明，主要的水化产物是针柱状的 CAH$_{10}$ 和板片状的 C$_2$AH$_8$，也没有出现立方石榴石状的 C$_3$AH$_6$。因此认为水化产物 CAH$_{10}$ 和 C$_2$AH$_8$ 向 C$_3$AH$_6$ 和 AH$_3$ 的转化并不是"固相脱水分解"的过程。另外，CAH$_{10}$ 和 C$_2$AH$_8$ 在 60℃ 有自由水存在的情况下养护 3d 后，CAH$_{10}$ 和 C$_2$AH$_8$ 的 XRD 衍射峰完全消失不见，出现了非常明显的 C$_3$AH$_6$ 和 AH$_3$ 的特征峰；同样，电镜观察发现，针柱状的 CAH$_{10}$ 和板片状的 C$_2$AH$_8$ 已经消失，主要的水化产物则是典型的石榴石状的 C$_3$AH$_6$ 和非常细小的 AH$_3$。因此认为水化产物的转化是通过 CAH$_{10}$ 和 C$_2$AH$_8$ 溶解、C$_3$AH$_6$ 和 AH$_3$ 析出进行的，即水是水化产物通过溶解-沉淀机制发生转化不可缺少的介质。这样的研究结果目前报道得不多，还有待进一步考证。

A 水化反应机理

铝酸钙水泥的水化过程与波特兰水泥相似。其机理是水泥中的 CA、CA$_2$ 与 C$_{12}$A$_7$ 与水混合后，Ca^{2+} 与 Al(OH)$_4^-$ 等离子迅速溶入水中，形成 Ca^{2+} 与 Al(OH)$_4^-$ 水溶液并很快达到饱和。达到饱和后又从溶液中结晶出来形成水化物。这些水化产物相互联结形成交错的网状结构从而发生凝固与硬化。此过程可划分为 5 个阶段，如表 8-9 所示。

表 8-9 铝酸盐水化反应进程

反应阶段	控制步骤	化学过程	对浇注料的影响
水化初期	化学反应控制，快	离子溶解	
诱导期	成核控制，慢	离子继续溶解、成核	影响初凝时间
加速期	化学控制，快	水化产物开始形成	决定终凝时间与初始硬化速度
减速期	化学及扩散控制，慢	水化产物继续形成	决定早期强度增进率
稳定期	扩散控制，慢	水化产物缓慢形成	决定后期强度增进率

表 8-9 中的 5 个阶段实际上是一个溶解—沉积过程，可分为 3 个阶段：水化相的溶解、水化相成核与水化相的沉积。首先，水化相溶解到水中并释出 Ca^{2+} 与 Al(OH)$_4^-$。随水中 Ca^{2+} 与 Al(OH)$_4^-$ 浓度的迅速增加，当它们的浓度达到饱和浓度时，即开始第二阶段。此阶段中水化物形成晶核并长大，但沉积过程并未开始，常称为"诱导期"。当晶核长大

到某一临界尺寸时，铝酸钙水化物开始大量沉积伴随着放出大量热量。随着铝酸钙的沉积，溶液中的 Ca^{2+} 与 $Al(OH)_4^-$ 离子浓度下降到低于其饱和浓度，铝酸钙继续溶解并继续沉积。此溶解—沉积过程一直进行到暴露在水中的未水化的铝酸钙颗粒大部分或全部被水化为止。由于非均匀成核易在颗粒的表面进行，一旦形成的水化物层达到一定的厚度，扩散就成为水化过程的控制步骤。水化进入减速期与稳定期，同时在相邻颗粒上产生的水化物会互相穿插、连接产生很强的结合，这就是所谓"固化"。

水泥水化是放热反应。在水化过程中铝酸钙水泥放出热量的时间比波特兰水泥的短，如表8-10所示。可见，铝酸钙水泥在大约1d的时间内即完成水化过程几乎放出全部的热量。图8-21为铝酸钙水泥水化时典型的放热曲线。图中第一个峰与润湿热以及溶解达到饱和状态以及晶核生成有关，当水化活性物质与水刚一接触，此峰就开始出现。第二个峰为晶核尺寸大于临界尺寸后水化物的沉积而形成的放热峰。这两个峰的大小及高度随水泥的组成、添加剂及施工条件而变化。

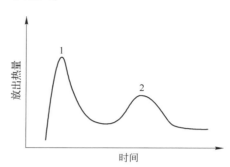

图8-21　铝酸钙水泥水化的典型放热曲线

表8-10　铝酸钙水泥与波特兰水泥的水化热　　　（J/g）

水泥	时间/d			
	1	3	7	28
铝酸钙水泥	321~388.74	326.04~392.92	326.04~397.1	—
波特兰水泥	96.14~192.28	175.56~271.7	196.46~313.5	275.88~392.92

研究水泥硬化的方法很多，材料学中常用的方法几乎都可以应用在水泥水化的研究中。如差热与失重分析，X射线衍射、超声分析、核磁共振等。最常用的为测定水化过程中试样的温度与电导率以及超声波传输的变化。水溶液的电导率与溶液中离子浓度有关，离子浓度越大，电导率越大。因而可以通过测定水泥浆体的电导率来判断水泥浆体中 Ca^{2+} 与 $Al(OH)_4^-$ 的浓度。另外，由于水泥的水化反应是放热反应，可以通过测定水泥浆体以及浇注料的温度随时间的变化来了解水化反应的进行情况。通常把水泥浆体或浇注料试样放在一个绝热良好的容器中，在容器中插入一个热电偶等温度测定设备并与记录器相连即可得到温度与水化时间的关系。也可以在试样的两端安装超声波送入与输出的装置测定超声波传输情况的变化来判断其凝固情况。

B　影响水泥水化的因素

影响铝酸钙水泥的因素主要有水泥的成分与性质、温度、水灰比以及杂质与添加剂等。

a　水泥的组成与性质

水泥的组成对水化的影响是显而易见的。由表8-6及图8-20中可见 CA、CA_2 与 $C_{12}A_7$ 的水化速度与水化产物不同。其中 CA_2 的耐火度最高，水化速度最慢。相反，$C_{12}A_7$ 的耐火度最低，但水化速度很快。因此，铝酸钙水泥中 $C_{12}A_7$ 的含量越高，它的水化速度越快，凝结时间也越短。

水泥的细度，即它的比表面积是影响其水化性能的重要性质。水泥越细，水化反应进行得越快。

除了相组成与比表面积外，研究发现对 CA、CA_2 与氧化铝粉等进行中温（300~800℃）处理后，它们的水化活性有一定改变。CA 的活性更加均匀，CA_2 的水化活性则明显减弱。这可能与其结构缺陷及表面特性的改变有关。

b　温度

温度影响水泥组分的溶解、Ca^{2+} 与 $Al(OH)_4^-$ 达到饱和的快慢以及沉积等化学反应的速度，因而对凝固产生很大的影响。同时，水泥浆的温度也会对其水化产物产生很大的影响。

图 8-22 为 Al_2O_3 含量（质量分数）为 70% 的水泥砂浆（水泥：25%，水：12.5%，其余为 ISO679 砂）的水化热曲线图。热电偶是插在水泥砂浆中间的。一直到养护时间达到220min 时，砂浆内部的温度不变，恒定在 20℃ 左右。当养护时间达到 289min 时，温度上升到 38℃ 时，有一定的放热。XRD 与 DTA 证实有 CAH_{10} 形成。当养护时间从 285min 达到315min 时，温度进一步上升到 65℃，在这一期间内 C_2AH_8 与 AH_3 生成。315min 之后，温度进一步升高到 80℃，这一期间内 C_3AH_6 与 AH_3 沉积，一直到 345min，所有的可水化物完全水化。水泥中的主要矿物的水化产物与温度的关系可用下列诸式表示：

$$CA + 10H \longrightarrow CAH_{10} \quad (<36℃) \tag{8-14}$$

$$2CA + 11H \longrightarrow C_2AH_8 + AH_3 \quad (36~64℃) \tag{8-15}$$

$$3CA + 12H \longrightarrow C_3AH_6 + 2AH_3 \quad (>64℃) \tag{8-16}$$

$$C_{12}A_7 + 51H \longrightarrow 6C_2AH_8 + AH_3 \quad (很快) \tag{8-17}$$

$$3CA_2 + 21H \longrightarrow C_3AH_6 + 5AH_3 \quad (很慢) \tag{8-18}$$

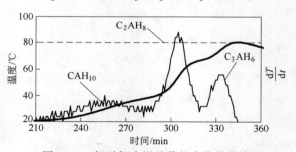

图 8-22　铝酸钙水泥砂浆的水化热曲线

可见，同一种物相在不同的温度下水化会生成不同的水化产物。各水化产物的结构不同，C_3AH_6 通常呈立方体，C_2AH_8 呈盘板状，CAH_{10} 呈针状或六边棱柱体，三水铝石呈板状。由于同一种矿物在不同的温度下生成不同的水化物，对浇注料的性能会产生一定影响，如 CA 在高温下养护直接生成较致密稳定水化物，如 AH_3 或 C_3AH_6，导致较大的气孔率与较大的气孔尺寸，从而降低坯体的强度，但有利于减少干燥过程中的爆裂。相反，在低温下养护生成亚稳定的、致密度较低的水化物 CAH_{10} 与 C_2AH_8。这种情况下凝固后的坯体气孔率较小，强度较大，但是透气性较差。水化物，特别是三水铝石在干燥过程中会放出大量气体容易产生干燥爆裂，因此，铝酸钙水泥结合浇注料的养护温度一般在 27℃ 以上。在实际工作中，为获得最大的强度与烘烤安全，有人建议将浇注料在一不渗透膜的覆盖下，在潮湿的环境中，在 30~38℃ 的温度下养护至少 24h，然后再在 30~38℃ 的温度下在空气中养护 24h。

在实际生产中，由于天气与环境的变化。施工时的环境温度有很大的差别，会对整个水化过程产生很大影响，从而影响凝结时间，影响施工过程。通常夏季的气温较高，凝结时间短，而冬季气温低，凝结时间长。这时需采用添加促凝剂与缓凝剂等方法进行调整。

c　水灰比

水泥的用水量与水泥用量之比称为水灰比。水灰比越高，水化相与水接触的机会越多，有利于水化进行。但当水灰比大到某一临界值后，再增加水的用量的作用非常有限。另外，随着水加入量的增加，固化与干燥后的坯体的气孔率增大，强度下降。同时干燥过程中爆裂的危险性增大。因此，限制水的用量是重要的，常加入各种减水剂来降低水的用量。

d　杂质与添加剂

无论骨料、细粉中的杂质含量如 Na_2O 都可能对水化过程中的溶解—沉积过程产生影响，其作用机理与添加剂相同。

8.4.3　ρ-Al_2O_3 结合剂

铝酸钙水泥是一种常用的结合剂。但它将 CaO 引入硅酸铝质浇注料中有可能降低它的耐火性能。ρ-Al_2O_3 是一种不引入 CaO 等杂质的结合剂。

氧化铝有 α、κ、θ、δ、γ、η、χ、ρ 及非晶质等几种，ρ-Al_2O_3 是 Al_2O_3 变体中在常温下有水化性的唯一变体。其水化反应如式 8-19 所示：

$$2\rho\text{-}Al_2O_3+(4\text{~}5)H_2O \longrightarrow \underset{\text{三水铝石}}{Al_2O_3 \cdot 3H_2O} + \underset{\text{勃姆石凝胶}}{Al_2O_3 \cdot (1\text{~}2)H_2O} \tag{8-19}$$

ρ-Al_2O_3 与水反应生成三水铝石（三羟铝石）与勃姆石凝胶。首先，在水化初期先生成一厚的氧化铝凝胶层，然后转化为以三水铝石为主的三水铝石与勃姆石。三水铝石的晶体互相联结。同时，凝胶填充气孔并减低表面缺陷。此外，此结晶过程有利于在骨料颗粒的表面形成这种结构，以连接邻近颗粒的基质。这几方面的作用可以使坯体获得强度。

ρ-Al_2O_3 的水化反应同样受到温度与添加剂的影响。表 8-11 给出了水/ρ-Al_2O_3 比为 9/10 的浆体的养护时间与温度以及水化产物 X 射线衍射相对强度的关系。由表可见，当温度为 5℃ 时，ρ-Al_2O_3 的水化速度非常慢。随温度的升高，水化速度加快，当温度达到 30℃ 时，水化 48h 后，三水铝石与勃姆石的含量基本上与养护时间无关。

表 8-11　ρ-Al_2O_3 水化物的 X 射线衍射相对强度与养护时间及温度的关系

温度/℃	养护时间							
	24h		48h		96h		105℃ 下干燥 24h	
	三水铝石	勃姆石	三水铝石	勃姆石	三水铝石	勃姆石	三水铝石	勃姆石
5	0	0	—	—	0	痕迹	0	7
15	0	痕迹	39	痕迹	55	2	8	4
30	31	3	45	30	44	3	40	4

添加剂同样影响 $\rho\text{-Al}_2O_3$ 的水化反应。图 8-23 为 $\rho\text{-Al}_2O_3$ 水化后生成三水铝石的 X 射线相对强度与添加物量及温度的关系。由图可以看出，添加碱金属盐在低养护温度下可以促进三水铝石的生成。但在高养护温度下，加入有机羧酸会抑制三水铝石的生成，却促进勃姆石的生成，有利于提高强度。图 8-24 为以矾土为骨料、加 8% 的 $\rho\text{-Al}_2O_3$ 及氧化硅微粉与少量添加剂所制得的浇注料的断裂模量与养护时间及温度的关系。当养护温度达到 15℃后，浇注料的强度有很大的提高。

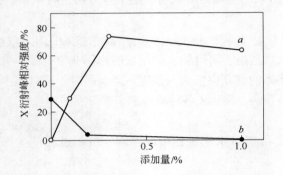

图 8-23　添加剂对 $\rho\text{-Al}_2O_3$ 水化物的影响

a—添加碱金属盐（5℃，6h）；

b—添加羧酸（30℃，24h）

图 8-24　$\rho\text{-Al}_2O_3$ 结合矾土浇注料的强度与

养护时间及温度的关系

在实际生产中，由于 $\rho\text{-Al}_2O_3$ 的水化作用较慢，常需加入某些添加剂或其他结合剂。$\rho\text{-Al}_2O_3$ 水化物会在加热过程中脱水而失去强度，最后成为 $\alpha\text{-Al}_2O_3$。也可能与其他物质形成新的化合物。图 8-25 给出三种不同条件下 $\rho\text{-Al}_2O_3$ 水化物 DTA 曲线。由图看出，120℃左右的吸热峰为脱去吸附水产生的，300℃与450℃左右的吸热峰分别由三水铝石与勃姆石凝胶的脱水产生的。进一步提高热处理温度所得到的产物如表 8-12 所示。由表可知，在 1000℃以下，$\rho\text{-Al}_2O_3$ 水化物脱水后的晶型转变速度并不快。到 1000℃后，开始较快地转化。在 1200℃处理后几乎全部转化为 $\alpha\text{-Al}_2O_3$。

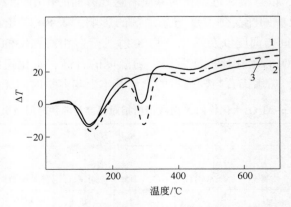

图 8-25　$\rho\text{-Al}_2O_3$ 水化产物的 DTA 曲线

1—$\rho\text{-Al}_2O_3$；2—$\rho\text{-Al}_2O_3$+1% 的羧酸；3—$\rho\text{-Al}_2O_3$ 与 0.3N NaOH 混合 30℃下养护

表 8-12　ρ-Al$_2$O$_3$水化物不同处理温度后的产物

温度/℃	χ-Al$_2$O$_3$	η-Al$_2$O$_3$	γ-Al$_2$O$_3$	κ-Al$_2$O$_3$	θ-Al$_2$O$_3$	α-Al$_2$O$_3$
500	弱	弱	弱			
800	弱		弱			
1000				中	中	很弱
1200						很强
1400						很强

8.4.4　磷酸及磷酸盐结合剂

磷酸与磷酸盐结合剂是一种传统的优良结合剂，最早曾用于航空航天部门来制造防热涂层以及电子工业中作为元件封装材料的黏结剂。在耐火材料中也广泛用作为不定形耐火材料及不烧制品的黏结剂，如火泥、捣打料等。由于铝酸钙水泥等结合剂的出现，磷酸盐作为浇注料结合剂已逐渐减少，但在不烧制品中仍应用广泛。

在磷酸盐结合剂中以磷酸铝最重要。磷酸作为结合剂时，通常也是先与被结合的刚玉或矾土反应生成磷酸铝再起结合作用。

8.4.4.1　磷酸铝结合剂

磷酸铝结合剂通常是用磷酸与活性较大的氢氧化铝反应而制得的。随反应物中P$_2$O$_2$/Al$_2$O$_3$摩尔比（用 M 表示）不同，其反应产物也不相同（即磷酸中的氢被取代的程度不同）。可分为磷酸二氢铝（也称第一磷酸铝）、磷酸一氢铝（也称第二磷酸铝或磷酸氢铝）和正磷酸铝（AlPO$_4$，也称第三磷酸铝或磷酸铝）。表 8-13 为各种磷酸铝的化学组成。

表 8-13　各种磷酸铝的化学组成

名称	化学式	相对分子质量	M 值	化学组成/%		
				Al$_2$O$_3$	P$_2$O$_5$	H$_2$O
磷酸二氢铝	Al(H$_2$PO$_4$)$_3$或 Al$_2$O$_3$·3P$_2$O$_5$·6H$_2$O	317.89	3.0	16.0	67.0	17.0
磷酸一氢铝	Al$_2$(H$_2$PO$_4$)$_3$或 2Al$_2$O$_3$·3P$_2$O$_5$·6H$_2$O	341.87	1.5	29.8	62.3	7.9
正磷酸铝	AlPO$_4$或 Al$_2$O$_3$·P$_2$O$_5$	121.95	1.0	41.8	58.2	0.0

随着磷酸中氢被 Al$_2$O$_3$ 取代程度的不同，各种磷酸铝的性质也有很大差别。通常用P$_2$O$_5$/Al$_2$O$_3$之比（M 值）或 Al/PO$_4$摩尔比来衡量氢被取代的程度。

首先是磷酸盐在水中的溶解度随 M 值的增加而增大。图 8-26 为磷酸铝在水中的溶解度随铝含量的变化。由图可见，M 值小时，溶解度低，甚至为非水溶性的，不能用作结合剂。通常磷酸铝结合剂的 $M=3\sim5$，即以磷酸二氢铝为主要成分。

磷酸铝的溶解性还与温度有关。市场上供应的磷酸二氢铝结合剂除了液态的以外，还有固态的，它分为常温水溶与高温水溶两种形式。

磷酸铝水溶液的黏度对其施工性能有较大影响。其黏度与其组成及温度等有关系。图 8-27 与图 8-28 分别给出磷酸铝黏结剂中 $Al(H_2PO_5)_3$ 的含量及 M 值对其黏度的影响。图 8-29 中给出温度的影响。

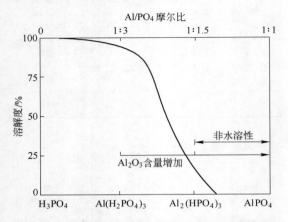

图 8-26　磷酸铝在水中的溶解度与 Al 含量的关系

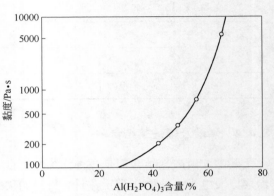

图 8-27　$Al(H_2PO_4)_3$ 含量与黏度的关系

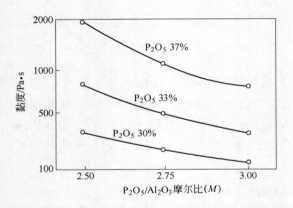

图 8-28　磷酸铝结合剂的 M 值对黏度的影响

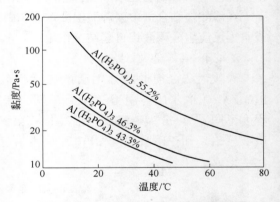

图 8-29　温度对磷酸铝黏度的影响

磷酸铝结合剂加热变化对材料的性能有很大影响。其三大组成 $Al(H_2PO_4)$、$Al_2(HPO_4)_3$ 与 $AlH_3(PO_4)_2 \cdot 3H_2O$ 在加热中的变化如图 8-30 所示。由图可见，当温度低于 1300℃时，随温度升高各磷酸铝发生的变化不同。到 1300℃左右时都转变为 $AlPO_4$。其结构与鳞石英相似。由于这种结构，使得磷酸盐结合剂有较好的高温性能，获得较高的高温强度。通常，磷酸铝结合的耐火材料经 500~600℃烘烤后可获得较高的强度。

8.4.4.2　聚磷酸盐结合剂

聚合磷酸盐（主要是聚合磷酸钠）大多用作不定形耐火材料和不烧砖的结合剂，也可用作各种材质耐火浇注料的分散剂（减水剂），在陶瓷工业中和湿法制备耐火泥料时，聚合磷酸钠也是良好的泥浆减水剂。

A　聚合磷酸钠的分类

聚合磷酸钠按照 Na_2O/P_2O_5 摩尔比（R）可分为聚磷酸钠（$Na_{n+2}P_nO_{3n+1}$，$1 \leqslant R \leqslant 2$）、偏磷酸钠（$(NaPO_3)_n$，$R=1$）和超聚磷酸钠（$0 < R < 1$），具体分类见表 8-14。各类聚合

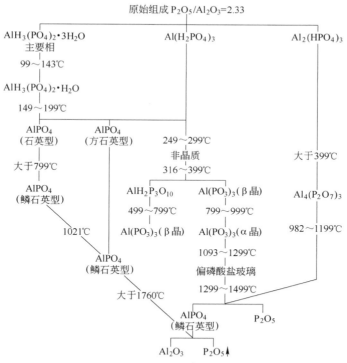

图 8-30 磷酸铝结合剂（$M = 2.33$）加热过程中的变化

磷酸盐再按聚合度（n）可以细分。对于聚磷酸钠，$n = 2$ 时（$Na_4P_2O_7$）为二聚磷酸钠（也称焦磷酸钠），$n = 3$ 时（$Na_5P_3O_4$）为三聚磷酸钠；对于偏磷酸钠，$n = 6$ 时（$Na_6P_6O_{18}$）为六偏磷酸钠。一些常见聚合磷酸钠的组成见表 8-15，其中三聚磷酸钠和六偏磷酸钠是最为常见的耐火材料结合剂与减水剂。

表 8-14 聚合磷酸钠的分类

名称		Na_2O/P_2O_5	分子式	举例
正磷酸钠		$R = 3$	Na_3PO_4	
聚合磷酸钠	聚磷酸钠	$1 < R \leq 2$	$Na_{n+2}P_nO_{3n+1}$	三聚磷酸钠（$n = 3$）
	偏磷酸钠	$R = 1$	$(NaPO_3)_n$	六偏磷酸钠（$n = 6$）
	超聚磷酸钠	$0 < R < 1$	$xNa_2O \cdot yP_2O_5$	

表 8-15 常见聚合磷酸钠的组成

名称	分子式	理论含量/%		Na_2O/P_2O_5 摩尔比（R）	1%水溶液的 pH 值
		P_2O_5	Na_2O		
焦磷酸钠	$Na_4P_2O_7$	53.4	46.6	2	10.2
三聚磷酸钠	$Na_5P_3O_{10}$	57.9	42.1	5/3	9.7
四聚磷酸钠	$Na_6P_4O_{13}$	60.4	39.6	3/2	9.0

续表 8-15

名称	分子式	理论含量/%		Na₂O/P₂O₅ 摩尔比（R）	1%水溶液的 pH 值
		P_2O_5	Na_2O		
五聚磷酸钠	$Na_7P_5O_{16}$	61.3	38.7	7/5	8.6
六聚磷酸钠	$Na_8P_6O_{19}$	63.3	36.7	4/3	8.0
六偏磷酸钠	$Na_6P_6O_{18}$	69.7	30.3	1	6.4

B　三聚磷酸钠

三聚磷酸钠为白色粉末，纯度较低时略带黄色或灰色，堆积密度为 0.48~0.72g/cm³，熔点为 622℃。三聚磷酸钠在低于 0℃时几乎不溶于水，0~50℃其溶解度为 14.5~16.5g/100g 水，50℃以上时溶解度随温度升高而增加较快，如图 8-31 所示。

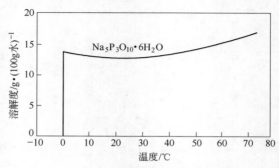

图 8-31　三聚磷酸钠的溶解度

水溶液的 pH 值为 9.4~9.7。三聚磷酸钠在潮湿的环境中有一定的吸湿性，但远比六偏磷酸钠要小，见表 8-16。

表 8-16　聚合磷酸钠的吸湿性

种类	大气湿度/%	吸收水分/%				
		22h	72h	144h	240h	360h
三聚磷酸钠	42.0	0.0	0.0	0.0	0.0	0.0
	79.4	0.3	1.2	3.7	9.1	12.8
六偏磷酸钠	42.0	1.4	4.4	6.9	9.7	11.9
	79.4	4.1	12.6	21.9	29.2	32.7

工业三聚磷酸钠中三聚磷酸钠的含量（质量分数）为 85%~96%，焦磷酸钠的含量（质量分数）为 4%~15%，并含有少量的正磷酸钠和偏磷酸钠。有关组成与性质在中国标准（GB 9983—2004）中都有规定。

三聚磷酸钠加水溶解后形成磷酸一氢钠和磷酸二氢钠，此两种化合物会与碱性耐火材料中的 MgO 反应生成钠镁磷酸盐而产生结合作用。它用作碱性耐火材料的结合剂时，制成喷补料或不烧制品，其硬化速度都较快，强度也高。三聚磷酸钠与碱性耐火原料生成的反应物的熔点也较高。三聚磷酸钠受热时可发生有助于提高材料强度的聚合作用，并不会发生因相变而使坯体结构疏松的现象，因此用其结合的材料从常温到中温都具有较高的强度。在高温下出现液相之后，尽管热态强度有所降低，但仍比用硫酸镁、氯化镁和水玻璃结合的材料强度要高。此外，三聚磷酸钠为结合剂的镁质材料还具有良好的热震稳定性。

C 六偏磷酸钠

六偏磷酸钠是玻璃体状磷酸钠系列中的一种，因最早为格雷哈姆（Graham）发现，故又名格雷哈姆盐。它是由纯碱和正磷酸首先制得磷酸二氢钠，然后再经加热脱水和缩聚而制得，反应式如下：

$$2NaH_2PO_4 \longrightarrow Na_2H_2P_2O_7 + H_2O \ (150℃) \qquad (8-20)$$

$$Na_2H_2P_2O_7 \longrightarrow 2NaPO_3 + H_2O \qquad (270℃) \qquad (8-21)$$

$$6NaPO_3 \longrightarrow (NaPO_3)_6 \qquad (150℃) \qquad (8-22)$$

制得的六偏磷酸钠熔体为玻璃状，Na_2O/P_2O_5（R 值）介于 1.0~1.71。

市售的六偏磷酸钠为片状或块状玻璃体，粉碎后为白色粉末状，吸湿性较强，见表 8-16。它易溶于水，溶液呈碱性，pH 值为 6.0~8.6。六偏磷酸钠在水中会水解成磷酸二氢钠，而且随温度升高水解加速。下列金属离子的存在会大大促进其水解反应，其促进顺序如下：

$$Al^{3+} > Mg^{2+} > Ca^{2+} > Sr^{2+} > Ba^{2+} > I^+ > Na^+ > K^+$$

工业六偏磷酸钠中含 P_2O_5 65%~68%，水不溶物含量小于 0.15%。呈块状或片状玻璃体时在水中溶解缓慢，用作耐火材料结合剂时应先将其破碎成粉末状以加速其溶解。国家标准 GB 1886.4—2020 规定了六偏磷酸钠的技术条件。

用作结合剂时，六偏磷酸钠遇水时水解为磷酸二氢钠（NaH_2PO_4）。NaH_2PO_4 与碱土金属氧化物如镁砂等制成拌和料在常温下即可反应形成 $Mg(H_2PO_4)_2$，$Mg(H_2PO_4)_2$ 经干燥后很快形成 $MgHPO_4$，具有较高的黏结性，可以使拌和料快速硬化。$Mg(H_2PO_4)_2$ 和 $MgHPO_4$ 在约 500℃ 分别缩合成聚磷酸镁 $[Mg(PO_3)_2]_n$ 和 $[Mg_2(P_2O_7)]_n$ 使结合体强度进一步提高，在出现液相之前的相当大温度范围内（800℃ 之前）都具有相当高的强度。

六偏磷酸钠主要用作镁质和镁铬质不烧砖、浇注料和碱性喷涂料等的结合剂。在配制浇注料时，其水溶液浓度（质量分数）应选择 25%~30% 为宜，加入量（质量分数）一般为 8%~18%，在保证拌和料和易性的前提下应尽量少用，以保证材料的高温性能。促凝剂可以采用铝酸钙水泥或其他含钙材料（如石灰粉）。

8.4.4.3 磷酸结合剂与其他磷酸盐结合剂

A 磷酸结合剂

根据磷酐（P_4O_{10}）的水合程度不同，磷酸有正磷酸（H_3PO_4）、焦磷酸（$H_4P_2O_7$）和偏磷酸（HPO_3）三种。其结构式分别为：

正磷酸(H_3PO_4)　　　焦磷酸($H_4P_2O_7$)　　　偏磷酸(HPO_3)

在各种磷酸中，正磷酸是最稳定的，其基本性质见表 8-17。用于耐火材料结合剂的磷酸主要是正磷酸（简称磷酸）。磷酸受热时失去水，逐步转变为焦磷酸和偏磷酸，反应过程如下：

$$H_3PO_4 \underset{20\sim215℃}{\overset{}{\rightleftharpoons}} H_4P_2O_7 \underset{>700℃}{\overset{}{\rightleftharpoons}} (HPO_3)_n$$

上述过程是可逆的。偏磷酸有毒，与水反应时首先转化为焦磷酸，然后再转变为磷酸。但在温度较低时，这个过程进行得很慢。

表 8-17　磷酸的基本性质

化学式	H_3PO_4	沸点/℃	261
相对分子质量	98	密度（25℃）/g·cm^{-3}	1.863
组成（质量分数）/%	P_2O_7 72.45，H_2O 27.55	结晶点/℃	21
熔点/℃	42.35	生成热/kcal·mol^{-1}	−306.2

磷酸可以看作是 P_2O_5 的水溶液，随 P_2O_5 含量的不同，其物理性质也发生很大的变化。表 8-18 为磷酸的比重随浓度的变化情况。

表 8-18　磷酸的比重

浓度/%		密度/g·cm^{-3}		浓度/%		密度/g·cm^{-3}		浓度/%		密度/g·cm^{-3}	
H_3PO_4	P_2O_5	25℃	30℃	H_3PO_4	P_2O_5	25℃	30℃	H_3PO_4	P_2O_5	25℃	30℃
14.00	10.14	1.075	1.073	50.00	36.22	1.332	1.329	91.13	66.33	1.760	1.760
18.00	13.04	1.099	1.097	55.00	39.84	1.367	1.373	96.65	70.00	1.820	1.820
22.00	15.94	1.124	1.122	60.00	43.46	1.423	1.420	100.00	72.54	1.863	1.859
26.00	18.83	1.151	1.148	66.28	48.00	1.482	1.482	104.94	76.00	1.921	1.918
30.00	21.73	1.178	1.176	69.04	50.00	1.511	1.511	110.12	79.76	1.983	1.979
35.00	25.35	1.214	1.211	74.56	54.00	1.569	1.569	115.98	84.00	2.052	2.049
40.00	28.98	1.251	1.249	80.08	58.00	1.627	1.627	118.74	86.00	2.084	2.081
45.00	32.60	1.291	1.288	85.61	62.00	1.689	1.689	122.52	88.74	2.129	2.126

正磷酸本身并无黏结性。它在水溶液中能离解出 $H_2PO_4^-$、HPO_4^{2-} 和 PO_4^{3-}。当磷酸加入耐火原料中时，在常温或加热时它能与多种耐火骨料和粉料中的金属氧化物反应生成复式磷酸盐，而大多数复式磷酸盐具有胶结能力，能将耐火骨料与粉料结合起来，加热后不断分解出 P_2O_5 并形成高熔点物质。

磷酸的胶结性能与耐火原料中主要氧化物的性质有密切关系。在常温下，磷酸可与多种氧化物反应生成具有较强胶结性能的物质。与强碱性氧化物反应激烈，立即凝结形成多孔疏松结合体。与酸性或中性氧化物在常温下一般不发生反应，必须加热或提高反应物活性才能反应。因此，磷酸通常用作酸性和中性耐火材料的结合剂。磷酸结合的硅酸铝质、刚玉和莫来石质、硅质、锆质等耐火浇注料的条件见表 8-19。它还可以作为各种不烧砖的结合剂。

表 8-19　磷酸结合耐火浇注料

材质	骨料和粉料	磷酸结合剂	硬化条件
硅酸铝质	黏土熟料 铝矾土熟料	浓度 4%~60% 用量 10%~14%	促凝剂：铝酸盐水泥 0.5%~3% 或 氧化镁 0.3~1.0
刚玉质	刚玉 工业氧化铝 软质黏土	浓度 50%~60% 用量 7%~9%	促凝剂：纯硅酸钙水泥 或铝酸盐水泥
莫来石质	电熔或烧结莫来石 刚玉粉料 软质黏土	浓度~40% 用量 9%~10%	促凝剂：铝酸盐水泥~2%
硅质	硅砖废料 烧结硅石 生硅石料	浓度~50% 用量~16%	促凝剂：镁砂粉-%
锆质	锆英石 氧化锆	浓度 45%~60% 用量 10%~13%	>450℃烘烤

磷酸结合的不定形耐火材料一般需要加热才能产生强度，故称热硬性不定形耐火材料。但当添加促凝剂后，在常温下也可获得较好的强度。常用的促凝剂有铝酸钙水泥、氧化镁、氢氧化铝、氟化铵（NH_4F）及其他铵盐、硅酸盐水泥等。最常用的促凝剂是铝酸钙水泥，而用矾土水泥的效果较好。

B　磷酸镁、磷酸锆与磷酸铬结合剂

许多磷酸盐都可以做结合剂用。除了磷酸铝以外，较常见的有磷酸锆、磷酸镁与磷酸铬。

磷酸锆是由磷酸与 $Zr(OH)_4$ 反应而得到，反应式如下：

$$Zr(OH)_4 + 4H_3PO_4 \longrightarrow Zr(H_2PO_4)_4 + 4H_2O \tag{8-23}$$

$$Zr(OH)_4 + 2H_3PO_4 \longrightarrow Zr(HPO_4)_2 + 4H_2O \tag{8-24}$$

$$3Zr(OH)_4 + 4H_3PO_4 \longrightarrow Zr_3(PO_4)_4 + 12H_2O \tag{8-25}$$

三种生成产物的组成与配比列于表 8-20 中。与磷酸铝结合剂一样，磷酸锆结合剂中有结合作用的为磷酸二氢锆与磷酸一氢锆。

磷酸镁也可以作为结合剂，最常用为磷酸二氢镁。它是按 $P_2O_5/MgO=1$ 配料，将轻烧氧化镁、氧化镁等倒入浓度为 60%的正磷酸溶液中不断搅拌来制备磷酸二氢镁。它可以作为镁质材料、刚玉、尖晶石等耐火材料的结合剂。

表 8-20　磷酸锆结合剂的化学成分

磷酸盐	相对分子质量	化学组成/%			M	每100g 质量分数60% 磷酸中 $Zr(OH)_4$ 含量/%
		ZrO_2	P_2O_5	H_2O		
$Zr(H_2PO_4)_4$	47.12	25.72	59.25	15.03	2	24.38
$Zr(HPO_4)_2$	283.17	43.51	50.13	6.03	1	48.75
$Zr_3(PO_4)_4$	653.56	56.56	43.44	—	0.67	73.13

磷酸铬结合剂主要由 $Cr(H_2PO_4)_3$、$Cr_2(H_2PO_3)_3$ 与 $CrPO_4$ 构成。它可以由磷酸与铬酸酐（CrO_3）、氢氧化铬等与磷酸反应而制得。由于六价铬对人体有害及对环境的污染。此结合剂应尽量少用。

8.4.4.4 磷酸及磷酸盐结合剂的结合机理及影响因素

关于磷酸及其盐的结合机理曾有过许多不同的观点。如薄膜理论，认为磷酸盐在耐火颗粒表面上形成膜，通过此膜将颗粒胶结起来。Kingery 认为，磷酸盐的胶结作用是由于氢键的作用。氢键将晶体一个个联结在一起。现在为大多数承认的是聚合作用。以磷酸铝为例，反应如式 8-26 所示：

$$n{-}O{-}Al{-}O{-}P{-}OH +nOH^- \longrightarrow -(-O{-}Al{-}O{-}P{-}O-)_n{-}+nH_2O \qquad (8{-}26)$$

这一缩聚反应不仅可形成链状结构，还可以形成二维及三维结构。影响磷酸盐结合的因素有磷酸及磷酸盐的浓度与用量、温度、添加剂等。

（1）磷酸及磷酸盐浓度与用量的影响。磷酸或磷酸盐的浓度及用量对浇注料或不烧制品的施工性能、常温与高温性能都有一定影响。图 8-32 为以二级矾土为骨料及细粉，CA-50 水泥为促凝剂制得的浇注料的性能与磷酸浓度与加入量的关系。可见并非磷酸浓度越高、磷酸溶液用量越多浇注料的强度越大。随着磷酸用量加大，其荷重软化温度下降。同时，磷酸浓度与用量对料的施工性能有很大影响，磷酸用量少时，料发干，不易成型。用量多时，料稀，凝固慢，强度也低。

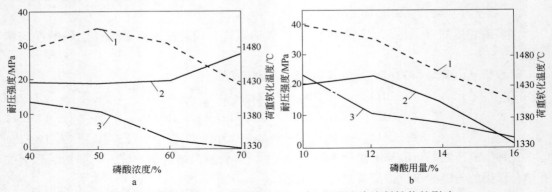

图 8-32 磷酸浓度（a）与用量（b）对二级矾土浇注料性能的影响
1，3—1400℃烧后与 3d 后常温耐压强度；2—荷重软化温度

（2）外加剂的影响。用磷酸与磷酸等为结合剂时，常温强度不高。因此，常添加促凝剂以促进其凝结，提高常温强度。常用的促凝剂有 MgO、铝酸盐水泥、氢氧化钠、滑石与 NH_4F 等。它们的作用是促进脱水缩聚反应，如式 8-27 所示：

$$n{-}O{-}Al{-}O{-}P{-}OH +nMg^{2+} \longrightarrow -(-O{-}Al{-}O{-}P{-}Mg-)_n{-} \qquad (8{-}27)$$

（3）温度的影响。热处理温度对磷酸盐结合浇注料与不烧砖的性质有较大影响。图 8-33 为磷酸与磷酸铝结合浇注料经不同温度处理后的常温耐压强度与温度的关系。强度的形成与结合剂的脱水缩聚反应有关。以磷酸铝为例，主要的反应如式 8-28～式 8-31 所示。在有促凝剂的情况下，在常温下即可获得相当高的强度。

$$2Al(H_2PO_4)_3 \xrightarrow{200 \sim 300℃} Al_2(H_2P_2O_7)_3 + 3H_2O\uparrow \qquad (8-28)$$

$$Al_2(H_2P_2O_7)_3 \xrightarrow{200 \sim 300℃} Al_2(H_2P_3O_{10})_2 + H_2O\uparrow \qquad (8-29)$$

$$Al(H_2P_3O_{10}) \xrightarrow{500℃} Al(PO_3)_3 + H_2O\uparrow \qquad (8-30)$$

$$nAl(PO_3)_3 \xrightarrow{780℃} [Al(PO_3)_3]_n \qquad (8-31)$$

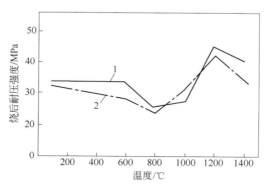

图 8-33　强度与温度关系曲线
1—磷酸铝结合浇注料；2—磷酸结合浇注料

　　经 500~800℃ 的温度处理后，由于脱水而逐渐失去化学结合，而在此时陶瓷结合并没有形成。因此，常温强度下降。当处理温度提高到 800℃ 以上时，由于液相生成，促进烧结，并在冷却时形成玻璃相，因而常温强度上升。当温度上升到 1200℃ 以上时，由于缩聚反应增强，放出 P_2O_5，使强度下降，如式 8-32 所示。同时，由于大量的液相生成，材料的高温性能，如热态强度、荷重软化温度下降。当有 MgO 等促凝剂存在时，这种影响会更显著。

$$-(-O-\overset{|}{\underset{|}{Al}}-O-\overset{\|}{P}-O-)_n \longrightarrow -(-O-\overset{|}{\underset{|}{Al}}-O-\overset{\|}{P}-O-)_{nx}-+液相+P_2O_5\uparrow \qquad (8-32)$$

　　磷酸盐不定形耐火材料与不烧砖的性质受原料及配方的影响。图 8-33 所示的强度与温度关系曲线中的几个转折温度也随原料种类、成分、配方等因素的改变有一定变化。图中，600℃ 左右时，由于磷酸铝的晶型转化而使其强度有较大的下降。

　　通常，磷酸与磷酸铝结合剂是酸性。它们容易与耐火组成中的杂质，如氧化铁以及碱性物料发生反应，使凝结时间缩短，也可能造成浇注料与不烧制品在烘烤中开裂。为了防止这种现象，可将混合好的料经过较长时间的困料使其充分反应再成型。或者添加缓凝剂，如铵化合物、多元醇以及碘氧鞣酸铋等。

8.4.5　水玻璃结合剂

　　水玻璃是由碱金属硅酸盐组成的，它是一种既具有胶体特征又有溶液特征的胶体溶液。其化学式为 $R_2O \cdot nSiO_2$。根据碱金属氧化物种类分为钠水玻璃（$Na_2O \cdot nSiO_2$）、钾水玻璃（$K_2O \cdot nSiO_2$）和钾钠水玻璃（$K \cdot NaO \cdot nSiO_2$）。根据水玻璃中含水的程度分为以下三类：块状或粉状水玻璃；含有化合水的固体水玻璃，又称为水合水玻璃；块状水玻璃的水溶液即液体水玻璃。最常用的是液体钠水玻璃，简称为水玻璃。

    水玻璃是一种矿物胶，水解形成的溶胶具有良好的胶结能力，因而被广泛地用作耐火材料的结合剂。以水玻璃为结合剂的不定形耐火材料具有强度大、热震稳定性、耐磨性和耐碱腐蚀性较好的特点。但是，由于 K_2O、Na_2O 的引入将降低耐火材料的耐火度与高温性能，因此常用于中、低温用材料。

8.4.5.1　水玻璃的模数与分类

    水玻璃的模数是指其中所含的 SiO_2 与 Na_2O 的摩尔比，也称为硅氧模数或硅酸模数，用 M 表示：

$$M = \frac{m_{SiO_2}}{m_{Na_2O}} = 1.032\,\frac{w_{SiO_2}}{w_{Na_2O}}$$

式中　$\dfrac{m_{SiO_2}}{m_{Na_2O}}$ ——SiO_2 与 Na_2O 的摩尔比；

        $\dfrac{w_{SiO_2}}{w_{Na_2O}}$ ——SiO_2 与 Na_2O 的质量比。

    商品水玻璃是按模数分类的，通常水玻璃的 M 为 1~4。$M \geqslant 3$ 时称为中性水玻璃，$M < 3$ 时称为碱性水玻璃，工业上常用水玻璃的模数为 $M = 2.0 \sim 3.5$。$M = 0.5$ 的水玻璃（相当于正硅酸钠）没有实用价值，$M = 1$ 的水玻璃也只在特殊的场合使用。无论是中性水玻璃还是碱性水玻璃其水解后的水溶液均呈碱性（pH $= 11 \sim 12$）。图 8-34 为 Na_2O-SiO_2 二元相图，图中可见，随着 SiO_2 与 Na_2O 摩尔比的不同，SiO_2 与 Na_2O 反应可以形成三种二元化合

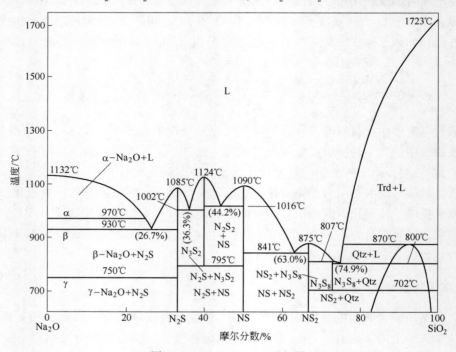

图 8-34　Na_2O-SiO_2 二元相图

物：N$_2$S（正硅酸钠 2NaO · SiO$_2$）、NS（偏硅酸钠 NaO · SiO$_2$）和 NS$_2$（二硅酸钠 Na$_2$O · 2SiO$_2$）。水玻璃中这三种二元化合物都有存在。

8.4.5.2 水玻璃的水解

水玻璃为强碱弱酸盐，遇水易水解，其过程是一个复杂的水解反应过程。水玻璃遇水时首先与水结合，生成化学组成不固定的水合物：

$$Na_2O · nSiO_2 + mH_2O \longrightarrow Na_2O · nSiO_2 · mH_2O \tag{8-33}$$

水合物进一步溶解变成溶液，溶解度的大小取决于水玻璃中 SiO$_2$ 的含量，SiO$_2$ 含量越高，溶解度越小。Na$_2$O · nSiO$_2$ · mH$_2$O 水解产生游离的 NaOH。

$$Na_2O · nSiO_2 + mH_2O \longrightarrow 2NaOH + nSiO_2 · (m-1)H_2O \tag{8-34}$$

NaOH 又会进一步电离成 Na$^+$ 和 OH$^-$，从而使水玻璃溶液呈碱性。水玻璃中（特别是 $M > 2$ 时）复杂的复合物分解生成的 SiO$_2$ 能被生成的 NaOH 所胶溶。同时硅酸钠溶液也会电离生成简单离子和复杂离子：

$$Na_2SiO_3 \longrightarrow 2Na^+ + SiO_3^{2-} \tag{8-35}$$

水玻璃溶液是一种既具有胶体特征又具有溶液特征的胶体溶液，其胶粒结构示意图如图 8-35 所示。

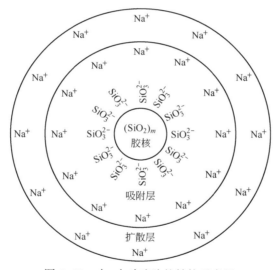

图 8-35 水-水玻璃胶粒结构示意图

胶粒的胶核是由 SiO$_2$ 的聚结体构成的，具有很强的吸附性。溶液中被电离出的 n 个 SiO$_3^{2-}$ 被胶核所吸附。同时 Na$_2$SiO$_3$ 中又有 $2n$ 个 Na$^+$ 电离出来，其中 $2(n-x)$ 个 Na$^+$ 又被吸附在 SiO$_3^{2-}$ 周围，这样就组成了胶粒。胶核所吸附的 SiO$_3^{2-}$ 和一部分较近的 Na$^+$ 形成吸附层使胶粒带负电。另一部分较远的 Na$^+$ 则扩散到吸附层外形成扩散层。其结构可表示如下：

$$\underbrace{\left\{ \underbrace{(SiO_2)_m}_{\text{胶核}} · \underbrace{SiO_3^{2-} · 2(n-x)Na^+}_{\text{吸附层}} \right\}^{2x-} · \underbrace{2xNa^+}_{\text{扩散层}}}_{\text{胶粒}}$$

8.4.5.3 水玻璃的物理性质

水玻璃呈无色、浅绿、浅灰色或介于这两种颜色之间的各种色泽。较纯的水玻璃溶液稍带灰色或几乎完全透明，含有杂质时多为暗淡的混浊液体，也有呈浅蓝色或暗黑色（因制备时带进了 FeO 或 FeS）的。由于化学成分不同，水玻璃没有恒定的熔融温度。而是在 1000℃ 附近，有一个较大的软化温度范围，中性水玻璃和碱性水玻璃的软化温度分别为 1100℃ 和 1000℃。

模数 M、密度和黏度是液体水玻璃的最重要物理性质。黏度不仅与水玻璃溶液的密度有关，而且与模数 M 也有很大关系。如图 8-36 所示，在密度相同的情况下，模数越高则黏度越大。$M>3$ 的水玻璃溶液，随密度增大黏度增大特别剧烈；而 M 为 1~2 时，其黏度随密度的变化较为缓慢。这是由于 M 越大，溶液中 SiO_2 含量越大，则复杂的胶体生成物数量也随之增加，溶液的胶体性质也就越强，所以黏度随密度的变化就大。而当 M 较小时，溶液中含

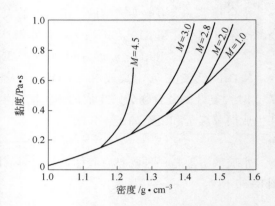

图 8-36 水玻璃黏度、密度与模数的关系

有的胶体 SiO_2 颗粒较少，整个体系内表现出的非胶体性质也就越强，故黏度随密度的变化也就较为平缓。

黏度随温度的升高而降低，两者呈直线关系，直线的斜率取决于 SiO_2 的含量。M 越大，随温度升高黏度直线下降越陡。M 越小，黏度直线下降越平缓。$M=2.64$ 及 2.74 时黏度与温度的关系列于表 8-21 中。

表 8-21　水玻璃黏度、密度与模数的关系

模数 M	密度 /g·cm^{-3}	不同温度下的黏度/Pa·s						
		18℃	30℃	40℃	50℃	60℃	70℃	80℃
2.74	1.502	0.828	0.495	0.244	0.159	0.097	0.071	0.053
2.64	1.458	0.183	0.099	0.061	0.042	0.028	0.021	0.016

水玻璃的密度与其组成有关，SiO_2 含量增加，则密度下降，如图 8-37 所示。因为水玻璃的密度不仅与固体物质的总量有关，也与其化学组成（模数 M）有关。增加 Na_2O 含量比增加 SiO_2 含量对密度的提高作用要略大一些。应用水玻璃结合剂时应当注意，即使两种密度完全相同的水玻璃，若模数不同，则其中的固体物含量完全不同。

可以通过加水稀释或蒸发浓缩来调整水玻璃黏度和密度，但不能无限制地浓缩。不同模数的硅酸钠在水中有其最大工作浓度和极限度，见表 8-22。在水玻璃溶液中加入苛性碱，不仅会降低其模数，也会降低其黏度。加入 NaCl 能提高其黏度而不影响其他性能。

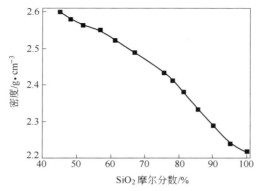

图 8-37　水玻璃在室温下的密度与其中 SiO₂ 含量的关系

表 8-22　水玻璃的最大工作浓度和极限黏度

模数 M	含量（摩尔分数）/%		密度（17℃）/g·cm⁻³	极限黏度/Pa·s
	SiO_2	Na_2O		
2.50	30.88	12.35	1.515	1.0~1.2
2.71	32.13	11.85	1.492	0.95~1.0
2.99	29.91	9.99	1.469	0.8~0.9
3.45	28.97	8.40	1.369	0.6~0.65
3.67	24.61	6.70	1.320	0.6~0.7
3.91	25.39	6.50	1.290	0.7

　　水玻璃具有较好的结合性能，这与其含有大量胶粒有关。模数越大，其胶态二氧化硅含量越高，结合能力也就越大。加入尿素，可以不改变黏度而使其结合能力提高很多。不定形耐火材料用水玻璃溶液的模数一般为 2.4~3.0，密度为 1.3~1.4g/cm³，用量通常为耐火骨料和粉料总质量的 13%~16%。

　　当不定形耐火材料的施工性能合适并有充足的 Na_2SiF_6 时，提高水玻璃模数或增大密度，材料的常温耐压强度会提高。水玻璃用量增加，则材料的烧后耐压强度、荷重软化温度均下降。因此从提高不定形耐火材料的强度和高温性能等方面综合考虑，水玻璃用量在满足施工要求的前提下应尽量少用。在保持适宜用量的前提下，应尽量提高水玻璃溶液的模数或密度。

8.4.5.4　水玻璃的组成与化学性质

　　水玻璃的主要化学成分是 SiO_2 和 Na_2O，含有的杂质成分为 Al_2O_3、Fe_2O_3、CaO、MgO等。固态水玻璃的 SiO_2、Na_2O 含量取决于模数；水玻璃溶液的成分则与模数、密度有关。表 8-23 为市售水玻璃的一般物化指标。图 8-38 为水玻璃溶液的模数与 Na_2O、SiO_2 含量的关系图。

表 8-23 市售水玻璃物化指标

类别	品种	颜色	密度/g·cm⁻³	模数	化学成分/%			
					SiO_2	Na_2O	H_2O	$RO+R_2O_3$
固态水玻璃	中性纯碱水玻璃	淡黄		3.2~3.5	76	23	—	1
	中性硫酸钠水玻璃	蓝绿		3.2~3.5	76	23	—	1
	碱性水玻璃	淡棕		2.0~2.2	66	32	—	2
	中性钾水玻璃	淡棕		3.5~3.8	72	26	—	1
水玻璃溶液	稀的		1.34	3.3	26.5	7.0	65.5	—
	稀的		1.41	3.3	29.0	8.9	62.1	—
	稠的		1.53	2.6	35.0	13.5	51.5	—
	黏滞的		1.71	2.1	37.0	18.0	45.5	—
	很黏的		1.92	1.6	37.0	23.0	40.0	—

水玻璃可与酸、碱和金属盐发生如下反应：

（1）水玻璃溶液呈碱性，因此能与无机酸（如盐酸、磷酸、硼酸、碳酸等）和可溶性有机酸（如柠檬酸、醋酸、丙酸、丁酸、酒石酸等）发生反应。但由于水玻璃溶液又具有胶体的性质，故其与酸的反应过程要比一般的酸碱反应复杂。在反应过程中，溶液中存在的游离 Na^+ 及二氧化硅表面吸附的 Na^+ 与带负电荷的酸根离子发生作用，从而使胶粒失去电性，溶液稳定性降低，二氧化硅溶胶便发生絮凝作用，形成凝胶体沉淀离析出来。

（2）水玻璃溶液可以与碱性物质发生反应。与碱金属氢氧化物，如 NaOH 或 KOH 作用时，溶液中 SiO_2 绝对含量不变，SiO_2 胶体的稳定性不变，只是碱度增加，使水玻璃模数降低。加入的苛性碱越多，模数降低越大；反之，若往水玻璃溶液中加入硅酸或无定形的一氧化硅，则模数增大。利用这一性质可以调整水玻璃的模数，以适应施工的需要。

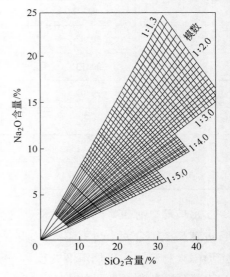

图 8-38 为水玻璃溶液的模数与 Na_2O、SiO_2 含量的关系图

水玻璃溶液与碱土金属氢氧化物作用时，容易发生絮凝作用，析出白色凝胶沉淀，如与 $Ba(OH)_2$ 作用时反应式如下：

$$Na_2O \cdot nSiO_2 + Ba(OH)_2 + 6H_2O \longrightarrow 2NaOH + (n-1)SiO_2 + BaSiO_3 \cdot 6H_2O$$

(8-36)

生成物 $BaSiO_2 \cdot 6H_2O$（水合硅酸钡）为凝胶体，与 $Ca(OH)_2$、$Sr(OH)_2$ 及 $Mg(OH)_2$ 作用时也会发生类似反应，并生成相应的水合硅酸盐。与氢氧化铵溶液作用时，随着氢氧化铵溶液浓度、加入量以及水玻璃模数、浓度的变化可以发生胶凝或沉淀等不同的现象。

（3）与碱金属盐及 NH_4Cl 可使水玻璃分解：

$$Na_2O \cdot nSiO_2 + 2NH_4Cl + H_2O \longrightarrow 2NaCl + 2NH_3 + nSiO_2 + 2H_2O \qquad (8-37)$$

绝大部分碱金属盐会使水玻璃胶凝，比较典型的是作为水玻璃促凝剂的氟硅酸钠 Na_2SiF_6 与水玻璃的作用。

8.4.5.5　硬化与凝结

以水玻璃为结合剂的不定形耐火材料为气硬性材料，即在常温自然条件下可以发生凝结和硬化而使其产生强度。其自然硬化过程一方面是由于水玻璃结合不定形耐火材料中的水分蒸发使溶胶凝聚；另一方面是水玻璃结合剂吸收空气中的 CO_2 产生酸碱置换反应，析出二氧化硅胶体并凝聚成凝胶：$Na_2O \cdot nSiO_2 + CO_2 + xH_2O \rightarrow Na_2CO_3 + nSiO_2 \cdot xH_2O$。析出的 SiO_2 凝胶把骨料、粉料黏结起来，完成了硬化过程。

但是，水玻璃结合的不定形耐火材料在自然条件下硬化时，表面易形成一层硅酸钠和碳酸钠硬壳，妨碍其内部水分的继续蒸发和 CO_2 气体的渗入，故硬化过程十分漫长，不能满足施工要求。为加速凝结和硬化，往往需要加入氟硅酸钠等促凝剂。

在水玻璃中加入氟硅酸钠 Na_2SiF_6 后，引起一个比较复杂的化学反应过程。Na_2SiF_6 首先水解，生成氢氟酸 HF：

$$Na_2SiF_6 + 4H_2O \longrightarrow 2NaF + 4HF + Si(OH)_4 \qquad (8-38)$$

HF 与已处于水解状态的水玻璃溶液中的 NaOH 发生酸碱反应，生成溶解度较小的氟化钠（NaF）。综合反应式为：

$$2[Na_2O \cdot nSiO_2] + Na_2SiF_6 + 2(2n+1)H_2O \longrightarrow 6NaF + (2n+1)Si(OH)_4$$

$$(8-39)$$

随着反应的进行，溶液中的 NaOH 逐渐被 HF 中和，其碱度逐渐下降，二氧化硅凝胶不断析出，形成了坚固的硬化产物。凝胶中的—Si—OH 基是不稳定的，它倾向于形成稳定的—Si—O—Si—键，这种缩聚反应首先形成线型结构，然后进一步失水变为网型结构，最终变为体型结构。硅氧凝胶体的形成如下式：

$$n\left[\begin{array}{c} OH \\ | \\ HO—Si—OH \\ | \\ OH \end{array}\right] \longrightarrow \cdots \left[\begin{array}{c} OH \\ | \\ Si—O \\ | \\ OH \end{array}\right]_n —+nH_2O \qquad (8-40)$$

硅氧凝胶经凝聚和重结晶促进水玻璃的硬化，硬化速度在很大程度上取决于 Na_2SiF_6 的加入量，量越多硬化越快。

在水玻璃结合不定形耐火材料中，水玻璃与 Na_2SiF_6 之间的反应进行得并不完全。这是由于反应进行到一定程度后胶体硅酸钠受反应产物 NaF 盐析效应的作用，引起凝析而不能溶解，使反应无法继续进行下去。其反应程度一般最多只能进行到 70% ~ 80%，并与水玻璃的浓度、Na_2SiF_6 的细度、环境温度和反应时间等因素有关。

不加 Na_2SiF_6 促凝剂，而采取干燥和加热的方法也可以使水玻璃脱水，导致发生凝胶反应而产生胶结作用。水玻璃结合的不烧砖、耐火泥浆、喷补料和捣打料等常采用加热法使其发生凝结和硬化。

可用作水玻璃促凝剂的物质很多。凡具有一定的酸性或能与水玻璃反应生成氧化硅凝胶或难溶硅酸盐的化合物均可使水玻璃硬化，如含氟盐类（氟硅酸、氟硼酸、氟钛酸的碱金属盐）、酸类（无机酸和可溶性有机酸）、酯类（乙酸乙酯）、金属氧化物（铅、锌、钡等的氧化物）、易水解的氟化物（如氟化铝）以及 CO_2 气体等。

　　由于氟硅酸钠在水中的溶解度较小，它与水玻璃的反应是缓慢而又逐渐进行的，这不仅对施工有利（有充足的施工时间）而且硬化物的致密性和强度都很高，故它是一种较理想的促凝剂，在水玻璃结合的无机材料中最为常用。类似的还有氟硅酸铝 $Al_2(SiF_6)_3$、氟硅酸镁 $MgSiF_6 \cdot 6H_2O$ 等，但它们能与水玻璃立即发生凝聚，故通常不把它们单独作为促凝剂，有时与 Na_2SiF_6 混合作为复合促凝剂。

　　氟硅酸钠是生产过磷酸钙或铝厂生产氟化盐的副产品，呈白色结晶粉末。Na_2SiF_6 在水中的溶解度很小，常温时在 1% 以下，随温度升高而略有增大，如图 8-39 所示。Na_2SiF_6 的水溶液呈酸性（pH = 3），这是由于其水解产物中含有氢氟酸的缘故。降低溶液的酸性有利于 Na_2SiF_6 的水解。当 pH < 3.5 ~ 3.55 时，水解趋于稳定；pH = 4 时，水解显著；当 pH = 8.0 ~ 8.5 时，Na_2SiF_6 可完全水解成二氧化硅凝胶析出。因此当 Na_2SiF_6 加入水玻璃中时，除中和水玻璃溶液中的 NaOH 使其析出二氧化硅凝胶而硬化外，Na_2SiF_6 本身也是二氧化硅凝胶的来源。

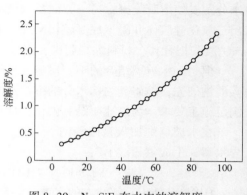

图 8-39　Na_2SiF_6 在水中的溶解度

　　当有 NaCl、Na_2SO_4 等盐类存在时，由于同离子效应而使 Na_2SiF_6 的溶解度降低。因此作为促凝剂的 Na_2SiF_6 中含其他钠盐要尽可能低。Na_2SiF_6 受热时，在 200 ~ 300℃ 脱除吸附水，在 530 ~ 560℃ 时发生分解产生四氟化硅（SiF_4）挥发物：$Na_2SiF_6 \rightarrow 2NaF + SiF_4$，900 ~ 980℃ 分解产物 NaF 熔融。用作水玻璃促凝剂的氟硅酸钠的一般技术条件如表 8-24 所示。

表 8-24　Na_2SiF_6 的技术条件

级别	成分要求/%						细度
	纯度	游离酸	NaF	NaCl	Na_2SO_4	水分	
一级	≥95	≤0.2	≤0.2	≤0.2	≤0.2	≤1.0	全部通过 1600 孔/cm^2 筛
二级	≥90	≤0.3	≤0.3	≤0.3	≤0.3	≤1.0	

　　水玻璃在不定形耐火材料中的用途广泛，既可作酸性耐火材料（如硅质、蜡石质）和中性耐火材料（如黏土质、高铝质）的结合剂，又可作碱性耐火材料（如镁质、镁铬质、镁钙质等）的结合剂。

　　促凝剂 Na_2SiF_6 的用量一般为水玻璃质量的 10% ~ 12%。在满足强度和硬化时间要求的前提下，应尽量减少其用量，以提高不定形耐火材料的高温性能。

8.4.6　硫酸盐和氯化物结合剂

　　硫酸盐结合剂有硫酸铝、硫酸铁、硫酸镁等，以硫酸铝较为常用；氯化物类结合剂有氯化镁、氯化铁、聚氯化铝，以及氯化镁较为常用。

8.4.6.1 硫酸铝结合剂

硫酸铝为白色鳞片或针状结晶颗粒或粉末，能溶于水、酸和碱溶液中，水溶液呈弱酸性。其分子式为 $Al_2(SO_4)_3 \cdot 18H_2O$，其中 Al_2O_3 理论含量为 15.3%，密度为 $1.62g/cm^3$，熔点为 865℃。硫酸铝受热时体积膨胀并变成海绵状物质，其所含 18 个结晶水分别在 100℃、150℃、290℃左右分三次脱除，当加热至 835℃左右时分解为 Al_2O_3 和 SO_3，SO_3 成气体逸出。图 8-40 为硫酸铝的 DTA 曲线，100℃、150℃、290℃及 800℃左右的吸热峰分别为脱水与熔化产生的。

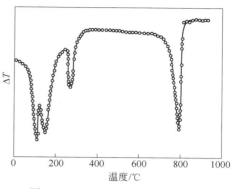

图 8-40 硫酸铝的差热分析曲线

工业硫酸铝在常温下在水中溶解较慢，可用热水或通蒸汽的方法加速溶解。它含杂质较多，应过滤后使用。表 8-25 为硫酸铝溶液浓度与密度的关系。作结合剂用的硫酸铝溶液，其密度一般为 $1.2 \sim 1.3g/cm^3$，相应浓度为 33.1%~44.4%。浓度过大，残留的硫酸铝过多，受热分解时降低其强度；浓度过小，黏结性差，也影响强度。工业硫酸铝是用铝土矿或氢氧化铝与硫酸反应制取的。将工业硫酸铝溶于水，并过滤除去杂质后即得硫酸铝结合剂。

表 8-25 硫酸铝溶液浓度与密度的关系

浓度/%	18.4	23.1	33.1	42.9	44.4	47.3	50
密度/g·cm^{-3}	1.12	1.14	1.20	1.27	1.30	1.34	1.38

硫酸铝的凝结硬化机理是先水解生成碱式盐，然后生成氢氧化铝，最后逐渐形成氢氧化铝凝胶体而凝结硬化。其反应式如下：

$$Al_2(SO_4)_3 + 3H_2O \longrightarrow Al_2(SO_4)_2(OH)_2 + H_2SO_4 \qquad (8-41)$$

$$Al_2(SO_4)_2 \cdot (OH)_2 + 2H_2O \longrightarrow Al_2(SO_4)(OH)_4 + H_2SO_4 \qquad (8-42)$$

$$Al_2(SO_4) \cdot (OH)_4 + 2H_2O \longrightarrow 2Al(OH)_3 \downarrow + H_2SO_4 \qquad (8-43)$$

纯硫酸铝在常温下水解作用较缓慢，在 20~300℃ 的温度下水解率不超过 50%，因而，在常温下凝结硬化速度很低。但是，若其中含有适量其他金属盐，如 Na_2SO_4，则水解速度明显加快。

硫酸铝结合体的强度在常温下增长较慢，随温度提高而增加，当处理温度升至近 600℃时达最高值。这是因为加热过程中，游离水排出，氢氧化铝凝胶体形成并逐渐凝聚。$Al_2(SO_4)_3 \cdot 18H_2O$ 中的 18 个分子结晶水也不是一次脱出，而是分几次脱出，故对结合体结构影响不大。但随处理温度的进一步提高，强度下降。结合体的常温强度在约 800℃处理后达最低值，这是由 $Al_2(SO_4)_3$ 受热分解，生成 Al_2O_3 和 SO_3 所致。当处理温度超过 1000℃时，结合体的常温强度又上升。经 1200℃热处理后，常温强度约为 800℃时的 3.5~5.0 倍。这是由硫酸铝分解生成高活性的 Al_2O_3 促进了烧结以及与耐火材料中其他组分反应生成新相所致。为了提高中温强度，可适当引入磷酸盐类结合剂。值得注意的是，该结合剂在水解过程中产生的 H_2SO_4 会与原料中某些金属反应产生氢气。混练好的泥料应放置一定时间（即困料），总困料时间一般应在 24h 以上，困料后再成型。

硫酸铝结合剂通常用于黏土质、高铝质和刚玉质耐火浇注料、捣打料、可塑料及不烧砖。使用温度随材质不同而各异，黏土质的使用温度为 1300~1350℃，高铝质为 1350~1550℃，刚玉质可达 1500~1650℃。制备浇注料时硫酸铝结合剂的加入量一般为 12%~18%，促凝剂矾土水泥的加入量一般为 2%~4%。为改善施工性能，可加入 5%~10% 的结合黏土，还可以加入蓝晶石等膨胀材料以抵消高温下的收缩。

硫酸盐结合剂在加热过程中放出 SO_3 等气体，造成对环境的污染，这一点应注意，尽量不要多用。

8.4.6.2 聚氯化铝

聚氯化铝（简称 PAC），又称羟基氯化铝或碱式氯化铝。聚氯化铝用作耐火材料结合剂的特点是其在加热时会分解生成高分散度的活性 Al_2O_3 而促进坯体的烧结，并不会降低材料的耐火度。

聚氯化铝结合剂是用含铝原料或金属铝经盐酸的溶出、水解和聚合等一系列物理化学反应而得到的一种氢氧化铝溶胶。它是由 $AlCl_3$ 和 $Al(OH)_3$ 构成的一种水溶性无机高分子聚合物。其化学通式为 $[Al(OH)_nCl_{6-n}\cdot xH_2O]_m$（$1 \leqslant n \leqslant 5$，$m \geqslant 10$），其中 m 表示聚合程度，n 表示 PAC 产品的酸碱性。颜色呈黄色或淡黄色、深褐色、深灰色树脂状固体，若 $n=6$ 或接近于 6，则可称为铝溶胶。PAC 在水解过程中伴随发生凝聚、吸附和沉淀等物理化学过程。

碱化度（B）是 PAC 的一个重要性能指标，它是指 PAC 中 Cl^- 离子被 OH^- 离子所取代的程度，一般以羟基 OH^- 与 Al 的当量百分数表示，即 $B=[OH]/3[Al]\times100\%$。PAC 结合剂中氯化铝的聚合度并不相同，因此，碱化度所表示的只是平均值。PAC 结合剂的聚合度、pH 值、稳定性和胶结性等都与碱化度有关。

应注意 PAC 的碱化度与它的溶液的 pH 值的区别与关系。碱化度表示 PAC 分子中结合的羟基数量，而 pH 值则代表 PAC 溶液中游离状态羟基 OH^- 的数量。PAC 溶液的 pH 值一般随 B 的升高而增大见图 8-41。B 相同时，若浓度不同，则 pH 值也不同。随溶液浓度增高而 pH 值下降。

PAC 溶液的密度与 Al_2O_3 含量之间的关系如图 8-42 所示。两者呈直线关系，Al_2O_3 含量越高则密度越大。其密度与 pH 值及黏度的关系列于表 8-26 中。可见密度越大，pH 值越高，则黏度也越大。

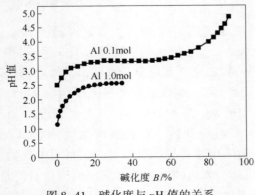

图 8-41 碱化度与 pH 值的关系

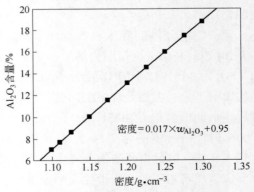

图 8-42 PAC 溶液密度与 Al_2O_3 含量

表 8-26 PAC 溶液密度、pH 值与黏度的关系

密度/g·cm^{-3}	1.20	1.20	1.25	1.25	1.28
pH 值	3.1	3.25	3.50	4.10	3.80
黏度/kPa·s	0.0053	0.0062	0.0068	0.0125	0.0107

聚氯化铝的制备方法有多种,有凝胶-溶胶法、中和法、热分解法、沉淀法和直接溶解法等。

凝胶-溶胶法制备 PAC 时,以结晶氢氧化铝为原料,加入氢氧化钠液生成 $NaAl(OH)_4$,再通入 CO_2 产生氢氧化铝凝胶,再用盐酸溶解、聚合而制得 PAC。若以硫酸铝为原料,则可以加入氨水制取氢氧化铝凝胶。

中和法是以三氯化铝 $AlCl_3$ 为原料,在其溶液中加入氢氧化钠、碳酸钙或碳酸钠等碱性化合物,提高羟基 OH^- 的浓度,以促进 $AlCl_3$ 的不断水解而得到 PAC 溶液。也可以用铝酸钠代替其他碱性物质制取 PAC。

热分解法也是以三氯化铝 $AlCl_3$ 为原料,加热使 $AlCl_3$ 发生分解,在 400~600℃ 间控制其热分解进程,可得到介于氯化铝和氧化铝之间的一系列不同碱化度的 PAC。

沉淀法是以硫酸铝 $Al_2(SO_4)_3$ 和 $AlCl_3$ 为原料,在其混合溶液中加入 CaO 或 $CaCO_3$,使 SO_3^{2-} 与 Ca^{2+} 生成难溶的 $CaSO_4$ 沉淀并从混合液中分离出去,使铝/氯当量比增大,从而得到 PAC 溶液。

直接溶解法是以金属铝为原料,直接与盐酸或三氯化铝反应而制取 PAC。

此外,还有以黏土类原料、铝酸钙水泥、一水铝石和三水铝石为原料,用酸法或碱法制取。也有以 $AlCl_3$ 为原料用电渗析法制取等。

PAC 溶液可用作不定形耐火材料、定形制品(不烧或烧成)的结合剂。用于不定形耐火材料时,一般其碱化度在 40%~70%、密度在 1.17~1.23g/cm^3 之间,结合坯体的强度较好。凡是能提高 PAC 溶液 pH 值的化合物对 PAC 均有促凝作用,常用的促凝剂有合成镁铝尖晶石、电熔或烧结镁砂、白云石、硅酸锂、合成锂辉石、锆酸镁、钛酸钙、矾土水泥和固体水玻璃等。还可采用有机化合物作促凝剂,如异丙醇铝 [$Al(C_2H_3O)_4$] 和六亚甲基四胺(乌洛托品)。用 PAC 作结合剂的可塑料若不加保存剂,在塑料袋中密封存放 24h 即会发生凝结硬化。常用的保存剂有草酸、酒石酸、柠檬酸和油酸等。

PAC 溶液呈酸性(pH 值<5),易与原料中的铁质反应逸出氢气使坯体产生鼓胀与开裂。因此用聚氯化铝作捣打料、可塑料和浇注料的结合剂时,需经二次混练,困料 24h 才能避免成型好的制品发生膨胀与开裂。聚氯化铝碱化度和密度对捣打料的结合强度有显著的影响。碱化度在 40%~70%,密度在 1.17~1.24g/cm^3 之间则结合性能较好。用聚氯化铝或氯化铝结合的硅酸铝质可塑料热态抗折强度在 900℃ 时最高。聚氯化铝结合剂在加热过程中,脱水分解后生成一种高分散度的活性氧化铝,有助于降低制品的烧结温度,约在 1100℃ 即出现显著的烧结,形成陶瓷结合。

除了聚氯化铝外,氯化镁(卤水)也是镁质耐火材料常用的结合剂。

8.4.7 软质黏土结合剂

软质黏土的胶结作用是通过黏土-水系统的胶体性质实现的,即黏土与水作用后先胶

解而成为具有胶体性质的胶结系物质，与电解质作用或脱水使该胶结系物质解胶发生絮凝和硬化，产生一定的结合强度。

8.4.7.1 黏土-水体系特性

软质黏土与适量的水混合时，能形成黏结性的物料。与过量的水混合时，能形成悬浮液即泥浆，而且能保持数天不澄清。这是由于黏土-水系具有胶体特性的缘故。

胶体颗粒都带有电荷。对于黏土胶粒来说，由于同晶取代和断键的作用，其颗粒表面有负电荷。因此，它可以吸附正离子，如水溶液中的 H^+ 与其他金属阳离子或水分子，形成一双电层结构如图 8-43 所示。被吸附的正离子可以被吸附能力更强的正离子所取代，称为离子置换。阳离子置换能力的强弱按下列顺序排列：

$$H^+>Al^{3+}>Ba^{2+}>Sr^{2+}>Ca^{2+}>Mg^{2+}>NH_4^+>K^+>Na^+>Li^+$$

应该指出的是，不同种类的黏土矿带电机理是不同的。如高岭土、伊利石类，破键是主要的，对蒙脱石类则主要是同晶取代。黏土颗粒也可能带正电，同样也可以吸附负离子及进行负离子置换。

图 8-44 为黏土带电颗粒的离子分布状态。图中 A 线代表黏土颗粒的边界，其表面带有负电荷并与水相接触；AB 的距离为黏土颗粒表面吸附层的厚度；C 代表扩散层的边界线，由于黏土颗粒带有负电荷，其表面牢固地吸附着水分子或阳离子。当黏土颗粒移动时，吸附的水分子或阳离子也随之移动，该层称为吸附层。在吸附层外边还有不随之移动的水分子或阳离子，其自身在做布朗运动，距离黏土颗粒越远，离子浓度越小，该层称为扩散层。因为吸附层与扩散层各带有不同的电荷，因此在吸附层与扩散层之间形成一个电位差，称为 ζ 电位或动电位。也就是说，ζ 电位是存在于固定水层和悬浮介质之间界面上的电位。ζ 电位对黏土胶体系的稳定性有很大影响，利用阳离子置换原理，改变 ζ 电位，就能使黏土解胶，放出自由水，降低黏性，增强流动性。

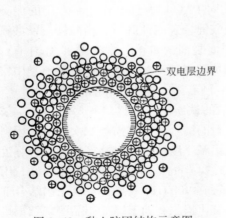

图 8-43 黏土胶团结构示意图

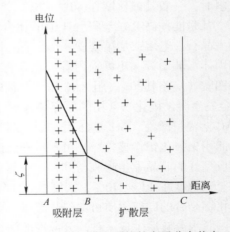

图 8-44 黏土带电颗粒的离子分布状态

另外，黏土泥浆的黏土颗粒之间存在有范德华引力，因其颗粒具有一定的 ζ 电位，同性电荷相斥，所以黏土颗粒之间也存在有斥力。当 ζ 电位较大时，颗粒之间的斥力也增大。如果其斥力超过范德华引力时，黏土颗粒之间则难以互相靠拢，故泥浆的流动性增加。

在黏土泥浆中，掺加碱金属离子时，就会被带有负电的黏土颗粒所吸附，并迅速形成碱离子-黏土结构，形成较高的 ζ 电位。黏土颗粒之间的斥力也较大，即分散了黏土泥浆。因此，含有碱金属离子的电解质能使黏土胶体解胶和分散，故称该类物质为分散剂。常用的分散剂有三聚磷酸钠、六偏磷酸钠、焦磷酸钠、碳酸钠、硅酸钠、草酸钠、酒石酸钠和海藻酸钠等。对黏土结合耐火浇注料来说，结合黏土被解胶分散了，可减少用水量，改善成型性能。

8.4.7.2　黏土结合剂的硬化机理

黏土结合剂的硬化机理是利用其阳离子置换特性。改变 ζ 电位使黏土发生絮凝和硬化。当 ζ 电位较小时，黏土颗粒之间的斥力也减少。如果斥力小于范德华引力，颗粒之间靠拢相连接，并形成网状结构，同时包裹了部分自由水，使黏土胶粒发生絮凝。

在碱离子—黏土泥浆中掺入碱土金属离子时，根据阳离子置换顺序，它将置换黏土颗粒表面所吸附的碱金属离子，压缩扩散层，降低 ζ 电位，因此黏土颗粒之间的斥力也降低到小于引力，致使黏土颗粒聚集而絮凝，黏土泥浆失去了流动性。对黏土结合不定形耐火材料来说，即发生了凝结和硬化，从而获得了强度。

含有碱土金属离子的电解质，能使黏土泥浆失去流动性而发生絮凝，故称该类物质为絮凝剂，也叫促凝剂。应当指出，在黏土结合的不定形耐火材料中，分散剂和促凝剂是同时掺入的，而且某些促凝剂会削弱或消除分散剂的分散效果，致使浇注料丧失施工流动性，甚至无法施工。因此，应选择迟效促凝剂。在拌料和施工时，分散剂起作用，迟效促凝剂不影响分散效果、也不起促凝作用。施工完成后，促凝剂发挥絮凝作用，并使浇注料硬化。水泥类材料具有这一特性。因为它们只有在水化过程中才放出 Ca^{2+}。常用的有高铝水泥、铝-60 水泥、烧结或电熔氧化铝水泥、快硬高铝水泥和硅酸盐水泥等。

加水泥的黏土结合不定形耐火材料加水拌和后，可以认为形成了黏土-水泥-水系统。由于含钠的电解质的分散作用，使黏土颗粒带有正电荷（Na^+）且被分散，具有良好的流动性，能振动成型。凝结硬化时，水泥促凝剂发生水化作用，形成 CA 和 C_3S 等矿物的水化物，这时所含的钙离子 Ca^{2+} 方能释放出来。根据阳离子置换顺序可知，Ca^{2+} 可置换黏土颗粒表面上所带的 Na^+，从而使黏土结合浇注料发生凝结硬化。同时，由于结合黏土的存在，也能促进铝酸盐水泥中的 CA 和硅酸盐水泥中的 C_3S 等水化矿物的水化速度，使其胶凝作用有所加强。

8.4.8　硅酸乙酯结合剂

硅酸乙酯的分子式为 $Si(OC_2H_5)_4$，也称正硅酸乙酯，可用作耐火材料与精密铸造型砂的结合剂。它可以由四氯化硅与乙醇反应而制得，反应如式 8-44 所示。但在实际生产中，由于工业乙醇中存在水，在酸或碱的催化作用下硅酸乙酯会发生水解与缩聚反应，如式 8-45 及式 8-46 所示。因此，市售的硅酸乙酯实际上是正硅酸乙酯与聚硅酸乙酯的混合物，聚合度一般不大，在 3~5 之间。

$$SiCl_4 + 4C_2H_5OH \longrightarrow Si(OC_2H_5)_4 + HCl \qquad (8-44)$$

$$\underset{\overset{|}{OC_2H_5}}{\overset{OC_2H_5}{C_2H_5O-Si-OC_2H_5}} + H-O-H \xrightarrow{H^+或OH^-} \underset{\overset{|}{OC_2H_5}}{\overset{OC_2H_5}{C_2H_5O-Si-O-H}} + C_2H_5OH \qquad (8-45)$$

$$C_2H_5O-\underset{\underset{OC_2H_5}{|}}{\overset{\overset{OC_2H_5}{|}}{Si}}-OC_2H_5+HO-\underset{\underset{OC_2H_5}{|}}{\overset{\overset{OC_2H_5}{|}}{Si}}-OC_2H_5\xrightarrow{H^+或OH^-}C_2H_5O-\underset{\underset{OC_2H_5}{|}}{\overset{\overset{OC_2H_5}{|}}{Si}}-O-\underset{\underset{OC_2H_5}{|}}{\overset{\overset{OC_2H_5}{|}}{Si}}-OC_2H_5+C_2H_5OH$$

$$(8-46)$$

硅酸乙酯为无色或淡棕色液体，密度为 $0.932kg/m^3$ ，沸点为 $168.8℃$ ，熔点为 $-82.5℃$ 。它不溶于水，但可溶于甲醇、乙醇、异丙醇及丁醇等醇类溶液中。

硅酸乙酯本身并无结合性，须经过水解它才有结合性能。它在酸（ H^+ ）或碱（ OH^- ）的催化下发生水解。但用碱为催化剂时会很快发生凝胶作用使水溶液失去稳定性。所以常用酸（如盐酸）为催化剂，水解反应如式 8-47 所示。水解反应实际上是以水中的羟基（—OH）取代硅酸乙酯基（— C_2H_5 ）转变为硅醇基— Si —OH。后者活性很高，它会进一步发生酯交换反应 8-48 与醚化反应 8-49，而起结合作用。

$$C_2H_5O-\underset{\underset{OC_2H_5}{|}}{\overset{\overset{OC_2H_5}{|}}{Si}}-OC_2H_5+4H_2O\xrightarrow{酸}OH-\underset{\underset{OH}{|}}{\overset{\overset{OH}{|}}{Si}}-OH+4C_2H_5OH\qquad(8-47)$$

酯交换反应：

$$-\underset{|}{Si}-O\fbox{H+C_2H_5O}-\underset{|}{Si}-\longrightarrow-\underset{|}{Si}-O-\underset{|}{Si}-+H_2O\qquad(8-48)$$

醚化反应：

$$-\underset{|}{Si}-O\fbox{H+HO}-\underset{|}{Si}-\longrightarrow-\underset{|}{Si}-O-\underset{|}{Si}-+H_2O\qquad(8-49)$$

控制硅酸乙酯水解对生产过程十分重要。若反应过快，会很快形成三维的聚有机硅化合物，使溶液成为不溶的凝胶体，从而丧失作业性能。通常通过控制溶液的 pH 值来控制硅酸乙酯溶液的稳定性。当 pH 值在 1.5~2.5 之间的不凝胶的时间较长，当 pH 值在 5~6 之间时易出现凝胶。

控制 pH 值在 2.0~2.5 之间可获得较好的施工性能。但是，在成型之后又希望使硅酸乙酯水溶液尽快转化为凝胶以促使成型体的凝结与硬化。因此，需要加入一种迟效促硬剂，使其在成型后发挥促凝作用。这类物质包括铝酸钙水泥（CA、 CA_2 ）、轻烧氧化镁、聚磷酸钠以及各种脂肪族胺和杂环族胺有机类化合物。在使用无机物时，它们在水化过程中才放出阳离子，通过控制放出阳离子的数量来控制凝结速度。在使用有机胺化合物为迟效促凝剂时，可以通过调节胺与溶剂的比例、加入量等来控制凝结过程。

硅酸乙酯及其水化物在加热过程中排出水及乙醇等物质，形成硅氧链使坯体获得强度。经过高温烧成时可与被结合物质反应形成新的物质与良好的陶瓷结合。由于硅酸乙酯中的杂质较少，不会对制品的高温性能带来很大的影响，但其价格较高。

8.4.9　氧化硅微粉结合剂

8.4.9.1　氧化硅微粉的基本性质

氧化硅微粉是指颗粒直径在微米级的氧化硅粉。在耐火材料与混凝土中大量使用一种称为氧化硅灰（silica fume）的产品，也简称为硅灰，它是生产多晶硅与硅铁的副产品。在生产多晶硅及硅铁的过程中，一部分 SiO_2 被还原为 SiO 气体，SiO 气体排出炉外，遇到氧气又重新氧化生成氧化硅微粉。因此，它实际是气相沉积法生产的一种氧化硅。由于它是一种副产品，产品的成分与性质常在一定范围内波动。市售的一些氧化硅微粉产品的性质列于表 8-27。通常它是无定形结构，颗粒的球形度高，其平均粒径在 $0.15\mu m$ 左右。但是由于颗粒的团聚，所测得的颗粒尺寸常为团聚直径，因而较大。

表 8-27　氧化硅微粉的基本性质

性　　质		1	2	3	4	5	6	7	8
化学成分 （质量分数） /%	SiO_2	93.0	95.1	95.2	97.5	98.3	91.4	98.2	92.9
	C	1.0	2.16	2.11	0.5	0.40	—	0.86	1.2
	Fe_2O_3	0.7	0.08	0.08	0.1	0.05	1.1	0.01	0.2
	Al_2O_3	0.8	0.37	0.27	0.4	0.20	0.5	0.13	0.7
	CaO	0.2	0.21	0.32	0.2	0.20	0.3	0.07	0.3
	MgO	0.6	0.23	0.17	0.1	0.07	1.7	0.16	1.1
	K_2O	1.0	0.52	0.46	0.3	0.25	0.4	0.30	0.5
	Na_2O	0.6	0.05	0.09	0.1	0.04	0.8	0.09	2.3
	H_2O	0.5	1.1	1.0	0.4	0.30	—	—	—
	LOI	1.50	3.07	2.75	0.60	0.60	2.1	—	—
松散密度/$kg \cdot m^{-3}$		280	350	290	400	400		580	
比表面积/$m^2 \cdot g^{-1}$		20	26.4	25.4	20	—		21	
pH 值		6.0	5.8	6.3	6.0	5.3			
大于 $45\mu m$ 的比例/%		0.2	0.28	0.25	0.20	0.20		—	

8.4.9.2　氧化硅微粉的结合机理

通常认为氧化硅微粉的结合机理与黏土泥浆的结合机理相类似，是由其结构决定的。氧化硅微粉的结构如图 8-45 所示。在颗粒的表面由于有断键存在，很容易形成硅醇基（Si—OH），并在水中离解成 $Si—O^-$ 和 H^+。同时由于其颗粒处于微米级，很容易形成带有双电层的胶团结构。与前述黏土-水系的情况相似，胶团之间存在两种作用力：引力与斥力。引力即范德华力，斥力主要取决于 ζ 电位。通过加入含有 M^+ 的分散剂与含有 M^{2+} 及 M^{3+} 的促凝剂可以对氧化硅微粉进行分散或促凝。当加入分散剂时，氧化硅微粉胶团之间的 ζ 电位提高，斥力加大，胶团分散可起到减水的效果。当加入碱土金属离子时，它置换吸附于胶团上的碱金属离子，使 ζ 电位减小，胶团互相吸引形成网状的絮凝结构。这一结构吸收一定量的水而发生凝固。

氧化硅微粉的实际结合机理可能比上述描述复杂一些。一方面氧化硅微粉本身的活性差别很大；另一方面氧化硅微粉可能与被结合的物质或同时使用的其他结合剂相互作用。

李晓明利用差热分析、红外光谱、X 射线分析及显微镜等研究对比几种氧化硅微粉，认为活性高的氧化硅微粉的表面上存在大量的羟基。如图 8-46 所示的氢键作用提高了结合强度。

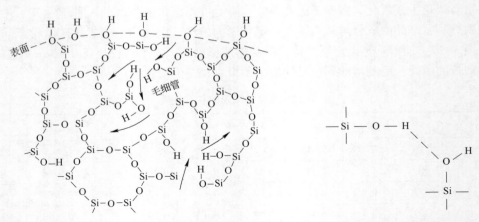

图 8-45　无定形氧化硅模型　　　　图 8-46　氢键作用

此外，在较低温度处理时发生如式 8-50 所示的脱水反应使氧化硅微粉颗粒之间形成 Si—O—Si 键结合，从而提高了氧化硅微粉在低温下的结合强度。

$$\text{(SiO}_2)\text{—Si—OH} + \text{HO—Si—(SiO}_2) \longrightarrow \text{(SiO}_2)\text{—Si—O—Si—(SiO}_2) + \text{H}_2\text{O} \qquad (8\text{-}50)$$

已有的研究工作表明，在含 MgO 细粉的浇注料中，SiO_2 微粉有减弱氧化镁水化的作用，氧化硅微粉–氧化镁结合浇注料（无水泥）具有高强度。研究者曾用热重分析、X 射线衍射以及 X 射线电子能谱（XPS）研究了 MgO-SiO_2-H_2O 系水化产物。三组试样分别由（电熔镁砂粉+水）、（氧化硅微粉+水）与（电熔镁砂粉+氧化硅微粉+水）组成，后者的（$SiO_2/MgO = 6/24$）。三组试样经浇注成型后，再在 110℃ 下养护 24h。处理后的试样经 X 射线衍射检验发现，无论在（氧化镁+水）及（氧化镁+氧化硅微粉+水）试样中都有少量 $Mg(OH)_2$ 及未反应的 MgO 存在，未见新化合物。但后者产生的 $Mg(OH)_2$ 量要比前者少，X 射线光电子能谱的结果如表 8-28 所示。同时将有关参考物质的特征电子的电子结合能列于表 8-29 中。对比表 8-28 与表 8-29 可以看出，（电熔氧化镁+水）试样的 O_{1s} 与 Mg_{2p} 电子结合能与 $Mg(OH)_2$ 的相同。（电熔镁砂粉+水+氧化硅微粉）试样的电子结合能与 $Mg_3Si_4O_{10}(OH)_2$ 的几乎完全一致，证实有镁硅氧化物水化物生成。这可能是氧化硅微粉–氧化镁结合浇注料获得高强度的原因。表 8-28 中氧原子的数目远大于金属原子的数目，这可能与 XPS 分析的深度有关，XPS 的分析深度在（0~30Å）之间，得到的只是颗粒表面的结果，颗粒表面的金属离子的数量总是少于负离子的数量。

表 8-28　相关原子的电子结合能　　　　　　　　　　（eV）

序号	O_{1s}	Mg_{2p}	Si_{2p}	原子数量比
1	530.96	49.13	—	Mg/O = 12.14/87.86
2	533.08	—	103.68	Si/O = 14.02/85.98
3	532.83	50.57	103.68	Mg/Si/O = 4.92/8.08/87

表 8-29 相关物质特征电子的电子结合能 （eV）

化合物	O_{1s}	Mg_{2p}	Si_{2p}
$Mg(OH)_2$	530.9	49.2~49.8	—
MgO	530.9~532.1	50.8	—
$Mg_3Si_4O_{10}(OH)_2$	532.8	50.5	103.6

在大多数情况下，氧化硅微粉是与水泥等结合剂共同使用的，氧化硅微粉的参与会改变水化矿物的组成以及烧成后的矿物组成及使用性能。Monsen 等曾报道氧化硅微粉会对黏土熟料-水泥砂浆在 40℃下养护的水化产物有影响。当无氧化硅微粉存在的情况下，β-C_2AH_8 随时间的延长而增多，α-C_2AH_8 含量在养护的第一天内随时间的延长而增多，第一天后其含量迅速减少。而在有氧化硅微粉存在的情况下，α-C_2AH_8 与 β-C_2AH_8 的含量在大约养护 1d 后达到最大值。1d 以后，它们转化为钙黄长石水化物 C_2ASH_8。Braulio 等人研究氧化硅微粉加入对水泥结合镁铝浇注料的影响，发现氧化硅微粉的加入及加入量对铝镁浇注料中 CA_6 及原位尖晶石的形成有很大影响，从而影响浇注料的膨胀量与膨胀速度。

8.4.10 硅溶胶结合剂

溶胶，又称胶体溶液，是指胶体粒子以基本独立的颗粒或亚稳定网络的形式分散于分散相中所得到的混合体。如果分散相为水则称为水溶胶，分散相为气体则称为气溶胶。由于溶胶颗粒的尺寸远大于普通分子或离子的尺寸，且有一定胶团结构，因此，胶体会有一定的黏滞性。硅溶胶就是 SiO_2 胶体粒子分散在水中形成的胶体溶液。因此，准确的叫法应该是氧化硅溶胶。习惯简称为硅溶胶。

硅溶胶的制造方法有多种，如用硅酸乙酯水解，在有关硅酸乙酯结合剂一节中已有所了解。此法可制得纯度很高的硅溶胶。其他方法大都以硅酸钠为原料，用电解、渗析与电渗法、气态氟处理等方法制备硅溶胶。工业中常用的方法为离子交换法。采用离子交换树脂脱去硅酸钠溶液中的 Na^+ 与 Cl^- 获得硅溶胶。如式 8-52 及式 8-53 所示，用阳离子交换树脂脱去 Na^+，用阴离子交换树脂脱去 Cl^-。一般情况下是先进行阳离子交换再进行阴离子交换。经阳离子交换后硅溶胶的 pH 值常小于 6，此时它的活性较高，容易发生凝胶现象，需要加入稳定剂以控制其 pH 值在 8.0~9.5 之间。常用的稳定剂有 NaOH、NH_4OH 与 Na_2SiO_3 等。加有稳定剂的溶胶还需经常加压或减压浓缩提高浓度以得到不同品质的产品。

$$R-SO_3H + Na^+ \Longrightarrow R-SO_3Na + H^+ \tag{8-51}$$

$$R-NH_3^+OH^- + Cl^- \Longrightarrow NH_3^+Cl^- + OH^- \tag{8-52}$$

8.4.10.1 硅溶胶的性质

工业上常见的硅溶胶为乳白色透明的液体。按用途不同，硅溶胶中 SiO_2 的含量（质量分数）在 15%~50% 之间波动。在耐火材料中用的硅溶胶的 SiO_2 含量（质量分数）在 25%~30% 范围内。Na_2O 含量（质量分数）不大于 0.3%，密度为 1.1~1.18g/cm³，黏度为 0.005~0.03Pa·s，pH 值为 8.5~9.5。表 8-30 中给出某些典型的硅溶胶的组成与性质。

表 8-30   硅溶胶结合剂的典型性能

性能		硅溶胶 A	硅溶胶 B	硅溶胶 C	硅溶胶 D	硅溶胶 E	硅溶胶 F
化学成分/%	SiO_2	30.0	30.0	45.0	20.0	30.0	30.0
	Na_2O	0.50	0.40	—	—	0.46	0.60
	Na_2SO_4	0.03	0.03	—	—	—	—
	氯化物	0.01	0.01	—	—	—	—
25℃时的密度		1.20	1.20				
密度/g·cm^{-3}		1.21	1.21	0.35	1.18	1.21	1.24
颗粒尺寸/μm		7~8	13~14	16	10~20	13	10~20
比表面积/m²·g^{-1}		340	220			235	—
pH 值		9.9	10.2	9.2	3~4	9.8	9.5~10.5
25℃时的黏度/Pa·s		0.6	0.5	1.2	0.3	0.5	0.5

8.4.10.2   硅溶胶的结合作用

硅溶胶可以作为不定形耐火材料的结合剂，也可以用作不烧或烧成定形耐火制品坯体的结合剂。当用作定形制品的结合剂时可以直接使用不同浓度的硅溶胶，砖坯经加热后，获得强度而不需加促凝剂等外加剂。

当硅溶胶作为不定形耐火材料，如喷涂料、浇注料等的结合剂时必须加入促凝剂来破坏硅溶胶的胶粒结构，促进凝结。硅溶胶的胶团结构如图 8-47 所示。硅溶胶中的 H_2SiO_3 在水中电离（$H_2SiO_3 \rightleftharpoons 2H^+ + SiO_3^{2-}$）出来的 SiO_3^{2-} 被胶核所吸附，而放出的 H^+ 中的一部分 $(2n+2x)$ 被吸附在 SiO_3^{2-} 的周围形成吸附层。而另一部分 H^+ $(2x)$ 扩散到溶液中与吸附层松散结合，形成扩散层，其结构如下：

$$\underbrace{\{\underbrace{(SiO_2)_m}_{胶核} \cdot \underbrace{SiO_3^{2-} \cdot 2(n-x)Na^+}_{吸附层}\}^{2x-}}_{胶粒} \cdot 2xNa^+ }_{} \quad \underbrace{}_{扩散层}$$

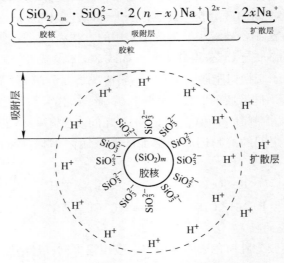

图 8-47   硅溶胶胶粒结构示意图

由于由胶核与吸附层构成胶粒带负电，它们互相排斥不能靠近，不能凝聚。使其成为凝胶的方法是加入正离子，中和胶粒表面的负离子，减少胶粒之间的斥力，使其凝结。

硅溶胶的稳定区与 pH 值有密切关系，如图 8-48 所示。由图可见，在强碱性与较强酸性的条件下硅溶胶都是不稳定的。这是由于在酸性条件下有较大的 H^+ 浓度，在强碱性条件下，由于加入 NaOH 与 KOH 等，带入了较多的阳离子。因此，通常硅溶胶的 pH 值控制在 8.5~9.5 之间，以利于保存。使用时再加酸或碱使其凝聚。除了酸与碱外，加入适量的 Na_2SO_4、NaCl、KCl、$BaCl$、$Al(SO_4)_3$ 等电解质，增加硅胶中的阳离子浓度也可以使其凝结。

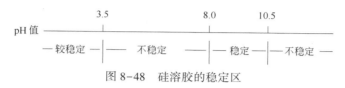

图 8-48 硅溶胶的稳定区

除了 pH 值以外，温度、被胶结物料的性质与组成以及硅溶胶本身的聚合度、浓度以及存放时间都对其凝胶过程有影响。

8.4.11 有机结合剂

耐火材料用的有机结合剂很多。其中有一部分在 7.4 节中介绍过了。本节主要介绍聚乙烯醇、纤维素与亚硫酸纸浆废液等。它们主要用作砖坯及不烧制品的结合剂，在不定形耐火材料中多作为添加剂使用。

8.4.11.1 亚硫酸纸浆废液结合剂

亚硫酸纸浆废液结合剂是用生产纸浆的废液经发酵提取酒精后得到的。在纸浆的制备工艺中需用硫化钠、硫酸盐或亚硫酸盐来蒸煮含纤维素的造纸原料。用前两者时，废液的主要成分为单亚硫酸盐结构的硫代木质素。用后者蒸煮时，废液的主要成分为木质素磺酸盐。市场上供应的纸浆结合剂有固、液两种形式。纸浆废液可以用液体形式直接作为结合剂用，也可以加石灰乳处理后经过滤、喷雾干燥后得到木质素磺酸钙粉末。或者加硫酸进行磺化脱糖处理得到木质素磺酸钙溶液，经过滤后再用 $Ca(OH)_2$ 或 NaOH 中和，经喷雾干燥后得到脱糖木质素磺酸钙或脱糖木质素磺酸钠粉末。

纸浆废液中起结合作用的主要是木质素磺酸盐，它们是相对分子质量在 4000~150000 之间的聚合物。相对分子质量的大小对纸浆的黏度与结合强度有一定影响。相对分子质量太小时，黏度低，结合强度也小；相对分子质量太高时，黏度太高，造成纸浆废液在混合过程中易分布不均，强度也会下降。一般控制其相对分子质量在 41000~51000 之间为好。用于耐火材料的纸浆废液的木质素磺酸盐的平均相对分子质量在 31000~51000 之间，黏度为 $1.0~29.0Pa \cdot s$。几种固态与液态木质素磺酸盐结合剂的性质列于表 8-31 中。

木质素磺酸盐溶液广泛作为半干法生产坯体的结合剂及不烧砖的结合剂，可以单独作用也可以与其他结合剂联合使用。其水溶液的密度一般控制在 $1.15~1.25g/cm^3$ 之间。单独使用时的加入量（质量分数）为 3%~3.5%。在制品或坯体被加热到 300℃以上时，木质素磺酸盐会分解并烧掉。最后剩下少量的氧化钠与氧化钙，对制品的性质不会带来大的影响。

另外，木质素磺酸盐也是阴离子表面活性剂。因此，当它在不定形耐火材料使用时可起到减水剂的作用。当它以粉末形式或溶液形式加入耐火泥料中时，可改善泥料中细粉的分散状况，降低泥料之间的摩擦力，因而提高泥料的可塑性与成型性能。

表 8-31　木质素磺酸盐纸浆废液结合剂的理化性能

品种		A	B	C	D
组成		木质素磺酸钙 特殊添加成分	木质素磺酸钙	木质素磺酸钙	特种改性 木质素磺酸钙
pH 值		4.0	7.0	7.0	5.4
颜色		棕色	暗棕色	棕色	棕色
化学组成/%	钠	0.0	0.0	0.0	0.1
	钙	5.0	7.0	7.0	3.6
	游离二氧化硫	0.1	0.5	0.5	0.2
	结合二氧化硫	4.8	4.7	4.7	4.7
	总硫量	5.0	5.3	5.3	6.2
	甲氧基	0.0	8.6	8.6	9.0
	还原糖	16.0	13.8	13.8	12.6
	氧化镁	0.2	—	—	—
液体	固形物/%	52			
	固形物量/g·cm⁻³	0.65			
	黏度（25℃）/Pa·s	1			
固态	水分/%	5.0			
	密度/g·cm⁻³	1.28			
功能		结合剂, 分散剂, 内润滑剂	结合剂	结合剂	结合剂
应用		粗陶制品, 耐火材料	耐火材料, 陶瓷	耐火材料, 陶瓷	耐火材料

8.4.11.2　纤维素结合剂

　　纤维素结合剂是用含有纤维素的天然植物原料经碱化、醚化所得到具有黏结性的高分子化合物。在耐火材料等工业最常用的是甲基纤维素（MC）与羧甲基纤维素。甲基纤维素的分子式为$(C_6H_{12}O_5)_n$。羧甲基纤维素是纤维素醚的一种，分子式为$(C_6H_9O \cdot OCH_2COOH)$（CMC）。常用的为其钠盐$(C_6H_9O_4 \cdot OCH_2COONa)$（CMC-Na）。

　　甲基纤维素为白色的无味、无毒的纤维状有机物。可溶于水及乙醇、乙醚及冰醋酸等有机溶剂，水溶液有黏性，随温度升高黏性下降。加热到某一温度可能有突然凝胶化现象发生，但冷却后又会恢复呈溶胶状。甲基纤维素的性能如表 8-32 所示。甲基纤维素可以作为耐火制品生坯及不烧耐火制品的临时结合剂，它被加热烧去以后几乎不在制品中留下任何有害的无机杂质，因而适合于高纯制品。在不定形耐火材料，如泥浆中它可以作为悬浮剂，使泥浆中的粉粒不沉淀，还可改善泥浆的铺展性与提高结力。此外，甲基纤维素又是一种非离子型表面活性剂，因此，它还可以起减水剂与增黏剂的作用。

表 8-32 甲基纤维素的性质

性质	性状与指标
外观	白色
甲氧基含量/%	26~32
2%MC 溶液的黏度/Pa·s	0.02~0.04
0.2%水溶液的凝胶温度/℃	755
不溶物/%	0.72
2%水溶液的透光率/%	约 80

羧甲基纤维素是一种合成的聚合物电解质，它可以作为结合剂、分散剂与稳定剂用。作为结合剂的时候它有如下优点：

（1）它可以很好地润湿耐火材料颗粒，增强颗粒之间的连接，提高坯体强度；

（2）羧甲基纤维素的性质主要取决于其聚合纤维链的长度与取代度。所谓取代度是指羧甲基纤维素中无水葡萄糖单元上第三个 OH 基被 OCH_2COONa 取代的程度，如图 8-49 所示。纤维素链越长，即 n 越大，结合力越强。取代度越高，钠含量也越高，水溶液的 pH 值也越高，对胶体粒子的分散作用也越好。

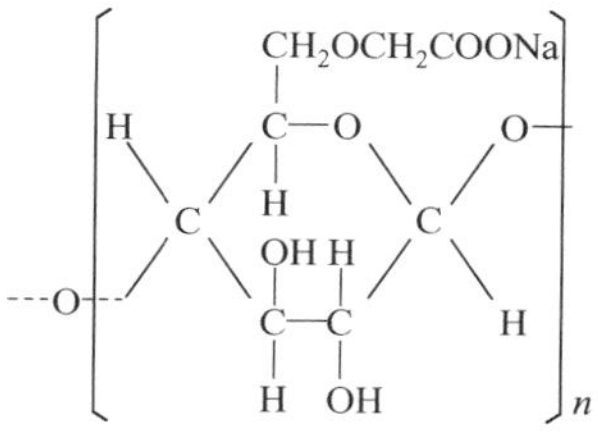

图 8-49 羧甲基纤维素的结构

羧甲基纤维素是一种絮状白色粉末，易溶于水，不溶于一般有机溶剂，但可溶于乙醇水溶液中。市售的羧甲基纤维素的基本性质大致如下：取代度为 45%~80%，2%水溶液的黏度为 0.3~1.2Pa·s，水溶液的 pH 值为 6.5~8.5，氯化物含量小于 7%。

8.4.11.3 聚乙烯醇结合剂

聚乙烯醇（PVA）是一种在纺织、陶瓷与耐火材料等工业中广为使用的有机结合剂。由于乙烯醇是不稳定的单体。因此，工业上常用醋酸乙烯酯为原料生产聚乙烯醇。所得到的产物是聚乙烯醇与醋酸乙酯的共聚材料。其中乙烯醇的摩尔分数称为乙烯醇功能量，也称为水解作用水平。按水解水平的不同 PVA 可分为不同级别，如表 8-33 所示。PVA 的水解水平对其性质有较大影响。

PVA 大体上是非晶质聚合体。常温下在水中的溶解度不大，需要加热才能溶解。而且，溶解温度与水解作用水平有关，水解作用水平越高，其溶解所需要的温度越高。有效溶解是制造 PVA 结合剂的关键步骤之一。当 PVA 颗粒在水中分散时，颗粒的边缘迅速膨胀后会成团。因此，要将 PVA 粉末加入冷水（<38℃）中，并不断搅拌使颗粒在膨胀并开始溶解前就均匀地分散在水中，然后在不断搅拌中逐渐升温。部分水解级 PVA 至少要加热到 85℃。完全水解或超级水解要加热到 95℃，保温约 30min。不可直接将 PVA 粉末直接加入热水中。搅拌也不可太剧烈以免带入过多的空气。

表 8-33　PVA 的级别与水解作用水平

级别	水解作用水平（摩尔分数）/%
超级	99.3
完全级	98.0~98.9
中级	95.0~97.0
部分级	87.0~89.0
低级	79.0~81.0

PVA 溶液的黏度与加入量及相对分子质量有关。表 8-34 中给出 4%固含量的水溶液的黏度。随聚合度与相对分子质量的增加，PVA 水溶液的黏度增大。

PVA 常用于耐火材料中作为临时结合剂，在高温下被烧失而不影响耐火材料的纯度。最常用的为相对分子质量较大的、部分水解级的 PVA。其浓度不宜太高，否则容易在颗粒表面形成薄膜，不利于成型。

表 8-34　PVA 溶液黏度和相对分子质量的关系

级别	聚合度	相对分子质量范围	4%溶液黏度/cP
超低级	150~300	13000~23000	3~4
低级	350~650	31000~50000	5~7
中级	700~950	6000~100000	13~16
中高级	1000~1500	125000~150000	28~32
高级	1600~2200	150000~200000	55~65

注：$1cP = 1 \times 10^{-3} Pa \cdot s$。

8.5　不定形耐火材料的外加剂

外加剂也称添加剂。与陶瓷等其他材料一样，耐火材料中添加剂的主要作用是调节其组成与显微结构、改善其性质。但这一节中我们主要讨论添加剂对于不定形耐火材料施工性能的影响。

按化学组成，外加剂可分为无机外加剂与有机外加剂两大类：

（1）无机外加剂包括无机盐、矿物、无机电解质、氧化物与氢氧化物等。

（2）有机外加剂包括许多表面活性剂。其中能在水中电离的称为离子型表面活性剂，不发生电离的称为非离子型表面活性剂。离子型表面活性剂又可分为阴离子型、阳离子型与两性型几类。除了离子型表面活性剂以外，还有一些高分子表面活性剂、有机酸等。

按作用功能，可将外加剂分为以下几种：

（1）改善作业性能。其中包括减水剂（分散剂）、增塑剂（塑化剂）、絮凝剂（胶凝剂）与反絮凝剂（解胶剂）等。

（2）调节凝结、硬化速度。包括促凝剂、缓凝剂、快速促凝剂与迟效促凝剂等。

（3）调整内部组织结构。包括引气剂（加气剂）、消泡剂、防缩剂及膨胀剂等。

（4）保持材料的施工性能。保存剂、防沉剂（泥浆稳定剂）、防冻剂及保水剂等。

上述分类不是绝对的，一些外加剂可能同时具有两种功能。此外还有一些其他叫法的外加剂，如早强剂、泵送剂等。

8.5.1　减水剂

减水剂是浇注料等不定形耐火材料用的重要外加剂。其目的在于在保证施工性能的前提下减少浇注料的用水量、提高其流动值。由于水在后续烘烤过程中蒸发形成气孔，因而减水剂还可以减小浇注料烘烤后的气孔率，提高其强度。此外，减水剂改善了浇注料的和易性，可减少水泥用量。

8.5.1.1　减水剂的分类

按其化学成分减水剂可分为如下几种：

（1）无机盐类。

1）磷酸盐及其聚合物：焦磷酸钠（$Na_4P_2O_7$）、三聚磷酸钠（$Na_5P_3O_{10}$）、四聚磷酸钠（$Na_6P_4O_{13}$）、六偏磷酸钠以及超聚磷酸钠等；

2）硅酸钠（$NaO \cdot nSiO_2 \cdot mH_2O$）。

（2）有机类。

1）木质素磺酸盐及其衍生物；

2）高级多元醇；

3）羟基羧酸及其盐类；

4）聚氧乙烯醚及其衍生物；

5）多元醇复合体；

6）聚丙烯酸盐及其共聚物；

7）萘磺酸盐甲醛缩合物；

8）多环芳烃磺酸盐甲醛缩合物；

9）三聚氰胺磺酸盐甲醛缩合物。

除了上述无机、有机减水剂外，还有其他一些减水剂。

按减水效果来划分，可分为普通减水剂与高效减水剂，后者也称超塑化剂。普通减水剂可减少8%～15%的用水量，而高效减水剂如萘磺酸盐甲醛聚合物、多环芳烃磺酸盐甲醛缩合物和三聚氰胺磺酸盐甲醛缩合物等，可使浇注料的用水量减少18%～25%。应该指出的是，减水剂的减水作用与减水剂在固体颗粒表面的吸附密切相关，而不同的固体颗粒的表面特性是不同的，因而同一种减水剂对不同的结合体系及不同的骨料与细微的作用可能是不同的。

8.5.1.2　减水剂的减水原理

水泥等细粉分散在水中的体系是一个热力学不稳定体系，小粒径的粒子容易絮凝（或凝聚）形成如图8-50所示的絮凝状结构。形成这种絮凝状结构的原因很多：可能是水泥矿物（C_3A、CA、C_4AF、C_2A、C_2S等）在水化后所带的电荷不同而相互吸附形成；也可能是细颗粒在热运动碰撞过程中相互吸引、咬合而成或者是范德华力作用而成。

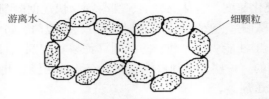

游离水　　　　　　　　　　　　　　　　细颗粒

图 8-50　絮凝状结构

由图 8-50 可见，在这种絮凝体中包含了大量的水，因而大大增加了浇注料等不定形耐火材料的用水量。粉料的絮凝特性取决于它们的物理与化学特性以及细度。通常细度越高，越容易絮凝，包含的水量就越大。

减水剂的作用就是要破坏这种絮凝结构，释放出被包裹的水以达到减水的目的。绝大多数的减水剂为表面活性剂，离子型表面活性剂是两端各带有一个亲水基与一个憎水基的分子。加入浇注料中后，憎水基团定向吸附到颗粒的表面，而亲水基团指向水溶液，构成单分子或多分子吸附膜。这种定向吸附的结果使颗粒表面带有相同符号的电荷，在同性相斥的作用下，絮凝结构破坏放出被包裹的游离水，这种作用称为电保护（静电斥力）作用。对于高分子类等非离子表面活性剂，它们可能吸附在水泥颗粒的表面形成水化膜，防止它们絮凝，这种作用称为空间保护（水化膜）作用。

由上所说，减水剂的作用实际上就是分散颗粒，因而也称为分散剂。在固-液分散体系中分散与凝聚是相互矛盾的。在耐火浇注料与混凝土施工过程中，在浇注的初期，希望分散性好，以减少用水量。但又希望浇注料能较快地凝聚和硬化以获得较高的强度。这样就要求减水剂有较强的分散性能，又不能过分阻碍水泥的水化。因此，对分散剂的分子结构及用量都有一定要求。应根据实际情况选择减水剂的类型与加入量。

此外，分散剂的分散效果与其在颗粒表面的吸附能力以及其离解水平有关。研究发现，提高在减水剂分子的吸附能力及增加每一个分子上的离解位的数目，有利于提高其分散（减水）能力。

8.5.2　促凝剂与缓凝剂

能促进浇注料凝结与硬化，缩短凝结与硬化时间的添加物称为促凝剂。缓凝剂则是能延缓浇注料凝结与硬化的添加剂。促凝剂中还包括所谓迟效促凝剂，它是在加入浇注料后并不立即发生促凝作用，而是需经过一段时间后才起促凝作用的促凝剂。由于促凝剂与缓凝剂是用来调节凝结时间的，因而又合称为调凝剂。

实际上促凝剂与缓凝剂的作用是加快与减慢结合剂结合过程的速度。因此，它与结合剂的种类及结合方式密切相关。

本节介绍水泥水化结合用的促凝剂与缓凝剂。

水泥结合的浇注料是不定形耐火材料中最大宗的产品。因此，水化结合的调凝剂的种类也较多，其调凝机理也较复杂，很难用统一的理论来统一说明其调凝的作用原理。常见的促凝剂有碳酸锂等锂盐、氢氧化钙、波特兰水泥、消石灰、水化氧化铝、碳酸钾与钠、硅酸钠以及其他一些碱金属与碱土金属化合物。常见的缓凝剂有柠檬酸、磷酸、稀醋酸、硼酸、硼砂、柠檬酸钠、葡（萄）糖酸盐（酯）、羟基羧酸盐、糖化物、氢氧化镁、氢氧化钡、硫酸钠、氯化钠、淀粉、糖、海水以及其他一些酸或者酸性化合物。

前面所述，各种促凝剂的作用原理比较复杂。本小节中我们仅以最常见的锂化物为例来说明促凝作用的原理。Oliveira 等人研究了碳酸锂对两种水化氧化铝 Alphabond 300 与 Alphabond 500 以及不同水泥供应商提供的四种牌号铝酸盐水泥 CA14M、CA270、Secar71、Plennium 的凝结性能的影响。这些结合剂的化学成分与物理性能如表 8-35 所示。图 8-51 与图 8-52 分别表示 Li_2CO_3 对不同结合系统凝结时间与电导率的影响。图 8-51 中所给出的凝结时间是根据料浆温度与时间的关系得到的。由图可以看出，Li_2CO_3 可以显著降低 CA14M、CA270 与 Secar71 水泥浆体的凝结时间。但对 Plenium 水泥的影响很小，对 Bond 500 及 Bond 300 的影响也不明显。由图 8-52 中电导率的变化也可以得出同样的结论。如前所述，水泥的凝聚固化是由溶解—成核—沉积—凝聚几个步骤进行的。加入锂盐后，在溶液中的 Li^+ 形成不溶解的氢氧化物，如 $LiAl(OH)_4$，使溶液中 $Al(OH)_4^-$ 的浓度降低。促进水泥中 CA、CA_2 进一步溶解并使溶液中溶解离子的化学计量发生变化，有利于形成低溶解度的铝酸钙水化物，如 C_2AH_8 生成，促进了沉积过程。此外，由于所生成的这些锂化物可以作为 C_2AH_8 形成的晶种促进在任何温度下 C_2AH_8 的成核。Li_2CO_3 对 Plenium 的促凝作用效果不显著，这是由于 Plenium 的钙含量较低，钙离子在水溶液中的浓度也较低，形成低溶解度的水化物 C_2AH_8 也较少，因而 Li_2CO_3 的促凝作用受到限制。

表 8-35 结合剂的化学组成与性质

性质		Alphabond 300	Alphabond 500	CA14M	CA270	Secar71	Secar Plenium
化学成分 （质量分数）/%	Al_2O_3	88	83	72	73	68	82
	CaO	0.1	0.6	27	26	31	18
	SiO_2	0.3	0.3	0.3	0.3	0.8	0.3
	Na_2O	0.5	0.3	0.3	0.3	0.5	0.7
烧失量 （质量分数）/%	25~250℃	4.1	6.5	——	——	——	——
	250~1100℃	7.0	9.2	——	——	——	——
密度/g·cm^{-3}		3.20	3.20	2.96	3.15	2.95	3.25
BET 表面积/m^2·g^{-1}		194	165	1.87	1.88	1.17	5.78
D_{50}/μm		3.3	6.2	9.4	7.8	13	10

在实际生产中，一些添加剂可能同时具有分散与促凝或缓凝作用。表 8-36 中列出固含量（体积分数）为 40% 条件下 CA14M 水泥浆体黏度最小时各添加剂的含量，在添加剂中包括具有很好缓凝作用的柠檬酸。图 8-53 中给出了各添加剂对 CA14M 水泥凝结时间的影响，还给出了添加剂为 0.1mg/m^2 并有 0.01%（质量分数）Li_2CO_3 同时存在的条件下的凝结时间，以资对比。由图可以看出，与没有添加剂的情况相比较，除了六偏磷酸钠以外，所有的添加剂均有延长凝结时间的作用。而且随加入量从 0.1mg/m^2 提高到 0.9mg/m^2，凝结时间延长。

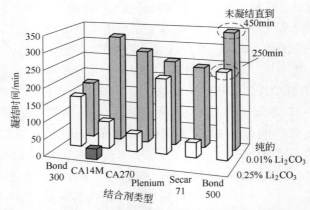

图 8-51　Li_2CO_3 对不同结合系统凝结时间的影响（温度 30℃）

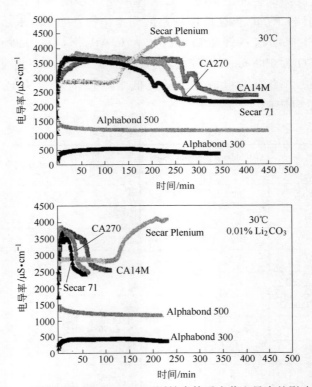

图 8-52　Li_2CO_3（质量分数 0.01%）对不同结合体系水浆电导率的影响（温度 30℃）

表 8-36　CA14M 水泥浆（体积分数 40%）黏度最小时的添加剂量

添加剂	最佳加入量/mg·m⁻²	50s⁻¹下的最小黏度/mPa·s
无	0.0	386
Darvan	0.1	454
柠檬酸	0.1	381

续表 8-36

添加剂	最佳加入量/mg·m^{-2}	50s^{-1}下的最小黏度/mPa·s
枸橼酸二铵	0.1	419
六偏磷酸钠（HMP-Na）	0.2	487
FS20	0.1	456
FS30	0.9	83
FS40	0.9	97

通常认为，促进与延缓凝结时间与分散性有一定的关系。浆体分散得越好，未水化水泥颗粒表面与水的接触表面就越大，它们就溶解得越快，溶液中的 Ca^{2+} 与 $Al(OH)_4^-$ 的浓度增加得越快，很快达到饱和而开始沉积，有利于凝聚。相反，分散性差，溶液中的 Ca^{2+} 与 $Al(OH)_4^-$ 的浓度增大的速度慢，不能很快达到饱和，从而延缓凝聚。由表 8-36 可见，FS30 与 FS40 分散剂可大大降低 CA14M 水泥浆体的黏度，说明其分散效果很好。但从图

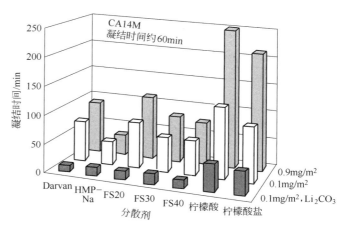

图 8-53　添加剂对 CA14M 水泥浆体凝结时间的影响
（加入量为 0.1mg/m^2 与 0.9mg/m^2，
Li_2CO_3 加入量为 0.01%（质量分数），温度为 50℃）

8-53 可见，它并未有显著的促凝作用（加入 Li_2CO_3 促凝剂的除外）。由此可见，分散性的好坏不是影响凝结的重要因素。由图 8-53 可见，柠檬酸与枸橼酸二铵有显著的延迟凝聚的作用。这是因为这类化合物在溶液中生成 R—OH 或 R—COO—基团。它们对钙离子的吸收作用很强。它们与 Ca^{2+} 的反应对水泥水化过程产生两方面的影响。首先，在碱性环境下，这些阴离子与 Ca^{2+} 之间的反应生成不溶解的盐，从而降低了溶液中 Ca^{2+} 与 $Al(OH)_4^-$ 之间的比例，使得水化物的成核及长大的速度减小，因此有利于易溶相 AH$_3$ 的生成；其次是这些阴离子与钙离子反应生成的不溶相可能沉积在水泥颗粒的表面上，形成一硬壳，阻碍了水泥颗粒的进一步溶解，从而延缓了水化与凝聚过程。由图 8-53 还可以看出，加入 Li_2CO_3 后，可以显著减少加入各种分散剂的水泥浆体的凝结时间。

由以上的讨论中可以看到，添加剂对浇注料的促凝与缓凝作用比较复杂。至今仍有许多没有完全明白的地方。它与添加剂的结构、性质以及水泥的组成、水化条件的诸多因素有关。在应用中，应根据实际情况，合理地选用减水剂、凝结调节剂以获得较好的施工条件与产品的性质。

除了上述两类主要的添加剂以外，不定形耐火材料中还有保存剂、增塑剂以及防爆剂等等，这些将在以后的有关章节中介绍。

8.6　浇注耐火材料

浇注料是最常见且大量使用的不定形耐火材料。它是由骨料、细粉、结合剂及外加剂组成的没有黏附性的混合料。通常以干料交货，加水或其他液体混合后浇注施工而成。浇注料可以按材质分类，如 Al_2O_3-MgO 浇注料、$Al_2O_3-SiC-C$ 浇注料等。也可以按用途分，如钢包用浇注料、铁沟料等。还可以按结合体系分，如凝聚结合、水化结合等。其他分类方法还有很多。本节以铝酸钙水泥结合的浇注料为例讨论浇注料施工、养护、烘烤与加热过程中性质与组成的变化，再分别讨论主要的浇注料品种。水泥结合浇注料按水泥的加入量可分为普通水泥浇注料、低水泥浇注料与超低水泥浇注料。在早期水泥结合耐火材料浇注料中的铝酸钙水泥用量在 15%~30% 之间。高水泥含量带来三方面的缺点：

（1）由于水泥用量大，所需的水量也大，产品干燥或热处理后的能耗高。

（2）由于水泥用量大，浇注料中存在的水化物量也较大。经中温（538~982℃）处理后，由于水化物脱水，浇注料的强度下降大。

（3）水泥带入的氧化钙较多，影响材料的高温性能。

因此，从 20 世纪 70 年代以来，低水泥及超低水泥浇注料发展迅速。现在，它已经是使用最广泛的浇注料。所谓低水泥浇注料是指由水泥带入的氧化钙含量（质量分数）在 1.0%~2.5% 之间的反絮凝浇注料。而超低水泥浇注料是指由水泥带入的氧化钙含量（质量分数）在 0.2%~1.0% 之间的反絮凝浇注料。所谓反絮凝浇注料是指至少加入一种反絮凝剂，并含有 2% 以上超细粉（粒径小于 $1\mu m$）的水化结合耐火浇注料。实际上现代广泛使用的耐火浇注料大致都满足上述条件。应该指出的是，普通水泥浇注料中水泥含量虽然较高，但有利于保证浇注料养护后的强度以及水泥分布与显微结构的均匀。在刚玉质浇注料中，CaO 可形成 CA_6，对于高温性能的影响不会很大。除了按水泥含量多少分类外，按施工方式还可分为所谓"自流浇注料"与"泵送料"等。前者指无需振动等外力作用即可自行流动填满模具的浇注料，后者是指可以用泥浆泵输送的浇注料。

8.6.1　浇注料的生产过程

这里所指的浇注料的生产过程是指从配料开始到混合、浇注施工、干燥与烘烤直到达到最终使用温度的整个过程，本节将讨论影响各阶段的因素。

8.6.1.1　微粉在浇注料中的作用

浇注料的配料包括粒度与化学组成的选择、结合体系及添加剂的选择等。有关内容在前面相关章节中已讨论过。由于大部分的浇注料中有微粉存在，这里我们主要介绍一下微粉的作用。

在不定形耐火材料中，微粉的作用主要包括以下几个方面：

（1）做结合剂用，形成凝聚结合或者与其他的结合剂反应生成新的结合相。

（2）填充大、中、小颗粒之间的气孔以提高浇注料坯体的体积密度与降低气孔率。此外，由于排挤出气孔中的水，可以降低浇注料的加水量。

（3）由于微粉有较大的比表面积与反应活性，可以在较低的温度下烧结或与其他成分反应生成某种物相，有利于在较低温度下形成陶瓷结合。

在耐火材料中最常见的微粉为氧化硅微粉与氧化铝微粉。前者已在结合剂一节中做过介绍。耐火材料中所用大部分氧化铝微粉是由氧化铝粉经过一定温度煅烧使其大部分转化为 α-Al_2O_3 后再经细磨而得到的。在煅烧过程中常加入某些相变促进剂，使其能在较低温度下转化为 α-Al_2O_3 以保证它有较好的研磨性，容易被磨成较小的粒度。

除了 ρ-Al_2O_3 等水化氧化铝外，氧化铝微粉在室温下通常不具有水化活性。

氧化铝微粉的质量主要取决于它的化学成分与颗粒尺寸分布。按 Al_2O_3 的含量与氧化钠的含量不同，氧化铝微粉可分为三类：第一类中 Al_2O_3 含量（质量分数）在 99.0% ~ 99.5% 之间，氧化钠含量大于 0.1%，通常在 0.18% ~ 0.55% 之间；第二类称为低钠氧化铝微粉，其中氧化钠的含量小于 0.1%；第三类为高纯氧化铝微粉，其氧化铝含量应大于99.9%。在耐火材料领域中常使用的是第一类与第二类氧化铝微粉。在传统耐火浇注料中人们不太注意氧化铝微粉中氧化钠的含量，但氧化铝中氧化钠的含量对浇注料的性质有较大影响。这不仅是因为氧化钠增加低熔物的量，而且对泥浆的分散性产生影响，从而对浇注料的施工性能与凝结时间产生一定的影响。有研究表明：由于 Na_2O 溶解到溶液中从而使纯铝钙水泥与氧化铝微粉浆体（CA 55%，Al_2O_3 微粉 45%，水质比 0.5，温度 20℃）水化的诱导期缩短，氧化铝中氧化钠含量越高，粉料的表面积越大，则影响越大。同时也对水化物的生成、凝结时间以及凝固后坯体的性质与显微结构产生一定程度的影响。此外，氧化铝微粉的活性，例如其晶格的完整程度、表面特性等都可能对浇注料的施工特性产生一定的影响。

氧化铝微粉的粒度及其分布对浇注料的性质有较大影响。其粒径越小，表面积越大，钠以及其他离子溶入溶液中越多。同时氧化铝微粉的粒度分布对浇注料的填充性及堆积密度也有较大影响。通常，氧化铝微粉的粒径分布分为单峰与多峰两类。所谓单峰分布就是在粒径分布曲线上只有一个峰值，即只存在一个众数粒径。而多峰分布是指在粒径分布曲线上存在两个及两个以上的峰，即有两个或更多的众数粒径。通常，呈多峰粒径分布的氧化铝微粉的堆积密度较大，因为较小的颗粒更容易填充到大颗粒形成的空隙中。相反，粒径呈单峰分布的氧化铝微粉的堆积密度较小。同样，用粒径分布为多峰的氧化铝微粉比用粒径分布为单峰的更容易使浇注料获得较高的体积密度。同是粒径单峰分布的情况下，粒径分布较宽的氧化铝微粉的填充性较好，其堆积密度也较高。表 8-37 中列出几种氧化铝微粉的组成与性质供参考。

表 8-37 氧化铝微粉示例

试样编号		1	2	3	4	5	6	7
化学成分/%	Al_2O_3	99.8	99.7	99.8	99.8	99.8	99.8	99.8
	Na_2O	0.08	0.11	0.06	0.06	0.09	0.08	0.16
	Fe_2O_3	0.02	0.02	0.03	0.03	0.02	0.02	0.03
	SiO_2	0.03	0.03	0.05	0.05	0.03	0.05	0.05
	CaO	0.02	0.03	0.02	0.02	0.02	0.02	0.03
比表面积/$m^2 \cdot g^{-1}$		6.8	2.1	2.7	3.4	3.8	4.8	4.1

试样编号		1	2	3	4	5	6	7
颗粒尺寸/μm	D_{50}	0.8	1.9	2.5	2.5	1.6	1.1	1.6
	D_{90}	3.8	4.7	—	—	5.1	7.3	10.0
	D_{100}	—	11.0	12.0	12.0	11.0	20.0	—
粒径分布形式		单峰	单峰	双峰	双峰	多峰	多峰	多峰
生坯密度（90MPa 压力下）/g·cm⁻³		2.18	2.40	2.60	2.60	2.55	2.60	2.60
1600℃烧后体积密度/g·cm⁻³		3.83	3.20	3.40	3.40	3.45	3.60	3.60

应该指出，目前市售的微粉的种类很多，并无统一的标准。它们在浇注料等不定形耐火材料中的用量变化也较大。微粉在不同品种与不同配方的不定形耐火材料中的作用也不相同，它们对不定形耐火材料可能有多种影响。使用时要充分了解所用微粉的性质，结合不定形耐火材料的实际情况选用。

8.6.1.2 浇注料的混合

泥料的混合质量对耐火材料的组成与性质的均匀性及施工性能有很大影响。耐火浇注料的生产通常包括两个混合过程：干混与湿混。干混通常是在生产厂家进行的，其目的在于使各种颗粒级配及添加剂混合均匀，尽量接近设计的配料组成，破坏团聚结构；湿混通常在施工现场进行，除了使各种物料与颗粒混合均匀以外，水分的分布均匀是其重要任务。

混合装置所提供的混合能、混合器件的转速、泥料的粒度以及加水的方式等对混合质量有较大影响。

混合过程中的加水顺序，如一次加水与二次加水方式对浇注料的流动性会产生一定的影响。图 8-54 中给出加水方式对四种不同粒度组合方式的浇注料流动值的影响。由图可见，采用二次加水的方式可以显著提高浇注料的流动值。研究者认为可能与水在颗粒表面形成薄膜与颗粒之间形成的毛细管力的作用有关。实际上可能还存在有另外一种重要作用，即在采用二次加水的情况下，在第一次加水搅拌后，水及分散剂即可较好地分散到颗粒表面，可以有效防止第二次加水过程中水分被颗粒的包裹，更有效地发挥了减水剂的作用。

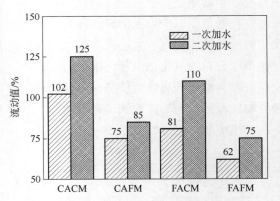

图 8-54　加水方式对浇注料流动值的影响
CACM—粗骨料、粗基质；CAFM—粗骨料、细基质；
FACM—细骨料、粗基质；FAFM—细骨料、细基质

上面这一例子说明混合过程与加水的方式对浇注料生产的重要性。在实际生产中，特别在施工现场，混合过程与加水量的精确控制常被忽视，这一点是不应该的。

8.6.1.3 浇注料的干燥与脱水

浇注料及其他不定形耐火材料属不烧耐火材料，在加热过程中会引起较多的物理化学变化。这些变化大致可分为两个阶段：

（1）在较低的温度范围内，结合剂分解，失去强度，并释放出水蒸气等物质，可能引起浇注料爆裂。这部分是本小节讨论的主要内容。

（2）在高温下发生一系列的物理化学反应，如氧化镁与氧化铝生成尖晶石，氧化铝与氧化硅生成莫来石等。这部分内容在相关章节中讨论，本节只讨论烘烤过程中的物理化学变化。

浇注料的脱水可以分为三个阶段。图 8-55 为一超低水泥浇注料在不同加热速度下的脱水曲线。加热过程中的失重按式 8-53 计算得到。脱水速度由式 8-54 得到。

$$w = \frac{M_0 - M_i}{M_0 - M_f} \times 100\% \tag{8-53}$$

$$\left(\frac{\mathrm{d}w}{\mathrm{d}t}\right)_i = \frac{w_{i+1} - w_{i-1}}{t_{i+1} - t_{i-1}} \tag{8-54}$$

式中　w——质量损失；

　　　M_0——原始质量；

　　　M_i——加热过程中 t_i 时的质量；

　　　M_f——加热结束时的质量。

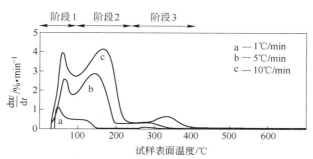

图 8-55　不同加热速度下浇注料的失重速度与试样表面温度的关系

干燥过程大致分为三个阶段，第一阶段在温度从室温到 102℃ 之间。其主要机理为失去自由水，其最高脱水速度在温度为 50~60℃ 之间。这一过程与第 3 章所说的干燥过程相似。传热与传湿过程使得在 50~60℃ 时脱水速度最快。

随着温度的升高，固液界面的温度达到沸点，第二阶段开始。在这个阶段中产生大量的水蒸气。水蒸气压力成为传导过程的主要推动力，加快脱水速度。同时，从坯体表面到内部产生较大的收缩，减缓蒸气排出，导致最大的脱水速度在 100~170℃ 的温度范围内。在此阶段中，已经有部分水化物开始脱水。

干燥的第三个阶段发生在 200~400℃ 之间。显然，它与自由水的脱除无关，主要是水化物的脱水。图 8-56 给出脱水速度与炉温的关系。由图可以看出，升温速度与脱水速度有很大关系。在本阶段中各种水化物开始大规模脱水。铝酸钙水泥的水化物的脱水温度如表 8-38 所示。实际脱水过程比表 8-38 所示的要复杂一些，如 CAH_{10} 可能在接近 100℃ 时已部分脱水转变为 CAH_x。x 值受升温速度等许多因素的影响。

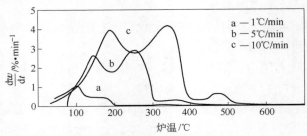

图 8-56 脱水速度与炉温的关系

表 8-38 铝酸钙水泥水化物的脱水温度

水化物	CAH_{10}	C_2AH_8	C_3AH_6	AH_5
脱水温度/℃	100～130	170～195	300～600	210～300

CAH_x 的脱水过程如式 8-55 所示。另外，三水铝石（AH_3）及其凝胶的脱水温度在 210～300℃。但它可以转化为勃姆石（AH），其脱水温度为 530～550℃。因此，铝酸钙水泥水化产物的脱水直到 550℃左右才会结束。

$$3CAH_x \longrightarrow C_3AH_6 + 2AH_3 + (3x-12)H \tag{8-55}$$

脱水过程导致组成、显微结构变化，使强度下降。导致强度下降的主要因素包括如下三个方面：

（1）铝酸钙水泥在低温下养护时，通常生成 CAH_{10}。它是亚稳定的六方柱体，其密度为 1.72g/cm³。随时间的延长或温度的升高，它最终会转化为稳定的立方体，C_3AH_6 密度提高到 2.52g/cm³。由于密度的变化导致结构的变化，降低强度。

（2）水化物脱水，放出大量的水蒸气形成大量气孔，水蒸气的放出导致气孔孔径及分布不断发生变化。

（3）由于水化物完全脱水而导致坯体强度大幅度下降。

耐火浇注料的脱水过程造成结构的松弛，强度下降。同时又有大量的水蒸气排出，在坯体内造成很大的压力。因此，浇注料在烘烤过程中容易产生爆裂。人们常用"抗爆裂性"来衡量浇注料等不定形耐火材料抗爆裂的能力。常用的测定方法是将已固化的试块直接放入已恒温的炉子中，观察其爆裂情况，以不爆裂的最高温度来衡量其抗爆裂性的好坏，温度越高其抗爆裂性越好。在实际测定过程中，为了防止试样的爆炸，碎片损坏炉衬或发热元件，常把试样放入一由不锈钢编制的笼中，一起放入炉内。

为了提高浇注料的抗爆裂性，需加入一些抗爆裂剂。抗爆剂作用的基本原理是在水化及养护过程中，在低于脱水的温度下形成微气孔，从而有利于脱水过程中水蒸气的排出。常见的抗爆裂剂有活性金属粉、有机化合物与可燃有机纤维。

常用的活性金属粉末有金属铝粉。它与水反应产生氢气与氢氧化铝：$2Al + 6H_2O \rightarrow 2Al(OH)_3 + 3H_2 \uparrow$。产生的氢气的排出可在坯体内形成毛细排气孔，有利于脱水过程中气体的排出。铝粉的细度、加入量及在浇注料中的分散程度对其使用性质有很大影响。使用不当会造成坯体鼓胀、开裂，以及浇注过程中的"泌水"现象。如铝粉分布不均，氢气集中放出，遇火还可能燃烧，存在安全隐患。

常见的有机化合物防爆剂有乳酸铝 $Al(OH)_{3-x}(CH_3CHOHCOO)_x \cdot nH_2O$ 以及偶氮酰胺 $C_2H_4N_4O_2$ 等可以放出氮气的有机化合物。前者可以在低温下脱水，后者可以在与铝酸钙水泥及水共存的情况下放出氮气。两者都可以在脱水开始前在坯体内形成气孔，以利于水蒸气的排出。乳酸铝的加入量（质量分数）一般在 $0.5\% \sim 1.0\%$ 之间，而偶氮酰胺的加入量一般不超过 0.3%。

采用有机纤维作为防爆剂是一种较安全有效的办法。这些纤维包括纸纤维、稻草纤维、麻或棉纤维等天然纤维以及聚乙烯与聚丙烯类人工合成纤维。加入纤维防爆裂的基本原理是纤维在坯体中互相搭桥，在加热烘烤过程中它们会熔化或燃烧掉形成连通气孔，有利于水蒸气的排出。因此，要求纤维有较低的熔化温度或燃烧温度，或者能产生较大的收缩，使它们在快速脱水之前形成气孔。其次，要求纤维在混料时有较好的分散性，纤维应有一定的长度与刚度。如果纤维过长或刚性较差，则容易相互缠绕而难以分散。第三，要求纤维的直径较小。在相同加入量的情况下，直径小的纤维加入的根数较多，可以提高坯体的透气性。此外，纤维的加入也要适量。在保证透气性的情况下，纤维加入越少越好。纤维量过大，会导致气孔率增大，强度、抗侵蚀等性能会因此而变坏。

8.6.2　铝-镁质浇注料

以氧化铝与氧化镁为主要成分的浇注料，氧化镁可以以铝镁尖晶石的形式加入，也可以以镁砂的形式加入。铝镁质浇注料是使用量很大的浇注料，它主要用于钢包以及 RH 精炼炉中。它也是研究得最广泛深入的浇注料之一。铝镁质浇注料可分为普通铝-镁质浇注料与纯铝-镁质浇注料两类。前者以矾土熟料为主要原料，也称为矾土基铝-镁浇注料；后者以电熔刚玉或烧结刚玉为主要原料，杂质成分较少，称为纯铝-镁浇注料或刚玉-镁质浇注料等。

8.6.2.1　矾土基铝-镁质浇注料

它们是由特级或一级矾土为骨料（Al_2O_3 质量分数 $\geqslant 85\%$），以矾土与镁砂（MgO 质量分数 $\geqslant 92\%$）或矾土基铝镁尖晶石为细粉构成的。早期以水玻璃为结合剂。因为带入一定的 Na_2O，影响高温性能，已很少使用。目前常用 $MgO-SiO_2$ 微粉为结合体系。配料中的骨料与粉料之比通常为（$65 \sim 70$）:（$35 \sim 30$）。骨料的临界粒度较大，最大可达 $20 \sim 50mm$。氧化镁多以粉料形成加入，粒度在 $0.088 \sim 0.074mm$ 之间。氧化镁含量（质量分数）在 $6\% \sim 15\%$ 之间，根据配料的杂质含量等因素确定。表 8-39 中给出矾土基铝-镁质浇注料性质的一个示例。这种浇注料主要使用在中、小型钢包上。根据条件的不同，使用寿命大致在 $80 \sim 120$ 炉之间。也有少量矾土基铝镁浇注料用铝酸钙水泥为结合剂的，但由于引入 CaO 对高温性能产生不良影响。

表 8-39　矾土基铝-镁浇注料性质

热处理条件	110℃，24h	1500℃，3h
体积密度/g·cm^{-3}	2.80~2.95	2.70~2.90
耐压强度/MPa	30~50	40~80
抗折强度/MPa	5~10	8~12
线变化率/%	—	±0.5

8.6.2.2　纯铝-镁质浇注料

以电熔白刚玉、棕刚玉、烧结刚玉为骨料，在细粉中包含纯镁砂或尖晶石的浇注料，也有的浇注料使用部分尖晶石骨料。骨料粒度可根据浇注料的一般原则确定。细粉中含有 Al_2O_3、铝酸钙水泥、氧化硅微粉等结合剂及各种添加剂等。细粉的构成对浇注料的施工与使用性能有很大的影响。有关这方面的文献很多。根据所用的添加剂的种类、使用与施工状况以及渣的组成与性质等的不同有许多不同的结果。细粉的组成可按如下原则处理：

（1）MgO 可以以镁铝尖晶石或氧化镁粉的形式加入。当以尖晶石的形式加入时，尖晶石的组成（MgO/Al_2O_3 之比）以及它的结晶大小、杂质种类及含量都可能对其抗渣性等性质产生影响，而且与渣的组成与性质有关。当以氧化镁粉的形式加入时，在加热使用过程中，氧化镁与氧化铝在高温下原位生成尖晶石，有报道认为原位生成尖晶石产生的膨胀有利于减小气孔孔径，有利于阻止渣的渗透。同时，原位生成的尖晶石的活性较高，有利于吸收渣中的氧化铁与氧化锰等氧化物，改变渣的性质，提高浇注料的抗侵蚀与渗透能力。但也有些试验结果并不支持这一观点。这可能与渣的组成及试验条件有一定关系。因此，究竟以何种形式加入为好，需根据具体情况、渣的性质等来确定。

（2）细粉中的氧化铝可以用烧结刚玉、电熔刚玉以及 $\alpha-Al_2O_3$ 微粉等。通常在配料中含有部分 $\alpha-Al_2O_3$ 微粉，$\alpha-Al_2O_3$ 微粉可以起到填充气孔、调节施工性能的作用。更重要的是它具有较高活性，在加 MgO 细粉的浇注料中，有利于在使用中原位生成尖晶石。而在加尖晶石的浇注中，它更容易固溶入尖晶石。值得注意的是，无论是在加富镁或富铝尖晶石的浇注料中，在浇注料的作用过程中氧化铝或氧化镁都可能固溶于尖晶石中，会产生一定的体积膨胀。这一过程对浇注料的相组成、显微结构以及抗渣性都有一定影响。刚玉细粉的粒度、尖晶石的组成与粒度以及 $\alpha-Al_2O_3$ 微粉的加入量与粒度分布等均会对尖晶石的原位生成及固溶产生影响，配料中应予以考虑。

（3）加入二氧化硅微粉的作用主要有两方面：一方面改善浇注料的流动性，另一方面是调整与控制使用过程中的膨胀。由于在原位生成尖晶石或者 MgO 与 Al_2O_3 在尖晶石中的固溶以及 CA_6 的生成都会产生一定的膨胀，膨胀太小或者太大都可能造成开裂以及剥落，影响使用寿命。加入氧化硅微粉可以调整各高温物相的生成量与生成速度，从而影响膨胀量。实际氧化硅微粉的加入量应根据 MgO 或尖晶石的用量、粒度组成等配料来确定。如果采用 $MgO-SiO_2$ 结合体系，则二氧化硅微粉的用量可稍多一些。

（4）目前，铝-镁质浇注料可采用三个结合体系：铝酸钙水泥、氧化硅微粉-MgO 以及水化氧化铝结合体系。三个体系各有特点，水泥结合的浇注料稳定性较好，但由于引入 CaO，对高温性能及抗侵蚀性可能有一定损害。但在超低水泥浇注料中引入的 CaO 的量已很小，危害已降低到相当低的程度。用氧化硅微粉-MgO 为结合剂时引入少量的 SiO_2，SiO_2 的引入对高温性能的影响较 CaO 的引入弱。但其要求 SiO_2 微粉与 MgO 充分混合分布均匀，否则对常温与高温性能产生一定影响。用水化氧化铝，如 $\rho-Al_2O_3$ 为结合剂时，完全没有引入杂质。但是，单独使用时导致浇注料的强度较低，通常需加入少量氧化硅微粉以改善其施工性能与提高强度。

如上所述，铝-镁质浇注料是一种应用量大、研究得最多的浇注料，细微的组成变化会导致抗侵蚀等性质发生一定变化。在配方设计与施工中可根据上述原则，结合渣组成与具体情况而定。表 8-40 中给出一些水泥结合、非水泥结合与复合结合的浇注料性能的示例。由表可见，MgO 加入的形式、MgO 与 Al_2O_3 的比例、水泥与 SiO_2 微粉的加入量对其强度及永久线变化率有较大影响。

表 8-40　钢包用铝-镁质浇注料的组成与性质

组成与性质		浇注料 1	浇注料 2	浇注料 3	浇注料 4	浇注料 5
材料体系		Al_2O_3-MgO	Al_2O_3-MgO	Al_2O_3-尖晶石	Al_2O_3-MgO	Al_2O_3-MgO
应用区域		墙，底	墙	底	冲击区	冲击区
化学成分/%	Al_2O_3	90	88	92	87	83
	MgO	7.5	12	5	10	14
	CaO	1.3	0.4	2	1.3	1.3
	SiO_2	0.4	1	—	1	1.2
显气孔率[①]/%		22.9	19.2	21.3	23.9	19.9
体积密度[①]/g·cm^{-3}		2.85	3.00	2.93	2.84	2.94
抗折强度[①]/MPa		33	33	19	31	36
永久线变化率(1450℃×3h)/%		1.45	0.46	1.14	2.1	1.07

①1500℃×3h 后的测定。

8.6.3　Al_2O_3-SiC-C 系浇注料

以 Al_2O_3、SiC 与 C 为主要成分构成的浇注料。主要用于高炉出铁沟等部位，也是用量较大的浇注料之一。Al_2O_3 的来源主要有电熔致密刚玉、矾土基电熔刚玉、棕刚玉、电熔白刚玉与矾土熟料等。所谓矾土基电熔刚玉是以矾土为原料在电弧炉中经过深度还原除去 SiO_2、TiO_2 等氧化物得到的刚玉。其 Al_2O_3 含量（质量分数）可达 98% 以上。但是，由于深度还原，在料中常含有 Al_4C_3 等碳化物与氮化物。它们易与水或空气中的水蒸气反应导致浇注料在浇注、干燥及烘烤过程中开裂。一般应先进行水化、酸洗或预煅烧处理后再应用。

碳化硅一般采用含量（质量分数）不小于 97% 的黑碳化硅。通常以小颗粒与细粉的形式加入，碳素材料可用沥青、焦炭或石墨等，也可以用废石墨电极粉等。

氧化铝-碳化硅-碳质浇注料可选用水泥结合或氧化硅微粉结合体系。

作为高炉出铁沟用的浇注料要求有较好的抗热震性、抗冲刷能力与抗氧化性。高炉出铁沟分为渣线与铁线，它们对耐火材料的要求也有一定差别。渣线料还要求有较好的抗渣性，因此要求有较低的显气孔率。而铁线料常要求较高的抗氧化铁的侵蚀。因此，必须仔细选择组成、结合系统与减水剂、抗爆裂剂等。表 8-41 给出大型高炉主沟铁线与渣线用的 Al_2O_3-SiC-C 浇注料主要性质。

表 8-41　大型高炉出铁主沟用 Al_2O_3-SiC-C 浇注料的主要性质

序号		渣线		铁线	
		1	2	1	2
化学成分/%	Al_2O_3	56~60	19	70~75	69
	SiC	15~30	73	12~12	12
	C	—	3.5	—	2.2
	MgO				13
	SiO_2	—	3.5		3.5
抗折强度/MPa	110℃×24h	4.0~8.0	5.4	3.5~4.5	6.2
	1450℃×3h	6.0~7.0	12.1	5.5~7.0	10.4
耐压强度/MPa	110℃×24h	35~40	20	35~40	37
	1450℃×3h	56~60	50	45~65	46
	110℃×24h	—	17.0		12.8
	1450℃×3h		20.1		18.6
体积密度/g·cm⁻³	110℃×24h	2.9~3.0	2.58	2.9~3.0	2.88
	1450℃×3h	2.85~3.90	2.55	2.85~2.95	2.84
烧后线变化率/%	1450℃×3h	+（0.1~0.2）		+（0.1~0.3）	

由表 8-41 中可见，在渣线料中 SiC 的含量普遍高于铁线料，这是因为提高 SiC 含量可以提高其抗渣能力。无论在渣线或铁线料中，各配方的组成有较大的不同。2 号渣线料中的 SiC 含量远高于 1 号渣线料中的含量，这是为了提高其抗渣性。但随 SiC 含量的提高其流动性变差，必须选择很好的分散剂，调整好粒度组成以改善其施工性能。此外，2 号铁线中的 MgO 含量高达 13%，而 1 号铁线料中没有 MgO。因为在铁线中 FeO 对耐火材料的侵蚀很强，它是耐火材料蚀损的主要原因。而尖晶石抗 FeO 的侵蚀能力较强，随铁线料中尖晶石含量的提高，铁线料的抗侵蚀能力提高。

8.6.4　轻骨料浇注料

轻骨料浇注料为以轻质材料为骨料而得到的浇注料，也称为轻质浇注料。轻质骨料包括膨胀蛭石、膨胀珍珠岩、陶粒、多孔耐火材料以及氧化铝空心球等。

8.6.4.1　轻质浇注料的分类

按使用温度，轻质浇注料可分为三类：

（1）低温轻质浇注料。它的使用温度在 900℃ 以下。常使用膨胀蛭石、膨胀珍珠岩、陶粒等为骨料，以普通硅酸盐水泥、矾土水泥或者水玻璃等为结合剂。如将粒径在 8~1mm 的膨胀珍珠岩与矾土水泥按珍珠岩：水泥为（35~50）：（50~65）比配制得到的浇注料经 900℃ 烧后的性质为体积密度 0.3~0.7g/cm³，耐压强度 0.5~0.9MPa，导热系数（700℃）0.06~0.18W/（m·K）。

（2）中温轻质浇注料。中温轻质浇注料的使用温度为 900~1200℃ 之间。通常用多孔黏土颗粒、黏土质陶粒、页岩陶粒等为骨料，用矾土水泥、铝酸钙水泥或磷酸二氢铝为结合剂。细粉中可加入少量的氧化硅微粉与漂珠，以降低其体积密度。水泥等结合剂的用量可按强度的要求而定。强度要求越高，结合剂的加入量越大。

（3）高温轻质浇注料。高温轻质浇注料为使用温度高于1200℃以上的耐火浇注料。它们是以刚玉质、高铝质、莫来石质、黏土质及镁质、镁铝尖晶石质等轻质颗粒或空心球为骨料，以铝酸钙水泥、磷酸二氢铝、硅溶胶、铝溶胶、二氧化硅微粉为结合体系的轻质浇注料。其中可加入耐火纤维以提高它们的强度。最常见的为黏土质及莫来石质轻质浇注料。表8-42给出了黏土与莫来石轻质浇注料的性质，供参考。

表8-42　轻质浇注料性质

性质		浇注料1	浇注料2	浇注料3	浇注料4
Al_2O_3含量/%		51	60	63	65
体积密度/g·cm^{-3}		1.37	1.52	1.51	1.78
常温抗压强度/MPa	110℃	5.8	4.1	5.1	8
	1400℃	32.6	20.5	32.5	35
	1500℃	41.3	—	43.1	45.0
常温抗折强度/MPa	110℃	0.6	0.5	0.6	1.8
	1400℃	6.2	4.0	5.5	6.0
	1500℃	8.5	—	6.1	6.5
烧后线变化率/%	1400℃	0.04	-0.25	+0.30	+0.2
	1500℃	-0.52	—	+0.30	—
导热系数/W·(m·K)$^{-1}$	350℃	0.469	—	—	—
	500℃	0.479	0.400	0.480	0.530
	800℃	0.480	0.470	0.510	0.580

8.6.4.2　影响轻质浇注料性质的因素

除了耐火度与使用温度以外，轻骨料的重要性质还包括体积密度、强度、导热系数与加热后的永久线变化率等。影响它们的因素包括骨料的组成、结构与性质、结合系统的选择与加入量、减水剂等添加剂的选择等。

（1）体积密度。影响浇注料体积密度的因素主要有如下几方面：

1）骨料的密度。骨料的密度取决于它的化学成分、气孔率。如铝硅系轻质骨料中的氧化铝含量越高，其密度越大。气孔率越大，体积密度越小。但在轻骨料浇注料的生产中，更应关心轻骨料的堆积密度。堆积密度除了与骨料本身的密度有关外，还与其颗粒尺寸分布有关。一般情况下，越符合紧密堆积原则其堆积密度越大。

2）基质的密度。对浇注料的体积密度有一定影响，调整其粒度组成，或者加入漂珠等轻质材料均可降低浇注料的体积密度。

3）加水量。由于轻骨料中含有大量气孔，而且轻质浇注料中水泥等结合剂的加入量较大，因而用水量也较大。水分蒸发或水化物脱水后形成较多气孔，提高了气孔率，降低了体积密度。但是，进入多孔骨料气孔中的水分并不影响浇注料热处理后的体积密度。

（2）强度。轻骨料浇注料的强度主要取决于骨料的强度与基质的强度。如果骨料的强度小于基质的强度，在断裂后的断口上会看到骨料的断口，说明断裂是穿过骨料颗粒进行的。这种情况下要提高颗粒的强度。相反如果断面上未见骨料断口，断裂中裂纹扩展在基质中或者沿基质与颗粒的界面进行，说明骨料的强度足够，需改进基质以及基质与骨料的结合状态。通常，可以通过增加结合剂的量或改变粒度组成来提高强度。近年研究表明，采用微孔的轻骨料作为颗粒，由于骨料与基质之间的紧密咬合和断裂路径复杂，材料的强度会得到明显提高。此外，加水量等其他因素也会对强度产生影响。

（3）导热系数。轻质浇注料的导热系数取决于其成分与气孔率以及气孔尺寸分布。由于基质通常不是多孔的，在轻骨料浇注料中，减轻质量提高气孔率的主要贡献来自骨料的体积密度与粒度组成，基质的贡献相对较小。因此，骨料的体积密度，气孔尺寸大小与分布对导热系数有较大影响。

从上面的讨论中可以看出，骨料对轻质浇注料的性质有很大影响。通常，骨料体积密度越小，它制得的轻质浇注料的体积密度越小。但随体积密度的提高，骨料的强度下降。减少骨料气孔的尺寸，使气孔在骨料中分布均匀有利于提高强度、降低导热系数。此外，目前大量使用的骨料中含有大量的开口气孔，部分水泥与水会进入气孔中，增大了水泥消耗与气孔率。因此，气孔分布均匀、小孔径以及闭气孔是轻骨料追求的目标。

8.6.5 钢纤维增强浇注料

耐火材料是脆性材料，它在较小的拉应力下容易变形断裂，抗热震性也较差。在浇注料等不定形耐火材料中可以通过引入一定量的耐热钢纤维来提高其强度、韧性与抗热震性。常用耐热钢纤维的性质列于表8-43中，可根据使用条件选择。加入量一般在1%～3%。施工时，一般先将钢纤维与干料混匀再加水混合，振动时要避免用振动棒振动以保证钢纤维无取向混合均匀。

表8-43　耐热钢的性能

性能		耐热钢1	耐热钢2	耐热钢3	耐热钢4	耐热钢5
主要成分/%	Cr	14～18	18～20	23～27	24～26	17～19
	Ni	0	8～12	0	0	34～36
熔化温度/℃		1380～1530	1400～1455	1425～1510	1400～1455	1345～1425
临界氧化温度/℃	热循环	850	870	1205	1040	1050
	连续使用	815	980	1100	1150	1165
线膨胀系数（870℃）/℃$^{-1}$		13.7×10^{-6}	20.2×10^{-6}	13.1×10^{-6}	17.6×10^{-6}	17.6×10^{-6}
导热系数（540℃）/W·(m·K)$^{-1}$		26.5	20.1	24.8	18.0	21.5
纤维抗拉强度（870℃）/MPa		47	124	53	152	193
弹性模量（870℃）/GPa		83	124	97	125	134

钢纤维浇注料具有较大的强度与较好的抗热震性，广泛应用于不长期与熔体直接接触

的部位。如加热炉顶，均热炉墙与盖，水泥窑有关部位以及温度波动大、热应力与机械应力较大的部位与构件，如喷射冶金用整个喷枪、铁水脱硫搅拌器、电炉出钢槽等。

8.6.6 耐酸与耐碱浇注料

在 800~1200℃ 的温度下能抵抗酸性介质，如硝酸、盐酸、硫酸与醋酸等侵蚀的浇注料为耐酸浇注料。它们通常是由耐酸骨料，如硅石、铸石、蜡石、辉绿岩等颗粒以及废硅砖、硅石、废瓷器、铸石等耐酸材料粉为细粉，以水玻璃为结合剂所制得的浇注料。水玻璃的模数在 2.6~3.2 之间，密度在 1.38~1.42g/cm³ 之间。加入量（质量分数）通常在 13%~16% 之间。以氟硅酸钠为促凝剂，加入量为水玻璃溶液质量的 10%~12%。这类耐酸浇注料成本低，抗酸性较好，它应用于冶金、化工等部门，但是它抗磷酸、氢氟酸以及高脂肪酸的侵蚀性较差。

耐碱浇注料是指在中、高温下能抵抗碱金属氧化物（K_2O、Na_2O）侵蚀的浇注料。按使用温度可分为中温与高温两种，按体积密度可分为轻质与重质两类。中温耐碱浇注料通常采用铝硅系材料为骨料或细粉，如黏土熟料、废瓷器粉、膨胀珍珠岩等。其抗碱侵蚀的原理是它们与碱金属氧化物反应后在耐火材料表面生成一层 SiO_2 含量很高、黏度大的釉层从而阻止了碱金属氧化物等进一步向耐火材料内部渗透，提高了抗侵蚀性能。SiO_2 含量（质量分数）在 20%~55% 之间，Al_2O_3 含量（质量分数）在 45%~75% 之间。使用温度越高，Al_2O_3 含量也越高。结合系统可以选用铝酸钙水泥、氧化硅微粉等。

高温下使用的抗碱浇注料也可以使用铬刚玉、锆刚石、电熔尖晶石、锆英石等作为骨料或者细粉。

8.7 喷射耐火材料

能被高速气流喷射到工作面，并吸附于工作面的不定形耐火材料称为喷射耐火材料。按喷射到衬体（工作面）上的物料的状态可分为两类：冷物料喷射法与熔融或半熔融物料喷射法。前者为最常用的喷射法，留待后面详细讨论。后者包括有下列几种方法：

（1）火焰喷射法。用丙烷气火焰将物料喷到衬上。在喷射过程中，在高温的作用下物料处于熔融或半熔融状态，被直接喷射到高温衬上，并吸附于衬体表面。过去用于炉衬的修补，现已不常用。

（2）等离子喷射法。物料以离子状态喷出，在耐火材料中很少使用。

（3）溅渣法。如转炉的溅渣护炉，利用高压氧枪等将耐火材料与渣的混合体吹起喷溅到转炉表面。此法是提高转炉炉衬寿命的关键技术。

8.7.1 干式喷射法

一种干式喷射装置如图 8-57 所示。干物料由料仓中进入旋转布料筒中。布好料的布料筒旋转一定角度，其上口与压机空气通道相连接，物料被压缩空气通过管道输送到喷嘴附近与水相遇，在喷嘴中料与水混合后被喷射到工作衬上。

喷射出去的料大部分被吸附在工作衬上，一部分回弹掉落到地上。回弹失去的物料的多少对喷射耐火料的施工有重要意义。通常用回弹率表示喷射料的吸附性能。回弹率由式

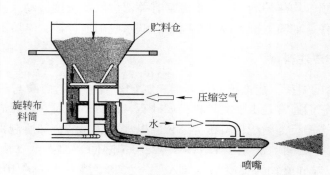

图 8-57　干式喷射设备示意图

8-56 得到。回弹率越低越好。影响回弹率的因素很多，主要包括加水量，风压与风量等。

$$回弹率 = \frac{回弹落下的质量}{喷出的总质量} \times 100\% \qquad (8-56)$$

采用干式喷射法应注意以下事项：

（1）加水量要适当。加水量过少，物料不能很好地被润湿，干物料容易被回弹；加水量过大，喷射形成的涂层易发生流淌，同样降低吸附量。

（2）喷射的风压与风量应适当。它们过大时颗粒对被喷射面的冲击过大，易回弹；过小时，物料对已附层的附力不足，容易脱落。

（3）喷枪口与受喷面之间的距离与角度应合适。避免使物料喷射到受喷面的力过大或过小。喷枪应上下左右移动以保证喷涂层的厚度均匀。

（4）每次喷涂的厚度不宜太厚，太厚容易剥落。一般不宜超过 50mm。

（5）控制物料的塑性与凝固性。使物料能很好地吸附到喷涂层上，并能较快地凝固而获得一定的强度。

8.7.2　湿式喷涂法

湿式喷涂法（shortcrete）是将流动性好的浇注料用泵通过管道送到喷嘴，在喷嘴中被高压气流喷射到工作衬上的方法，其工艺流程示意如图 8-58 所示。

其工艺过程包括四个主要阶段：混合、泵送、喷射与凝固。混合与泵送过程与普通浇注料与泵送料没有很大区别，要求混合均匀并有很好的泵送性能。以前喷射施工多用于炉衬的修补，湿式喷涂则可以直接用于造衬。它可以直接用于制造钢包及各种炉子的炉衬。其优点是工艺简单，无需模板，成本低，速度快。

喷射过程对于喷射料的附着率十分重要。喷射过程中料的运动与吸附过程如图 8-59 所示。物料被喷射出来后，颗粒成为被基质包裹的包裹体，它们冲击到喷射层表面的泥料上。

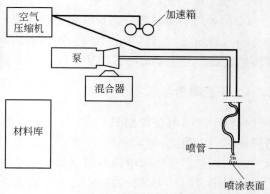

图 8-58　湿式喷涂工艺流程示意图

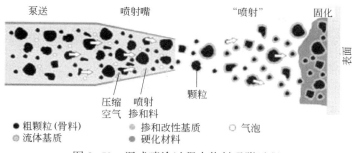

图 8-59　湿式喷涂过程中物料吸附过程

　　理论上讲，只有在黏附层可以完全消耗掉高速运动的颗粒所带来的动能的情况下，颗粒才能被黏附到料层上。因此，喷射设备以及料的性质都会对料的黏着带来很大的影响，其影响因素很多。在设备方面包括气体压力及喷射速度；在料的性质方面包括水分含量、骨料与基质的比例、颗粒大小、料的混合均匀程度以及添加剂的种类与用量等。喷射层质量的好坏及易产生的缺陷如图 8-60 所示。当颗粒喷射到料的表面，其动能很好地被料所吸收，并能较快地凝固而获得一定的强度，则可获得理想的喷射料层结构。当料中水分较多、较稀的情况下，凝固时间较长，喷射到料层上的料不能很快固化而获得足够的强度。这种情况下，就可能发生料的"流淌"或"滑移"的情况。剥离是指喷涂料与基板脱离的现象。产生这种现象的原因是喷涂层与被喷射的基底黏附性能不好，或者是所喷料层太厚。如果喷射速度太高，或者喷涂料中的骨料与基质含量不合理，不能形成理想的基质包覆颗粒表面的结构，或者料的塑性较差都可能发生料的"回弹"现象。料混合不均匀，部分区域粗骨料太多，或者促凝剂分布不均，就可能产生料层的"破裂"现象。料混合不均匀或者骨料与基质比例不合适，就可能产生"叠层"现象。料层"开裂"大多是由骨料与基质比例不合理，或者水分太少，凝固硬化不均匀造成的。

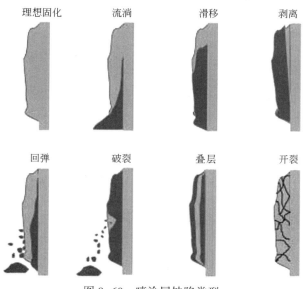

图 8-60　喷涂层缺陷类型
（浅灰代表正常状态，深灰代表缺陷）

影响湿式喷射法的因素较多，主要的有如下几种：

（1）喷射料的组成。首先它应该有合理的粒度组成、骨料与基质的比例、水分的含量等。配合适当使基质部分较好地黏附在颗粒的表面，黏附层不能太厚与太薄以保证在颗粒喷射到料层上时，能有较好的塑性并黏附于料层上。其次，应选择好添加剂，特别是絮凝剂的种类与加入量以控制好凝结时间。常用的絮凝剂有铝酸钠、硅酸钠、聚合氯化铝、氯化钙、硫酸铝、硫酸钾铝等。

（2）喷射压力与喷射气流的速度。它们过小则颗粒不能很好地黏附于料上，过大则容易产生反弹。

（3）喷枪与被喷射体的距离与角度。它们对料层的附着率有一定影响。

8.7.3 喷射耐火材料

原则上讲，任何一种浇注料或任何一种自流料与泵送料都可以作为干式喷射料与湿式喷涂料，只需调整好其粒度组成与添加剂的种类与加入量。其化学组成与相成分可根据各相关章节确定。常见的喷射料有下列几种。

8.7.3.1 硅酸铝质喷射料

硅酸铝质耐火材料是运用最为广泛的喷射料品种。它分为重质的、轻质的与半轻质的几类，广泛应用于各种工业炉相关部位。表 8-44 为高炉用硅酸铝质喷射耐火材料的基本性质。

表 8-44 高炉热风炉用硅酸铝质喷射耐火材料的性质

指标	材料 1	材料 2	材料 3	材料 4	材料 5
耐火度/℃	≥1530	≥1580	≥1610	≥1580	≥1530
体积密度/g·cm^{-3}	≥1.7 （1200℃）	≥1.7 （1300℃）	≥1.8 （1400℃）	≥1.4 （1300℃）	≥2.0 （1200℃）
抗折强度/MPa	≥4.0 （110℃） ≥0.3 （1200℃） （热态）	≥4.0 （110℃） ≥0.3 （1300℃） （热态）	≥4.0 （110℃） ≥0.3 （1400℃） （热态）	≥4.0 （110℃） ≥0.3 （1300℃） （热态）	≥4.0 （110℃） ≥1.0 （110℃） （酸化处理）
加热线变化率/%	±1.0 （1200℃，3h）	±1.0 （1300℃，3h）	±1.0 （1400℃，3h）	±1.0 （1230℃，1h）	±0.4 （110℃） （烘干后）
导热系数 /W·(m·K)$^{-1}$				≤0.3 （150℃）	
化学成分/%	Al_2O_3≥30 Fe_2O_3≤2.0	Al_2O_3≥35	Al_2O_3≥45	Al_2O_3≥35	Al_2O_3≥55 CaO≤0.5
最高使用温度/℃	1200	1300	1400	1300	1200
主要用途	高炉煤气上升管、下降管内衬等	高炉炉壳、热风炉燃烧室和蓄热室直筒段的炉壳内衬等	高炉热风围管、热风炉混合室炉壳内衬等	高炉热风围管、热风炉热风管隔热内衬等	热风炉炉顶内衬等

8.7.3.2 碱性耐火喷射料

碱性耐火喷射料广泛用于电炉、转炉、钢包、中间包衬等，用作为修补料或造衬材料，可以用磷酸盐或硅酸钠类结合剂。用于普通转炉或电炉的干式喷射料的粒度组成大致为粒径 3~1mm，35%~45%；1~0.088mm，35%~25%；小于 0.088mm，35%~45%。其理化性能指标大致为：MgO 70%~95%；CaO 约 10%。体积密度为 2.10~2.50g/cm³，1000℃烧后常温抗折强度为 3~6MPa，1500℃烧后常温抗折强度为 5~9MPa。

中间包湿式喷涂料用于中间包衬。中间包是钢液进入连铸前的最后一个盛钢的容器。因而，对于保证钢质量有很重要的意义，应保证尽量不污染钢水。否则前期精炼的作用将大打折扣。由于碱性耐火材料对钢水的污染小，而且有一定的净化钢水的作用，因而近年来中间包衬用的绝大多数为碱性耐火材料。并且，最好保持一定的 CaO 含量。同时，为维持中间包内钢水的温度，包衬需保持一定的气孔率，有一定的保温性能。除此以外，中间包还应有好的"翻包"性能。所谓"翻包"是指中间包使用结束后，将中间包翻转 180°，使工作衬脱离而掉出。因此，要求使用后，工作衬不与永久层粘连，容易脱出。表 8-45 给出了湿式喷涂碱性中间包衬的理化指标，分为镁质与镁钙质两种。镁钙质中含有一定的氧化钙，有利于净化钢水。同时，还可以与二氧化硅生成一些硅酸二钙，它在冷却至 675℃时发生 β 相向 γ 相的转化，伴随体积膨胀，从而有利于改善翻包性能。但是，CaO 含量过高时产生水化问题，可以引入碳酸钙取代氧化钙来解决此问题。

表 8-45 中间包湿式喷涂料性能

材 质		镁 质	镁钙质	镁钙质
化学成分/%	MgO	≥80	65~75	55~65
	SiO₂	4~6	≤5	≤5
	CaO	—	8~10	20~35
体积密度/g·cm⁻³	110℃，24h	1.6~20	1.7~2.0	1.7~2.0
	1500℃，3h	1.7~2.1	1.8~2.1	1.8~2.1
抗折强度/MPa	110℃，24h	1.5~2.0	1.6~2.3	2.0~2.5
	1500℃，3h	4~6	5~6	5~8
线变化率/%	110℃，24h	-(1.0~1.5)	-(1.2~1.8)	-(1.2~2.5)
	1500℃，3h	-(2.5~3.1)	-(2.0~3.0)	-(2.5~3.2)
导热系数/W·(m·K)⁻¹	1000℃	≤0.6	≤0.6	≤0.6

中间包喷涂料可以用聚磷酸盐、速溶硅酸盐或复合聚磷酸盐为结合剂。增塑剂有软质黏土、羧甲基纤维素、木质磺酸钙等。喷涂料中要加入纤维以增加其气孔率，降低导热系数，还可以提高其黏附性。加入的量（质量分数）根据对体积密度的要求而定，一般在 0.5%~3.0%的范围内。纤维可以为合成纤维，也可以为纸纤维等天然纤维。纤维需先经松解处理有利于均匀分布于料中。

8.7.3.3 高铝-碳化硅-碳及高铝-碳化硅喷补料

它为以刚玉或矾土熟料、碳化硅与碳材料构成的喷射料。它主要用在高炉出铁沟、鱼雷罐、混铁炉、化铁炉等设备上。不含碳的高铝-碳化硅用的喷射料主要用于垃圾焚烧炉及回转窑出料口等部位。表 8-46 给出高铝-碳化硅-碳及氧化铝-碳化硅湿式喷射料的组成与性能的三个实例。

表 8-46 高铝-碳化硅-碳与铝碳化硅湿式喷补料特性

性能		喷补料 1	喷补料 2	喷补料 3
化学成分/%	Al_2O_3	67	70	22
	SiC	14	10	60
	SiO_2	—	—	15
	CaO	—	—	1.4
	F. C	3	3	—
体积密度/g·cm^{-3}		2.56（110℃）	2.75（110℃）	2.5（816℃）
		2.62（1450℃）	2.73（1450℃）	
显气孔率/%		18.5（110℃）	21.6（110℃）	16.0（816℃）
		9.6（1450℃）	20.0（1450℃）	
强度/MPa		16.0（抗折强度，110℃）	2.5（抗折强度，110℃）	83（抗压强度，816℃）
		19.6（抗折强度，1450℃）	6.7（抗折强度，1450℃）	
烧后线变化率/%		−0.50（1450℃）	+0.11	−0.1（816℃）
加水量/%		6	6	6

注：表中括号中的温度为其热处理温度。

8.8 可 塑 料

可塑料是由骨料、细粉、结合剂和液体组成，具有良好的作业性能，施工后加热硬化，按交货状态直接使用的不定形耐火材料。可塑料通常具有较好的塑性。按美国 ASTM 规定，用可塑性指数测定仪测定得到的变形指数（质量分数）大于 15%的为可塑料，小于 15%的为捣打料。我国标准规定，变形指数在 15%~40%之间的为可塑料。

可塑料可以按结合剂来分类，分为黏土结合可塑料、磷酸盐结合可塑料、硫酸铝结合可塑料、焦油-沥青结合可塑料等；也可以按材质来进行分类，分为氧化硅质、黏土质、高铝质、刚玉质、镁质、镁铬质、锆英石质、碳化硅质或碳化硅-碳质等。使用较多的为硅酸铝质可塑料。

可塑料与其他不定形耐火材料不同之处在于要加入增塑剂与保存剂等。前者可提高可塑料的塑性，后者是为了防止可塑料在长期保存后丧失其塑料等施工性能。

常见的增塑剂有塑性好的软质黏土（结合黏土），如球黏土、木节黏土等。要求黏土中的胶体微粒较多、吸湿性高，非胶质成分少，颗粒尺寸小，形态呈扁平状以扩大颗粒之间的接触面积。其他增塑剂大都为表面活性剂，它们吸附于颗粒表面以提高颗粒之间滑移性。常见的增塑剂有木质素磺酸盐、甲基纤维素、羧甲基纤维素、聚丙烯酸酯、聚乙烯醇、萘磺酸盐等。增塑剂与结合剂密切相关，应根据结合剂的性质，通过试验选用增塑剂的种类与数量。

当采用酸性物质，如磷酸为结合剂时，它们可能与粉料中所含的氧化铝反应生成不溶的正磷酸铝（$AlPO_4 \cdot xH_2O$）等沉淀物，使可塑料过早硬化而失去施工性能。需加入一定的保存剂抑制磷酸等酸性结合剂与氧化铝等的反应，延长可塑料的保存期。常见的保存剂有草酸、柠檬酸、酒石酸、乙酰丙酮、ρ-醋酸水杨酸等。

可塑料粒度的配料可采用不定形耐火材料的配料原则。粉料加水经混练、制坯而成。当使用磷酸、磷酸铝、硫酸铝等酸盐结合剂时，应采用二步混练生产方式。即先将大部分结合剂（60%~70%）与配合料混合后，困料一段时间，让酸性结合剂与配合料中的杂质如铁等完全反应，以避免因此类反应放出氢气而造成坯体开裂。经充分困料后的料再加入剩下的结合剂再次混练后制坯，即可得到可塑料。制坯的方法可以为压制或挤泥，坯体一般预制成块状或条状交货。为了防止水分的蒸发或与空气接触，可塑料应采用聚乙烯薄膜密封包装。

8.9　捣 打 料

捣打料是由骨料、细粉、结合剂和必要的液体组成，使用前无黏附性，用捣打方式施工的不定形耐火材料。它的塑性小或无塑性，靠捣固而形成致密体，经烘烤或焙烧后硬化而获得强度。

捣打料按材质可分为铝-镁质、高铝-碳化硅-碳质、镁质以及硅酸铝质等。前三者可分别用于钢包、出铁沟以及电炉的修补。不过由于捣打料的施工作业时间较长，劳动强度较大，对工作环境的影响也较大，已逐步被其他的不定形耐火材料所代替。

捣打料的结合剂一般有水玻璃（通常采用的水玻璃的模数应大于2.6）、磷酸或磷酸二氢铝等。含碳结合剂有焦油、蒽油、沥青、酚醛树脂以及它们的混合物等。对于碱性捣打料还可以用氯化镁水溶液，如卤水等为结合剂。

捣打料的生产是将配合料混合均匀、装袋、运送到现场加液体与结合剂，或者不加任何东西经捣打密实后，经烘烤获得强度后即可使用。

8.10　干 式 料

干式料也称干混料、干式振捣料。它是一种可以在干燥的状态下，采用振动或捣打方法施工的不定形耐火材料。通常在材料中加入一种临时结合剂与助烧结剂，开始形成临时结合，最终形成陶瓷结合。按材质，干式料可分为刚玉质、硅质、硅铝质、镁质及镁钙质等。广泛应用于感应炉、铝熔炼炉、中间包以及炼钢电炉等设备上。施工时，将料放入模胆与永久层或炉壳之间的空间内，经振动捣实后使用，干式料的工作原理如下：

（1）在施工完成后或者经过加热烘烤后，在热面要形成一定的结合并具有一定强度。这时可以脱去模具或者不脱去模具让钢模熔入加入的铁水或钢水中。

（2）在冶炼过程中，接触熔融金属或渣的工作面应能迅速形成有足够强度与抗渣及金属侵蚀及渗透的致密烧结层。而在其后面仍保持松散的非烧结状态。随耐火炉衬的被侵蚀烧结层由内壁向外壁推进，松散层的厚度逐渐减薄。

（3）未烧结的松散层的作用有三方面：首先，一个炉役结束后，松散层仍处于非烧结状态，翻转炉子就能很容易使炉衬脱落；其次，有保温隔热作用。此作用不仅减少炉子的散热，而且可以降低松散层内的温度防止烧结；第三，起防止金属渗透的作用。后两者是相互矛盾的，隔热要求堆积密度小，防渗透要求体积密度大。应根据实际情况权衡后确定其粒度组成。从上面的讨论中可以看到，除了材质外，结合剂及助烧剂的选择及粒度组成对干式料来说是重要的。

8.10.1　刚玉、硅酸铝质与铝-镁质干式料

它们是广泛使用于感应炉的干式料，表 8-47 中给出一些例子。烧结温度主要取决于助烧结剂的种类与用量。它们所用料的颗粒尺寸在 0~6mm 的范围内。在含氧化镁的料中，氧化镁可以以尖晶石或烧结镁砂的形式加入。利用原位生成尖晶石或者氧化铝固溶入尖晶石中产生的膨胀来抑制衬体的烧结收缩。

表 8-47　感应炉用干式料

编号	化学成分/%			烧结温度/℃	使用温度/℃	应用范围
	Al_2O_3	SiC	MgO			
1	35	60	—	800	900	锌
2	77	18	—	1600	1600	锰合金钢
3	80	17	—	800	1400	钡、铝合金
4	80	11	—	1200	1650	铸铁、钢
5	≥88	9	—	—	1700	感应炉熔池
6	≥94	2	—	—	1650	感应炉熔池
7	≥98	—	—	—	1700	感应炉熔池
8	90	—	6	1600	1750	感应炉熔池
9	85	—	13	1600	1750	感应炉熔池

高铝及刚玉质干式料的主要原料有矾土与黏土熟料、烧结与电熔刚玉、棕刚玉等。助烧结剂有 MgO、CaO、SiO_2、TiO_2 与 B_2O_3 等。在刚玉质干式料中硼酐（B_2O_3）、硼酸及硼酸钠等是最常用的结合剂。B_2O_3 在 450~550℃ 的范围内熔化，使干式料获得一定的强度，但是，最终会形成熔点高达 1950℃ 的 $9Al_2O_3 \cdot 2B_2O_3$，不影响其高温性能，因而它是刚玉质干式料中常用的结合剂。

8.10.2　碱性干式料

根据化学成分可分为镁质、镁铝质、镁钙质和镁钙铁质等。它们是以烧结或电熔镁砂、烧结或电熔尖晶石、镁钙砂或预合成的镁钙铁砂等为主要原料，添加助烧结剂而成的。主要用于以下三个方面。

8.10.2.1　中间包用干式料

它是由镁砂、镁钙砂等为主要原料生产的，通常用热固性粉状酚醛树脂为低温结合剂。经带模烘烤至 200~300℃ 后可获得足够的脱模强度。但是，由于酚醛树脂在烘烤过程中发出有害气体因此开始使用一些环境友好的无机结合剂。

中间包干式料的助烧结剂有硼酸盐、软质黏土、镁钙铁砂及铁鳞等。镁钙铁砂在1200~1300℃时即能有效地使镁砂烧结形成烧结层。同样，软质黏土也在1300℃左右促进镁砂烧结。随着温度进一步提高，最终形成以方镁石为主晶相，镁橄榄石、尖晶石及液相为基质相的烧结相。助烧结剂的量应严格控制，要保证在较短时间内在工作面附近形成厚度适当的烧结层，又不能使其背后的松散料有较高的烧结程度。

中间包干式料的粒度组成不一定要求达到最紧密堆积，但也要适当。通常，临界粒度在5mm左右。配料中大于0.1mm的颗粒的质量与小于0.1mm的颗粒的质量之比在（60~65）：（35：40）。施工时要保证颗粒分布均匀。表8-48给出了中间包干式料的性质的例子。干式中间包料中含有一定数量的CaO可以提高钢水的洁净度。但是当使用镁钙砂时应注意防止其水化。为了减少水化，可在料中引入一定数量的碳酸钙或生白云石。

表8-48 中间包碱性干式料的性质

材 质		镁质	镁钙质-Ⅰ	镁钙质-Ⅱ
化学成分/%	MgO	85	75	60
	CaO	—	10	35
冷态耐压强度/MPa	250℃，3h	10~20	8~20	8~18
	1500℃，3h	15~25	15~26	12~23
冷态抗折强度/MPa	250℃，3h	3~4	3.4~4.5	4.0~5.0
	1500℃，3h	5~6	5.5~6.5	6~7
250℃烧后体积密度/g·cm⁻³		2.3~2.4	2.3~2.4	2.2~2.4
250℃烧后线变化率/%		0~-0.3	0~-0.4	0~-0.5

8.10.2.2 电炉底用镁钙铁质碱性干式料

它是一种应用于电炉炉底的干式料，主要是由烧结或电熔镁砂以及预合成的镁钙铁砂为原料制成的。后者的化学成分（质量分数）一般为：MgO 82%~85%，CaO 7%~9%，Fe_2O_3 6%~7%。其主要物相为方镁石、铁酸二钙和玻璃相，玻璃相主要取决于Al_2O_3、SiO_2等杂质含量，杂质含量越多镁钙铁砂中出现液相的温度越低，产生的液相量越大。通常，镁钙砂中液相出现的温度在1100~1200℃之间。它是一种助烧结剂，有利于形成烧结层。但是，若杂质含量过高，生成的液相量过大，使烧结层的厚度过厚（一般烧结层的厚度应控制在150~200mm）。在电炉生产过程中，由于烧结层承受较大的温度波动，容易产生裂纹，导致钢水渗入未烧结层中，使换炉底时拆底困难，严重时甚至会造成漏钢事故。另外，液相过多造成抗侵蚀性下降，使炉底的使用寿命下降。因此，镁钙铁砂中Al_2O_3的含量一般应小于0.5%，SiO_2的含量应小于1.2%。同时，所使用的镁砂中的杂质也不应太大。高档镁砂可吸收Fe_2O_3生成固溶液体。但是，当杂质含量过多时，同样会产生过多的液相。

镁钙铁质干式料的粒度分布可按照Andreassen粒度方程确定。q值可取0.26~0.32之间，临界粒度可取7mm。表8-49中给出镁钙铁干式电炉底料的性质的几个实例。

表 8-49　MgO-CaO-Fe$_2$O$_3$干式料的性质

性　质		MCF-86	MCF-84	MCF-82	MCF-77
化学成分/%	MgO	86.0	84.0	82.2	77.0
	CaO	5.5	9.0	9.2	16.0
	Fe$_2$O$_3$	7.0	5.2	5.8	5.5
自然堆积密度/g·cm^{-3}		2.3~2.4	2.3~2.4	2.3~2.4	2.3~2.4
振捣后体积密度/g·cm^{-3}		2.55~2.65	2.55~2.65	2.55~2.65	2.55~2.65
1600℃烧后体积密度/g·cm^{-3}		2.9~3.1	2.9~3.1	2.9~3.1	2.9~3.1
1600℃烧后线变化率/%		-(1.0~2.0)	-(1.0~3.0)	-(1.0~3.0)	-(1.0~2.0)

电炉底干式料的厚度一般不小于450mm，分层捣实，每层厚度在100~150mm之间。在第一炉次冶炼前须在捣实后的料上盖上钢板，防止加废钢时破坏料层。第一炉冶炼时采用小电流逐渐熔化废钢，适当延长熔炼时间，并且不得吹氧，以保证干式料的上层有足够的时间利用钢液的热量烧结以形成一定厚度的烧结层。

8.10.2.3　感应炉用碱性干式料

在冶炼某些钢种时，工频感应炉使用碱性干式料。典型示例的主要性能如表8-50所示。它是由纯度高的优质电熔或烧结镁砂与尖晶石为原料而得到的。其粒度组成可以用Andreassen方程确定，q值为0.26~0.32。临界粒度为5~7mm。

表 8-50　感应炉用碱性干式料的性质

名称	w(MgO)/%	w(Al$_2$O$_3$)/%	体积密度/g·cm^{-3}	烧结温度/℃	最高使用温度/℃	应用范围
M-95	95	—	2.65	1600	1800	熔炼合金钢
M-87	87	10	2.60	1600	1750	熔炼合金钢
M-85	85	12	2.60	1200	1700	熔沟感应器
M-80	80	16	2.60	1100	1700	熔沟感应器

通常采用两种类型助烧结剂。一类是低温型的，如硼酸与硼酸盐类。B$_2$O$_3$与MgO生成3MgO·B$_2$O$_3$的熔化温度为1358℃。再加上其他杂质存在，这种结合剂在1200℃左右即可促进烧结层的形成。但由于B$_2$O$_3$是有害杂质，对镁质材料的高温性能及抗侵蚀性产生有害影响。加入量应严格控制，一般在1%以下。另一类高温促烧结剂以Al$_2$O$_3$粉为主，要求它们有较高的反应活性。通常加入Al$_2$O$_3$细粉或氧化铝微粉。在1200℃左右，它们与MgO反应生成尖晶石。最后在1600℃形成烧结层。

8.11　挤压料

挤压料为需用一定的压力将不定形耐火材料压入炉内空隙中进行施工的不定形耐火材料。主要的品种有炮泥与压注料。

8.11.1 炮泥

炮泥是由骨料、细粉、结合剂和液体组成，烧后形成炭结合，专为堵塞高炉出铁口用的耐火可塑料。对炮泥的要求包括如下三个方面：

（1）有良好的可塑性，在把炮泥挤入出铁口时，泥料不开裂或松散。

（2）有良好的润滑性，能稳定地挤入出铁口内，不发生梗阻。

（3）有适当的烧结性能，可在出铁口达到一定程度的烧结，使具有一定的抗侵蚀与冲刷性，以保护出铁孔内侧衬体。

在上述要求中，前两者为对施工性能的要求。通常用所谓"马夏值"来衡量。马夏值是用专门的仪器来测定的，即马夏试验机，如图 8-61 所示。测定时，对模型中的炮泥旋压，使其从一定直径的出料孔中挤出，挤出时的压力，称为马夏值，以 MPa 表示。根据不同高炉泥枪的挤压力的大小，炮泥的马夏值波动在 0.45~1.4 之间。按结合剂的不同，炮泥分为有水炮泥与无水炮泥。

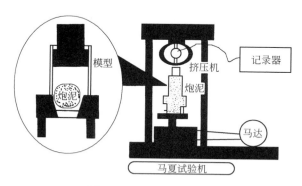

图 8-61　马夏值测定仪

8.11.1.1 有水炮泥

有水炮泥一般由矾土或黏土熟料、软质黏土、焦炭、碳化硅、高温沥青为主要原料加调节施工性能与烧结性能的添加剂构成，以水泥等为结合剂制成的可塑料。

有水炮泥的组成对其性质有很大影响。在组成中焦炭、碳化硅、高铝与黏土熟料为脊性物料，它们的可塑性差。它们的含量过高，炮泥的塑性差，炮泥打入的深度不够，不利于在出铁口内形成泥包，同时，烧结性也较差，不能对炉缸起很好的保护作用。但是，这种炮泥的透气性好，有利于水蒸气与挥发分的排除，干燥速度快。反之，若软质黏土含量过高，则泥料的作业性能较好，易挤入、易烧结，但透气性差，干燥速度慢。因此，应综合考虑作业性与烧结性以及抗侵蚀性与耐冲刷性多方面的要求。根据所用原料的组成与性质的差别有水炮泥的组成大致如下：黏土熟料或高铝熟料为 50%~60%；焦炭与碳化硅为 15%~25%，软质黏土为 10%~15%，高温沥青为 5%~10%，添加剂 3%~5%。

有水炮泥的粒度组成大致为：3~0.21mm 占 35%~45%，小于 0.21mm 的占 55%~65%。提高细粉的含量有助于提高可塑性与烧结性，但透气性变差。

有水炮泥主要用于中、小型高炉，其化学成分（质量分数）：Al_2O_3 25%~35%，SiO_2 35%~50%，（C+SiC）15%~25%；体积密度（1300℃，3h）为 1.6~1.85g/cm³；显气孔率（1300℃，3h）为 30%~50%；耐压强度（1300℃，3h）为 3.0~5.0MPa；烧后线变化率（1300℃，3h）为 +0.2~-0.2%。

8.11.1.2 无水炮泥

无水炮泥是用焦油-沥青或树脂为结合剂的炮泥，不加入水。无水炮泥的配料组成与粒度组成，以及它们对施工及烧结性能的影响，大致与有水炮泥相似。只是原料的纯度有时有所提高，如采用棕刚玉替代矾土熟料颗粒等。

在焦油-沥青结合炮泥中，沥青与焦油可分开加入，也可以先将沥青熔化与焦油混合调制成混合结合剂再加入，改善施工性能。这种结合剂性能的参考指标：恩氏度（$E_{50℃}$）为 14~16；密度为 1.1~1.2g/cm³，固定碳含量为 17%~18%。通常加入量控制在 18%~23%之间。加入量大有利于降低马夏值，提高作业性能，但其他理化性能指标可能下降。

焦油-沥青结合剂的优点是成本低，使用时不产生大量水蒸气，有利于保护高炉炉缸炭砖。但在生产与使用过程中产生有害气体，污染环境。因此，在现代大型高炉中多用树脂结合炮泥。与氧化物-碳复合耐火材料中的树脂一样，可以用液态线型酚醛树脂加乌洛托品等硬化剂，也可以用液态甲阶酚醛树脂或者两者的混合物为结合剂。树脂的平均分子质量对炮泥的硬化速度有显著的影响。平均分子质量越大，硬化速度越快，从而影响挤压作业。用于炮泥的树脂通常为淡棕色透明液体。它的性能大致如下：黏度（5~25℃）为 30~50Pa，密度（25℃）为 1.21g/cm³，游离酚含量小于 5%，游离甲醛含量小于 0.9%，水分含量小于 1.0%，固定碳含量为 40%~50%。表 8-51 给出了一个树脂结合炮泥的性质。

表 8-51 树脂结合 Al_2O_3-SiO_2-SiC-C 质炮泥的性质

性　　能		指　　标
化学成分/%	Al_2O_3	36~40
	SiO_2	3.8~4.6
	SiC+C	25~35
烧后线变化率/%	300℃，24h	−（0.1~0.2）
	1350℃，3h	−（0.5~1.0）
抗折（耐压）强度/MPa	300℃，24h	8~9
	1350℃，3h	6.5~7.0
显气孔率/%	300℃，24h	14~15
体积密度/g·cm⁻³	1350℃，3h	2.05~2.15
马夏值（40℃）/MPa		1.4~1.7

8.11.1.3　炮泥用添加剂

添加剂是炮泥中的重要组分。尽管它的加入量不多，但对其作业性与使用性能有重要影响。添加剂的种类与作用有下列几种：

（1）增塑剂与润滑剂。用以改善可塑性与润滑性。可塑料中常用的增塑剂都可以考虑采用，润滑剂可用石墨或蜡石粉。

（2）膨胀剂。利用加热过程中产生的膨胀以抵消干燥排水与烧结中产生的收缩。常用的膨胀剂有石英、蓝晶石等。

（3）促进烧结及提高抗侵蚀性的添加剂。

为了促进炮泥的烧结，常加入一些助烧结剂，如长石。但是它们常是低熔物，影响它的抗侵蚀性能。近年来，为了促进烧结或改善炮泥烧结后的显微结构与提高抗侵蚀性，在大型高炉用炮泥中加入 Si_3N_4 或氮化硅铁。通过一系列反应改善了炮泥烧后的显微结构，提高了其抗侵蚀能力：

$$9Fe+Si_3N_4 \xrightarrow{1200℃} 3Fe_3Si+2N_2 \qquad (8-57)$$

$$9Fe+Si_3N_4 \xrightarrow{1300℃} 3Fe_3Si+2N_2 \qquad (8-58)$$

$$Fe+Si_3N_4+2C \xrightarrow{1400℃} FeSi+2SiC+2N_2 \qquad (8-59)$$

$$FeSi+C \xrightarrow{1300℃} Fe+SiC \qquad (8-60)$$

$$SiO_2+2C+3Fe \xrightarrow{1400℃} Fe_3Si+2CO \qquad (8-61)$$

$$9Fe + Si_3N_4+Al_2O_3+3C \xrightarrow{1400℃} 2AlN+3Fe_3Si+3CO+ N_2 \qquad (8-62)$$

通过上述反应，在基质中生成了 SiC、AlN 等，改善了显微结构。而且，所生成的铁成为 SiC 生成的催化剂，促进了 SiC 结合相的生成。另一方面由于放出了 N_2、CO，阻止了渣的渗入，提高了抗侵蚀能力。但是，氮化硅铁的加入并非越多越好。有报道称加入量为 10% 最好，过多反而带来不利的影响。

8.11.2 压注料

压注料是指可以用泵进行挤压施工的不定形耐火材料，也称为压入料。通常所用的压力在 1~2MPa 之间。它主要用于填充耐火材料之间的缝隙以及耐火材料与炉壳之间的缝隙，可用来修补由于炉衬过大的收缩或剥落所产生的裂缝。由于是用泵将不定形耐火材料压注炉子中，因此它应有很好的流动性。它属于宾汉型流体，有很小的屈服值。耐火压入料可分为水系与非水系两类。前者是用水或结合剂水溶液调制的，后者是用非水液态结合剂，如树脂调制的。

8.11.2.1 水系压注料

根据使用环境的不同，压注料可以按材质分为硅石质、黏土质、高铝质、刚玉质、锆英石质等。

水系压注料的粒度组成主要取决于它所填充的缝隙的大小与料的流动性。临界粒度取决于缝隙的宽度，用于 10mm 左右的缝隙的压入料的临界尺寸应不大于 2mm。粒度分布可按 Andreassen 方程，取 $q=0.21~0.26$。

水系压注料的结合剂多是水化结合剂或易溶于水的结合剂，如铝酸钙水泥、水玻璃、磷酸二氢铝等。添加剂主要有两类，一类是凝结时间调节剂，应根据施工时间的需要，适当加入促凝剂与缓凝剂。另一类是为防止泥料在放置与输送过程偏析而加入的泥浆稳定剂，一般为水溶性有机物，如甲基纤维素、羧甲基纤维素与糊精之类。也可以通过调节液体结合剂的黏度或控制其 pH 值来保证水系压注料的稳定性。

8.11.2.2 非水系压注料

非水系压注料是以树脂等有机结合物为结合剂的压注料。其主要成分包括两部分：耐火氧化物与碳素材料。前者包括刚玉、硅酸铝系材料、镁质、镁铝质、镁钙质材料。碳素材料主要是石墨，还可能含有一部分碳化硅。非水系压注料的粒度组成与水系压注料相同。

非水系压注料的添加剂包括如下几个方面：

（1）酚醛树脂的促硬剂。甲阶酚醛树脂的固化剂有苯磺酸、甲苯磺酸、氯苯磺酸与石油磺酸等。苯磺酸最常使用。使用时可先将苯磺酸溶入水中使其溶液密度达到 1. 2g/cm³ 左右再与树脂混合均匀后使用。

（2）凝固时间与流动性调节剂。压注料需要经过长距离的输送，经压力（最高可达 18MPa）压入炉内再结硬化，控制好凝结时间及流动性十分重要。应根据实际情况选用合适的添加剂。

（3）防氧化剂。许多压注料中含有石墨等炭材料，可参考 7. 5 节。表 8-52 给出高炉用的 Al_2O_3-SiO_2-C 系及转炉用的 MgO-C 系两种压注料的性质。

表 8-52　压注料的性质

压注料性能		Al_2O_3-SiO_2-C	MgO-C
化学成分/%	Al_2O_3	29. 68	—
	SiO_2	43. 78	—
	MgO	—	95
	C	22. 92	5
体积密度/g·cm⁻³	110℃，24h	1. 78	—
	300℃，3h	—	2. 30
	1000℃，3h	1. 67	—
	1500℃，3h	—	2. 29
耐压强度/MPa	110℃，24h	28. 1	—
	300℃，3h	—	36. 0
	1000℃，3h	11. 9	—
	1500℃，3h	—	10. 0

8. 12　耐火涂料

耐火涂料是由耐火骨料、粉料与结合剂及添加剂混合而成的可以涂抹的不定形耐火材料。可能用手工或机械涂抹。它具有宾汉型流体特性。它们可以涂抹在耐火材料上，也可涂抹在其他材料上。它的结合形式可以是化学结合、水化结合、有机结合与陶瓷结合等。涂料的添加剂主要有两类。一类是不定形耐火材料共有的，如分散剂、塑化剂、防沉剂、膨胀剂与助烧结剂等。另一类是特定品种涂料特有的，如热辐射涂料的高黑度材料。

耐火涂料的品种很多，用途也很广。主要的有中间包涂料、防氧化涂料、耐酸或耐碱涂料、耐热与保温涂料等。

8. 12. 1　中间包涂料

中间包涂料是指涂抹在中间包永久层的表面上作为工作衬的涂料。厚度一般在 35~40mm 之间，作用与中间包干式料相似，要求涂料有一定寿命、一定的保温性能与良好的翻包性能。由于 MgO 与 CaO，特别是 CaO 有吸收钢中夹杂物的性能，不污染钢水，现在常用中间包涂料为碱性涂料，其主要成分为 MgO 与 CaO。通常以烧结与电熔镁砂以及烧结与电熔镁钙砂为原料。由于镁钙砂的水化，保存困难，可以用碳酸钙或白云石为原料引进 CaO。根据对钢中的夹杂物的要求，中间包中 CaO 的含量在 10%～50% 之间。

中间包涂料的结合剂主要有硅酸盐类，如不同模数的硅酸钠与聚磷酸钠盐。后者较常使用。外加剂主要有分散剂、增塑剂与烧结剂等。除此以外，涂料中还需加入有机纤维，加入有机纤维的作用有两个：一是防止涂料在干燥与烘烤中产生裂纹与爆裂；二是在工作衬中形成一定的气孔，降低其导热系数，起一定的保温作用。使用的纤维可以用人工合成或天然纤维，采用天然短纤维较好，如用废报纸加工的纸纤维。根据体积密度的要求，纤维的加入量在 0.5%～2.5% 之间。根据钢水的品种与要求不同，中间包涂料的理化性能大致如下：MgO 35%～75%，CaO 10%～50%；体积密度（110℃，24h 处理后）为 1.9～2.3g/cm³；常温耐压强度（110℃，24h 处理后）为 4～10MPa，烧后线变化率（1500℃，3h 处理后）不大于 3.0%。

8.12.2 热辐射涂料

热辐射涂料是指在红外波段具有高辐射能力或者选择性辐射特性的涂料。可以用涂刷或喷涂的方式附着在耐火材料的表面，以提高其对物料的辐射传热，达到节能的效果。

物质的辐射能力与其辐射率，即黑度 ε 有关。黑度取决于物质的结构与温度。黑度越高的物质的辐射能力越强。表 8-53 中给出常见耐火材料的黑度。可见，硅砖及 SiC 砖的黑度较大。ZrO_2-CaO-SiO_2 系材料的黑度最大。它是常见的辐射涂料的基础体系。为了提高其黑度，可增加高黑度的氧化物，如 Al_2O_3、Cr_2O_3、Fe_2O_3、MgO、CaO 等。它们的正离子 Al^{3+}、Cr^{3+}、Fe^{3+}、CO^{2+}、Mg^{2+} 等的半径与 Zr^{4+} 相近。可以取代 Zr^{4+} 或掺杂于 ZrO_2 晶体间隙中形成固溶体。增加杂质能级，提高远红外线波段的辐射能力。通常增加黑度的添加氧化物先与氧化锆或锆英石经预烧后再磨粉使用。

表 8-53　几种耐火材料的黑度

材料名称	温度/℃	辐射率 ε
耐火黏土砖	1100	0.35～0.65
硅砖	1000	0.8
	1000	0.85
镁砖	1100	0.38
硅线石砖	1010～1560	0.432～0.78
莫来石砖	700	0.4
刚玉材料	1010～1560	0.18～0.52
SiC 材料	1000～1400	0.82～0.92
ZrO_2-CaO-SiO_2 材料	800～1600	>0.9
耐火纤维材料	1100	0.35

涂料的结合剂通常用磷酸二氢铝、硅溶胶和水溶性聚乙烯醇按 6：3：1（质量比）配

制而成。添加剂有：分散剂，如六偏磷酸钠；防沉降剂，如羧甲基纤维及钛白粉；成膜剂，如蓖麻油等。

涂料的组成与结合剂的选择对其寿命有较大影响。这里所说的寿命包括两方面：一方面是指涂层本身的使用寿命；另一方面是指辐射能力的变化，辐射能力随使用时间的延长而逐渐减弱，直至消失。因此，辐射寿命指标是辐射涂料的关键。

8.12.3　防氧化涂料

防氧化涂层是涂于含碳材料，如铝炭长水口与浸入水口，以及其他镁碳与铝炭材料的表面，防止其在烘烤与使用过程中炭氧化的不定形耐火材料。其基本原理是此涂层在烘烤与使用温度下能在含炭耐火材料表面形成一层分布均匀、附着良好、有足够黏度而不流淌的釉层。它能将含碳耐火材料与空气间隔离，防止含碳耐火材料中碳的氧化。

防氧化涂料主要由下列几种成分构成：

（1）在烘烤或使用温度范围（700～1300℃）内能形成稳定釉层的物质。要保证该釉层有足够的黏度，并且黏度对温度的变化不敏感。可根据玻璃或釉组成与熔（软）化温度及黏度之间的关系来确定其化学成分。其化学成分主要是钾、钠、铝、锂、钙等的硼硅酸盐与氟化物。所用的主要原料有钾长石、钠长石、石灰石、碳酸锂、氧化铝、石英、黏土与矾土、硼化物、氟化物以及钡的化合物等。

（2）结合剂与添加剂。结合剂与添加剂与一般涂料相同。常用的结合剂有硅酸乙酯水解液、硅溶胶、水玻璃及磷酸盐类。由于涂料是涂在碳复合耐火材料上的，水以及无机结合剂与熔体对碳的亲和性很差，因此无论是在涂抹过程以及在使用过程都应考虑与碳的结合问题。否则涂料不能很均匀地分散在含碳材料的表面，起不到防氧化的作用。可加入所谓"偶联剂"改善附着性。它可以在无机与有机物质之间形成某种结合，以利于涂料均匀分布在含碳材料的表面。

调制的涂层应有适当的黏度与密度。密度一般在 $1.6 \sim 1.8 g/cm^3$ 之间，黏度控制在可涂抹的范围内。涂料的厚度不宜太厚，一般不超过1mm。因此，涂料用颗粒的尺寸不宜太大，一般为 0.03mm 左右。

8.12.4　其他品种涂料

除了上述各种涂料外，其他品种的涂料还有很多，如耐酸涂料、耐碱涂料、保温涂料等。这些涂料的调制方法与上述各涂料基本相同。只要选择好粉料、结合剂与添加剂再混合均匀即可。

常用的结合剂有酸性磷酸铝、水溶性硅酸钠与铝酸钙水泥等。有时可引入一些水溶性树脂作为辅助性结合剂。添加剂包括分散剂、防沉降剂与烧结剂等。分散剂有聚磷酸钠、聚丙烯酸钠、柠檬酸钠等。防沉降剂有甲基纤维素、羧甲基纤维素、膨润土等。助烧结剂包括一些产生低熔相的物质。

粉料决定涂料的性质。耐酸涂料主要采用酸性与半酸性粉料，主要有硅石、叶蜡石、铸石与焦宝石等。耐碱涂料主要采用抗碱能力较强的粉料，如铝铬渣、铬刚玉、刚玉及高铝熟料等。隔热涂料则采用轻质保温材料为粉料，如膨胀珍珠岩、膨胀蛭石、硅藻土、轻质黏土与高铝料以及各种纤维材料。

8.13　耐火泥浆

耐火泥浆，又称火泥，属于接缝材料，用于定形耐火制品的砌筑。一般用抹刀涂抹在定形制品的表面后砌筑。泥浆的作用是联结定形制品，同时填实制品之间的砖缝以防止渣与金属熔体通过砖缝侵入耐火材料的内部。因此，泥浆必须具有好的施工性能，经烘烤加热后，应具有较好的烧结性能、足够的强度与抗侵蚀能力。

泥浆的主要施工性质是它的铺展性。铺展性是指浆状或膏状材料涂抹在被涂材料表面均匀铺展开来的难易程度。它与泥浆的含水量以及在涂抹过程中保水性的好坏有关。如果含水量少，在涂抹过程中保水性差，泥浆很快发生干涸，不容易涂抹铺展开。反之，若泥浆中水分含量过高，保水性很好，则泥浆易发生流淌，也不利于施工。目前，泥浆铺展性的好坏尚无标准测定方法。现行的方法中可参考"耐火泥浆结时间试验方法"，用黏结时间来表征其铺展性。具体方法是：用稠度为320~380的泥浆涂抹于230mm×114mm的标准砖面上。再在砖面上平行放置直径为3mm的两根隔离棒，棒间的距离为170mm。再在上面放置另一标准砖，来回搓动上面砖块直至不能再搓动为止。此时，失去铺展性。从开始搓动到不能再搓动的时间即为黏结时间。黏结时间越长，铺展性越好。

泥浆的种类很多。按结合剂硬化形式可分为气硬性泥浆、热硬性泥浆等。又可分为水系泥浆与非水系泥浆。现在也有无任何液体的接缝材料，习惯上也可称为干式泥浆。泥浆也可以按材质分。根据泥浆与被黏结的耐火材料同材质的原则，包括硅质泥浆、铝硅系耐火泥浆、碱性耐火材料泥浆、碳质泥浆以及碳化硅质泥浆等。

泥浆由粉料与液体调制而成。属于宾汉流体。固/液质量比约为（70~75）∶（30~25），固/液体积比约为（35~50）∶（65~50）。常用的结合剂有磷酸盐系列以及水玻璃等。添加剂包括减水剂、增塑剂以及膨胀剂等。泥浆所用的粉料的粒度不应太大，一般在0~0.5mm范围内。

8.13.1　硅质泥浆

硅质泥浆由硅石粉、硅砖粉、结合黏土以及结合剂与外加剂配制而成。其粒度组成范围为：0.5~0.074mm的占40%，小于0.074mm的占60%。硅石粉的主要成分为β-石英。硅砖粉是用硅砖或废硅砖为原料制成的粉料，它的主要相成分为磷石英与方石英。β-石英在加热过程发生相变化而产生一定的膨胀，可抵消泥浆因脱水与烧结产生的收缩，维持砖缝的体积稳定性。

硅质泥浆可以用磷酸盐、水玻璃类化学结合剂。和硅砖生产相似，要加入石灰乳、铁鳞、木质素磺酸盐等作为矿化剂，并改善作业性能。石灰乳与木质素磺酸盐还具有一定的结合性。此外，有时还可加入少量的氧化硅微粉以改善其作业性质。

硅质泥浆主要用于砌筑高炉热风炉、焦炉以及玻璃熔窑硅砖。高炉热风炉用硅质泥浆的SiO_2含量应大于94%，荷重软化开始温度应不低于1600℃。焦炉硅砖用泥浆的氧化硅含量在85%~92%之间，荷重软化开始温度在1420~1500℃之间。玻璃熔窑砖用的泥浆的SiO_2含量在94%~96%之间，荷重软化开始温度在1600~1620℃之间。

8.13.2　硅酸铝质耐火泥浆

根据黏结对象的不同，硅酸铝质耐火泥浆分为黏土质、莫来石质、高铝质及刚玉质等。它们由黏土熟料粉、电熔或烧结莫来石粉、高铝矾土熟料粉以及软质黏土粉加结合剂与添加剂构成。其粒度范围一般为：0.5~0.074mm 的颗粒与小于 0.074mm 的各占 50%。

硅酸铝质耐火泥浆分为水系与非水系两类。水系泥浆的结合剂主要有硅酸钠（水玻璃）、磷酸盐系，主要的添加剂有减水剂、稳定剂、增塑剂和防缩剂。减水剂可采用聚磷酸盐、聚丙烯酸钠及亚甲基萘磺酸盐等。加入稳定剂是为了防止泥浆固液分离，常见的稳定剂有甲基纤维素、羧甲基纤维素等有机高分子化合物。还可以通过调节泥浆的 pH 值来稳定泥浆。加入增塑剂的目的是为了改善泥浆的作业性能，如铺展性。常用的有机高分子化合物、吸水性高的塑性黏土、膨润土等。加入氧化硅微粉也有助于改善泥浆的作业性能。防缩剂是为了抵消泥浆在脱水与烧结过程中产生的收缩，保证砖缝的密实。硅酸铝系泥浆中常用的防缩剂有蓝晶石族矿物及石英粉等。

非水系硅酸铝泥浆主要用于砌筑炭块以及铝炭制品等含碳材料。因为水系泥浆在烘烤过程中放出水蒸气对炭砖有损害。非水硅酸铝泥浆用酚醛树脂为结合剂，可以用乙醇等溶剂来调节其黏度。非水系硅酸铝泥浆主要用于高炉炉缸、炉腹用耐火材料的砌筑。

8.13.3　碱性耐火泥浆

碱性耐火泥浆是以碱性耐火材料为粉料的泥浆，按材质分有镁质、镁铝质、镁铬质及镁硅质泥浆等。分别用于相应的耐火材料的砌筑。其粒度组成为 0.5~0.074mm 的颗粒与小于 0.074mm 的颗粒的质量比为（70~75）∶（25~30）。

由于氧化镁等碱性氧化物容易水化。水化后生成 $Mg(OH)_2$，加热后又分解失去结合强度并开裂。因此，碱性泥浆不能直接加水调制。可以用含镁盐及碱性物质的水溶液来调制，如氯化镁（卤水）、硫酸镁、硅酸钠（水玻璃）、三聚或六偏磷酸钠等。由于酸性化学结合剂，如磷酸、磷酸二氢铝等与氧化镁反应很快，瞬间凝固，使泥浆失去作业性能，因此很少用。

8.13.4　碳化硅泥浆与炭质泥浆

碳化硅泥浆由碳化硅粉料与结合剂及添加剂调制而成。临界粒度可取 0.5~1mm 之间，其中大于 0.074mm 的占 40%~50%，小于 0.074mm 的占 50%~60%。它分为无水泥浆及有水泥浆两类。前者以液态酚醛树脂或者焦油+蒽油+沥青为结合剂。后者的结合剂有水玻璃、酸性磷酸盐或者铝酸钙水泥加二氧化硅微粉等。添加剂包括有减水剂、增塑剂及稳定剂等，主要有水溶性有机高分子、氧化硅微粉及软质黏土等。有些可以同时起到增塑与稳定的作用。

碳质与含碳质泥浆也称为碳糊，可用于砌筑大、中型高炉的碳砖以及混铁炉与鱼雷罐的铝碳砖，作为接缝料和填缝料用。按所填充的缝隙的宽度的不同，碳质泥浆可分为细缝糊与粗缝糊两类。缝隙较小（1~2mm）的接缝料称为细缝糊，填充较宽缝隙的接缝料称为粗缝糊。它们的主要成分相近，但粒度不同。

（1）细缝糊的组成为：冶金焦炭（0~0.5mm）50%~60%，土状石墨（0~0.5mm）

10%～20%，蒽油 0%～28%，煤焦油 0%～35%，柴油 0%～6%，要求其灰分应小于 8%，挥发分应小于 35%。

（2）粗缝糊的组成为：冶金焦炭（0～1mm）40%～60%，无烟煤（0～8mm）20%，土状石墨（0～8mm）0%～20%，煤焦油 10%～15%，煤沥青 5%～12%，蒽油 2%～4%。要求灰分小于 8%，挥发分小于 12%，1000℃热处理后的强度不小于 15MPa。

除了上述用焦油-沥青-蒽油系结合体系外，还可以用酚醛树脂为结合剂。可以加入刚玉、矾土熟料及碳化硅制成氧化物-非氧化物复合材料泥浆，也可以加入含碳材料的抗氧化剂以提高其抗氧化能力。

思 考 题

8-1 铝酸盐水泥的主要矿物是什么？其胶结硬化机理是什么？

8-2 请写出水玻璃、卤水（氯化镁溶液）、磷酸铝和硫酸铝的胶结硬化方程式。

8-3 减水剂的主要作用机理是什么？

8-4 防爆裂外加剂的作用原理是什么？

8-5 不定形耐火材料的作业性能有哪些？并给出相关的定义解释。

8-6 不定形耐火材料是如何分类的？和定形制品相比，不定形耐火材料的缺点有哪些？

8-7 什么是耐火浇注料、可塑料、捣打料、喷涂料、涂抹料和耐火泥浆？

8-8 什么是干式振动料？其特点有哪些？

8-9 促凝剂和缓凝剂的性质和作用是什么？

8-10 不定形耐火材料结合剂是如何分类的？

8-11 什么是不定形耐火材料外加剂？它们是如何分类的？

8-12 可塑料的生产工艺是什么？什么是困料？

8-13 什么是低水泥浇注料和无水泥浇注料？它们的生产工艺特点是什么？

8-14 什么是耐火喷补料？其特点是什么？其颗粒级配有什么工艺要求？

8-15 什么是耐火涂料？涂料有哪些材质？耐火涂料的生产工艺要求是什么？

8-16 不定形耐火材料的颗粒级配有什么要求？

8-17 浇注耐火材料中加入钢纤维的作用是什么？

8-18 浇注耐火材料如何防爆裂？防爆裂的原理分别有哪些？

8-19 什么是耐火材料预制件？其生产工艺有什么特点？

8-20 低水泥浇注料如何进行养护？

8-21 转炉前后大面常用镁碳质补炉料进行维护，由于其中含有沥青，在使用过程中会对环境造成危害。如何解决这一问题？请从结合剂的使用和使用方式等方面加以考虑。

8-22 某钢厂钢包使用镁碳砖作为渣线材料，由于冶炼苛刻，渣线侵蚀速率较快，钢厂采用了一种渣线修补用镁质喷补料进行维护。喷补过程中发现喷补料的反弹率较大。请问如何提高喷补料的附着率？请从外加剂的选择和施工要求等方面加以分析。

8-23 钢包底部采用水泥结合浇注料整体造衬的施工方式，由于其施工效率高、整体性能好等优点而受到现场欢迎。一次在施工过程中发现，浇注料凝固速率较快，即使在振动装置的作用下流动性也较差。这是什么原因造成的？如何解决？请提出具体的解决方案。

8-24 镁质中包干式料由于具备施工简便和使用寿命高等优点，在炼钢厂广泛使用。请问镁质干式料在施工后如何获得强度，其机理是什么？并写出有关的反应方程式。

8-25 炮泥是高炉使用的重要耐火材料之一。炮泥在制备后通常要采用特殊的包装方式，如使用塑料薄膜单独包装。这是为什么？请结合铁厂对炮泥的性能要求加以分析。

8-26 欧美炼铁厂通常采用铝硅系耐火材料作为鱼雷罐车的工作衬，在使用一段时间后对炉衬进行喷补维护。某牌号喷补料的主要化学成分为：Al_2O_3 77.5%，SiO_2 19.8%，CaO 1.5% 和 TiO_2 0.8%。请分析该牌号的喷补料采用了哪些原料，为什么？提示：耐火材料在化学分析过程中通常会经过中温处理。

8-27 钢包底部冲击区由于使用条件苛刻，受损较严重，通常会采用专制的冲击区耐火材料进行砌筑，比如预制件。请设计一种钢包底部冲击区用预制件，需要详细说明预制件原料的选择（含外加剂等）、颗粒的级配、生产工艺和施工要求等。已知钢包容量为 150t，出钢温度上限不超过 1650℃。

9 特种耐火材料

本章要点

（1）掌握特种耐火材料的定义和种类，了解特种耐火材料的基本性能；

（2）熟悉典型氧化物制品和非氧化物耐火材料的制备方法及应用；

（3）理解金属陶瓷的设计原则，熟悉金属陶瓷的种类及其生产工艺要点。

9.1 概　　论

9.1.1 特种耐火材料的概念及分类

使用特殊的原料、采用特殊工艺制备或者具有特殊用途的耐火材料称为特种耐火材料。也即，特种耐火材料可能在组成、生产工艺以及使用条件上不同于传统的耐火材料。

特种耐火材料按材质可以分为氧化物制品、非氧化物耐火材料、金属陶瓷、高温无机涂料等。它们的成分大多数已超出硅酸盐范围，以碳氮化合物为主。表 9-1 为周期表中硼、碳、氮、硅四种元素与深灰色背景的金属在 Si-B-C-N 四元系统中形成二元及三元化合物的情况。图 9-1 为 Si-B-C-N 四元系统中可生成的化合物，常见的有氮化硅（Si_3N_4）、氮化硼（BN）、碳化硅（SiC）、碳化硼（B_4C）、硅化硼（SiB_6）等。

表 9-1　能形成耐火非氧化物的元素分布周期表

大多数非氧化物耐火材料是由人工合成的，其中 SiC、Si_3N_4、Sialon 等是最常见的。它们也可以与氧化物构成复合耐火材料，其中有些已使用得比较广泛。为方便起见，某些氧化物材料，如熔融石英，也纳入特种耐火材料中进行讨论。

特种耐火材料的成型方式和烧结方法明显不同于传统耐火材料。就成型方式来说，除了传统耐火材料常采用的干压和冷等静压外，还包括挤压成型、热压成型、注射成型等在内的塑性成型，另外还有注浆成型、流延成型、凝胶注模等成型方式。就烧结方法来说，除了传统的一步常压烧结外，还有两步常压烧结法，热压烧结、热等静压烧结和气压烧结，场辅助烧结法如微波烧结、放电等离子烧结、闪烧等，动态压力辅助烧结法——振荡压力烧结近年也被应用于实验室制备特种耐火材料。

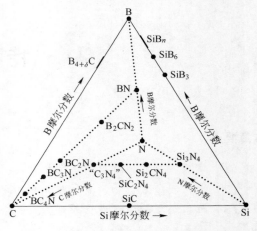

图 9-1　Si-B-C-N 四元系统中能形成稳定
与介稳态固相的浓度四面体

特种耐火材料可应用于特种冶金及航天航空技术中，如喷气发动机的喷嘴、燃气发动机的涡轮叶片以及航天器进入大气层的热防护系统等。

9.1.2　特种耐火材料的性能

不同的特种耐火材料，化学组成和结构不同，其性能也存在一定的差异，但与传统耐火材料相比，特种耐火材料具有许多特点与优良的性能。

9.1.2.1　热学性能

（1）热膨胀性。常见的特种耐火材料的线膨胀系数列于表 9-2 中。可见大多数特种耐火材料的线膨胀系数都较大，仅熔融石英、氮化硼、氮化硅的线膨胀系数较小。

（2）导热系数。特种耐火材料的导热系数相差较大，氧化铍（BeO）与金属的导热系数相当；硼化物也有较高的导热系数，氮化物、碳化物次之。

表 9-2　某些特种耐火材料的线膨胀系数

材料	线膨胀系数/℃$^{-1}$	材料	线膨胀系数/℃$^{-1}$
MgO	13.5×10^{-6}（20~1000℃）	BN	7.5×10^{-6}（∥，20~1000℃）
TiC	10.2×10^{-6}（20~1000℃）		0.7×10^{-6}（⊥，20~1000℃）
稳定 ZrO_2	10.0×10^{-6}（20~1000℃）	TiB_2	6.4×10^{-6}（20~1350℃）
UO_2	10.0×10^{-6}（20~1000℃）	SiC	5.9×10^{-6}（20~2000℃）
TiN	9.3×10^{-6}（20~1000℃）	AlN	5.6×10^{-6}（20~1000℃）
ThO_2	9.2×10^{-6}（20~1000℃）	$3Al_2O_3 \cdot 2SiO_2$	5.3×10^{-6}（20~1000℃）
BeO	8.9×10^{-6}（20~1000℃）	B_4C	4.5×10^{-6}（20~900℃）
Al_2O_3	8.6×10^{-6}（20~1000℃）	Si_3N_4	2.5×10^{-6}（20~1000℃）
$MgAl_2O_4$	7.6×10^{-6}（20~1000℃）	SiO_2（熔融石英）	0.5×10^{-6}（20~1000℃）
ZrB_2	7.5×10^{-6}（20~1350℃）		

注：∥表示平行于热压方向；⊥表示垂直于热压方向。

（3）高熔点。特种耐火材料的熔点都在1728℃以上，最高的如碳化铪（HfC）和碳化钽（TaC），分别为3887℃和3877℃（表9-3）。特种耐火材料都具有很高的使用温度，而且耐火度都很高，甚至可使用到接近熔点。然而，超高的使用温度需要相应的气氛条件。氧化物制品可以在氧化气氛中稳定地使用，而非氧化物耐火材料通常在中性或还原性气氛中可使用到比氧化物制品更高的温度。例如，TaC在N_2气氛中可使用到3000℃，BN在Ar气氛中可使用到2800℃。

表 9-3 特种耐火材料的熔点

氧化物	熔点/℃	碳化物	熔点/℃	氮化物	熔点/℃	硼化物	熔点/℃	硅化物	熔点/℃
ThO_2	3220	HfC	3887	HfN	3310	HfB_2	3250	Ta_5Si_3	2500
MgO	2800	TaC	3887	TaN	3100	TaB_2	3100	Zr_5Si_3	2250
HfO_2	2810	ZrC	3530	BN	3000	ZrB_2	3060	$TiSi_3$	2200
UO_2	2800	NbC	3500	ZrN	2980	WB	2920	WSi_2	2150
ZrO_2	2710	VC	2830	TiN	2950	TiB_2	2850	$ThSi_3$	2120
CaO	2570	WC	2730	UN	2650	ThB_2	2500	$MoSi_2$	2030
BeO	2550	SiC	2700	ThN	2630	MoB	2180		
Y_2O_3	2450	MoC	2692	AlN	2400	LaB_6	2530		
Cr_2O_3	2310	ThC	2626	Be_3N_2	2200				
La_2O_3	2300	B_4C	2450	NbN	2050				
Al_2O_3	2050	UC	2350	Si_3N_4	分解				

（4）抗热震性。抗热震性直接关系到材料的使用安全可靠性和使用寿命，因此是一个很重要的性能。在特种耐火材料中，氧化铍的导热系数特别高，熔融石英的线膨胀系数特别低，大多数硼化物有较高的导热系数。某些纤维制品及纤维复合材料有较高的气孔率或高的抗张强度，所以这些材料都具有很好的抗热震性。其他材料，如碳化硅、氮化硅、氮化硼、二硅化钼等，抗热震性也较好。

9.1.2.2 力学性能

当特种耐火材料作为工程材料使用时，还需要考虑其力学性能；比较重要的力学性能有弹性模量、机械强度、硬度和高温蠕变。特种耐火材料的弹性模量都较大，多数具有较高的强度，但与金属材料相比，因其脆性，其抗冲击强度甚低；绝大多数特种耐火材料具有较高的硬度，因此耐磨性、耐气流冲刷性较好；多数特种耐火材料的高温蠕变都较小，蠕变值的大小与晶粒尺寸、晶界物质、气孔率等因素有关。表9-4中列出几种特种耐火材料的力学性能。

表 9-4　几种特种耐火材料的力学性能

材质	耐压强度/MPa	抗折强度/MPa	莫氏硬度	显微硬度[1]/MPa	弹性模量/GPa
Al_2O_3	2900（25℃）	210（25℃）	9	29420	363
	790（1000℃）	154（1000℃）			
ZrO_2	2100（25℃）	140（25℃）	7.5	—	147
	1197（1000℃）	105（1000℃）			
TiC	1380（25℃）	860（25℃）	8~9	29400	451
	875（1000℃）	280（1000℃）			
B_4C	1800（25℃）	350（25℃）	9.3	39226~49033	137
		160（1400℃）			
AlN	2100（25℃）	266（25℃）	7~9	12062	343
		126（1400℃）			
Si_3N_4	530~700（25℃）	140（25℃）	9	23536~31381	46.1
		110（1400℃）			
TiN	1290（25℃）	238（25℃）	9	19502	245
ZrB_2	1580（25℃）	200（25℃）	8	22050	343
	306（1000℃）				
TiB_2	1350（25℃）	245（25℃）	>9	33026	529
	227（1000℃）				
$MoSi_2$	1130（25℃）	—		11760	421
	227（1000℃）				
SiC	1500（25℃）	—	9.2	27440~35280	382

①显微硬度是一种压入硬度，反映被测试物体对抗另一硬物体压入的能力，单位为 MPa 或者 kg/mm^2。

9.1.2.3　电学性能

传统耐火材料对于电学性能无特殊要求，因此在耐火材料性能的有关章节中，没有讨论耐火材料的电学性能。但对于特种耐火材料，在一定使用条件下，其电学性能却显得十分重要，如高温炉用电热材料的电阻率。材料在单位面积、单位长度上具有的电阻称为材料的电阻率，即

$$\gamma = R \frac{S}{L} \qquad (9-1)$$

式中　γ——材料的电阻率；

　　　S——材料的截面积；

　　　L——材料的长度；

　　　R——材料的电阻。

电阻率的倒数就是电导率。电阻率越小，则电导率越大，表示金属性越强，电绝缘性越差；反之，表示金属性越弱，非金属性越强，电绝缘性越好。

就导电能力而言，可以按电阻率大小，把所有的材料分为四种：超导体，电阻率为零；导体，电阻率为 $10^{-6} \sim 10^{-3} \Omega \cdot cm$；半导体，电阻率为 $10^{-3} \sim 10^{8} \Omega \cdot cm$；绝缘体，电阻率为 $10^{8} \sim 10^{20} \Omega \cdot cm$。

特种耐火材料中，多数高熔点氧化物为绝缘体，但氧化钍（ThO_2）和稳定氧化锆（ZrO_2），在高温时具有导电性（表 9-5）；碳化物、硼化物的电阻都很小；氮化物中有些是电的良导体，有些则是典型的绝缘体。例如，氮化钛（TiN）具有金属的电导率，电阻率为 $30 \times 10^{-6} \Omega \cdot cm$；氮化硼（BN）的电阻率为 $10^{18} \Omega \cdot cm$，所有硅化物都是电的良导体。

表 9-5 一些特种耐火材料的电学性能

材质	电阻率/$\Omega \cdot cm$	介电常数	介质损耗	绝缘强度/$kV \cdot mm^{-1}$
Al_2O_3	10^{14}（25℃）	8 ~ 10	2×10^{-3}	10 ~ 16
	10^{5}（1000℃）			
ZrO_2	3×10^{8}（25℃）	20 ~ 30	—	—
	3×10^{3}（1000℃）			
	3×1.6（1970℃）			
SiO_2	10^{15}（25℃）	3.3 ~ 4.0	2×10^{-3}	16
SiC	$10^{-3} \sim 10^{-1}$（20℃）	<10	—	—
Si_3N_4	1.1×10^{14}（20℃）	8.3	0.001 ~ 0.1	—
TiC	60×10^{-6}（25℃）	—	—	—
	125×10^{-6}（1000℃）			
B_4C	0.8×10^{-5}（20℃）	—	—	—
BN	10^{18}（20℃）	4	1×10^{-3}	30 ~ 40
	10^{5}（1000℃）			
TiN	30×10^{-6}（20℃）	—	—	—
ZrB_2	$(9 \sim 16) \times 10^{-6}$（25℃）	—	—	—
$MoSi_2$	20×10^{-6}（20℃）	—	—	—

9.1.3 特种耐火材料的结构及用途

特种耐火材料是一种多晶材料（多晶是由许多被无序的晶界分隔开的小的单位晶胞取向完全不同的单晶体（称为晶粒）组成的），如图 9-2 所示。

绝大多数特种耐火材料的显微结构由晶相组成，玻璃相极少，个别特种耐火材料含有微量杂质，在一定温度下形成低熔相。对于由微小晶粒（如纳米晶）组成的多晶体来说，晶界的体积几乎占到一半以上，对晶体的性质有显著的影响。当晶粒很小时，材料具有较高的强度，而粗晶则容易造成裂纹和缺陷，使材料的强度下降。

特种耐火材料结构中的气孔对力学性能有不利影响。因此，一般要求特种耐火材料的

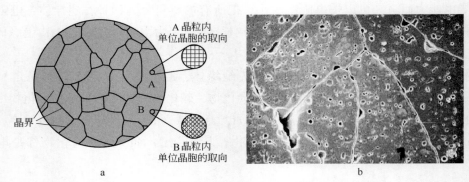

图 9-2　多晶体结构

a—多晶体显微结构示意图；b—烧结氧化铝典型的 SEM 图

组织结构均匀，玻璃相少，晶粒小且均匀。特种耐火材料作为高温工程结构材料和功能材料，应用领域十分广泛，如表 9-6 所示。

表 9-6　特种耐火材料的主要用途

应用领域	用途	使用温度/℃	应用材料
特殊冶炼	熔炼 U 的坩埚	1700	BeO、CaO、ThO₂
	熔炼 Pa、Pt 坩埚	>1500	ZrO₂、Al₂O₃
	钢水连续测温套管	1700	ZrB₂、MgO、MoSi₂
	钢水快速测氧探头	>1500	ZrO₂
	连续铸钢浸入式水口	>1500	SiO₂
	单晶坩埚	1200	AlN，BN
	大型转炉炉衬	>1600	MgO-C
	大型钢包滑动水口	>1600	Al₂O₃-ZrO₂-C
	高级合金二次精炼炉	1700	MgO-Cr₂O₃
	冶炼半导体 Ga、As 单晶坩埚	1200	AlN，BN
航天	导弹的头部保护罩	≥1000	Al₂O₃、ZrO₂、HfO₂特耐纤维+塑料
	重返大气层的飞船	约 5000	石棉纤维+酚醛
	洲际导弹头部保护材料		C 纤维+酚醛
	火箭发动机、燃烧室内衬、烧嘴	2000~3000	SiC、Si₃N₄、BeO、石墨纤维复合材料
	导弹瞄准用陀螺仪	800	Al₂O₃、B₄C
飞机潜艇	涡轮喷气发动机的压缩机叶片	≥1000	碳纤维+塑料、Si₃N₄
	涡轮叶片	850~1000	TiC、Cr₃C₂基金属陶瓷、硼纤维+塑料
	机身、机翼结构部件	300~500	碳纤维+塑料复合材料
	潜艇外壳结构材料	300~500	碳纤维+塑料复合材料

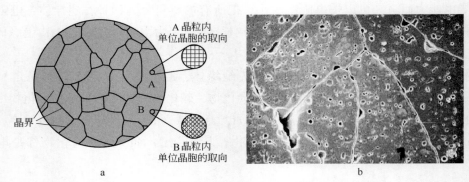

图 9-2　多晶体结构

a—多晶体显微结构示意图；b—烧结氧化铝典型的 SEM 图

组织结构均匀，玻璃相少，晶粒小且均匀。特种耐火材料作为高温工程结构材料和功能材料，应用领域十分广泛，如表 9-6 所示。

表 9-6　特种耐火材料的主要用途

应用领域	用途	使用温度/℃	应用材料
特殊冶炼	熔炼 U 的坩埚	1700	BeO、CaO、ThO_2
	熔炼 Pa、Pt 坩埚	>1500	ZrO_2、Al_2O_3
	钢水连续测温套管	1700	ZrB_2、MgO、$MoSi_2$
	钢水快速测氧探头	>1500	ZrO_2
	连续铸钢浸入式水口	>1500	SiO_2
	单晶坩埚	1200	AlN，BN
	大型转炉炉衬	>1600	$MgO-C$
	大型钢包滑动水口	>1600	$Al_2O_3-ZrO_2-C$
	高级合金二次精炼炉	1700	$MgO-Cr_2O_3$
	冶炼半导体 Ga、As 单晶坩埚	1200	AlN，BN
航天	导弹的头部保护罩	≥1000	Al_2O_3、ZrO_2、HfO_2特耐纤维+塑料
	重返大气层的飞船	约 5000	石棉纤维+酚醛
	洲际导弹头部保护材料		C 纤维+酚醛
	火箭发动机、燃烧室内衬、烧嘴	2000~3000	SiC、Si_3N_4、BeO、石墨纤维复合材料
	导弹瞄准用陀螺仪	800	Al_2O_3、B_4C
飞机潜艇	涡轮喷气发动机的压缩机叶片	≥1000	碳纤维+塑料、Si_3N_4
	涡轮叶片	850~1000	TiC、Cr_3C_2基金属陶瓷、硼纤维+塑料
	机身、机翼结构部件	300~500	碳纤维+塑料复合材料
	潜艇外壳结构材料	300~500	碳纤维+塑料复合材料

应用领域	用途	使用温度/℃	应用材料
原子反应堆	原子反应堆核燃料	≥1000	UO_2、UC、ThO_2、BeO
	核燃料的涂层		BeO、Al_2O_3、ZrO_2、SiC、ZrC
	吸收中子的控制棒	≥1000	HfO_2、B_4C、BN
	中子减速剂	1000	BeO、BeC、BN
	反应堆反射材料	1000	BeO、WC、石墨
新能源	磁流体发电通道材料	2000~3000	Al_2O_3、MgO、BeO、Y_2O_3、La_2O_3、ZrO_2
	磁流体发电电极材料	2000~3000	$ZrSrO_3$、ZrB_2、SiC、LaB_6、$LaCrO_3$
	电气体发电通道材料	>1500	Al_2O_3、MgO
	钠硫电池介质隔膜	300	$\beta\text{-}Al_2O_3$
	高温燃料电池固体介质	>1000	ZrO_2
特种电炉	高温发热元件	1500~3000	ZrO_2、$MoSi_2$、SiC、$LaCrO_3$、ZrB_2 等
	炉膛结构材料	1500~2200	Al_2O_3、ZrO_2、MgO
	炉膛隔热材料	1200~1800	泡沫 Al_2O_3
	高温炉观测孔	1000~1500	透明 Al_2O_3
	炉管	1500~1800	Al_2O_3、SiC、C

在冶金工业中，特种耐火材料应用于耐高温、抗氧化、还原或化学腐蚀的部件，熔炼稀有金属、贵金属、难熔金属、超纯金属、特殊合金等坩埚、舟皿，水平连铸分离环、熔融金属的过滤装置和输送管道等。

在航天航空技术中，用于火箭导弹的头部保护罩、燃烧室内衬、尾喷管衬套、喷气式飞机的涡轮叶片、排气管、机身、机翼的结构部件。

在电子工业中，用作熔制高纯半导体材料和单晶材料的容器，半导体固体扩散源；电子仪器设备中的各种高温绝缘散热部件；集成电路的基板，蒸发涂膜用的导电舟皿等。

高温工业中，用作特种电炉的高温发热元件、炉管、炉膛结构材料和保温隔热材料，各种测温电偶的内外保护管等。

9.2 纯氧化物制品

高熔点氧化物约有 60 种，但作为特种耐火材料，除了具有高熔点外，还要具备其他理化性能和成熟的制造工艺。作为特种耐火材料应用的氧化物约有 10 余种，如氧化铝、氧化锆、氧化镁、氧化钙、氧化硅、氧化铍、氧化钍、氧化铀、莫来石、锆英石、尖晶石等。

氧化物制品除了具有高的耐高温性能外，在高温下还要具有优良的强度、耐磨性、耐冲刷、耐热冲击、耐化学腐蚀等性能。

氧化物制品与熔融金属接触具有相当好的稳定性，适用于作为冶炼有色金属的耐火材料。

　　氧化物耐火材料与石墨接触，在不太高的温度下相互作用很小；但在较高的温度下，尤其在真空条件下，会发生化学反应。许多氧化物被还原成低价氧化物而挥发，如 Al_2O_3 变成 Al_2O，SiO_2 变成 SiO，ZrO_2 变成 ZrO，ThO_2 变成 ThO 等；BeO 与石墨接触比较稳定。大多数氧化物制品具有很好的电绝缘性。

　　由于氧化物制品具有许多优良性能，并且原料丰富，工艺成熟，应用范围越来越广，所以氧化物特种耐火材料发展很快，成为一类新兴的工业材料。

9.2.1　氧化铝质特种耐火材料

　　氧化铝质特种耐火材料是指 Al_2O_3 含量大于 98% 的耐火材料。它可以用先进陶瓷工艺生产得到结构均匀的材料，也可以用传统耐火材料方法生产，获得骨料基质型结构。其主晶相为 α-Al_2O_3，所以又称刚玉质耐火材料，是特种耐火材料中开发最早、用途最广、价格最低的一种特种耐火材料。

9.2.1.1　氧化铝的性质

　　氧化铝是高熔点氧化物中被研究得最成熟的一种。其原料蕴藏丰富，约占地壳质量的25%。价格低廉，且具有多方面的优良性能，是一种使用最广泛的氧化物耐火材料。

　　氧化铝的熔点为 2050℃，呈白色，有许多同质异晶体，它们的晶体结构和物理性能各不相同。Al_2O_3 的晶型有 α、γ、η、δ、θ、κ、χ、ρ 等。外界条件改变时，晶型会发生转变。Al_2O_3 相变过程如图 9-3 所示。在 Al_2O_3 的变体中，只有 α-Al_2O_3（刚玉）是最稳定的，其他晶型都是不稳定的，加热时都将转变成 α-Al_2O_3。α-Al_2O_3 中的氧已是最紧密堆积，因此 α-Al_2O_3 密度大，一般在 $3.96 \sim 4.01 g/cm^3$ 之间，莫氏硬度为 9。α-Al_2O_3 为六方晶型结构，相当于天然刚玉，晶体形状呈柱状、粒状或板状，一般氧化铝的性质主要是指 α-Al_2O_3 的性质。

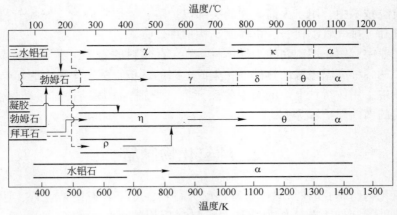

图 9-3　氢氧化铝→α-Al_2O_3 加热过程中的相变

　　除刚玉外，常见的 Al_2O_3 晶型为 γ-Al_2O_3。γ-Al_2O_3 是低温型六方晶型晶体，呈鳞片状。其真密度为 $3.42 \sim 3.65 g/cm^3$，具有尖晶石型结构，在 1000℃ 以下开始转化为高温型 α-Al_2O_3 晶体。在其结构中，某些四面体的空隙没有被充填，因而 γ-Al_2O_3 的密度较刚玉小。氢氧化铝加热脱水时，约在 450℃ 形成 γ-Al_2O_3。γ-Al_2O_3 加热到较高温度转变为刚玉。但这种转变只有在 1000℃ 以上时，转化速度才比较快。

ρ-Al₂O₃为无定形态，但也有人认为它是介于无定形与晶态之间的过渡态。由于 ρ-Al₂O₃ 是 Al₂O₃各种形态中唯一能在常温下自发水化的变体，可以作为耐火材料浇注料的结合剂，因此近年来越来越受到重视。

β-Al₂O₃是一种含有碱金属或适量 CaO 的铝酸盐，实际上并非氧化铝的一种变体，当氧化铝熔体中 Na₂O 含量为 5% 或 K₂O 含量为 7% 左右时，就可变成 β-Al₂O₃，其化学式可写成 Na₂O·(11~12)Al₂O₃、K₂O·(11~12)Al₂O₃ 或 CaO·6Al₂O₃。这种晶体的特征是呈聚片双晶发达的薄片状或板状，真密度为 3.30~3.63g/cm³，晶型为六方结构。由于刚发现 β-Al₂O₃ 时，忽略了 Na₂O 的存在，其被误认为是 Al₂O₃ 的一种变体，故采用了 β-Al₂O₃ 这一名称，并沿用至今。当 β-Al₂O₃ 在水蒸气中加热到 1300℃ 或空气中加热到 1400~1500℃ 时即开始分解，到 1600℃ 转化为 α-Al₂O₃。

氧化铝制品具有高的强度。常温抗折强度可达 250MPa 左右，在 1000℃ 时仍有 150MPa 左右，常温耐压强度可高达 2000MPa 以上。某些微晶结构的制品，其常温耐压强度甚至可达 5000MPa。氧化铝制品的耐火度大于 1900℃，0.2MPa 荷重软化开始点为 1850℃ 左右，它的极限使用温度为 1950℃，常用温度为 1800℃。氧化铝在 20~1000℃ 平均线膨胀系数为 $8.6×10^{-6}℃^{-1}$。氧化铝的常温导热系数为金属的一半，并随着温度上升而降低。氧化铝制品的抗热震性取决于其显微结构及制品形状与大小，一般来说其抗热震性属中等。

氧化铝制品具有很好的化学稳定性，这种稳定性在很大程度上取决于它的纯度和致密度。高纯度的致密制品能较好地抵抗铍、锶、镍、铝、钒、钽、锰、铁、钴等熔融金属的侵蚀。在惰性气氛中，氧化铝对硅、磷、锑、铋等金属不起作用，许多复合的硫化物、磷化物、砷化物、氯化物、氮化物、溴化物、碘化物、氟化物，以及硫酸、盐酸、硝酸、氢氟酸等均不与氧化铝作用。不过在高温下，硅、碳、钛、锆、氟化钠、浓硫酸等对氧化铝有一定的侵蚀。氧化铝对氢氧化钠、玻璃、炉渣等有很高的抗侵蚀能力。

作为特种耐火材料，氧化铝制品的应用极为广泛，主要用途有：

（1）利用其耐高温、耐腐蚀、高强度等性能，用作冶炼高纯金属或生长单晶用的坩埚、各种高温窑炉的结构件（如炉墙、炉管等）、理化分析用器皿、航空火花塞、耐热抗氧化涂层及玻璃拉丝用坩埚等。

（2）利用其硬度大、强度高的特点，用作机械零部件、各种模具（如拔丝模、挤钢笔芯模嘴等）、刀具、磨具磨料、轴承球、研磨介质、装甲防护材料等。

（3）利用其高温绝缘性，用作热电偶的套丝管和保护管、原子反应堆用的绝缘瓷，以及其他各种高温绝缘部件。

（4）利用其优良的电绝缘性，用作电路基板、真空开关陶瓷管壳、电真空器件绝缘陶瓷等。其中氧化铝电路基板因其良好的介电特性和导热系数，尤其是其制造成本低（远低于 AlN 等高导热系数材料），因此目前仍是应用最广的陶瓷基板材料。

（5）利用其良好的生物相容性和稳定的物化性质，广泛应用于髋关节、牙齿、牙齿矫正用陶瓷托槽等氧化铝生物陶瓷。

（6）许多特殊氧化铝制品，如氧化铝中空球和氧化铝纤维，可作为高温隔热材料和增强材料。

9.2.1.2 氧化铝原料

不同的制品选用不同规格和不同类型的氧化铝原料，工业生产氧化铝制品的原料大致有工业氧化铝、高纯氧化铝、烧结氧化铝、电熔氧化铝等。

A 工业氧化铝

工业氧化铝是用碱法从高铝矾土原料中分离提纯出来的。从铝矾土矿中提取氧化铝的方法之一为拜耳法，拜耳法的反应为

$$Al_2O_3 \cdot H_2O + 2NaOH = 2NaAlO_2 + 2H_2O \tag{9-2}$$

$$Al_2O_3 \cdot 3H_2O + 2NaOH = 2NaAlO_2 + 4H_2O \tag{9-3}$$

在高温下，这两个反应向右进行，NaOH 与矾土中的水铝石反应，生成高摩尔比的铝酸钠溶液。在低温及含有 Al(OH)$_3$ 晶种的情况下，反应则向左进行，Al(OH)$_3$ 从溶液中结晶出来。而析出 Al(OH)$_3$ 后的高摩尔比的铝酸钠又可以在高温下从矾土中提取 Al(OH)$_3$，如此循环可从矾土中提取 Al(OH)$_3$。但拜耳法只适合于铝硅比大于 8 的矾土，而对于铝硅比较低（3~5）的矾土则可采用烧结法。烧结法是将矾土与碱石灰组成的炉料在一定温度下烧结，生成易溶于水的铝酸钠（Na$_2$OAl$_2$O$_3$）与铁酸钠（Na$_2$OFe$_2$O$_3$）以及不溶于水的正硅酸钙（2CaO·SiO$_2$），如式 9-4~式 9-6 所示。然后用稀碱水溶液处理上述熟料，使铝酸钠转化为易溶于水的 NaAl(OH)$_4$ 及不溶于水的 Fe$_2$O$_3$·H$_2$O，如式 9-7 与式 9-8 所示。经过滤后使后者从溶液中分离出去，最后再通入 CO$_2$ 气体使 Al(OH)$_3$ 沉淀出来，如式 9-9 所示。

$$Al_2O_3 + Na_2CO_3 = Na_2O \cdot Al_2O_3 + CO_2 \uparrow \tag{9-4}$$

$$SiO_2 + 2CaO = 2CaO \cdot SiO_2 \tag{9-5}$$

$$Fe_2O_3 + Na_2CO_3 = Na_2O \cdot Fe_2O_3 + CO_2 \uparrow \tag{9-6}$$

$$Na_2O \cdot Al_2O_3 + aq = 2NaAl(OH)_4 + aq \tag{9-7}$$

$$Na_2O \cdot Fe_2O_3 + aq = 2NaOH + Fe_2O_3 \cdot H_2O \downarrow + aq \tag{9-8}$$

$$2NaAl(OH)_4 + CO_2 + aq = 2Al(OH)_3 \downarrow + Na_2CO_3 + aq \tag{9-9}$$

在实际生产中，常常两种方法联合使用，称为联合法。联合法又分为并联法、串联法与混联法等。工业氧化铝呈 γ 结晶形态，Al$_2$O$_3$ 的含量约为 98.5%，另外含有 0.5% ~ 0.6% 的 Na$_2$O。若将此种氧化铝再用高纯度的浓盐酸进一步加热处理，可使其中的氧化钠含量降低到 0.2% 左右（即低钠氧化铝）。表 9-7 为工业氧化铝分级标准。

表 9-7 工业氧化铝分级标准

级 别	Al$_2$O$_3$ 的质量分数/%	杂质的质量分数/%			
		SiO$_2$	Fe$_2$O$_3$	Na$_2$O	灼减
1	≥98.6	≤0.02	≤0.03	≤0.50	≤0.8
2	≥98.5	≤0.04	≤0.04	≤0.55	≤0.8
3	≥98.4	≤0.06	≤0.04	≤0.60	≤0.8
4	≥98.3	≤0.08	≤0.05	≤0.60	≤0.8
5	≥98.2	≤0.10	≤0.05	≤0.60	≤0.8

B 高纯氧化铝原料

高纯氧化铝是人工合成原料，其制备方法主要包括硫酸铝铵热解法、碳酸铝铵热分解法、有机铝盐水解法和金属铝在水中火花放电法。

图 9-4 为一个以硫酸铝为原料的例子。此法的主要步骤是先合成硫酸铝铵，然后将硫酸铝铵焙烧，得到氧化铝。原料有化学纯硫酸铝和硫酸铵。将两者按适当比例混合，加入适量的蒸馏水煮沸，等完全溶解后，趁热过滤，去除杂质，让滤液冷却析晶，析出硫酸铝铵。然后倒去母液，将晶块表面冲洗干净，再加蒸馏水煮沸、过滤、冷却析晶。如此反复进行 5~6 次，得到相当纯净的含水硫酸铝铵结晶块。再在 180~200℃ 烘箱中进行脱水处理，最后在 800~1000℃ 电炉中加热分解，得到 1~5μm、纯度高达 99%~99.99% 的 γ 结晶的高纯氧化铝。

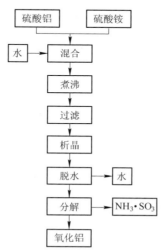

图 9-4 以硫酸铝为原料制备高纯氧化铝工艺流程图

硫酸铝铵的分解反应式为：

$$Al_2(NH_4)_2(SO_4)_4 \cdot 24H_2O \xrightarrow{100~200℃} Al_2(NH_4)_2(SO_4)_4 \cdot H_2O + 23H_2O \uparrow \qquad (9\text{-}10)$$

$$Al_2(NH_4)_2(SO_4)_4 \cdot H_2O \xrightarrow{500~600℃} Al_2(SO_4)_3 + 2NH_3 \uparrow + SO_3 \uparrow + 2H_2O \uparrow \qquad (9\text{-}11)$$

$$Al_2(SO_4)_3 \xrightarrow{800~1000℃} \gamma\text{-}Al_2O_3 + 3SO_3 \uparrow \qquad (9\text{-}12)$$

C 电熔氧化铝

电熔氧化铝是指用高铝矾土或工业氧化铝为原料在电弧炉内熔融并除去杂质冷却后而得的熔块；其特点是氧化铝含量高，刚玉晶粒完整粗大，化学稳定性高。电熔刚玉有两种生产方法：一是间歇式熔块法（脱壳炉），二是半连续式倾倒法（炼钢电炉）。

根据所用原料及工艺的不同，电熔刚玉可分为白刚玉、致密刚玉、棕刚玉和亚白刚玉（矾土基刚玉）等。

a 白刚玉

以工业氧化铝或煅烧氧化铝为原料熔制的电熔刚玉，Al_2O_3 含量（质量分数）一般大于 98.5%，主要杂质为 Na_2O 以及少量的 SiO_2 与 Fe_2O_3。Na_2O 与 Al_2O_3 在熔融过程中生成 $\beta\text{-}Al_2O_3$。它的熔点与密度都比 $\alpha\text{-}Al_2O_3$ 低的，因此在熔块冷却时，常偏析于熔块的中、上部。Na_2O 的含量在 0.3%~0.5% 之间。同一炉电熔刚玉中的不同部位的 Na_2O 含量不同。制备高纯刚玉制品的电熔刚玉应选用纯度高的白刚玉。

由于熔融氧化铝的纯度很高，包裹在其中的气体不易排出，因此，白刚玉的特点是气孔率高。其显气孔率在 6%~10% 之间，同时还包含有较多封闭气孔。

b 致密刚玉

以工业氧化铝为原料，加入一些外加剂在电弧炉中熔融而成。外观可呈灰白色、灰色或灰黑色。Al_2O_3 含量（质量分数）一般大于 98%，主晶相为 α-Al_2O_3。因不同的添加剂，次晶相可以为 $FeTiO_3$、$CaAl_{12}O_9$、$Ca_3Si_8O_9$、TiN、Ti_4O_7 等，还存在少量玻璃相。其特点是致密、气孔率低。一般显气孔率小于 4%，体积密度大于 $3.8g/cm^3$。常用于铁沟料等要求显气孔率小的浇注料中以降低加水量。

c 棕刚玉

电熔棕刚玉是以高铝矾土轻烧料为主要原料，将它与少量炭及铁屑一起加入电弧炉中。通过如下反应降低矾土中 SiO_2 与 Fe_2O_3 等杂质：

$$Fe_2O_3+3C \longrightarrow 2Fe+3CO \uparrow \qquad (9-13)$$

$$SiO_2+Fe+2C \longrightarrow FeSi+2CO \uparrow \qquad (9-14)$$

生成的硅铁沉于炉底，而 CO 排出。

棕刚玉呈棕褐色，Al_2O_3 含量在 94.5%~97% 之间。主要杂质为 TiO_2、Fe_2O_3 以及少量的 MgO、CaO、Na_2O 与 K_2O 等。它们多以玻璃相或铝酸盐的形式存在，后者是冷却过程中析晶出来的。

d 亚白刚玉

亚白刚玉又称矾土基电熔刚玉，它是以一级或特级矾土为原料，通过加入炭、铁屑等添加剂，对矾土进行深度还原，尽量除去 SiO_2、Fe_2O_3 与 TiO_2 等杂质。在所有的杂质氧化物中，Fe_2O_3 和 SiO_2 是较易还原的，TiO_2 是较难还原的，需要更高的温度才能还原，如式 9-15 与式 9-16 所示，TiO_2 与铁生成的钛铁沉淀于炉底。

$$TiO_2+2C+Fe \longrightarrow FeTi \downarrow +2CO \uparrow \qquad (9-15)$$

$$Ti_2O_3+3C+2Fe \longrightarrow 2FeTi \downarrow +3CO \uparrow \qquad (9-16)$$

由于温度高，在冶炼过程中会生成一些碳化物（如 Al_4C_3）与氮化物存在于熔体中，因而熔炼的后期需要一个氧化精炼期以脱除碳化物与多余的炭。通常的方法是吹氧或加入脱碳剂，如铁磷。

吹氧脱碳：

$$2C+O_2 \longrightarrow 2CO \uparrow \qquad (9-17)$$

$$2Al_4C_3+9O_2 \longrightarrow 4Al_2O_3+6CO \uparrow \qquad (9-18)$$

加铁磷脱碳：

$$3C+Fe_2O_3 \longrightarrow 2Fe \downarrow +3CO \uparrow \qquad (9-19)$$

$$C+FeO \longrightarrow Fe \downarrow +CO \uparrow \qquad (9-20)$$

$$Al_4C_3+3Fe_2O_3 \longrightarrow 2Al_2O_3+3CO \uparrow +6Fe \downarrow \qquad (9-21)$$

$$Al_4C_3+9FeO \longrightarrow 2Al_2O_3+3CO \uparrow +9Fe \downarrow \qquad (9-22)$$

亚白刚玉中 Al_2O_3 含量一般大于 98%，显气孔率小于 4%，体积密度在 $3.85g/cm^3$ 以上。主要杂质相为六铝酸钙、钛酸铝等。亚白刚玉中常含有少量的碳化物与氮化物，它们遇水或在氧化气氛中烧成会水化或氧化而放出气体，造成制品开裂。因此，亚白刚玉在熔炼完成后常需要经过后处理。后处理的过程包括氧化气氛下煅烧、水洗、酸洗以及后续的整形等。经处理后的亚白刚玉中碳、氮化物含量减少，有利于提高其使用性能。

e　电熔刚玉中碳化物含量及质量判定

由于电熔刚玉是在电弧炉中熔炼的，电弧炉存在电极，电熔刚玉中易存在碳化物，特别是棕刚玉及亚白刚玉熔炼过程中要进行 SiO_2、Fe_2O_3 与 TiO_2 的还原反应。在还原过程中易生成 Al_4C_3、AlN 等物质。它们在大气中会吸收水蒸气而粉化，在浇注与烧成过程中会造成制品开裂。因而需采用一些简便的方法来判断这些杂质化合物的含量。

（1）粉化试验。选取一定粒度范围（如 5~8mm 或 2~3mm 的颗粒），将其放入高压釜中在 0.5MPa 的蒸汽压力下蒸煮 3h，或者在 800℃ 的温度下热处理 30min，然后再过筛，按式 9-23 计算其粉化率：

$$P = \frac{M_1}{M_0} \times 100\% \tag{9-23}$$

式中，M_1 与 M_0 分别为通过 1mm 筛网料的质量及所取颗粒的总质量。一般要求粉化率 $P <$ 0.2%。当用高压釜进行水化时，试验前后都应进行干燥。采用在炉中煅烧法测定时，还可以通过观察颗粒颜色的变化来判断碳化物等杂质含量的多少，烧后的颗粒越白，则其中的杂质越少。

（2）水化与酸化试验。由于碳化物或氮化物遇水或酸会产生刺鼻的气味。因此，可用一定大小的颗粒（如大于或小于 1mm 的颗粒），根据发生刺鼻气味的大小、持续时间来判断其所含碳化物或氮化物的多少。

（3）测定 pH 值。将刚玉颗粒浸入水中，剧烈搅拌。搅拌过程中颗粒应始终被水浸没。搅拌 2min 后将颗粒与水分离，用石蕊试纸在颗粒表面测 pH 值。当 pH 值在 7~8 之间时，表示碳化物较少。

D　烧结氧化铝

烧结氧化铝是以工业氧化铝为原料，经高温煅烧制得的低气孔率的氧化铝。其工艺流程如图 9-5 所示。

所谓工业氧化铝是以拜尔法或其他方法制得的 γ-Al_2O_3 为原料，经 1400℃ 以上的温度煅烧得到的氧化铝，它是 α-Al_2O_3 与 γ-Al_2O_3 的混合物。煅烧温度越高，α-Al_2O_3 的含量越高。之后将工业 Al_2O_3 磨细，加结合剂成型，可以用成球机或压制成型。坯体经干燥至残余水分小于 2%，再在高温竖窑、回转窑或隧道窑中烧成。最高烧成温度为 1750~1900℃ 并保温适当时间。烧成品的真密度约为 3.95g/cm³，总气孔率为 6%~9%，平均晶粒尺寸在 50~100μm，Al_2O_3 含量大于 99%。

目前，工业上广泛使用的烧结氧化铝为板状刚玉。近年来，为了适应节能减排的需求，轻量化刚玉（一般其体积密度为 3.00~3.20g/cm³，总气孔率为 18%~22%，导热系数为板状刚玉的一半左右）也在不断推广与发展。

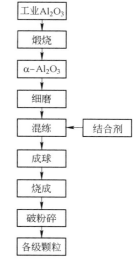

图 9-5　烧结氧化铝制备工艺流程

9.2.1.3　氧化铝耐火材料的生产工艺要点

氧化铝耐火材料的生产工艺要点如下：

（1）原料预处理。将工业氧化铝原料经 1300~1600℃ 预烧，使 $\gamma\text{-}Al_2O_3$ 转变为稳定的 $\alpha\text{-}Al_2O_3$ 以减少制品的收缩，防止开裂。

（2）制粉。预处理的原料磨到小于 $5\mu m$ 占 90% 以上，如用铁质球或内衬的磨机，要进行除铁。

（3）成型。可采用特种耐火材料的各种成型方法成型坯体。注浆法成型一般多采用中性泥浆浇注，即泥浆的 pH 值为 6~7，水分含量为 20%~30%，小于 $2\mu m$ 的细粉含量大于 80%，最大粒径不得超过 $5\mu m$。多用来成型坩埚、管子及其他中空制品。机压法是在细粉中加入一定比例的粗颗粒（烧结或电熔刚玉），并加入结合剂（如糊精、羧甲基纤维素、聚乙烯醇、磷酸等），在金属模具内机压成型，压力一般为 80~100MPa。除热压成型外，其他方法成型的坯体均需干燥，使水分含量小于 1%，也可以采用冷等静压法或挤泥法生产管状或棒状制品。

（4）烧成。烧成温度为 1600~1800℃，纯氧化铝制品烧成温度不低于 1800℃，加入助烧结剂（如 TiO_2 等）可降低制品的烧成温度。

9.2.1.4　主要氧化铝制品

氧化铝制品很多，有透明薄壁制品、砖类制品、异型制品、隔热制品、空心球制品、纤维制品、熔铸制品等。

A　透明氧化铝制品

透明氧化铝制品是在高纯氧化铝陶瓷工艺基础上发展起来的。制备技术的关键是氧化铝晶体内气孔的排除，要求达到几乎无气孔，晶粒要生长得均匀且细小，晶界杂质要尽量减少（即第二相物质要少），使得光在氧化铝制品中的散射大大减少，从而使得透明度提高。要解决此问题，在生产工艺过程中要采取相应的措施，如提高原料的纯度、抑制烧结过程中晶粒生长等，常采用如下两项措施：

（1）一般的工业氧化铝不符合制造透明氧化铝制品的要求，须采用 Al_2O_3 含量（质量分数）达 99.9% 以上的极纯氧化铝原料。常用硫酸铝铵制取高纯氧化铝。硫酸铝铵分解出来的 $\gamma\text{-}Al_2O_3$ 的比表面积在 $100m^2/g$ 以上，且很松散，不适宜成型和直接烧成制品，只有经过 1300℃ 煅烧，使其转化为 $\alpha\text{-}Al_2O_3$ 之后，改变它的松散性，让其体积有一个较大的收缩后，才能用来生产制品。

（2）MgO、Y_2O_3 或 La_2O_3 等外加剂能抑制 Al_2O_3 晶粒的长大。加入质量分数为 0.1%~0.3%MgO 可达到抑制 Al_2O_3 晶粒长大的效果。一般以镁的硝酸盐和碳酸盐形式加入，若以 MgO 和 La_2O_3 混合形式加入 Al_2O_3 中，效果会更好，能降低烧结温度 50~100℃。Y_2O_3 或 Y_2O_3 和 La_2O_3 混合物的加入，可调整镁铝尖晶石第二相物质的折射率，使尖晶石的折射率接近于 $\alpha\text{-}Al_2O_3$ 相。这样更有利于消除或减少由于晶界处第二相物质的富集而造成的双折射和散射，使透光率进一步提高。在 H_2 和真空下烧结可以得到透明度高的氧化铝制品。透明氧化铝制品的烧成温度高于一般制品，烧成温度越高，烧结程度越好，制品的透明度越高，其前提是添加抑制晶粒长大的添加剂和不发生重结晶。

透明刚玉制品比一般刚玉制品有更广泛的用途。主要作为新型电光源——高压钠灯的灯管，高温处的观察窗口、观察孔等。

透明氧化铝制品的技术指标为：Al_2O_3 含量不低于 98.5%，SiO_2 含量不大于 0.1%，Fe_2O_3 含量不大于 0.1%，Na_2O+K_2O 含量不大于 0.55%；体积密度不小于 3.80g/cm³，气孔率为 0.5%左右，荷重软化温度高于 1800℃。

B 氧化铝砖类制品

氧化铝砖类制品可采用电熔刚玉或烧结刚玉为原料，按传统耐火材料配料，半干法成型，烧成工艺制造。它也可以采用全细粉制造。当全部使用 Al_2O_3 粉料模压时，为了改善成型性能，要先制造"假颗粒"，即用磨得很细的粉料加入黏结剂，制成流动性好的较粗的颗粒。制取假颗粒或称造粒的方法有如下几种：

（1）普通法。将适量的黏结剂水溶液加入粉料中，混合后过粗孔筛，依靠黏结剂的黏聚作用，得到粒度比较均匀的团粒。

（2）加压法。把与黏结剂混合好的粉料，先压成块，再破碎过筛成粗粒。其致密度和强度均较高，是工业生产中常用的方法。

（3）轻烧法。将球磨细粉用少量的水做成泥团，在较低的温度下煅烧，再破碎过粗孔筛。

（4）喷雾干燥法。粉料加黏结剂制成浆料，再喷入造粒塔内雾化，雾滴被塔内热空气干燥而成粒。

以电熔刚玉为主要原料制成的烧成砖称为烧结电熔刚玉砖，或者电熔再结合刚玉砖，以区别以烧结刚玉为主要原料所制得的刚玉砖。用氧化铝空心球作骨料、氧化铝细粉作基质制成的砖，称为氧化铝空心球砖。在配料中，有时加入少量的氧化钛、氧化镁、高岭土等作为烧结助剂。坯料的成型黏结剂可用羧甲基纤维素、糊精、磷酸铝、硫酸铝、水等。例如，烧结纯刚玉砖的配比为：50%~60%的氧化铝颗粒（骨料），40%~50%的氧化铝细粉（基质），外加质量分数为 2%的羧甲基纤维素水溶液 7%~8%。按配方组成称量后，在搅拌机中均匀混合制成坯料。混料时，先将颗粒投入搅拌机中，加入 2%的结合剂，混合数分钟后再加入细粉混合数分钟，最后再加入 5%的结合剂，继续混合 15min 左右后出料。然后将坯料称量入模，在油压机或摩擦压机上用 60~100MPa 的压力成型，标准砖的砖坯密度应大于 2.0g/cm³。

氧化铝砖制品种类的规格和形状有多种。如标准砖、直形砖、斧头砖、刀口砖、香蕉砖、拱脚砖、拱顶砖、烧嘴砖等。按化学成分可以分为纯刚玉砖、含钛刚玉砖、含铬刚玉砖、含莫来石刚玉砖、含碳刚玉砖等，对应的质量指标也有一定的差别。表 9-8 为氧化铝砖的理化指标。

表 9-8 氧化铝砖的理化指标

指 标		烧结刚玉砖		烧结电熔刚玉砖	
		纯	含钛	纯	含莫来石
化学成分（质量分数）/%	Al_2O_3	≥98	≥97.5	≥98	≥84
	TiO_2	—	≤0.5	—	—
	Fe_2O_3	≤0.15	≤0.15	≤0.5	≤0.5
	SiO_2	—	—	≤0.5	≤12
	R_2O	≤0.55	≤0.55	—	—

指　　标		烧结刚玉砖		烧结电熔刚玉砖	
		纯	含钛	纯	含莫来石
物理性能	体积密度/g·cm^{-3}	≥3.70	≥3.50	≥3.00	≥2.80
	气孔率/%	≤2	≤12	≤23	≤24
	耐压强度（20℃）/MPa	≥500	≥250	≥50	≥40
	荷重软化温度/℃	≥1800	≥1800	≥1750	≥1750

9.2.2　锆质特种耐火材料

锆质特种耐火材料主要包括氧化锆制品和锆英石制品，是以锆英砂、氧化锆等为主要原料，经压制或泥浆浇注或振动法成型后，经高温烧成得到的一种优质耐火材料。它具有荷重软化点高、抗热震性与耐磨性好、抗渣性强的优点，且对碱性炉渣、玻璃溶液以及钢水等具有很高的耐侵蚀性能，广泛用于玻璃、化工、冶金工业等高温领域。

9.2.2.1　氧化锆的性质

氧化锆在地壳中约占 0.026%，在自然界中主要有两种含锆矿石：斜锆石和锆英石。斜锆石中 ZrO_2 含量为 80%～90%，最高品位可达 90%～99%，但极为少见。锆英石是由 ZrO_2 和 SiO_2 构成的化合物，晶体属正方晶系，其化学式为 $ZrSiO_4$，理论组成为：ZrO_2 67.23%，SiO_2 32.77%，锆英石的熔点为 2420℃，密度为 4.6～4.7g/cm³，莫氏硬度为 7.5，颜色有红紫、褐、黄、灰色等，高纯的锆英石呈白色。在锆英石矿中，常伴生有 0.5%～3% 的带有放射性的氧化铪等成分，在提炼氧化锆过程中很难将它分离干净，因此在使用放射性成分较高的高锆英石及氧化锆时应注意防护。

氧化锆有三种主要的同质异晶体：低温型的单斜氧化锆、中温型的四方氧化锆和高温型的立方氧化锆，它们之间的相互转变关系如表 9-9 所示。其中 $m-ZrO_2$ 转变为 $t-ZrO_2$ 的转变温度为 1170℃ 左右，并伴有 7%～9% 的体积收缩，而 $t-ZrO_2$ 转变为 $m-ZrO_2$ 的转变温度约为 1000℃，也即，四方相转变为单斜相有滞后现象，同时这个过程伴有 3%～4% 的体积增加，如图 9-6 所示。

表 9-9　氧化锆的晶型转变

晶　型	单斜氧化锆	四方氧化锆	立方氧化锆
晶　系	单斜	四方	立方
转变温度	$m-ZrO_2 \underset{850\sim1000℃}{\overset{1170℃}{\rightleftharpoons}} t-ZrO_2 \overset{2370℃}{\rightleftharpoons} c-ZrO_2$		
密度/g·cm^{-3}	5.68	6.10	6.27

由于氧化锆有晶型转变和体积突变的特点，因此，只用纯氧化锆很难制造出烧结良好又不开裂的制品。因此常向氧化锆中加入适量的氧化物（如 CaO、MgO、Y_2O_3、CeO_2 等，这些氧化物阳离子半径与 Zr^{4+} 离子半径相差在 12% 以内），再经高温处理后就可以得到稳定的四方或立方晶型的氧化锆固溶体，从而消除了在加热或冷却过程中的体积变化。这种

固溶体氧化锆就称为稳定氧化锆。制备稳定氧化锆的过程称为氧化锆的稳定化，加入的氧化物称为稳定剂。

由 Y_2O_3-ZrO_2 相图（图9-7）可知，如在 ZrO_2 中加入 Y_2O_3 作为稳定剂，ZrO_2 材料相组成和相变与 Y_2O_3 的含量直接有关。当 Y_2O_3 含量（摩尔分数）小于2%时，ZrO_2 以单斜相（m）存在；当 Y_2O_3（摩尔分数）大于8%时，ZrO_2 以立方相（c）存在；而当 Y_2O_3 含量在2%~8%的范围内，ZrO_2 以二相或三相共存。当 Y_2O_3 含量在3%左右时，由于材料中 ZrO_2 晶粒间的相互抑制，可以通过控制适当的晶粒尺寸而制备出全部由四方 ZrO_2 组成的氧化钇稳定的四方氧化锆多晶体材料（Y-TZP）。Y-TZP 中的 t-ZrO_2 在应力诱导下可以转变为 m-ZrO_2 而使材料增韧。这是一种力学性能优良的结构材料。一般说来，在一定温度下，ZrO_2 晶粒尺寸较大的、稳定剂含量较少的 ZrO_2 材料中容易发生较多的 t-ZrO_2 向 m-ZrO_2 相变。

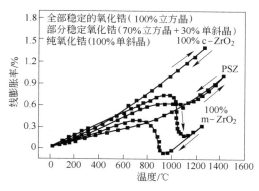

图9-6　不同氧化锆的膨胀曲线

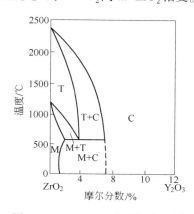

图9-7　Y_2O_3-ZrO_2 相图局部区域

按照图9-8示出的立方氧化锆固溶体的稳定范围，稳定剂的有效加入量分别为：氧化镁的摩尔分数为16%~26%；氧化钙的摩尔分数为15%~29%；氧化钇的摩尔分数为7%~40%；氧化铈的摩尔分数大于13%。稳定剂视具体要求，可以单独用一种或同时配入几种。

按氧化锆的多晶相转化规律，常温下的氧化锆应为单斜型。但很多研究工作发现，氧

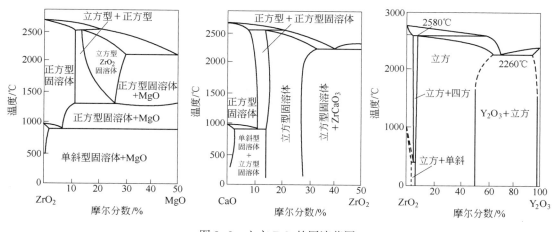

图9-8　立方 ZrO_2 的固溶范围

化锆的晶型还与晶粒大小有关。四方氧化锆在两种条件下可以在常温下存在：一是在第二相抑制下可以残存少许四方相；二是当晶体的粒度不大于 25nm 时，无需化学稳定介质便可以使 t-ZrO_2 在室温下稳定下来。

图 9-9 为经不同温度处理冷却后，纯纳米氧化锆的晶粒尺寸及其 XRD 图谱，由该图可以看出，四方氧化锆可以在低温下存在而不转变为单斜氧化锆。随着处理温度的不断提高，晶粒不断长大，晶型则由 t-ZrO_2 不断转变为 m-ZrO_2。从热力学角度看，在低于 1170℃ 的温度区间，单斜相 m-ZrO_2 通常比四方相 t-ZrO_2 更稳定。但 Garvie 借助热力学理论认为，由于四方相 t-ZrO_2 与单斜相 m-ZrO_2 相比具有更低的表面能，在一定的温度和压力下，随着 ZrO_2 晶粒的长大，单斜相与四方相之间的表面能量差别逐渐减小，当晶粒细至纳米级时，四方相 t-ZrO_2 变得更稳定，并且计算出四方相 t-ZrO_2 稳定存在的临界尺寸为 30nm。

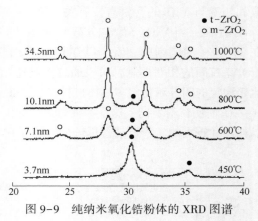

图 9-9　纯纳米氧化锆粉体的 XRD 图谱

正是由于四方氧化锆的稳定存在，与其他陶瓷材料相比，氧化锆制品的韧性大幅提高。经过几十年的发展，目前被普遍接受的，有关氧化锆制品的增韧机理主要有三种，分别是应力诱导相变增韧、微裂纹增韧和表面相变残余压应力增韧。

对于应力诱导相变增韧来说，它指的是，材料内处于亚稳的四方氧化锆晶粒，在裂纹尖端应力的诱发作用下，发生从 t-ZrO_2 到 m-ZrO_2 的相变，并伴随体积膨胀，这个过程一方面可吸收或消耗裂纹尖端能量，同时在主裂纹作用区产生压应力，有效阻止了裂纹的扩展，提高了材料的韧性。通常，可以通过调控氧化锆的晶粒尺寸、化学组成、晶粒形状及其分布位置，来控制相变增韧的作用。

事实上，在材料冷却至室温过程中，某些四方氧化锆颗粒向单斜相转变，并发生体积膨胀，在相变颗粒的周围，产生许多小于临界尺寸的微裂纹，当大的裂纹扩展遇到这些微裂纹时，将诱发新的相变，由于微裂纹的延伸，可以释放主裂纹的部分应变能，使裂纹发生偏转，增加了主裂纹扩展所需的能量，从而有效地抑制主裂纹的扩展。这就是微裂纹增韧机理。一般可以通过调控氧化锆与基体的晶粒尺寸、弹性模量以及两者的线膨胀系数来获得良好的微裂纹增韧效果。

第三种增韧机理是表面相变残余压应力增韧。由于材料表层发生，四方相转变为单斜相，引起体积膨胀，而使表面形成压应力，这种表面压应力有利于阻止来自表面裂纹的扩展，从而起到增韧和增强的作用。可以通过机械研磨、表面喷砂、快速低温处理等途径，来诱导材料表层四方相相变，产生残余压应力。

目前有两种典型的相变增韧氧化锆制品，一种是部分稳定氧化锆制品，简称 PSZ；一种是四方氧化锆多晶体制品，简称 TZP。通常，它们具有不同的显微结构特征。例如，氧化镁部分稳定氧化锆制品的结构特征是，在立方相基体内均匀分散着细小呈透镜状的亚稳四方氧化锆析出相；而氧化钇稳定四方氧化锆多晶体制品的结构特征是，几乎全部由细小的亚稳四方氧化锆所组成。

氧化锆制品具有优异的强度和断裂韧性，耐磨性能好，优异的抗腐蚀性，线膨胀系数接近金属，适合与金属接合等性能特点。

作为特种耐火材料，氧化锆制品的应用非常广泛，主要用途有：

（1）利用其耐高温、高强度、高抗蚀等性能，用作炼钢系统中钢包和中间包控制钢水流动的氧化锆滑板、小方坯连铸用氧化锆定径水口以及贵金属及合金冶炼用耐火坩埚等。

（2）利用其高的热反射率，化学稳定性好，与基材的结合力和抗热震性能均优于其他材料，用作航空航天、潜艇发动机的热障涂层材料。

（3）利用稳定的氧化锆在高温下产生的氧离子导电特性，用作氧化锆氧传感器，用来测量熔融钢水及加热炉所排放气体的含氧量。

（4）利用稳定氧化锆会产生氧缺位形成离子电导且在高温下具有一定电导率，可用于制造高温阶段的发热元件；这种氧化锆发热元件可在空气中使用，最高温度可达约2400℃。但是氧化锆发热元件在低温时电阻较大，需要使用其他加热元件预热到1000℃以上。

（5）利用其高强度、高韧性、耐磨损、耐侵蚀等性能，用作研磨介质、陶瓷轴承、球阀、柱塞、零部件等。

（6）氧化锆制品还可以用作光纤连接器用的插芯和套筒，不但可达到高精度要求，而且使用寿命长，插入损耗和回波损耗非常低。

（7）利用其良好的生物相容性和稳定的物化性质，可以用作生物陶瓷，如口腔齿科材料和髋关节植入材料。

（8）利用氧化锆是室温抗弯强度和断裂韧性最优的陶瓷材料，同时它也是质感强且颜色丰富的美学陶瓷，广泛用作穿戴产品，如手表、项链等。

（9）利用氧化锆具有高的介电常数和快速反应的指纹解锁功能，目前广泛用作智能手机的指纹识别片。随着5G时代的到来和普及，由于氧化锆具备美感、防摔、耐磨等特性，同时对手机信号不产生屏蔽作用，适用于无线充电及5G时代，因此配备有氧化锆陶瓷外壳的手机不断发展。

9.2.2.2 氧化锆原料

不同的氧化锆制品选用不同规格和不同类型的氧化锆原料。工业生产氧化锆制品的原料主要包括电熔氧化锆、高纯氧化锆等。

A 电熔氧化锆

电熔氧化锆，也称脱硅锆，它的生产流程如图9-10所示。它是以锆英石为原料，经电弧炉熔融制备而成。在电弧炉高达2700℃的高温环境中，锆英石完全分解成为液态的ZrO_2和SiO_2，同时SiO_2又被还原剂碳还原分解为气态的SiO和CO_2。在脱硅锆制备过程中，为了降低熔体的黏度便于喷吹成球，提高制品的性能，一般还要添加外加剂。含有氧化铝的脱硅锆用于生产熔铸锆刚玉制品时，有助于提高制品理化性能，特别是提高制品中刚玉-斜锆石共析体的含量，从而增强制品的抗玻璃液侵蚀能力，所以在脱硅锆制备过程中可加入氧化铝。

B 高纯氧化锆

高纯氧化锆通常采用化学合成法,特点为纯度高、粒径细。目前工业上广泛应用的主要有两种方法,一种是共沉淀法,一种是水热法。

对于共沉淀法制备氧化锆粉来说,一般通过锆盐、稳定剂和沉淀剂的相互作用,发生共沉淀,再过滤、洗涤、干燥、煅烧、研磨,最后喷雾干燥得到氧化锆粉。如国内江西泛美亚公司,以氧氯化锆和氯化钇为原料,采用共沉淀法制备了氧化钇稳定的氧化锆粉。这种方法设备工艺简单、成本低廉,但是存在团聚问题,粉体的分散性差,烧结活性低。

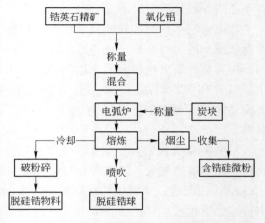

图 9-10 脱硅锆的生产工艺流程

与共沉淀法相比,水热法的最大不同在于,采用了反应釜来水热处理锆盐和稳定剂。如国内山东国瓷公司和日本 Tosoh 公司以氧氯化锆和氯化钇为原料,采用水热法制备了氧化钇稳定的氧化锆粉。这种方法的优点是,制备的氧化锆粉体粒度极细,可达到纳米级,并且粒度分布窄,颗粒团聚程度小,且主要物相为 $t-ZrO_2$。但是存在设备复杂、昂贵,反应条件苛刻等缺点。

9.2.2.3 氧化锆制品的生产工艺要点

氧化锆制品的生产工艺与一般特种耐火材料的生产工艺大同小异。要点如下:

(1)原料稳定化预处理。将 ZrO_2 含量大于 96% 的氧化锆原料加入一定比例的稳定剂,如 CaO、MgO、Y_2O_3、CeO_2 等。在球磨机中湿磨到小于 $2\mu m$ 的细粉,经干燥,打粉,制成团块在 1700℃下煅烧,使之形成稳定型或半稳定型氧化锆。

(2)制粉。将稳定化处理后的氧化锆原料破碎,磨细到小于 $5\mu m$ 占 90% 以上,其中小于 $2\mu m$ 占 60%~70%。

(3)成型。成型方法有多种,其中应用比较多的有泥浆浇注法。将磨细的氧化锆原料用浓度 10% 的盐酸处理 48h,然后用蒸馏水清洗到 pH=6~7,再脱水、干燥,配成中性泥浆,在石膏模中浇注成型。也可用 pH=2 的酸性泥浆浇注。

机压成型时,将颗粒料和细粉料按一定比例配合,加入结合剂(磷酸、糊精、羧甲基纤维素等)混练制成泥料,在压砖机上成型,一般压力为 80~100MPa,或用冷等静压成型,压力为 100~250MPa。

也可以将粉料与石蜡和油酸搅拌均匀,在热压铸机上成型,并在 110℃ 左右脱去石蜡等有机物。

(4)烧成。干燥后的坯体可在中性或氧化气氛中烧成,一般烧成温度为 1800~1950℃。也可以采用热压法,即将粉料装入石墨模内,在热压机上同时加热加压,一般压力为 20~50MPa,最终温度为 1400~1800℃。

9.2.2.4　主要锆质制品

A　锆英石制品

在工业生产中，为了降低成本，提高经济效益，广泛采用价廉物美的锆英石原料来生产锆质制品。

用于制造特种耐火材料的锆英石原料，要求其纯度达98%～99%，其中ZrO_2的含量应大于63%，杂质含量越低越好。在制造制品时，先将纯净的锆英石细粉压成坯块，在1600℃左右煅烧，然后破粉碎、成型、最终烧成。锆英石自1540℃开始缓慢分解，从1750℃起分解迅速，到1870℃时，分解量达到95%。分解产物为单斜氧化锆和二氧化硅玻璃。伴随分解的进行，氧化锆的变体膨胀也逐渐变得显著。由于这个特点，锆英石制品的最终烧成温度不超过1600℃。在600℃以下的升温速度应缓慢，以利于坯体中的水分和有机物质的排除。在600～1200℃之间，烧结尚未开始，升温可加快。在1200～1500℃之间，坯体发生剧烈的收缩，因此升温速度应缓慢。模压法成型制造锆英石砖时，需加入适当的助熔剂和矿化剂。如可在电熔锆英石颗粒料40%，锆英石砂40%，锆英石粉20%的配料中，另加入少量的氟化物，用糊精作结合剂，在高压下成型。所得制品的性能如表9-10所示。

表 9-10　烧结锆英石砖的性能

真密度/$g \cdot cm^{-3}$	3.5	导热系数/$W \cdot (m \cdot K)^{-1}$	2.093
气孔率/%	29	抗热震性（20～850℃）/次	67
线膨胀系数（20～1400℃）/℃$^{-1}$	4.5×10^{-6}	加热体积变化（1550℃，7h）/%	+0.3～-0.09

由于锆英石的价格比氧化锆的低廉，是容易获得的天然原料，温度变化时无相变，线膨胀系数低，抗热震性也好，所以是一种很有使用价值的耐火材料。锆英石制品可用作熔炼铅、铋等金属及其合金的坩埚、盛钢桶衬砖、水口砖以及熔化无碱玻璃的容器和熔池砖等。

B　氧化锆固体电解质

氧化锆在固体时呈离子状态存在，且具有很高的离子导电能力的物质，即可作为固体电解质。目前应用的固体电解质有三类：低温型（如AgI、Ag_3Si、Ag_6I_4和WO_4）、中温型（如$\beta-Al_2O_3$和Li_xFeS_2）和高温型（如ZrO_2、CaF_2、AlN、SiO_2-MoO和$SrTiO_3$）等数十种。氧化锆陶瓷是一种高温型固体电解质。它是氧离子导体，具有传导氧离子的性质，同时还具有不渗透氧气等气体和铁一类液体金属的良好特性，因此用来制造高温燃料电池、测氧头等。尤其是以氧化锆固体电解质为核心组装而成的烟气定氧和钢液定氧测头已投入工业生产，在冶金、电力、机械、化工等领域得到满意的应用，为控制工艺操作、节约能源、节省原材料等发挥了重要作用。

ZrO_2是一种离子晶体，它的离解能（或迁移能）很大，所以在室温或低温时表现为很好的电绝缘性。当在ZrO_2中添加某些阳离子半径与锆离子半径相差在12%以内的低价氧化物如MgO、CaO、Y_2O_3等，经高温处理以后，低价离子部分地置换了高价的锆离子（Zr^{4+}），为保持系统的电中性，该结构中就形成了氧空位。氧离子的空位以及在氧空位附近的氧离子的迁移能的降低使这种ZrO_2具备了传递氧离子的能力。如果在ZrO_2两侧涂上电极，在一定温度下，当在其两侧存在不同氧浓度时，在阴极一侧产生下列反应：

$$O_2 + 4e^- \longrightarrow 2O^{2-} \tag{9-24}$$

于是激活了 ZrO_2 中的氧离子，与氧空位相邻的氧离子就移位填补到空位上。这样，原来的空位消失了，而新的空位又产生了，新空位附近的氧离子又移来补充，这种空位的迁移称离子空穴传导，实际上是氧离子由阴极一侧到阳极一侧的连续迁移。在阳极产生的反应是：

$$2O^{2-} \longrightarrow O_2 + 4e^- \tag{9-25}$$

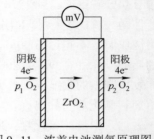

图 9-11   浓差电池测氧原理图

于是在电极上产生电动势 E，在回路中就产生了电流。如果一侧的氧浓度（氧分压）已知，则根据测得的温度和电动势值。按照奈斯特公式就可算出另一侧的未知的氧浓度（氧分压）。这就是浓差电池测氧的原理，如图 9-11 所示。

电池电动势与氧分压间的关系由 Nemst（奈斯特）方程计算：

$$E = \frac{RT}{nF} \ln \frac{p'_{O_2}}{p''_{O_2}} \tag{9-26}$$

式中 E——浓差电池电动势；

         R——气体常数；

         F——法拉第常数；

         T——绝对温度；

         n——电池反应传递的电子数；

         p'_{O_2}，p''_{O_2}——电解质两侧的氧分压。

ZrO_2 固体电解质还要求有高的离子迁移率。离子迁移率除与制造工艺过程有关外，还与添加剂种类、数量等有关。因为在与 ZrO_2 形成的固溶体中，所形成的氧空位的数目不同，氧空位附近氧离子激活能的大小也不同，从而使电解质的离子迁移数也不同。因此，为了提高 ZrO_2 固体电解质的离子迁移数，同时充分考虑在制造和使用时的抗热震性，选择适合的、适量的氧化物添加剂很重要。常采用的 $CaO-ZrO_2$ 与 $Y_2O_3-ZrO_2$ 系统的材料性能比较见表 9-11。

表 9-11   CaO 和 Y_2O_3 稳定的 ZrO_2 材料的性能

项目	离子迁移率 /%	电导性	烧结性	抗热震性（20~900℃）	工作温度 /℃	成本
全稳定 $CaO-ZrO_2$	>98	一般	差	裂	>750	低
部分稳定 $Y_2O_3-ZrO_2$	>98	好	好	10 次	>550	较高

ZrO_2 固体电解质可用泥浆浇注法、挤压法、模压法、等静压法、等离子喷涂法等不同工艺制成片状、柱状、管状和针状。

ZrO_2 气体测氧头主要由 ZrO_2 固体电解质、电极、过滤式保护套、测温热电偶、外壳和接线盒等组成。组装结构示意图如图 9-12 所示。

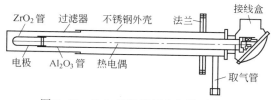

图 9-12　ZrO_2 气体测氧头组装示意图

ZrO_2 气体测氧头固体电解质呈管状。采用含量大于 99% 的工业 ZrO_2 和含量 99.5% 试剂级 Y_2O_3 按一定比例称量混合，在刚玉质球磨筒中进行干式混合，并在混合料中加入 7%~8% 的结合剂经拌和均匀后，在压机上压成坯体。然后在 1600~1700℃ 高温下煅烧成稳定的块状 ZrO_2。将稳定的块状 ZrO_2 先在颚式破碎机中粗碎成小于 3mm 的粗颗粒，再在振动球磨机或旋转式球磨机中细磨至小于 5μm 者占 98% 的细粉料。球磨料用盐酸浸泡 48~72h，除去其中铁质，再用水清洗至 pH 值为 6~7，脱水干燥。干燥料块与水、树胶等在刚玉球磨筒中混合，配制成含水量为 26%~30% 的浇注用泥浆。用石膏模浇注成一头封闭的管子，注件在 60℃ 以下干燥。素坯经加工修正后，在 1800℃ 进行烧成。烧结管子的尺寸为外径 $\phi10mm$，壁厚 1mm，长 100~170mm。具有密度为 5.80~5.95g/cm³，气孔率小于 1%，无毛细裂纹，不透气，耐 1000℃ 热震等性能。管子的化学成分为 ZrO_2 90%~95%，Y_2O_3 5%~10%，$Fe_2O_3 < 0.2\%$，$Al_2O_3 < 1\%$；晶体结构以立方晶体为主，含有少量单斜相。

ZrO_2 气体测氧头可直接插入烟道或从烟道取样来测定烟气中氧的质量分数。测量时的参比气体一般均用空气，因为空气中氧的质量分数为 20.6%，因此计算时的奈斯特公式简化为：

$$E = 49.58 \times 10^{-3} T \lg \frac{20.6}{p_{\text{烟气}}} \tag{9-27}$$

用 ZrO_2 固体电解质组装成的钢液测氧头来测量钢液中溶解氧（氧活度）含量，是 20 世纪 70 年代发展起来的一项冶金测试新技术，这个测量方法称浓差电池法。

浓差电池测氧头由两个半电池组成：一个是已知氧分压的参比电极，另一个是待测氧含量的钢液回路电极，两电极之间是 ZrO_2 固体电解质。由于双半电池的氧分压不同，而 ZrO_2 固体电解质又是氧离子的导体，所以在一定温度下导致两电极产生电动势。由于电势和温度与钢液中氧含量存在一定的关系，因此，根据测量的温度和电势值，可由奈斯特公式计算出钢液中的氧含量。电池的构成形式为：

电极引线 $\big|$ 参比电极 $\|$ 固体电解质 $\|$ 回路电极 $\big|$ 电极引线

例如：当用 Cr 和 Cr_2O_3 的平衡分解氧分压作参比电极时，其电池的构成形式及溶解氧量 $a[O]$ 的计算式为：

钼电极引线 $\big|$ Cr+Cr_2O_3 $\|$ ZrO_2 $\|$ $[O]$ 钢液 $\big|$ 钼电极引线
　　　　　　（－）　　　　　　　　　　　　　　　　　　（＋）

$$\lg a[O] = 4.62 - \frac{13580 - 1008E}{T} \tag{9-28}$$

当用 Mo 和 MoO_2 的平衡分解氧分压作参比电极时，其电池的构成形式及溶解氧量 $a[O]$ 的计算式为：

$$钼电极引线 \mid Mo+MoO_2 \parallel ZrO_2 \parallel [O] 钢液 \mid 钼电极引线$$
$$(+) \qquad\qquad\qquad\qquad (-)$$

$$\lg a[O] = 3.88 - \frac{7725+1008E}{T} \qquad\qquad (9-29)$$

由于钢液测氧头是直接插入钢液，根据电池瞬时反应所产生的浓差电势为测量结果，因此对 ZrO_2 固体电解质有很高的要求：（1）要具有优良的抗热震性能，在 $20 \sim 1600$℃ 的热震条件下，至少循环两次不开裂。（2）要有很高的离子电导率。离子电导率的高低一般用离子迁移率来衡量，其数值应大于 96%，最好是 100%。（3）应无毛细缺陷，不泄漏，物理渗透量极低甚至为零。（4）应不与其他物质发生反应，也不与之接触的所有元素产生热电效应，否则会造成化学电势和热电势的偏差而导致测量失败。

C 氧化锆发热元件

目前已知的 1800℃ 以上的高温发热元件，如石墨、金属钼丝或钼棒、金属钨丝或钨棒等，均需要在还原性气氛、惰性气氛或真空环境保护下才能使用，这样就限制了元件的使用范围，同时又可能给被加热物体带来一定程度的污染。其他如氢氧火焰炉或感应电炉等高温炉，则由于结构系统庞大、热效率低、不易严格控制温度，以及对人体健康有一定的影响等缺点，所以使用也不完全令人满意。氧化锆陶瓷材料具有高的熔点，在氧化性气氛中的稳定性好，以及在一定温度范围可由绝缘体转变为导电体的特点，因此，用氧化锆制成的发热元件，不需要保护气氛就可直接在空气中间歇或连续使用。在 1800℃ 以上（最高温度可达 2400℃）可连续使用 1000h 以上；在 2000℃ 到室温之间间歇使用可达数百次，所以是一种优良的高温发热元件。

氧化锆在空气中加热到 1000℃ 左右时，离子电导已占其全部电导的 95% 以上，因此，此时的电导形式为离子电导。影响氧化锆导电能力的主要因素有稳定剂的种类及其加入量、氧化锆晶粒尺寸的大小、气孔率高低以及所处的温度环境等。例如，$91\%ZrO_2+9\%Y_2O_3$ 的固溶体中，氧离子的空位占体积的 4.1%，在 $88\%ZrO_2+12\%CaO$ 的固溶体中，氧离子空位占体积的 6%，虽然前者的空位浓度比后者低，但前者的电导性却比后者高 1.8 倍。又如，在温度为 1000℃ 下，用 12%CaO 稳定的 ZrO_2 的电导率为 5.5×10^{-2}S/cm，而用 15%CaO 稳定的 ZrO_2，其电导率为 2.4×10^{-2}S/cm。为什么稳定剂多，氧离子空位浓度高，电导率却反而低呢？这是由于允许氧离子迁移的通道因阳离子之间的自由半径的减少而受到堵塞。在 2000℃ 下，不同种类稳定剂稳定的 ZrO_2，与电阻大小的关系为：$R_{Y_2O_3} > R_{CaO} > R_{CeO_2}$。在 $1500 \sim 2000$℃ 的温度范围内，用各种稳定剂稳定的 ZrO_2 发热元件的电阻变化值在 $4 \sim 19 \Omega$ 之间。

ZrO_2 发热元件可制成棒状或管状，两端用铂金或铬酸钙镧系材料作电极引体。

ZrO_2 电炉是由 ZrO_2 发热元件、辅助加热装置、保温材料、炉壳、支座等部分组装而成，如图 9-13 所示。

组装时，首先将 ZrO_2 发热元件与铬酸钙镧引线体和固紧件密配组合好，并在组合空隙处用 ZrO_2 细粉和铬酸钙镧细粉调制的泥浆料填充密实，置于炉体中心；然后在其外围套一支 MgO 管子，作为发热元件的保护管；再用 SiC 棒或 $MoSi_2$ 棒发热体均匀分布于 MgO 管周围，作为 ZrO_2 发热元件的辅助加热装置，因为 ZrO_2 发热元件的温度达到 1100℃ 左右时才能明显导电。

辅助加热元件的发热带长度应略大于 ZrO_2 发热元件的发热带长度，以利于 ZrO_2 发热元件的导通。在辅助加热元件的外围再套一支 MgO 保护管。内外两支 MgO 保护管，除了保护主、辅发热元件的安全和使装卸方便外，还具有对系统起到隔热保温作用。炉体的最外层为炉壳。在 MgO 管与炉壳之间充填耐火隔热绝缘材料，这些材料可选用泡沫氧化锆、泡沫氧化铝、陶瓷空心球以及高档级耐火纤维等。

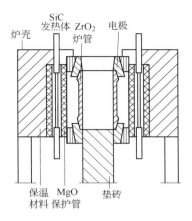

图 9-13 ZrO_2 电炉组装示意图

当使用 ZrO_2 电炉时，先使辅助加热元件通电，逐步加热 ZrO_2 发热体到 1000℃ 左右，然后给 ZrO_2 发热元件通电。开始时只产生微小电流，随着温度的持续上升，ZrO_2 元件的电流不断增加，同时电阻显著降低。当在一定电压下，主回路的电流迅速上升时就可以逐步降低辅助加热元件的功率，直至切断电源。同时，通过调节 ZrO_2 发热元件的电流值，使炉内温度按升温制度上升。

9.2.3 熔融石英特种耐火材料

熔融石英制品是以熔融二氧化硅（石英）为原料经成型、烧结等工序制得的特种耐火材料，也称为石英玻璃陶瓷。熔融二氧化硅是以高纯的脉石英、水晶等天然矿石为原料，经 1800~2000℃ 的高温熔化而成的玻璃态的二氧化硅。

9.2.3.1 熔融石英制品的性能与用途

熔融石英制品具有以下的优良性能：（1）线膨胀系数低，约为 $0.54×10^{-6}$/℃。由于线膨胀系数小，且体积稳定性好，故在砌筑时可以不留膨胀缝；（2）导热系数特别低，约为 $2.09W/(m·K)$；（3）常温电阻为 $10^{15}Ω$，是很好的绝缘材料；（4）化学稳定性良好，除氢氟酸及 300℃ 以上的浓磷酸对其有侵蚀外，盐酸、硫酸、硝酸等对它几乎没有作用，对锂、钠、钾、铀、铯、锌、镉、铟、碲、硅、锡、铅、砷、锑、铋等金属熔体也不起作用，能耐玻璃熔体的侵蚀；（5）抗热震性好，经 1000℃～冷水的热变换循环次数大于 20 次。

它的弱点是：（1）机械强度较低，浇注制品的常温耐压强度约 45MPa。但不同于其他氧化物陶瓷，其强度具有随温度升高而增加的特点。例如，氧化铝陶瓷从室温升到 1000℃ 时，其强度值降低 60%~70%，而熔融石英制品却提高了 33%。这是因为熔融石英制品随温度升高而发生局部软化，起到了黏结作用而减小脆性之故。（2）荷重软化温度较低（1250℃），但由于其导热系数低，没有接触高温部位的温度低，因此，在一定条件下仍可维持使用到 1250℃ 以上。（3）还有一个重要的弱点就是在过高温度下烧成或使用时会发生析晶，由玻璃相转变为晶相。由于这个性质，就限制了烧成温度的提高，从而难以制得致密、高强的制品，也就影响了制品的使用性能。不过在使用时，由于析晶是在熔融石英制品表面开始，初生的结晶牢固地附在没有转化的石英玻璃相上。加之熔融石英制品的热传导慢，在表面析晶后，里层玻璃相的继续析晶就很缓慢，所以即使表面结晶，但制品仍可以在较高温度下使用而不致很快破坏。

由于熔融石英制品所具有的优良性能，其成本比石英玻璃制品低得多，还可制造用石英玻璃难以制造的大型厚实制品，所以作为特种耐火材料和其他功能材料而得到广泛应用。在化工、轻工工业中，用熔融石英制品作耐酸、耐蚀容器、化学反应器的内衬，玻璃熔池砖、拱石、流环、柱塞、垫板以及辊棒及隔热材料等。在金属冶炼中，作盛金属熔体的容器、浇铸口、高炉热风管内衬等。在炼钢中用作连续铸钢保护浇注用长水口和浸入式长水口砖等。

9.2.3.2 熔融石英制品原料

熔融石英是用天然的纯净石英或水晶，在其熔点以上的温度下加热熔化成稠的透明熔体经冷却而制得。除了专业生产熔融石英陶瓷原料外，也可以采用制造石英玻璃过程中所产生的次品、废品、切头、边角料，以及玻璃池炉用的半透明熔融石英砖的碎块等作为生产熔融石英制品的原料。从玻璃厂来的这些石英玻璃废料，常常夹带着石英砂、垃圾等各种杂质，有些玻璃呈透明，有些玻璃表面具有少量结晶而呈半透明或不透明。因此，在正式使用这些原料前，首先要除去可溶性杂质和表面析晶层。然后再用清水冲洗干净。这样，SiO_2 的含量大致可恢复到 99.5%~99.9%，进而保证制品的纯度。

9.2.3.3 熔融石英制品的生产工艺

制造熔融石英制品的方法很多，有模压法、捣打法、热压法、等静压法、泥浆浇注法等。其中较为普遍采用的是泥浆浇注法。

浇注泥浆的制备有两种方式：一种是先将石英玻璃磨成细粉，然后再配制泥浆，称二步法；另一种是将石英玻璃的细磨和配浆同时进行，称一步法。

采用二步法时，先把石英玻璃料磨细，借用离心空气分离器进行分级，并用磁性分离器除铁，再经沥滤除去可溶性杂质，制备成不同粒度的粉料。然后，用适当粒度组成的细粉，与硅溶胶（二氧化硅溶胶的俗称）、水配制成含水量在 30% 以下的浇注泥浆。硅溶胶的作用主要是调整泥浆的酸度和增加素坯的强度。较小粒径的石英玻璃细粉在与水充分搅拌制浆时也会水化生成硅溶胶，对成型坯体也具有一定的结合作用。硅溶胶中二氧化硅的质量分数在 20%~40%，粒子大小在 1~100μm 之间。浇浆中硅溶胶的加入量以二氧化硅固体粒子计算约为石英玻璃粉料量的 0.1%~5%。若低于 0.1% 时，黏结效果差。若大于 5% 时，则能提高素坯的强度，但由于硅溶胶脱水困难而在高温时容易造成坯体龟裂。

为了保证制品质量，还有一种称之为颗粒泥浆的制备方法。用比细粉泥浆相对较粗的石英玻璃颗粒（小于 1mm）加入细粉泥浆中充分搅拌，使其悬浮，即为颗粒泥浆。水分约为 16%，密度约为 1.9g/cm³。

采用一步法时，先把净化的石英玻璃料在钢球磨机中按料：钢球：水为 1：3.0：0.8 的比例粗磨 45min，粒度控制在 0.9~0.1mm 的占 50% 左右，小于 0.1mm 的占 50% 左右。再用盐酸处理 24h。水洗至中性后脱水，然后将料放在氧化铝陶瓷衬的球磨机中用瓷球湿磨、制浆。为了控制泥浆的酸度和提高球磨效率，可在其中加入少量乳酸，加入量为 100kg 料中加 100mL 乳酸。球磨 24h 后制成的泥浆，其密度为 1.7~1.9g/cm³，酸度 pH 值为 3.5~5，含水量在 27% 左右。在制造过程中应注意下列几个问题：

（1）在细磨及制备泥浆时，为了避免杂质的引进，应尽可能减少工序。可采用石英玻璃或氧化铝陶瓷或橡皮作球磨机内衬，用石英玻璃球或氧化铝球或硅石质球作研磨体，这样可以避免酸洗工序，减少对环境的污染。

（2）石英玻璃泥浆极易沉积凝结成块。在球磨制浆完成时，一停机就马上把浆料倒出来，不可在球磨机中静置。否则，泥浆沉积会与研磨体牢牢地胶结在一起而难于分开，即使再开动球磨机也无济于事。同样的，配制好的泥浆应尽快地浇注成型。

（3）石英玻璃泥浆最好能保持在25~30℃的温度范围内，因为在这样的温度中，泥浆中颗粒表面的水膜较薄，有利于粒子的迁移和流动，泥浆的流动性也好。

（4）石英玻璃泥浆的悬浮性和流动性与泥浆的黏度密切相关，而黏度又与固体粉料的粒度、泥浆的酸度、含水量等因素有关。泥浆的黏度随酸度的增加而降低，当泥浆的pH值为3~3.5时，泥浆具有最小的黏度。调节泥浆酸度要用硅溶胶或乳酸，不能用盐酸，因为盐酸会引起泥浆的聚沉。同时也破坏了作为结合剂的硅溶胶，而使注件的密度和强度明显地降低。

（5）泥浆中的含水量在一定范围内与黏度成反比，依制品大小及浇注方式不同而在12%~30%波动。一般大型厚壁、用实心浇注成型的制品，含水量就小一些；薄壁空心、用空心浇注成型的制品，则含水量就高一些，但最高不超过30%。

（6）通常以粒径小于5μm的颗粒作为泥浆中颗粒组成指标，一般为50%左右。例如，当泥浆中最大颗粒的粒径为25μm时，适当的粒度分布为：小于5μm的占40%~60%；5~10μm的占25%~40%；10~15μm的占15%~30%；15~20μm的占5%~20%；20~25μm的占0~10%。

制备好的泥浆在石膏模中浇注成型。由于熔融石英制品坯体在干燥或烧成过程中的收缩很小，总收缩率为1%~2%，所以在预制石膏模时不需要放尺。控制好石膏模的水分含量很重要。太干，则由于吸浆过快，易造成注件分层或层裂；太潮，由于吸浆太慢，成型时间延长，泥浆中颗粒会因重力作用而发生偏析，造成注件密度不均匀，还会使脱模困难。石膏模含水量一般在10%左右。为便于坯体脱模，常在石膏模工作面上涂一层石墨粉作脱模剂。

粗颗粒泥浆多数采用振动浇注成型，这样可以防止泥浆触变并提高注件的密度。振动频率约为50次/min，振幅为1mm。细粉泥浆可采用一般的空心浇注、实心浇注或压力浇注。注件成型的速率根据泥浆的具体性质而变化。例如，密度为1.70~1.74g/cm³、含水量为26%~29%、黏度为2.5~3.5Pa·s、pH值为3~4的泥浆，实心浇注16~17h后，干润层的厚度可达35mm。注浆成型的速率可以用吸浆率来衡量，所谓吸浆速率是指单位时间内吸附在1cm²石膏模内表面上的泥料量。其吸浆速率在最初几小时中比较快，到后期则明显变慢，见图9-14。脱模后注件中含水量为10%~20%，经自然干燥3~4d，水分脱去80%，再进入60~70℃的烘房中干燥至水分小于0.5%。干燥后的坯体中含气孔率15%~24%。

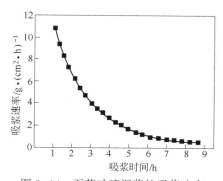

图9-14　石英玻璃泥浆的吸浆速率

熔融石英制品坯体烧成工艺上的特点是，既要促使坯体烧结，又要防止析晶，因为析晶的制品，强度降低，抗热震性变差，所以要制订严格的烧成制度。烧成温度不超过1200℃，超过1200℃容易析晶。同时坯体也易发生形变，烧成温度一般在1185℃左右，保温1~2h。升温速度应在低温阶段缓慢，因为坯体中的硅溶胶脱水困难。

在高温阶段可以快速升温，实行快速烧结，使在高温的停留时间缩短，防止析晶。当保温时间一到就立即打开炉门，急速冷却，破坏析晶的温度条件，最终可使晶体的生成量控制在2%以下。烧成的最好气氛是惰性气体，尽量避免湿气或氧气。因为石英玻璃具有氧缺位结构，其分子式为 SiO_{2-x}，而结晶体的分子式为 SiO_2。高温下，石英玻璃表面与氧气氛接触，氧原子通过扩散渗入石英玻璃表面层，经过一段时间后，溶解在表面层中的氧原子就填补原来的氧离子空位，在石英玻璃表面层的局部形成与分子式 SiO_2 一致的微晶基团，此时其结构仍属无序的。这种微晶基团进一步有序化就转变为晶体。在惰性气氛中烧成，就可以防止这一现象的发生。由于熔融石英制品的烧成温度不高，因此可以在一般的电炉如硅碳棒或电热丝电炉中烧成。

熔融石英制品的体积密度一般在 $1.75 \sim 1.90 g/cm^3$，气孔率为17%~18%，二氧化硅的质量分数大于99%。

9.2.3.4　熔融石英制品

A　熔融石英浸入式水口砖

由于熔融石英的抗热震性好，早期大量用作制造连续铸钢用浸入式水口的材料。但此材质不耐钢水中锰的侵蚀，其蚀损量随钢水中锰含量的增加而直线上升。这是因为锰与熔融石英发生以下化学反应：

$$2Mn + SiO_2 \longrightarrow 2MnO + Si \tag{9-30}$$

新生成的 MnO 继续与 SiO_2 作用形成一种低熔化合物：

$$MnO + SiO_2 \longrightarrow MnO \cdot SiO_2 \tag{9-31}$$

这种低熔物在连铸过程中，不断地被钢水带走，因而不仅水口本身严重地熔蚀（熔蚀速率可高达 $10 \sim 12 mm/h$），而且使钢水中 SiO_2 的夹杂物增多，影响了锰钢的质量。目前已被等静压成型的 Al_2O_3-C 质水口所代替。但是有少量工厂仍在使用中。

制造熔融石英浸入式水口砖的工艺，目前比较普遍采用的是泥浆浇注法，对大型长水口砖采用颗粒泥浆浇注。

B　熔融石英陶瓷辊

由于石英陶瓷具有线膨胀系数低、抗热震性好的优点，可以用它制成各种辊棒，用在钢化玻璃炉、硅钢连续退火炉等窑炉中传输各种制品。要求辊棒的强度高、表面光滑等。可用注浆或挤出成型方法来生产。辊棒性能指标的实例如下：SiO_2 含量不小于99.5%，显气孔率为7%~13%，常温耐压强度不小于60MPa，常温抗折强度不小于25MPa，高温抗折强度（1100℃）不小于28MPa，线膨胀系数（室温~1100℃）不大于 $0.6 \times 10^{-6} ℃^{-1}$，导热系数（500℃）为 $0.65 W/(m \cdot K)$，方石英含量不大于2%，表面粗糙度不大于2.0。

9.2.4　氧化镁质特种耐火材料

氧化镁质特种耐火材料是指主要成分为 MgO 的特种耐火材料。氧化镁抗熔融金属的还原作用特别强。氧化镁制品具有优异的热化学性质，可作为冶炼有色金属和贵重金属的耐火材料。在潮湿的空气中，氧化镁制品易水化生成氢氧化镁，这是其弱点。

9.2.4.1　氧化镁的性质和用途

氧化镁为立方结构的晶体。熔点为2800℃，理论密度为 $3.58 g/cm^3$，莫氏硬度为6，在 20~1000℃ 范围内的线膨胀系数平均为 $13.5 \times 10^{-6} ℃^{-1}$。100~1000℃ 范围内的导热系数为

33.49~4.19W/(m·K)，氧化镁具有良好的电绝缘性。氧化镁的蒸气压较高，在真空高温下易挥发，所以，氧化镁制品的使用温度在氧化气氛中限制在2200℃以下，在还原气氛中为1700℃，在真空中为1600~1700℃。在高温下，氧化镁很容易被碳还原成金属镁，如果在空气中，被还原的金属镁立即与空气中的氧作用形成氧化镁的白色浓烟。在氮气氛中，氧化镁和碳不起作用，氯气在高温下能腐蚀氧化镁。氧化镁是弱碱性的氧化物，其制品对酸性物质的抵抗力差而几乎不被碱性物质侵蚀，对碱性金属熔渣有较强的抗侵蚀能力。铁、镍、铀、钍、锌、铝、铂、镁、铜、铂、钴、铜-硼合金等都不与MgO作用，所以氧化镁可用于熔炼制造铂、铑、铱以及高纯度的放射性金属铀、钍合金、铁及其合金的坩埚、浇铸金属用的模子、高温热电偶的保护管以及高温炉的炉衬等。氧化镁还有一个很大的特点，就是氧化镁粉及未烧结的氧化镁坯体极易水化生成氢氧化镁，而氢氧化镁在高温下重新分解成氧化镁时，伴随有很大的体积变化，会影响制品的完整性。

在新型燃油磁流体发电设备中，燃烧气体中含有较多的钾离子，温度高（2500℃），流速快，温度波动大且频繁，使用高纯氧化镁质耐高温绝缘材料可取得较好的效果。

9.2.4.2　氧化镁制品的制造

因氧化镁有溶解于酸和容易水化的特点，给纯氧化镁制品的制造带来一定的困难。氧化镁制品的制造工艺与氧化镁原料的制取方法、原料的纯度和粒度以及原料的热处理条件等有关。

不同来源的氧化镁原料，其性能略有差异，表9-12列出了由氢氧化镁 [$Mg(OH)_2$]、碳酸镁（$MgCO_3$）、硝酸镁 [$Mg(NO_3)_2$] 和氯化镁（$MgCl_2$）制取的氧化镁的烧结性能。由该表可见，由氢氧化镁热解制得的氧化镁，烧结性最好。因此，在制造高纯度和高致密度的氧化镁制品时，一般都采用由氢氧化镁分解得到的氧化镁为原料。

表9-12　不同来源的 MgO 的烧结性

来　源	煅烧温度/℃	线收缩率/%	体积密度/g·cm^{-3}	气孔率/%	晶粒尺寸/μm
$Mg(OH)_2 \longrightarrow MgO$	1350	15.7	2.42	31.6	2.0
	1450	22.4	3.24	9.2	8.0
	1600	24.2	3.30	7.8	22
$Mg(NO_3)_2 \longrightarrow MgO$	1350	1.1	1.84	48.2	1.0
	1450	10.1	2.48	30.5	5.0
	1600	15.7	2.86	20.1	10.0
$MgCO_3 \longrightarrow MgO$	1350	0.6	1.72	50.8	1.5
	1450	10.1	2.29	35.8	6.0
	1600	15.7	2.45	31.8	7.5
$MgCl_2 \longrightarrow MgO$	1350	1.1	1.83	48.5	1.0
	1450	7.3	2.18	38.8	4.0
	1600	12.4	2.64	26.2	6.0

虽然浇注法容易使氧化镁水化，但由于成本低仍被大量使用，问题在于如何采取技术措施，降低水化的影响。氧化镁的水化，使配制的泥浆中的水减少而稠度增大，并随水化作用的加剧而加剧，这样就影响了正常的浇注。而且这种水化产物在以后干燥和烧成工序中会发生分解，产生的体积变化和蒸汽压力将导致制品破裂。

氧化镁水化的最初产物是无定形的氢氧化镁，然后逐渐成长为氢氧化镁晶体并长大。氧化镁在水中的水化速度比在水蒸气中的要快，这是因为氧化镁点阵表面的极化只有在水中才能发生，而这种极化促使氧离子与水之间的作用加剧。

此外，水化反应的初期是在氧化镁颗粒的表面及其内部气孔中发生的，因此水化反应在很大程度上取决于它的表面积、气孔率及气孔尺寸。也就是说，水化程度取决于氧化镁的粒度和颗粒的致密度。而这两个因素又受到煅烧温度的影响。一般来说，随着煅烧温度的提高，晶格缺陷减少，晶体长大和颗粒致密化，氧化镁粉料的装填重量增加，比表面积减少，活性降低，因而水化能力也降低。图 9-15 为由氢氧化镁制得的氧化镁的比表面积与煅烧温度关系，而图 9-16 为煅烧温度为 700℃、800℃、900℃、1000℃ 和 1240℃ 的同一种氧化镁在相同湿度下的水化性能。由该图可见，氢氧化镁的生成量明显受煅烧温度的影响。

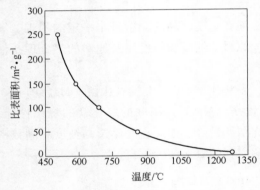

图 9-15　煅烧温度对氧化镁比表面积的影响

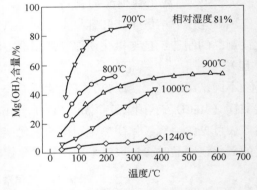

图 9-16　不同温度煅烧的氧化镁的水化

但对氧化镁粉料而言，并非煅烧温度越高，其抗水化性越好。因为煅烧温度对其易磨性带来一定影响，从而影响水化性。如经中温（1300~1400℃）煅烧的氧化镁（细磨粒度小于 0.085μm）比细磨条件相同而分别在 800℃、1200℃ 及 1800℃ 煅烧过的氧化镁的水化要弱。这是因为在中温（1300~1400℃）下煅烧的氧化镁容易聚集成团聚体。当在振动粉碎过程中，这些团聚体难于破碎，比表面积增加较少，也就是说很少增加新生表面，甚至产生更进一步的团聚作用。因此水渗入，水化作用变慢。经高温煅烧甚至熔融制得的氧化镁，是由一些发育比较粗大的、结晶完整的、气孔率较小的颗粒组成的。这些致密的和脆性的粗颗粒在振动磨碎时，粉碎效率高，即能达到很高的分散度，生成大量的新表面，导致活性增强，因此反而促进了水化作用。低温煅烧的氧化镁，其晶格缺陷严重，颗粒细小，比表面积大，活性高，也易水化。因此建议采用 1300~1400℃ 中温煅烧的并经振动磨碎的氧化镁来制造纯氧化镁制品。

用水作介质的泥浆浇注法制造氧化镁制品的工艺过程为：MgO 含量大于 98.5% 的纯氧化镁原料，置于容器中，加入足够量的蒸馏水，充分混合至浆状，困置 3d，让其充分水化成氢氧化镁。滤干后在100℃下干燥至含水量3%~4%，再将烘干的料块装在刚玉匣钵中，加盖密封，在窑中于1400~1600℃下保温6~8h煅烧，使氢氧化镁重新分解成氧化镁。冷却出窑后，立即快速破碎，过6目标准筛。再装入刚玉球磨筒中，以料、球为1:2的比例先干磨45~90h，然后加入冷水湿磨75~90min配制成泥浆，水的加入量为料量的0.6~0.7倍。湿磨时，可适当添加一些如硝酸镁、硫酸镁、邻二苯酚酸镁等能降低泥浆黏度又不引入有害杂质的镁盐，也可加入少量氧化锂、氧化铝、氧化铬等促进烧结的添加物。配制泥浆的初期pH值为8~9，可用适量的盐酸调节pH值为7~8的中性泥浆。泥浆的密度在1.70~1.80g/cm³，泥浆中固体氧化镁含量为68%~75%。让制备好的泥浆用100目（0.147mm）筛，滴入数滴正辛醇作除泡剂。待除去气泡后，在石膏模中浇注成型。为便于铸件脱模，事先在模壁上涂上石墨粉等脱模剂。铸件脱模后，缓慢升温至70℃左右干燥。为了让坯体中蒸发出的水分迅速排除，应开启排湿机。干燥后的坯体先在1250℃左右的温度中轻烧，使其具有初期强度，以便修磨加工。最后，再密封装在刚玉匣钵内在1700~1800℃保温2~4h烧成。烧结制品的体积密度可达3.47~3.50g/cm³，显气孔率为0.1%~0.2%。

在制造氧化镁制品时，除了设法促进其烧结之外，还希望其晶粒能长大，这样可减少制品的水化。为了得到大晶粒氧化镁，在配料中常加入少量添加物，如氧化钛、氧化锆、氧化硅、氧化锂、氧化锌、氧化铝、氧化铬、氧化钒等。表9-13为添加物对MgO烧结性的影响，由该表可见，无论是晶粒尺寸还是烧结致密度都以加入8%的氧化铝为最好。加入8%并经1450℃煅烧的细磨氧化铝（颗粒度小于2μm），在1600℃烧成时，烧结氧化镁的显气孔率降到0.4%，气孔率为5.6%，晶粒平均尺寸为30~35μm；烧至1700℃，显气孔率降至0.2%，气孔率降至4.8%，平均晶粒尺寸长大到55~60μm。其他添加物也能促进烧结，但效果不如氧化铝。加5%氧化钒时，虽然晶粒长大显著，但气孔率并未明显降低，所以效果不好。

表9-13 添加物对MgO烧结性的影响

| 添加物 | 烧成温度/℃ | | | | | |
| | 1500 | | 1600 | | 1700 | |
	晶粒尺寸/μm	气孔率/%	晶粒尺寸/μm	气孔率/%	晶粒尺寸/μm	气孔率/%
纯氧化镁	4~6	21.2	4~6	20.7	18~20	12.3
1%TiO₂	4~6	20.0	20~25	12.9	35~40	10.0
8%Al₂O₃	15~18	10.7	30~35	5.6	55~60	4.8
5%ZrO₂	4~6	25.0	10~12	15.7	12~15	11.0
5%V₂O₅	35~40	14.7	50~55	9.8	55~60	10.9

对某些要求使用高纯度氧化镁制品的场合，不能用添加物的方法促进烧结和晶粒长大。在这种情况下，可采用活化烧结的办法。即用氢氧化镁为原始原料，将其在较低温度下煅烧，得到初生态的具有很大晶格缺陷的活性氧化镁，甚至不需球磨粉碎就可直接成型和烧成，制得烧结好的制品。所谓活性氧化镁，就是指$Mg(OH)_2$等在较低温度下煅烧得到的氧化镁粉末，分解反应已接近完成，而在结晶结构上尚未形成完整的MgO结构。这

种状态的粉末具有很大的表面活性与晶体结构缺陷而容易烧结。不过，活化烧结工艺也有缺点。一是粉末容易水化；二是成型的素坯密度低，在烧成时由于收缩大而易产生变形和开裂。如果把活性氧化镁粉料在振动球磨机中粉碎，破坏"母盐假象"（团聚体），并使原来疏松的颗粒被球撞击而变得较致密，颗粒的相对比表面积减少，这样既能提高成型密度和减少烧成收缩，又不妨碍促进烧结。有时也可采用在活性氧化镁粉末中加入高温煅烧的或电熔的氧化镁，以此来减少水化程度和减少烧成收缩。

9.2.5 氧化钙质特种耐火材料

氧化钙质特种耐火材料是以 CaO 为主要成分制得的特种耐火材料。氧化钙（CaO）的真密度为 $3.75g/cm^3$，熔点为 2570℃，属碱性耐火材料，莫氏硬度为 6，0~1700℃平均线膨胀系数为 $13.8 \times 10^{-6}℃^{-1}$，1000℃ 的导热系数为 7.71W/（m·K），930℃ 电阻率为 $4.175 \times 10^6 \Omega \cdot cm$，1460℃ 电阻率为 91 $\Omega \cdot cm$。

氧化钙制品具有高温性能好、抗碱性炉渣侵蚀强等优点，但与水或水汽极易反应，因此氧化钙的熟料和氧化钙制品在自然状态下极难保存。如烧结氧化钙熟料颗粒只能存放约 100h，等静压制品只能存放 10 余天，使其生产和应用上受到了很大的限制。即使采用电熔氧化钙颗粒料制成的耐火砖，又经过 1780℃ 高温处理，再进行严密的防潮包装，其存放时间也只能延长到 3~4 个月。

由于氧化钙与其他氧化物材料在高温下有化学反应，降低氧化钙的熔点，即促进氧化钙制品的烧结作用，同时还增强了其抗水化能力。因此常采用添加剂来提高其烧结性和抗水化性。氧化钙与几种氧化物的熔度曲线如图 9-17 所示。

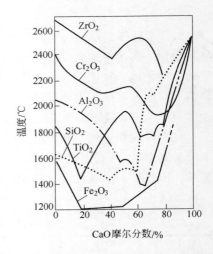

图 9-17　氧化钙与各种氧化物的熔度曲线

9.2.5.1 氧化钙原料

一般以天然高纯石灰石、大理石、方解石、白垩做原料，它们的主要成分为碳酸钙，也可用经工业加工的碳酸钙为原料。

几种典型的碳酸钙原料的化学成分如表 9-14 所示。

表 9-14　某些碳酸钙原料的化学成分

碳酸钙原料		化学成分（质量分数）/%					
		灼减	CaO	SiO_2	Al_2O_3	Fe_2O_3	MgO
致密 石灰石	1	43.02	53.40	0.64	0.58	0.15	1.04
	2	43.85	53.95	1.72	0.63	0.19	0.52
	3	45.16	52.04	0.86	0.18	0.18	1.46

碳酸钙原料		化学成分（质量分数）/%					
		灼减	CaO	SiO_2	Al_2O_3	Fe_2O_3	MgO
方解石	1	43.64	55.55	—	—	—	—
	2	43.88	55.53	—	—	—	—
	3	43.6	55.57	0.089	—	0.087	0.27
白垩		43.20	54.67	1.41	0.35		0.42

（1）碳酸钙的分解。碳酸钙的理论分解温度为 850℃，但实际达到完全分解的温度需要到 1200℃。其反应式为

$$CaCO_3 \xrightarrow{860 \sim 1200℃} CaO + CO_2 \uparrow \tag{9-32}$$

碳酸钙分解成为氧化钙，氧化钙含量取决于原料中的杂质含量。用于制造 CaO 制品的原料一般要求 CaO 在 97% 以上。

（2）烧结氧化钙砂。将生石灰（CaO）破碎、压球、高温烧成（大于 1700℃）制成氧化钙砂。

（3）电熔氧化钙砂。用大理石、石灰石或生石灰（轻烧氧化钙）做原料，在三相电弧炉中电熔制成氧化钙砂，电熔大理石制造氧化钙砂的体积密度可达到 3.34g/cm³。与所有电熔材料一样，其中可能存在碳化物。

9.2.5.2 氧化钙制品

氧化钙制品可以采用机压、等静压及泥浆浇注等方法成型。对规整形状的制品可用机压成型，对异型制品，如坩埚则可用泥浆浇注法生产。

A 泥浆浇注氧化钙坩埚

a 原料及其处理

以方解石为原料为例。选择结晶状态好的，乳白色的块状方解石，经过冲洗、晾干、装入带盖的氧化铝坩埚中，在高温电炉中经 1200℃ 保温 2~3h 烧成，制成氧化钙料。这种氧化钙料要用蒸馏水充分水化，使其全部转化为氢氧化钙，在低温烘干后再装入带盖的氧化铝坩埚中，经 1000℃ 煅烧保温 1h。烧后将其粉碎至全部通过 275 目筛网，然后在瓷球磨罐中细磨 24h。瓷球磨罐中的料：球：无水酒精 = 1：2：0.75。

b 泥浆浇注

在石膏模内浇注成型，事先在石膏模内壁涂上一层小于 100 目（0.147mm）的电熔氧化镁粉。将泥浆倒入石膏模后，吸浆时间为 10~15min。脱模后的氧化钙坩埚坯体要放在加有电熔氧化钙砂的氧化铝垫片上，同时用一个氧化铝坩埚倒扣在氧化钙坩埚坯体上面，放在干燥器中保存。

c 干燥与预烧

坯体在真空干燥箱中干燥，要先抽真空后再干燥。干燥时升温制度为在 30min 内由室温升至 50℃，保温 30min；再花 30min 由 50℃ 升至 100℃，保温 30min。

干燥后的坯体连同氧化铝坩埚立即送入已预热到 200℃ 的电炉中进行预烧，并以 150~200℃/h 的升温速度升到 1000℃，保温 2h，冷却到 80℃ 以下，移入干燥器中保存。

d　整形与烧成

预烧后的氧化钙坩埚用细砂纸或描图纸进行打磨整形，要求达到口齐底平，表面光洁。

制品在真空中频炉中烧成。在高纯氧化镁垫片上铺撒 5~6mm 的电熔氧化钙砂，刮平后放上氧化钙坩埚，装入炉内烧成。在 1850℃ 保温 30min，烧成收缩一般在 12%~13% 之间。

烧成的氧化钙坩埚必须放在干燥器中保存。

e　氧化钙坩埚的理化性能

化学成分：CaO 含量大于 99%，体积密度为 3.04g/cm³，显气孔率为 1.77%。

B　氧化钙砖的生产

a　氧化钙熟料

用烧结法或电熔法制造氧化钙熟料。烧结和电熔法生产的氧化钙熟料砂的理化性能如表 9-15 所示。

表 9-15　氧化钙熟料砂的理化性能

方法	化学成分（质量分数）/%					灼减/%	气孔率/%	水化率/%[①]
	CaO	MgO	Fe₂O₃	Al₂O₃	SiO₂			
烧结	97.0	0.1	0.1	0.2	0.6	0.6	16	12.5
电熔	97.6	1.1	0.3	0.1	0.7	0.2	3	3.1

①在 54℃ 和湿度为 95% 的条件下，暴露 3h，粒度小于 0.5mm。

b　制砖的生产工艺

用上述两种原料可生产轻烧砖以及烧成油浸砖。

以沥青做结合剂的制砖生产工艺是将一定颗粒级配的物料预热到 160℃，加入软化点为 110℃ 的沥青 4%~8%，混合后以 50~70MPa 压力成型制成砖坯。按热处理方式不同可分为三种制品。

（1）烧成砖，砖坯经 1430~1650℃ 烧成。沥青结合的坯体的烧成制度应该是低温时升温速度慢，防止排除烧失物时砖坯发生崩散。

（2）不烧砖，也称轻烧砖，将上述加工的砖坯在 260℃ 下加热 5h。

（3）烧成浸渍砖（油浸砖），将烧成砖浸入软化点为 90℃ 的沥青液中，在 200℃ 下保持 20min。

由烧结氧化钙和电熔氧化钙制成的烧成砖的物理性能见表 9-16。

表 9-16　烧结氧化钙和电熔氧化钙制造烧成砖的物理性能

编号	烧成温度/℃	显气孔率/%	体积密度/g·cm⁻³	高温抗折强度/MPa		线变化率（1706℃）/%	存放时间/周
				1261℃	1483℃		
1	1428	31.2	2.35	3.75	0.84	-4.1	2~4
	1539	29.9	2.38	3.40	1.58	-3.2	2~4
	1650	25.1	2.52	8.75	3.36	-2.5	2~5

编号	烧成温度 /℃	显气孔率 /%	体积密度 /g·cm^{-3}	高温抗折强度/MPa		线变化率 （1706℃）/%	存放时间 /周
				1261℃	1483℃		
2 （加入3%Al$_2$O$_3$）	1428	26.1	2.45	>11.2	0.81	-6.5	2~5
	1539	22.7	2.55	>11.2	1.09	-3.0	2~5
	1650	20.5	2.60	>11.2	1.82	-2.1	3~6
3 （加入5%Al$_2$O$_3$）	1428	18.9	2.70	>11.2	1.51	-2.0	3~6
	1539	14.2	2.82	>11.2	1.30	-1.9	4~8
	1650	10.8	2.87	>11.2	1.79	-0.6	10~12
4 （加入7%Al$_2$O$_3$）	1428	5.4	2.90	>11.2	3.78	-3.2	10~15
	1539	9.1	2.86	>11.2	4.03	-2.1	10~15
	1650	2.8	2.96	>11.2	2.98	-0.80	10~15
5 （电熔料）	1428	16.7	2.95	7.7	1.58	-1.1	4~8
	1539	16.5	2.96	6.9	2.66	-0.5	4~8
	1650	11.0	2.92	8.8	3.22	-0.2	5~10
6 （电熔料加入3%Al$_2$O$_3$）	1428	10.2	2.88	>11.2	3.82	-0.0	10~15
	1539	9.2	2.85	>11.2	4.27	-0.3	10~15
	1650	5.7	2.92	>11.2	4.55	-0.5	10~15

电熔氧化钙制造的烧成砖的显气孔率为11%~17%；烧结氧化钙制造的烧成砖的显气孔率在25%~31%。加入氧化铝可以降低制品的显气孔率。氧化钙质制品对金属熔液有精炼净化作用，原料成本低，应用面不断扩大。氧化钙质制品的用途见表9-17。

表 9-17 氧化钙质耐火材料的用途

用途	产品种类	结果
钢包	烧结或电熔 CaO	寿命提高2~3倍，并起到净化钢液作用
玻璃窑蓄热室	烧结 CaO 砖	比 MgO 好得多
水泥窑烧成带		自 1973 年以来应用
感应炉		提高了脱气性
LD 转炉	CaO 大砖	优于焦油白云石，渣侵蚀不严重
电炉		优于 MgO-C 砖
熔炼 Ag、Ni 高温合金、磁性材料	烧结 CaO 坩埚	比镁质坩埚好，保护合金元素
炼钢炉炉墙修补	盐-氧化钙	对富铁渣抗黏附性好
中间包过滤器	烧结 CaO，盐-氧化钙	有效地除去 Al$_2$O$_3$、SiO$_2$ 等夹物及 S 等， 降低钢的粗糙度

9.3 非氧化物及其复合耐火材料

9.3.1 概述

非氧化物耐火材料包括两大类：一类是由碳、氮、硼等非金属元素与过渡金属元素之间形成的间隙结构的固溶体，即金属原子呈比较简单的立方、六方等堆积，而非金属原子处于其堆积的间隙中；另外一类是碳、氮、硼、硅、铝等元素之间形成的共价化合物。

间隙结构物相有如下一些特征：没有严格的化学组成，具有明显的固溶体性质；有明显的金属特征，如金属光泽、优良的导电和导热性能、正的电阻系数等；具有比金属高得多的熔点、硬度和弹性模量，故有比金属好得多的高温强度，但却比金属脆得多。一些难熔化合物的性能见表9-18。

表 9-18 某些难熔化合物的性能

化合物	晶型	熔点 /℃	相对密度	导热系数 (20℃) /W·(m·K)$^{-1}$	线膨胀系数 (20~1000℃) /℃$^{-1}$	电阻率 /Ω·cm	显微硬度 /kg·mm^{-2}	弹性模量 /MPa	耐压强度 /MPa
HfC	立方	3887	11.0	6.28	5.6×10^{-6}	45×10^{-6}	2910	35.9×10^3	—
TiC	立方	3160	4.9	24.28	7.7×10^{-6}	52×10^{-6}	3000	46.0×10^3	1380
TaC	立方	3877	14.3	22.19	8.3×10^{-6}	42×10^{-6}	1600	29.1×10^3	—
ZrC	立方	3530	6.9	20.52	6.7×10^{-6}	50×10^{-6}	2930	35.5×10^3	1670
VC	立方	2810	5.3	24.70	4.2×10^{-6}	65×10^{-6}	2090	43.0×10^3	620
NbC	立方	3480	7.5	14.24	6.5×10^{-6}	51×10^{-6}	1960	34.5×10^3	—
Cr_3C_2	斜方	1895	6.6	19.26	11.7×10^{-6}	75×10^{-6}	1350	38.8×10^3	—
Mo_2C	—	2410	9.2	6.7	7.8×10^{-6}	71×10^{-6}	1500	54.0×10^3	—
WC	立方	2720	15.5	29.31	3.8×10^{-6}	19×10^{-6}	1780	81.0×10^3	560
SiC(α)	六方	2600	3.21	8.37	$(5\sim7)\times10^{-6}$	50×10^{-6}	3340	14.5×10^3	2250
B_4C	六方	2450	2.52	121.42	4.5×10^{-6}	0.44×10^{-6}	3340	14.5×10^3	2250
HfN	立方	2980	13.84	—	6.9×10^{-6}	33×10^{-6}	1640	—	—
TiN	立方	3205	5.2	19.26	9.4×10^{-6}	25×10^{-6}	1990	25.6×10^3	1290
TaN	—	3090	13.8	385.19	3.6×10^{-6}	128×10^{-6}	1060	—	—
ZrN	立方	2980	6.97	20.52	7.2×10^{-6}	21×10^{-6}	1520	—	1000
VN	立方	2360	6.04	11.72	8.1×10^{-6}	85×10^{-6}	1520	—	—
NbN	立方	2300	8.4	3.77	10.1×10^{-6}	78×10^{-6}	1400	—	—
Cr_2C	立方	1500	6.1	21.77	9.4×10^{-6}	76×10^{-6}	1570	—	—
Mo_2N	—	分解	8.0	18.00	4.5×10^{-6}	—	630	—	—
WN	—	分解	12.1	—	—	—	—	—	—
BN	六方	3000	2.27	25.12	0.72×10^{-6}	1022×10^{-6}	—	$(3.5\sim8.5)\times10^3$	200~300

化合物	晶型	熔点/℃	相对密度	导热系数(20℃)/W·(m·K)$^{-1}$	线膨胀系数(20~1000℃)/℃$^{-1}$	电阻率/Ω·cm	显微硬度/kg·mm^{-2}	弹性模量/MPa	耐压强度/MPa
Si$_3$N$_4$	六方	分解	3.18	16.75	2.5×10^{-6}	1020×10^{-6}	3300	(2.9~4.7)×10^3	200~700
HfB$_2$	六方	3250	10.5	—	5.7×10^{-6}	9×10^{-6}	2900	—	—
TiB$_2$	六方	2980	4.45	24.28	8.1×10^{-6}	14×10^{-6}	3370	54×10^3	1350
TaB$_2$	六方	3100	11.7	10.89	5.1×10^{-6}	37×10^{-6}	2500	26×10^3	—
ZrB$_2$	六方	3040	5.8	24.28	6.9×10^{-6}	16×10^{-6}	2250	35×10^3	1580
VB$_2$	—	2400	4.6	—	7.5×10^{-6}	19×10^{-6}	2800	27×10^3	—
NbB$_2$	斜方	3000	6.0	16.75	7.9×10^{-6}	34×10^{-6}	2600	—	—
CrB$_2$	六方	2200	5.6	22.19	11×10^{-6}	84×10^{-6}	2100	21×10^3	1270
TaSi$_2$	—	2200	8.83	—	—	46×10^{-6}	1400	—	—
CrSi$_2$	—	1500	4.4	6.28	—	9×10^{-6}	1130	—	—
MoSi$_2$	—	2030	6.3	29.31	5.1×10^{-6}	21×10^{-6}	1200	43×10^3	1140

非氧化物耐火材料包括高熔点的碳化物、氮化物、硼化物、硅化物等。对于碳化物来说，工业上应用最多的是 SiC、B$_4$C、WC、TiC 和 HfC；氮化物中比较成熟和重要的是 Si$_3$N$_4$、BN、AlN 和 TiN；硼化物主要用作高温结构材料，应用最广泛的是 ZrB$_2$、TiB$_2$ 和 HfB$_2$；而硅化物中具有工业生产意义的是 MoSi$_2$ 和 ZrSi$_2$。

碳化物是金属元素和碳的化合物，一般分子式表示为 M$_x$C$_y$。碳化物是一组熔点很高的材料，很多碳化物的熔点（或升华）都在 3000℃ 以上，其中碳化铪（HfC）和碳化钽（TaC）的熔点最高，分别为 3887℃ 和 3877℃。碳化物的抗氧化性较差，一般在红热温度即开始氧化，不过多数的抗氧化能力比高熔点的金属强，比石墨和碳略好一些。大多数碳化物都有良好的导电及导热性。很多碳化物具有很高的硬度，如碳化硼（B$_4$C）的硬度仅次于金刚石。制造碳化物制品的原料多数是人工合成的。碳化物原料的合成方法有三种：（1）金属与炭粉直接化合，反应温度因物而异，在 1200~2200℃；（2）金属与含碳气体作用，如甲烷与金属钨的反应，950℃ 即开始碳化，当温度达 1900℃ 时，含 10% 甲烷气相在 30s 之内就能将直径为 0.3mm 的钨丝的整个表面碳化成 WC；（3）金属氧化物与碳作用，此法也称碳还原法，即将金属氧化物与碳的混合物在电弧炉中熔融反应合成或在真空、氢气、惰性气体或其他还原性气氛中，在低于金属氧化物熔点温度下，通过碳还原金属氧化物并与之进行固相反应合成碳化物。

氮化物的熔点仅次于碳化物，一些化合物熔点在 2500℃ 以上的，属脆性材料，抗氧化性能不佳。金属氮化物的电阻与碳化物属同一数量级，但氮化硼例外，它是典型的绝缘体。大多数氮化物不溶于碱、硝酸和硫酸。氮化物具有同金属及氧化物等熔体润湿性差的特点，与这些熔体接触时相当稳定。

金属氮化物合成的方法有：（1）用氮气或氨直接与金属或金属氧化物作用，反应温度在 1200℃ 左右，如果用氧化物代替金属，反应温度就需要高于 2000℃；（2）用氮气或氨与加有碳的金属氧化物反应。在氮气中形成氮化物的温度远低于形成碳化物的温度，一般在1250℃左右，但在产物中往往会出现碳化物；（3）用氨与金属的卤化物反应，此法可获得纯度极高的氮化物。

虽然金属氮化物的熔点一般都比较高，但难以烧结，高温下抗氧化性差以及高温下极易分解等原因，所以其使用价值远不如硼、硅、铝等共价性的氮化物。

硼化物的熔点在2000~3000℃；硼化物有较高的强度、良好的导电和导热性，硬且耐磨。它的抗氧化性尚好，因为在高温下借助其氧化时生成一层含氧化硼的玻璃态物质来阻碍进一步氧化。但在1250℃时，由于这层氧化膜变成多孔或是以B_2O_3形态挥发掉而失去了抗氧化能力。几乎所有的硼化物都具有金属的外观特征和一些类似金属的性质，如具有金属光泽，碰击时有金属声，有高的电导和正的电阻温度系数，甚至有些金属硼化物的导电性比相应的金属还好。硼化物具有较低的热膨胀，加上好的热传导，因此，也有比较好的抗热震性。合成硼化物的方法归纳有下面几种：（1）元素之间直接合成；（2）用碳还原金属氧化物和硼酐的混合物；（3）用铝热还原硼化法；（4）用碳化硼还原氧化物；（5）用硼还原氧化物。

总之，难熔化合物比高熔点氧化物有更高的熔点，但在高温下的抗氧化能力比高熔点氧化物的差得多，因此，一般均需在非氧化性的气氛保护下使用。难熔化合物的原料来源大多是由人工合成的，而不像高熔点氧化物的原料那样可以从矿物中经过处理来制取。

9.3.2 碳化硅质特种耐火材料

9.3.2.1 碳化硅的合成和用途

碳化硅（SiC）主要有两种晶型，即立方晶系的β-SiC和六方晶系的α-SiC。β-SiC为低温型，合成温度低于2100℃，它属于面心立方（fcc）闪锌矿结构。α-SiC为高温稳定型，它有许多变体，其中最主要的是4H、6H、15R等。尽管SiC存在很多种多型体，且晶格常数各不相同，但其密度均很接近。β-SiC的密度为3.215g/cm³，各种α-SiC变体的密度基本相同，为3.217g/cm³。β-SiC在2100℃以下是稳定的，高于2100℃时β-SiC开始转变为α-SiC，但转变速度很慢，2300~2400℃时转变迅速。β→α转变是单向的，不可逆的。在2000℃以下合成的SiC主要为β型，在2200℃以上合成的主要为α-SiC，而且以6H为主。15R变体在热力学上是不稳定的，是低温下发生3C→6H转化时生成的中间相，高温下不存在。

SiC又称金刚砂。经典的工业制造方法是1891年由美国人艾契逊（Acheson）发明的。碳化硅是以天然硅石、碳、木屑、工业盐为原料，在电阻炉中加热反应合成。其中加入木屑是为了使块状混合物在高温下形成多孔结构，便于反应中产生的大量气体及挥发物从中排除，避免发生爆炸。因为合成1t碳化硅，将会生产约1.4t的一氧化碳（CO）。工业盐（NaCl）的作用是便于除去料中存在的氧化铝、氧化铁等杂质。

碳化硅的合成是在一种特殊的电阻炉中进行的，这个炉子实际上只是一根石墨电阻发热体，它是用石墨颗粒或炭粒堆积成柱状而成的。这根发热体放在中间，上述原料按硅石52%~54%、焦炭35%、木屑11%、工业盐1.5%~4%的比例均匀混合，紧密地充填在石墨发热体的四周。当通电加热后，混合物就进行化学反应，生成碳化硅，其反应式为：

$$SiO_2 + 3C \longrightarrow SiC + 2CO \uparrow \qquad (9-33)$$

式9-33是一个强吸热的碳热还原反应，$\Delta H^{\ominus} = 618.5 \text{ kJ/mol}$。

反应的开始温度约在 1400℃，产物为低温型的 β-SiC，其结晶非常细小，它可以稳定到 2100℃，此后慢慢向高温型的 α-SiC 转化。α-SiC 可以稳定到 2400℃ 而不发生显著的分解，至 2600℃ 以上时升华分解，挥发出硅蒸气，残留下石墨，所以一般选择反应的最终温度为 1900~2200℃。反应合成的产物为块状结晶聚合体，需粉碎成不同粒度的颗粒或粉料，同时除去其中的杂质。

二氧化硅的低温碳热还原法，也被用来合成碳化硅。该方法由美国通用电气公司提出并于 1960 年申请专利，其工艺是将二氧化硅细粉与炭粉混合后，在 1500~1800℃ 温度下产生碳热还原反应获得非常细和纯的 β-SiC 粉末。此方法的反应类似于 Acheson 法，其差别在于合成温度较低，产生的晶体结构是 β 型，但还存在残留的未反应的碳和二氧化硅，所以需要有效的脱硅脱碳系统。

还可以采用硅-碳直接反应法，该方法最早于 1893 年由 Schutzon Bergen 提出，是利用金属硅粉与炭粉直接反应，在 1000~1400℃ 生成高纯度 β-SiC 粉。该反应为放热反应，因此一旦反应引发可自发进行，即 SiC 通过燃烧合成获得。其典型工艺是非常细的硅粉、炭黑和黏结剂混合，压制成型，在石墨炉内通过感应加热至 1200℃，一旦燃烧反应开始反应波阵面以每秒 0.1cm 速率扩散到整个坯体，坯体内部温度可达 2250℃。该法可获得颗粒大小比较均匀（0.2~0.5μm）的 β-SiC 粉末。

有时为了获取高纯度的碳化硅，可以用气相沉积的方法，即用四氯化硅与苯和氢的混合蒸气，通过炽热的石墨棒时，发生气相反应，生成的碳化硅就沉积在石墨表面。其反应式为：

$$6SiCl_4 + C_6H_6 + 12H_2 \longrightarrow 6SiC + 24HCl \tag{9-34}$$

此外，还有自蔓延高温合成法，即利用金属镁作为引燃剂，产生的热量诱导硅源和碳源自发反应不断进行，最终获得碳化硅粉体。也有采用聚合物热分解法，如以聚碳硅烷为原料，在高温下分解转变形成碳化硅，但是这种方法的产率较低，仅为 40% 左右。

纯净的碳化硅是无色透明的，但工业生产的碳化硅由于其中存在游离碳、铁、硅等杂质，产品有黄、黑、墨绿、浅绿等不同色泽，常见的为浅绿和黑色。

碳化硅是一种硬质材料，莫氏硬度达 9.2。在低温下，碳化硅的化学性质比较稳定，耐腐蚀性能优良，在煮沸的盐酸、硫酸及氢氟酸中也不受侵蚀。但在高温下可与某些金属、盐类、气体发生反应，反应情况见表 9-19。碳化硅在还原性气氛中直至 1600℃ 仍然稳定，在高温氧化气氛中则会发生氧化作用：

$$SiC + 2O_2 \longrightarrow SiO_2 + CO_2 \tag{9-35}$$

在温度 800~1140℃ 的范围内，它的抗氧化能力反而不如在 1300~1500℃ 之间，这是因为在 800~1140℃ 范围内，氧化生成的氧化膜（SiO_2）结构较疏松，起不到充分保护底材的作用。而在 1140℃ 以上，尤其在 1300~1500℃ 之间，氧化生成的氧化层薄膜覆盖在碳化硅基体的表面，阻碍了氧对碳化硅的进一步接触，所以抗氧化能力反而加强，称为自保护作用。但到更高温度时，其氧化保护层被破坏，使碳化硅遭受强烈氧化而分解破坏。

表 9-19　SiC 与某些物质的反应性

反应物质	反应条件	反应情况	反应物质	反应条件	反应情况
H_2、N_2、CO	<1300℃	无反应	NaOH	<500℃	不侵蚀
空　气	<1300℃	稍氧化		>900℃	腐蚀
	1300~1600℃	形成氧化保护层	KOH	熔　融	被分解
	1750℃	迅速氧化分解	K_2CO_3	熔　融	被分解
水蒸气	低温加热	反应	Cr_2O_3	1370℃	形成金属硅化物
S	1300℃	激烈反应	MgO	1000℃	侵　蚀
HCl	煮　沸	无反应	CaO	1000℃	侵　蚀
H_2SO_4			Cl_2	600℃	表面侵蚀
HNO_3				1300℃	完全被分解

由于碳化硅具有优良的物理化学性能，因此作为重要的工业原料而得到广泛的应用。它的主要用途有三个方面：用于制造磨料磨具；用于制造电阻发热元件——硅碳棒、硅碳管等；用于制造耐火材料制品。

作为特种耐火材料，碳化硅制品具有以下一些性能特点，包括高温强度高，从室温直至1400℃，其强度无明显下降；硬度高，摩擦系数较低，耐磨性好；导热系数高，线膨胀系数低，抗热震性好；化学稳定性好，耐腐蚀性能优异；低密度，高弹性模量；抗蠕变性能好。

碳化硅制品在钢铁冶炼中用于高炉、化铁炉等冲刷、腐蚀严重的部位；在有色金属（锌、铝、铜）冶炼中于冶炼炉炉衬、熔融金属的输送管道、过滤器、坩埚等；在空间技术上可用于火箭发动机尾喷管、高温燃气透平叶片；在陶瓷与电子工业中，大量用于各种窑炉的棚板、马弗炉炉衬和匣钵；在化学工业中用于石油汽化器、脱硫炉炉衬等。

9.3.2.2　碳化硅制品的性质及生产方法

碳化硅制品具有很多优良性能，如在较宽的温度范围内的高强度、抗热震性好、优良的耐磨性能、高导热系数、耐化学腐蚀性等。碳化硅制品的抗氧化能力较好，但高温下易造成体积胀大、变形等问题，从而降低其使用寿命。

按不同的结合方式 SiC 制品主要分为以下几类：黏土结合制品、氧化物结合制品、氮化硅结合制品、氧氮化硅结合制品及自结合制品等。

由于 α-SiC 硬度较大，将其磨成微米级细粉相当困难，且颗粒呈板状或针状，用它压成的坯体，即使在加热到它的分解温度附近，也不会发生明显的收缩，难以烧结，制品的致密化程度低，抗氧化能力也差。因此，在工业生产时，常在 α-SiC 中加入少量的颗粒呈球形的 β-SiC 细粉和采用添加物的办法来获得致密制品。常用的添加剂有黏土、氧化铝、锆英石、莫来石、石灰、玻璃、氮化硅、氧氮化硅、石墨等。生产用结合剂可用羧甲基纤维素、聚乙烯醇、木质素、淀粉、氧化铝溶胶、二氧化硅溶胶等。依添加物的种类和加入量的不同，坯体的烧成温度也不同，其温度范围在 1400~2300℃。例如，粒度大于 $44\mu m$ 的 α-SiC70%，粒度小于 $10\mu m$ 的 β-SiC 20%，黏土10%，外加 4.5% 的木质素水溶液8%，均匀混合后，用 50MPa 的压力成型。在空气中 1400℃ 保温 4h 烧成，制得所谓的黏土结合碳化硅制品，其体积密度为 $2.53g/cm^3$，显气孔率为 12.3%，抗折强度为30~33MPa。

结合方式的不同直接影响到碳化硅制品的抗氧化能力，如图 9-18 所示。最早的黏土（包括氧化物）结合 SiC 制品，利用普通陶瓷方法成型，然后在 1400℃ 左右温度下烧成，黏土将 SiC 颗粒结合在一起，虽然该工艺操作简单，但杂质含量较高，制品的高温性能和抗氧化性能都不是很好。后来人们采用纯度较高的 SiO_2 微粉，或 SiO_2 与 Al_2O_3 的混合物为结合剂，制得氧化物结合 SiC 耐火材料，性能显著改善。氧化物结合 SiC 广泛使用在作为陶瓷窑具及其他工业中，取得较好的使用效果。20 世纪

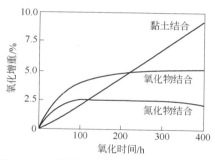

图 9-18　不同结合 SiC 制品的抗氧化性能

50 年代末采用氮化法制备的 Si_3N_4 结合 SiC 制品，其工艺是将适量的单质硅加入 SiC 制品的配料中，在氮化炉内原位氮化生成 Si_3N_4 结合 SiC。其抗氧化性优于黏土结合及氧化物结合的制品，但仍有氧化的可能性。Sialon 结合及氧氮化硅结合碳化硅制品，比 Si_3N_4 结合的 SiC 制品具有更好的抗氧化性能及其他高温性能。

为最大限度地利用碳化硅本身的特性及获得纯碳化硅的特种耐火制品，研制了自结合（或称反应烧结法）SiC 制品。自结合碳化硅包含两类：一类是 β-SiC 自结合碳化硅，另一类是重结晶碳化硅。

所谓 β-SiC 自结合碳化硅，就是以低温型的 β-SiC 结合高温型的 α-SiC。其生产方法是在 SiC 中加入单质硅粉和碳（石墨、炭黑、石油焦或煤粉等）。在 1450℃ 的温度下埋碳烧成，使硅粉和碳反应生成低温型 β-SiC，将原碳化硅颗粒结合起来。另一种方法是由碳与单质硅直接反应生成 SiC 制品，即用碳或碳与 SiC 成型后，埋 Si 烧成。两种方法都可制得 β-SiC 自结合碳化硅，其特点是利用 SiC 自身优点，制成性能良好的 SiC 制品，自结合碳化硅的这种制造工艺又称反应烧结法。自结合碳化硅制品一般含有 8%～15% 游离硅及少量游离碳，因游离硅的存在，使其使用温度限制于 1400℃ 以下。自结合碳化硅制品的强度为一般碳化硅制品的 7～10 倍，且抗氧化能力较强。

重结晶 SiC 制品是利用泥浆浇注法制成高密度的坯体后，在隔绝空气、高温（>2100℃）状态下产生蒸发和凝聚（重结晶）作用形成自结合的碳化硅制品。重结晶 SiC 制品中 SiC 含量达 99% 以上，与以上各种 SiC 制品相比具有更高的热态机械强度、导热系数、抗热震性及抗氧化性，是一种优良的 SiC 耐火材料。

碳化硅等共价键材料难以烧结。为了获得高密度碳化硅制品，可以用热压法制造，即将坯料置于耐高温的模具中，再将模具放入带有加压装置的高温炉中，在高温与压力同时作用下烧结。采用热压烧结，可以缩短制造时间，降低烧结温度，改善制品的显微结构，增加制品的致密度，提高材料的性能。选择适当的温度、压力和坯料粒度等热压工艺条件，就可达到优良的热压效果。热压工艺对难熔化合物的制造特别有用，热压用的模具因为既要经受 1000℃ 以上的高温，并且还要在高温下承受很大的压力。因此，常用高强度石墨作模具。对模具的加热可以用辐射加热、高频感应加热或模具自身电阻加热。对坯料的加压可用油压机或普通的千斤顶。

基于热压工艺发展的烧结技术是放电等离子热压烧结（spark plasma sintering，简称 SPS）。SPS 系统如图 9-19 所示，主要包括以下几部分：轴向压力装置、水冷冲头电极、

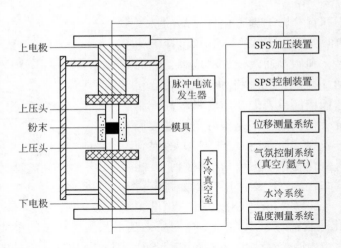

图 9-19　SPS 热压烧结原理图

真空室、气氛控制系统（真空、氮气或氩气）、真空脉冲发生器、水冷控制、位置测量、温度测量、应力位移、安全控制等单元。

　　放电等离子烧结是利用脉冲电流来加热的，有的文献上也称 SPS 为等离子活化烧结（plasma activated sintering—PAS 或 plasma-assisted sintering—PAS）。等离子体是物质在高温或特定激发下的一种物质状态，是除固态、液态和气态以外，物质的第四种状态。等离子体是电离气体，具有高温导电特性，它是由大量正负带电粒子和中性粒子组成的，并表现出集体行为的一种准中性气体。SPS 烧结原理是利用开-关式直流脉冲电流的通电烧结法。开-关式直流脉冲电流的主要作用是产生放电等离子体、放电冲击压力、焦耳热和电场扩散作用。图 9-20 为在 SPS 烧结过程中脉冲电流通过粉末颗粒时的示意图。在 SPS 加热中，电极通入直

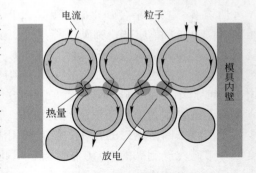

图 9-20　SPS 烧结示意图

流脉冲电流时瞬间产生的放电等离子体，使烧结体内部各个颗粒均匀地自身产生热量并使颗粒表面活化。即利用粉末内部的自身发热作用进行烧结的新型烧结法。

　　热压法的最大缺点是制品形状受到限制，且制造效率低，所以此法不如反应烧结法应用得广泛，但是热压制品的性能更好。

　　此外，热等静压也被用来制造碳化硅制品；闪烧、振荡压力烧结等新型烧结技术也正得到研究与关注。工业生产中用得较多的反应烧结、常压烧结和重结晶烧结三种碳化硅陶瓷材料制备方法均有其独特的优势，且所制备的碳化硅的显微结构和性能及应用领域也有不同。反应烧结的烧结温度低，生产成本低，制备的产品收缩率极小，致密化程度高，适合大尺寸复杂形状结构件的制备，反应烧结碳化硅多用于高温窑具、喷火嘴、热交换器、光学反射镜等方面。常压烧结的优势在于生产成本低，对产品的形状尺寸没有限制，制备的产品致密度高，显微结构均匀，材料综合性能优异，所以更适合制备精密结构件，如各类机械泵中的密封件、滑动轴承及防弹装甲、半导体晶圆夹具等。重结晶碳化硅拥有纯净

的晶相，不含杂质，且有较高的孔隙率、优异的导热性和抗热震性，是高温窑具、热交换器或燃烧喷嘴的理想候选材料。

9.3.2.3 碳化硅发热体

碳化硅发热体是一种常用的加热元件。由于它具有安装方便、使用寿命长、使用范围广等优点，广泛使用于试验与工业用电阻炉中。碳化硅发热体通常制成直棒形，中间部分直径细，为发热部分，称热端，两头直径粗，称冷端。SiC 发热体也可制成管形或 U 字形。普通碳化硅发热体的使用温度为 1400℃，当采用高温均热烧结、表面喷涂陶瓷、添加特殊物质，以及冷端在熔融硅中浸渍处理等技术而特制的碳化硅发热体的使用温度可提高到 1600~1650℃，在氩气氛中甚至可高达 1800℃。碳化硅的电阻率为 $50\Omega \cdot cm$（20℃），$27\Omega \cdot cm$（300℃），$2\Omega \cdot cm$（1000℃）。

优质碳化硅发热体的热端部分是自结合烧结的碳化硅，冷端部分系同样结构，但在其中包含有足够量的硅，以增加其导电性。也有在发热带部分的碳化硅中加二硅化钼（$MoSi_2$），由此制成的发热体的长期使用温度可提高到 1700℃。

为保证硅碳棒的使用寿命，在使用时应充分注意硅碳棒的特性以及合理的使用方法。

硅碳棒在空气中使用时会发生氧化反应，使用温度一般限制在 1600℃ 以下，普通型硅碳棒的安全使用温度为 1350℃。

硅碳棒在一氧化碳（CO）气氛中可使用到 1600℃ 左右；但含有一氧化碳的气体入炉时，在 700℃ 以下因发生 $2CO \rightarrow C+CO_2$ 反应而产生碳质沉积，游离碳附着在硅碳棒表面或炉壁上，可能短路而使变压器烧坏，因此，使用一氧化碳气体时，应当注意设法避免这一缺点。

在氢（H_2）气氛中使用时，硅碳棒会变脆，因此寿命比空气气氛要短，约为空气气氛中的 60%。水蒸气、氯气（Cl_2）、三氧化硫（SO_3）对硅碳棒的使用是不利的。水蒸气对硅碳棒的危害甚大，它能促使硅碳棒氧化，而且反应生成的氢气可产生循环反应，有还原氧化膜的作用，以致破坏基体的机械强度和增加发热体的电阻。氯气和三氧化硫在 600℃ 以上对硅碳棒有强烈的侵蚀作用。硅碳棒在惰性气体氩中十分稳定，使用温度最高。硅碳棒发热体在各种气氛中的使用温度列于表 9-20。

表 9-20 优质硅碳棒在各种气氛中的使用温度

气氛	空气	H_2	N_2	CO	Ar	真空
使用温度/℃	1600	1400	1400	1600	1800	1200

硅碳棒发热体的电阻随温度而变化，当温度在 500~700℃ 以下时，电阻随温度升高而下降，具有负的电阻温度系数。因此，在初期升温加热时，应控制电压，以免电流超载。随着温度进一步提高，由于晶格点阵中质点热振动加剧，阻碍了电子的迁移而使电阻值随温度升高而增加。另外，由于空气的氧化作用，随使用时间的延长，氧化产物二氧化硅成分的增加，使硅碳棒本身电阻增加。当电阻值为初始电阻的 3~4 倍时，便出现炉内升温速度减慢、温度分布不均匀的情况，已达硅碳棒的寿命限度，应换新棒。

硅碳棒发热体在氧化性气氛中使用时，在其表面生成的二氧化硅逐渐增加，随 SiO_2 膜的生成，氧化作用有所减弱。但在反复加热和冷却过程中，所形成的二氧化硅薄膜会被破坏，从而使新的表面暴露在空气中，发生进一步氧化会降低使用寿命。因此，连续使用的硅碳棒的使用寿命比间歇使用的长。

9.3.3 氮化硅制品与氮化物结合耐火材料

氮化物是工程陶瓷中研究得很多的非氧化物材料。与传统氧化物陶瓷相比，氮化物陶瓷材料有较高的韧性，因此，被认为是用于发动机的潜在结构陶瓷材料。在耐火材料中，目前氮化物的应用主要限于作为结合相与添加剂。

9.3.3.1 氮化硅

A 氮化硅的性能

氮化硅是一种共价键化合物，呈灰白色，常压下有两种晶型，$\alpha-Si_3N_4$（颗粒状晶体）和 $\beta-Si_3N_4$（长柱状或针状，图9-21a），均属六方晶系，都由 $[SiN_4]$ 四面体共用顶角构成的三维空间网络。$\alpha-Si_3N_4$ 的晶格常数为：$a = 7.7491 \sim 7.7572 \times 10^{-10}$ m，$c = 5.6164 \sim 5.6221 \times 10^{-10}$ m，c/a 相对恒定。$\beta-Si_3N_4$ 的晶格常数为：$a = 7.608 \times 10^{-10}$ m，$c = 2.911 \times 10^{-10}$ m，$c/a = 0.383$。在 $1200 \sim 1300^{\circ}C$ 氮化得到的是 $\alpha-Si_3N_4$，在 $1455^{\circ}C$ 左右氮化得到的是 $\beta-Si_3N_4$。$\alpha-Si_3N_4$ 在 $1550^{\circ}C$ 可以转变成 $\beta-Si_3N_4$，再冷却时这种转变是不可逆的，因此 $\beta-Si_3N_4$ 是稳定相，而 $\alpha-Si_3N_4$ 是一种亚稳相。β 相是由几乎完全对称的六个 $[SiN_4]$ 组成的六方环层在 c 轴方向重叠而成，如图9-21b，而 α 相是由两层不同且有变形的非六方环层重叠而成。α 相结构对称性低，内部应变比 β 相的大，故自由能比 β 相的高。α 相的密度为 $3.1884g/cm^3$，β 相的密度为 $3.187g/cm^3$。α 相的平均线膨胀系数为 $3.0 \times 10^{-6}{^\circ}C^{-1}$，$\beta$ 相的则为 $3.6 \times 10^{-6}{^\circ}C^{-1}$；$\alpha$ 相的显微硬度为 $10 \sim 16GPa$，而 β 相的则为 $24.5 \sim 32.6GPa$。

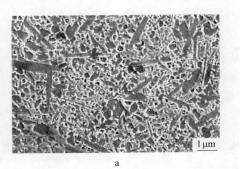
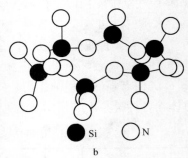

图9-21 $\beta-Si_3N_4$ 显微形貌及晶体结构

a—显微形貌；b—晶体结构

由于 $\alpha-Si_3N_4$ 在高温下转变成 $\beta-Si_3N_4$，因而人们曾认为 α 和 β 相分别为低温和高温两种晶型。但随着研究的不断深入，很多现象不能用高低温型的说法来解释。最明显的例子是在低于相变温度下得到的反应烧结 Si_3N_4 中，α 相和 β 相可同时出现，反应终了 β 相质量分数为 $10\% \sim 40\%$。又如在 $SiCl_4-NH_3-H_2$ 系统中加入少量 $TiCl_4$，$1350 \sim 1450^{\circ}C$ 可直接制备出 $\beta-Si_3N_4$。若该系统在 $1150^{\circ}C$ 生成沉淀，然后于 Ar 气中 $1400^{\circ}C$ 热处理 6h，则得到的仅是 $\alpha-Si_3N_4$。看来该系统中的 $\beta-Si_3N_4$ 不是由 α 相转变过来的，而是直接生成的。

现在研究证明，$\alpha \rightarrow \beta$ 相是重建式（不可逆）转变，并认为 α 相和 β 相除了在结构上有对称性高低的差别外，并没有高低温之分，只不过 β 相对温度是热力学稳定的，而 α 相对称性低，容易形成。在高温下 α 相发生重建式转变转化为 β 相，某些杂质的存在有利于 α→β 相的转变。

α-Si$_3$N$_4$ 和 β-Si$_3$N$_4$ 的晶格常数 a 相差不大，而 α 相的晶格常数 c 约为 β 相的两倍。这两个相的密度几乎相等，所以在相变过程中不会引起体积的变化，它们的平均线膨胀系数较低，β 相的硬度比 α 相高得多，同时 β 相呈长柱状晶粒，有利于材料力学性能的提高，因此要求材料中的 β 相含量尽可能高。

有报道在高于 15GPa 和 2000K 的条件下，还存在第三种具有尖晶石型结构的同质异象体——c-Si$_3$N$_4$。图 9-22 为计算得到的 Si-N 相图，以供参考。

氮化硅材料兼有多方面的优良性能：（1）反应烧结的氮化硅，其线膨胀系数很低，为 $2.53 \times 10^{-6}℃^{-1}$，导热系数为 $18.42W/(m \cdot K)$，因此它具有优良的抗热震性，仅次于石英微晶玻璃，在 1200～20℃ 循环上千次也不破坏；（2）氮化硅的显微硬度值为 3300kg/mm^2，仅次于金刚石、立方氮化硼、碳化硼等少数几种超硬物质。它的摩擦系数小且有自润滑性，似加油的金属表面，因此它具有优良的耐磨

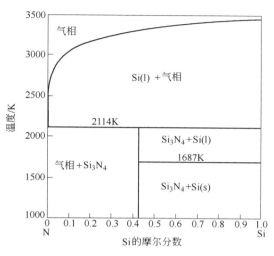

图 9-22 常压下计算的 Si-N 相图

性，成为出色的耐磨材料；（3）氮化硅具有较高的机械强度，热压制品的抗折强度为 500～700MPa，高者可达 1000～1200MPa。反应烧结的制品的强度约为 200MPa，高者可达 300～400MPa。在 1200～1350℃ 的高温下，其强度值与室温下的相差无几。氮化硅的高温蠕变小，例如，反应烧结的氮化硅，在 1200℃ 荷重 24MPa 的条件下，1000h 后形变为 0.5%；（4）氮化硅具有优良的化学性能，能耐除氢氟酸以外的所有无机酸和某些碱液的腐蚀。在还原性气氛中最高可使用到 1870℃。对金属尤其对非铁金属不润湿；（5）氮化硅具有很好的电绝缘性，它的室温电阻率为 $1.1\times10^{14}\Omega \cdot cm$，900℃ 时为 $5.7\times10^6\Omega \cdot cm$，它的介电常数为 8.3，介质损耗为 0.001～0.1。

α 相与 β 相的比率明显影响反应烧结氮化硅制品的抗弯强度，在相同密度条件下，较高 α/β（约 4）的材料的抗弯强度比相对低的 α/β（约 0.25）材料的抗弯强度高 35%。

反应烧结氮化硅材料的力学性能与气孔率的关系如下：

强度（MPa）：$\sigma = 900\exp(-7p)$

弹性模量（GPa）：$E = 300\exp(-3p)$

断裂应变：$\varepsilon_0 = 3\exp(-4p)$

B 氮化硅的制备

氮化硅粉可通过氮和硅两种元素的直接反应（即硅粉直接氮化法）或在氮气氛中使二氧化硅还原氮化反应（即碳热还原法）或在氨气氛中热解硅的卤化物（即化学气相沉积法）等方法来合成，生成 Si$_3$N$_4$ 的反应为：

（1）硅的氮化反应如下：

$$3Si(s) + 2N_2(g) \xrightarrow{298.15 \sim 1685K} Si_3N_4(s) \tag{9-36}$$
$$\Delta G^{\ominus} = -722.836 + 0.315T$$

$$3Si(l) + 2N_2(g) \xrightarrow{1685.0 \sim 2628K} Si_3N_4(s) \tag{9-37}$$
$$\Delta G^{\ominus} = -874.456 + 0.405T$$

（2）一氧化硅的氮化过程如下。一氧化硅的生成可通过如下反应实现：

$2Si+O_2 \rightarrow 2SiO$，当 $T<1685K$ 时，$\Delta G^{\ominus} = -142.208 - 0.165T$；当 $T>1685K$ 时，$\Delta G^{\ominus} = -332.63 - 0.0902T$。

$Si+H_2O \rightarrow SiO+H_2$，当 $T<1685K$ 时，$\Delta G^{\ominus} = 142.208 - 0.137T$；当 $T>1685K$ 时，$\Delta G^{\ominus} = 855.66 - 0.103T$。

$$3SiO + 2N_2 \longrightarrow Si_3N_4 + \frac{3}{2}O_2 \tag{9-38}$$
$$\Delta G^{\ominus} = -414.429 + 0.558T$$
$$K = p_{O_2}^{\frac{3}{2}} / (p_{SiO}^3 \cdot p_{N_2}^2)$$

当 $t=1665℃$ 时，设气氛中 $p_{SiO} = 1.01×10^{-3} kPa$，$p_{N_2} = 101kPa$，那么必须 $p_{O_2}<1.01×10^{-19}kPa$，$p_{H_2O}<1.01×10^{-8}kPa$，反应9-38才能向右进行；但气氛中 H_2 含量（体积分数）为10%时，p_{O_2} 可降至 $1.01×10^{-6}kPa$，$p_{H_2O} \leq 1.01×10^{-4}kPa$，反应即可进行。

其他生成 Si_3N_4 的反应还有：

$$3SiCl_4 + 4NH_3 \xrightarrow{1400℃} Si_3N_4 + 12HCl \tag{9-39}$$
$$3SiO_2 + 6C + 2N_2 \xrightarrow{1300 \sim 1650℃} Si_3N_4 + 6CO \tag{9-40}$$

氮化硅制品的制备可采用多种工艺方法，如反应烧结法、热压烧结法、反应结合重烧结法、无压烧结法、气压烧结法和热等静压法等。反应烧结法适用于大量生产形状复杂的制品，但密度和强度都较低。热压烧结法可制得高致密度、高强度的制品，但形状受到限制。

a 反应烧结法

反应烧结法又可叫氮化烧结法，就是将硅粉以适当方式成型后，在氮化炉中通氮气加热进行氮化，氮化反应与烧结同时进行，氮化后产品为 α 相和 β 相的混合物。

$$3Si(g) + 2N_2(g) \longrightarrow Si_3N_4(s)$$

摩尔质量/g·mol^{-1}	84.24	56.02	140.26
摩尔体积/cm^3·mol^{-1}	36.16		44.06

由此可见，式9-36本身具有 $(44.06-36.16)/36.16×100\% = 22\%$ 的体积膨胀。然而这主要是坯体内部的膨胀，增大的体积填充素坯内的孔隙，使素坯致密化并获得机械强度。其外观尺寸基本不变，这是反应结合工艺的一个普遍而最大的特点。产品密度取决于成型素坯的密度，提高素坯密度将有利于获得较高密度的产品。但随着素坯密度的继续提高，氮向坯体内部的扩散变得困难，不利于完全氮化，因此 Si 粉压制后相对密度常控制在50%~70%。氮化后产品含有15%~17%的气孔，坯体尺寸变化很小。但由于密度不高，产品强度不大。尽管如此，由于这种烧成工艺可方便地制造形状很复杂的产品，不需要昂贵的机械加工，尺寸精度容易控制，所以目前反应结合 Si_3N_4 在工业上获得了广泛应用。反应结合的另一个优点是不需要添加烧结助剂，因此材料的高温强度没有明显下降。

图 9-23 为反应烧结氮化硅的工艺流程图，先将硅粉用一般陶瓷材料的成型方法做成所需形状的素坯，在较低温度下进行初步氮化，使之获得一定强度，然后在机床上将其加工到最后的制品尺寸，再进行氮化烧成直到坯体中硅粉完全氮化为止，冷却后取出即得所需要的氮化硅部件。一般情况下，陶瓷部件不需要再进行机械加工。

（1）原料。常用小于 0.074mm 的化学纯或工业纯的硅粉作原料，有时为了不同工艺要求，可以准备不同细度的粉料。硅粉可用一级结晶硅块经破碎球磨制得，球磨时用乙醇作介质湿磨较好。

（2）成型。可以用各种传统的成型方法，如浇注法、模压法、热压注法、等静压法等将硅粉成型成素坯。由于在反应烧结过程中坯体的尺寸几乎不变，因此，制品的最终密度与素坯密度有很大关系，

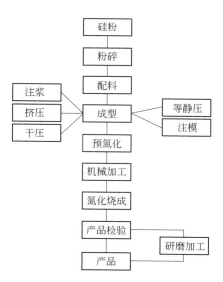

图 9-23 反应烧结法工艺流程图

欲使制品达到预期的密度，则在成型时设法使素坯密度达到一定值。各种成型方法的要点如下：

1）干压法。硅粉加 2%聚乙烯醇结合剂（固体聚乙烯醇先溶解在水或酒精中，浓度为 5%），均匀混合，在 120℃ 干燥 4h，再过 40 目筛，然后在钢模中用 50~100MPa 的成型压力成型。成型压力及粉料的颗粒度和配比对素坯密度有很大的影响，素坯密度随压力的增大而增大，但压力增大到 100MPa 以上时，则成型性反而变差，坯体容易出现分层。成型后的素坯密度在 1.30~1.36g/cm³。

2）等静压法。硅粉等静压成型时，一般不需要黏结剂。但硅粉的干燥程度很重要，较干燥的硅粉（含水量 0.3%左右）易于成型，成型压力常用 200MPa，素坯密度 1.62~1.67g/cm³，比模压成型的密度大大提高。

3）热压注法。硅细粉加 60%水和 1%羧甲基纤维素，在刚玉球磨筒中球磨 5h，料：球：油酸比为 1:6:0.006。然后在 40℃ 干燥 1h，再外加 25%石蜡，在 120~140℃ 温度下制成蜡浆，最后在热压铸机上成型。在坯体氮化反应前，须排除坯体中的蜡。素坯的排蜡是埋在氧化铝粉里进行的，为避免硅粉氧化，又要使坯体具有一定的强度，最高的排蜡温度为 700℃，排蜡时间约为 72h。

（3）预氮化。预氮化的目的是使已定型的坯体具有一定的机械加工强度，以便于加工定型。因为烧结后的氮化硅非常坚硬，加工困难。

氮化是在氮化炉中进行的，炉膛应具有足够的气密性，以保证抽真空和使用时的安全。硅和氮在 970~1000℃ 开始反应，并随着温度的升高反应速度加快。虽然在高温时氮化速率比低温快，但如果温度很快上升超过硅的熔点时，则坯体会由于硅熔融而坍塌。因此，为了使坯体充分氮化又不致使硅熔融，必须采取在远低于硅熔点的温度下预先氮化。预氮化是把成型好的坯体置于用氮化硅做的坩埚中或垫板上，送入氮化炉，在 95%氮气和 5%氢气的混合气氛中，于 1180~1210℃ 氮化 1~1.5h，使坯体进行初步的氮化反应，氮化程度约为 9%。

（4）机械加工。预氮化后的坯体虽有一定的强度，但不太高，而且又脆，因此在加工时最好用硬质合金刀具，进刀和车速都不宜太快，夹头也不能太紧。另外还需注意坯体不可与水接触。制品的最终形状和尺寸多在预氮化后加工完成。

（5）最终氮化烧成。最终氮化烧成是把经过机械加工至所需制品尺寸的坯体（烧成没有体积变化）置于氮化炉中进一步氮化烧结成制品。掌握好氮化的温度、气氛、时间等氮化制度，对制品最终烧结好坏是极其重要的。

1）氮化温度可采用低于硅熔点（1413℃）和高于硅熔点的分阶段保温氮化方法。如在1250℃、1350℃、1450℃几个阶段保温。氮化反应首先在硅粉颗粒表面开始，氮向颗粒内部扩散而逐步完成。因此，在1250℃氮化时，先在硅颗粒表面生成相互紊乱交织的须发状α-Si$_3$N$_4$单晶晶粒，并逐渐形成交织的网状，填满坯体中颗粒之间的间隙，而支撑未反应的硅颗粒，从而使整个坯体具有一定的强度。待温度继续升高，进一步的氮化可能有两种情况：一是温度升高至硅熔点以上的1450℃，此时硅熔化成液体，氮气通过多孔性的氮化硅网络结构与熔融的硅发生气-固-液三相反应。由于在1450℃下的反应速率很快，故生成的氮化硅不像低温时那样形成由须状单晶组成的网络，而是一种硬度和密度都比较高的氮化硅颗粒。即形成一种在较为柔软的网络状氮化硅基底上分散着许多孤岛状的坚硬致密的氮化硅颗粒。不过在直接升温至硅熔点以上之前，坯体中应有30%~40%的原始硅已经氮化，否则最后形成的结构就不牢固，由于熔融硅的流动导致坯体变形坍塌。另一种情况是始终在低于硅熔点的温度下（如1350~1400℃）长时间氮化，只通过氮气-固相硅颗粒反应，使原来形成的网络结构的氮化硅继续发展壮大，逐渐致密，最后形成一种坚硬的氮化硅骨架。

2）氮化气氛可用纯氮气、氨气或用氢气和氮气的混合气体。比较好的是用氢氮混合气体，其比例为95%氮气和5%氢气。气体的流量视反应炉炉膛的容积及制品的尺寸大小而定。气体在通入反应炉之前要进行严格的脱水和脱氧处理，因为水和氧会与硅反应形成二氧化硅，从而影响坯体的氮化。处理时将气体通过各种干燥剂、分子筛及含铜屑的500℃脱氧炉。

由于氮与硅的反应是放热反应，放出的热量有723.8kJ/mol。而且在氮化初期的反应速率很快，往往由于放出大量热量使坯体内部的局部温度超过硅的熔点而使一部分硅熔融渗出，结果使制品的性能降低或造成报废。为了克服这一问题，在氮化初期的气氛中通入适量的氩气来降低反应速度，氩气的通入量约为氮气的2/3，通入的时间从1000℃开始，直到1350℃保温一段时间后关掉，恢复到95%氮气和5%氢气。

3）氮化时间。氮化初期的反应速率很快，如在1250℃氮化4h和在1350℃氮化8h后，坯体的氮化程度可达到51%。但如果继续在1350℃氮化8h，则氮化程度只增加10%。如果在高于硅熔点的1450℃氮化，则只需2h就可达到完全氮化。不过由于高于熔点，往往会出现坯体流硅现象。以上说明，坯体如在低温下氮化则需要很长的时间才能趋于完全，当然这在工艺上是不可取的。要做到在较短时间内完成氮化并保证质量，通常要求在硅熔化温度以下的氮化时间多于熔点以上的氮化时间。对于尺寸较厚的坯体，则在熔点以下的氮化时间更长些，以免在温度超过硅熔点以上时坯体中的部分硅熔融渗出，阻止氮气向坯内扩散。氮化时间大致为：1250℃，4~10h；1350℃，24~36h；1450℃，6~12h。当然，这不是绝对的，应按具体的制造条件而变化。

除了温度、时间、气氛等因素外，硅粉的纯度、硅粉的细度、素坯密度、坯体大小等也是影响反应烧结的重要因素，这些都应当加以考虑。

以上是最基本的反应烧结工艺，这个方法的特点是适宜制造形状复杂的制品，其缺点是制造周期长。由于氮化反应中体积膨胀，阻止氮气向坯体内部扩散，因而大尺寸厚壁坯体内部较难达到充分氮化。制品的体积密度较低，最高达 $2.8g/cm^3$，仅为理论值（$3.18g/cm^3$）的 80%~90%。其机械强度和高温蠕变性能不太理想。可在硅粉中加入一部分氮化硅、氧化铝、碳化硅、碳、氧化钇、氧化铝-氧化钛、氧化铝-氧化镁-氧化硅等物质，而不单纯用硅粉反应烧结。这样，不仅可缩短氮化时间，而且制品的性能也得到提高。表 9-21 为添加 Al_2O_3 与 Si_3N_4 经等静压硅坯体的氮化结果。从该表可见，加入这些添加剂后，游离硅的含量大大降低。

表 9-21 加入添加物的反应烧结 Si_3N_4

配料比例/%				氮化时间/h			氮化结果			
Si 0.074mm (-200目)	Si 0.038mm (-400目)	Si_3N_4	Al_2O_3	1250℃	1350℃	1450℃	游离Si含量/%	密度/g·cm⁻³	气孔率/%	抗折强度/MPa
40	60	—	—	4	32	24	2.51	2.53	14.2	192
40	55	5	—	4	20	12	0.92	2.61	11.7	215
40	45	15	—	4	20	12	0.86	2.57	13.5	186
40	30	30	—	4	20	12	0.71	2.45	18.7	175
40	55	—	5	4	20	12	0.79	2.51	16.1	—
40	45	—	15	4	20	12	0.24	2.57	14.5	203
40	30	—	30	4	20	12	0.25	2.62	14.3	199

b 热压法

用热压法可制造出具有接近理论密度的高强度制品。热压用的氮化硅粉是用硅粉氮化反应合成的。硅粉的处理和氮化大致与反应烧结工艺中的过程相同，只是可以省去预氮化而一次氮化完成。有时为了提高氮化硅粉的纯度，也可采取两次氮化的办法，即在氮化一次后，将其粉碎净化，再氮化一次，最后磨细，用于热压制造制品。

氮化硅粉在热压时，必须引入添加剂，以提高密度和制品性能。常用的添加物有氧化镁（MgO）和镁的化合物、氧化钇（Y_2O_3）等。其他有磷和铝或磷和镓的混合物，砷和铝或砷和镓的混合物，锌、钇、镧、氧化铝、氧化锆、氧化铪等。这些添加剂有的起着矿化剂的作用，有的起着助熔剂的作用。有的一方面在热压过程中使氮化硅粉末烧结致密，另一方面本身在热压烧结过程中挥发而消除。添加剂的加入量一般在 5%左右，最高不超过 10%。添加剂在热压前加入氮化硅物料中，必须充分混合，通常用酒精作介质在球磨筒中湿混。热压用的模具是用石墨做的，使用前在模腔壁上涂一层氮化硼粉，以防污染制品并容易脱模。氮化硅混合料装在石墨模中，在感应加热或辐射加热的热压炉中热压烧结。热压烧结的温度范围在 1750~1850℃，热压压力在 25~50MPa。表 9-22 列出了几种添加物对热压氮化硅性能的影响。

表 9-22 不同添加物对热压烧结氮化硅性能的影响

添加剂	加入量/%	热压温度/℃	热压压力/MPa	体积密度/g·cm⁻³	抗折强度/MPa	
					20℃	1300℃
MgO	5	1650	28	3.13	700	210
CaPO₄	5	1650	28	—	700	300
AlPO₄	5	1650	28	—	560	350
Zn	5	1740	28	3.20	455	—
Y₂O₃	2	1700	45	3.20	—	—

c 无压烧结氮化硅

无压烧结氮化硅是以高纯、超细、高 α 相的氮化硅粉与少量添加物经混合、干燥、过筛、成型和烧成等过程制备而成的。工艺过程与传统陶瓷类似,不同的是它的烧结在氮气氛中进行,炉内充以 101kPa 的 N_2。该工艺兼有热压和反应烧结法的优点,能获得形状复杂、性能优良的氮化硅制品。其缺点是烧成收缩较大,为 16%~26%,易使制品开裂、变形,增加冷加工成本。常压烧结氮化硅的过程主要包括三个阶段:颗粒重排阶段、溶解扩散-析出阶段以及封闭气孔排除阶段。

在常压烧结氮化硅中,通常采用亚微米级超细粉,烧结驱动力大;$\alpha-Si_3N_4$ 含量最好要大于 95%,以便在烧结过程中有足够的 α 相转变成长柱状的 $\beta-Si_3N_4$;氧含量要尽可能低,一般要求小于 2%;同时采用两种或两种以上的复合烧结助剂,可改善液相黏度,提高高温性能;还需要采用合适的埋粉,通常为 Si_3N_4、BN 和 MgO 的混合粉,能够有效地抑制 Si_3N_4 在高温下的分解;此外,烧结制度,包括烧结温度和保温时间,也需要精确的控制。

d 反应结合重烧结氮化硅

反应结合重烧结氮化硅是将反应结合氮化硅工艺和无压烧结氮化硅工艺的优点结合起来,即可减少烧结收缩,便于形状复杂部件的近净形烧结,又可获得高的强度和力学性能。反应结合重烧结氮化硅工艺主要分两个阶段,先反应烧结,后重烧结,受液相控制的是重烧结过程。

反应烧结阶段:在硅粉中加入助烧剂如 MgO、Y_2O_3、Al_2O_3 等,一般加入量约为 10%。成型后坯体经预氮化加工成所需形状的素坯,再按通常的反应结合工艺使素坯氮化烧结,这一阶段烧结助剂不起作用,烧结部件密度为理论密度值的 72%~88%。

重烧结阶段:将含有助烧剂的反应烧结坯件在氮气中进行高温重烧结,重烧结温度在 1700~1950℃之间。也需要采用埋粉方法,埋粉以 Si_3N_4 为主体(占 70%~90%),加 BN 粉 10% 左右,另可掺入 MgO、SiO_2 粉等,所用埋粉与坯件的质量比要达(3~4):1。高温下,埋粉产生的 SiO 气氛对抑制坯件失重是有利的。为了抑制 Si_3N_4 的高温分解,在重烧结过程中必须有较高的氮气压力,压力范围为 0.1~8MPa,在设备条件允许条件下一般采用高于常压的压力更有利于密度提高。重烧结阶段坯件的线收缩率为 5%~7%,远小于常压烧结 20% 左右的线收缩率,因此容易控制坯件尺寸的精度。反应结合重烧结工艺可以获得达到理论密度 98% 以上的致密的氮化硅烧结体,其抗弯强度可达 500~700MPa。

C 氮化硅的应用

氮化硅材料具有抗热震、高温蠕变小、结构稳定、电绝缘、化学性能稳定等特性，为一种非常有前途的材料，在冶金、航空、化工、阀门、半导体等工业部门中应用日益广泛。

在钢铁冶金中，可作为铸造容器、输送液态金属的管道、阀门、泵、热电偶测温套管以及冶炼用的坩埚、舟皿。在水平连铸技术中，作为连接中间包和结晶器的耐火部件。它对保持稳定的凝固点、提高铸坯表面质量有重要作用。因此要求此耐火部件必须能进行高精度的机械加工，以便能同结晶器准确连接，且要求有优良的抗热震能力，因为在浇铸过程中，这个部件既受钢液的加热，又受结晶器的冷却，其内部会产生很大的温度梯度。同时，在浇铸过程中要更换中间包是相当困难的，其浇铸能力取决于连接耐火部件的寿命，因此要求它具有耐侵蚀和耐磨损的能力，一般氧化物耐火材料不具备上述条件。而 Si_3N_4、BN 等材料具有相当优势。

在航天航空上，氮化硅用作火箭喷嘴和导弹尾喷管的衬垫以及其他部位的高温结构部件。Si_3N_4 陶瓷因密度较小、透波性能好、介电性能变化小，并且抗热震性和抗雨蚀性好，因此是新一代雷达天线罩的理想材料。

在机械工业中，用作涡轮叶片、汽车发动机叶片和翼面、高温轴承、金属切削刀具、挤压模等。其中 Si_3N_4 轴承与轴承钢对比具有如下特点：（1）密度低，只有轴承钢的 40% 左右，用作滚动体时，轴承旋转时受转动体作用产生的离心力减轻，有利于高速旋转；（2）线膨胀系数小，为轴承钢的 25%，可减小对温度变化的敏感性，使轴承工作速率范围更宽；（3）较高弹性模量（为轴承钢的 1.5 倍）和高抗压强度，有利于滚动轴承承受应力提高；（4）耐高温耐腐蚀及优良化学稳定性，适合于在高速、高温、耐腐蚀等特殊环境工作；（5）具有自润滑性，即使接触部油膜破裂也很难发生轴承黏着，故对于防止轴承的烧损可起到有利作用；（6）长寿命、低温升，提高轴承寿命。Si_3N_4 陶瓷轴承已在电镀设备、高速机床、医疗装置、化工设备、低温工程、风力发电等精密传动系统获得越来越多的应用。

在化工工业上，用作各种化工泵的机械密封件以及在腐蚀性介质中工作的阀门。化工泵在工作过程中，旋转轴与泵壳间做相对转动的机械密封件端面受腐蚀和磨损容易造成泄漏，若采用反应烧结 Si_3N_4 陶瓷作为密封件，比传统的材料（如铸铁、不锈钢、锡青铜、石墨、聚四氟乙烯）寿命大大提高。在输送腐蚀性液体的全封闭磁力泵中，用 Si_3N_4 陶瓷作直接接触液体的心轴和止推环不会因腐蚀而不润滑，达到长期工作。此外，Si_3N_4 陶瓷可用作球阀、泵体、油压无隔膜柱塞泵的柱塞、其他密封件、喷嘴、过滤器、蒸发皿等。

在半导体工业中，用于制作电路基板、耐高温和温度剧变的电绝缘体以及区域熔融和晶体生长的坩埚舟皿；并在电视机制造中用作彩波管。与目前电动汽车及轨道交通电力电子控制用的氮化铝或氧化铝基板相比，氮化硅基板的强度和断裂韧性明显提高，其使用寿命大幅提高；同时使用氮化硅基板也令整个电子控制模块的寿命大大提升。

9.3.3.2 赛隆与氮氧化硅

20 世纪 70 年代初期，科研工作者在研究用 Al_2O_3 作为 Si_3N_4 的烧结添加物时发现，当 Al_2O_3 添加过量时出现了一种类似 β-Si_3N_4 结构含有 Si、Al、O、N 四个元素的新的物相。在 Si_3N_4-Al_2O_3 系、Si_3N_4-Al_2O_3-Li_2O 系、Si_3N_4-Al_2O_3-AlN 系的高温烧结产物中也都存在

这种固溶体物相，这种物相被称为"赛隆"（Sialon）。英文 Sialon 是由 Si、Al、O、N 四种元素的字母组合而成。当组成中没有 Al 时，可形成氮氧化硅 Si_2N_2O。

A　赛隆的组成、结构及性质

赛隆是 Al、O 固溶到 Si_3N_4 中而形成的固溶体的通称，可分为 β-Sialon、α-Sialon、O′-Sialon 和 Sialon 多型体等四种类型。可分别简写为 β′、α′和 O′。

β 相 Sialon 晶体结构是由 ［SiN_4］四面体通过顶角相连在空间三个方向连成网状结构，类似于 SiO_2 结构。由于 Si—N 键和 Al—O 键的键长分别为 1.74×10^{-10} m 和 1.75×10^{-10} m，从结晶化学角度，键长相近容易取代。因此，在 Si_3N_4 晶格中，［SiN_4］四面体中的 Si 被 Al 取代的同时，N 能被 O 取代，即 $Si^{4+} + N^{3-} \rightarrow Al^{3+} + O^{2-}$。从另一角度，Sialon 又可视为铝硅酸中的 O 被部分 N 取代。图 9-24 为 β-Sialon 晶体结构示意图。

Al-Si-O-N 系可用等边四面体来表示，4 种元素位于 4 个顶点上，4 个二元化合物 SiO_2、Al_2O_3、AlN、Si_3N_4 位于相应的四条棱上，4 个元素中全部可能的组合都分布在由 Si_3N_4-SiO_2-Al_2O_3-AlN 构成的面上，如图 9-25 所示。

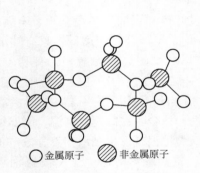

○ 金属原子　　▨ 非金属原子

图 9-24　β-Sialon 晶体结构

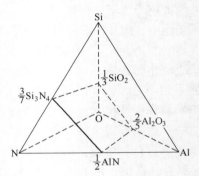

图 9-25　Al-Si-O-N 系相图

β-Sialon 是由 β-Si_3N_4 中的 Si、N 被 Al、O 所取代而形成的，这是最重要的赛隆相。α-Sialon 是氮化硅的固溶体，O′-Sialon 是 Si_3N_4O 的固溶体。此外 Mg、Y、La 等金属也可进入赛隆的晶格而形成镁赛隆、钇赛隆等。

赛隆相不同，熔点和分解温度都不相同，其中最稳定的是 β-Sialon。β-Sialon 具有与 β-Si_3N_4 相类似的结构，属六方晶系，结晶形状为六方柱状晶体，但比 β-Si_3N_4 晶体粗大。从晶格常数看，β-Si_3N_4 与 β-Sialon 只是在 c 轴上略有差异（c_0 值分别为 0.291nm、0.298nm），其他各轴几乎相等。Al 固溶到 β-Si_3N_4 中的数量越多，β-Sialon 的晶体发育越完整。通过 X 射线衍射分析表明，β-Sialon 的特征峰与 β-Si_3N_4 在低角度区间几乎重合，即使在高角度范围其位置也很接近。

B　β-Sialon 的基本性质

β-Sialon 分子式可表示为：$Si_{6-z}Al_zO_zN_{8-z}$，Z 为 β-Si_3N_4 中 Si 原子被 Al 原子取代的数目，在常压下 $0 < Z \leqslant 4.2$，大多数情况下 Z 都小于 3。即真正的 β-Sialon 单相固溶体应该是当 Al_2O_3 和 AlN 以摩尔比为 1:1 形式同时加入 Si_3N_4 中（金属离子与非金属离子之比为 3:4 时），实现 Al—N 键和 Al—O 键对 Si—N 键的取代后才形成的，如图 9-26 所示。

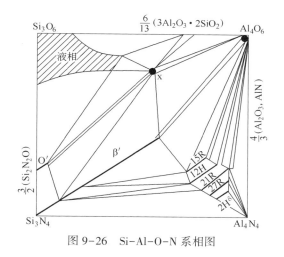

图 9-26 Si-Al-O-N 系相图

β-Sialon 是 β-Si_3N_4 的固溶体，因此它们具有非常相似的性质，凡是 Si_3N_4 具备的优点，β-Sialon 都具备。表 9-23 为 $Z=3$ 的 β-Sialon 的基本性质。

表 9-23 β-Sialon（$Z=3$）的基本性质

密度 /g·cm^{-3}	硬度 （HV0.5，20℃）	常温抗折强度 /MPa	常温耐压强度 /MPa	弹性模量 /GPa	线膨胀系数 （0~1200℃）/℃$^{-1}$	导热系数（20℃） /W·(m·K)$^{-1}$
3.259	1800	945	3500	300	3.04×10^{-6}	22

β-Sialon 的线膨胀系数低于 β-Si_3N_4，更容易烧结，导热系数比 β-Si_3N_4 低得多，热震稳定性优于 β-Si_3N_4，但随着组分中 AlN、Al_2O_3 量的增加而降低。其抗氧化性能也优于 β-Si_3N_4。

β-Sialon 的烧结是通过液相进行的，烧结结束时，部分液相组分可固溶进入氮化硅晶格。同时可减少氮化硅正常制备条件下的挥发分解及晶粒长大，使 β-Sialon 具有细晶粒结构。

β-Sialon 的性质与 Z 值有关，Z 值增大则晶胞尺寸增大，致使键强减弱、结构疏松，密度、杨氏模量、抗折强度及线膨胀系数都下降。例如，当 Z 值从零增加到 4.2 时，密度从 3.2g/cm^3 降到 3.05g/cm^3，弹性模量从 300GPa 降到 200GPa，硬度从 15GPa 降到 13GPa，抗折强度从 450GPa 降到 400GPa，线膨胀系数从 3.4×10^{-6}℃$^{-1}$ 降到 2.4×10^{-6}℃$^{-1}$。Z 值是 β-Sialon 生产的关键参数。控制 Si_3N_4-Al_2O_3-AlN 系的组成，能得到单相（$Z=2$）高密度的烧结体。

对 $Z=1$ 的组成，能得到单相，但致密化不充分；对 $Z=3$、4 的组成，虽能达到理论密度，但晶界上存在着不能完全固溶物质，得不到单相的烧结体，β-Sialon 中含有一定量 Al_2O_3，故材料具有较好的抗氧化性。

图 9-27 为在 1400℃下的干燥空气中 Si_3N_4、β-Sialon 和热压 SiC 的抗氧化性对比。由于 β-Sialon 颗粒周围形成 SiO_2 或莫来石膜使其抗氧化性优于 Si_3N_4，与热压 SiC 接近。对于铝、铁、铜、锌等熔融金属及硫酸盐和碱，β-Sialon 显示出优良的抗侵蚀能力。

β-Sialon 材料中，不论 Al 和 O 取代了多少数量的 Si 和 N，β-Sialon 中的 Al 是 4 配位的，Al_2O_3 中的 Al 是 6 配位的，故 β-Sialon 中 Al-O 的键强约比 Al_2O_3 中的高 50%。当 β-Si_3N_4 中的 Si 被 Al 取代的量以当量百分数 "k" 来表示时，k 值变化为 $0 \sim 64\%$。k 值与 Z 值换算公式为：

$$k = \frac{3Z}{24 - Z} \qquad Z = 0 \sim 0.42 \qquad (9\text{-}41)$$

$$Z = \frac{24k}{3 + k} \qquad k = 0 \sim 0.64 \qquad (9\text{-}42)$$

β-Sialon 的单位晶胞尺寸随 Z 值变化。由于 β-Sialon 制备过程中发生一系列物理化学变化，因此，材料设计的组成与最终得到的成品实际组成有偏离，而使 Z 值改变。

硅和铝是地球上最丰富的金属元素，氧与氮又是组成大气的两种主要元素，所以 Sialon 的原始原料很丰富。但为进一步降低成本，开展以矿物原料为先驱原料合成的研究是很有价值的。其反应式如下：

$$Al_2O_3 \cdot 4SiO_2，叶蜡石 + 9C + 3N_2 \longrightarrow Si_4Al_2O_2N_6 + 9CO \qquad Z = 2 \qquad (9\text{-}43)$$

$$3(Al_2O_3 \cdot 2SiO_2，高岭土) + 15C + 5N_2 \longrightarrow 2Si_3Al_3O_3N_5 + 15CO \qquad Z = 3 \qquad (9\text{-}44)$$

$$2(Al_2O_3 \cdot SiO_2，硅线石) + 6C + 3N_2 \longrightarrow Si_2Al_4O_4N_4 + 6CO \qquad Z = 4 \qquad (9\text{-}45)$$

$$2(SiO_2，火山灰) + 4Al + 2N_2 \longrightarrow Si_2Al_4O_4N_4 \qquad Z = 4 \qquad (9\text{-}46)$$

当用高岭土作为原料制备 β-Sialon 时，Z 值应为 3，但有研究发现，在相同的制备条件下，原料中的 SiO_2/Al_2O_3 摩尔比对 β-Sialon 中的 x 值的影响很大，如图 9-28 所示。

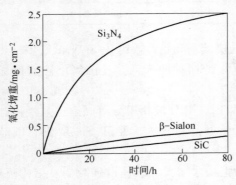

图 9-27　几种材料抗氧化性比较

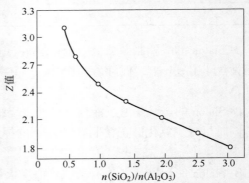

图 9-28　β-Sialon 的 Z 值与高岭土中 SiO_2/Al_2O_3 摩尔比的关系

C　α-Sialon 的基本性质

α-Sialon 的分子式可表示为：$M_x(Si，Al)_{12}(O，N)_{16}$，式中 M 为填隙的金属离子，$x$ 为填隙量，$x \leqslant 2$。如 Y^{3+} 填隙的 Y-Sialon 中，其 x 值为 $0.33 \sim 0.67$。α-Sialon 的分子式也可以写为：$M_xSi_{12-(m+n)}Al_{m+n}O_nN_{16-n}$。表示 m 个（Si—N）键被 m 个（Al—N）键取代，n 个（Si—N）键被 n 个（Al—O）键取代。取代后引起价态不平衡，则由大离子的填隙来补偿，以维持晶胞的电中性。式中 $0 \leqslant m \leqslant 12$，$1 \leqslant n \leqslant 16$，$m = kx$，$k$ 为填隙金属原子的化学价。对无氧 α-Sialon 分子式为 $M_xSi_{12-m}Al_mN_{16}$（即 $n = 0$）。

β-Sialon 可视为 α-Sialon 中 $x = 0$ 的特例。写成：$Si_{12-n}Al_nO_nN_{16-n}$。无论 β-Sialon 或 α-Sialon，在取代时都必须满足 R^+（金属离子）：R^-（非金属离子）之比为 3：4。但从结构

上讲，β-Sialon 中，Al—O 键取代 Si—N 键多，Al—N 键取代 Si—N 键少，而 α-Sialon 中，Al—O 键取代 Si—N 键少，而 Al—N 键取代 Si—N 键多。因此，α-Sialon 比 β-Sialon 更富氮。另外，α-Sialon 可从合适的氮化物混合物制得，也可从由适当配比的氮化物与氧化物混合物来制得。这说明 α-Sialon 比 β-Sialon 更富氮。由于 Al—N 键的键长是 1.87×10^{-10} m，比 Si—N 键与 Al—O 键长，因此当 α-Sialon→β-Sialon 时，单位晶胞尺寸增长比 β-Sialon 生长时增长得多。其晶胞尺寸变化可用下列式子表示：

$$\Delta a = 0.0045m + 0.0009n \tag{9-47}$$

$$\Delta c = 0.001m - 0.0008n \tag{9-48}$$

α-Sialon 材料最大特点是它的硬度高，比一般 β-Si$_3$N$_4$ 或 β-Sialon 材料的 HR$_A$（洛氏硬度）要高 1~2 度。例如 β-Si$_3$N$_4$ 或 β-Sialon 的 HR$_A$ 为 91~92，而 α-Sialon 达到 93~94；抗热震性较好；另外还具有良好的抗氧化性和高温性能。但由于晶粒接近等轴状，强度要比 β-Sialon 材料的低。

D O'-Sialon 的基本性质

O'-Sialon 是 Si$_2$N$_2$O 与 Al$_2$O$_3$固溶体。其形成区域见图 9-29。分子式为 Si$_{2-z}$Al$_z$O$_{1+z}$N$_{2-z}$。研究表明，Al$_2$O$_3$ 在 Si$_2$N$_2$O 中的固溶量（摩尔分数）为 10%~15%，几乎不引起结构上的改变。采用 Y$_2$O$_3$ 作 Si$_2$N$_2$O 材料的烧结助剂时，能在较低温度下，通过无压烧结得到致密的 O'-Sialon 材料。由于结构上的特点及含有较多的氧，所以该材料线膨胀系数低，抗氧化性良好。在三种 Sialon 材料中，O'-Sialon 材料的抗氧化性最佳。

单相 Sialon 陶瓷性能往往满足不了人们需要。因此，借助于陶瓷系统相平衡和结晶化学知识，选择合理组成和工艺条件，可以制备具有不同性能的复相陶瓷。目前研究得较多的有 β'+α' 材料，β'+O' 材料，或以 α' 相为主的 α'+β' 材料。图 9-29（图中 M 为金属或阳离子）表明了 β' 与 α' 之间有较宽的二相共存区，从而在热力学上证明，这种 β'-α' 复相陶瓷材料设计是可行的。

图 9-30 表明，在 β'+α' 复相陶瓷中，材料的硬度随着 α' 含量增加而明显增加。故可根据需要，选择不同 β'：α' 含量，使材料具有所要求的硬度。由于 β' 型晶胞 a 轴 0.761nm 与 c 轴 0.291nm 相差较大，晶形是长柱状。α' 型晶胞 a 轴 0.776nm 与 c 轴 0.562nm 相差较小，晶形是短柱状。长柱状晶粒 a 与 c 之比越大，对材料强度贡献越大，因此 β' 材料的强度一般比 α' 高。通过控制添加剂的量适当调节 β'/α' 的数值，可制得具有最佳强度和硬度的材料。

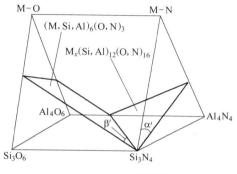

图 9-29 β'+α' 相区关系

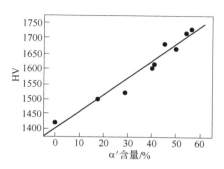

图 9-30 复相 Sialon 陶瓷的硬度与 α' 含量的关系

　　O′材料强度虽较低，但具有最佳抗氧化性，依据配方选择，制得以β′为主相、O′为次相的复相陶瓷，可使材料既有一定的强度，又能在氧化气氛下长时间使用。

　　E　Sialon 多型体

　　当 Sialon 组成位于β′和 AlN 之间区域（图9-26），有6种不同的相，用 Ramsdell 记号描述：15R、12H、21R、27R 和 2H$^\delta$（还有图中未标的 8H）称为 Sialon 多型体。它们具有纤锌矿型的 AlN 结构，故也称为 AlN 多型体。它们具有两种晶系，一种是六方，用 H 表示，另一种是斜方，用 R 表示。六方结构的每一单位晶胞由两个基块组成，斜方晶胞由3个基块组成。它们的分子式可用 M_mX_{m+1} 表示。例如，12H 的每个六方晶胞中有两个基块，每个基块内6层阳离子同其相应的阴离子交替堆积而成层状结构。21R 则由3个含有7层类似离子层的基块所组成。这些 AlN 多型体在材料的显微结构中往往呈长柱状晶粒出现，有利于提高材料的强度和增加韧性。

　　F　赛隆制品的制备与应用

　　制备赛隆制品的主要原料是氮化硅、氮化铝和氧化铝。根据产品要求，可用常压烧结法和热压法。常压烧结法适用于大量生产形状复杂的制品，制品的体积密度约为理论密度的90%以上，比热压烧结制品的气孔率高而强度低。

　　Sialon 材料在工业生产中最成功的应用是作切削金属的刀具。已用于车、铣、削铸铁和银基合金。Sialon 比钴结合的碳化钨硬质合金和氧化铝陶瓷具有更高的红硬性（是指外部受热升温时材料仍能维持高硬度的功能）。所制刀具可进行更高速度的切削，刀尖处最高承受温度可达1000℃。

　　优良的耐热冲击性、高的高温强度和好的电绝缘性三者结合使 Sialon 材料很适合制作焊接工具，其高的耐磨性又适合制作车辆底盘上的定位销。常用的淬硬钢销可进行的操作次数为7000次，相当于用一个工作日。而用 Sialon 销操作次数可超过 5×10^7 次，即使用寿命为1年，且无磨损痕迹。

　　在冷态或热态的金属挤压模中，用 Sialon 材料作模具的内衬，可明显改进挤出成品的光洁度、尺寸精度，并可采用更高挤出速度。应用 Sialon 材料可以挤压铜、黄铜、青铜棒。在有或没有润滑剂的条件下，Sialon 材料可与许多金属材料配对，组成摩擦副。还可以用作拉管子的模子和心棒，比用碳化钨的生产效率高。由于该材料具有抗熔融金属腐蚀能力，故可用于金属浇铸和金属喷雾设备中的部件，也可作拉磷化镓单晶舟。用 Sialon 材料制作的汽车部件，如燃料针形阀和挺柱的填片经过60000km运转，挺柱的磨损小于0.75μm。

9.3.3.3　氮化物结合耐火材料

　　氮化物结合耐火材料是以氮化物为结合相（基质）的耐火材料。最常见的有氮化物结合的 SiC 及刚玉耐火材料。它们是以碳化硅或刚玉等颗粒为骨料，以氮化硅（Si_3N_4）、氧氮化硅（Si_2N_2O）和赛隆为结合相的高级耐火材料。根据结合方式的不同，分为 Si_3N_4 结合 SiC 制品、Sialon 结合 SiC 制品、Sialon 结合刚玉制品和 Si_2N_2O 结合 SiC 制品等。

　　与氧化物耐火材料相比，氮化物结合耐火材料具有高温强度高、抗高温蠕变能力和抗渣侵蚀能力强的特点，广泛应用于大型炼铁高炉、铝电解槽、陶瓷窑具和锅炉等行业。

　　A　Si_3N_4 结合 SiC 制品

　　Si_3N_4 结合 SiC 制品是指以单质硅粉和不同粒度级配的 SiC 为主要原料，经混练成型在氮气气氛中通过氮化反应原位形成 Si_3N_4 结合相的碳化硅制品。

Si₃N₄结合 SiC 制品主晶相为 SiC，次晶相为 α-Si₃N₄ 和 β-Si₃N₄，通常含有少量或微量的 Si_2N_2O 和未反应游离 Si。Si₃N₄结合 SiC 的透射电镜照片如图 9-31 所示。

图 9-31　Si₃N₄结合 SiC 的透射电镜照片
1—晶须与晶体界面；2—三晶交界

B　赛隆结合碳化硅制品

赛隆结合碳化硅制品是以单质硅粉、氧化铝粉和不同粒度级配的碳化硅为主要原料，经混练成型在氮气气氛中通过氮化反应烧结形成以 β-赛隆为结合相的碳化硅制品。

Sialon 结合 SiC 制品的主晶相为 SiC，次晶相为 β-Sialon，烧结不好的制品中还有少量残余的 Al₂O₃。在显微结构上，Sialon 结合 SiC 与 Si₃N₄结合 SiC 存在较大差异，β-Sialon 晶体主要呈条柱状或短柱状，并在三维空间形成连续的网络将 SiC 颗粒紧密结合，而 Si₃N₄结合 SiC 制品中，Si₃N₄晶体主要为纤维状，这些晶体比表面积大，表面活性高，抗氧化性和抗渣侵蚀性不如柱状 β-Sialon 晶体的好。因此 Sialon 结合 SiC 制品具有比 Si₃N₄结合 SiC 制品更好的抗氧化性和抗渣性，是现代大型高炉炉腹、炉腰和炉身等苛刻部位用耐火材料。

C　赛隆结合刚玉制品

赛隆结合刚玉制品是以单质硅粉、氧化铝粉和不同粒度级配的刚玉为主要原料，经混练成型在氮气气氛中通过氮化反应烧结成以 β-Sialon 为结合相的刚玉制品。其主晶相为刚玉，次晶相为 β-Sialon。由于 β-Sialon 是富铝的环境下形成的，晶体生长发育程度好于赛隆结合 SiC 制品中的 β-Sialon，呈典型的六方长柱状，柱状 β-Sialon 相互交织将刚玉颗粒结合在一起。

D　氧氮化硅结合碳化硅制品

氧氮化硅结合碳化硅制品是以单质硅粉、二氧化硅和不同粒度级配的碳化硅为主要原料，经混练成型在氮气气氛中通过氮化反应烧结形成以 Si₂N₂O 作为结合相的碳化硅制品。其主晶相为 SiC，次晶相为 Si₂N₂O。显微结构特征为六方板状 Si₂N₂O 结合相以 [SiN₃O] 四面体包裹并与 SiC 粗颗粒形成紧密结合，这种显微结构对材料的长期抗氧化性有利。

E　氮化物结合耐火材料的基本生产工艺

a　原料

生产氮化物结合耐火材料的主要原料有工业硅粉、碳化硅、刚玉、氧化铝粉和二氧化硅粉等，原料的化学成分见表 9-24。

表 9-24　原料成分指标

硅粉/%	碳化硅/%	刚玉/%	氧化铝粉/%	二氧化硅粉/%
Si≥98	SiC≥98	Al_2O_3≥98.5	Al_2O_3≥99.3	SiO_2≥98
Al≤0.5	F.C≤0.4	SiO_2≤0.5	SiO_2≤0.15	Fe_2O_3≤0.5
Fe≤0.6	游离Si≤0.5	Fe_2O_3≤0.3	Fe_2O_3≤0.1	Al_2O_3≤0.5
Ca≤0.3	SiO_2≤0.5	R_2O≤0.3	R_2O≤0.1	—

b　工艺原理

Si_3N_4、Sialon、Si_2N_2O 等共价化合物难以烧结，合成成本高。目前氮化物结合耐火材料基本上都是采用反应烧结法原位生成所需的结合相。其工艺原理是：在一定粒度组成的工业 SiC 或刚玉物料中，按所设计的结合相的组成，分别加入一定量的 Si 粉、Al_2O_3 细粉、SiO_2 细粉和适当的添加剂，经混练成型后，在高纯氮气气氛中于 1400～1600℃进行烧结。在烧结过程中，将发生如下化学反应：

形成 Si_3N_4：　　　　　　　　　　　$3Si+2N_2 \longrightarrow Si_3N_4$

形成 Sialon：　　$(6-Z)Si_3N_4+Z(Al_2O_3+AlN) \longrightarrow 3Si_{6-z}Al_zO_zN_{8-z}$

形成 Si_2N_2O：　　　　　　　　　$3Si+SiO_2+2N_2 \longrightarrow 2Si_2N_2O$

可见，氮化物结合耐火材料的烧结过程是通过氮化物的原位生成来实现的，反应生成的 Si_3N_4、Sialon 和 Si_2N_2O 将 SiC 或刚玉颗粒牢固结合，使得制品具有良好的性能。

c　生产工艺

氮化物结合耐火材料生产工艺流程如图 9-32 所示。

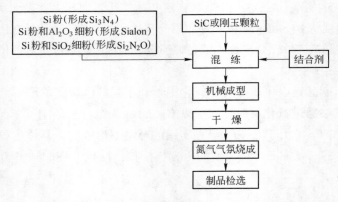

图 9-32　氮化物结合耐火材料反应烧结制品工艺流程

（1）混练。一般采用行星式混碾机进行物料的混练。先将称好的颗粒料加入混碾机中预混 2～3min，然后加入一定量的临时结合剂和水再混合 2～3min，最后加入预先混合均匀的各种细粉物料，充分混合搅拌 15～20min，过筛后放入料斗中并密闭困料 24h 以上。混练过程要严格控制加水量，加水量过高，成型时砖坯易产生层裂。加水量过低，砖坯成型密度低，会降低氮化烧成后制品的强度和抗侵蚀性能。加水量受季节的影响较大，一般夏天要适当增加加水量，冬天要适当减少加水量。

（2）成型。常用的成型设备有加压振动型机和摩擦压砖机。振动成型机的加压台面大，主要用于大规格尺寸的铝电解槽用 Si_3N_4 结合 SiC 制品和陶瓷窑具用 Si_3N_4 和 Si_2N_2O 结合 SiC 制品的成型。

摩擦压砖机操作灵活、压力大、效率高，适用于批量大、砖型小、密度高的炼铁高炉用氮化硅结合碳化硅、赛隆结合碳化硅和赛隆结合刚玉砖的压制成型。成型过程需要控制的主要工艺参数是坯体密度，加压振动成型机通过调节振幅、频率及加压力的大小和振动时间来控制坯体的密度；摩擦压砖机通过控制锤打次数来调节坯体密度。

（3）干燥。干燥过程中要确保坯体受热温度均匀，防止干燥过程中出现鼓包或开裂。应进行阶段性干燥升温，分别在 60℃、90℃ 和 120℃ 进行保温，同时严格控制升温速率。干燥时间与坯体的厚度有关，坯体越厚，干燥时间越长。坯体的干燥残余水分控制在 0.5% 以下。

（4）氮化烧成。氮化烧成是氮化物结合耐火材料的关键步骤。无论 Si_3N_4 结合 SiC、Sialon 结合 SiC、Si_2N_2O 结合 SiC，还是 Sialon 结合刚玉，其原始物料含有一定量的单质硅粉。1100~1300℃ 是硅粉与通入的氮气剧烈反应的温度区间，并放出大量热量，由于气固系中温度平衡较慢，极易造成局部积热。只要坯体的某个局部升温过快，来不及反应完全就达到硅熔点温度（1413℃），就会造成硅粉熔融，聚成液团，妨碍继续氮化。一些较小的硅熔团会因无法氮化而作为游离硅残存于坯体内，同时形成空洞，影响制品的质量。若有大量的熔团产生，则会产生严重的流硅现象，液态硅从坯体表面溢出，严重影响产品的质量。因此，控制硅粉氮化反应进程是保证最后烧结体质量的关键。

硅的氮化是一个放热反应。1100~1300℃ 是剧烈放热阶段，在 1180℃ 和 1280℃ 存在两个放热峰，在生产过程中要严格控制该温度段的升温速度并在该温度区间选择合适的温度进行较长时间保温，各温度段保温时间的长短与制品的厚度有关，升温速率也以不超过 50℃/h 为宜。在该温度区间，单质硅的氮化率达 60%~70%，此时坯体中初步形成以氮化硅为基质结构网络，进一步提高温度也不再会出现流硅现象。剩余 30%~40% 未氮化的硅在 1400℃ 以上高温进行充分氮化。一般来说，在 1300℃ 以前生成的氮化硅以纤维状或针状 $\alpha\text{-}Si_3N_4$ 为主，1400℃ 以后生成的氮化硅以粒状或棒状 $\beta\text{-}Si_3N_4$ 为主。最终烧结体中 $\alpha\text{-}Si_3N_4$ 和 $\beta\text{-}Si_3N_4$ 共存。

若要生成 Si_2N_2O 和 Sialon，在硅粉完全氮化之后还需进一步升高烧成温度，以使 Al_2O_3 固溶到 Si_3N_4 晶格中形成 Sialon，SiO_2 进一步与 Si_3N_4 发生反应形成 Si_2N_2O。

在氮化过程中，由于氮化物的形成阻塞气孔，使 N_2 难于进入制品的内部进行氮化反应，因而使制品的厚度受到限制。提高氮化的深度，保证制品的厚度以及氮化的均匀度是氮化物制品制备技术一个关键所在。为此，从配料、成型及烧成各工序都需要调整与控制。这一点是生产氮化物结合制品与一般制品的重要不同之处。

此外，由于在成型过程中加入少量结合剂，因此，在有些工艺中，在烧结前期采用弱氧化气氛以除去有机结合剂。

d 氮化物结合耐火材料的性能与应用

Si_3N_4 结合 SiC、Sialon 结合 SiC、Si_2N_2O 结合 SiC、Sialon 结合刚玉等氮化物结合耐火材料主要用于大型高炉、铝电解槽、陶瓷窑具等行业。表 9-25 和表 9-26 分别为国内外生产的高炉和铝电解槽用氮化硅结合耐火材料的典型性能的比较。

表 9-25 高炉用氮化物结合耐火材料的理化指标

指 标		制品 1	制品 2	制品 3	制品 4	制品 5	制品 6
结合相		Si_3N_4	β-Sialon	β-Sialon	Si_3N_4	β-Sialon	β-Sialon
体积密度/$g \cdot cm^{-3}$		2.73	2.70	3.23	2.65	2.70	3.21
显气孔率/%		13	15	12	14.3	14	13
耐压强度/MPa		228.6	220.2	192	161	213	150
抗折强度 /MPa	常温	57.2	52.7	17.6	43	47	15.4
	1400℃	65.2	49.8	33.5	54（1350℃）	47（1350℃）	29.5
导热系数 /$W \cdot (m \cdot K)^{-1}$	800℃	18.6	19.4	3.49	16.3（1000℃）	20	3.5（1000℃）
	1200℃	15.7	16	4.25	16.9	17	—
线膨胀系数 （20~1000℃）/℃$^{-1}$		$4.5×10^{-6}$	$5.1×10^{-6}$	$5.9×10^{-6}$	$4.7×10^{-6}$	$5.1×10^{-6}$	$6.6×10^{-6}$
化学成分 /%	SiC	74.6	>70	84.94/Al_2O_3	75.6	—	84.91/Al_2O_3
	Si_3N_4	22.80		6.07/N	20.6		6.10/N
	Sialon	—	>20				
	Si	0.42	0.39	0.73			0.68
	Fe_2O_3	0.25	0.31	0.09	0.5		0.17

表 9-26 铝电解槽用 Si_3N_4 结合 SiC 制品的理化指标

指 标		制品 1	制品 2
结合相		Si_3N_4	Si_3N_4
体积密度/$g \cdot cm^{-3}$		2.71	2.65
显气孔率/%		14	14.3
耐压强度/MPa		223	161
抗折强度 /MPa	常温	54.7	43
	1400℃	58.2	54（1350℃）
导热系数 /$W \cdot (m \cdot K)^{-1}$	1000℃	18.1	16.3
	1200℃	17.4	16.9
线膨胀系数（20~1000℃）/℃$^{-1}$		$4.6×10^{-6}$	$4.7×10^{-6}$
化学成分 /%	SiC	75.62	75.6
	Si_3N_4	20.96	20.6
	Si	0.28	—
	Fe_2O_3	0.36	0.5

Si_3N_4 结合 SiC 和 Sialon 结合 SiC 制品具有高温强度高、抗渣与抗碱侵蚀能力强、热震稳定性好和导热能力强的优点，适用于渣侵蚀、碱金属侵蚀、炉料和煤气流的冲刷、磨损以及由于高温波动所产生的热震破坏作用严重的炼铁高炉的炉腹至炉身中下部位。此外，

Si_3N_4结合 SiC 制品具有比普通炭块更好的抗冰晶石侵蚀和冲刷、抗氧化性和导热性，主要用在大型预焙铝电解槽侧墙上，也可用于锌、铜和铅等冶炼以及窑具等行业。

Sialon 结合 SiC 及刚玉制品主要用在炼铁高炉的炉缸部位和 COREX 熔融还原炉（中国称欧冶炉）。与现有高炉炉缸用刚玉莫来石、刚玉预制块和塑性相复合刚玉砖相比，赛隆结合刚玉砖具有更为优良的抗热震性能和抗渣碱侵蚀性能及较高的高温强度，是高炉炉缸内衬用理想耐火材料。也可以用于陶瓷及电子材料工业中作为窑具材料。

Si_2N_2O 结合 SiC 制品具有比 Si_3N_4 结合 SiC 制品更好的抗氧化性和抗热震性，主要用于电力行业锅炉内衬、陶瓷及电子工业用窑具等。

9.3.4 硼化物质特种耐火材料

硼元素可与许多金属元素形成硼化物，其原子配比变化范围为 $M_5 \sim M_{12}$（M 代表金属）。按晶体结构可分为两大类。

（1）贫硼类硼化物（$M_3B \sim M_2B$）。这类硼化物属六方晶系，其晶格结构主要呈现三棱柱特征。其中金属原子以六角密堆形式排列，硼原子按一定规律隔面取代排面上的金属原子。根据硼原子取代金属原子的多少，硼原子之间可以是孤立、成对、单链、双链和网状结构，见表 9-27。当硼原子为二维网状结构时，硼原子面和金属原子面交替出现。

表 9-27 硼化物晶体结构

单元	晶体结构	原子配比	实例	B—B 链长/nm
孤立 B 原子	• • • • • • •	M_4B	Mn_4B	<0.21
		M_3B	Co_3B、Ni_3B	<0.21
		M_2B	Be_2B	0.330
成对 B 原子	⊶ ⌇ ⊶	M_3B_2	V_3B_2	0.179
单链	∿∿∿∿	MB	FeB	0.177
双链	⬡⬡⬡	M_3B_4	Ta_3B_4、Cr_3B_4	—
网状面	⬡⬡⬡⬡	M_2B	Ti_2B、Y_2B	0.175、0.190

（2）富硼类硼化物（$M_2B \sim MB_{12}$）。主要呈刚性结构，在硼原子二维网状结构中，若硼原子数继续增加，即出现硼八面体。硼八面体的顶点在金属原子面中，二维硼原子面结构逐渐转变为刚性极强的三维共价硼原子结构，MB_4 即属这种结构。MB_6 属立方晶系，硼八面体处于由金属原子构成的简单立方格子的体心。MB_{12} 也属立方晶系，存在分别由金属原子和立方八面体 B_{12} 组成的两套面心立方格子。

9.3.4.1 硼化物的性质

作为结构陶瓷使用的硼化物，一般为硼和过渡金属形成的二硼化物，其大多数属于六方晶系 C32 型结构（如 TiB_2、ZrB_2、VB_2、CrB_2、MnB_2 等）。核磁共振研究表明，二硼化物中电子发生转移形成 $M^{2+}(B^-)_2$。在这种硼原子面和金属原子面交替出现的二维网状结构中（B^-）外层有 4 个电子，每个（B^-）与另外三个（B^-）以 σ 键结合，多余的一个电子形成 π 键。这种类似于石墨的硼原子层状结构和（M^{2+}）外层电子构造决定了二硼化物具有良好的导电性和金属光泽，而硼原子面和金属原子面之间的 M—B 离子键决定了其脆性和高硬度。二硼化物的主要特点如下：

（1）高熔点。几乎所有二硼化物的熔点都高达 2000℃以上，见表 9-28。其中 ZrB_2 为 3040℃，TiB_2 为 2980℃，比 SiC 和 Si_3N_4 的熔点高约 1000℃，成为能在超高温（2000～3000℃）下使用的最佳候选材料之一。它可用于火箭喷嘴、内燃机喷嘴、高温轴承等高温部位。

表 9-28　几种主要硼化物的性质

种　类	熔点/℃	密度/g·cm^{-3}	电阻率/μΩ·cm	维氏硬度/GPa
CaB_4	2230	2.4	10000	27.5
LaB_6	2230	4.7	15	27.7
TiB_2	2980	4.5	9～15	33.5
ZrB_2	3040	6.1	7～10	22.5
ZrB_{12}	2680	3.6	60～80	—
HfB_2	3250	11.2	10～12	29.0
UB_2	2400	5.0	16～28	21.0
NbB_2	3000	7.0	12～65	26.0
TaB_2	3100	12.6	14～68	25.0
CrB_2	1950	5.0	21～56	18.0
MoB_2	2250	7.7	20～40	12.0
W_2B_5	2200	13.1	21～56	26.5
Fe_2B	1390	—	—	—
ThB_4	2200	8.4	—	—
UB_4	2100	9.4	—	—

（2）高硬度。二硼化物的硬度都比较高，TiB_2 维氏硬度达到 34GPa，比 β-SiC 的硬度高约 30%，作为耐磨材料，ZrB_2-B_4C 复合陶瓷的耐磨损耗指数是 SiC 和 Si_3N_4 的两倍左右，也比 PSZ（部分稳定氧化锆陶瓷）略高。

（3）高导电性。二硼化物具有很低的电阻率，特别是 ZrB_2 和 TiB_2 与金属铁、铂的电阻率相当。导电机制为电子传导，呈正的电阻-温度特性，作为电阻发热元件时温度易于控制。它也可用作特殊用途的电极材料。

（4）高耐腐蚀性。硼化物材料对熔融金属具有很好的耐腐蚀性，特别是它与熔融铝、铁、铜和锌等几乎不反应，并且有很好的润湿性。硼化物的这一特性可应用于金属铁、铝、铜和锌的冶炼。在钢铁冶炼中，可用作铁水测温热电偶的保护管、中间包开式喷嘴、吹气管等。在炼铝业中，可制作熔融铝液位传感器，模铸体用模型材料。值得一提的是，炼铝槽的阴极材料采用硼化物材料，预期节省电能可达 30%以上。

硼化物材料的弱点是高温抗氧化性差。在 1000℃以上的空气中，硼化物氧化后生成金属氧化物和液相 B_2O_3，并发生增重。例如，纯 ZrB_2 陶瓷在 1300℃空气中 12h 增重近 $30mg/cm^2$。

改善硼化物材料高温抗氧化有两条途径：一是硼化物材料中引入 SiC、$MoSi_2$ 等第二相含硅化合物，以便在高温下局部形成较为致密的 SiO_2 薄膜；二是通过硼化物材料表面改性，改变其表面结构和物质组成，起到保护基材避免氧化的作用。采用这种方法可使 ZrB_2 特种耐火材料在 1300℃空气中 100h 增重仅 $3.1mg/cm^2$，大大提高了硼化物制品的高温抗氧化性。

9.3.4.2 硼化物制品的生产方法

常见的制备硼化物粉末的方法列于表 9-29 中。工业和实验室中常采用的是碳热还原法。该法成本较低，工艺技术成熟。由于 B_2O_3 高温下易挥发，故采用 B_4C 为原料，对控制粉末纯度更为有利。

表 9-29 硼化物粉末制备方法

制备方法	反应	特点
直接反应	$M + nB \longrightarrow MB_n$	实验室制法，易得化学计量硼化物，成本高
硼还原法	$MO_n + B \longrightarrow MB_n + BO$	纯度高，但 B 损失量大
金属还原氧化物、卤化物	$ZrO_2 + B_2O_3 + Na \longrightarrow ZrB_2 + Na_2O$ $BX_3 + M \longrightarrow MB_n + MX_{2n}$	需除去 Na_2O 或 MX_{2n}
碳热还原法	$MO_n + B_2O_3 + C \longrightarrow MB_n + CO$ $MO_n + B_4C + C \longrightarrow MB_n + CO$	典型工业制法
氢还原法	$ZrCl_4 + BCl_3 + H_2 \longrightarrow ZrB_2 + HCl$	高纯
熔盐电解法	将硼砂、金属氧化物、氧化硼熔于卤（硼）化碱（碱土）金属中电解	电流效率低

硼化物熔点高，烧结较困难。采用常压烧结时致密度一般只能达到 90%左右，选择适当添加剂和工艺参数，可提高到 95%以上。而采用热压法致密度可达 99%以上。由于碳热还原法是释放大量能量的放热反应，故可用自蔓延高温反应烧结法（self-propagating high temperature synthesis），一经引燃便无需外部加热，粉末合成和坯体烧结同时完成，此法常与热压法同时进行。

由于硼化物陶瓷的导电性，可采用电火花加工方法，如同金属电火花加工一样，可将硼化物材料加工成复杂形状的部件（如螺丝和螺母）。表面粗糙度最小可达 $1.0\mu m$，从而扩大了硼化物材料的应用领域。

9.3.5 硅化物质特种耐火材料

硅化物是指硅与各种金属元素的化合物。由于其独特的化学和物理方面的性能，从 20 世纪初起，就引起了人们的关注。在 20 世纪五六十年代，许多研究者用单质粉末合成技术来制备这些金属硅化物。绝大多数金属可与硅生成具有金属外观的金属间化合物，已知的二元金属硅化物以及硅金属间化合物（所谓金属间化合物是指由不同金属元素或类金属元素按一定的原子比例所组成的化合物）已有 119 种之多。

9.3.5.1 硅化物的性质

硅化物的熔点一般都比较高。有相当一部分难熔金属硅化物的熔点都在 2000℃ 以上，如 Ta_5Si_3 的熔点为 2505℃，W_5Si_3 的熔点为 2370℃，$TaSi_2$ 的熔点为 2220℃，能够满足高温结构材料使用温度要求（1600℃左右）。金属硅化物往往具有较低的电阻率，其值一般都低于 $100\mu\Omega \cdot cm$，如 $TiSi_2$ 为 $13.16\mu\Omega \cdot cm$，VSi_2 为 $50\sim55\mu\Omega \cdot cm$，$ZrSi_2$ 为 $35\sim40\mu\Omega \cdot cm$，$TaSi_2$ 为 $35\sim55\mu\Omega \cdot cm$，$WSi_2$ 为 $30\sim70\mu\Omega \cdot cm$。

过渡金属硅化物一般都具有较好的化学稳定性，在碱和无机酸（除氢氟酸）的溶液中一般不溶解。一些金属硅化物还具有超导性，如 $ThSi_2$ 是一种超导体，其超导临界转变温度 T_c 为 2.41K。硅化钒（V_3Si）也是一种重要的超导材料，其超导临界转变温度 T_c 约为 17K。

抗氧化性好是金属硅化物的重要性质。这是由于在使用时，其表面能形成一薄层熔融状氧化硅或耐氧化的难熔硅酸盐薄膜。如硅化钼（$MoSi_2$），在空气中 1700℃ 可连续使用数千小时。因此金属硅化物以其优异的高温抗氧化性和较好的导电性、传热性，在电热元件、高温结构材料、电子材料等方面得到了广泛的应用。

9.3.5.2 硅化物的制备方法

硅化物的制备方法主要有以下几种。

（1）金属和硅直接硅化，这是工业生产的主要方法，其反应为：

$$Me + Si \longrightarrow MeSi \tag{9-49}$$

（2）硅或碳化硅还原法，这也是常用的方法，其反应通式是：

$$2MeO + 2Si \longrightarrow 2MeSi + SiO_2（在真空中则生成 SiO） \tag{9-50}$$

$$MeO + SiC \longrightarrow MeSi + CO \tag{9-51}$$

（3）碳还原：

$$MeO + SiO_2 + C \longrightarrow MeSi + CO \tag{9-52}$$

（4）铝热还原法：

$$MeO + SiO_2 + Al(Mg) + S \longrightarrow MeSi + Al(Mg)S（渣） \tag{9-53}$$

加硫是为了造渣。

（5）气相沉积法，金属卤化物 MeX 或金属与 $SiCl_4$ 和 H_2 反应：

$$Me（或 MeX） + SiCl_4 + H_2 \longrightarrow MeSi + HX \tag{9-54}$$

如：

$$MoCl_5 + 2SiCl_4 + \frac{13}{2}H_2 \longrightarrow MoSi_2 + 13HCl$$

$$Mo + 2SiCl_4 + 4H_2 \longrightarrow MoSi_2 + 8HCl$$

几种用金属与硅直接制备硅化物的工艺条件如表 9-30 所示。

表 9-30 金属与硅直接化合的工艺条件

硅化物	组　分	炉内气氛	温度/℃
$TiSi_2$	Ti+Si	惰性气体，如氩气	1000
$ZrSi_2$	Zr+Si	惰性气体，如氩气	1100
VSi_2	V+Si	惰性气体，如氩气	1200
$NbSi_2$	Nb+Si	惰性气体，如氩气	1000

硅化物	组　分	炉内气氛	温度/℃
TaSi$_2$	Ta+Si	惰性气体，如氩气	1100
MoSi$_2$	Mo+Si	惰性气体或氢气	1000
WSi$_2$	W+Si	惰性气体或氢气	1000

近年来，又发展了许多新的制备硅化物的方法，如用熔盐法制造纳米硅化物等。

9.4　金属陶瓷

9.4.1　概述

陶瓷（耐火材料）具有很好的耐高温性能。但它的韧性与抗热震性差。金属则有很好的韧性，但不耐高温。金属陶瓷是由金属与陶瓷所组成的非均质复合材料，其中陶瓷相约占 15%~85%。通过一定的工艺方法将它们结合起来制成金属陶瓷，则可兼有两者的优点。金属陶瓷比较准确的定义是：由陶瓷相和黏结金属相所组成的非均质复合材料，两相彼此不发生化学反应或仅限于表面发生轻微的化学反应和扩散渗透。对金属陶瓷的比较理想的显微结构是：金属相形成一种连续的薄膜，将分散且均匀分布的陶瓷颗粒包裹。在这种结构中，脆性陶瓷相所承受的机械应力与热应力，可通过呈连续相的金属来分散；而金属则由于呈薄膜状包裹在均匀分布的陶瓷颗粒表面而获得了强化，从而使整体材料的高温强度、抗冲击韧性、抗热震性能都得到改进。为使通过烧结工艺能制取合乎理想显微结构的金属陶瓷，希望匹配的金属相和陶瓷相必须满足以下三个条件：

（1）金属和陶瓷润湿，使液态金属能在固体界面上充分展开，紧紧地依附在一起。液态金属对固态陶瓷的润湿程度可用图 9-33 所示的润湿角 θ 的大小来表示。当润湿角 $\theta>90°$ 时，液相不润湿固相；当 $\theta=180°$ 时，则完全不润湿；当 $\theta<90°$ 时，则可以部分润湿；θ 越小，润湿就越好；当 $\theta=0°$ 时，则达到完全润湿，对金属陶瓷来说，这是最理想的情况。

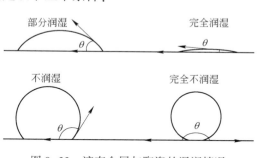

图 9-33　液态金属与陶瓷的湿润情况

（2）金属相与陶瓷相之间无剧烈的化学反应。金属与陶瓷相之间在烧成温度下有一定限度的溶解或轻微的化学反应则有利于金属陶瓷的烧结。但如果发生剧烈的化学反应，金属变成金属化合物，结果使坯体变成几种化合物的集聚体，而不再有单独的金属相存在，也就不成为金属陶瓷。

（3）金属相与陶瓷相的线膨胀系数应尽可能接近。对于单一材料来说，线膨胀系数越小，其抗热震性能就越好。但对于金属陶瓷复合材料来说，除考虑整体材料的线膨胀系数之外，还应考虑组成物质之间的线膨胀系数的差别，这种差别越小越好，否则会在急冷急热过程中产生巨大的热应力而导致材料产生裂纹或断裂。即使在一般温差情况下也会产生相当大的内应力，从而在承受机械振动时产生新裂纹的可能性增大。

制造金属陶瓷可用粉末烧结法、孔隙陶瓷浸渍法、热压法等工艺，如图 9-34 所示。

金属陶瓷的烧结机理有自己的特点。因为坯体的烧成一般在高于金属相的熔点但低于陶瓷相的熔点的温度下进行，因此在烧成过程中有液相出现。根据存在的液相与固相之间有无化学反应而把金属陶瓷的烧结分为两种类型。

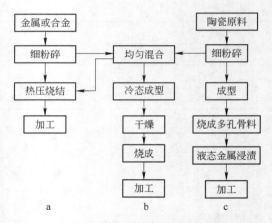

图 9-34　金属陶瓷制造工艺流程简图
a—热压法；b—粉末烧结法；c—浸渍法

（1）固相和液相之间不发生反应的烧结。这种烧结是指在烧结时固相在液相中的溶解度小到可以忽略不计的程度。随坯体中液相数量的多少又有三种情况：

1）液相数量很少，但能与固相完全润湿（$\theta = 0°$）。则液相形成薄膜包裹在固相颗粒表面，在表面张力的作用下，将相互邻近的固体颗粒拉紧，但尚不能使坯体中存在的孔隙成为完全闭口的气孔。同时由于液相量少，颗粒没有滑移可能性，不能重新排列，故最后制品的显微结构中的相分布主要取决于润湿性能。

2）液相数量增加到一定程度，此时坯体中存在的孔隙大部分被液相填满。在坯体中出现孤立的闭口气孔，其大小与颗粒之间的孔隙尺寸相同。在这些气孔内部，在液相表面张力作用下，产生一个指向气孔中心的负压力，使坯体中的固体颗粒被金属熔液包裹后能互相滑移，做某种程度的重排，使坯体发生进一步收缩，因此坯体与第一种情况相比较为致密。

3）当液相数量多到可能填满所有固体颗粒之间的孔隙时，在上述闭口气孔内部产生的压力作用下，颗粒得以流动进行重排。同时液相中也发生物质迁移现象，最后将气孔填满，使坯体达到高度致密。

（2）固相和液相之间会发生某种程度反应的烧结。这种情况下固相陶瓷在液相金属中有某种程度的溶解。这一系统的烧结具有如下特征：固相颗粒的尺寸在烧结过程中会均匀地增大。而且不一定要有足够量的液相存在就可以使坯体烧结到很高的致密度。这是因为极细的颗粒在液相中溶解而从坯体中消失。在粗颗粒附近的液相金属则由于是过饱和而将溶解的陶瓷又重新沉淀出来，即所谓的溶解-沉淀过程，使粗颗粒变大，结果细颗粒完全消失，粗颗粒变得更大，使坯体致密化。

金属陶瓷制品随着科技进步不断向前发展。WC-Co 基金属陶瓷是研究最早的金属陶瓷，由于具有很高的强度、韧性和硬度，广泛应用于切削加工、凿岩开采等领域。但是由于 W 和 Co 资源短缺，促使了无钨金属陶瓷的研发。第二次世界大战期间，德国首先以 Ni 结合 TiC 制备出碳化钛基金属陶瓷；到了 20 世纪 60 年代，为了改善 TiC 与 Ni 之间的润湿性，美国福特公司将 Mo 引入金属陶瓷中；70 年代开始，奥地利学者将 TiN 引入金属陶瓷中，形成了 Ti（C，N）基金属陶瓷；到了 80 年代，硼化物基金属陶瓷开始被广泛研究；进入 90 年代后，硬质相和金属相黏结均向多元相方向发展。

根据金属陶瓷中主要非金属相的种类，可以分为五种类型：氧化物基金属陶瓷（如氧化铝、氧化镁、氧化锆、氧化铍等）、硼化物基金属陶瓷（如硼化锆、硼化钛、硼化铬等）、碳化物基金属陶瓷（如碳化钨、碳化钛、碳化铬等）、碳氮化物基金属陶瓷（如碳氮化钛），以及含有石墨或金刚石状碳的金属陶瓷。对于金属黏结相的原料来说，可以由各种元素组成，如钴、镍、铁、铬、钼、钨等，单独或者组合使用。

9.4.2 氧化物基金属陶瓷制品

9.4.2.1 氧化铝-铬金属陶瓷

氧化铝陶瓷相与液态铬金属相之间的润湿性并不好。但金属铬粉在加工处理过程中，在其表面极易生成一薄层致密的氧化铬（Cr_2O_3），这层氧化铬即使在十分干燥的纯氢气中加热到一定高温也不易还原成金属铬。因此，制造氧化铝-铬金属陶瓷时，往往可通过在氧化铝与铬的界面上生成一层氧化铬与氧化铝的固溶体 $[(Al,Cr)_2O_3]$，降低它们之间的界面能来改进润湿性，使金属相与陶瓷相之间产生良好的结合。为了使金属铬粉能部分氧化，从而保证氧化铝与铬之间良好结合，在工艺上常采用如下措施：

（1）在烧成过程中于烧成气氛中加入微量的水汽或氧气。

（2）在配料中，用一部分氢氧化铝代替氧化铝，以便在高温下分解产生的水汽使铬部分氧化。

（3）在配料中用一小部分氧化铬代替金属铬。

另外，氧化铝与铬两相在高温下的线膨胀系数差别较大，在制品的冷却过程中产生较大的内应力，降低材料的抗拉强度。如果在金属铬中添加适量金属钼，因为铬-钼合金在相当宽的组成范围内具有和氧化铝十分接近的线膨胀系数，因此，氧化铝-铬钼金属陶瓷比氧化铝-铬金属陶瓷有更好的机械强度。不过，由于钼的抗氧化性很差，故氧化铝-铬金属陶瓷的高温抗氧化性能要差一些。表9-31是氧化铝-铬系金属陶瓷的化学组成和部分物理性能。

表 9-31 Al_2O_3-Cr 系金属陶瓷的组成和物理性能

性 能		$70Al_2O_3 \cdot 30Cr$	$28Al_2O_3 \cdot 72Cr$	$34Al_2O_3 \cdot 52.8Cr \cdot 13.2Mo$
烧结温度/℃		1700	1700	1730
显气孔率/%		<0.5	0	0~0.3
体积密度/g·cm^{-3}		4.65	5.92	5.82
线膨胀系数 (25~1315℃)/℃$^{-1}$		9.45×10^{-6}	10.35×10^{-6}	10.47×10^{-6}
导热系数/W·(m·K)$^{-1}$		9.21	—	—
弹性模量/MPa		3.7×10^5	3.3×10^5	3.2×10^5
抗折强度/MPa	20℃	385	560	610
	1300℃	170	245	273
抗张强度/MPa	20℃	245	273	371
	1300℃	130	154	189

氧化铝-铬系金属陶瓷性质特点如下：

（1）与刚玉材料比较，氧化铝-铬系金属陶瓷的机械强度比较高，随组分中铬含量增加，抗折强度和抗拉强度增加，加有钼者效果更明显。但高温持久强度，金属含量高的低于氧化铝含量高的。

（2）抗热震性比刚玉的好，尤其是采用铬钼合金的情况下。

（3）冲击强度很低，这是一个弱点。此外，其抗高温蠕变性能往往随组分中金属含量的增加而变差。其抗氧比性能尚好，尤其是金属含量低的组成，在高达 1500℃的温度下仍有较好的抗氧化性。这是因为铬氧化后在表面生成一层致密的氧化铬，对铬的进一步氧化起到保护作用。但随金属含量增加，尤其是钼的含量，使抗氧化能力减弱。

9.4.2.2　氧化铝-铁金属陶瓷

把工业氧化铝在 1450℃煅烧至使 $\alpha-Al_2O_3$ 的质量分数达 99%以上。将它放在钢球磨机中以酒精（可防止铁质氧化）作介质、钢球作研磨体、加入少量添加剂如氟化镁和油酸作为润滑剂，进行湿法细磨。物料球磨 90~100h 后，料中的含铁量可达 15%~20%，粉料粒径小于 2.86μm 的占 95%以上。用这种方法制备的金属陶瓷坯料有两个优点：（1）掺进陶瓷相氧化铝中的金属相铁粉的粒度非常细；（2）金属铁粉能均匀地分布在氧化铝基质中。

球磨混合中的酒精用蒸发冷凝管回收。固体物料在轮碾机中碾碎，过 0.147mm 筛。如果在回收酒精时油酸走失过多，则可在碾碎时适当补充一些。成型用硬质合金模型，在油压机上压制，压力约 100MPa。加压时速度不宜过快，否则坯料中的气体不能及时排出而产生层裂。在这样的压力下，素坯密度可达 2.70g/cm³，气孔率为 21%左右。在氧化铝-铁系金属陶瓷中，由于铁易氧化，所以要求在还原性气氛下烧成，一般在氢气氛的钼丝炉中烧成较合适。最终烧成温度低于 1700℃，保温 1.5h，总烧成时间约为 20h，在 1400℃以下的升温速度要慢。由此制得的金属陶瓷的物理指标为：体积密度 3.29g/cm³，气孔率 0.295%，吸水率 0.09%，烧成收缩 19%。

9.4.2.3　氧化镁基金属陶瓷

氧化镁基金属陶瓷主要有 MgO-Mo。其具有耐高温、耐钢水冲刷、耐磨损及良好的抗热震性，目前已成为钢水连续测温用热电偶保护套管。其使用寿命比硼化锆（ZrB_2）、硼化锆-钼（ZrB_2-Mo）、氧化锆-钼（ZrO_2-Mo）材质的套管有显著的提高。

主要原料有高纯氧化镁、金属钼和镁铬尖晶石。氧化镁采用电熔氧化镁或经 1600~1800℃高温煅烧的高纯氧化镁，其纯度大于 99%，粒度要求小于 0.074mm。金属钼粉的纯度大于 99%，粒度小于 0.074mm。镁铬尖晶石作为促进材料烧结作用的添加剂，是用高纯的氧化镁（含量大于 98.5%）和纯度大于 98.5%的氧化铬（Cr_2O_3），按摩尔比为 1:1 配料混合，磨细，过 0.4mm（36 目）筛，压成素坯后再破碎过 0.853mm（20 目）筛，装入刚玉匣钵中，在 1400~1700℃的温度范围内合成，再破碎成粒度通过 0.074mm（200 目）的细粉。

将 31.5%MgO、65.3%金属 Mo、2.2%MgO·Cr_2O_3 尖晶石和 1%Al_2O_3 细粉原料，按比例称量。先把 MgO、MgO·Cr_2O_3、Al_2O_3 混合细磨。为防止铁等有害杂质的带入和防止MgO 水化，球磨时采用橡皮衬里的球磨机，研磨体用硬质的碳化钨（WC）球，用无水乙醇作研磨介质。料、球、介质之比例为 1:4:1，球磨 48h。之后再加入 Mo 粉继续混磨

24h。研磨后的颗粒细度应全部小于5μm，其中大部分小于3μm。然后将混合料置于蒸馏器中把其中的乙醇介质蒸馏除去。再将干料混磨24h，过0.4mm（36目）筛，使混合更均匀。

成型后的素坯，无须干燥，就可装入匣钵，在氢气氛保护下的金属钼丝炉中或在氩气氛保护下的金属钨丝炉中烧成。大约以150℃/h的升温速率升至1800℃，保温2~3h。

由此制得的套管，其烧成收缩率为15%~16%，体积密度为5.8~6.3g/cm³，气孔率为0.5%~1.0%，抗折强度为300MPa，结构致密。烧后制品可以被机械加工，因此最终的精确尺寸可以通过车削和切割来达到。

这种套管的使用温度可达1700℃以上。由于套管材料具有导电性，因此在使用时必须与氧化铝质的内套管配合，才能进行有效的测温工作。

9.4.3　硼化物基金属陶瓷制品

TiB_2具有高温硬度高、密度和电阻率低、热传导性好、与金属的黏着性和摩擦系数低、化学稳定性好等优点，是新一代金属陶瓷非常重要的硬质相。目前研究较多的体系有TiB_2-Fe、TiB_2-FeMo、TiB_2-Fe-Cr-Ni等。总的来说，TiB_2基金属陶瓷具有良好的耐磨性，可用作切削工具、凿岩工具和耐磨零件，但这类材料强度较低、脆性较大，不适于在冲击载荷下使用。

之后，人们又发展了多元硼化物基金属陶瓷。研究较多的体系有Mo_2FeB_2、Mo_2NiB_2、WCoB等。由于多元硼化物具有良好的耐磨性、耐腐蚀性和高温性能，所以广泛用作切削刀具、耐磨耐腐蚀的辊道、衬板、阀门、模具和喷嘴等。其中，WCoB基金属陶瓷具有极高的硬度（45GPa）、耐磨损、耐腐蚀和抗高温氧化性能，成为高温条件下（800℃以上）替代WC-Co金属陶瓷的首选材料。传统的WCoB基金属陶瓷以WB、W和Co粉末为原料，通过反应硼化烧结技术制备，需预制备WB粉末，其制备工艺复杂、生产周期长，导致生产成本高。近年来，多采用在WC-Co金属陶瓷原料粉末中直接添加TiB_2粉末替代部分WC粉末进行反应硼化烧结，制备出包含WCoB、TiC等陶瓷相在内的新型WCoB-TiC基金属陶瓷。以WC-Co-TiB_2初始粉末体系制备的WCoB-TiC基金属陶瓷材料，不但原料成本低、节约战略钨资源，而且原位生成的TiC陶瓷相能改善材料的抗弯强度和断裂韧性，成为当前制备高性能WCoB基金属陶瓷的常用原料。

9.4.4　碳化物基金属陶瓷制品

9.4.4.1　碳化钨基金属陶瓷

WC基金属陶瓷是研究最多、应用最广的一类金属陶瓷。根据WC基金属陶瓷WC晶粒度分级标准，可以分为7种类别，即纳米晶（≤0.2μm）、超细晶（0.2~0.5μm）、亚微米晶（0.5~0.8μm）、细晶（0.8~1.3μm）、中晶（1.3~2.5μm）、粗晶（2.6~6.0μm）和特粗晶（>6.0μm）。为了提高WC基金属陶瓷的使用性能，目前主要朝超细晶、纳米晶的方向发展。可以通过纳米级WC-Co复合粉体的制备、晶粒长大抑制剂的使用以及烧结技术的发展三种途径来实现。

纳米级WC-Co复合粉体的主要制备方法包括以下几种：（1）喷雾转换工艺法，采用钨盐和钴盐混合—喷雾干燥—还原碳化的工艺；（2）原位还原碳化法，利用钨和钴的氧化物与石墨/炭黑混合—还原—碳化的方法；（3）机械合金化法，即 W 粉、C 粉、Co 粉—高能球磨—合金化处理；（4）化学沉淀法，采用钨盐和钴盐混合—化学共沉淀—还原碳化的工艺制备；（5）化学气相反应合成法，通过钨基和钴基化合物与氢气/烃类气体直接还原碳化获得。

一般来说，纳米级粉末比表面积极大，活性强，在烧结过程中容易快速长大，而个别 WC 晶粒的异常长大是 WC 基金属陶瓷断裂的重要原因之一。因此，在材料制备过程中，通常添加一定量的晶粒长大抑制剂来有效地抑制 WC 晶粒在烧结过程中的长大。目前，常用的抑制剂是 VC、Cr_3C_2、TaC、NbC 等过渡金属碳化物和一些稀土化合物。

碳化钨基金属陶瓷材料的烧结包括温度、气氛、保温时间、压力等参数的选择和控制。经过几十年的发展，逐步产生了氢气烧结、真空烧结、压力辅助烧结、微波烧结等技术，对材料的致密化烧结发挥了重要的作用。其中，压力辅助烧结技术主要包括热压烧结、热等静压烧结、低压烧结（也称真空烧结+低压热处理）和放电等离子烧结四种。

碳化钨基金属陶瓷经过不断发展进步，目前广泛应用在切削加工、成型模具、凿岩采掘、耐磨零件等领域，例如地下隧道挖掘大型盾构机中的各种牙轮钻头、切削加工刀具以及电子行业加工用的微型钻头等。

9.4.4.2   碳化钛基金属陶瓷

TiC 的熔点（3250℃）高于 WC 的（2630℃）、耐磨性好、密度只有 WC 的 1/3，抗氧化性远优于 WC，也能被钴等金属润湿。

TiC 基金属陶瓷的显微结构由金属黏结相和 TiC 硬质相组成。图 9-35 为 TiC-N 金属陶瓷的显微结构。在烧结过程中金属黏结相会在碳化物硬质相颗粒周围形成环形相，使得硬质相颗粒几乎不会通过合并机制长大。

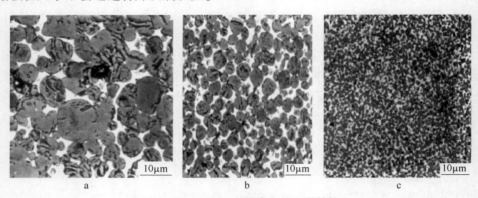

图 9-35   TiC-Ni 金属陶瓷的显微结构

a—TiC+10%（质量分数）Ni；b—TiC+30%（质量分数）Ni；c—TiC+50%（质量分数）Ni

环形相很脆，必须控制其生长。当环形相的厚度超过 0.5μm 时，抗弯强度会明显下降。环形相的厚度与烧结温度、保温时间等因素有关。烧结温度升高，环形相变厚。可通过控制烧结温度、保温时间等工艺因素来控制环形相厚度。在 TiC 基金属陶瓷中添加 TiN 时，因氮的存在可阻止镍向 TiC 的扩散及钛向镍的扩散，抑制环形相的发展，使晶粒得到细化。

图 9-36 为 TiC-10%Ni-10%Mo 金属陶
瓷的抗弯强度和硬度与环形相厚度的关系。
由图可知，当厚度超过 0.8μm 时，硬度和抗
弯强度均降低。

　　典型 TiC 基金属陶瓷的性能见表 9-32。
TiC 基金属陶瓷的性能与其组成有密切的关
系。在 TiC-Ni 基金属陶瓷中加入钼，可以改
善液态金属 Ni 对 TiC 的润湿性。同时在烧结
时，钼向 TiC 颗粒扩散，并取代 TiC 晶粒中
的钛，形成包覆相，减少了 TiC 颗粒的接触，
抑制了碳化物相晶粒的合并长大。此外，钼
溶入 Ni 中起固溶强化作用。

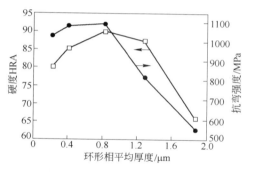

图 9-36　TiC-10%Ni-10%Mo 金属陶瓷的
抗弯强度和硬度与环形相厚度的关系

表 9-32　TiC 基金属陶瓷的物理性能

TiC 含量 /%	金属组成/%					密度 /g·cm⁻³	线膨胀系数 (70~980℃)/℃⁻¹	弹性模量 (20℃/870℃)/MPa
	总量	Ni	Cr	Mo	Al			
70	30	30	—	—	—	6.01	$5.3×10^{-6}$	$3.85×10^5/3.22×10^5$
70	30	25	—	5	—	6.01	$5.3×10^{-6}$	$3.99×10^5/3.36×10^5$
60	40	33	—	7	—	6.31	$5.4×10^{-6}$	$3.85×10^5/—$
50	50	42.5	—	7.5	—	6.59	$5.6×10^{-6}$	$3.5×10^5/2.8×10^5$
60	40	32	2.5	3	2.5	6.51	—	$3.5×10^5/—$
50	50	40	3	4	3	6.31	$6.0×10^{-6}$	$3.5×10^5/2.8×10^5$

TiC 含量 /%	抗张强度（20℃/980℃）/MPa	抗压强度（20℃/870℃）/MPa	抗折强度（20℃）/MPa	冲击强度（870℃）/MPa
70	875/217	2800/825	1360	4.80
70	784/350	3150/1030	1296	6.17
60	790/322	2940/651	1654	6.17
50	881/394	2980/554	1485	5.49
60	728/504	3225/931	1290	—
50	936/378	3140/785	1351	—

　　钼的加入量在大多数情况下以 Mo/Ni 为 1:1 较合适。对于不同镍含量的金属陶瓷，
随镍含量的增加，Mo/Ni 有降低的趋势。TiC-Mo-Ni 金属陶瓷随钼含量的增加，碳化物晶
粒细化，硬度上升。钼量过多，则环形相厚度增加，碳化物晶粒变粗，硬度下降。TiC-
Mo-15%Ni 合金的抗弯强度在钼质量分数 15%时出现最大值，而硬度随钼质量分数的增加
而下降。当钼含量为 19%时，采用多种烧结工艺都无法使其致密，其原因有：一是钼量的增
加，使出现液相温度区间变大，当液相出现前的保温时间不够时，就会有气孔被液相封闭，
难以排除；二是 Mo/Ni 比值过大，而钼总是优先分配到硬质相，而导致黏结相体积下降。

在 TiC-Mo$_2$C-Ni 基金属陶瓷中，当镍含量为 20%~25% 时，抗弯强度达到最大值，而硬度则呈直线下降。在 TiC-Ni-Mo 合金中，当钼含量一定时，合金的抗弯强度随 Ni 含量的增加而升高，硬度则下降。除 Ni、Mo 含量以外，碳含量也对 TiC 基金属陶瓷的组成、性能有一定影响。

为提高 TiC 基金属陶瓷的强度和韧性，可以通过优选原料、引入添加物等方法。其中，制备优质 TiC 粉体是获得高性能 TiC 金属陶瓷材料的基础。真空碳化是降低 TiC 氧含量的有效方法，与非真空碳化相比可使氧含量降低 1 个数量级。控制碳化温度和采用特殊球磨工艺可使 TiC 晶粒细化。对 TiC 粉进行表面处理，包括物理、化学清洗、电化学抛光和涂覆等。

在金属陶瓷中添加 Cr$_3$C$_2$、VC 和 ZrC 可以抑制晶粒长大，提高材料的硬度和耐磨性。一般其添加量在 0.25%~0.3% 为宜。添加稀土可以细化组织和净化界面，添加微量的铝可以强化黏结相的强度，从而改善金属陶瓷的性能。

另外，可利用纳米 TiN 改性 TiC 基金属陶瓷，提高金属陶瓷的力学性能。

9.4.4.3　碳化铬基金属陶瓷

碳化铬基金属陶瓷的抗腐蚀性能高，对酸、碱、海水、石油工业以及其他腐蚀介质都具有优良的抗腐蚀性能。抗氧化性能好，在 1000℃ 加热 2h 不发生任何变化，抛光后的试样在 1100℃ 下保持 24h 表面不生成氧化皮。耐磨性能优异，由于含有硬质的 Cr$_3$C$_2$ 骨架相，碳化铬基金属陶瓷材料的室温硬度为 HRA88 以上，与碳化钨基金属陶瓷材料 YG8（硬质合金之一）的硬度及耐磨性能相当。在 1100℃ 下其硬度（HV）大于 2000MPa。线膨胀系数高于其他金属陶瓷材料而与钢相近，因而特别适用于制造各种耐磨的精密量具、刀具和高温模具。密度低，仅为碳化钨系金属陶瓷的一半左右。但其致命弱点是抗弯强度低。

碳化铬有三种化合物，分别为 Cr$_{23}$C$_6$、Cr$_7$C$_3$ 和 Cr$_3$C$_2$。图 9-37 为 Cr-C 相图。在碳化铬中，金属—金属键结合力强而金属—碳结合力弱。立方型 Cr$_{23}$C$_6$ 在熔点 1500℃ 时分解，六方型 Cr$_7$C$_3$ 熔点为 1755℃ 但不分解。斜方型 Cr$_3$C$_2$ 的熔点为 1810℃。在这三种化合物中，只有 Cr$_3$C$_2$ 在工业领域有应用价值。Cr$_3$C$_2$ 的有关物理性能如表 9-33 所示。

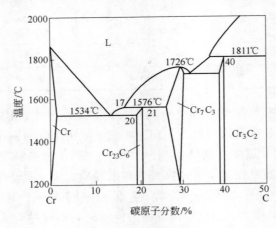

图 9-37　Cr-C 相图

表 9-33　Cr_3C_2 的物理指标

颜　色	熔点/℃	密度/g·cm⁻³	电阻率（20℃）/μΩ·cm	比热（298K）/J·(mol·K)⁻¹	导热率/W·(m·K)⁻¹
灰　色	1810	6.68	7.5	32.7	19

晶　型	晶胞参数	维氏硬度/GPa	线膨胀系数/℃⁻¹	弹性模量/GPa	横向断裂强度/MPa
斜　方	$a=0.0283nm$ $b=0.0554nm$ $c=0.1147nm$	10~18	10.4×10^{-6}	15.5~25.5	49

通常碳化铬是由 Cr_2O_3 和炭黑（C）在惰性或还原性（H_2）气氛中于1600℃温度下合成，若温度低于1300℃，则获得 Cr_7C_3。反应式为：

$$3Cr_2O_3 + 13C \xrightarrow{1600℃} 2Cr_3C_2 + 9CO \tag{9-55}$$

$$7Cr_2O_3 + 27C \xrightarrow{<1300℃} 2Cr_7C_3 + 21CO \tag{9-56}$$

制备时将两种原料在不锈钢球磨筒中用钨球作研磨体干式混合。混合料用汽油橡胶液作临时结合剂拌和均匀，压成素坯，然后进行高温合成反应。合成反应温度在1600℃左右，保温40min。由于碳化铬中含碳量往往与化学计量有偏差，因此可以形成不同碳铬含量的碳化铬及共晶固溶体。如果欲制备纯的 Cr_3C_2，需要进一步的细粉碎和提纯处理。如果用以制造金属陶瓷，则粉碎过程可与金属混合时一起进行。

用上面合成的 Cr_3C_2 粗料与镍铬合金粉以3:1的质量比，外加40%的酒精作液体介质。湿法球磨粉碎。容器用不锈钢筒，研磨体用钨球，料球比为1:4，球磨48h后，排除酒精并干燥，过0.417mm筛。然后加入9%聚乙烯醇溶液作临时黏结剂，混练成可塑料，再在轧辊机上轧成0.5mm厚的薄皮。自然干燥后，破碎成小块，接着把混合料装在石墨舟内在氩（氢）气氛保护下的碳管炉中、于1280℃保温40min烧结。冷却后，在振动球磨机中粉碎，用筛分法分成各种颗料范围，最终就制得了碳化铬-镍铬金属陶瓷颗料。碳化铬基金属陶瓷具有较高的抗氧化性和抗化学腐蚀性，可做气阀、衬套、轴承等化工零件。

9.4.5　碳氮化物基金属陶瓷

Ti(C，N)基金属陶瓷是碳氮化物基金属陶瓷的主要品种。通过在TiC基金属陶瓷中添加TiN制备Ti(C，N)基金属陶瓷，显著细化了硬质相晶粒，改善了金属陶瓷的力学性能，大幅提高了金属陶瓷的高温耐腐蚀和抗氧化性能。Ti(C，N)基金属陶瓷组织由金属黏结相和陶瓷硬质相两相构成，金属相包覆在硬质相颗粒周围，构成典型的金属陶瓷芯壳结构。黑芯-灰壳结构是最典型的Ti(C，N)基金属陶瓷结构的一种，黑芯部位是烧结未全部溶解的硬质相颗粒，灰壳是一种中间相，连接着黏结相与硬质相，改善液相对固相的润湿性，增强两相之间的结合力，并在其中抑制晶粒长大。Ti(C，N)基金属陶瓷是液相烧结方式，烧结过程中存在溶解与析出机制，壳的形成是通过溶解再析出机制形成的固溶体(Ti，W，Mo)(C，N)。金属黏结相是金属陶瓷中的韧性相，决定了金属陶瓷的强韧性，以Ni/Co为基体，溶入Ti、Mo、C、N等元素而形成的固溶体。经过几十年的不断优化设计，目前碳氮化物基金属陶瓷正朝着多元硬质相和多元黏结相的方向发展。

Ti(C，N) 基金属陶瓷的基体材料是一定的，以 TiC、TiN 和 Ti(C，N) 为主，而作为添加剂的种类却比较多。不同添加剂的引入，主要目的是通过改善 Ti(C，N) 基金属陶瓷的显微组织结构，细化金属陶瓷晶粒，达到提高金属陶瓷的强韧性等综合性能的目的。在 Ti(C，N) 基金属陶瓷中添加少量的稀土元素 Hf、Y 和 Er 等有助于提高金属陶瓷的致密度，净化界面，细化晶粒，从而起到提高材料力学性能的作用。

由于碳氮化物基金属陶瓷独特的性能特点，因而可以制成各种微型可转位刀片，用于精孔加工以及"以车代磨"等精加工领域；也可以用于各类发动机的高温部件，如小轴瓦、叶轮根部法兰、阀门等；能够用作石化工业中各种密封环和阀门；也可以用作各种量具，如滑规、塞规和环规。

思 考 题

9-1　我国已成功发射系列运载火箭，其中火箭外层的一层特种耐火材料也发挥了重要作用。这种耐火材料在服役条件下应该主要具备哪些性能，为什么？

9-2　特种耐火材料为什么比金属材料的韧性低很多？常见的特种耐火材料增韧方式有哪几种？为什么氮化硅制品比氧化铝制品具有更高的韧性？

9-3　透明氧化铝陶瓷管是高压钠灯的主要部件，影响氧化铝陶瓷透明性的主要因素有哪些？采用哪些烧结工艺可以获得透明氧化铝陶瓷？

9-4　两种氧化铝制品：(1) 长度、内径和外径分别为 50cm、5cm 和 7cm 的空心管，(2) 直径为 50mm 的涡轮转子，请简述分别可采用哪些方法来制备？

9-5　亚微米氧化锆和氧化铝常压下可以烧结致密化，但亚微米氮化硅和碳化硅为什么常压下烧结一般需加入烧结助剂才能烧结致密化？通常采用哪些烧结助剂比较有效？

9-6　相比于传统陶瓷基板材料（如氧化铝和氮化铝），氮化硅制品由于其优异的理论导热系数和良好的力学性能而逐渐成为电子器件的主要散热材料。然而，目前氮化硅制品的实际导热系数还远远低于理论导热系数，影响氮化硅制品导热系数的因素有哪些？采用哪些方法可以提高氮化硅制品的实际导热系数？

9-7　碳化硅和氮化硅这两种特种耐火材料制品的硬度、强度、韧性有何差异？要做防弹陶瓷板、陶瓷刀具及陶瓷轴承球分别选用哪种制品更合适，为什么？

9-8　结合金属陶瓷的研究现状，谈谈其发展趋势。

10 隔热耐火材料

本章要点

（1）隔热耐火材料定义与分类；

（2）隔热耐火材料隔热原理；

（3）隔热耐火材料制备方法；

（4）隔热耐火材料存在的问题与设计思想。

隔热耐火材料是指导热系数低与热容低的耐火材料，也称保温耐火材料。由于它们的气孔率高，体积密度低，因此也称为轻质耐火材料。传统隔热耐火材料的抗侵蚀能力、强度与耐磨性都较差，常不直接用作工作层，而是放在工作层后面作为保温层；但隔热耐火材料越靠近热面，它的隔热节能效果越好。随着高温工业对节能减排要求日益提高，在工作层及其表面直接使用的高强度、耐高温、抗侵蚀的轻量化耐火材料以及红外辐射陶瓷节能涂层等新型隔热耐火材料也已逐渐被研究。本章将主要介绍用于保温层的隔热耐火材料。

10.1 隔热耐火材料的分类

隔热耐火材料可按其化学矿物组成、使用温度、存在形态与显微结构来进行分类。

10.1.1 按化学矿物组成分类

按化学矿物组成分类，有黏土质隔热耐火材料、高铝质隔热耐火材料、硅质隔热耐火材料、硅藻土隔热耐火材料、蛭石隔热耐火材料、氧化铝隔热耐火材料以及莫来石隔热耐火材料等。

10.1.2 按使用温度分类

隔热耐火材料的使用温度通常是指重烧收缩不大于1%或2%的温度。常见各种隔热耐火材料的使用温度如图10-1所示。按使用温度隔热材料可分为三类：

（1）低温隔热材料，使用温度低于600℃。

（2）中温隔热材料，使用温度为600~1200℃。

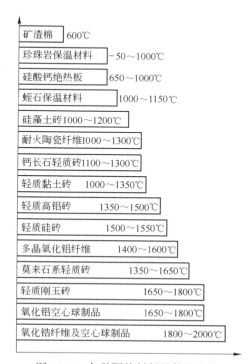

矿渣棉	600℃
珍珠岩保温材料	-50~1000℃
硅酸钙绝热板	650~1000℃
蛭石保温材料	1000~1150℃
硅藻土砖	1000~1200℃
耐火陶瓷纤维	1000~1300℃
钙长石轻质砖	1100~1300℃
轻质黏土砖	1000~1350℃
轻质高铝砖	1350~1500℃
轻质硅砖	1500~1550℃
多晶氧化铝纤维	1400~1600℃
莫来石系轻质砖	1350~1650℃
轻质刚玉砖	1650~1800℃
氧化铝空心球制品	1650~1800℃
氧化锆纤维及空心球制品	1800~2000℃

图 10-1 各种隔热材料的使用温度

（3）高温隔热材料，使用温度高于 1200℃，这是工业炉窑最常用的隔热耐火材料。

10.1.3　按存在形态分类

隔热耐火材料按存在形态分类可分为粉粒状隔热耐火材料、定形隔热耐火材料、纤维状隔热耐火材料以及复合隔热耐火材料，如表 10-1 所示。粉粒状隔热耐火材料是将颗粒与粉料直接填充在炉墙的间隙中或直接铺在炉顶上构成隔热保温层，其颗粒可为致密的，也可为多孔的，颗粒粒径可为自然分布，也可为控制后的特殊分布。此外，有一些粉粒状隔热耐火材料中不仅含有一定结合剂，而且粒度组成也被严格控制，它们是不定形隔热耐火材料。粉粒状隔热耐火材料容易施工，使用方便，还可以利用废料颗粒降低成本，但隔热效果不是很好，常用于不重要部位。

表 10-1　按形态分类的隔热耐火材料

类　别	特　征	举　例
粉粒状隔热耐火材料	粉粒散状隔热填料、粉粒散状不定形隔热材料	膨胀珍珠岩、膨胀蛭石、硅藻土等，氧化物空心球，氧化铝粉
定形隔热耐火材料	多孔、泡沫隔热制品	轻质耐火混凝土、轻质浇注料
纤维状隔热耐火材料	棉状和纤维隔热材料	石棉、玻璃纤维、岩棉、陶瓷纤维、氧化物纤维及制品
复合隔热耐火材料	纤维复合材料	绝热板、绝热涂料、硅钙板

定形隔热耐火材料是指具有多孔结构、形状一定的隔热耐火材料，是隔热耐火材料最重要的品种之一。常见的定形隔热耐火材料为各种品种与牌号的轻质耐火制品，其特点是性能稳定，使用、运输都很方便。

纤维状隔热耐火材料由各种矿物纤维或人造纤维构成，包括散状纤维与纤维制品，其特点是质轻，隔热及隔声性能好，施工、安装方便。

除了上述各类隔热耐火材料之外，还可以将它们复合起来以发挥它们各自的优势，构成复合隔热耐火材料。

10.1.4　按结构特点分类

按结构特点，隔热耐火材料可分为气相连续结构型、固相连续结构型以及固相和气相都为连续结构型三种，如图 10-2 所示。

（1）气相连续结构型（或开放气孔结构型）（图 10-2a）。这类隔热耐火材料的显微结构特点是结构中开口气孔占优势，气孔相互连通，成为气相（气孔）连续的结构。耐火粉粒填充的隔热耐火层，属于这种结构类型。

（2）固相连续结构型（或封闭气孔结构型）（图 10-2b）。这类隔热耐火材料的显微结构特点是大部分气孔以封闭气孔的形式存在。气相（气孔）被连续的固相包围，形成固相连续而气相（气孔）孤立的结构特征。在这种结构中，固相为连续相，气相（气孔）为非连续相。用泡沫法生产的轻质耐火制品以及各种氧化物空心球轻质制品大都属于这种结构类型。

（3）固相和气相都为连续相的混合结构型（图10-2c）。这类隔热耐火材料的显微结构特点是固相和气相都以连续相的形式存在。耐火纤维和制品以及纤维复合材料均属于这种结构类型。在这种结构中，固态物质以纤维状形式存在，构成连续固相骨架，而气相（气孔）则连续存在于纤维材料的骨架间隙之中。

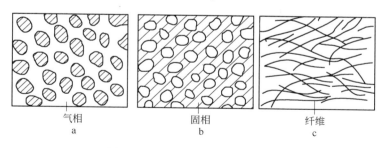

图 10-2　隔热耐火材料显微结构

a—气相连续结构型；b—固相连续结构型；c—固相和气相都为连续结构型

10.2　隔热耐火材料的隔热原理与影响因素

隔热的基本原理是降低导热系数。由于隔热耐火材料含有大量孔隙，通过隔热耐火材料的热传递主要是通过固相与气相传热。固相的传热主要为传导，而通过气相的传热要比通过固相的传热复杂。图 10-3 为通过隔热耐火材料传热的原理图。当热量 Q_0 由高温区传递到隔热耐火材料内部时，在没有碰到气孔之前，传热过程是在固相中进行的，即通过固相传导；在碰到气孔以后，可能的传热路线就变成两条：一条是仍然通过固相传热，由于传导方向发生变化，热传导路线大大增长，热阻增大；另一条路线是通过气孔传热，包括通过气体的传导（图 10-3 中 1）、对流传热（图 10-3 中 2）以及辐射传热（图 10-3 中 3），它们的传热量分别以 Q_1、Q_2 与 Q_3 表示。

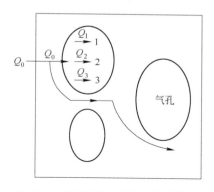

图 10-3　隔热耐火材料中的热传递

由此可见，通过隔热耐火材料的传热过程包括两个传热通道，即通过固相的传热与通过气相的传热。在简化的理论模型中有两种处理方式：一种是将固相与气相看成并联的，即并联模型；另一种是将固相与气相看成互相串联的，即串联模型。无论是并联模型或串联模型，都与实际传热过程有一定差距。可用有效传热系数来讨论隔热耐火材料的隔热作用及其影响因素。通过隔热耐火材料传递的热量可以用式10-1来表示。

$$Q = \lambda_e \frac{\Delta T}{\Delta L} \tag{10-1}$$

式中　Q——通过隔热耐火材料传递的热量；

　　　λ_e——隔热耐火材料的有效传热系数，它综合考虑了通过固相和气相的传热；

ΔT——隔热耐火材料两边的温差;

ΔL——隔热耐火材料的传热距离。

隔热耐火材料的隔热作用是因为有大量气孔存在,气孔中的气体有很好的隔热性能。由图 10-3 可知,通过气孔的传热主要包括如下几个方面:

(1) 热传导。通常气体的导热系数是很小的。大多数隔热耐火材料气孔中的气体为空气。空气的导热系数如表 10-2 所示。它的导热系数比固体材料要小得多。因而,通过气孔的传导传热是很小的。

表 10-2　不同温度下空气的导热系数 λ

温度/℃	0	20	100	300	500	1000
$\lambda /$ W·(m·K)$^{-1}$	0.024	0.026	0.032	0.046	0.057	0.081

(2) 对流传热。由于大部分隔热耐火材料中气孔很小,气体在气孔中的流动受到限制,速度很小,因而气孔中气体的对流传热也不大。气孔的孔径越小,气孔中气体的流动性越差,对流传热也越小。当气孔的孔径小于气孔中气体的分子运动自由程时,气孔中的分子停止运动,不再有通过气孔的对流传热。

(3) 辐射传热。在大多数隔热耐火材料中的气体为空气,即 O_2 与 N_2,它们的分子结构都为对称双原子型,吸收与发射辐射能的能力极小。因此,通过气孔的辐射传热主要是通过气孔的高温壁向低温壁的辐射。但总的来看,通过气孔的辐射传热不大。

通过以上分析可知,隔热耐火材料中通过气孔的传热量很小,大部分热量是通过固相传递的。表 10-3 给出气孔率为 70% 的某隔热耐火材料中各传热机制所占的比例。由表可见,在所有传热机制中通过固相传热占的比例很大。应该指出的是,固相传热占比高并不意味该隔热耐火材料的隔热效果差,恰恰是气相隔热效果好,才导致固相传热占的比例高。影响隔热耐火材料隔热作用的因素主要包括如下几个方面。

表 10-3　气孔率为 70% 隔热耐火材料中各传热机制所占比例

温度/℃	传热比例/%			
	固相传导	气相传导	辐射传热	合计
500	80	12	8	100
1000	74	11	15	100
1500	70	11	19	100

(1) 隔热耐火材料的显微结构。显微结构包括气孔率、气孔尺寸、气孔面积与孔壁面积之比等。气孔率越高,孔壁面积(固相面积)所占比例越小。但气孔率的提高是有限度的。

通常气孔孔径越小,隔热耐火材料的隔热效果越好。其原因包括两个方面:其一,小尺寸气孔降低了气体分子的运动空间,减少了对流传热;其二,相同气孔率条件下,小尺寸气孔能增加二维截面上气孔面积,减小固相面积比例。例如,将一个 1mm^3 的球形孔分成为两个体积为 0.5mm^3 的球形孔,二维截面上气孔面积增加约 20%。因而在相同气孔率条件下，气孔孔径越小，气孔截面积越大，相应固相所占面积比例越小，通过固相的传热也越小。

（2）固相的物理性质。由于绝大多数隔热耐火材料气孔中的气体为空气，气相的组成与性质不变，它的性质对于隔热耐火材料性质的影响可以忽略不计，因此，在讨论材料性质对隔热耐火材料隔热性能影响时应注重固相材料的性质，选择导热系数与热容小的材料可提高隔热耐火材料的隔热性能。

图10-4为耐火材料中常见氧化物与非氧化物的导热系数与温度的关系。由图可见，硅酸盐矿物的导热系数较低。现在大量使用的隔热耐火材料多为铝硅系材料，除了它们的原料丰富以外，它们的导热系数较低也是重要原因之一。另外，由图还可以看出，大部分非氧化物的导热系数大于氧化物的导热系数。

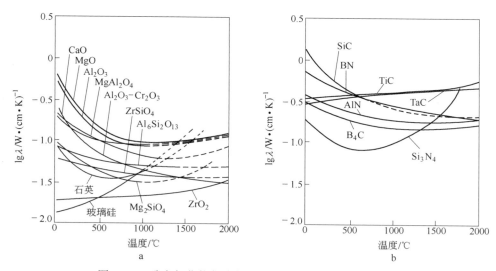

图 10-4 致密氧化物与非氧化物的导热系数与温度的关系
a—氧化物；b—非氧化物

此外，一般的规律是晶体的结构越复杂，原子或离子的排列越无序，其导热系数也就越小。耐火材料的固相可简单分为结晶相和玻璃相。且玻璃相中的原子（离子）为无序排列，运动时遇到的阻力比有序排列的结晶相要高。因此，玻璃相要比结晶相的导热系数低。但是，当温度升高到一定程度时，玻璃相的黏度降低，原子（离子）的运动阻力减小，玻璃相的导热系数也就随之增加了。而结晶相则与之相反，当温度升高，原子（离子）的动能增加，振动增大，导致自由程缩短，导热系数下降。

10.3 多孔隔热耐火制品

多孔隔热耐火制品也称为轻质耐火制品、轻质耐火砖，是当前最重要的隔热耐火材料之一；通常是指总气孔率不低于45%的耐火制品。

隔热耐火制品可以按其化学、矿物组成分类，如硅质隔热耐火砖、高铝隔热耐火砖、莫来石质轻质砖、黏土质轻质砖、硅藻土砖、钙长石质轻质砖等。也可以按体积密度分类，通常将体积密度小于 $0.4g/cm^3$ 隔热耐火制品称为超轻质砖，而将体积密度在 $0.4g/cm^3$ 以上的称为轻质砖。也可以按使用温度分为低温轻质砖（使用温度在 $600 \sim 900℃$ 之间）、中温轻质砖（使用温度在 $900 \sim 1200℃$ 之间）与高温轻质砖（使用温度高于 $1200℃$）。还可以按制造方法来分类，分类方法很多。

10.3.1 隔热耐火制品的制造方法

隔热耐火制品是通过在材料内形成大量气孔而实现其隔热性能的，气孔的形成是隔热耐火制品生产过程中最重要的环节。气孔的大小、形状、生成量以及其分布情况都影响制品的性能。形成数量与大小合适及分布均匀的气孔是隔热耐火制品制造技术的关键。隔热耐火制品的主要制造方法有烧尽物加入法、泡沫法和化学法等，其他多孔陶瓷的制造方法也可应用；制造方法很多，但通常以前面两种为主。

10.3.1.1 可烧尽物加入法

此法是在配料中添加一定数量的木屑、煤粉、石油焦、焦炭与聚苯乙烯等可烧尽物，这类材料也被称为可燃物、赋孔材料、成孔材料或造孔剂，因其在烧成过程中烧失而形成气孔。此法是隔热耐火材料最常见的生产方法。

作为一个实例，图 10-5 给出用烧尽物加入法生产硅藻土隔热砖的工艺流程。将原料换成其他材料也可以用类似的方法生产其他品种的轻质耐火制品。

可烧尽物的选择对隔热耐火材料的生产以及制品的显微结构与性能有很大影响。主要包括如下几个方面：

（1）可烧尽物应容易被完全烧尽，留下的灰分少，在常用的可烧尽物中，聚苯乙烯发泡球是最易被烧尽的。它在 $80℃$ 左右软化，发泡剂挥发，发泡球逐渐缩小到原来体积的 $1/40$。在 $164℃$ 左右，聚苯乙烯熔化，$316℃$ 左右分解生成氢与碳，$576℃$ 左右被烧尽，原位形成气孔。聚苯乙烯发泡球的质量很轻，比容积大，被烧尽的物质也少，所以很容易被烧尽。

（2）可烧尽物的加入对泥料的成型性能有较大影响。首先，一些可烧尽材料有一定的弹性。在对泥料旋压时，它们受压变形，压力去除后产生反弹，导致坯体疏

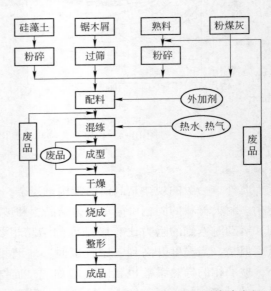

图 10-5　烧尽物加入法制造硅藻土隔热砖流程

松，甚至开裂、变形。在常见的可烧尽材料中，聚苯乙烯发泡球对坯体压制成型的影响最大。此外，在浇注成型时，由于聚苯乙烯发泡球的密度极小，很容易上浮，造成制品气孔分布不均。

其次，可烧尽物的吸水性对泥料性能有一定影响。聚苯乙烯发泡球基本上不吸水，与泥料和易性较差，不利于可烧尽物在泥料中分布均匀，但是可降低泥料的含水量，减少干燥能耗与干燥变形，对保证成品尺寸准确、减少加工损失量有利。另外，由于聚苯乙烯发

泡球的吸水性差，不利于干燥过程中水分的传输，在干燥过程中坯体表面先干燥，内部水分传输受阻，容易造成开裂。

木屑有一定的吸水性，它较容易与泥料混合均匀。一般情况下，在木屑使用之前，需加水陈腐一段时间使其有一定程度的腐化，效果更好。

煤与焦炭粉是对泥料成型性能影响较小的可烧尽材料。

（3）可烧尽物的颗粒尺寸、分布以及形状等对隔热耐火材料的显微结构、性能及生产工艺有较大影响。颗粒尺寸的大小及分布决定了隔热材料中气孔的尺寸与分布。聚苯乙烯发泡球是由聚苯乙烯发泡而成的，颗粒尺寸都比较大，很难用来制造小孔径的气孔，但颗粒的球形度较好，用它为赋孔材料易得到球形气孔。煤与焦炭容易加工成不同粒径的粉料，通过细磨可控制颗粒尺寸与分布进而控制气孔尺寸与分布。锯末常呈长条形，可磨性比煤与焦炭差，但通过一定的设备仍可以加工成尺寸较小的颗粒。

可烧尽物的数量、粒度以及水对其润湿性等对隔热耐火材料的结构、性质与生产工艺有很大的影响。可烧尽物加入量大时，可得到气孔率高、体积密度小的隔热耐火材料，但加入量过大会造成过大的烧成收缩，制品的尺寸不易控制，甚至产生开裂等废品。可见，每一种可烧尽物都存在一个极限加入量，超过这一极限加入量会给生产带来困难。因此，用可烧尽物加入法难以制造气孔率高、体积密度低的隔热耐火材料。另外，从上面的分析可知，各种可烧尽物有各自的优缺点，采用复合加入方式是一个有效的办法。

本节中我们介绍了几种常见的可烧尽物。事实上，任何一种在烧成过程中可被烧尽的物质都可以作为烧尽物加入制造隔热耐火材料的泥料中，实际生产中需综合评估成本、工艺生产因素与材料性能选取适当的可烧尽物。随着多孔陶瓷的发展，许多新的可烧尽物不断出现。如有用罂粟种子作为可烧尽物制造多孔陶瓷的报道，其优点是它的密度与水很接近，种子尺寸分布集中，最大尺寸与最小尺寸相差不大，用它作为赋孔物质，可以较容易制得性能稳定的浇注泥浆及气孔尺寸分布窄的多孔陶瓷材料。

10.3.1.2　泡沫法

泡沫法也称发泡法，是将发泡剂及稳定剂与一定比例的水混合，先制成泡沫液，与泥浆混合，经浇注成型、养护、干燥、烧成而得到制品。图10-6给出一个用泡沫法制造轻质高铝砖的流程，不同材质隔热耐火制品的泡沫法生产过程基本相同。图10-6所示的流程也适合其他材质的隔热耐火制品的生产。

与可烧尽物加入法相比，泡沫法的优点是可以生产体积密度更小的隔热制品，多用于生产超轻质隔热耐火制品。泡沫法的缺点是：生产过程较复杂，生产控制较困难，生产效率较低。

A　泡沫体的制备

泡沫泥浆的制备与稳定是泡沫法制造隔热制品的关键。泡沫体的形成与稳定对泡沫泥浆的形成与稳定起重要作用。泡沫体是气相（通常为空气）在液相中的分散体系。在此体系中，空气为分散相，液体为分散介质，由于在这个体系中存在很大的表面积与表面能，故任何一个存在于容器中的液-气混合体都不可能自动生成泡沫。此外，由于高表面能的存在，这一体系极不稳定，它会自动地向低能状态转化，发生"消泡"现象。因此，为了形成气泡，必须引入"起泡剂"与"泡沫稳定剂"。

起泡剂是指起泡性能好的物质。将它加入水中，经搅拌或吹气即可形成大量的气泡。

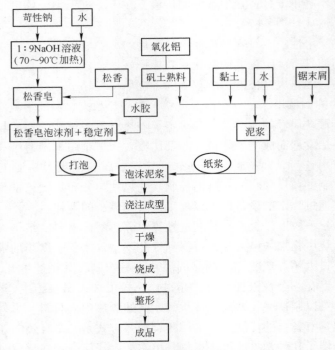

图 10-6　泡沫法制造轻质高铝砖流程

常用"起泡力"来衡量不同起泡剂起泡能力大小。它是指在相同条件下，起泡剂形成气泡的难易程度与形成泡沫的多少。起泡剂大致可分为表面活性剂、蛋白质与非蛋白质高分子化合物三类。表面活性剂为最常见的起泡剂，一般是由非极性的、亲油（疏水）的碳氢链部分与极性的、亲水（疏油）的基团两部分构成。两部分分别处于分子两端，形成不对称结构。它们的表面张力很小，是良好起泡作用的主要因素。表面活性剂的分子在气-液界面上定向排列，伸入气相中的碳氢链段之间互相吸引可形成坚固的膜，伸入液相中的极性基团由于水化作用可阻止液膜中液体流失，防止膜变薄与破裂。此类泡沫形成剂很多，大多洗涤剂中都含有此类物质。常见的有松香皂、油酸钠、十二烷基硫酸钠、十二烷基苯磺酸钠等。

蛋白质类起泡剂降低表面张力的作用有限，但是分子中的羧酸基（—COOH）与胺基（—NH$_2$）之间有形成氢键的能力，可以形成牢固的液膜与稳定的泡沫。这类起泡剂的起泡能力受 pH 值的影响较大，并有老化现象，常见的这类起泡剂有明胶、骨胶及蛋白质等。非蛋白质类高分子化合物起泡剂的作用与蛋白质相似，但受 pH 值的影响较小，也没有老化现象，常见的这类发泡剂有聚乙烯醇、甲基纤维素与皂素等。

从以上讨论中可以看出，形成一个坚固的液膜是发泡的基本条件。同样，这个液膜的稳定是泡沫稳定的基本条件。由于泡沫体是一个高能体系，是热力学不稳定体，它有自动减少自由能的趋势，会发生"解泡"过程。这一过程大致可以描述为：首先，由于液相的质量大于气相，在重力的作用下，液相下沉，使轻的泡沫体上浮，而重的液相集中到底部，如图 10-7 所示。在上升到上部的泡沫中，由于液体减少，液膜变薄并重新排列形成多面体孔结构。在各孔之间形成所谓"Plateau 边界区"，如图 10-7 所示。根据表面化学中 Laplau 公式可知，液膜中 Plateau 边界区的压力小于薄膜中的压力，液体会自动从薄膜中流向 Plateau 边界区，膜越变越薄，直至破坏，这即为排液过程。另外，根据 Laplau 公式，小气泡中的气体压力大于大气泡中的压力，小气泡中的气体会自动向大气泡中移动，导致小气泡消失，大气泡变得更大而破裂。影响泡沫稳定的因素有如下几个。

（1）表面张力。泡沫体是一个高能量体系。液体的表面张力越小，越易形成泡沫。纯水表面张力很大，不能生成泡沫，加入表面活性剂后，表面张力大幅度下降才能生成泡沫。如前所述，生成泡沫的能力与提高泡沫的稳定性并不完全是同一回事，只有在一定条件下降低表面张力才有助于泡沫稳定性的提高。在形成多面体泡沫的情况下，Plateau 交界处与平面膜之间的压差与表面张力成正比，此时，降低表面张力可减少压差，降低排液速度，提高液膜的稳定性。

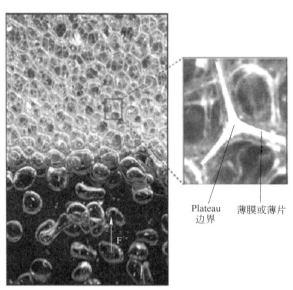

图 10-7　泡沫体排水及 Plafeau 边界与薄膜的形成

此外，液体的表面张力不是泡沫稳定性的决定因素。如前面提到蛋白质类起泡剂等的表面张力较高，但却有较高的泡沫稳定性。

（2）表面黏度。表面黏度是指液体表面上单分子层内的黏度。表面黏度是反映液膜强度的一个重要指标，而液膜强度对于泡沫的稳定性有决定性的意义。表面黏度越大，泡沫的稳定性越高，泡沫的寿命越长。表 10-4 给出某些商品表面活性剂（加入量为 0.1%）的表面黏度、表面张力与泡沫寿命。由表可见，随表面黏度增大，泡沫寿命显著延长，但表面张力与泡沫寿命之间并无显著关系。在实际工作中，常在表面活性剂溶液中加入少量的添加剂来提高其表面黏度。如在十二烷基硫酸钠液中加入少量的十二醇，在月桂酸钠水溶液中加入月桂醇或月桂酰异丙醇胺，均可以提高溶液的表面黏度，大幅度提高泡沫的寿命。

表 10-4　某些商品表面活性剂溶液（0.1%）的表面黏度、表面张力与泡沫寿命

表面活性剂	表面张力 $\gamma/N \cdot m^{-1}$	表面黏度 $\eta/Pa \cdot s^{-1}$	泡沫寿命 t/min
TritonX-100	30.5×10^{-3}	—	60
Somtomerse3	32.5×10^{-3}	3×10^{-5}	440
E607L	25.6×10^{-3}	4×10^{-5}	1650
月桂酸钾	35.0×10^{-3}	39×10^{-5}	2260
十二烷基硫酸钠	23.5×10^{-3}	55×10^{-5}	6100

（3）溶液黏度。溶液黏度是指薄膜液体的黏度。增大溶液黏度的作用是两方面的：一

方面提高薄膜的强度；另一方面增大了液体流动的阻力，减弱了排液过程，使液膜厚度变薄的速度减慢。值得指出的是，液体黏度的作用只有在表面膜形成时才发挥作用，若没有表面膜的形成，即使液相黏度再大也不一定形成稳定的泡沫。

（4）表面电荷的影响。表面活性剂分子一般是由非极性、亲油（疏水）的碳氢链部分和极性的、亲水（疏油）的基团共同构成的。此两部分分处于分子的两端，形成不对称结构。当离子型表面活性剂为起泡剂时，由于表面吸附的作用，表面活性离子富集于液膜表面上形成一个带负电荷的表面，正离子分散于液膜中，如图 10-8 所示。当液膜变薄时，由于相同电荷的排斥作用阻止它进一步变薄。

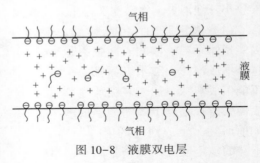

图 10-8　液膜双电层

（5）表面张力的修复作用。当液膜受到外力作用局部弯曲时，如图 10-9 所示，弯曲部分 2 变薄，表面积增大，表面吸附的分子密度减少，表面张力由 γ_1 提高到 γ_2。这使得 1 处的分子自动向 2 处移动，并带动邻近薄层液膜附近的液体向薄处移动，使液膜增厚，导致表面张力恢复到原有水平。这一作用与溶剂分子在表面吸附及液体自低表面张力处向高表面张力处移动过程有关。凡影响上述两方面的因素都会对表面张力的"修复"作用产生影响，从而影响泡沫的稳定性。

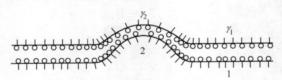

图 10-9　液膜局部变薄引起的表面压力变化

（6）气体通过液膜的扩散。在泡沫体中，小气泡中的气体压力大于大气泡中气体的压力，因此，小气泡中的气体会透过液膜扩散进入大气泡中，造成小气泡变小、消失，大气泡长大、破裂。通常用气体透过性常数 k 来表示液膜被气体透过的能力，它主要取决于两个因素：其一是液膜的表面黏度，表面黏度越高，气体的透过性越差；其二是吸附分子排列紧密程度，分子排列越紧密，气体越难透过。可以通过调节添加剂来调整表面吸附分子的数量。例如，在十二烷基硫酸钠溶液中加入少量月桂醇后，表面吸附膜中含有大量十二醇分子，分子间吸引力强、分子排列紧密，气体透过性差，泡沫稳定性也较好。

从以上的讨论中可以看出，尽管影响泡沫稳定性的因素很多，但其最基本的因素是表面膜的强度。表面膜的强度越好，泡沫的稳定性越好。在用表面活性剂作为发泡剂及稳泡剂的情况下，表面吸附分子的排列紧密程度及它们之间作用的大小起关键作用。也就是说，表面膜的结构与性质对起泡与稳泡起关键作用。

图 10-6 的例子是以松香皂为发泡剂。松香皂是在生产现场用纯松香、苛性纳和水制备的，其制备方法为：将松香（31%）、NaOH（6.1%）和水（62.9%）的混合物放入耐碱侵蚀的加热器中，加热到 70~90℃，松香全部溶解皂化。冷却后在 0.147mm 筛网上用盐水洗涤 3~4 次，然后再用清水冲洗 1~2 次，使 pH 值达到 8~9，即得到浅黄色膏状松香

皂。将水胶溶液在热状态下与松香皂的乳状液体混合，用水稀释到混合物中含松香0.5%（以松香计算）、水胶0.5%（以水胶干重计算）和99%的水，将此溶液放入打泡机中打泡后便可制得小而均匀的白色泡沫。

B 泡沫泥浆的制备

按生产材质的要求将原料磨成细粉，制成泥浆。在图10-6的例子中，选用氧化铝粉或矾土粉，加少量的黏土粉。为提高坯体的强度而引入了少量纸浆。为了进一步提高气孔率，降低体积密度，配粉中还引入了一定的可烧尽物——锯末屑。

将泥浆与泡沫体混合即可得到泡沫泥浆。泥浆的混入将大大地改变气泡之间液膜的结构。固体颗粒将吸附在液膜的表面，形成一部分固-气界面替代气-液界面，从而降低整个体系的自由能，有利于泡沫的稳定。图10-10给出了对颗粒表面进行疏水处理后的荧光氧化硅颗粒吸附在空气-水界面上的共焦显微镜图。由图可见，大量的固体颗粒吸附在气-液界面上，这一吸附层的形成不仅降低整个体系的自由能，而且可以强有力地阻止气泡的收缩与膨胀，从而提高泡沫泥浆的稳定性。颗粒的尺寸以及它与液体的润湿性对颗粒在气-液界面吸附有较大的影响。颗粒越小，它与液体的润湿性越差，它越容易吸附于气-液界面上。

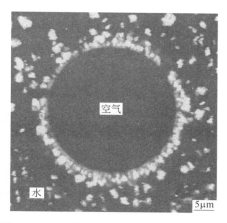

图10-10 经疏水处理后的荧光氧化硅颗粒吸附在水-空气界面上的荧焦显微镜照片

泥浆的固含量、泥浆与泡沫体的比例对烧后隔热制品的体积密度有很大影响。通常，泥浆固含量越小，泥浆与泡沫体的比例越小，所得到隔热制品的体积密度越小，在实际生产中应根据情况调整、控制。

C 成型

泡沫法生产轻质耐火制品的成型方法一般采用浇注法。砖模可采用木模或金属模，砖模工作面要求光滑并涂润滑剂。将砖模放在有垫纸的干燥板上，注入泡沫泥浆。为了防止制品产生大气泡而影响组织结构，注浆应缓慢进行并在模内将泥浆翻拌或振动以便排气，然后用木板刮掉余浆。

D 干燥

成型后的坯体连同砖模在40℃左右干燥18~20h。待砖模周边拉开3~5mm缝隙时脱模，继续进行干燥，这时温度可以提高到80~90℃。如果在隧道干燥窑中干燥，入口温度不应超过40℃，出口温度不应超过150℃。砖坯残余水分：标准型的不大于3%，大砖不大于1%。干燥是关键工序，如果控制不当，将会出现裂纹、底酥、凹心、黏模、掉棱角等废品。

E 烧成

泡沫砖坯在烧成时应搭架或放在致密制品砖坯的上部。密度大的砖坯装在下部，密度小的装在上部，相互之间应尽可能不受挤压。砖垛不应太高，否则上下部制品的体积密度相差较大，甚至造成下部制品严重变形。对于直接接触火焰部分的砖坯应设置覆盖保护物。通常烧成后的制品的外形和尺寸的精确度不够，因此出窑后的制品要进行机械或手工加工。

除了上述两种方法外，任何制造多孔陶瓷的方法都可能用来制造隔热耐火制品，如模板法、溶胶-凝胶法、机械法等。

10.3.2 隔热耐火制品的性质

隔热耐火材料的种类很多，这里将分类介绍其主要品种的性能与特性。

10.3.2.1 氧化铝隔热耐火制品

氧化铝隔热耐火制品主要包括两方面，其一是以氧化铝为主要原料用可烧尽物加入法或发泡法所制得的多孔隔热耐火材料；其二是以氧化铝空心球为主要原料制得的氧化铝空心球制品。

A 氧化铝隔热耐火材料

由电熔或烧结氧化铝、工业氧化铝粉为主要原料，用可烧尽物加入法、发泡法或其他方法制得的含 Al_2O_3 在 90% 以上的隔热制品。根据使用要求的不同，其 Al_2O_3 含量可达99%。但是，一般情况下，Al_2O_3 含量越高，制品的抗热震性越差。根据组成与结构的差异，刚玉隔热制品的使用温度可达 1600℃ 以上。表 10-5 中给出几种典型刚玉质隔热耐火制品的性质。由表可见，随体积密度的降低，制品的强度下降，但其导热系数也下降，隔热性能提高。

表 10-5 几种氧化铝质隔热制品的性质

项目		1	2	3	4	5	6
化学成分/%	Al_2O_3	90~92	91	94	99.2	≥92	≥92
	SiO_2	—	8.0	0.29	0.2	—	—
	CaO	—	—	5.51	—	—	—
	Fe_2O_3	—	0.2	0.02	0.1	≤0.5	≤0.5
体积密度/g·cm⁻³		1.2	1.3	0.78	0.48	0.4	0.8
显气孔率/%		—	—	79	82	—	—
耐压强度/MPa		8~10	12	1.2	0.9	≥0.6	≥3.0
抗折强度/MPa		—	—	1.3	0.7	—	—
荷重软化温度/℃		1525~1529	>1700	1145 (0.05MPa)	—	≥1220	≥1330
重烧线变化率/%		0.1~0.3 (1600℃,3h)	—	0.33 (1500℃,8h)	0 (1700℃,8h)	1.0 (1550℃,2h)	0.6 (1550℃,2h)
导热系数/W·(m·K)⁻¹		0.6~0.8 (1000℃)	0.95 (1000℃)	0.33 (350℃)	0.19 (350℃)	0.12	0.35
生产方式		烧尽		烧尽		发泡	发泡

B 氧化铝空心球制品

这是不同于用可烧尽物加入法与泡沫法生产的另一类氧化铝隔热制品。其特点是先制成氧化铝空心球，然后再用氧化铝空心球为主要原料，加入结合剂经压制、干燥、烧成后得到的隔热耐火材料。

a 氧化铝空心球的制造

目前，工业上生产氧化铝空心球的方法多为电熔喷吹法。氧化铝空心球的吹制设备如图 10-11 所示。低碱工业 Al_2O_3 在电弧炉的熔池 5 中熔化，并将温度提高到吹球温度，吹球温度比 Al_2O_3 的熔化温度高 $200 \sim 300℃$。然后启动倾动设备，使电炉按一定的速度倾斜让熔融氧化铝从电炉中按一定速度流出，同时从喷嘴中吹出高压空气将熔融氧化铝吹成氧化铝空心球。然后再进行分级处理，得到不同粒径的氧化铝空心球。表 10-6 给出不同粒度氧化铝空心球的物理性质。氧化铝空心球的壁厚与堆积密度为其重要性质，这些对于以它为原料制得的氧化铝空心球制品的体积密度、导热系数有很大影响。它们主要取决于所用 Al_2O_3 的纯度、吹制工艺等因素。

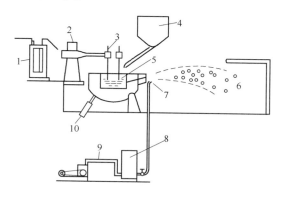

图 10-11 氧化铝空心球的吹制方法

1—变压器；2—升降设备；3—电极；4—Al_2O_3料仓；5—熔池；
6—空心球；7—喷嘴；8—压缩空气罐；9—空气压缩机；10—倾动设备

表 10-6 氧化铝空心球的性质

性质	Al_2O_3空心球粒度/mm				
	5~3	3~2	2~1	1~0.5	<0.5
粒度组成/%	17	31.4	25.7	25.9	
壁厚/mm	0.18	0.18~0.15	0.15	0.1	—
堆积密度/g·cm⁻³	0.5	0.67	0.81	0.92	—

成球的过程为：氧化铝熔体在高压空气的作用下被吹成无数小液滴，以抛物线路线落下。在运动过程中液滴表面迅速冷却固化，而液滴内部仍处于熔融状态，在进一步冷却过程中，内部熔体凝固产生较大的体积收缩，形成中空球。凝固过程产生的收缩越大，形成的球壳越薄。此外，熔体的表面张力、黏度等都会对成球过程产生较大影响。换句话说，熔料的成分对所得到的空心球的结构与性质有很大影响。表 10-7 给出了含有 SiO_2、MgO 或 ZrO_2 等空心球的物理性质与结构。

表 10-7　空心球的结构类型与化学组成及物理性能的关系

编号		1	2	3	4	5	6	7	8
化学组成/%	Al_2O_3	99.0	86.3	98.4	98.4	82.3	76.2	44.8	16.6
	SiO_2	0.8	4.4	1.3	0.1	17.2	0.7	16.6	0.3
	MgO	0.01	0.12	0.01	1.1	0.01	23.2	—	—
	ZrO_2	—	—	—	—	—	—	38.2	90.9
	CaO	0.03	0.06	0.03	0.03	0.03	0.23	—	8.1
结构类型		a	c	a	b	c	b	c	b
真密度/g·cm^{-3}		3.96	3.91	3.80	3.53	3.61	3.56	3.77	5.60
振动填充体积密度/g·cm^{-3}		0.45	2.06	0.51	0.60	1.82	1.13	2.15	2.15
载荷能力（100 个）/N		11.8	272.6	18.6	7.9	172.6	66.7	261.8	93.2
导热系数/W·(m·K)$^{-1}$	40℃	0.27		0.24	0.24	0.33	0.27	0.27	0.20
	400℃	0.43	—		0.40	0.72	0.42	—	—
	800℃	0.57			0.65	0.93	0.65	—	—

可见，高纯 Al_2O_3 空心球多呈薄壁结构，含有 SiO_2、MgO 或 ZrO_2 空心球多呈蜂窝状结构，如图 10-12 所示。

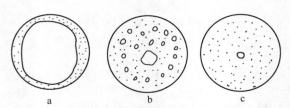

图 10-12　空心球的断面结构类型
a—薄壳中空球；b—蜂窝状球；c—厚壁球

除了配料的化学成分外，吹球温度、熔体中气体的含量及杂质的挥发特性都可能对吹球过程及球的结构与性能产生影响。吹制工艺，如熔体温度与流出速度，喷吹气体的压力与流量等对于球的结构与性质产生影响，同时对空心球的粒度分布、破球率等也有影响。需根据实际情况调整控制。

b　氧化铝空心球制品的制造与性质

以氧化铝空心球为颗粒，用氧化铝粉以及黏土等为细粉，以硫酸铝、磷酸二氢铝、高岭土、氧化硅微粉以及硅溶胶等为结合剂。用与生产耐火制品相似的工艺经混合、成型、干燥与烧成等工序即可制得氧化铝空心球制品。氧化铝空心球制品的烧成温度一般在 1600~1800℃ 之间。

氧化铝空心球制品中的骨料是氧化铝空心球，其氧化铝含量很高。但基质中并不一定为纯氧化铝，其中可含有一定的二氧化硅，这样在基质中含有一定的莫来石，也可称为莫来石结合氧化铝空心球制品，某些空心球制品的性质列于表 10-8 中。与高纯 Al_2O_3 空心球制品比，莫来石结合氧化铝空心球砖有较好的抗热震性。氧化铝空心球制品是一种优质的隔热耐火材料，可用于1600℃以上的工业炉窑中直接作为工作衬使用；其缺点是难以制得体积密度很低的制品，因而其隔热性能受到影响。

表 10-8　氧化铝空心球制品的理化性能

理化性能		M-A	M-B	FU-2	T-BA	I-33	I-33S
化学成分/%	SiO_2	13.09	5.71	<2.0	<4.0	13.6	<0.40
	Al_2O_3	85.10	93.30	>98.4	>96.0	85.7	99.0
	Fe_2O_3	<0.66	<0.25	<0.1	<0.5	0.1	0.1
显气孔率/%		65	69	60~65	65~67	63	67
体积密度/g·cm^{-3}		<1.3	<1.2	1.2~1.3	1.0~1.1	1.28	1.28
常温耐压强度/MPa		>4.9	>3.4	7.8~8.8	>5.9	6.4	7.5
常温抗折强度/MPa						3.2	2.9
耐火度/℃				>40	>40	>40	>40
重烧线变化率/%				±0.1 (1800℃,4h)	+0.3~0 (1750℃,8h)	0.3 (1800℃,8h)	0.1 (1800℃,8h)
荷重软化温度（T_2）/℃		1650	1700	>1600	>1600	>1600	>1600
导热系数/W·(m·K)$^{-1}$		0.73	0.62	0.81~1.05	0.64	0.71	0.78

10.3.2.2　高铝质、莫来石质与黏土质隔热耐火材料制品

它们同属于铝硅系隔热耐火材料，是目前应用最广的隔热耐火材料。根据材料的组成、结构与生产方法的差别，它们的性质与质量变化范围很大，使用温度的范围也很宽（1000℃直至1650℃）。表10-9与表10-10中分别列出我国标准及美国标准中某些产品的特性。由表中可以看出，在我国的标准中没有碱金属氧化物含量的规定。

表 10-9　我国铝硅系隔热耐火材料的性质

序号	化学成分/%		体积密度 /g·cm^{-3}	耐压强度 /MPa	重烧线变化率 /%	导热系数[①] /W·(m·K)$^{-1}$
	Al_2O_3	Fe_2O_3				
1	≤45	≤2	≤1.0	≥2.9	≤2 (1350℃, 12h)	≤0.5
2	≤45	≤2	≤0.6	≥1.5	≤2 (1200℃, 12h)	≤0.25
3	≥48	≤2	≤1.0	≥3.9	≤2 (1400℃, 12h)	≤0.5
4	≥48	≤2	≤0.7	≥2.5	≤2 (1350℃, 12h)	≤0.5
5	≥52	≤1	≤1.0	≥2.5	≤2 (1350℃, 12h)	≤0.28
6	≥55	≤0.8	≤0.8	≥2.5	≤2 (1400℃, 12h)	≤0.28
7	≥65	≤0.8	≤1.0	≥3.0	≤2 (1550℃, 12h)	≤0.32
8	≥72	≤0.8	≤1.2	≥2.5	≤2 (1650℃, 12h)	≤0.44
9	≥80	≤0.6	≤1.65	≥6.0	≤2 (17000℃, 12h)	≤0.7
10	≥85	≤0.5	≤1.75	≥6.0	≤2 (1750℃, 12h)	≤0.72

①导热系数为在350℃测定的。

表 10-10　铝硅系隔热耐火制品的性质（美国标准 ASTM C155GRADES）

项目		BNZ-23+fS	BNZ-26	BNZ-26-60	BNZ-28	BNZ-3000	BNZ-32
化学成分 /%	Al_2O_3	34.0	47.0	60.7	67.0	69.9	78.3
	Fe_2O_3	0.7	0.7	0.4	0.3	0.3	0.2
	TiO_2	1.4	1.3	0.1	0.3	1.2	0.5
	Na_2O+K_2O	0.5	2.0	1.8	1.0	0.2	0.1
体积密度/kg·m^{-3}		673	769	801	881	1041	1201
耐压强度/MPa		1.3	1.9	2.0	2.3	3.0	3.1
重烧线变化率/%① （温度）		0.0 (1232℃)	-0.1 (1343℃)	-0.2 (1399℃)	-0.7 (1510℃)	-0.7 (1621℃)	-0.4 (1732℃)
导热系数/W·(m·K)$^{-1}$ （1093℃）		0.29	0.37	0.33	0.39	0.48	0.62
最高使用温度/℃		1260	1427	1427	1538	1647	1760

①保温 24h。

应该指出的是：即使化学成分相同的隔热耐火制品，它们的物相组成不一定相同，对于 Al_2O_3 含量低的制品更是如此。在第 5 章中就提到，在 Al_2O_3 含量低于 72% 的制品中有方石英相存在，即使 Al_2O_3 含量高于 72% 的制品也可能有未反应完全的方石英存在。加入少量碱金属氧化物将石英完全溶入液相中，形成高硅氧玻璃，会使方石英消失，制品抗热震性提高。同时，固相中存在大量高硅氧玻璃相时，导热系数也较低。因此，仅凭制品的化学成分与颜色并不能准确判断铝硅系隔热耐火制品质量的优劣。

10.3.2.3　硅藻土隔热制品

硅藻土隔热制品是以硅藻土为主要原料制得的制品。硅藻土是由淡水或海水中的微生粉—硅藻的遗体骨骼（硅壳）堆积而成，它是含水的非晶质氧化硅，SiO_2 的含量在 60% 以上，最高可达 94%。硅藻壳大小在 $5\sim400\mu m$ 之间，堆积密度在 $150\sim720kg/m^3$ 之间，含有大量微孔，孔隙率在 70%~90% 之间，可吸收本身质量 1.5~4 倍的水。它具有良好的隔热与隔声性能，是良好的隔热、隔声、吸附与过滤材料的原料。根据杂质种类不同，硅藻土可能呈白色、黄色、粉红色、褐色及黑色等各种颜色。以白色、SiO_2 含量高及堆积密度小的硅藻土质量最好。表 10-11 中给出一些我国硅藻土的化学成分及性质。

表 10-11　我国主要硅藻土的化学成分及性质

产地	化学成分/%									密度 /g·cm^{-3}	比表面积 /m²·g^{-1}
	SiO_2	Al_2O_3	Fe_2O_3	CaO	MgO	TiO_2	K_2O	Na_2O	LOI		
吉林长白	87.31	4.34	1.27	0.46	0.32	0.28	0.57	0.49	4.96	0.34	20.6
吉林临江	86.43	4.57	1.17	0.30	0.40	0.31	0.54	0.59	5.83	0.34	20.3
吉林敦化	73.36	11.76	3.87	1.17	1.28	0.51	0.67	0.73	7.97	0.58	47.7
云南寻甸	70.28	13.41	4.96	1.31	1.17	0.41	0.72	0.63	7.03	0.60	50.7

产地	化学成分/%									密度 /g·cm⁻³	比表面积 /m²·g⁻¹
	SiO_2	Al_2O_3	Fe_2O_3	CaO	MgO	TiO_2	K_2O	Na_2O	LOI	密度 /g·cm⁻³	比表面积 /m²·g⁻¹
云南腾冲	86.71	4.32	1.32	1.40	0.36	0.21	0.62	0.84	5.86	0.33	23.5
浙江嵊县	71.46	12.81	4.31	1.27	1.07	0.43	0.78	0.65	6.32	0.58	45.8
山东临朐	75.89	9.87	4.07	1.21	0.94	0.25	0.36	0.47	6.71	0.41	63.8
四川米易	71.82	13.24	3.71	1.91	0.87	0.41	0.57	0.62	6.21	0.62	37.6

硅藻土可作为散状隔热耐火材料填充于隔热层中，也可以制成硅藻土隔热制品。如果硅藻土中含有足够的黏土，只需将硅藻土原矿粉碎至一定粒度，加水混合使其具有足够的可塑性，经挤泥成型、干燥、烧成、加工后即可得到硅藻土隔热制品。当硅藻土比较纯时，须加入一定量的结合黏土，混合均匀后经挤泥成型、干燥、烧成与加工后得到隔热制品。为了改善硅藻土制品的隔热性能与强度，也可以在配料中加入石棉、纤维或锯末等可烧尽物。表 10-12 中列出一些典型硅藻土产品的性能。

表 10-12 硅藻土隔热制品的性质

序号	体积密度/g·cm⁻³	耐压强度/MPa	导热系数（350℃）/W·(m·K)⁻¹
1	0.61	4.8	0.245
2	0.51	1.7	0.141
3	0.70	0.3~0.7	0.179
4	0.45	0.6~0.8	0.126
5	0.50	0.5	0.143
6	0.55	0.7	0.159
7	0.65	1.1	0.163

硅藻土隔热制品的使用温度不超过 1000℃。它的烧成温度一般也低于 1100℃，通常在 900~1000℃ 之间。当烧成温度超过 1100℃ 时，无定形的硅藻壳会转变为方石英，后者在加热冷却过程中会因晶型转变造成较大体积变化而导致制品损坏。

10.3.2.4 粉煤灰漂珠隔热制品

在煤粉锅炉的飞灰中一般含有 50%~70% 的空心微珠，它们漂浮在排渣池的水面上，因此称为粉煤灰漂珠，简称漂珠。它们是煤粉中的灰分在高温火焰中经过熔化、成球与冷凝过程而形成的玻璃质珠状空心微珠。它们的粒径在 0.3~300μm 之间，壁厚为 1~5μm，堆积密度为 0.3~0.7g/cm³。

获取漂珠的方法有两种：浮选法与机械法。前者为直接从排渣池的水面上获取漂珠。此法比较简单，但获得的漂珠的尺寸较大，堆积密度与导热系数都较小，强度也较低。后一种方法的效率较高，可以获得尺寸较小、强度较大、导热系数也较大的漂珠。一些典型的煤粉漂珠的理化性质如表 10-13 所示。

表 10-13　漂珠的理化性质

| 序号 | 化学成分/% | | | | | | | | 堆积密度/g·cm⁻³ |
	SiO_2	Al_2O_3	Fe_2O_3	CaO	MgO	R_2O	TiO_2	LOI	
1	58.50	34.06	2.30	1.65	1.08	2.01	0.7	0.3	0.37
2	54.13	29.32	6.25	1.98	1.30	1.70	2.91	1.69	—
3	55.0	26.0	9.9	3.5	1.6	4.0			0.3
4	49.5~61.0	26.0~30.0	4.2~10.8	0.2~4.5	1.1~1.6				0.3~0.4

　　将漂珠与结合剂及掺合剂混合均匀后，用振动、压制或挤泥等方法成型，再经干燥烧成即可得到漂珠隔热制品。常用的结合剂有磷酸铝、硫酸铝、黏土及有机结合剂等。为了降低体积密度，可以加入锯末、煤粉等可烧尽物。为了改善其耐火性能也可加入高铝矾土等 Al_2O_3 含量高的材料。由于漂珠为玻璃体，当温度超过 1100℃ 后，开始结晶出莫来石，并产生较大的体积变化，因此，漂珠制品的烧成温度一般不超过 1000℃。

　　表 10-14 列出了一些漂珠制品的理化指标。漂珠制品的性质主要取决于漂珠的组成与性质。漂珠制品的耐火度主要取决于它的化学组成，杂质含量低的漂珠制品耐火度较高。但是，由于高温下会结晶，漂珠制品的使用温度一般不超过 1000℃。由于漂珠中含有大量的微小闭口气孔，因此它的导热系数受温度的影响较小。

表 10-14　漂珠隔热制品的性质

| 序号 | 化学成分/% | | | 体积密度/g·cm⁻³ | 显气孔率/% | 荷重软化开始点/℃ | 导热系数/W·(m·K)⁻¹ |
	SiO_2	Al_2O_3	Fe_2O_3				
1	50.84	40.21	—	0.60	—	—	0.18（500℃）
2	53.00	36.42	1.08	0.40	84	1130	0.16（500℃）
3	59.10	29.80	2.90	0.78	47	1130	0.25

　　图 10-13 给出漂珠隔热制品与耐火纤维毡的导热系数与温度的关系。由图可见，漂珠制品的导热系数随温度升高增加较为平稳。耐火纤维毡在低温下的导热系数小于漂珠隔热制品的，但当温度高于 800℃ 以后，后者的导热系数小于前者。

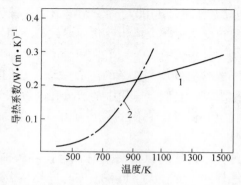

图 10-13　漂珠隔热制品与耐火纤维毡的导热系数与温度的关系

1—漂珠隔热制品（体积密度 440kg/m³）；2—耐火纤维毡（体积密度 440kg/m³）

漂珠除了用于制备漂珠制品及填充用散状隔热材料外，还可以加入其他隔热制品中以降低其体积密度。

10.3.2.5 钙长石轻质隔热制品

钙长石的分子式为 $CaO \cdot Al_2O_3 \cdot 2SiO_2$，其理论组成为 20.2% CaO、36.6% Al_2O_3 和 43.3% SiO_2，熔点不高，为 1552℃。按物相组成，钙长石隔热耐火材料可以分为以钙长石为主要成分和以钙长石为基质的两类。两者都可以用可烧尽物加入法与发泡法进行制造。通常以高岭石、黏土熟料、叶蜡石与石膏为原料。在制造钙长石结合莫来石隔热制品时，可以引入蓝晶石类矿物作为 Al_2O_3 与 SiO_2 的来源，矾土水泥或铝酸钙水泥为 CaO 的来源。

钙长石隔热制品的导热系数小，抗热震性好，在还原气氛下的稳定性好，这些特点优于一般的铝硅系隔热制品。后者在还原气氛下使用时，SiO_2 可能被还原而导致制品损坏。同时，在还原气氛下使用时，制品中的 Fe_2O_3 的含量不能太高，否则可能因使用过程中氧化铁变价而导致损坏。表 10-15 给出典型的钙长石及钙长石结合莫来石隔热制品性质。

表 10-15　钙长石及钙长石结合莫来石隔热制品的性质

性质		制品 1	制品 2	制品 3	制品 4	制品 5
化学组成/%	Al_2O_3	39	38.9	54	39.0	38.8
	SiO_2	44	445	43	42.5	42.2
	CaO	15.4	11.7	3	15.1	15.2
	Fe_2O_3	0.4	6.7	0.5	0.75	0.49
体积密度/$g \cdot cm^{-3}$		0.47	0.50	0.5	0.80	0.75
耐压强度/MPa		0.75	1.1	3.5	6.0	4.2
重烧线变化率/%		0（1066℃）	—	<2（1450℃）	<1（1300℃）	<1（1350℃）
导热系数/$W \cdot (m \cdot K)^{-1}$		—	0.12（264℃）	0.15（350℃）	—	0.18（400℃）
最高使用温度/℃		1100℃	—	1400	1300	1350

化学成分不同时，经不同温度烧成所制得的钙长石隔热材料中钙长石和莫来石含量是不相同的，CaO 含量低的制品中钙长石含量较低，莫来石含量较高。制品的显微结构也会对其性能产生较大影响。表 10-15 中 4 号与 5 号为微孔制品，它们的优势孔径为 3.0~5.0μm，微孔孔径为 0.1~0.4μm。由于气孔孔径小，它们具有较高的强度与较低的导热系数。

10.3.2.6 硅酸钙隔热材料

硅酸钙隔热材料的主要物相为含水硅酸钙。含水硅酸钙有许多种，在工业上生产与使用的主要有两种：一种为雪硅钙石，它的分子式为 $5CaO \cdot 6SiO_2 \cdot 9H_2O$，也称为托贝莫来型（Tobermorite）硅酸钙；另一种为硬硅钙石（Xonotlite），分子式为 $6CaO \cdot 6SiO_2 \cdot H_2O$。通常情况下雪硅钙石呈针状或纤维状结晶，硬硅钙石呈板状或条状，但它们也可以构成多孔球状团聚体以获得更低的体积密度与导热系数。

雪硅钙石与硬硅石的制造流程如图 10-14 所示。图中，氧化硅原料可以是石英粉、硅藻土、氧化硅微粉等。石棉是作为增强纤维加入的。由于石棉有致癌作用，对人体的危害较大，可采用危害性相对较小的其他纤维，如硅酸铝耐火纤维、玻璃纤维等替代。

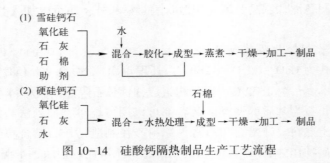

图 10-14 硅酸钙隔热制品生产工艺流程

雪硅钙石与硬硅钙石在加热到 800℃ 左右脱去结晶水变成硅灰石（$CaSiO_3$），进一步加热到 1120℃ 转变为假硅灰石，其化学组成不变。硅酸钙隔热耐火材料的最高使用温度取决于它在脱水及晶型转化过程所引起的破坏程度。雪硅钙石的最高使用温度为 650℃，硬硅钙石的最高使用温度可达 1000℃。表 10-16 给出不同类型硅钙隔热材料的主要性质。

表 10-16 硅钙隔热材料的性质

性质		雪硅钙石型	硬硅钙石型	硬硅钙石型
最高使用温度/℃		650	850	1000
体积密度/g·cm^{-3}		0.20	0.11	0.20
抗折强度/MPa		0.54	0.36	0.59
线收缩率/%		1.3	0.7	1.0
导热系数/ W·(m·K)$^{-1}$		$0.047+0.001T$	$0.038+0.00013T$	$0.047+0.0011T$
化学组成/%	SiO_2	36.9	46.3	
	Al_2O_3	8.38	0.9	
	CaO	39.92	43.3	
	Fe_2O_3	2.17	2.5	
	灼减	17.98	5.9	

硅酸钙隔热材料的导热系数与热容很小，体积密度很低，强度较大，可以制成板、管、块等许多种形状。因此，其广泛应用于电力、化工、冶金、舰船等的设备与管道的保温。此外，由于许多有色金属的熔体对硅酸钙的润湿性差，故其除了作为保温材料外，还可以作为有色金属熔体的贮存及运输设备。

硅酸钙隔热材料的性能与其生产工艺及显微结构密切相关。在前面已经提到，硬硅钙石为片状或板状结构，但在水热过程中进行搅拌则可形成多孔球形团聚体。图 10-15 为硬硅石的显微结构，图 10-15a 为未经搅拌，图 10-15b 为经过搅拌，可见，经搅拌后形成了气孔率很高的微孔团聚体。这种多孔微孔团聚体的形成，有利于降低硅钙隔热材料的体积密度，特别适合制造超轻质硅钙隔热材料。

10.3.2.7 膨胀蛭石及制品

蛭石是一种含结晶水的铁、镁硅酸盐矿物。其一般化学式为（$Mg\cdot Fe^{2+}$，Fe^{3+}）$_3$

图 10-15 硬硅钙石的显微结构

a—无搅拌形成絮凝结构；b—有搅拌形成球状颗粒

$[(Si，Al)_4O_4(OH)_2]·4H_2O$，理论化学组成为 36.71% SiO_2、24.62% MgO、14.15% Al_2O_3、4.43% Fe_2O_3 和 20.9% H_2O。根据杂质的不同及矿产地的差别，实际蛭石矿的化学成分在一个很大的范围内波动，其化学成分对于使用温度等性能有很大的影响。

蛭石作为保温材料与其结构特点有关。它的结构是由两个硅氧四面体层被存在于它们之间的氢氧化镁或氢氧化铝八面体连接而成。由于在两个硅氧四面体层之间存在水分子，当加热到 800~1000℃时，层间结合水迅速蒸发，产生的压力使两层分离，导致 20~30 倍的体积膨胀，真密度从 $2.32~2.80g/cm^3$ 下降到 $0.9g/cm^3$。这种膨化处理工艺对蛭石的膨化率以及它的性质有较大的影响。膨化过程是结合水蒸发造成的，蒸发越快，短时间内产生的压力越大，膨化越好。但是，在快速升温过程中，蛭石颗粒表面层先膨化形成表面隔热层，使传热受阻，颗粒内部的升温速度变慢，膨化效果较差。理想的办法是先将蛭石缓慢预热到较低温度，然后迅速投入已升温到 1000℃ 的炉子中，这种方式可使蛭石膨胀倍数提高 25%，膨化时间缩短 40%。

经膨化处理后的蛭石呈片状，含有大量的小气孔。根据其化学成分及膨化条件的不同，可呈金黄、深灰与暗黑等颜色，堆积密度为 $0.10~0.39g/cm^3$，常温导热系数为 $0.052~0.063W/(m·K)$，有良好的隔热与吸声能力，可直接用作为填充隔热材料，也可用水泥、水玻璃及沥青等为结合剂，通过轻压与振动等成型方法制成不同的形状，经热处理后做成蛭石制品。不同结合剂制得蛭石制品的主要技术性能如表 10-17 所示。

表 10-17 膨胀蛭石隔热制品的性质

项目	水泥结合制品	水玻璃结合制品	沥青结合制品
体积密度/$g·cm^{-3}$	0.43~0.50	0.40~0.45	0.36~0.40
常温耐压强度/MPa	≥0.245	≥0.495	≥0.196
导热系数/ $W·(m·K)^{-1}$	0.093~0.140	0.082~0.105	0.082~0.105
最高使用温度/℃	600	800	90

10.3.2.8 膨胀珍珠岩及其制品

珍珠岩是地下岩浆喷出地表, 遇水急剧冷却固化而形成的一种酸性玻璃质火山熔岩。熔岩中包含了一定量水分。根据外观与含水量的不同, 可以分为黑曜岩、珍珠岩与松脂岩。其化学成分为 68%~75% SiO_2、9%~14% Al_2O_3 和 3%~6% H_2O。此外, 还含有 Na_2O、K_2O、MgO、CaO 和 Fe_2O_3 等杂质。珍珠岩的密度为 2.20~2.40g/cm^3, 耐火度为 1280~1360℃。

珍珠岩中的水以不同的形式存在, 即弱结合的吸附水与强结合的结合水。当珍珠岩加热到一定的温度后, 珍珠岩本身软化, 同时, 结合水分迅速汽化膨胀, 导致珍珠岩产生 20~30 倍体积膨胀。在实际生产中, 是先将珍珠岩破碎到一定的粒度 (通常 0.15~0.5mm), 再预热到 300~500℃, 排除吸附水, 然后直接投入温度为 1180~1280℃ 的竖窑中, 迅速加热, 最后快速冷却。快速冷却至软化温度以下即可保持较大的膨胀体积, 形成蜂窝状的膨胀珍珠岩。

与蛭石一样, 将一定粒度组成的膨胀珍珠岩与水泥、水玻璃及磷酸盐等结合剂混合, 经成型、干燥、焙烧或养护等工序可得到烧成或不烧膨胀珍珠岩制品。表 10-18 给出了几种膨胀珍珠岩制品的性质, 其性质取决于膨胀珍珠岩特性、烧成温度以及结合剂种类等诸多因素。

表 10-18　几种膨胀珍珠岩制品的物理性质

指　　标	水泥结合制品	水玻璃结合制品	磷酸盐结合制品	沥青结合制品
体积密度/g·cm^{-3}	0.30~0.40	0.20~0.30	0.20~0.25	0.30~0.40
耐压强度/MPa	0.49~0.98	0.59~0.95	0.99~0.98	0.196
导热系数/W·(m·K)$^{-1}$	0.058~0.087	0.056~0.065	0.044~0.052	0.081~0.104
最高使用温度/℃	600	650	1000	60
吸水率/%	110~130 (24h)	120~180 (96h)	—	—

10.3.2.9 微孔隔热制品

前面有关传热机理讨论中提到, 气孔孔径对隔热材料导热系数有很大影响。随着气孔孔径减小, 孔壁面积减小, 通过固体的传热阻力增大。同时, 随着孔径减小, 气体的运动受到限制, 对流传热也减小。当气孔孔径小于气孔内气体分子运动自由程后, 气体分子几乎不能运动, 因而, 对流与传导都非常小。如果再在这类材料中加入减弱辐射传热的遮光剂 (如炭黑、TiO_2 等), 则可以大幅度降低隔热材料的导热系数, 最低可达 0.012W/(m·K) (空气中) 与 0.004 W/(m·K) (真空中)。二氧化硅气凝胶是一种由胶体粒子相互交联构成的具有空间网络结构的纳米多孔材料, 其气孔率可高达 80%~99%, 典型的气孔孔径在 50nm 左右。网络胶体的颗粒尺寸在 3~20nm, 它有极小的体积密度与导热系数。但是, 二氧化气凝胶的强度与韧性都较低, 为了提高其强度与韧性, 常加入纤维等增强材料。

董志军等人用溶胶—凝胶与超临界干燥技术, 以莫来石纤维为增强材料 (0~4%), 得到了莫来石纤维增强二氧化硅气凝胶复合隔热材料, 其导热系数与温度及体积密度的关系如图 10-16 所示。由图可见，各组材料导热系数都很低；随着莫来石纤维含量增多，材料体积密度和导热系数增大。但是，随温度升高，各组材料之间导热系数的差别逐渐减小。同时，随莫来石纤维含量增多，材料的强度也增大。

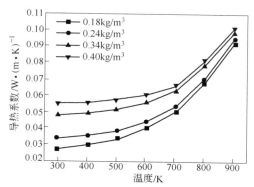

图 10-16　不同密度的二氧化硅的气凝胶复合材料导热系数与温度的关系

另外一种微孔隔热材料是以微孔氧化硅与蛭石制成三明治结构，以锆英石为降低辐射传热的添加剂，得到的低导热微孔隔热制品，其导热系数与温度的关系如图 10-17 所示。由图可见，虽然所制牌号为 PROMALIGHT-310 微孔隔热材料的体积密度高于其他隔热材料，但它的导热系数仍低于其他材料的，甚至低于静止空气的。

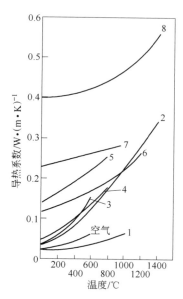

曲线	材　料	材料密度/kg·m^{-3}
1	PROMALIGHT®-310	350
2	陶瓷纤维板	250
3	矿物纤维板	150
4	硅酸钙板	250
5	轻质耐火砖	500
6	蛭石板	400
7	轻质耐火混凝土	800
8	轻质耐火砖	1040

图 10-17　微孔隔热制品的导热系数与温度的关系

英国某公司以二氧化硅微粉为原料，以无机纤维为增强材料，并添加降低辐射的材料，得到了体积密度为 0.24g/cm^3 左右的多孔隔热材料，其导热系数与温度的关系如图 10-18 所示。由图可见，它的导热系数很低，同样低于静止空气的导热系数。

当前，大部分微孔隔热制品中的固相材料都是无定形或微晶体，它们对保证制品的低导热起了一定的作用。但是，它们在高温下会析晶并长大。同时，气孔也会长大。因此，目前这类制品不宜在高温下长期使用，多使用在长期使用温度低于1000℃的部位。也可以在高温下短时间使用，如用作导弹、火箭的隔热材料，很低的体积密度与导热系数使它们在这个领域得到很好的应用。

10.3.2.10 其他隔热耐火制品

隔热耐火制品种类繁多。除了上面介绍的一些品种外，还可以通过可烧尽物加入法、发泡法及其他多孔陶瓷的制造方法制得不同材质的隔热耐火材料。如硅质隔热制品、泡沫玻璃、锆英石质隔热制品、橄榄石质隔热制品、氧化镁隔热制品、碳化硅隔热制品等。

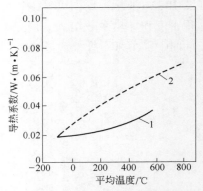

图10-18 超细 SiO_2 微粉隔热材料导热
系数与温度的关系

1—超细 SiO_2 微粉隔热材料；2—静止空气

硅质隔热制品是指 SiO_2 含量在90%以上，体积密度小于 $1.20g/cm^3$ 的隔热制品。它可以用可烧尽物加入法或发泡法制得。除了制坯的制造工艺有一些差别外，其他工艺均与致密硅砖相似，在配料中引入 CaO、Fe_2O_3 为矿化剂以促进石英的转化。硅质隔热制品的矿物组成为78%~86%鳞石英、13%~15%方石英和4%~7%石英，体积密度为 $0.09~1.20g/cm^3$，导热系数为 $0.30~0.45W/(m·K)$。隔热硅质制品有很高的耐火度与荷重软温度，它可用作高炉热风炉、玻璃熔窑、焦炉以及加热炉等的隔热材料，特别是用作硅砖内衬后的隔热材料。与致密硅砖相同，它不宜应用于温度波动频繁的窑炉中，特别是可能冷却至600℃以下的情况。但是，隔热硅砖的抗热震性一般优于致密硅砖。

用玻璃粉为原料，通过可烧尽物加入法、发泡法或其他多孔材料的制造方法，可得到泡沫玻璃。泡沫玻璃多以玻璃废料为原料，其烧成温度与其化学成分有密切关系，通常在800~1000℃之间，其特点是控制好烧成条件等因素后，可在泡沫玻璃中形成较多的封闭气孔，有利于提高隔热性能。泡沫玻璃的总气孔率为70%~90%，体积密度小、强度较高、不吸湿，是良好的隔热与隔声材料，广泛应用于化工、国防、建筑等部门的保温、保冷工程中，其使用温度一般在-200~400℃之间。

其他隔热制品还有氧化锆、氧化镁及碳化硅隔热材料，它们可在超高温等特殊状况下使用。

10.4 纤维状隔热材料与制品

它们是由各种无机纤维构成的隔热材料与制品。纤维状隔热材料具有质量轻、导热系数与热容量小、抗热震性好及施工方便等优点。作为隔热耐火材料用的纤维种类繁多，常见的天然及人造纤维的分类如表10-19所示。在这些纤维中，以非晶质的硅酸铝质纤维与多晶质的莫来石纤维应用最广，这也是本节讨论的重点。

表 10-19　纤维隔热材料分类

类　　型			使用温度/℃
天然	石棉		≤600
非晶质	玻璃纤维		≤600
	矿渣棉		≤600
	玻璃质氧化硅纤维		≤1200
	硅酸铝纤维	普通硅酸铝纤维	≤1000
		高纯硅酸铝纤维	≤1100
		高铝硅酸铝纤维（Al_2O_3含量52%~53%）	≤1200
		含铬硅酸铝纤维（Cr_2O_3含量3%~5%）	≤1200
		含锆硅酸铝纤维（ZrO_2含量15%~17%）	≤1350
多晶质	氧化铝纤维		≤1500
	莫来石纤维		≤1400
	氧化锆纤维		≤1600
	氮化硼纤维		≤1500
	碳化硅纤维		≤1800
	碳纤维		≤2500

10.4.1　非晶质硅酸铝质纤维

常把这类纤维称为耐火陶瓷纤维，简称陶瓷纤维或耐火纤维。该材料是由黏土、矾土、Al_2O_3及硅石等为原料，按要求配料后在电弧或电阻炉中熔化，经喷吹或甩丝制成，是一种优秀的隔热材料，广泛用于各种工业炉窑。

10.4.1.1　硅酸铝耐火纤维的制造

图 10-19 为电阻炉法连熔连吹成纤工艺示意图。炉内有三根电极埋入熔料中（不产生电弧），通过熔料的电流使炉温达到 2000℃ 以上，熔化后的料通过流料口小股流出，经高压蒸汽或压缩空气的高速气流喷吹，成为纤维；也可以让熔体流股流到高速旋转的转盘上，如图 10-20 所示，通过几个转盘高速旋转所产生的离心力将熔体甩成纤维。前者称为喷吹法，后者称为甩丝法。

与电弧炉相比，电阻炉的能耗较低，噪声较小。电炉的深度、功率、电极电流与电压、流口流出的流量对纤维产品的性质及成纤率都有很大影响。成纤率是指流出的熔料经喷吹或甩丝后形成的纤维所占的比率。

无论是喷吹或者甩丝工艺，成纤的过程都是先将熔体分散为极小的熔滴，然后再将熔滴拉成纤维。因此，在喷吹法中，通常有两个喷嘴，一个喷嘴吹出的空气（称为一次空气）将熔体流股吹成小球；第二个喷嘴吹出的空气（称为二次空气）再将小球吹成纤维。这两个过程一般在大约 0.1s 内完成。如果第二个过程完成不好，在喷出的熔料中小球含量高。这种小球通常称为"渣球"。渣球含量以渣球率来衡量，它是渣球在纤维中所占的

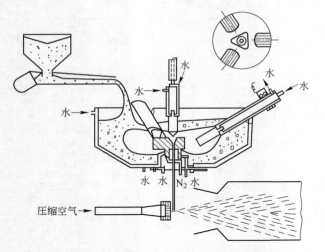

图 10-19 电阻法连熔连吹成纤工艺示意图

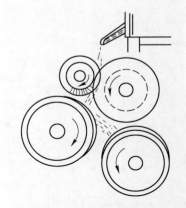

图 10-20 离心甩丝法成纤示意图

百分含量，是衡量纤维质量的一个重要指标，对后续纤维制品的制造与性能有很大影响。除了渣球率以外，成纤方法、熔体性质、电炉工艺参数等也对纤维直径、长度、单丝强度等性质有较大影响。影响因素主要包括如下几个方面：

（1）熔体的黏度与表面张力。由于成纤过程是熔体先成微径球再被拉成丝，因而熔体流股的黏度与表面张力对成纤过程及纤维性质有很大影响，应控制在一个适当的范围内。黏度大、表面张力小，则纤维变粗，渣球含量多。反之，若黏度小、表面张力大，则熔体易分散，所得纤维细而短，渣球量也多。如果黏度过小或表面张力过大则不能成纤。

熔体的黏度与表面张力主要取决于它们的化学成分与温度。由于熔体的化学成分已在配料中确定，因此，在实际生产中控制喷吹时熔体流股温度是非常重要的。不同的纤维品种都有自己合适的温度，如生产标准型或高纯型硅酸铝纤维针刺毯用纤维的适宜温度为1900~2000℃，而生产高铝型与锆硅酸铝纤维针刺毯用纤维的适宜温度为2100~2200℃。

（2）成纤方式。如前所述，成纤方法有两种，所得纤维的性质有一定差别。喷吹法所制得纤维的直径小，通常在 2~3μm 之间，纤维较短 （<50μm）；甩丝法制得纤维较粗，通常在 3~5μm 之间，纤维较长。通常细而短的纤维的柔软性较好，粗而长的纤维的强度较大，它们在制品的生产过程中各有优势。

在实际生产中，即使生产方式相同，但因生产工艺条件不同，所得纤维的性质也有一定差别。如在甩丝法中有二辊式与三辊式两种不同的生产形式。一般情况下，三辊式生产的纤维较粗，渣球含量高，纤维制品的手感差，但产量大，一般用于高密度毯的生产。二辊式生产的纤维较细长，渣球含量较低，产量也较小，一般用于低密度毯的生产。此外，辊子的尺寸、转速以及熔流落到辊子上的位置等因素都会对纤维的尺寸、产量等产生影响。同样，在喷吹成纤法中，喷嘴的结构、压缩空气的流量与压力以及喷嘴与流股的相对位置等，也对纤维尺寸、渣球量与成纤率有一定影响，需根据实际情况调整。如对于低黏度、高密度的高铝及含锆硅酸铝熔体，喷头应靠近熔体流股，以利于打碎流股使之成微滴；而对于高黏度低密度的普通与高纯硅酸铝熔体，熔体流应居于两个喷吹设备之间，既有利于打碎流股使之微滴化，又可防止熔体结喷头。

（3）电炉熔制工艺。电阻炉熔制过程是以电流通过熔体本身电阻产生大量热量来熔化物料的。电熔中的物料分布区域如图10-21所示。分布在流料口上部的高温熔融区的温度对于后续成纤过程十分重要。要稳定此温度则必须保持进入炉内的物料与流出的物料平衡。同时，要保证产生足够的热量来熔化并加热进入的物料，因此保持电压、电流的稳定与物料的平衡是保证稳定生产的关键。实际生产中常通过控制电阻炉熔池深度来实现物料平衡。

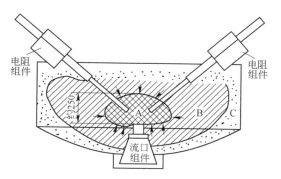

图 10-21　电阻炉内物料的分布区域
A—高温熔化区；B—熔化区；C—未熔区

熔池深度是指流料口顶面至熔池液面间的距离。即要保持流料口排放流量的稳定，避免大起大落，要维持加料量的稳定，才能保持稳定的熔池深度。

10.4.1.2　硅酸铝耐火纤维的性质

硅酸铝耐火纤维的性质主要有使用温度、导热系数与强度等，其强度包括单纤强度与制品强度等。

A　硅酸铝耐火纤维的析晶与使用温度

普通硅酸铝纤维本身的耐火度是很高的，但其使用温度不能超过 1000℃。这主要是由于硅酸铝纤维是玻璃体，它们在高温下长期使用会结晶；同时，晶粒不断长大，结构受到破坏，失去强度导致纤维不能使用。图 10-22 为普通硅酸铝纤维与含铬硅酸铝纤维的差热曲线。从该图可以看出，在 980℃ 左右有很强的放热峰，它是莫来石析晶形成的。图 10-23 给出三种硅酸铝纤维在不同温度下加热 24h 后，物相组成及体积密度与温度的关系。通常，莫来石在 900~950℃ 范围内开始结晶析出，随温度升高莫来石含量增大，当温度达到 1300℃ 左右时，莫来石含量不再随温度的升高而变化，此时，第二晶相方石英开始析出；

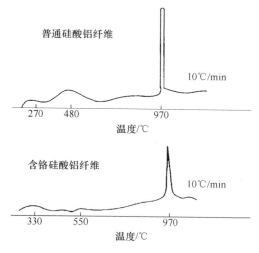

图 10-22　两种硅酸铝纤维的差热分析曲线

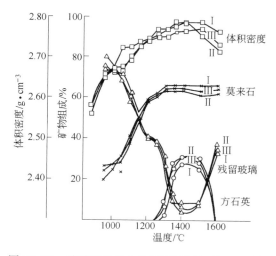

图 10-23　硅酸铝纤维在不同温度下加热 24h 后的
体积密度与物相组成的变化

当温度达到 1400℃ 左右时，玻璃相含量降低到最低点；随温度进一步升高，玻璃相含量逐步增多，方石英逐渐熔入玻璃相中；当温度为 1600℃ 时，方石英几乎全部熔入玻璃相中。与此同时，纤维的密度不断增大，体积收缩；温度高于 1300℃ 后，莫来石含量几乎保持不变，但晶粒不断长大。体积收缩与莫来石晶粒不断长大导致纤维结构发生变化，强度大幅度降低，一旦降至不能承受纤维工作应承受的应力时，纤维即"粉化"破坏。温度越高，高温下的时间越长，粉化越严重。这就是玻璃质的硅酸铝质纤维不能长期在高于 1000℃ 环境中使用的原因。为了提高硅酸铝质纤维的使用温度，应尽可能地阻止莫来石晶体的析出，特别是阻碍莫来石晶体的长大，具体方法如下：

（1）降低杂质含量提高纤维纯度，即制得所谓高纯硅酸铝纤维。硅酸铝纤维的主要原料为黏土、石英等，它们的主要杂质为 Fe_2O_3、K_2O、Na_2O 和 CaO 等。这些杂质降低硅酸铝玻璃熔化温度，促进莫来石的析晶与晶粒长大。因而，降低杂质含量，提高纯度，有利于提高使用温度。图 10-24 给出普通硅酸铝纤维、高纯硅酸铝纤维及高铝耐火纤维的加热收缩曲线。由图可见，高纯硅酸铝纤维的加热收缩低于普通硅酸铝纤维的，前者的使用温度比后者高 100℃。

（2）提高普通硅酸铝纤维的氧化铝含量至 52%~53%，即所谓高铝纤维。提高氧化铝的含量可以降低方石英的析出量，提高莫来石的析出量。莫来石晶粒长大速度较慢，对玻璃相结构破坏较小，

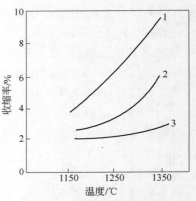

图 10-24　硅酸铝耐火纤维加热收缩曲线
1—普通硅酸铝纤维；2—高纯硅酸铝纤维；
3—高铝耐火纤维

可减小纤维的加热收缩。如图 10-24 所示，高铝硅酸铝纤维的加热收缩低于普通硅酸铝纤维与高纯硅酸铝纤维的。但是，由于 Al_2O_3 含量高，高铝硅酸铝纤维熔化与成纤都比较困难，纤维细而短，强度低，生产能耗也较高，因而，其生产与使用已逐年减少。

（3）添加 Cr_2O_3，即所谓含铬硅酸铝纤维。添加 Cr_2O_3 的纤维中，Cr_2O_3 分布于莫来石晶粒之间，能有效地阻碍莫来石晶粒的合并长大，减少纤维的加热收缩，提高纤维的使用温度。但是，随温度升高，Cr_2O_3 的挥发损失增大，其所起的作用将逐步减弱。此外，氧化铬可能造成环境污染。因而，含铬硅酸铝纤维的使用也在减少。

（4）添加氧化锆，即所谓含锆硅酸铝纤维。以工业氧化铝、锆英石、氧化锆为原料，经熔化成纤得到的纤维。加入 ZrO_2 的作用主要包括如下三个方面：

1）莫来石与方石英的析晶包括两个阶段，首先是形成晶核，然后是晶粒长大。四方氧化锆（$t-ZrO_2$）微晶均匀分散在玻璃相中，它的存在分隔了析出的莫来石与方石英晶核，起到抑制晶粒长大的作用。

2）由于 $t-ZrO_2$ 的存在，对纤维有增强作用，提高了纤维的强度。可以抵抗由于结晶而产生的应力，降低了"粉化"破坏而产生的危害。

3）由于在高温下氧化锆会由四方晶型（$t-ZrO_2$）向单斜晶型（$m-ZrO_2$）转变，可产生 5%~9% 的体积膨胀，能补偿纤维析晶而产生的部分收缩，以减弱因收缩而产生的破坏。此外，在由四方向单斜转化过程中所产生的体积变化，会导致纤维中的玻璃受到拉应力作用，能阻碍晶核生成与晶粒长大。

上述三方面均可在一定程度上起到抑制晶粒长大的作用，且没有因添加 Cr_2O_3 而带来的环境问题，故 ZrO_2 是较好的添加剂，但添加 ZrO_2 会提高成本、增大能耗，因此，应用并不广泛。

除了上述各种添加物外，有研究采用 MgO 为添加物。加入一定量的 MgO 可适当提高熔体黏度、降低表面张力，使得 Al_2O_3 含量可提高到62%～75%，突破了 Al_2O_3 含量大于55%后就不能成纤的限度；所得到的纤维抗拉强度高，使用温度有望达到1400℃以上。

B　硅酸铝纤维的导热系数

与多孔隔热材料相似，纤维材料中的传热也包括通过固相的传热与通过气相的传热。但纤维隔热材料的显微结构与多孔材料不同，因此，传热机理也有一定差别。图10-25给出高密度、中密度与小密度三种陶瓷纤维制品的显微结构与传热机理，传热过程包括通过

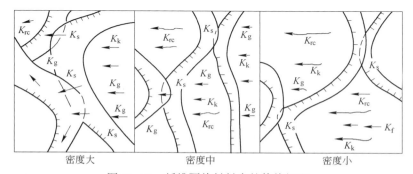

图10-25　纤维隔热材料中的传热机理

K_{rc}—辐射传热；K_g—空气导热；K_s—纤维导热；K_k—空气对流传热

气相的传导、对流和辐射以及通过固相的传导。由于显微结构不同，各种传热方式所占比例不同，从而影响纤维材料的导热系数。影响因素包括如下几方面：

（1）体积密度与使用温度。纤维材料的密度与其导热系数、热容量以及强度等性质密切相关。图10-26给出了纤维制品的导热系数与其体积密度及温度的关系。由此图可得到如下结论：

1）随着使用温度升高，纤维材料的导热系数增大。这是因为随温度升高，通过气体的传热及辐射传热都增大。

2）在同一温度下，随纤维制品的体积密度增大，它的导热系数先下降后上升，存在一个导热系数最低的体积密度值。而且，随温度升高，导热系数随体积密度增大而减小的速度加快，即导热系数-体积密度曲线的斜率增大。这是因为体积密度的变化导致显微结构的变化，从而引起传热机理改变。纤维制品体积密度的增大会带来两个相反的作用，第一个是导致纤维与纤维间接触点增多，如图10-25中高密度纤维制品所示，故固相传热增加，纤维制品的导热系数增大；第二个是随纤维密度增大，固相含量增多，气孔直径变小，开口程度也下降，通过气相的传热减少，导致纤维制品的导热系数下降。当纤维制品的体积密度小于导热系数最低的体积密度时，第二个因素起主导作用，导热系数随体积密度增大而减小。当纤维制品的体积密度大于导热系数最低的体积密度时，第一个因素起主导作用，导热系数随体积密度增加而增大。在实际生产中使用的纤维制品的体积密度在

$130\sim160kg/m^3$之间，大致在导热系数较低的范围内。此外，如图 10-26 所示，温度越低，导热系数随体积密度增大而降低的幅度越小，因此，炉衬设计时可考虑自工作面从里到外，纤维制品的体积密度逐渐减小，以节约纤维用量。

（2）纤维直径。通常当纤维制品体积密度相同时，纤维直径增大，导热系数增加，如图 10-27 所示。由图可见，随纤维直径增大，制品的导热系数增大。一般情况下，纤维越细，它们之间气孔的尺寸越小，封闭程度越高，因而，导热系数越小。此外在相同体积密度下，纤维越细，纤维的总长越长，通过固相传热的阻力也越大。

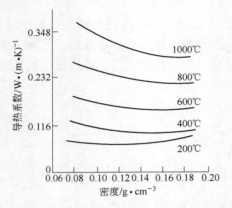
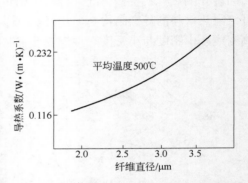

图 10-26　纤维制品体积密度和使用温度　　图 10-27　硅酸铝纤维的直径与导热系数的关系
　　　　　与导热系数的关系

（3）纤维方向。传热热流方向与纤维长度方向的关系对材料导热系数有影响。热流方向与纤维方向垂直时的导热系数大于热流方向与纤维方向平行时的导热系数。实际上，热流方向完全垂直或平行纤维方向的情况是不存在的，但对于不同的纤维制品与砌筑方式，平行与垂直热流方向的程度是不同的。

除了上述因素以外，纤维的湿度、渣球含量以及气孔中气体的气氛等都会对其导热系数有影响。

10.4.2　晶质耐火纤维（多晶纤维）

玻璃质硅酸铝质纤维的析晶与晶粒长大是影响其使用温度的制约性因素。用晶质纤维（也称为多晶纤维）取代玻璃质纤维就可以避免析晶过程，从而提高其使用温度。目前市场上主要供应的多晶纤维包括如下三个类型：

（1）Al_2O_3含量为95%的多晶氧化铝纤维。以英国帝国公司（I.C.I）最早生产的牌号为"Sfaffil"的多晶纤维为例，其化学成分大致为95% Al_2O_3和5% SiO_2。

（2）Al_2O_3含量为80%的牌号为"ALCEN"的多晶纤维，其化学成分大致为80% Al_2O_3和5% SiO_2。

（3）美国金刚砂公司最早生产的牌号为"Fibermax"的多晶莫来石纤维，其化学组成为72% Al_2O_3和28% SiO_2。

10.4.2.1　多晶纤维的制造方法
与熔化—成纤法生产玻璃质硅酸铝纤维不同，多晶纤维的生产方式是先制成浓缩的母液，再通过喷吹或甩丝法得到纤维，称为纤维坯体或前驱体纤维，最后经热处理后得到多晶纤维。多晶氧化铝纤维生产的工艺流程如图 10-28 所示。整个流程大致分为三个部分：制胶、成纤与集棉及热处理。其他多晶纤维，如莫来石多晶纤维的生产工艺和图 10-28 的工艺相同，仅在硅溶胶的加入量等方面有少许变动。

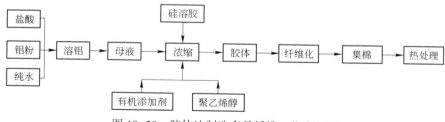

图 10-28　胶体法制造多晶纤维工艺流程图

A　制胶

制胶的目的是制得适合成纤的胶体。首先是将金属铝粉溶入经稀释的酸中，制得清亮透明的母液。这个过程通常要在加热与回流条件下进行，加热的温度控制在 100℃ 以下以避免碱式氧化铝的水解。母液中的 Al_2O_3 含量必须达到 30%～35% 之间，且母液需过滤以除去不溶解杂质。

为了达到成纤及胶体存放所要求的黏度（10～25Pa·s）与密度（1.40～1.50g/cm³），母液需加热浓缩并加入适量的添加剂制成胶体。引入硅溶胶的目的一是提高母液的黏度，更重要的是通过引入的 SiO_2 与部分 Al_2O_3 在晶界处生成莫来石，抑制晶粒长大，提高纤维的稳定性。其他添加剂引入的作用有两类：一类是能改善胶体的成纤性能，称为成纤助剂，这类物质有天然植物胶或高分子聚合物，它们除了改善成纤性外，还可起到分隔无机胶团、降低无机胶团聚合、提高胶体稳定性的作用；另一类是为了提高胶体的流变性能，主要是有机酸、醇类与表面活性剂等，其中高分子聚合物与有机酸搭配构成的复合添加剂最常用。

B　纤维化与集棉

胶体经喷吹或离心甩丝法制成纤维坯体（也称为先驱体纤维）。一般用喷吹法生产的纤维坯体直径细，通常在 4μm 以下，且长度较短；而用离心盘甩丝法得到的纤维坯体直径较粗，一般为 4～7μm。离心法得到的纤维坯体的强度与柔性都较好。离心法是将胶体用压力输送到一个高速旋转的离心盘上，离心盘的线速度很高，通常在 40～45m/s 之间。在离心力的作用下，胶体通过盘上的小孔或狭缝被甩成纤维坯体。

无论是喷吹法与甩丝法，成纤都包括两个重要的过程：一是在外力作用下将胶体拉成纤维；二是胶体的溶剂挥发与纤维的固化。这两者都是在极短的时间内完成的。因而，环境温度与湿度对纤维坯体的尺寸及成纤率有很大影响。如果环境温度太高，湿度太小，溶剂挥发很快，得到的纤维坯体粗而短，渣球率高；相反，如果环境温度过低，湿度过大，溶剂不能很快挥发，纤维坯体不能及时干燥固化，会产生连、结团现象，所得纤维坯体粗、渣球多。一般情况下，成纤与集棉同时进行。成纤形成的纤维坯体在负压作用下直接落到集棉器网带上，形成纤维坯体棉胎。棉胎的厚度及均匀度与网带的成纤量、网带的移动速度及负压大小有关。

C 干燥与热处理

干燥与热处理的目的是排除纤维坯体中的水分、有机物及氯离子等，并完成由无定形向晶形转化过程。干燥过程在常温到110℃的温度范围内进行，控制好干燥速度以防止纤维坯体的变形及形成内部气孔。纤维坯体分解、排出HCl并烧去有机挥发物的温度大致在400~700℃的范围内。

纤维坯体的最终热处理温度为1100~1400℃，这一阶段的主要目的是保证纤维的合适相组成与晶粒大小，如莫来石含量、Al_2O_3的合适晶形等。实际生产中并非所有的Al_2O_3都应转化为$\alpha-Al_2O_3$，有时，保留部分$\delta-Al_2O_3$或$\theta-Al_2O_3$更为有利。

用喷吹法与甩丝法制得的多晶纤维的长度都较短，抗拉强度与拉伸模量较低，一般可用作为生产纤维毯、毡、板等纤维制品的原料或直接作为炉子的保温材料，不能满足纺织制品生产及高强度的要求。为了得到较长的纤维，即连续纤维，必须改变先驱体纤维的成丝方式。连续纤维的生产方式与晶质短纤维的生产方式相似，包括制胶、纤维化与热处理等几个阶段。但成纤方式与短纤维不同，它是通过一个特殊的漏板设备将胶体从吐丝嘴中吐出先驱体纤维丝，再由多根纤维丝合并拉伸成先驱体纤维束，经热处理而成长纤维。

10.4.2.2 晶质纤维的性质

晶质纤维由晶体构成，不存在析晶的问题，但其晶体多是微小晶体，同样存在晶粒长大的问题。晶质纤维的最高使用温度常被标明在1400~1600℃之间，但实际使用温度常在1400℃左右。表10-20给出了几种晶质纤维的性质，表中纤维长度标记为"长"的纤维为通过漏板法拉丝成前驱体纤维生产的晶质纤维，这类纤维的强度很高，单丝拉伸强度可达2000MPa左右，但使用温度并不高，主晶相为各种氧化铝变体。即使其化学组成接近莫来石组成，其晶相仍为氧化铝的各种变体。

表10-20 晶质氧化铝纤维的性质

性质		1	2	3	4	5	6	7	8
化学成分/%	Al_2O_3	95	80	91~96	95.1	99.5	62	70	80
	SiO_2	5	20	4~8	4.51	—	24	28	20
	B_2O_3	—	—	—	—	—	14	2	—
	MgO	—	—	—	—	0.5	—	—	—
直径/μm		3	3	6~7	4	20			
长短		短	短	短	短	长	长	长	长
晶相		$\theta-Al_2O_3$，少量 $\alpha-Al_2O_3$，$\delta-Al_2O_3$	—	—	$\theta-Al_2O_3$	$\alpha-Al_2O_3$	$\gamma-Al_2O_3$	$\gamma-Al_2O_3$	$\alpha-Al_2O_3$
导热系数/W·(m·K)$^{-1}$		0.182 (1000℃)	—	0.25 (1000℃)	0.221 (1200℃)	—	—	—	—
加热线收缩率/%		<4 (1600℃，24h)	—	—	3.3 (1600℃，24h)	—	—	—	—
最高使用温度/℃		1600	1600			1100	1300	1100	1250

表 10-21 给出了某些晶质莫来石纤维的性质。由于化学成分、生产工艺与晶粒大小的区别，晶质莫来石的性质与使用温度有一定的差别。

表 10-21　晶质莫来石纤维性质

性质		1	2	3	4	5
化学成分 /%	Al_2O_3	72	75~79	72~74	72~74	72~75
	SiO_2	28	15~18	20~22	—	—
	B_2O_3	—	4~7	3~5	—	—
	P_2O_5	—	—	1.6~3.0		
主晶相		莫来石	莫来石	莫来石	莫来石	莫来石
纤维直径/μm		2~3.5	3~5	2~7	2.5	
纤维长度/mm		—	152	20~50		
加热线收缩/%		—	—	<1（1300℃，6h）	0.5（1400℃，12h）	
长期使用温度/℃		—	—	<1320	1350	<1300

10.4.3　隔热耐火纤维制品

各种纤维可以直接用作为炉衬的隔热层或者加上高温结合剂直接涂附在窑炉的内壁上，构成纤维保温涂层。但是，工业中大量使用的是由纤维加工而成的各种制品。纤维制品的优点主要表现在如下两个方面：

（1）便于施工，可以直接安装在炉子中。

（2）可以用不同品种的纤维制成混合纤维制品，可提高其使用性能与降低成本。如可以用 Al_2O_3 含量为 95% 的氧化铝晶质纤维或晶质莫来石纤维与普通硅酸铝纤维混合制得纤维制品。图 10-29 为多晶莫来石加入量对混合纤维板加热收缩的影响，从图中可以看出，随多晶莫来石加入量增多，混合纤维板的收缩减小。在混合纤维制品中，多晶纤维构成热稳定的网络，玻璃质纤维填充其间，这样玻璃质纤维因结晶产生的粉化不至于破坏制品整体结构。同时，析晶所产生的氧化硅，还可以与多晶纤维中的氧化铝发生反应生成莫来石，在多晶纤维之间形成莫来石结合，利于保持制品的强度。

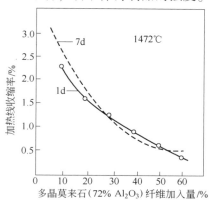

图 10-29　多晶莫来石加入量对混合纤维板收缩的影响

隔热耐火纤维制品可以作为炉窑的内衬与隔热材料，以及高温衬垫、密封、过滤材料、吸声材料以及高温气冷原子反应堆内衬材料等。在受高速气流与粉尘冲击、磨损及与高温熔体直接接触的情况下则不宜使用。

耐火纤维制品主要有以下几种：

（1）毯和毡。采用干法加工工艺，不加或加微量黏结剂制成的制品称为耐火纤维毯。采用针刺工艺（一种通过带有倒钩的针在纤维表面上下勾刺的方法），可提高耐火纤维毯的抗张强度和抗气流冲刷性。以耐火纤维为原料，加入羧甲基纤维素、树脂或乳胶等有机黏结剂制成的制品称为耐火纤维毡。根据使用要求，有的还加入硫酸盐或磷酸盐等无机黏结剂。

（2）湿毡。将毡或毯浸渍氧化铝或氧化硅胶体溶液等，封装在塑料袋内保持湿润。通常用在难以施工、形状复杂的部位，干燥后表面硬化，有良好的抗气流冲刷性能。

（3）纸。通过加入少量有机纤维和黏结剂，用一般造纸方法制造的制品，在常温下有足够的强度和挠性。

（4）绳和带。在耐火纤维中加入15%~20%有机纤维，纺成线，再制成绳和带。根据用途可加入镍铬丝或不锈钢丝，以增强强度。

（5）异型制品。在耐火纤维中加入结合剂，采用真空吸滤成型或机压成型，按照使用要求制成的各种异型制品。

10.4.3.1　硅酸铝耐火纤维毯

硅酸铝耐火纤维毯是以硅酸铝耐火纤维为原料，采用干法针刺工艺等方法制成的耐火纤维制品。用干法连续甩丝成纤，针刺制毯，是现在最常见的生产工艺。耐火纤维毯不仅柔软富有弹性，抗拉强度高，而且具有优良的加工性能和施工性能，已成为耐火纤维二次制品的主导产品。甩丝法生产效率高，纤维长，纤维经过针刺后抗拉强度高。干法生产可节约大量水资源，但制造工艺比较复杂。硅酸铝耐火纤维针刺毯的主要性能见表10-22。

表 10-22　硅酸铝耐火纤维针刺毯主要理化性能

项目	低温型 LT	标准型 RT	高纯型 HP	高温型 HT
颜色	白色	白色	白色	白色
纤维直径/μm	2~4	2~4	2~4	2~4
抗拉强度/kPa	55.2~69	69~96.6	62.1~69	55.2~69
加热线变化（保温24h）/%	≤5.0（1093℃）	≤3.5（1232℃）	≤3.5（1230℃）	≤3.5（1399℃）
导热系数/W·(m·K)$^{-1}$①	0.084（316℃）	0.130（538℃）	0.159（760℃）	0.187（871℃）
最高工作温度/℃	980	1200	1200	1370
Al_2O_3 含量/%	40~44	46~48	47~49	52~55
Fe_2O_3 含量/%	0.7~1.5	0.7~1.2	0.1~0.2	0.1~0.2

①体积密度为128kg/m³的导热系数。

硅酸铝耐火纤维毯主要用来代替传统的重质、轻质耐火材料作高温工业炉内衬或包覆高温管道的隔热材料等。一般可将炉壁厚度减少到原来的1/2，炉壁质量可减少到原来的1/5~1/10。不需要烘炉，可采用预制方法筑炉，缩短了筑炉时间，节能效果好。

10.4.3.2 硅酸铝耐火纤维毡

硅酸铝耐火纤维毡是以硅酸铝耐火纤维为原料，加入结合剂，经加压成型的隔热耐火纤维制品。根据结合剂种类和生产工艺不同，耐火纤维毡可分为耐火纤维湿法毡（真空成型毡）、耐火纤维干法毡和耐火纤维湿毡。

耐火纤维湿法毡是采用有机结合剂与纤维配制成一定浓度的棉浆，经真空吸滤成型和干燥等工序制成固定尺寸的板状纤维毡，具有良好的强度和弹性，但不能弯折。制品在使用过程中，随着温度升高，有机结合剂被逐渐烧除后，主要依靠制品中纤维的相互交织保持原有形状。纤维毡表面不宜承载，并且抗风蚀能力差。表10-23给出了各种硅酸铝耐火纤维毡的理化性能。

表 10-23 硅酸铝耐火纤维毡理化性能

名称	理化性能									长期使用温度/℃
	Al_2O_3+ SiO_2含量 /%	Al_2O_3 含量 /%	Fe_2O_3 含量 /%	K_2O+ Na_2O含量 /%	纤维长度 /mm	纤维直径 /μm	加热线收缩率/%	体积密度 /kg·m⁻³	导热系数 /W·(m·K)⁻¹	
普通硅酸铝纤维毡	97	≥45	≤1.1	≤0.4	20~60	3~8	≤3 (1150℃，6h)	220	≤0.14 (900℃)	950~100
高铝硅酸铝纤维毡	99	≥52	≤0.12	≤0.1	20~40	2~5	≤4.5 (1300℃，6h)	220	≤0.22 (900℃)	1050~1100
高纯纤维毡	98.5	≥58	≤0.3	≤0.2	20~630	2~5	≤4.5 (1350℃，6h)	300	≤0.18 (1200℃)	1200

耐火纤维干法毡以含热固性有机结合剂的纤维为原料，经集棉、预压、热压固化定型及后处理（纵、横剪切）等工序制成。这种热固性有机结合剂，除保持制品结构和形状外，还可使制品具有优良强度、韧性和加工性能。与耐火纤维湿法毡相比较，其密度小，抗拉强度高。

耐火纤维湿毡是将湿法纤维毡用无机结合剂浸渍处理后，并以湿态提供给用户的耐火纤维制品。湿毡具有优良的抗风蚀性能和高温结合强度。湿毡应装入塑料袋中保存、备用。可根据需要剪成或切割成各种不同形状使用。由于它有柔软的成型性，对于炉衬拐角处以及各种复杂的炉型，都能实用。

10.4.4 耐火纤维板

耐火纤维板是以耐火纤维为原料，以无机结合剂为主体结合剂，采用真空成型工艺经干燥和机加工精制而成的板状耐火纤维制品。耐火纤维板是一种不仅保持了纤维状高温隔热材料的优良特征，并且具有优良力学性能和精确几何尺寸的刚性产品。耐火纤维板可应用于同时要求坚韧、自承重及隔热的领域。一般用于构筑高温工业窑炉及高温管道的壁衬热面，其优良的抗风蚀性能和抗机械冲击性能，适用于有气流冲蚀的部位。

10.4.4.1 耐火纤维纸

耐火纤维纸是以渣球含量极低的造纸用耐火纤维为原料，经打浆、除渣、配浆、长网成型、真空脱水、干燥、剪切、打卷等工序制成的质地优良的隔热耐火纤维制品。耐火纤维纸具有低导热系数、低热容量、抗热震、优良的柔韧性、抗撕裂等优点，并有优良的电绝缘和隔声性能、优良的机械加工性能，质地坚韧，且不含石棉，广泛用作高温隔热、密封、衬垫、电绝缘、吸声及过滤等方面的功能材料。

根据使用温度耐火纤维纸分为1360℃型和1400℃型两类；根据使用功能分为"B"型、"HB"型及"H"型。

"B"型耐火纤维纸以标准型或高铝型散状喷吹纤维作原料，经打浆、除渣、配浆后，由长网机制成质地柔软、富有弹性的轻质纤维纸。"B"型耐火纤维纸具有低导热系数和优良的使用强度。由于结构均匀，使其具有各向相同的导热系数和光洁的表面。"B"型耐火纤维纸主要用作高温绝热材料。

"HB"型耐火纤维纸所用纤维原料和生产工艺与"B"型耐火纤维纸相同，但所用的结合剂和添加剂的种类及加入量不同。"HB"型耐火纤维纸特别加入了阻燃剂和烟气抑制剂，即使在低温下使用也不会产生有机物燃烧和烟气。"HB"型耐火纤维纸质地均匀，表面挺括，但其柔软性、弹性及抗张强度等指标均稍低于"B"型耐火纤维纸，它通常作为隔离、绝热材料。

"H"型耐火纤维纸是刚性最大的纤维纸，它是由标准型耐火纤维、惰性填料、无机结合剂及其他添加剂等原料配制的棉浆，经长网机制成的刚性纤维纸。其优良的性能使"H"型耐火纤维纸成为取代石棉纸板的理想产品。"H"型耐火纤维纸易于加工、富有一定的柔韧性，并且有优良的高温耐压强度，它是一种理想的密封、垫衬材料。

10.4.4.2　耐火纤维绳

耐火纤维绳是以耐火纤维为原料编织成的绳状耐火纤维制品。按照使用条件不同可采用两种方法编织成绳：一种方法是采用硅酸铝纤维毡（毯）条为芯材，外面用无机纤维捻入不锈钢丝或镍铬铁及耐热耐蚀合金钢丝，用编织机编织而成，从而使制品有一定的抗拉强度；另一种方法是用硅酸铝质纤维加入15%~20%有机纤维，直接纺成纤维丝，再编制成耐火纤维绳，它是不能支撑荷重的（未补强的）轻质绳。

耐火纤维绳主要用作高温密封材料，广泛用来代替石棉，以防止环境污染，在高炉热风炉阀上广泛应用。还可用耐火纤维绳编制成网、布等不同规格制品，作高温过滤材料、电绝缘材料、高温防热覆盖物、防火帘幕及炉内隔热层等。

10.4.4.3　隔热耐火纤维模块

隔热纤维模块又称为隔热纤维组件，是以纤维毯等纤维制品按一定方式折叠，并配以适合直接安装的金属或陶瓷材料制成的锚固件而构成的块状纤维材料，也可以由纤维叠堆成为纤维模块。前者称为折叠型模块，后者称为非折叠型模块。这种先在车间制成纤维预制模块的方式有如下优点：

（1）便于安装，施工简便。在修复炉衬的情况下也可以很方便地替换下损坏的模块。

（2）模块在加工过程中，一般都进行预压缩，可减少模块在高温下的收缩，提高其稳定性与使用温度。

（3）由于模块密度较高，含有高温结合剂而具有较高的强度，同时具有较高的抗风蚀性能。

模块材料由三个主要部分组成：由纤维毯折叠而成的纤维块体，压紧与固定这纤维块体的支撑金属构件，以及便于安装的安装构件。由于支撑构件与安装构件或埋藏于模块中或靠近金属炉壳，因此，无需价格较昂贵的耐热钢与陶瓷部件。

纤维模块的种类很多，典型的有 Z 形纤维模块、U 形纤维模块、锁紧板式模块等，分别如图 10-30~图 10-32 所示，其他的种类还很多。图 10-33 为 Z 形纤维模块炉衬安装结构示意图。由此图可见，筑炉过程中，只需将模块按一定方向与方法互相连接并固定到炉

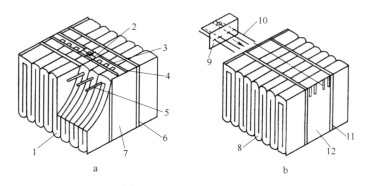

图 10-30　Z 形纤维模块

a—中心孔吊装式模块；b—插刺式模块

1—折叠针刺毯；2—钢夹；3—压紧件；4—安装槽；5—支撑梁；6，11—捆扎带；

7，12—木质夹板；8—针刺毯；9—角钢；10—插刺式支承梁

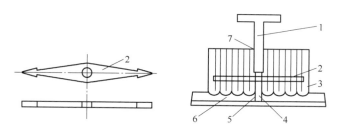

图 10-31　U 形纤维模块

1—螺栓、螺母紧固件；2—金属支承梁；3—U 形褶条；4—紧固螺栓、螺母；5—炉壳；6—纤刺毯；7—纸套管

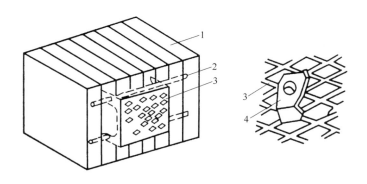

图 10-32　锁紧式纤维模块

1—纤维毯（或毡）；2—支承梁；3—锁紧板；4—扣闩

壳上即可，十分方便。除了上述折叠式的模块，还有用纤维直接加工而成的非折叠式模块，如图 10-34 所示的棉砖式模块。各种模块可以用单一的纤维，也可以用两种不同品种的纤维制作而成。

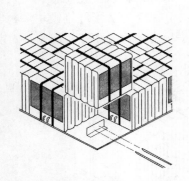 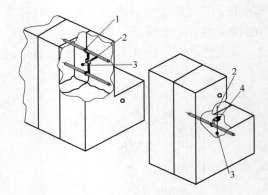

图 10-33   插刺式 Z 形纤维模块炉衬   图 10-34   棉砖式纤维模块
安装结构示意图

1—M 形双环锚固件；2—螺栓；
3—元角螺母；4—M 形单环锚固件

10.5   纤维隔热耐火材料存在的问题与发展

纤维耐火材料有良好的隔热效果、便于安装，是一优质的隔热耐火材料，广泛应用于中、低温工业窑炉上，但仍然存在一些问题，主要问题有三个。

（1）析晶及晶粒长大限制了其使用温度。虽然晶质纤维解决了析晶的问题，但是在长期使用过程中晶粒仍然会长大。同时，晶质纤维的生产过程复杂，纤维质量的稳定性也难以控制，成本高、价格贵。改进型非晶纤维是在硅酸铝纤维中引入适量的 MgO、CaO 与 ZrO_2，构成 Al_2O_3-SiO_2-MgO 或 Al_2O_3-SiO_2-MgO（CaO）-ZrO_2 系玻璃质纤维。由于引入的 MgO（CaO）与 ZrO_2 可以提高熔体的黏度，降低表面张力，使熔体具有较好的成纤能力，突破了 Al_2O_3 含量大于 55% 不可成纤的限制，使纤维中的 Al_2O_3 含量可提高至 62%~75%。这种纤维的长度较大，强度较高，使用温度也较高。

（2）纤维材料对人体的侵害仍难以避免。人类最早使用石棉等天然纤维作为隔热与建筑材料，后来认识到它们对人类健康的危害，逐渐以硅酸铝纤维为代表的陶瓷纤维取代了石棉等有害纤维。但硅酸铝纤维仍然不可完全避免对人类的危害，它一旦被吸入人体，吸附在气管或肺中，很难以除去。长期大量地吸入纤维会损害人体的肺功能。而以 SiO_2-CaO-MgO 系为主要原料制得的纤维，在人体体液中有一定的溶解度，即所谓"可溶解纤维"。这类纤维吸入人体后可被体液慢慢溶解，减少对人体的危害。这类纤维多为高纯纤维，它们的 MgO、CaO 与 SiO_2 含量在 99% 左右，可加入 ZrO_2 提高使用温度。由于有 MgO 的存在，这类纤维的成纤性较好，但使用温度不高，现在已有工业产品。表 10-24 中列出了一些纤维板的主要性质。

表 10-24 可溶陶瓷纤维板的性质

项目	1	2	3	4
体积密度/kg·m⁻³	320	320	240	290
加热线收缩率/%	1.2 (870℃, 24h)	0.8 (1100℃, 24h)	0.95 (870℃, 24h)	0.95 (870℃, 24h)
导热系数 (600℃)/W·(m·K)⁻¹	0.11	0.11	—	—
分类温度/℃	800	1100	1260	982

思 考 题

10-1 隔热耐火材料的定义是什么？

10-2 耐火材料隔热原理是什么？

10-3 影响耐火材料导热性能的因素有哪些？

10-4 隔热耐火材料的制备方法及原理有哪些？

10-5 纤维隔热材料存在的问题是什么？

10-6 研制高效隔热耐火材料的原则是什么？

10-7 针对某具体高温窑炉，谈谈降低耐火材料内衬导热系数的设计思路、制备方法和性能要求。

11 熔铸耐火材料

本章要点

    （1）熔铸耐火材料显微结构特点；

    （2）熔铸耐火材料玻璃相渗出温度；

    （3）熔铸耐火材料生产工艺；

    （4）熔铸耐火材料制品与性能。

    熔铸耐火材料是一种与其他耐火材料有显著差异的耐火材料，其生产工艺、显微结构都不同于一般的耐火材料。生产工艺如下：将原料经电炉熔融后浇铸成型，再经过退火和机械加工而成，这与一般耐火材料的粉料混练、成型、干燥与烧成的工艺有很大的区别。它的显微结构较一般耐火材料均匀；在性能方面，除了有与一般耐火材料相同的物理性质与使用性能外，还有一些特殊的性能，如玻璃相渗出温度及渗出量等。本章将讨论熔铸耐火材料的生产工艺、结构与性能以及重要的熔铸耐火材料品种。

11.1　熔铸耐火材料的显微结构与性能

    熔铸耐火材料的显微结构与一般耐火材料有显著差异。熔铸耐火材料的显微结构示意图如图 11-1 所示，与一般耐火材料的显微结构有显著的不同，后者为典型的非均质体，它们通常由颗粒、基质（含玻璃相）与一定数量的气孔所组成。而熔铸耐火材料由相互交错的晶体与位于晶界处的少量的玻璃相与气孔构成，显微结构相对比较均匀。晶体是由熔体中结晶出来，逐渐长大形成交错结构。晶体的大小、形状及晶粒交错程度、玻璃相的多少以及组成与分布等因素与熔铸耐火材料的组成有密切关系，对其性质也有很大影响。

    由于熔铸耐火材料具有致密的显微结构和较高的纯度，因此，熔铸耐火材料的强度、荷重软化温度以及导热系数都较高，化学稳定性好，抗侵蚀性能也较好，但抗热震稳定性能较差。

    应该指出的是，熔铸耐火材料显微结构的均匀也是相对的。相对于一般耐火材料而言，由于它没有大颗粒，气孔很少，它的结构是较均匀的。但是在浇铸过程中，先浇入的靠近模壁的熔体冷却速度快，结晶较小，越靠近铸件的中心，晶粒尺寸越大，如图 11-2 所示，由外向内分为微晶区、中晶区与粗晶区。同时，由于在凝固过程中会产生一定的分相现象，各区的化学成分与物相组成也有差别。以 $Al_2O_3-ZrO_2-SiO_2$ 系（AZS）熔铸制品为例，密度大的、难熔的 ZrO_2 下沉，在下部形成一富锆带，而易融化的氧化物（包括玻璃相），则集中于砖的上部，由此，造成化学成分和物相组成的不均匀性。由于组成与晶粒尺寸的不同，它们抗熔融玻璃侵蚀能力也不同，如表 11-1 所示。

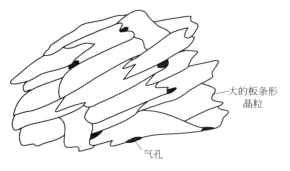

图 11-1　熔铸耐火材料显微结构示意图

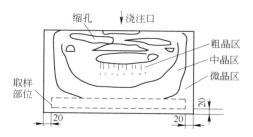

图 11-2　AZS 熔铸砖断面结晶示意图

表 11-1　AZS 砖内部成分的不均匀性

区域	化学成分/%				物相成分/%				侵蚀速度 /mm·d⁻¹
	SiO_2	Al_2O_3	ZrO_2	Na_2O	锆-铝共晶	刚玉	斜锆石	玻璃相	
微晶区	13.08	50.47	40.01	1.41	60.8	1.8	15.5	21.9	0.34
中晶区	16.12	47.01	34.15	1.63	52.7	2.5	17.8	27	0.37
粗晶区	18.55	44.34	27.44	1.84	59.3	4.2	3.1	33.4	0.62

　　前面提到熔铸耐火材料的显微结构、生产工艺与其他耐火材料有很大的区别。在使用性质上与其他耐火材料也有不同之处。除了常见的耐火度、荷重软化温度、抗热震性外，还有两个其他耐火材料所没有的重要性质，即玻璃相（液相）渗出和气体的析出温度，它们对熔铸制品抗熔融玻璃的侵蚀以及玻璃的质量有重要意义。高温下，液相渗出时会在耐火材料中留下孔洞，玻璃液在毛细管的作用下进入耐火材料的内部，加速耐火材料的侵蚀。同时，渗出的液相进入熔融玻璃中也可能导致产生玻璃缺陷，如气泡、结石、节瘤和条纹等。

　　玻璃相渗出温度与渗出量是两个衡量熔铸耐火材料中液相渗出能力的重要指标。它们的测定方法有两类：升温法和恒温法。前者用高温显微镜测量在试样表面开始渗出和形成熔滴的温度；后者是将试样在一定温度下保温一段时间，在显微镜下检测液相渗出的程度。一般划分为以下五个等级：

　　（1）0 级：没有液相渗出；

　　（2）1 级：很少或没有小于 3mm 的液滴渗出；

　　（3）2 级：可见 5mm 的液滴渗出；

　　（4）3 级：渗出大量 5mm 以上的液滴；

　　（5）4 级：整个试样表面为玻璃覆盖膜。

　　用这些级别可以大致上定出不同熔铸制品的玻璃渗出能力。如：氧化法熔铸所得到的优质制品，在 1450℃时多为 0~1 级，而用还原法熔融得到的制品在相同温度下多为 3~4 级。

　　在实际生产中，常用液相渗出温度与大量液相渗出温度来衡量熔铸耐火材料中液相渗出的能力。将边长为 4mm 的试样放在使用温度不低于 1600℃、放大倍数不低于 20 倍的高温显微镜下，以 7~10℃/min 的速度升温，仔细观察液相渗出的情况。当液相开始出现时，如图 11-3a 所示，即为液相开始出现温度；继续升温至试样表面呈锯齿状，如图 11-3b 所示，即为玻璃相大量渗出温度，记录下这两个温度并拍照。我国已有玻璃相渗出温度测定方法的标准 JC/T 805—2013，测定时按标准进行，还可通过测定试验前后试样体积的变化估计其渗出量。

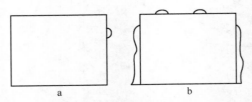

图 11-3　熔铸耐火材料玻璃相开始渗出的示意图
a—玻璃相开始渗出；b—玻璃相大量渗出

影响熔铸耐火材料玻璃相渗出温度的因素主要是耐火材料的化学成分及玻璃相的成分。

耐火材料的化学成分是影响其玻璃相数量的重要因素。电熔锆刚玉耐火材料中氧化锆主要是由锆英石（$ZrO_2 \cdot SiO_2$）引入的。锆英石中含有 TiO_2、Al_2O_3、Fe_2O_3、CaO 和 MgO 等杂质。杂质含量越高，耐火材料中的玻璃相越多，也越容易渗出。此外，为了降低熔融温度，降低电耗及保证成品率，往往在熔制过程中加入纯碱及硼砂等溶剂。溶剂加得越多，耐火材料中的玻璃相含量也越高，高温下也越易渗出。熔铸 Al_2O_3 制品的杂质含量较少，所含的 Na_2O 将进入固相中，其液相含量较少，液相渗出较少。

玻璃相的成分也是影响玻璃相渗出温度的重要因素。当玻璃相中含有 K_2O、Na_2O、CaO 和 B_2O_3 等易熔组分时，它们降低玻璃相的熔化温度与液相的黏度，促进液相的渗出。氧化钛与氧化铁等变价氧化物以低价态存在时，液化温度下降，渗出温度也下降，因此，TiO_2 和 Fe_2O_3 会受到特别关注。当 TiO_2 和 Fe_2O_3 含量（质量分数）由 0.5% 下降到 0.25% 时，玻璃相渗出温度可以从 1400℃ 提高到 1500℃。目前已将熔铸耐火材料中的 TiO_2 和 Fe_2O_3 含量（质量分数）降低到 0.1% 以下。另外，当耐火材料中的 Al_2O_3 和 ZrO_2 溶入液相中时，也可能促进玻璃相的渗出。

此外，加热过程中产生的气体是玻璃相渗出的推动力。这些气体包括：存在于气孔中的气体、溶解在耐火材料中的气体、存在于耐火材料中的杂质被氧化或其他化学反应产生的气体。这些杂质可能有碳、碳化物、氮化物、氧化铁与氧化钛等。产生的气体会把存在于耐火材料中的液体挤出来。采用氧化法生产的熔铸耐火材料中的碳、碳化物与氮化物等杂质含量低，因此，氧化法生产的熔铸耐火材料的玻璃相渗出温度要高于还原法生产的熔铸耐火材料的。

熔铸耐火材料在使用过程中产生的气泡不仅影响玻璃相的渗出，还会影响熔制玻璃的质量，在玻璃中产生气泡缺陷，因此，气泡析出率也是熔铸耐火材料重要的作业性能之一。气泡析出率是表示熔铸耐火材料在使用过程中析出气体的能力。我国已有测定气泡析出率的行业标准（JC/T 639—2013），该方法测定的是耐火材料在等温条件下与玻璃液接触时的气泡析出率，包括耐火材料与玻璃液反应可能产生的气泡。试验时将耐火材料与玻璃一同放入炉中，按规定的升温速率升到实际使用温度，保温 3h。试样随炉冷却至室温，取出试样，用折射油浸泡试样或喷涂试样使显出气孔图像，用直线法测出气泡投影的总和，计算出的气泡占耐火材料发泡面积百分数即为气泡析出率。具体测定时需按标准之规定进行。

除了玻璃相渗出与气体逸出外，熔铸耐火材料的导电性比其他耐火材料重要，因为近代一些精细玻璃多用电熔窑，因而熔铸耐火材料的电阻率显得较为重要。

11.2　熔铸耐火材料生产的工艺过程

11.2.1　熔铸耐火材料的生产流程简述

熔铸耐火材料的主要生产工艺流程如下：

配方设计→配料→混合→压块→煅烧→粗碎→熔炼→浇铸→退火→精加工→检验→成品

首先，根据产品使用条件及对产品使用性能要求的不同，进行产品配方设计。除了主要原料外，需根据产品性能要求而添加不同的添加剂。如工业氧化铝的熔体黏度很低，结晶能力很强，使熔体来不及排除气体而结晶，在铸件中形成大量微孔，故可在制造 α-Al_2O_3 砖时，加入少量助熔剂 B_2O_3，既可以加速熔化过程，又能提高熔体黏度。

为保证配料的均匀，首先需要将各种原料及添加剂粉料进行充分混合。但直接用粉状配合料进行熔化的方法存在不少缺点：一是加料和熔化过程中会产生大量粉尘，使操作环境恶劣，同时造成物料损失；二是配料中由于各种组分密度不同，在运输和加料过程中容易产生分层和物料偏析，造成铸件的组成和结构不均匀；三是粉料容重小，输送和储存工具利用效率低；四是粉状物料导电性低，增加了熔化能耗。

针对以上缺点，人们考虑采用粒状料供熔炼使用。采用粒状料熔化具有明显的优点：一是输送和加料时不会因物料飞扬产生损失和环境污染；二是能提高熔炼炉利用率，提高生产能力；三是能够稳定熔化过程，保证组成稳定。

原料粒化是将混合料在球磨机中研磨到所需细度，然后送到盘式粒化器上成粒。在成粒过程中，细粉颗粒逐渐滚动变粗并产生强度，颗粒呈圆球状。另外，还可以采用压块法制得块状料。

11.2.2　熔炼

熔炼、浇铸与退火是影响熔铸耐火材料质量最重要的工艺过程。配合料的熔炼是在电弧炉等熔炼炉中进行的。在电弧炉中，利用电弧放电时在较小空间里集中巨大能量可获得3000℃以上的高温，进而将物料熔化。制造熔铸耐火材料一般用三相电弧炉，结构示意图如图11-4所示。炉子由带出料口的金属壳体、中空水冷炉盖、能移动的电极夹具和牢固焊接在炉子外壳的定向支柱、倾斜炉子的活塞和转轴机构，以及电器控制设备和仪表控制柜等组成。

熔化分为还原法（埋弧法）与氧化法（明弧法）两种。埋弧法是将石墨电极沉埋于炉料中，主要以电阻加热熔化物料。在埋弧法中由于缺乏氧气，熔体中的某些高价氧化物还原为不稳定的低价状态，并向熔体中输送碳。应该指出的是，即使采用明弧熔化，若弧长太短，或者处于部分弧光裸露的半埋弧状态，仍然属于还原熔化，因为仍有碳被送入熔料中。

所谓氧化熔融法是指在熔化过程中，熔体不被渗碳，须在浇铸前进行脱碳处理，使最终熔体中含碳量极低的方法。主要措施包括以下几个方面：

（1）保持一定的电弧长度，使电极中脱出的碳进入熔体之前氧化生成 CO_2 或 CO 排除，不进入熔体中。

（2）保持炉膛上部的氧化气氛，如控制除尘风机的抽力。

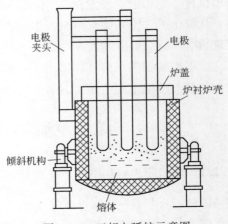

图 11-4　三相电弧炉示意图

（3）向炉膛中的熔体吹氧，排出熔料中的碳，并使熔料中 Fe、Ti 等氧化物以高价态形式存在。吹氧的方法可以从熔炉上部吹，也可以从底部吹。除吹氧外，还可以采用在配料中加入氧化剂使其在熔化时放出氧的方法。

（4）采用优质电极，减少电极中碳的损耗，也可以降低熔体中的碳。

熔制的温度常常要高于所熔物料的共熔温度，即所谓"过热"，以保证物料完全熔化至均匀。同时，保证浇铸过程中在物料降温后仍有足够的流动性。

将配合料投放入炉中，经熔炼至所有物料都熔化并达到熔体表面很洁净时，就可以进行浇铸。

11.2.3　浇铸

将熔融体由电炉直接浇入铸模的过程，呈为浇铸。在浇铸过程中，先浇入铸模的熔体先凝固，形成固相区。未凝固的区域称为熔融区或液相区。在液相区与固相区之间有一固液相共存的凝固区。浇铸过程对凝固区的生成速度有很大影响，并对制品的外形及内部质量产生很大影响。受到浇铸过程影响的性质与结构包括：制品形状的完整性；表面质量与气孔，如鼓包、空壳、节疤和缩孔等。影响这些性能的工艺因素包括浇铸温度、浇铸速度、模具的质量与性能及浇铸方法等，下面分别做简单讨论。

11.2.3.1　浇铸温度的影响

浇铸温度对熔体充满铸型能力有影响。所谓熔体充满铸型能力，是指被浇铸的熔体充满浇铸模型，获得形状完整、轮廓清晰、表面平整的铸件的能力。熔体的黏度越低，流动性越高，其充满铸型的能力就越强。熔体的黏度取决于熔体的化学成分与温度，而熔体的组分决定于配方，因而，温度起重要作用，浇铸温度越高，熔体的充型性越好。

但是并非浇铸温度越高越好。如果浇铸温度过高，使铸件与模型界面间的温差减小，由表向里的凝固区的宽度增大，凝固收缩速度加快，造成收缩应力增大，使初期晶粒粗化，成分偏析，在铸件的核心部位最后凝固时，极易产生热裂，大而厚的铸件更是如此。因此，应根据铸件的大小及形状，规定一个浇铸温度上限，防治开裂，同时还要规定一个下限，防止充型能力不足。

11.2.3.2 浇铸速度的影响

浇铸速度决定了浇铸时间。每个铸件都有最佳浇铸时间,浇铸时间不当,会使铸件产生很多缺陷。如果浇铸速度太快,流股粗,流速快,对铸模的冲击力大。铸模的一部分被冲破或熔融,使该部分铸件产生突起。此外,粗大的熔体快速浇入铸模时,一部分气体被带入铸模中,并迅速上升到模型的顶盖,而此时,接触顶盖的熔体已形成薄壳,在薄壳下充满气体,会形成所谓的空壳。同时,带入的气体也容易在铸件中形成气泡。除了气体以外,高速浇入的粗大流股还可能将炉嘴区的生料带入熔体中,在铸件中形成夹杂。相反,如果浇注速度太慢,也会产生诸如边角疏松、节疤、夹砂以及浇不足等缺陷。当浇铸速度慢、流股很细时,先浇入模型中的熔体凝固成小球,冲至边角,造成边角疏松。如果先浇入的熔体已凝固成薄壳,向内收缩,后浇入的熔体进入薄壳与模型之间的缝隙内,会形成表面疤痕。同时,如果流股太细,熔体在未达到边角时已凝固,造成浇不足。而且,由于浇铸的时间过长,模盖的烘烤时间过长,易剥落掉入熔体中造成夹砂。

实际浇铸时间需要根据浇铸物料、铸件形状及大小,由经验决定。

11.2.3.3 铸模的影响

铸模受高温熔体的冲击,因而要求它具有良好的热力学性能与抗冲击性能、较好的透气性、良好的化学稳定性,以及不与熔体发生反应的性能。

浇铸熔体的铸模(或称铸型)多是由型砂加结合剂制成的。型砂多为不同类型的耐火材料,最普遍采用的是资源丰富及价格低廉的硅石砂,简称硅砂。结合剂包括有黏土、膨润土、水玻璃、水泥等无机结合剂及各种树脂、淀粉与纸浆等有机结合剂。将型砂与结合剂混合均匀、成型、干燥与烘烤后即可得到铸模。也有直接使用金属模型或石墨模型的。

铸型材料的性质对铸件的质量有较大影响。熔体浇入铸模后冷却才能凝固结晶,铸模材料的蓄热能力越大,吸收熔体的热量越高,铸件冷却越快。铸模材料的蓄热能力用蓄热系数表示。

$$b = \sqrt{\lambda \rho c} \tag{11-1}$$

式中　b——铸模材料的蓄热系数;

　　　λ——铸模材料的导热系数;

　　　ρ——铸模材料的密度;

　　　c——铸模材料的热容。

铸模材料的蓄热系数对熔体的冷却凝固速度、结晶过程及熔铸材料的晶粒大小有影响,从而影响铸件的密度。蓄热能力越强的材料,铸件的凝固速度越快。石墨的蓄热系数比型砂大约8倍,尺寸为600mm×400mm×250mm的AZS-33的铸件在石墨模中需要90min完全凝固,而在型砂中需要125min才能完全凝固。砂型铸件的密度为3.40~3.50g/cm³,而石墨铸件密度可达3.50~3.60g/cm³。铸模材料的蓄热系数对铸件断面上的温差有很大影响。材料的蓄热能力越大,铸件内的温差越大,热应力也越大,铸件产生裂纹的危险越大。一般认为铸件断面的温差小于180℃才较安全。因而,选好模型材料,配合以后的退火制度,是保证铸件不开裂的重要条件。

此外,若铸模材料的高温强度、抗热冲击性及耐火性能差,在浇铸过程中掉片、开裂或者与熔体反应粘连铸件,或者放出气体,都会给铸件的质量带来不良影响。

11.2.3.4   缩孔、疏松与浇铸方法的影响

在熔体浇铸过程中，熔体从与模型接触的面开始逐渐由外向内部凝固。温度降低和凝固都会导致熔体体积收缩，使熔体的体积减小。在熔体尚未完全凝固时，熔体凝固所产生的体积收缩会由流入的熔体得到补偿。如果凝固所产生的体积收缩集中到凝固的最后阶段，在铸件最后凝固的地方就会形成一个集中的缩孔，如图 11-5 所示，在缩孔的下方常存在一个含有许多小孔或密集大晶粒的区域，这个区域结构松散，在使用过程中不能用作工作面。

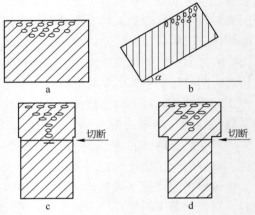

缩孔的形成与熔体本身的冷却收缩及它的凝固收缩有关。熔体本身的冷却收缩越大，它的凝固收缩越大，形成的缩孔也越大。此外，熔体的浇铸速度越大，缩孔也越大。

不同的浇铸方法产生的缩孔不同。图11-5 给出了普通浇铸、倾斜浇铸、准无缩孔浇铸及无缩孔浇铸四种浇铸方式的缩孔形状。普通浇铸的缩孔在铸件的正上方，在先固化的铸件的底部结晶细密，在后固化的上部则结晶粗大并形成缩孔，如图 11-5a 所示。倾斜浇铸是将铸模与水平面形成一个角度，将冒口放在铸模的一端进行浇铸，如图11-5b 所示，这样使缩孔偏移到铸件上部的一个角上，会在铸件的下部形成致密区，可作为工作面使用。

图 11-5   四种浇铸方式生产的产品的示意图
a—普通浇铸；b—倾斜浇铸；
c—准无缩孔浇铸；d—无缩孔浇铸

准无缩孔浇铸与无缩孔浇铸是浇铸时将缩孔集中在某一区域内，退火后用金刚石锯片将缩孔的大部分或全部切除，如图 11-5c、d 所示。

11.2.4   铸件的凝固与退火

在浇铸过程中，熔体凝固并结晶。凝固过程对铸件的显微结构、性质及外观质量都有很大的影响。凝固过程可分为逐层凝固（连续型凝固）和糊状凝固（整体型凝固）。前者最常见，后者只有在高温下进行保温浇铸时才能实现。后者得到的铸件质量也并不一定很好，因此很少采用。本节主要讨论逐层凝固。

浇铸一开始熔体就会在模具内开始凝固结晶。在靠近铸模壁附近，熔体迅速冷却结晶形成杂乱取向的微晶，即所谓"激冷层"晶体。当浇铸继续进行的时候，部分取向良好、适合继续长大的晶体向熔体中生长，互相连接起来形成凝固前沿，并向熔体中推进。同时，在凝固过程中发生体积收缩，熔体不断地补充这种收缩体积，收缩产生的体积集中到最后凝固的部位，即产生缩孔。

铸件凝固过程如图 11-6 所示。根据温度分布，铸件截面可分为三层：固相区、凝固区与液相区。固相区为已凝固的区域，液相区为高温区，温度仍高于材料的熔化温度。在液相区与凝固区之间存在一个凝固区，在这一区域内固-液相共存，是液相凝固结晶的区域。随着温度不断地下降，液相区与凝固区的界面向液相区推移，直至液相区完全消失，凝固过程完成。

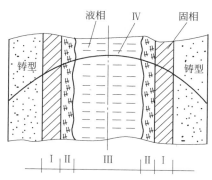

图 11-6　浇铸过程中，某瞬时铸件断面的温度场及分层情况示意图
Ⅰ—固相区；Ⅱ—凝固区（液固共存）；Ⅲ—液相区；Ⅳ—温度曲线

　　铸件的凝固过程对材料的显微结构、化学及物相成分的分布产生影响。表 11-1 给出了铸件中晶粒大小及成分的差异。凝固过程是导致产生这些差异的重要原因。此外，在铸件的凝固过程中由于铸件中各部分温度的差异及相转化会在铸件中产生应力，即所谓铸造应力。按形成的原因，铸造应力可分为热应力、相变应力与机械阻碍应力三类。热应力是指铸件在冷却过程中，由于各部分冷却速度不一致，形成温差所产生的应力。相变应力是指铸件在冷却过程由相变及相变速率的差异所引起的体积变化不同所导致的应力。机械阻碍应力是由铸件线收缩受到铸模、型芯等机械阻碍而产生的应力。铸造应力会使铸件中形成裂纹，产生废品，造成很大的经济损失。

　　铸造中产生的裂纹分为热裂与冷裂两类。在凝固的初期，由于有大量的液相存在，即使有应力产生，也会因为液体的移动而消除。当铸件大部分处于固态或者全部固态的情况下，这时铸件的温度较高，铸件仍处于塑性态。但是如果产生的凝固应力过大，它不能被玻璃相的塑性形变吸收，超过了玻璃相强度极限，产生裂纹，称为热裂。当温度进一步下降，使铸件由塑性状态变为弹性状态后，由铸造应力产生裂纹，称为冷裂。

　　热裂可以在铸件内部或表面形成，常沿晶界产生与扩展。它可以由凝固收缩产生，也可以由相变产生。影响热裂的因素如下：

　　（1）熔体的性质。熔体的性质影响浇铸过程中的收缩与强度。收缩越大，强度越小，产生热裂的可能性越大。影响收缩的因素包括铸件中温度分布的变化、相变化等。

　　（2）铸模阻力。在凝固后期产生线收缩时，受到铸模的阻力越大，产生的机械阻碍应力也越大，铸件容易开裂。

　　（3）浇铸工艺。浇铸工艺包括浇铸温度与速度。对于某具体浇铸材料及具体铸件，都应有一个合适的浇铸温度与速度，过高或过低的浇铸温度，或过快与过慢的浇铸速度，都与裂纹的生成有密切关系。

　　（4）铸件的形状与尺寸。形状与尺寸会影响铸件内的温度分布与应力分布，从而影响开裂的概率。

　　铸件的冷裂是在铸件处于弹性状态下产生的。裂纹多细而直，常穿透玻璃相与结晶相。影响冷裂形成的因素同样有铸件的强度、温差及铸件的形状等。

为了消除铸造应力，减少铸件在冷却及使用过程中开裂的机会，熔铸耐火材料制品浇铸成型后必须进行退火处理。退火方法与工艺对熔铸耐火材料产品的质量有很大影响，退火不当，甚至会引起产品的炸裂。熔铸耐火材料的退火方法分为两类：保温退火法与外供热退火法。

（1）保温退火法。该方法是将熔铸件放在一保温箱中减小降温速度进行退火。具体操作时可采用保温箱浇铸法，即将铸模放入保温箱中进行浇铸，如图 11-7 所示。也可以采用所谓铁筐法浇铸，即将铸模放入一铁筐中进行浇铸，浇铸完成后，将铁筐连同铸件一同放入保温箱中进行退火。保温箱材料的选择、尺寸与结构的设计对制品降温速度（退火）有很大影响。可以通过差分法和有限元法计算出退火过程中保温箱中铸件的温度分布，合理设计保温箱结构，使温差控制在允许的范围内。

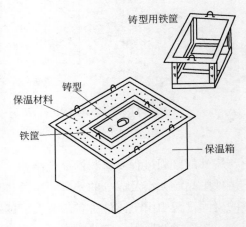

图 11-7　保温箱式浇铸

（2）隧道窑退火法。隧道窑退火是最常见的外供热退火法，所谓外供热退火法是利用热源保持铸件外表面按一定的温降速率降温。隧道窑退火法是将浇铸好的铸件脱模后直接吊运到隧道窑的窑车上，按规定的退火制度进行退火。熔铸制品退火用的隧道窑与耐火材料烧成隧道窑不同，如图 11-8 所示。此窑包括保温带、降温带与冷却带，没有预热带。在浇铸完成后，铸件应尽快放入隧道窑的保温带中。对铸件保温的目的是使铸件在截面温差最合适的情况下凝固冷却，既要使铸件中存在温度差以保持逐层凝固特性，又要防止因温差过大在铸件中产生过大的热应力。通常保温温度应接近铸件脱模后的表面温度，实际保温温度应根据不同产品确定。铸件在隧道窑中的停留时间与推车制度应根据退火温度曲线确定。为了保证保温温度，在保温带设有烧嘴。为保证冷却带及降温带的降温速度，可以从保温带的不同车位抽出一定量的热风送入冷却带的不同车位。

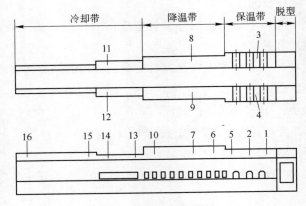

图 11-8　熔铸用耐火材料退火隧道窑

1~16—测温点

除了隧道窑外，也可以用电炉等其他外供热退火方式退火，将铸件放入电炉中，控制电炉的降温速度实现规定的退火曲线。

11.3 熔铸耐火材料制品

最常见的熔铸耐火材料制品包括熔铸氧化铝制品、锆刚玉制品、莫来石制品及氧化锆制品等，这类制品大多应用于玻璃熔窑，其组成与性质列于表 11-2 中。除此之外，还有电熔铸镁铬砖等碱性电熔铸制品。

表 11-2　含 Al_2O_3 熔铸耐火材料的性质

性质指标		$\alpha-Al_2O_3$质	$\alpha，\beta-Al_2O_3$质	$\beta-Al_2O_3$质	$Al_2O_3-SiO_2$质	标准 ZrO_2质 AZS	高 ZrO_2质 AZS
化学成分/%	SiO_2	0.1~0.5	0.5~1.0	0.1~0.2	16~20	11~17	10~13
	Al_2O_3	99.0~99.5	94.5~96.0	93.0~94.5	73~79	48~53	45~48
	Fe_2O_3	<0.02	<0.02	<0.02	1.5~2.0	<0.15	<0.15
	TiO_2	<0.02	<0.02	<0.02	1.0~1.8	<0.15	<0.15
	ZrO_2	0	0	0	0~3.5	32~36	39~41
	CaO	0~0.5	0.2~0.5	0.1~0.15	—	—	—
	MgO	0~0.1	0~0.1	0~0.1	—	—	—
	Na_2O	0.2~0.4	3.0~4.0	5.0~6.0	—	1.1~2.0	1.0~1.3
矿物相/%	莫来石				55~70		
	$\alpha-$刚玉	90~95	40~50		20~30	46~50	42~45
	$\beta-$刚玉	5~10	50~60	99~100			
	斜锆石					31~36	39~44
	玻璃相	0~1	0~2	0~1	10~15	17~21	15~17
密度/$g\cdot cm^{-3}$		3.85~3.95	3.45~3.65	3.15~3.35	3.20~3.40	3.80~4.00	4.05~4.25
显气孔率/%		0.5~5	0~2	3~5	0.5~4	0~1	0~1
耐压强度/MPa		150~250	150~250	20~70	250~300	200~500	200~00
荷重软化温度/℃		<1750	<1750	<1750	<1700	<1700	<1700
导热系数 /$W\cdot (m\cdot K)^{-1}$	600℃	5.8~7.0	2.9~4.1	1.4~2.3	3.0~3.5	3.5~4.1	3.5~4.1
	1000℃	5.8~7.0	4.1~5.2	3.1~3.7	4.1~4.4	3.7~4.3	3.7~4.3
热膨胀率/%	1000℃	0.75~0.85	0.75~0.85	0.65~0.75	0.5~0.6	0.6~0.85	0.6~0.9
	1500℃	1.2~1.4	1.1~1.3	0.9~1.1	0.7~0.9	0.7~0.9	0.7~0.9

11.3.1　铝锆硅系熔铸耐火材料制品

其主要成分为 Al_2O_3、ZrO_2 和 SiO_2，因此，通常用 AZS 来表示，其具体成分列于表 11-2 中，根据牌号不同而不同。常见的牌号，如 AZS-33 和 AZS-41，其后面的数字表示

ZrO_2 的含量，成分中以 Al_2O_3 及 ZrO_2 为主，SiO_2 主要存在于玻璃相中，SiO_2 属于受限组分，材料中的含量不宜太多。

AZS 的显微结构的一个示例如图 11-9 所示，其中图 11-9a 的组成（质量分数）为 43% Al_2O_3、40% ZrO_2、17% 玻璃相；图 11-9b 的组成（质量分数）为 94% ZrO_2 和 6% 玻璃相，属于熔铸氧化锆制品。由此可见，前者的显微结构更为复杂，它主要由斜锆石晶体以及斜锆石与刚玉的共生晶体嵌布在一高硅氧玻璃中构成。所谓斜锆石和刚玉的共晶，是指在菱柱状的刚玉晶体上分布着粒状的斜锆石晶体，并镶嵌在刚玉晶体中，这种镶嵌结构可以防止使用过程中刚玉过早地溶入玻璃液，减少玻璃液的侵蚀。

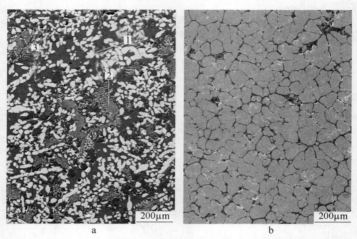

图 11-9　AZS 与高 ZrO_2 电熔铸耐火材料的显微结构

a—AZS 显微结构；b—高 ZrO_2 显微结构，玻璃相分布在 ZrO_2 晶粒周围

1—ZrO_2 初晶；2—ZrO_2 和 Al_2O_3 的共晶；3—玻璃相

AZS 中的玻璃相是由 SiO_2 与其他杂质元素或助熔剂，如 Na_2O、TiO_2、Fe_2O_3、F、B_2O_3 以及 CaO 与 MgO 等组成。通常 CaO 与 MgO 在 AZS 中含量很少，而 SiO_2 含量较高，它属于高 SiO_2 含量玻璃。表 11-3 给出了某 AZS-33 中玻璃相的化学成分，根据熔铸制品中 ZrO_2 及杂质成分与含量不同，熔铸耐火材料制品中玻璃相含量在百分之几到 20% 之间波动。熔铸耐火材料中的玻璃相对其使用性能有正反两个方面的作用。一方面，玻璃相的熔化温度低，加热到高温后它会熔化渗出，造成熔制玻璃缺陷。同时，熔制的玻璃液会渗入液相渗出后留下的气孔中，加速熔制玻璃对耐火材料的侵蚀。另一方面，熔铸耐火材料中一定量玻璃相存在是必要的。在较高温度下，存在于晶粒间的玻璃相软化，可以起到消除由相变等因素引起的应力作用，避免产生裂纹。综合两方面的因素可以认为，一定量的高度、高渗出温度的玻璃比较有利。在前面熔制过程中已经提到，氧化法熔制的制品渗出温度比还原法的高。

ZrO_2 是 AZS 熔铸耐火材料中最重要的组分，抗玻璃熔体侵蚀性能好。图 11-10 给出各种熔铸耐火材料被钠钙硅玻璃侵蚀的深度与温度的关系。由图可以看出，AZS-41 比 AZS-33 更耐钠钙硅玻璃侵蚀，但增加 ZrO_2 的含量给熔制带来困难。在升温与降温过程中，ZrO_2 晶体会发生如下相变：

$$四方型 ZrO_2（高温型）\rightleftharpoons 单斜型 ZrO_2（低温型）$$

表 11-3　AZS-33 中玻璃相的化学成分　　　　（质量分数,%）

SiO$_2$	Al$_2$O$_3$	ZrO$_2$	Na$_2$O	Fe$_2$O$_3$	TiO$_2$	CaO	MgO
72.09	16.48	2.77	5.60	0.88	0.99	0.26	0.12

四方型 ZrO$_2$ 属于四方晶系，真密度为 6.10g/cm^3；单斜型 ZrO$_2$ 属于六方晶系，真密度为 5.56g/cm^3。当升温时，单斜型向四方型转化开始温度为 1170℃，反向转化时开始温度为 800～1000℃，伴随着 5%～9% 的体积变化。转化温度与体积变化的大小、晶格变形情况、晶粒大小及杂质存在的情况有关。ZrO$_2$

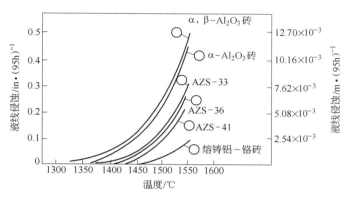

图 11-10　各种熔铸砖侵蚀与温度的关系

在熔铸耐火材料中以斜锆石的形式存在，它在 AZS 中的含量越大，在制造与使用过程中因相变造成的应力也越大，铸件开裂的可能性也越高。但是，由于高 ZrO$_2$ 含量的熔铸耐火材料的高抗蚀性，AZS 材料向高 ZrO$_2$ 含量方向发展的趋势明显，一些高 ZrO$_2$ 含量的 AZS 砖及 ZrO$_2$ 电熔铸砖相继出现。但是，目前对 ZrO$_2$ 含量与抗玻璃熔体侵蚀性的关系仍有不同的试验结果与看法。同一种耐火材料对不同玻璃的抗侵蚀能力是不同的。此外，考虑到价格和经济等因素，目前大量生产与使用的仍然是 ZrO$_2$ 含量（质量分数）在 50% 以下的 AZS 熔铸制品。

除了抗侵蚀性能以外，AZS 中 ZrO$_2$ 的含量对其他性能也有一定影响。图 11-11～图 11-13 给出了 AZS-33 与 AZS-41 的线膨胀率、导热系数、电阻率与温度的关系。在 1000℃ 左右线膨胀率的变化是由 ZrO$_2$ 相变产生的。它们的导热系数随温度的升高而下降，在 600℃～900℃ 达到最小值，然后再随温度的升高而增大。AZS-41 的线膨胀率和电阻率均比 AZS-33 大。在 1000℃ 以下，AZS-41 的导热系数比 AZS-33 大，高于 1000℃ 时则相反。

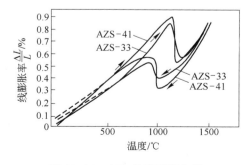

图 11-11　AZS 的热膨胀曲线

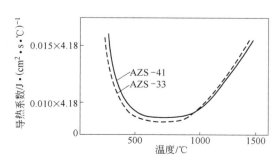

图 11-12　AZS 的导热系数曲线

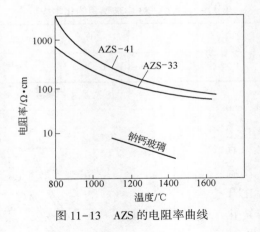

图 11-13 AZS 的电阻率曲线

11.3.2 熔铸 ZrO_2 耐火制品

所谓 ZrO_2 熔铸制品实际上并非纯 ZrO_2 制品，其中仍含有少量 Al_2O_3、SiO_2 以及其他元素，从化学组成上仍属于 $ZrO_2 - Al_2O_3 - SiO_2$ 体系，通常 ZrO_2 含量（质量分数）为 90% ~ 99%，最常见的 ZrO_2 含量为 94% 左右。含量为 94% 的 ZrO_2 熔铸耐火材料的显微结构已列入图 11-9b 中，其特点是一层薄薄的玻璃相分布在氧化锆颗粒周围，这种显微结构使它的性质与一般 AZS 熔铸耐火材料有显著差异。

图 11-14 给出了 ZrO_2 含量为 40%（AZS 材料）和 ZrO_2 含量为 94%（HZ 材料）两种制品在室温至 1600℃ 加热-冷却循环中线变化与温度的关系，从图中可以看出，两者的线变化-温度曲线均为环形，形状相似，但在 ZrO_2 的相变温度 T_{t-m} 与 T_{m-t} 下产生的线变化值有很大差异，HZ 试样的值大于 AZS 试样的值。这是由两方面原因所致，其一是后者 ZrO_2 含量低，相变产生的线变化小，其二是后者玻璃相含量高，玻璃相在高温下的塑性消除了部分因相变引起的尺寸变化。

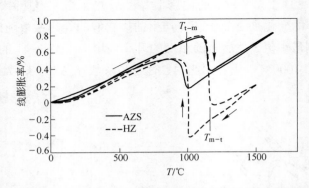

图 11-14 AZS 和 HZ（高 ZrO_2 含量）材料的热膨胀曲线（室温至 1550℃）

图 11-15 与图 11-16 分别给出 AZS 与 HZ（高 ZrO_2 含量材料）两种材料在室温至 1550℃ 加热—冷却循环过程中杨氏模量与温度的关系，两者的形状大致呈环形曲线，在相转变温度 T_{t-m} 与 T_{m-t} 下弹性模量都有较大的突变。但是，由于 HZ 材料的玻璃相含量只有

AZS 材料的 1/3，故玻璃相对前者的影响比后者小得多。在 AZS 材料中，玻璃相导致冷却开始阶段弹性模量显著提高，而 HZ 材料中这个影响要小得多。总的看来，用熔铸法制得的 ZrO_2 含量大于 90%、以单斜氧化锆为主的熔铸耐火材料的热力学性能是较好的。

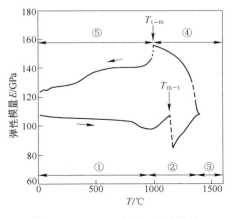

图 11-15　AZS 材料的杨氏模量
（室温~1550℃）

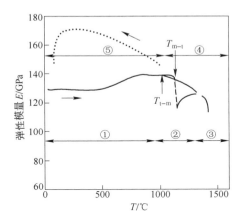

图 11-16　HZ 材料的杨氏模量
（室温~1550℃）

除此之外，熔铸氧化锆材料的抗玻璃溶液侵蚀能力也较好。Toshihiro 等人对比了 ZrO_2 含量为 41% 的 AZS 材料与 ZrO_2 含量为 94% 以上的熔铸材料的性能（表 11-4），并给出了 ZrO_2 含量更高的熔铸氧化锆材料的性质，见表 11-5。由表 11-4 可见，无论对于铝硅玻璃或硼硅玻璃的侵蚀，ZrO_2 含量在 90% 以上的电熔铸材料的抗侵蚀能力均高于 AZS-41 材料的。由表 11-5 可见，随着 ZrO_2 熔铸耐火材料中 ZrO_2 含量增多，抗侵蚀能力增强。大致上可以认为，增加 2% 的氧化锆，侵蚀速度下降约 30%，究其原因，可能与玻璃相含量降低有关，只要提高百分之几的氧化锆的含量就可以大大降低玻璃相的含量。玻璃相含量下降，使其抗侵蚀能力大大提高。由表 11-5 还可以看出，ZrO_2 达 97% 左右的熔铸制品在高温下有很好的抗侵蚀性能，它是一种适合超高温熔制玻璃熔窑用的耐火材料。提高 ZrO_2 的含量并研究玻璃相的影响是今后一阶段值得注意的方向。

表 11-4　铝锆硅系电熔铸耐火材料与熔铸氧化锆材料性质

性质指标		熔铸 ZrO_2 材料	高电阻率熔铸 ZrO_2 材料	熔铸 AZS 材料
化学成分/%	SiO_2	4.5	7.8	12
	Al_2O_3	0.8	1.2	45.8
	ZrO_2	94	90	41
	Na_2O	0.3	0.01	—
	其他	0.4	0.9	0.2
物相组成/%	斜锆石	94	90	41
	刚玉	0	0	43
	玻璃相	6	10	16

性质指标		熔铸 ZrO$_2$ 材料	高电阻率熔铸 ZrO$_2$ 材料	熔铸 AZS 材料
电阻率/Ω·cm	1400℃	48	500	100
	1500℃	40	350	80
	1600℃	35	200	70
侵蚀深度/mm	铝硅玻璃	0.5	0.7	1.5
	硼硅玻璃	0.3	0.2	4.4

表 11-5 熔铸 ZrO$_2$ 耐火材料的性质

化学成分/%	ZrO$_2$	94.6	95.9	96.7
	其他	5.4	4.1	3.3
显气孔率/%		0.1	0.18	0.4
侵蚀深度/mm	1680℃, 48h	1.33	1.06	0.88
	1730℃, 24h	1.33	1.21	1.04
发泡指数[①]/N·cm^{-3}	1500℃, 24h	7	—	14.6
蠕变率/%	1600℃, 48h, 0.2MPa	0.43	—	0.39

① 将无碱铝硅玻璃放在坩埚中，在 1500℃ 下保温 24h，测定试验后玻璃中单位体积中气孔的数量。

在现有的 AZS 及 ZrO$_2$ 等熔铸耐火材料中，ZrO$_2$ 是以单斜结构存在的。由于相变，在加热与冷却过程中会导致一定的体积变化。Sokolov 将 CaO 作为稳定剂引到含 ZrO$_2$ 的熔铸耐火材料中，熔制 ZrO$_2$-SiO$_2$-CaO 系的高 ZrO$_2$（83.1%~91.7%）耐火制品，在加热-冷却过程中此材料的线变化曲线与 ZrO$_2$ 以单斜结构存在的情况有较大区别，但对于这种材料的玻璃相组成及材料的性质等问题有待下一步研究。

11.3.3 熔铸氧化铝耐火材料

熔铸 Al$_2$O$_3$ 耐火材料包括熔铸 α-Al$_2$O$_3$ 耐火制品、熔铸 α,β-Al$_2$O$_3$ 耐火制品及熔铸 β-Al$_2$O$_3$ 耐火制品。纯氧化铝熔体浇铸后迅速凝固形成 α-Al$_2$O$_3$ 晶体。在 Na$_2$O 存在的情况下，氧化铝熔体浇铸后形成 β-Al$_2$O$_3$ 晶体（Na$_2$O·11Al$_2$O$_3$）。而 α,β-Al$_2$O$_3$ 熔铸耐火制品同时含有 α-Al$_2$O$_3$ 与 β-Al$_2$O$_3$ 两相。

优质 α-Al$_2$O$_3$ 熔铸耐火制品的 Al$_2$O$_3$ 含量（质量分数）在 99% 以上，其显微结构如图 11-17 所示。以粒状刚玉颗粒为主体，在这些微颗粒之间存在少量 β-Al$_2$O$_3$ 与玻璃相。由于结构致密，其硬度高且高温下的稳定性好。但由于玻璃相少，且微颗粒间没有形成交错结构，因而抗热震稳定性差。该材料在玻璃窑上使用时，容易与 Na$_2$O 蒸气反应转化为 β-Al$_2$O$_3$，引起体积膨胀，因此，目前使用较少，但在冶金及其他行业仍有使用。

β-Al$_2$O$_3$ 的分子式为 Na$_2$O·11Al$_2$O$_3$，严格来讲，它是一种铝酸盐，也可以看作是 Na$_2$O 固溶入 Al$_2$O$_3$ 中，因而习惯上将它看成 Al$_2$O$_3$ 的一种晶形。β-Al$_2$O$_3$ 熔铸耐火制品中的 Al$_2$O$_3$ 含量为 93%~94%，Na$_2$O 含量为 5%~6%，显微结构如图 11-18 所示。Al$_2$O$_3$ 全部为 β-Al$_2$O$_3$，呈发育良好、平板状的大晶体，它们互相交错，形成网络状结构。β-Al$_2$O$_3$ 熔铸耐火制品中玻璃相很少，但气孔率较高，因此，强度较低，但抗热震性较好。由于 β-Al_2O_3 中 Na_2O 已饱和，因此，它具有优良的抗碱蒸汽侵蚀的能力，常用于玻璃熔窑的上部。但是，在碱含量低且与 SiO_2 接触部位使用时，β-Al_2O_3 易分解为 α-Al_2O_3 与 Na_2O，这个过程产生体积收缩，容易引起开裂与剥落，因此，应避免在原料粉尘飞扬严重的部位使用。此外，由于 β-Al_2O_3 熔铸制品的气孔率较高，抗玻璃液的侵蚀能力较差，也不宜用于与玻璃液直接接触的部位。

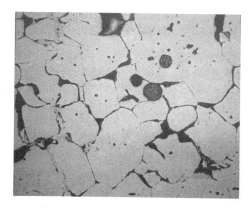

图 11-17　α-Al_2O_3 熔铸耐火材料

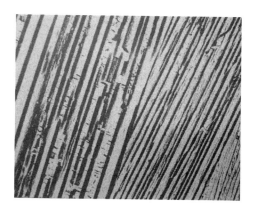

图 11-18　β-Al_2O_3 熔铸耐火材料

α,β-Al_2O_3 熔铸耐火制品同时含有 α-Al_2O_3 与 β-Al_2O_3 两相，通常 Al_2O_3 含量为 95% 左右，Na_2O 含量为 3%～4%。其显微结构如图 11-19 所示。在粒状 α-Al_2O_3 晶粒之间镶嵌板状 β-Al_2O_3 晶体，两者相互交错成非常致密的结构。α-Al_2O_3 与 β-Al_2O_3 两相的比例大约各占 50%。由图 11-10 可以看出，在高温下，α,β-Al_2O_3 熔铸制品的抗侵蚀能力不如 AZS 制品，但是在 1350℃ 以下时，它们的区别甚微。另外，由于熔铸 α,β-Al_2O_3 熔铸制品有较强耐碱性，且玻璃相含量很少，大约只有百分之几，当其与玻璃液接触时，玻璃相渗出很少，对玻璃液的污染少，因此，可应用于玻璃窑中温度较低的部位，如澄清槽等。近年来，为减少 CO_2、NO_x 的排放含量，玻璃熔窑从空气燃烧向富氧燃烧转化，碱与硼蒸气的浓度大幅度提高，窑顶硅砖侵蚀严重，因而，α,β-Al_2O_3 熔铸耐火制品在窑顶的使用增多。

图 11-19　α，β-Al_2O_3 熔铸耐火材料

11.3.4 含 Cr₂O₃ 的熔铸耐火材料

含 Cr_2O_3 的熔铸耐火材料包括熔铸铬刚玉制品、熔铸铬锆刚玉制品、熔铸铬尖晶石制品以及熔铸镁铬制品等，这些熔铸制品的典型化学组成如表 11-6 所示。由图 11-10 中可以看出，熔铸铬刚玉砖是所列熔铸耐火制品中抗钠钙玻璃侵蚀性能最好的耐火材料。熔铸铬锆刚玉制品也具有很好的抗侵蚀能力。熔铸铬尖晶石及熔铸镁铬制品的主要物相组成为镁铬尖晶石（$MgO \cdot Cr_2O_3$）、镁铝尖晶石（$MgO \cdot Al_2O_3$）、铬铁尖晶石（$FeO \cdot Cr_2O_3$）、方镁石（MgO）以及氧化铬（Cr_2O_3）等，它们都是高熔点的物相，主要使用在玻璃窑与有色冶金等工业窑炉上。Cr^{6+} 对人体健康有害，尽管含 Cr_2O_3 材料在玻璃与冶金工业的使用过程中不容易转变为六价铬，但在原料及废砖的保存过程中，由于环境等各方面的影响仍有可能转变为六价铬。随着人类对环境保护意识日益增强，含铬耐火材料正逐渐被其他材料所替代。

表 11-6 含 Cr₂O₃ 熔铸制品的组成及性质

制品	化学成分/%						显气孔率/%	渗出量/%
	ZrO₂	Al₂O₃	SiO₂	Cr₂O₃	MgO	Fe₂O₃		
熔铸铬刚玉砖	—	58	2	28	6	6	10	0
熔铸铬锆刚玉砖	26	31.5	13	26	—	—	<3	—
熔铸铬尖晶石砖		8	2	16	8	6	<1	0
熔铸镁铬砖	4~12	4~30	<5	10~55	40~78	<25	—	—

思 考 题

11-1 熔铸耐火材料显微结构与一般耐火材料有何区别？

11-2 影响玻璃相渗出温度的主要因素有哪些？

11-3 简述熔铸耐火材料的生产工艺流程。

11-4 浇铸过程如何影响熔铸耐火材料结构与性能？

12 用后耐火材料和固废资源化利用

本章要点

(1) 用后耐火材料和固废利用的意义；
(2) 用后耐火材料资源化利用的途径与方法；
(3) 废渣资源化利用的途径与方法。

高温工业窑炉的耐火材料内衬通常由工作层、永久层与保温层构成。工作层直接与侵蚀介质及高温气体接触，是被侵蚀而损坏的一层。永久层的作用是保温和保险，在使用过程中一般不与侵蚀介质接触，保温层起隔热作用。即使在高温容器（如钢包）使用完毕后，工作层也不会全部消耗完，必须保留一定的残存厚度以保证生产安全。在更换新衬时，这一残存厚度常被去掉。在长期使用过程中，永久层与保温层内部可能发生物相与显微结构的变化，因此，使用一段时间后也应更换，但其化学成分变化不大。可见，炉衬在使用后，真正被熔渣等侵蚀介质蚀损掉的仅占小部分，其大部分仍然可以作为耐火材料或其他工业原料使用。

除炉衬以外，一些耐火材料器件在使用后的蚀损更少，如滑板，它废弃的原因仅仅是因为扩孔及孔周围产生裂纹，其侵蚀量非常小，用后滑板大部分的组成与性质与原材料相差不大，可再利用。

图 12-1 给出了 2000 年欧洲消耗耐火材料的质量平衡图，由图可见，高温工业所消耗的耐火材料中只有 35% 被侵蚀掉了，18% 是被作为垃圾处理掉了，20% 重新作为耐火材料原料使用，27% 作为其他工业原料利用，即只有 53% 的耐火材料被真正消耗掉了，但在 53% 被消耗的耐火材料中，18% 是作为垃圾处理的，其实还是有可能找到其他用途，我国每年有 1000 万吨以上的用后耐火材料需要处理。

有些合金（如钛铁合金）或金属（如铬）冶炼过程中产生大量的炉渣，经过一定步骤处理后可以得到价廉物美并具有特殊功能的高温耐火原料，自 2014 年后，固废资源化及无害化利用已取得了很大的进展。因此，世界上没有垃圾，只有放错了地方的资源。

用后耐火材料及固体废弃物的资源化利用，对于降低资源消耗、实现可持续发展有重要意义。因此，特将用后耐火材料和废渣的资源化利用单独作为一章给予阐述。

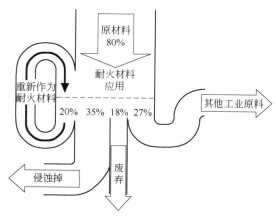

图 12-1　耐火材料的质量平衡图

12.1　用后耐火材料的资源化

　　耐火材料品种多种多样，各个高温工业，如黑色冶金、有色冶金、建材（水泥与玻璃工业）、石油化工等高温炉窑，都需要用到与之设备和工艺相适应的耐火材料，这些耐火材料都有安全使用周期，要把这些行业用后的耐火材料变成耐火原料资源，且得到充分利用是一项十分复杂的系统工作，必须经过严格的拣选分类、除杂、提纯等处理过程。表 12-1 为根据不同来源及类别，对用后耐火材料进行的分类。

表 12-1　用后耐火材料分类

来源	类别	分类	级别
各类热工窑炉设备	铝硅系耐火材料	刚玉质	按密度分为高密度、中密度、轻质
			按制备所用原料分为白刚玉、致密刚玉、棕刚玉和亚白刚玉
		莫来石质	按密度分为高密度、中密度和轻质
			按制备的原料分为电熔莫来石、合成高纯莫来石和天然莫来石
		高铝质	按密度分为高密度、中密度、轻质
			按制备的原料分为特级矾土、一级矾土、二级矾土和三级矾土
		黏土质	按密度分为高密度、中密度、轻质
			按化学成分（含量 Al_2O_3）分为 $\geqslant 40\%$、$\geqslant 35\%$ 和 $\geqslant 30\%$
		硅质	按密度分为轻质和重质
			按化学成分（SiO_2 含量）分为 $\geqslant 98\%$、$\geqslant 96\%$ 和 $\geqslant 93\%$
		熔融石英	太阳能坩埚、棍棒、水口等 SiO_2 含量 $\geqslant 99\%$
钢铁冶金工业的各种贮运热工设备	含碳耐火材料	MgO-C 砖	MT-10A、MT-10B、MT-10C、MT-14A、MT-14B、MT-14C、MT-18A、MT-18B、MT-18C、低碳镁碳砖
		Al_2O_3-C 砖	塞棒、浸入式水口、长水口、滑板、高炉铝碳砖
		MgO-Al_2O_3-C 砖	电熔原料生产的铝镁碳砖、烧结高纯原料生产的铝镁碳砖、一般铝矾土镁碳砖
			按 MgO 含量分为 $\geqslant 50\%$、$\geqslant 30\%$ 和 $\geqslant 10\%$
		Al_2O_3-SiC-C	铁水包和鱼雷车用铝碳化硅碳砖、出铁场用铝碳化硅碳浇注料、捣打料等
		镁钙碳砖	电熔镁钙碳砖、高纯镁钙碳砖、普通镁钙碳砖
			按 CaO 含量分为 $\geqslant 50\%$、$\geqslant 30\%$、$\geqslant 20\%$ 和 $\geqslant 10\%$
玻璃窑蓄热体、冶金炉衬永久层等	镁质耐火材料	镁砖和镁质散状	按所用原料分为电熔镁耐材、高纯镁耐材、中档镁耐材、普通镁耐材
			按 MgO 含量分为 $\geqslant 98\%$、$\geqslant 95\%$、$\geqslant 90\%$ 和 $\geqslant 85\%$

来源	类别	分类	级别
钢铁冶金精炼炉、水泥窑衬等	镁钙系耐火材料	镁钙砖	按所用原料分电熔镁钙耐材、高纯镁钙耐材、普通镁钙耐材
			按 CaO 含量分为 ≥50%、≥30%、≥20% 和 ≥10%
水泥窑、石灰窑炉衬和精炼炉衬等	镁铝系耐火材料	铝镁系耐火材料	电熔镁铝耐材、高纯镁铝耐材、普通镁耐材
			按 Al_2O_3 含量分为 ≥50%、≥30%、≥20% 和 ≥10%
玻璃窑炉、冶金水口	锆质耐火材料	氧化锆耐材	氧化锆耐材
		ASZ 耐材	锆莫来石耐材、锆刚玉耐材
		锆英石耐材	锆英石耐材
水泥、黑色、有色冶金窑炉内衬	镁铬质耐火材料	镁铬砖	电熔再结合镁铬耐材、预反应高纯镁铬耐材和普通镁铬耐材
			按 Cr_2O_3 含量分为 ≤10%、10%~15%、15%~20%、20%~30% 和 ≥30%
铝电解槽、高炉衬、陶瓷热工设备	非氧化物耐火材料	碳化硅砖	黏土结合碳化硅砖、氮化硅结合碳化硅砖、二氧化硅结合碳化硅砖、赛隆结合碳化硅砖、重结晶碳化硅砖、自结合碳化硅砖
		炭砖	石墨砖、半石墨砖、普通炭砖
		BN 制品	氮化硼制品
		$MoSi_2$	硅化钼
石油化工、有色冶炼	铬质耐火材料	铬质耐火材料	按 Cr_2O_3 含量分为 70%~80%、80%~90%、≥90%、25%~35% 和 ≤25%

　　耐火材料经使用以后，有很多异质介质进入耐火材料里，在拆炉和运输过程中也常带入较多尘土和杂质，同时，不同位置、不同炉窑的用后耐火材料混级现象特别严重。在一座使用耐火材料的高温窑炉里，不同位置用的是不同的耐火材料。这些不同的耐火材料性质差别很大，在拆炉和运输过程中，它们又被人为因素混合在一起，这是影响其再生的主要原因之一。

12.1.1　用后耐火材料的资源化过程

12.1.1.1　用后耐火材料的回收

　　耐火材料用在热工窑炉上，当窑炉达到一定的使用寿命时，就需拆除。在拆窑炉的过程中，最理想的拆除方式是：逐层拆解并把用后耐火材料分门别类地堆放，不要把周围的泥土、杂物混到或黏到用后耐火材料里去，然后按颜色、密度、硬度、强度和砖的尺寸形状的不同，进行鉴别、拣选，以免影响用后耐火材料的质量。

12.1.1.2　用后耐火材料的处理方法

　　用后耐火材料除用在永久层等少部分位置拆下来可直接用于其他非主要或安全性要求不高的地方外，其余的需经一定处理后才可再利用。

　　A　去除泥土、灰尘和掺杂物

　　对于分类过的用后耐火材料，表面粘有灰尘、泥土和掺杂了一些夹杂物，必须除去。

可采用人工法把掺杂物拣出，并用水冲洗，洗去表面的泥土和灰尘。通过水洗和拣选，把用后耐火材料里的掺杂物、黏附的泥土和灰尘等有害物质去除。

B　去除渣层和渗透层

一般情况下用后耐火材料表面沾有一层炉渣等窑内的侵蚀介质，往往窑内的侵蚀介质还扩散渗入耐火材料炉衬的内部，并与耐火材料发生反应形成变质层。渣层和变质层都影响用后耐火材料的性能，影响到再生产制品的高温性能和使用寿命。因此，必须首先除去这些有害的成分，才能进行破粉碎加工。去除的方法有：（1）人工敲击法。用锤头敲击渣层，把渣层和渗透层敲下来，与用后耐火材料分离。（2）切割法。不同的用后耐火材料表面黏附的渣层和渗透层的厚度不均，黏结强度不同。黏结强度低时可直接敲击下来，黏结强度高的，应采用机械切割的方法去除。

C　破粉碎

当用后耐火材料去除了非金属夹杂物和表面黏附的粉尘等杂质后，可以在各种破碎设备中进行破粉碎加工。

D　除铁

用后耐火材料内含有金属夹杂铁和铁屑，同时在破粉碎加工过程中，因机械的磨损和撞击，也会产生增铁。因此，必须在破粉碎过程中采用磁选方法把金属铁从用后耐火材料里除去。对有特殊要求的，还需要进行酸洗除铁。

E　均化

用后耐火材料来源复杂，同一用户甚至同一窑炉，不同部位所用的耐火材料不一样，要把它们完全分门别类地分开是相当困难的。这样就会使用后耐火材料质量波动性很大，可能出现经不同批次处理的用后耐火材料的质量存在差异，这给使用或再生优质产品带来很大的困难。除了加强拣选分类外，应采用均化处理，使处理出来的用后耐火材料均匀，这样能够做到再生出来的产品性能稳定。

F　分离

经破粉碎加工后的用后耐火材料，若直接作为原料，一般是得不到高质量产品的。主要是经破碎后的用后耐火材料的颗粒大多是假颗粒，并且还含有一些有害成分，只有把这些有害成分除去或转化，并把颗粒团聚体或假颗粒解除，才能提高原料的内在质量，制造出满足性能指标要求的产品。因此，经破粉碎后的用后耐火材料颗粒，应进一步进行加工处理，分离出用后耐火材料的不同成分，这样用后耐火材料才能成为更有价值的原料，制备出的产品的质量才会更高。

（1）碾磨法。把破粉碎后的用后耐火材料进一步碾磨处理，将颗粒和细粉分离。这有三方面的作用：一是破坏颗粒的团聚体，提高产品的性能；二是粉末化，使之成为微粉，提高产品附加值；三是改变组成。不同颗粒大小的材料硬度不同，可以分离出来，起到提纯和分离的作用。假颗粒是有耐火材料配料时多种材料组成的团聚体，内有很多气孔，因此，密度很低。而解除假颗粒后，颗粒内气孔就减少，颗粒密度提高。经过碾压，破假颗粒前后的颗粒形貌如图12-2所示，这两种镁碳颗粒的密度由假颗粒的 2.92g/cm³ 增加到 3.32g/cm³，这对提高产品的性能是有利的。

（2）烧失法。烧失法主要应用于含碳耐火材料，用后的含碳耐火材料中含有碳，直接作为原料应用会使浇注料的加水量增加，产品性能下降，难以制备出高质量的产品。利用

图 12-2　用后耐火材料颗粒处理前后形貌

a—处理前；b—处理后

石墨在 1000℃ 以上易氧化的原理，把用后镁碳砖料中的碳高温烧掉，从而得到电熔镁砂，可作为电熔镁砂原料使用。

这种方法提取的电熔镁砂与用菱镁矿直接电熔得来的电熔镁砂相比，具有成本较低和就地加工的优点。但该方法的缺点是用后镁碳砖只能部分利用，有价值的石墨没有利用，同时一定程度上增加了碳排放。

（3）浸渍法。用后耐火材料经过破粉碎得到的颗粒表面有很多气孔，颗粒密度也很低，它严重影响了再生产品的致密度，增加了浇注料的加水量。

消除这个不利因素的方法之一就是浸渍。即把用后含碳颗粒经过氧化处理后，用磷酸、金属盐溶液、硅溶胶、金属有机物进行真空浸渍，使浸渍剂进入颗粒气孔里，然后固化或高温处理，使颗粒内气孔减少和颗粒强度提高。用它作为喷补料的原料，加入量小于 30%，加水量 26% 时，与不含用后耐火材料的喷补料在抗侵蚀性、气孔率和附着性等性能方面均相当。而没有经过这样处理的，会导致喷补料的性能显著降低。对于不含碳的用后刚玉料，经过浸渍处理，使表面层气孔变小，干燥后，作为浇注料的原料，加入量为 5%～30%，加水量为 6%，与不含用后料的浇注料在抗侵蚀性、气孔率和强度等方面都相当。而没有经过这样处理的用后料，会导致浇注料的性能显著降低。因此，经过浸渍处理的用后耐火材料，会使制成的产品致密度高、显气孔率低等性能得到显著改善。

（4）选矿法。利用用后耐火材料复合成分的密度不同，可以采用重液选矿法将密度不同的原料区分开来，这适合于密度差较大的复合用后耐火材料。如铝碳砖等用后含碳耐火材料，其主要成分是石墨、刚玉及矾土熟料，石墨的密度只有 2.23g/cm³ 左右，而刚玉等密度都在 3.0g/cm³ 以上，这样就可以通过重液选矿法把石墨和刚玉等分离出来。

（5）化学反应法。化学反应去除杂质法是指通过化学反应，把用后耐火材料中的某些杂质转化成可溶解的化合物，再用水洗涤而除去。这里有代表性的例子是用后耐火材料里的金属铁。如果不除掉这些夹杂的铁，对再生制品产生不利影响。对于一般耐火材料可以通过磁选去除，但对于再生优质原料，要求铁的含量极低，并且很细颗粒的铁分布在细粉里，就很难除去。这种情况下，要用稀盐酸冲洗，使铁与 HCl 反应生成氯化铁，氯化铁溶解于水中，经过冲洗而除之。这对于用后刚玉材料和用后碳化硅材料是比较合适的。

（6）化学转化法。用后耐火材料里含有某些有害成分，经过某些化学反应，使用化学转化法使之变成无害物质，从而改善用后耐火材料性能，如：1）用后镁碳砖等。用后含碳耐火材料里含有 Al_4C_3，Al_4C_3 像 CaO 一样特别容易与空气中的水发生水化反应，并伴有大的体积膨胀。如果制造产品前不把它除去，就会使再生产品经过高温时水化膨胀而出现裂纹、粉化报废。因此，含 Al_4C_3 的用后耐火材料要预先经过水化处理转化成氢氧化铝。2）用后镁铬砖特别是靠近工作面 Cr^{6+} 含量较高，严重超过环保指标标准。Cr^{6+} 是严重危害人类健康的，遇水溶解，污染环境和地下水源，必须进行处理才能排放。日本介绍了去除 Cr^{6+} 的两种方法。第一种是水泥窑拆窑前，从 1350℃ 降温过程中，通入氩气+5% H_2 或 CO，可将 Cr^{6+} 还原为 Cr^{3+}，这时的用后镁铬砖就可以按照正常处理工艺制作出合格的原料进行利用。第二种是还原煅烧法，把用后镁铬砖在 1200℃ 埋碳处理，这时砖中的 Cr^{6+} 由 380μg/g 降到 2.6μg/g。

12.1.2　用后耐火材料的再利用

12.1.2.1　初级加工

这里把用后耐火材料经过简单的拣选和破粉碎加工成不同颗粒料就使用的方法叫做初级使用。它一般是以少量的配入量，加到档次较高的产品生产过程中，即使配入少量的这种初级加工材料，也会显著降低产品的质量。也有添加较高比例的用后耐火材料到冶金辅料等附加值不高的产品中。因此，产生的附加值也很低，即用后耐火材料的初级使用产生的企业效益和社会效益较低，但它解决了环保问题，即避免了环境污染，这里列举几个具体的例子。

（1）中国台湾中钢在环境政策的强烈压力下，2001 年开始不允许用后耐火材料被废弃，因此他们把用后耐火材料收集起来，经过拣选和破粉碎加工成不同的颗粒，一部分强制供给耐火材料供应商，以换取下次的订单，中国台湾中钢称之为"环保订单"，另一部分钢厂留下来直接作为造渣剂等冶金辅料。

（2）韩国浦项是自己统一加工回收，把夹杂的金属、渣和用后耐火材料分离开来，分离的用后耐火材料加工成颗粒，直接作为冶金造渣剂或建筑铺路材料等。

（3）法国 Valoref 公司专门从事全球废弃耐火材料生意，处理来源于法国和国外玻璃窑的耐火制品，发明了许多回收利用来自玻璃、钢铁、化工、垃圾焚烧等工业的大多数废弃耐火材料的技术，也开发了一种最佳回收利用拆炉法，目前法国玻璃窑用耐火材料的回收利用量每年达到 3.6 万吨。

（4）意大利的 Officine Meccaniche di Ponzano Venetto 公司回收各种炉子、中间包、铸锭模和钢包内衬的用后耐火材料，经处理后直接喷吹入炉以保护炉壁。回收用后耐火材料的具体步骤是：

1）通过破碎机将用后耐火材料破碎至 8~10mm 的细颗粒；

2）回收细颗粒中的含铁物质作为废钢铁回炉；

3）将颗粒细小的耐火材料存入储料仓；

4）根据要求将这些耐火材料颗粒通过安装在电炉炉顶的喷嘴吹入炉中。有些颗粒是在熔炼开始时向炉内喷吹以直接保护炉壁。

（5）国内把用后镁碳砖经过初步拣选和破粉碎成不同颗粒后，在生产镁碳砖时，以

5%~20%的比例混入新的镁碳砖配料中使用，有时也直接加入溅渣护炉料里。以用后镁碳砖料为原料，还可制成中间包干式料、转炉大面修补料、炼钢改质剂等。

（6）有些耐火材料生产厂家在生产较低档次的耐火浇注料等散装料时，添加一定量用后耐火材料的颗粒料。如用后镁碳砖料（或镁铬砖颗粒料）添加到电弧炉出钢口的 EBT（偏心炉底出钢）填料里，自开率达到了 98%，不次于原始填料的自开率。

（7）初级破粉碎的用后耐火材料颗粒制成各种轻质的耐火材料，作为保温使用。

（8）用后白云石砖代替轻烧白云石作为 LF（Ladle Furnace，钢包精炼炉）的造渣料，对于钢水沸腾和渣化性脱硫速度方面不影响精炼能力，白云石也可以作为土壤的改质剂，以改良酸性土壤。

（9）日本钢铁工业用后的耐火材料主要用作造渣剂，也可作为型砂的替代物，Al_2O_3-尖晶石浇注料回收后做修补料和喷补料。

（10）玻璃窑用后 AZS（电熔锆刚玉砖）砖和钢铁加热炉 AZS 砖，经过破碎、磁选、干燥等处理后，进行重熔再熔铸成 AZS 砖。这样降低了 AZS 砖的生产成本。

（11）用后 AZS 砖和用后滑板作为滑板耐火材料的原料。即把玻璃窑用后 AZS 砖和用后滑板，经过拣选、破粉碎处理、除铁等处理后，作为滑板原料，按照一般生产滑板的工艺，生产出滑板，与新的滑板一样。这些用后耐火材料甚至是无价值的废料，经过再利用后，价值大大提高。

（12）用后滑板破碎后，经过进一步处理后以 40%~60% 比例，加入 Al_2O_3-SiC-C 浇注料里，这样制成的脱硫喷枪使用寿命达到了 482 次。而以 30% 加入滑板里取得了与新滑板相同的使用结果。

（13）再生优质铝镁碳砖。用后铝镁碳钢包砖经过拣选、颗粒加工、除铁等处理，按照优化的铝镁碳砖生产工艺技术，制备再生铝镁碳砖的理化指标见表 12-2。

表 12-2 再生铝镁碳砖的性能

化学成分/%	Al_2O_3	69
	MgO	14
	C	8.5
物理指标	体积密度/g·cm^{-3}	3.01
	显气孔率/%	8.7
	耐压强度/MPa	44.5
再生料加入量/%		>90

12.1.2.2 深度加工

把用后耐火材料经过简单的拣选和破粉碎加工成不同颗粒料后，进一步进行破碎和物理化学加工和处理，使用后耐火材料的性能更接近原始原料水平。

以这样的用后耐火材料再制备产品的方法称为中级使用法。中级处理后生产产品的质量进一步提高，有些性能达到原始产品的性能和使用结果。因此产生了更高的附加值，给企业和社会带来了更大的效益，同时也解决了环保问题，例如：

（1）滑板的再利用。用后滑板往往只是中间孔周围的一小部分被侵蚀或损坏，可以把损坏部分切除，补浇或镶嵌一块新的，再经过磨平和处理，这样的修复式滑板与新的使用效果一样，如图 12-3 所示。

（2）再生优质镁碳砖。用后镁碳砖经过拣选、除铁、水化、颗粒加工等处理，以此为原料，加入量达到了 97%，制备的镁碳砖的理化指标达到了新镁碳砖 A 级的水平，它的性能见表 12-3。4 号再生镁碳砖在宝钢 300t 钢包渣线上使用，其使用寿命达到了 82 次（其中有 20 次 LF）侵蚀损耗速度仅为 1.28mm/次。把研制的再生镁碳砖用到 120t 钢包上，达到了 120 炉次的使用寿命，达到了 MT-14A 的实际使用水平。

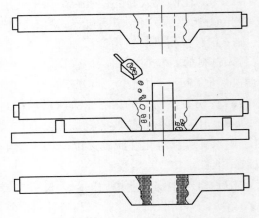

图 12-3   滑板的浇注修复

表 12-3   再生镁碳砖性能指标

	编　号	1	2	3	4
化学成分 /%	MgO	80	76	80	77
	C	12	14	11	14
物理指标	耐压强度/MPa	60	52	60	52
	体积密度/g·cm^{-3}	3.04	3.01	3.08	3.04
	显气孔率/%	3	2	3	2
	热态抗折强度（1400℃×0.5h）/MPa	13	12	13	12
使用量/%		97	97	80	80

（3）高炉出铁场使用的刚玉-碳化硅-碳浇注料。经破粉碎、湿磨和酸洗处理，根据原料的不同特点，人工拣选出刚玉。用该再生原料可以制造出很好的出铁场浇注料、捣打料等刚玉质耐火材料，也可以加工成不同的颗粒作为磨料使用。

（4）再生优质铝碳化硅碳砖和浇注料。把优质的高炉主沟用后的刚玉-碳化硅-碳浇注料进行拣选除渣、破粉碎加工和除铁，再对颗粒进行处理。以此为原料制备 ASC（铝碳化硅碳）砖，其理化指标达到了价值很高的优质 ASC 砖的水平，再生的 ASC 浇注料和捣打料的性能也达到或优于相应实际使用产品的水平。这些材料的理化指标见表 12-4。

表 12-4   再生铝碳化硅碳砖和浇注料的性能

项　目		浇注料	捣打料	ASC 砖
化学成分/%	SiC	10.2	11	10.7
	C	2.2	4.0	11.3
	Al$_2$O$_3$	83	81	81

续表 12-4

项 目		浇注料	捣打料	ASC 砖
200℃×24h 处理后	体积密度/g·cm⁻³	2.89	2.89	3.00
	显气孔率/%	16	12	6.3
	耐压强度/MPa	11.4	56.2	40.6
1450℃×3h 处理后	体积密度/g·cm⁻³	2.92	2.86	3.01
	显气孔率/%	17.3	17.7	13
	耐压强度/MPa	119.1	41.4	38.7
用途		出铁沟、沟盖、鱼雷车	出铁沟、铁水包	鱼雷车、混铁炉

用后耐火材料资源化利用流程如图 12-4 所示。

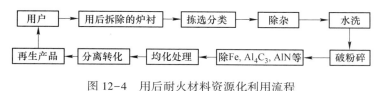

图 12-4　用后耐火材料资源化利用流程

12.2　废渣的资源化利用

废渣是工业化生产过程中的一种废弃物,可采取回收、加工等措施,使其转化成为二次资源进行再利用。废弃物资源化的前提条件是废弃物的资源价值,并直接体现于资源的利用和经济价值。

不是所有的工业废渣都可以对其进行耐火材料资源化的。本节所述的废渣是以铝热法采用炉外冶炼技术,生产 Cr、Ti、Mn、Mo 等金属单质或生产铬铁、钛铁和锰铁等合金过程中排出的渣为原料,在电弧炉中经重熔、还原、除杂、脱碳等工艺处理而成的一类再生耐火资源。

12.2.1　钛铁渣利用

钛铁渣是生产钛铁合金时的一种炉渣,其量是钛铁合金的 1~1.25 倍,主要成分为 Al_2O_3、TiO_2 和 CaO,另含少量的 MgO、SiO_2 和 Fe_2O_3 等。

我国的钛铁合金产量约占全球的 60%,生产钛铁合金时,产生大量的钛铁渣,过去一般少量用作铺路材料,大量的钛铁渣堆积成山,既占用了农田,又浪费了资源。这种炉渣可通过一定的工艺进行物理和化学处理,消除其中的 SiO_2 和 Fe_2O_3 等杂质,获得含有六铝酸钙和钛铝酸钙为主要物相的"钛铝酸钙"再生耐火原料。或通过改善合金冶炼工艺,结合重熔技术,获得刚玉和三氧化二钛为主晶相的"钛刚玉"。钛铁渣资源化制备再生耐火材料原料工艺线路如图 12-5 所示。

12.2.1.1　钛铝酸钙及钛刚玉的基本性能

A　外观及理化指标

钛铝酸钙破碎后常温下呈结晶状,与黑 SiC 相近,化学性质稳定,不与空气和水发生

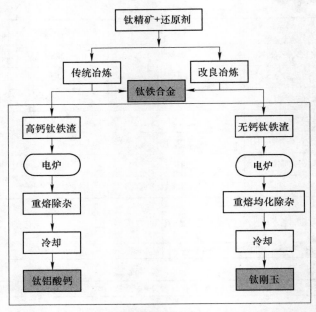

图 12-5　钛铁渣资源化制备再生耐火材料原料工艺线路

反应，质地坚硬；钛刚玉致密，具有韧性，难于敲碎，外观呈黑色。表 12-5 为钛铝酸钙与钛刚玉的典型化学组成和物理指标。

表 12-5　钛铝酸钙及钛刚玉的理化指标

项　目		品　种	
		钛铝酸钙	钛刚玉
化学成分/%	Al_2O_3	≥74.0	≥80.0
	TiO_2	≥12.5	≥16.0
	CaO	≥9.0	≤0.6
	MgO	≤2.0	≤0.8
	SiO_2	≤0.5	≤0.3
	Fe_2O_3	≤0.4	≤0.3
	K_2O	≤0.05	0.01
	Na_2O	≤0.10	0.01
物理指标	体积密度/g·cm⁻³	≥3.30	≥3.38
	显气孔率/%	≤9	≤1
	莫氏硬度	8	9
	耐火度/℃	≥1790	≥1790

B 物相组成

图 12-6 是钛铝酸钙和钛刚玉的 XRD 图谱，由图 12-6 可见，钛铝酸钙中的主要物相为六铝酸钙和钛铝酸钙，存在少量二铝酸钙和刚玉相，还有一定的塔基洛夫石（Ti_2O_3），钛刚玉中主要物相为刚玉和 Ti_2O_3。钛铝酸钙和钛刚玉中均存在 Ti_2O_3，Ti^{3+} 离子同时具有氧化性和还原性。

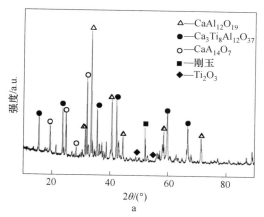 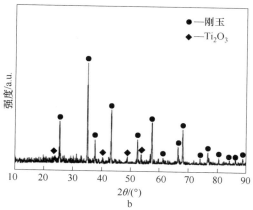

图 12-6 钛铝酸钙和钛刚玉的 XRD 图谱

a—钛铝酸钙；b—钛刚玉

Ti_2O_3 在氧化气氛下的反应趋势为：

$$Ti_2O_3 + O_2 + Al_2O_3 \rightleftharpoons TiO_2 + Al_2TiO_5$$

Ti_2O_3 在高温还原气氛下（如高炉），可生成 TiC、TiN、Ti（C，N）等高温相非氧化物，降低体系的 N_2 分压，形成耐火炉衬的保护层。

12.2.1.2 钛铝酸钙应用

钛铝酸钙和钛刚玉，作为一种复相的再生含钛高铝原料，可用在钢包、铁水包、中间包、铁沟、炮泥等高温窑炉的内衬，自 2013 年开始在国内作为耐火原料推广使用，目前已在全国各大钢厂及耐火材料厂都有使用。

12.2.2 铝铬渣的利用

铝铬渣是以铝热法生产金属 Cr 单质或生产铬铁合金过程中排出的渣。其主要成分为 Al_2O_3、Cr_2O_3，另有少量金属铬、MgO、CaO、SiO_2、Fe_2O_3 和碱金属氧化物。经过熔融、均化、还原提纯、除杂精炼等工艺后，可得三种再生高温耐火原料：再生电熔刚玉、再生电熔铝铬固溶体（俗称铬刚玉）和三碳化七铬。再生电熔刚玉、再生电熔铝铬固溶体可作为耐火材料原料，三碳化七铬可用作含碳耐火材料的抗氧化剂。铝铬渣资源化工艺流程如图 12-7 所示。

12.2.2.1 再生电熔刚玉与铬刚玉的性能

A 理化指标

再生电熔刚玉按主成分（$Al_2O_3+Cr_2O_3$）的不同，分为 RFA98、RFA97 和 RFA96 三个牌号，见表 12-6。再生电熔铬刚玉按主成分（$Al_2O_3 + Cr_2O_3$）的不同分为 RFCA8、RFCA10 和 RFCA12 三个牌号，其理化指标见表 12-7。

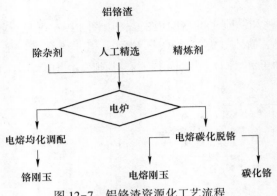

图 12-7　铝铬渣资源化工艺流程

表 12-6　再生电熔刚玉的理化指标

项　　目		牌　号		
		RFA[①]98	RFA[①]97	RFA[①]96
化学成分/%	Al_2O_3	≥97.5	≥96.5	≥95.0
	Cr_2O_3	≤0.6	≤1.0	≤1.3
	Na_2O	≤0.10	≤0.15	≤0.20
	C	≤0.05	≤0.10	≤0.15
物理指标	体积密度/$g \cdot cm^{-3}$	≥3.75	≥3.75	≥3.70
	真密度/$g \cdot cm^{-3}$	≥3.80	≥3.80	≥3.80
	显气孔率/%	≤4	≤4	≤4

① RFA 是 regenerated fusion alumina（再生电熔氧化铝）三个英文单词首字母。

表 12-7　再生电熔铬刚玉的理化指标

项　　目		牌　号		
		RFCA[①]8	RFCA[①]10	RFCA[①]12
化学成分/%	Cr_2O_3	6~8	8~10	10~12
	$Al_2O_3+Cr_2O_3$	≥97		
	Na_2O	≤0.1		
	Fe_2O_3	≤0.25		
	CaO	≤3.5		
物理指标	体积密度/$g \cdot cm^3$	≥3.75		
	显气孔率/%	≤5		
	耐火度/℃	≥1790		

① RFCA 是 regenerated fusion chromium alumina 三个英文单词的首字母。

B 物相组成

再生电熔刚玉中的主要物相为刚玉，而再生电熔铬刚玉的主要物相是铝铬固溶体，如图 12-8 所示。

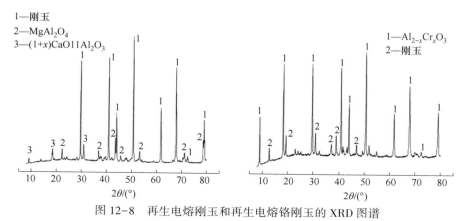

图 12-8 再生电熔刚玉和再生电熔铬刚玉的 XRD 图谱

12.2.2.2 再生电熔刚玉与铬刚玉的应用

目前，这两种再生耐火原料已大量应用于奥斯麦特炉、炼铜转炉、炼锌挥发窑和炼锌转炉等有色冶金炉窑的内衬，也广泛应用于铁沟浇注料、炮泥、钢包内衬浇注料、透气砖、欧冶炉（直接熔融还原炉）CGD 管及围管等钢铁冶金领域，同时也在炭黑反应炉、垃圾焚烧炉等高温设备上应用。

思 考 题

12-1 中国是世界耐火材料第一生产大国和第一使用大国，每年会产生巨大量的用后耐火材料，试以某具体耐火材料为例，阐述用后耐火材料的危害，并分析此用后耐火材料再生利用思路、加工处理方法以及提高再生耐火材料性能的方法。

12-2 用后耐火材料的二次资源化利用是当前耐火材料研究、生产工作者的重要研究课题。某厂用回收的用后镁碳砖经破碎筛分后，采用正常的生产工艺制得的 MgO-C 砖总是质量时好时坏，主要表现在制品的体积稳定性，表面开裂等问题，请合理解释是何原因造成这种情况。

参 考 文 献

[1] 高振昕, 平增福, 张战营, 等. 耐火材料显微结构 [M]. 北京: 冶金工业出版社, 2002.

[2] William E, Mark W. Ceramic microstructure [M]. London: Chapman & Hall, 1994.

[3] 胡莉敏, 李楠. 原位分解制备高强度轻质镁橄榄石材料 [J]. 耐火材料. 2005, 39 (4): 283-285.

[4] 石锦雄. 莫来石-SiC 复合材料的制备及性能研究 [D]. 武汉: 武汉科技大学, 2006.

[5] 李楠. 团聚氧化镁粉料压块的烧结机理动力学模型 [J]. 硅酸盐学报, 1994, 22 (1): 77-79.

[6] Willi Pabst, Eva Gregorova, Gabviela Ticha. Elasticity of porous ceramics—A critical study of modulus-porosity relations [J]. J. Eur. Cer. Soc., 2006, 26: 1085-1088.

[7] 熊兆贤. 材料物理导论 [M]. 北京: 科学出版社, 2001.

[8] 关振铎, 张中太, 焦金生. 无机材料物理性能 [M]. 北京: 清华大学出版社, 1992.

[9] 穆柏春. 陶瓷材料的强韧化 [M]. 北京: 冶金工业出版社, 2002.

[10] Camail Aksel, Frank L Reley. Young's modulus measurements of magnesia-spinel composites using load-deflection curves, sonic moclulus, strain gauges aud Rayleigh waves [J]. J. of the Eur. Cer. Soc., 2003, 23: 3089-3093.

[11] Emmanuel Nonnet, Nicolas Lequoux, Philippe Boch. Elastic properties of high alumina cement castables from room temperature to 1600℃ [J]. J. of the Eur. Cer. Soc., 1999, 19: 1575-1583.

[12] Tessier-Doyen N, Glandus J C, Huger M. Untypical young's modulus of model refractories at high temperature [J]. J. of the Eur. Cer. Soc., 2006, 26: 289-295.

[13] Cemail Aksel. The effect of mullite on the mechanical properties and thermal shock behaviour of alumina-mullite refractory materials [J]. Cer. International, 2003, 29: 183-188.

[14] Cemail Aksel, Frank L Riley. Effect of the particle size distribution of spinel on the mechanic properties and thermal shock performance of MgO-spinel composite [J]. J. of the Eur. Cer. Soc.,2003, 23: 3079-3082.

[15] A Ghosh, Ritwik Sarkar, B Mckherjec. Effect of spinel content on the properties of magnesia-spinel composite refractory [J]. J. of the Eur. Cer. Soc., 2004, 24: 2079-2085.

[16] 耐火材料 高温抗扭强度试验方法: GB/T 34217—2017 [S].

[17] Rafael Barea, Manuel Belmont, Maria Isabl Osesrli. Thermal conductivity of Al_2O_3/SiC platelet cmposites [J]. J. of the. Eur. Cer. Soc., 2003, 23: 1773-1778.

[18] 奚同庚, 王圣妹, 章宗德, 等. 高温隔热材料热物性的预测与优化研究 [J]. 无机材料学报, 1997, 12: 207-210.

[19] Wilson Nunes dos Saantos. Effect of moisture and porosity on the thermal properties of a conventional refractory concrete [J]. J. of the Eur. Soc., 2003, 23: 745-755.

[20] Naif-Ali B, Haberko K, Vesteghem H. Thermal conductivity of highly porous zirconia [J]. J. of the Eur. Cer. Soc., 2006, 26 (16): 3567-3574.

[21] Efim Ya, Litovsky, Michael Shapiro. Gas pressure and temperature dependence of thermal conductivity of porous ceramic materials: part 1. refractories and ceremics with porosity below 30% [J]. J. Am. Ceram. Soc., 1992, 72: 3425-3429.

[22] Efim Ya Litovsky, Michael Shapiro, Arthur Shavif. Gas pressure and temperature dependence of thermal conductivity of porous ceramic materials: part2, refracteries and ceramics with porosity exceeding 30% [J]. J. Am. Ceram. Soc., 1996, 79: 1366-1376.

[23] 赵维平, 王东. 耐火材料导热系数的检测方法 [J]. 耐火材料, 2011, 45 (5): 397-400.

[24] 耐火材料 导热系数试验方法 (水流量平板法): YB/T 4130—2005 [S].

[25] 耐火材料 导热系数试验方法 (热线法): GB/T 5990—2006 [S].

［26］ 闪光法测量热扩散系数或导热系数：GB/T 22588—2008 ［S］.

［27］ 耐火材料 耐火度试验方法：GB/T 7322—2017 ［S］.

［28］ 标准测温锥：GB/T 13794—2017 ［S］.

［29］ 陈肇友. 耐火材料抗热震性的预测与评定 ［J］. 耐火材料，1987，22：50-54.

［30］ Cemail Aksel, Briau Rad, Fvauk L. Thermal shock behaviour of magnesia-spind composites ［J］. J. of the Eur. Ceram. Soc., 2004, 24: 2839-2843.

［31］ Cemail Aksel, Paul D. Warren. Thermal shock parameters ［R, $R'''$and R''''］ of magnesia-spinel composites ［J］. J. of the Eur. Ceram. Soc., 2003, 23: 301-304.

［32］ Ryoichi Yoshino, Kenji Yamamoto, Mototsugu Oxada. Improvement of plate brick shape for slide gate valve ［J］. Shinagawa Technical Report, 1997, 40: 35-39.

［33］ Schmitt N, Burr A, Berthaud Y. Micromechanics applied to the thermal shock behavior of refractory ceramics ［J］. Mechanics of Material, 2002, 34: 725-729.

［34］ Zhigang Wang, Nan Li,Jianyi Kong. Prediction of properties of Al_2O_3-C refractory based on microstructure by an improved generalized self-consistent scheme ［J］. Metallurgical and Materials Transactions B, 2005, 36: 577-580.

［35］ Lee W E, Zhang S. Melt corrosion of oxide and oxide-carbon refractories ［J］. International Materials Reviews, 1999, 44: 77-81.

［36］ 陈肇友. 固体溶解动力学及其在耐火材料中的应用 ［J］. 硅酸盐学报，1983，11：498-501.

［37］ 陈肇友. 提高 AOD、VOD 镁铬或镁白云石炉衬寿命的途径 ［J］. 钢铁，1989，24：52-55.

［38］ Zhang S, Lee W E. Use of phase diagrams in study of refractories corrosion ［J］. International Materials Rewiews, 2005, 45: 41-56.

［39］ Steven wright, Ling zhang, Shouyi Sun. Viscosity of calcium ferrite slag and calcium alumino-silicate slgg containing spinel particles ［J］. J. of Non-Crystalline Solds, 2001, 282: 15-19.

［40］ Sandhage K H, Yurek G J. Direct and indiredct dissolution of sapphire in calcia-magnesia-alumina-ailica melts: dissohtion kinrtics ［J］. J. Am. Ceram. Soc., 1990, 73: 633-637.

［41］ Sandhage K H, Yurek G J. Direct and indiredct dissolution of sapphire in calcia-magnesia-alumina-silica melts: electron microprobe analysis of the dissolution process ［J］. J. Am. Ceram. Soc., 1990, 73: 3643-3646.

［42］ Zhang S, Rozaie H. R, Sarpooolaky H. Alumina dissolution into silicate slag ［J］. J. Am. Ceram. Soc., 2000, 83: 897-899.

［43］ Nightingale S A, Brooks G A, Monaghan B J. Degradation of MgO refractory in $CaO-SiO_2-MgO-FeO_x$ and $CaO-SiO_2-Al_2O_3-MgO-FeO_x$ slags under forced convection ［J］. Metall. Mater. Trans. B, 2005, 36: 453-456.

［44］ Cho M K, Hong G G, Lee S K. Corrosion of spinel clinker by $CaO-Al_2O_3-SiO_2$ ladle slag ［J］. J. Eur. Ceram. Soc., 2002, 22: 1783-1790.

［45］ 阮国智，李楠，吴新杰. 耐火材料在渣-铁（钢）界面局部蚀损机理 ［J］. 材料导报，2005，2：47-51.

［46］ Kusuhiro Mukai, Zainan Tao, Kiyoshi Goto. In-situ observation of slag penetration into MgO refractory ［J］. Scandinavian J. of Metallurgy, 2003, 31: 68-72.

［47］ Yilmaz S. Corrosion of high alumina spinel castables by steel ladle slag ［J］. Ironmaking and Steelmaking, 2006. 33: 151-155.

［48］ Sarpoolaky H, Zhang S, Lee W F. Corrosion of high alumina and near stoichiometric spinel in iron-containing silicat slags ［J］. J. of the Eur. Ceram. Soc., 2003. 23: 293-298.

[49] 李楠. 耐火材料与钢铁的反应及对钢质量的影响［M］. 北京：冶金工业出版社，2005.

[50] 湯淺悟郎，杉浦三郎，藤根道彦. 溶鋼の脱酸におよぼすじす耐火材料の影響［J］. 鐵と鋼，1983，69：278-282.

[51] Riaz S，Mills K C，Bain K. Experimental examination of slag/refractory interface［J］. Ironmaking and Steelmaking，2002，29：107-110.

[52] Li N，Li H L，Wei Y W. Effect of microsilica in MgO based castables on oxygen content of interstitial free steel［J］. British ceram. Tran.，2003，102：175-179.

[53] 陶珍东，郑少华. 粉体工程与设备［M］. 北京：化学工业出版社，2015.

[54] 李玉海，赵旭东，张立雷. 粉体工程学［M］. 北京：国防工业出版社，2013.

[55] 卢寿慈. 粉体工程手册［M］. 北京：化学工业出版，2004.

[56] 张长森. 粉体技术及设备［M］. 上海：华东理工大学出版社，2007.

[57] 韩跃新. 粉体工程［M］. 长沙：中南大学出版社出版，2011.

[58] 周仕学，张鸣林. 粉体工程导论［M］. 北京：科学出版社，2010.

[59] 三轮茂雄，日高重助. 粉体工程实验手册［M］. 扬伦，谢淑娴，译. 北京：中国建筑工业出版社，1987.

[60] 陆厚根. 粉体工程导论［M］. 上海：同济大学出版社，1993.

[61] Fayed M E，Otten L. 粉体工程手册［M］. 北京：化学工业出版社，1992.

[62] 李红霞. 耐火材料手册［M］. 北京：冶金工业出版社，2007.

[63] 宋希文，侯谨，安胜利. 耐火材料工艺学［M］. 北京：化学工业出版，2008.

[64] 中国冶金百科全书. 耐火材料篇［M］. 北京：冶金工业出版社，1997.

[65] 张美杰，程玉保. 无机非金属材料工业窑炉［M］. 北京：冶金工业出版社，2008.

[66] 高振昕，张巍，郑小平，等. 山西石英岩的结晶特征与加热相变［J］. 耐火材料，2016，50（4）：315-320.

[67] Lee W E，Rainforth W M. Ceramic microstructure：property control by processing［M］. London：Chapman & Hall，1994：452-507.

[68] 徐平坤，魏国钊. 耐火材料新工艺技术［M］. 北京：冶金工业出版社，2005：33.

[69] 吕峻译. 现代焦炉用高密度硅砖［J］. 国外耐火材料，1990，15（8）：25-29.

[70] 林彬荫，吴清顺. 耐火矿物原料［M］. 北京：冶金工业出版社，1989：188.

[71] Satpathy S，Samant A K，Aduk S，et al. Effect of nano-Fe_2O_3 addition on the properties of silica bricks ［C］∥Proc. of UNITECR′2011. 2011：2-E-10.

[72] 陈作夫，沈淑慧，陶跃红. 高级硅砖的研制［J］. 玻璃与搪瓷，1990，18（4）：10-16.

[73] Bharati K P，Pabitra S，Nilachala S. Effect of addition of ultra fine titania on polymorphic transformation of-coke oven silica bricks［C］∥Proc. of UNITECR′2011. 2011：2-E-11.

[74] 解西军，李振，王允新，等. 热风炉用优质硅砖的开发［J］. 山东冶金，2003，25（3）：34-36.

[75] Schneider H，Schreuer J，Hildmann B. Structure and properties of mullite-a review［J］. J. Eur. Ceram. Soc.，2008，28：329-344.

[76] Gisèle L L N，Aghiles H. Mullite：structure and properties［J］. Ency. Mater.，2021，2：59-75.

[77] Schneider H. Transition metal distribution in mullite［J］. Ceram. Trans.，1990，6：135-158.

[78] 李楠，鄢文，李媛媛. 莫来石-高硅氧玻璃复合材料及其应用［C］. 第六届国际耐火材料会议，2012：30-33.

[79] Martin H Leipold，Jauk D Sibsld. Development of low-therrnal expansion mullite bulks［J］. J. Am. Ceram. Soc.，1982，65：c-147.

[80] 李红霞，张丽华，叶雪华，等. 莫来石-高硅氧玻璃复相材料的研制［J］. 耐火材料，1997，31

（1）：16-20.

[81] 邱文冬，李楠. 用矾土制备莫来石-高硅氧玻璃材料的研究 [J]. 耐火材料，1997，31（1）：13-15.

[82] 邱文冬. 低铝矾土烧结、相组成、显微结构及应用研究 [D]. 武汉：武汉科技大学，1992.

[83] Castelein O, Guinebretiere R, Bonnet J P, et al. Shape, size and composition of mullite nanocrystals from a rapidly sintered kaolin [J]. J. Eur. Ceram. Soc., 2001, 21: 2369-2376.

[84] 姚文君，张培萍，李书法. 叶蜡石矿产资源及其应用研究开发现状 [J]. 世界地质，2007，2（1）：124-127.

[85] 许平坤. 利用叶蜡石资源发展节能型半硅质耐火材料 [J]. 耐火材料，2006，40：254-257.

[86] 郭海珠，余森编. 实用耐火材料手册 [M]. 北京：中国建材工业出版社，2000.

[87] Li N, Shi J R, Zhu H X. Mullitization of andalusite and influence of aggregates on the properties of aluminosilicate refractories based on the andalusite matrix [C] // Proc. of UNITECR'2007. 2007: 260-264.

[88] Boachatou M L, Ildefonse J P, Poirier J, et al. Mullite grown from fired andalusite grains: the role of impurities and the high temperature liquid phase on the kinetics of mullitization and consequences on thermal shocks resistance [J]. Ceram. Int., 2005, 31 (7): 999-1005.

[89] 师静蕊. 红柱石的矿物组成、莫来石化及相关制品研究 [D]. 武汉：武汉科技大学，2005.

[90] Winter J K, Chose S. Thermal expansion and high-temperature analytical chemistry of Al_2SiO_5 phymorphs [J]. Am. Min., 1979, 64: 573-586.

[91] Namiranian A, Kalantar M. Mullite synthesis and formation from kyanite concentrates in different conditions of heat treatment and particle size [J]. Iran. J. Mater. Sci. Eng., 2011, 8: 29-36.

[92] Sadik C, Amrani IEE, Albizane A. Recent advances in silica-alumina refractory: A review [J]. J. Asian. Ceram. Soc., 2014, 2: 83-96.

[93] Emilija T, Stanislav K, Hrvoje I. Diphasic luminosilicate gels with two stage mullitization in temperature range of 1200~1300℃ [J]. J. Eur. Ceram. Soc., 2005, 25: 613.

[94] Sales M, Alarcon J. Synthesis and phase transformation of mullites obtained from $SiO_2-Al_2O_3$ gel [J]. J. Eur. Ceram. Soc., 1996, 16: 781.

[95] Chandlran R G, Chandrashekar B K, Gangaly C, et al. Sintering and microstructural investigation on combustion mullite [J]. J. Eur. Ceram. Soc., 1996, 16: 843.

[96] 李楠，王玺堂，柯昌明，等. 全天然原料合成莫来石的相组成及显微结构研究 [J]. 耐火材料，1991，25（5）：249-253.

[97] Guo H S, Li W F. Effects of Al_2O_3 crystal types on morphologies, formation mechanisms of mullite and properties of porous mullite ceramics based on kyanite [J]. J. Eur. Ceram. Soc., 2018, 38 (2): 679-686.

[98] Ueno S, Ohji T, Lin H T. Corrosion and recession of mullite in water vapor environment [J]. J. Eur. Ceram. Soc., 2008, 28: 431-435.

[99] 袁林，陈雪峰，刘锡俊. 绿色耐火材料 [M]. 北京：中国建材工业出版社，2015.

[100] 王维邦. 耐火材料工艺学 [M]. 北京：冶金工业出版社，2004.

[101] Jones P T, Vleugels J, Volders I, et al. A study of slag-infiltrated magnesia-chromite refractories using hybrid microwave heating [J]. J. Eur. Ceram. Soc., 2002, 22: 903-916.

[102] Han B Q, Li Y S, Guo C C, et al. Sintering of MgO-based refractories with added WO_3 [J]. Ceram. Int., 2007, 33: 1563-1567.

[103] Petkov V, Jones P T, Boydens E, et al. Chemical corrosion mechanisms of magnesia-chromite and chrome-free refractory bricks by copper metal and anode slag [J]. J. Eur. Ceram. Soc., 2007, 27: 2433-2444.

[104] Bhagiratha M L. Development of high temperature creep resistant magnesia for regenerator in the glass industry [C]//Proc. of UNITECR' 2007. 2007：56-60.

[105] 李楠. 团聚氧化镁粉料压块的烧结机理与动力学模型 [J]. 硅酸盐学报，1994，22（1）：77-82.

[106] Gao P W，Lu X L，Geng F，et al. Production of MgO-type expansive agent in dam concrete by use of industrial by-products [J]. Build. Environ.，2008，43：453-457.

[107] Strydom C A，Merwe E M，Aphane M E. The effect of calcining conditions on the rehydration of dead burnt magnesium oxide using magnesium acetate as a hydranting agent [J]. J. Therm. Anal. Calori.，2005，80：659-662.

[108] Aksel C，Kasap F，Sesver A. Investigation of parameters affecting grain growth of sintered magnesite refractories [J]. Ceram. Int.，2005，31：121-127.

[109] 任庆文，译. 延长 VOD 包衬寿命 [J]. 国外耐火材料，2000，25（5）：13-35.

[110] Haldar M K，Tripathi H S，Das S K，et al. Effect of compositional variation on the synthesis of magnesite-chrome composite refractory [J]. Ceram. Int.，2004，30：911-915.

[111] Ghosh A，Haldar M K，Das S K. Effect of MgO and ZrO_2 additions on the properties of magnesite-chrome composite refractory [J]. Ceram. Int.，2007，33：821-825.

[112] Ghosh A，Sarkar R，Mukherjee B，et al. Effect of spinel content on the properties of magnesia-spinel composite refractory [J]. J. Eur. Ceram. Soc.，2004，242：2079-2085.

[113] Aksel C，Warren P D，Riley F L. Fracture behaviour of magnesia and magnesia-spinel composites before and after thermal shock [J]. J. Eur. Ceram. Soc.，2004，24：2407-2416.

[114] 甲斐哲郎，伊佐地恭介，鳥居邦吉. 精錬取鍋用マグネシア・スピネル材質れんがの改善 [J]. 耐火物，2001，53（9）：521-526.

[115] 小松英雄，荒井正志，鵜川茂. セメントキルン用クロムフリーれんがの現状とその将来 [J]. 耐火物，1999，51（1）：2-9.

[116] 池田末男，下田直之，荒井正志，等. セメントロータリーキルン焼成帯用クロムフリーれんがの開発 [J]. 耐火物，2001，53（12）：695-701.

[117] Wagner C. The mechanism of formation of ionic compounds of higher order（double salts，spinel，silicates）[J]. Z. Physik. Chem. B，1936，34：309-316.

[118] Carter R E. Mechanism of solid-state reaction between magnesium oxide and aluminum oxide and between magnesium oxide and ferric oxide [J]. J. Am. Ceram. Soc.，1961，44：116-120.

[119] Zhang Z H，Li N. Effect of polymorphism of Al_2O_3 on the synthesis of magnesium aluminate spinel [J]. Ceram. Int.，2005，35：583-589.

[120] Sainz M A，Mazzoni A D，Aglietti E F，et al. Thermochemical stability of spinel（$MgO \cdot Al_2O_3$）under strong reducing conditions [J]. Mater. Chem. Phys.，2004，86：399-408.

[121] Tripathi H S，Mukherjee B，Das S，et al. Synthesis and densification of magnesium aluminate spinel：effect of MgO reactivity [J]. Ceram. Int.，2003，29：915-918.

[122] Rodriguez J L，Rodriguez M A，Aza SD. Reaction sintering of zircon-dolomite mixtures [J]. J. Eur. Ceram. Soc.，2001，21：343-354.

[123] Chen M，Lu C Y，Yu J K. Improvement in performance of MgO-CaO refractories by addition of nano-sized ZrO_2 [J]. J. Eur. Ceram. Soc.，2007，27：4633-4638.

[124] 顾华志，洪彦若，汪厚植，等. $H_2C_2O_4$ 和 CO_2 复合表面处理镁钙砂及其浇注料的性能 [J]. 耐火材料，2005，39（3）：161-164.

[125] Bannenberg N. Demand on refractory material for clean steel production [C]//Proc. of UNITECR' 1995. 1995：36-39.

［126］山口明良. 实用热力学及在高温陶瓷中的应用［M］. 张文杰，译. 武汉：武汉工业大学出版社，1993.

［127］叶大伦. 实用无机物热力学数据手册［M］. 北京：冶金工业出版社，2002.

［128］陈肇友. 化学热力学与耐火材料［M］. 北京：冶金工业出版社，2005.

［129］顾立德. 特种耐火材料［M］. 北京：冶金工业出版社，1982.

［130］全国科学技术名词审定委员会. 冶金学名词［M］. 北京：科学出版社，2019.

［131］王曾辉，高晋生. 碳素材料［M］. 上海：华东化工学院出版社，1991.

［132］Iijima S. Helical microtubules of graphitic carbon［J］. Nature，1991，354，56-58.

［133］Hugh O Pierson. Handbook of carbon, graphite, and fullerenes—Properties, processing and applications［M］. Park Ridge, New Jersey, U. S. A, Noyes Publications., 1993.

［134］姚广春. 冶金炭素材料性能及生产工艺［M］. 北京：冶金工业出版社，1992.

［135］谢有赞. 炭石墨材料工艺［M］. 湖南：湖南大学出版社，1988.

［136］Akira Yamaguehi. Self-repairing function in the carbon-containing refractory［J］. International Journal of Applied Ceramic Technology, 2007, 4 (6)：490-495.

［137］Yang Yanga, Jun Yua, Huizhong Zhao, et al. Cr_7C_3: A potential antioxidant for low carbon MgO-C refractories［J］. Ceramics International, 2020, 46：19743-19751.

［138］刘波，刘永锋，刘开琪，等. B_4C 对低碳 MgO-C 材料性能的影响［J］. 耐火材料，2010，44（1）：14-16.

［139］Zhang S, Marriott N J, Lee W E. Thermochemistry and microstructure of MgO-C refractories containing various antioxide［J］. Journal of the European Ceramic Society, 2001, 21 (8)：1037-1047.

［140］Nemdy S R, Ghost N K, Das G C. Oxidation kinetics of MgO-C in air with varying ash content［J］. Adv. in Appl. Ceramics Tech., 2005, 104 (6)：306-311.

［141］Takashi, Yamamara, Osama Nomara et al. Lower carbon containing MgO-C brick with high spalling resistance［J］. Shinagawa Tech. Report, 1996, 39：57-65.

［142］镁碳砖：GB/T 22589—2017［S］.

［143］Shin-ichi Tamura, Tsunemi Ochiai, Shigeyuki Takanaga, et al. The development of the nano structural matrix［C］∥Proceedings of UNITECR'03. Osaka：2003：517-520.

［144］Shigeyuki Takanaga , Tsunemi Ochiai, Shin-ichi Tamura, et al. The application of the nano structural matrix to MgO-C bricks［C］∥Proceedings of UNITECR'03. Osaka：2003：521-524.

［145］Shigeyuki Takanaga, Yoji Fujiwara, Manabu Hatta, et al., Development of "MgO-Rimmed MgO-C Brick"［C］∥Proceedings of UNITECR'05. Orlando：2005.

［146］Tianbin Zhu, Yawei Li, Shaobai Sang. Heightening mechanical properties and thermal shock resistance of low-carbon magnesia-graphite refractories through the catalytic formation of nanocarbons and ceramic bonding phases［J］. Journal of Alloys and Compounds, 2019, 783：990-1000.

［147］Rastegar H, Bavand-vandchali M, Nemati A, et al. Phase and microstructural evolution of low carbon MgO-C refractories with addition of Fe-catalyzed phenolic resin［J］. Ceramics International, 2019, 45：3390-3406.

［148］朱天彬，李亚伟，桑绍柏. 膨胀石墨对镁碳耐火材料显微结构和性能的影响［J］. 硅酸盐通报，2015，34（9）：2436-2441.

［149］Chen Qilong, Zhu Tianbin, Yawei Li, et al. Enhanced performance of low-carbon MgO-C refractories with nano-sized $ZrO_2-Al_2O_3$ composite powder［J］. Ceramics International, 2021, 47：20178-20186.

［150］Tsuboi Y, Hayashi S, Nonobe K. Spalling resistance of low-carbon MgO-C brick［J］. Taikabutsu, 1999, 51 (12)：638-643.

［151］ 冯海霞，王守业，曹喜营. SiO₂ 微粉浆体的流变性研究 ［J］. 耐火材料，2008，42（5）：345-348.

［152］ Beaupre D. Rheology of high performance shotcrete ［D］. Canada：The University of British Columbia，1994.

［153］ 贾全利，叶方保，Rigaud M. 粒度分布对超低水泥刚玉质浇注料流变性的影响 ［J］. 耐火材料，2004，38（3）：168-171.

［154］ 渡部公士，石川誠，若松盈. レオロジー　キャスタブルのレオロジー ［J］. 耐火物，1988，40（4）：231-244.

［155］ 片岡稔，神田美津夫. 不定形耐火物の評価技術 ［J］. 耐火物，1991，49（4）：215-225.

［156］ 李再耕. 不定形耐火材料流变学 ［C］∥全国不定性耐火材料技术研讨会论文集. 1995.

［157］ 加藤邦夫，中本公人，平田雄候. キャスタブル用原料としてのアルミナ質ラウンド粒子の特性 ［J］. 耐火物，1998，50（7）：384-388.

［158］ Lee W E，Vieira W，Zhang S，et al. Castable refractory concretes ［J］. International Materials Reviews，2001，46（3）：145-167.

［159］ Zhang Yang，Ye Guotian，Gu Wenjing，et al. Conversion of calcium aluminate cement hydrates at 60℃ with and without water ［J］. J. Am. Ceram. Soc.，2018，101（7）：2712-2717.

［160］ 张阳. 铝酸盐水泥水化产物转化机理的研究 ［D］. 郑州：郑州大学，2019.

［161］ Geβner W，Möhmel S，Rettel A，et al. The influence of a thermal treatment on the ractivity of calcium aluminate phases ［C］∥Proc. Unitecr'97. New Orlean，USA，1997，1，109.

［162］ Alt C，Wong L，Parr C. Measuring castable rheology by exothermic profile ［J］. Refractories Application and News，2003，8（2）：15-18.

［163］ 本郷靖郎. ρ-アルミナ結合キャスタブル ［J］. 耐火物，1998，40（4）：226-229.

［164］ Kingery W D. Fundamental study of phosphate bonding in refractories ［J］. J. Am. Ceram. Soc.，1950，33（9）：239-250.

［165］ 韩行禄. 不定形耐火材料 ［M］. 2 版. 北京，冶金工业出版社，2003.

［166］ 寄田栄一. その他のキャスタブル　リン酸塩結合キャスタブル ［J］. 耐火物，1988，40（4）：218-221.

［167］ 江口忠孝，多喜田一郎，吉富丈記. 低セメント結合キャスタブル ［J］. 耐火物，1988，40（4）：200-204.

［168］ 李晓明. 微粉与新型耐火材料 ［M］. 北京：冶金工业出版社，1997.

［169］ Sandberg B，Myhre B，Holm J L. Castables in the system MgO-Al₂O₃-SiO₂ ［C］∥Proc. UNITECR'95. Kyoto，Japan，1995，2，173-180.

［170］ Hundere A，Myhre B，Shanderberg B，et al. Magnesium-silicate-hydrate bonded MgO-Al₂O₃ castables ［C］∥Proc. of the 38 the annual conference of metallurgists，symposium-advances in refractories for the metallurgical industries Ⅲ. Quebec，Canada，1997：101-104.

［171］ Li Nan，Wei Yaowu. Properties of MgO castables and effects of reaction in microsilica-MgO bond system ［C］∥Proc. UNITECR'99. Berlin，Germany，1999：97-101.

［172］ Monsen B. Seltveit A，Sandberg B，et al. Effect of microsilica on physical properties and mineralogical composition of refractory concretes ［J］. Adv. Ceram.，1984，13：230-244.

［173］ Braulio M A L，Bittencourt L R M，Poirier J，et al. Microsilica effects on cement bonded alumina-magnesia refractory castables ［J］. J. Tech. Asscocia. Ref.，2008（3）：180-184.

［174］ Studart A R，Pandolfelli V C，Tervoort E，et al. Selection of dispersants for high-alumina zero-cement refractory castables ［J］. J. Eur. Ceram. Soc.，2003，23：997-1004.

［175］ Oliveiva I R，Ortega F S，Bittencourt L R M，et al. Hydration kinetics of hydratable alumina and calcium aluminate cement [J]. J. Tech. Asscocia. Ref., 2008, 28 (3): 172-179.

[176] Oliveira I R, Ortega F S, Pandolfelli V C. Hydration of CAC cement in a castable refractory matrix containing processing additives [J]. Ceram. Int., 2009, 35: 1545-1552.

[177] Geβner W, Schmalstieg A, Capmas A, et al. On the influence of the specific surface area and Na$_2$O content of alumina on the hydration processes in CaO·Al$_2$O$_3$/Al$_2$O$_3$ mixture [C] // Proc. of UNITECR'95. Kyoto, Japan, 1995: 313-320.

[178] 郭海珠, 余森. 实用耐火原料手册 [M]. 北京: 冶金工业出版社, 2000.

[179] Pileggi R G, Studart A R, Pandolfelli V C. How mixing affects the rheology of refractory castables, part 2 [J]. Am. Ceram. Soc. Bull., 2001, 80 (7): 38-42.

[180] Innocentini M D M, Cardoso F A, Akiyoshi M M, et al. Drying stages during the heating of high alumina, ultra-low-cement refractory castables [J]. J. Am. Ceram. Soc., Bull., 2003, 86 (7): 1146-1148.

[181] Sugawara M, Asano K. The recent developments of castable technology in Japan [C] // Proc. UNITECR'05. 2005.

[182] Cassens N, Steinke R A, Videtto R B. Shotcreting self-flow refractory castables [C] // Proc. UNITECR'97. New Orleans, Louisiana, USA, 1997, 531-544.

[183] R. G. Pileggi, Y. A. Marques, D. V. Filho, et al. Shotcrete performance of refractory castables [J]. Refractories Application and News, 2003, 3: 15-20.

[184] 米谷和浩, 飯塚慶至, 加賀鉄夫. 高炉出銑口用マッド材における窒化けい素鉄の挙動 [J]. 耐火物, 1998, 39 (6): 326-330.

[185] 周永平, 孙勇, 于景坤. 碳化硅铁对铝碳质炮泥性能的影响 [J]. 耐火材料, 2007, 41 (增刊): 248-250.

[186] Hagh O P. Handbook of refractory Carbides and nitrides-Properties, characteristics, processing and applications [M]. Westwood, New Jersey, U. S. A.: Noyes Publication, 1996.

[187] Michel W B. Fundamentals of ceramics [M]. Institute of Physics Publishing, Bristol and Philadelphia, 2003.

[188] Stevens R. Engineering properties of zirconia and zirconia ceramics. From an Introduction to Zirconia [M]. Magnesium Elektron Publication. No. 113. UK, Manchester, 1986.

[189] Sisson R D, Smyser B M. Effects of ultrasonic agitation on microstructure and phase transformations in nanocrystalline ZrO$_2$-Al$_2$O$_3$ [J]. Nanostructured Materials, 1998, 10 (5): 829-835.

[190] Garvie R C. The occurrence of metastahle tetragonal ziconia as cystalline effect [J]. Phys. Cham., 1965, 69 (4): 1238-1242.

[191] 宋希文, 赛音巴特尔, 等. 特种耐火材料 [M]. 北京: 化学工业出版社, 2011.

[192] 魏明坤, 张丽鹏, 孙宁, 等. 碳化硅耐火材料的研究进展 [J]. 山东陶瓷, 2001, 24 (12): 3-7.

[193] Seifert H J, Aldinger F. High performance non-oxide ceramics [J]. Structure and Bonding, 2002, 101: 16-19.

[194] 郭瑞松. 工程结构陶瓷 [M]. 天津: 天津大学出版社, 2002.

[195] 高技术新材料要览编辑委员会. 高技术新材料要览 [M]. 北京: 中国科学技术出版社, 1993: 245-248.

[196] Wan L, Zhang Z F, Zhang Z R, et al. Effect of kaolin chemical composition on synthesis of β-Sialon powder [J]. Advances in Applied Ceramics, 2005, 104 (2): 89-91.

[197] 殷声. 现代陶瓷及其应用 [M]. 北京: 北京科学技术出版社, 1990.

[198] 徐润泽 粉末冶金结构材料学 [M]. 长沙: 中南工业大学出版社, 1998.

[199] Zhang X H, Han J C, Du S Y, et al. Microstructure and mechanical properties of TiC-Ni functionally graded materials by simultaneous combustion synthesis and compaction [J]. Journal of Materials Science, 2000, 35: 1925-1930.

[200] 陆庆忠, 张福润, 余立新. Ti(C, N)基金属陶瓷的研究现状及发展趋势 [J]. 武汉科技学院学报, 2002, 15 (5): 451-455.

[201] 贺从训, 夏志华, 汪有明, 等. Ti(C, N) 基金属陶瓷的研究 [J]. 稀有金属, 1999, 23 (1): 4-12.

[202] 周泽华, 丁培道. Ti (C, N) 基金属陶瓷中添加成分的研究现状 [J]. 材料导报, 2000, 14 (4): 21-22.

[203] 许育东, 刘宁, 曾庆梅, 等. 纳米改性金属陶瓷的组织和力学性能 [J]. 复合材料学报, 2003, 20 (1): 33-37.

[204] Jonathan E, Michael H. Production of Chromium Carbides [J]. Materials World, 1997, 5 (11): 36-37.

[205] Yan W, Li N, Han B. Influence of microsilica content on the slag resistance of castables containing porous corundum-spinel aggregates [J]. Int. J. Appl. Ceram. Tech., 2008, 5 (6): 633-640.

[206] Yan W, Wu G, Ma S, et al. Energy efficient lightweight periclase-magnesia alumina spinel castables containing porous aggregates for the working lining of steel ladles [J]. J. Eur. Ceram. Soc., 2018, 38 (12): 4276-4282.

[207] 罗庆. 传热学 [M]. 重庆: 重庆大学出版社, 2019.

[208] Stephen C C, Gardon L B. Handbook of industrial refractories technology [M]. Westwood, New Jersey, U. S. A: Noyes Publications, 2004.

[209] 江东亮, 李存土, 欧阳世翕, 等. 中国材料工程大典, 第九卷, 无机非金属材料工程 (下) [M]. 北京: 化学工业出版社, 2006.

[210] Eva G, Willi P. Porous ceramics prepared using poppy seed as pore-forming agent [J]. Ceram. Int., 2007, 33, 1385-1388.

[211] André R S, Urs T G, Elena T, et al. Processing routes to macroporous ceramics: A review [J]. J. Am. Ceram. Soc., 2006, 89, 1771-1789.

[212] 赵国玺. 表面活性剂物理化学 [M]. 北京: 北京大学出版社, 1984.

[213] 胡宝玉, 徐延庆, 张宏达. 特种耐火材料实用技术手册 [M]. 北京: 冶金工业出版社, 2004.

[214] Klinger W, Zimmerman H. Insulating firebrick and fibre products for industrial heat insulation [J]. CN refractories, 2002, 6: 28-35.

[215] Primachenko V V, Martyneko V V, Dierghaputskaja L A, et al. The research of an influence of a number of technological factors on anorthite synthesis in lightweight refractories [C] // Proceedings of UNITECR'03. Osaka, Japan, 2003: 190-193.

[216] 李楠. 保温保冷材料与应用 [M]. 上海: 上海科技技术出版社, 1985.

[217] Li M, Liang H. Mechanism of formation of xonotlite spherical particles in dynamic hydrothermal process [C] // Proceedings of the 4th international symposium on refractories. Dalian, Chian, 2003: 363-366.

[218] 董志军, 李轩科, 袁观明. 莫来石纤维增强 SiO_2 气凝胶复合材料的制备及性能研究 [J]. 化工新型材料, 2006, 34 (7): 58-61.

[219] Anto O, Deburchgrave J. New generation of microporous materials with special benefits [J]. CN Refractories, 2002, 6: 88-91.

[220] 崔之开. 陶瓷纤维 [M]. 北京: 化学工业出版社, 2004.

[221] Zoties B K, Boymel P M T. A new soluble high-temperature fiber [J]. Am. Ceram. Soc., Bull., 1999,

78：56-62

［222］宋作人. 玻璃熔窑用熔铸耐火材料［M］. 郑州：河南科学技术出版社，1991.

［223］李楠，张用宾，李红霞. 中国材料工程大典，无机非金属材料卷（耐火材料篇）［M］. 北京：冶金工业出版社，2006.

［224］Toshihiro I. Investigation of behavior of glass exudation from fused cast refractories［C］∥Proceedings of UNITECR'95. Kyoto, Japan, 1995：209-212.

［225］Michael D. Exudation behavior of fused refractories［C］∥Proceedings of UNITECR'97. New Orleans, USA, 1997：445-447.

［226］李应元，何泽洪，刘辉，等. 熔铸α，β-Al$_2$O$_3$耐火材料温度场数学模型建立及炸裂现象分析［J］. 建材耐火技术，2002，47：7-9.

［227］石野利弘. 電鋳耐火物，アルべナ系耐火物，岡山セラべックス技術振興財団［M］. 日本，2007.

［228］Edwige Y F, Marc H, Christian G. Elastic properties and microstructure：study of two fused cast refractory materials［J］. J. Eur. Ceram. Soc., 2007, 27（2-3）：1843-1848.

［229］Toshihiro I, Kenji M. High zirconia fused cast refractory and its lasted development［C］∥Proceedings of UNITECR'03. Osaka, Japan, 2003：23-26.

［230］Sokolov V A. Fusion-cast refractories in the high zirconia region of the ZrO$_2$-SiO$_2$-CaO system［J］. Refract Ind. Ceram., 2005, 46（9）：197-201.

［231］Axel E. Eco-managment of refractory in Europe［C］∥Proceedings of UNITECR'03. Osako, Japan, 2003：6-9.

［232］田守信. 用后耐火材料的再生利用［J］. 耐火材料，2002，36（6）：339-341.

［233］田守信. 用后耐火材料的再生利用和发展［C］∥2004全国耐火材料学术年会论文集. 2004.

［234］王永利. 用废旧镁碳砖生产电熔镁砂：98114035.1［P］. 1998-11-11.

［235］李起胜. 再生熔铸耐火砖的制造方法：89109578［P］. 1990-07-25.

［236］Junichirou Y. Recycling technology for SG plate［J］. 耐火物，2004（1）：24-25.

［237］王晓峰. 滑板砖再利用工艺的进展［J］. 国外耐火材料，1997（8）：16-21.

［238］田守信. 用后耐火材料的再生利用［J］. 耐火材料，2006，40（增刊）：237-245.

［239］王立锋. 钛铝酸钙的性能及其应用基础研究［D］. 武汉：武汉科技大学，2016.

［240］Chen Jianwei, Zhao Huizhong, Zhang Han, et al. Effect of partial substitution of calcium alumino-titanate for bauxite on the microstructure and properties of bauxite-SiC composite refractories［J］. Ceramics International, 2018, 44（3）：2934-2940.

［241］Chen Jianwei, Zhao Huizhong, Zhang Han, et al. Effect of the calcium alumino-titanate particle size on the microstructure and properties of bauxite-SiC composite refractories［J］. Ceramics International, 2018, 44（6）：6564-6572.

［242］Chen Jianwei, Zhao Huizhong, Zhang Han, et al. Sintering and microstructural characterization of calcium alumino-titanate-bauxite-SiC composite refractories［J］. Ceramics International, 2018, 44：10934-10939.

［243］赵鹏达. 铝铬渣资源化及无害化应用基础研究［D］. 武汉：武汉科技大学，2020.

［244］何晴. Ausmelt炉内衬用铬刚玉质耐火材料的研究与制备［D］. 武汉：武汉科技大学，2017.

［245］Zhao Pengda, Zhao Huizhong, Yu Jun, et al. Crystal structure and properties of Al$_2$O$_3$-Cr$_2$O$_3$ solid solutions with different Cr$_2$O$_3$ contents［J］. Ceramics International, 2018, 44（2）：1356-1361.

［246］Zhao Pengda, Zhang Han, Gao Hongjun, et al. Separation and characterisation of fused alumina obtained from aluminium-chromium slag［J］. Ceramics International, 2018, 44（4）：3590-3595.